도시 및 지역경제 분석론

김홍배 저

기문당

개정판을 내면서…

필자가 이 책을 2001년에 출간하였으니 15년의 시간이 훌쩍 지났다. 물론 그동안 몇 차례에 걸쳐 내용을 수정·보완하면서 이 책은 과분하게도 도시분야와 지역경제분야에서 유용한 책이라는 평을 받기도 하였다. 필자는 학교에서 지역경제학을 가르치고 연구하면서 이 분야에 대한 사회적 관심이 높아졌음을 피부로 느꼈으며, 이 책이 그러한 관심을 높이는데 기여하였음을 여러 동료 학자들과 연구자들에게 듣기도 하였다. 그러던 중 작년 여름 출판사에서 이 책의 재고가 없어 다시 인쇄하여야 한다는 말을 듣고 연구실에서 조용히 앉아 책을 처음부터 정독할 기회를 가졌다.

책을 읽으면서 느끼는 것은 한없는 부끄러움이었다. 왜냐하면 내용 중 명확하지 못한 부분이 많고, 통계자료도 오래 전의 것이어서 시대의 흐름을 반영하는데 한계가 있었기 때문이다. 또한 가장 기본적으로 분석의 대상인 지역에 대한 설명이 없다는 것도 문제라 할 수 있었다. 이러한 점들로 인해 독자들이 책을 보면서 내용을 보다 깊게 이해하는 데 있어 어려움이 많았을 것을 생각하니 죄송한 마음이 그지없었다. 그래서 책의 내용을 대폭 수정·보완하기로 하고 개정판을 쓰게 되었다.

본 서는 서론 장을 포함하여 총 5편 15장으로 구성되었다. 개정판에서는 서론 장을 두어 지역에 대한 정의와 지역경제란 무엇을 하는 학문인가에 대해 설명을 첨가하였으며, 통계자료에 대한 업데이트와 내용을 명확하게 설명하려고 노력하였다. 그리고 책의 크기에 대한 독자로부터의 지속적인 요구를 반영하여 책의 크기를 확대하였다.

개정된 책을 보니 또다시 모호하고 분명하지 못한 부분은 없을까 하는 조심스러움이 앞선다. 그러한 부분에 대해서는 계속해서 보완할 것임을 다짐해 본다. 아무쪼록 본 개정판이 도시와 지역의 공간을 다루는 분야에서 공부하는 학생들과 같은 분야에서 연구하는 전문가들에게 도움이 되길 기원하는 간절한 마음뿐이다. 마지막으로 지금까지 이 책을 아끼는 분들께 머리 숙여 감사의 말씀을 드리는 바이다.

2016년 2월

행당동에서 저자 씀

머리말

일반적으로 말해 현실을 정확히 이해하는 자만이 문제에 대한 적절한 해답을 제시할 수 있다. 왜냐하면 이해는 바로 모든 문제를 해결하는 기본적인 key이기 때문이다. 이러한 맥락에서 볼 때 현재 인간의 생명을 가장 크게 위협하는 암(癌)을 우리가 아직도 정복하지 못하는 것은 바로 우리의 의료기술이 낮기 때문이 아니라 암을 이해하지 못함에 기인한 것이라 할 수 있다. 사실 수백만 수천만 광년 떨어진 별들을 관찰하고, 우주에 탐사선을 보내어 태양계의 위성들에 관한 정보를 수집할 정도의 기술을 가진 인류가 기술이 없어 암을 치료하지 못한다고 말하기는 어려울 것이다. 단적으로 말해 암을 정복하지 못하는 것은 바로 우리 기술의 한계가 아니라 이해의 한계인 것이다.

우리가 사는 도시나 지역의 문제도 마찬가지이다. 계획가가 도시나 지역의 문제를 정확히 이해할 때 그가 수립하는 정책이나 계획의 유효성은 높아지겠지만 그렇지 않을 경우, 즉 부분적이고 섣부른 이해를 가지고 계획이나 정책을 수립한다면 수립된 계획이나 정책은 문제의 해결 보다는 오히려 문제를 악화시킬 가능성이 높다고 할 수 있다. 도시나 지역이 가지고 있는 문제를 정확하게 이해하기 위해서는 무엇보다도 현실에 대한 분석이 먼저 되어야 한다. 왜냐하면 분석을 통해 문제가 구체적으로 나타나기 때문이다. 이는 분석이 도시 및 지역계획 또는 정책 수립 과정에서 매우 중요한 부분을 차지함을 의미한다.

또한 도시나 지역의 계획 및 개발과정에서 중요한 것이 바로 예측이다. 왜냐하면 유효한 정책은 계획의 틀 안에서 도출되며, 계획은 바로 예측된 장래의 정보를 바탕으로 이루어지기 때문이다. 그러므로 장래에 대한 정확한 예측은 혼란을 방지하고 제한된 자원을 효율적으로 활용하기 위해서는 필수적인 것이다. 예를 들어, 도시나 지역의 계획시설 규모는 예측된 인구를 바탕으로 통상적으로 결정된다. 만일 여기서 장래의 실제인구가 예측된 인구보다 적다면 공급된 시설 중 일부는 유휴시설이 되고 이에 따라 자원은 낭비되는 것이다. 반대로 장래인구가 예측된 인구보다 많은 경우 공급된 시설에는 혼잡이 발생하여 사회적으로 자원은 비효율적으로 활용되는 것이다. 따라서 자원의 효율적 활용을 위해 예측의 정확성은 아무리 강조해도 오히려 부족하다고 할 수 있다.

본 서에서는 도시나 지역의 문제를 이해하고 계획하는 데 필요한 분석 및 예측 방법을 총 5편 14장으로 구성하여 소개하였다. 본 서에서 편과 장의 구분은 기본적으로 지역에서 제공할 수 있는 자료의 수준에 따라 이루어진 것이다. 각 편에서 다루어지는 중심 내용만 간략하게 소개하면 다음과 같다. 제 I 편은 추세연장법에 대해 설명하였다. 이 방법은 과거에서부터 현재에 이르기까지 지역에서 나타난 인구변화를 바탕으로 지역에 대한 인구추정식을 결정하고 이를 단순히 시간에 대해 연장함으로써 지역의 인구를 예측하는 것이다. 제Ⅱ편은 조성법과 조성법의 응용에 대해 설명하였다. 조성법은 지역의 인구성장을 자연성장과 사회성장으로 구분하고, 이를 다시 성별, 그리고 연령별로 구분하여 지역을 분석하고 예측하는 방법이다. 제Ⅲ편은 지역에서 생산된 재화에 대한 외부지역에서의 수요가 지역의 경제성장을 결정한다는 관점에서 지역경제를 분석하고 예측하는 모형인 지역수출기반모형과 변이할당모형에 대해 설명하였다.

본 서 제Ⅳ편에서는 지역의 성장이 지역에서 생산된 재화에 대한 수요와 산업간 이루어지는 연관관계에 의해 결정된다는 관점하에 투입산출모형을 전국과 지역으로 구분하여 설명하였다. 그리고 제Ⅴ편에서는 경제를 구성하는 부문들의 거래를 생산과 소득, 그리고 소비의 관점에서 종합적으로 나타내는 사회회계행렬과 이를 바탕으로 수립되는 연산 일반균형모형을 전국모형과 다지역모형으로 구분하여 설명하였다. 좀 더 구체적으로 말해 여기서는 연산 일반균형모형을 폐쇄경제의 전국모형과 개방경제의 전국모형, 그리고 개방경제의 다지역모형으로 나누어 설명함으로써 독자들이 모형을 보다 잘 이해하도록 하였다.

위와 같이 구성된 본 서는 도시나 지역을 포함한 공간의 문제를 다루는 학과의 대학생과 대학원생, 그리고 계획 및 개발 분야에 종사하는 실무자들을 위해 쓰여진 책이다. 이 책은 저자가 몇 해 전에 쓴 분석과 예측을 바탕으로 내용을 보완하고, 그 동안 강의하고 연구해온 내용을 첨가하여 종합한 것이다. 특히 본 서는 다양한 모형의 소개와 함께 모형이 현실에 어떻게 적용될 수 있는지에 중점을 두어 설명함으로써 독자들이 현실적인 관점에서 모형을 이해할 수 있도록 하였다. 아무쪼록 본 서가 성숙되어 가는 지방화 시대에 사는 학생들과 실무자들에게 조금이라도 도움이 될 것을 기대하는 바이다.

본 서를 저술함에 있어 마지막 교정단계에서 많은 도움을 준 임재영 군과 윤갑식 군, 그리고 한양대학교 도시공학과 내 지역개발연구실 대학원생들에게 감사의 뜻을 선한다. 그리고 부족한 책을 출판하게 해 수신 기문당 강해작 사장님과 여러 담당자들께 깊은 감사를 드린다.

저자가 오늘에 있기까지 하염없는 격려와 사랑으로 보살펴 주신 부모님께 감사드리며, 본 서가 출판되기까지 꾸준한 인내와 격려, 그리고 기도로 도와준 아내에게 감사를 전한다. 또한 저자가 함께 많은 시간을 갖지 못했지만 밝고 건강하며 바르게 자란 수정이와 형종이에게 저자는 한없이 그들을 사랑하고 자랑스럽게 생각함을 전하고자 한다.

마지막으로 부족한 저자에게 늘 건강과 지혜, 그리고 능력을 주시고 이 모든 것을 이루어주게 하신 하나님께 모든 영광을 돌린다.

2005년 8월

행당동에서 저자 씀

차 례

제 Ⅱ 편 조성법

제04장 조성법

제05장 조성법을 이용한 인구예측

제 Ⅲ 편 경제분석기법

제06장 지역 수출기반모형

제07장 지역 수출기반모형의 평가와 지역경제 예측

제 01 장

서 론 : 지역개념과 본서의 구조

1.1 지역이란

지역경제학에서 소개되는 많은 이론들을 이해하는 데 있어 가장 기본적인 것은 바로 지역 자체에 대한 이해이다. 그러나 지역을 한 문장으로 무엇이다라고 말할 사람은 그리 많지 않다. 왜냐하면 지역은 정의조차 학자들 사이에서 분분할 정도로 복잡하기 때문이다. 지역의 구성요소가 지리적, 경제적, 사회적, 행정적, 그리고 역사·문화적으로 다양하다는 사실이 지역을 설명하는 데 어려움을 발생시킨다. 이러한 어려움 때문에 지역을 정의하고 지역들을 구분하는 것은 Richardson(1978)의 표현과 같이 악몽과 같은 것이라 할 수 있다. 다시말해 지역 자체를 이해하기가 쉽지 않으며, 완전하게 지역을 정의할 수 있는 사람도, 그리고 그러한 방법도 없다고 해도 과언이 아니다.

Czamanski(1973)는 지역이란 국가를 구성하는 공간단위이며, 외부지역과 밀접한 연관관계를 맺으면서도 독립적인 기능을 발휘할 수 있을 정도의 종합적인 구조를 갖춘 공간이라고 설명한다. 이러한 Czamanski의 설명은 언뜻 무난해 보이지만 지역의 공간범위나 타 지역과의 구분 근거에 대한 본질적인 설명이 포함되지 않은 한계가 있다. 즉 그의 설명에서 외부지역은 어느 공간에 위치한 지역을 말하며, 그 지역에 속한 공간은 어디부터 시작하는가를 생각해보면 문제가 그리 간단해 보이지 않는다. 사실 공간은 물리적으로 조각조각 단절된 것이 아니라 끊김 없이 연속된 특징을 갖는다. 이러한 특징 때문에 같은 지역이라고 하면 그 지역에 속한 공간은 서로 연속적이어야 하며, 서로 멀리 떨어진 공간들을 하나로 묶어 지역이라고 말할 수는 없는 것이다. 공간의 연속성(continuity)을 고려한다면 '지역을 어떻게 구분하며, 그 구분의 기준은 무엇인가?' 하는 것이 지역을 정의하는 데 있어 핵심이라고 할 수 있다.

지역의 개념에는 구체성과 모호함이 동시에 내포되어 있다. 먼저 여기서 말하는 구체성이란 바로 지역이 허구가 아니라 세상에 실제로 존재하는 지리적 실체(geographical entity)라는 것이다. 예를 들면 수도권 지역이라고 하였을 때 수도권 지역이 한반도에서 구체적으로 어느 곳에 위치하고 있는지 한국에 거주하는 사람이라면 모두 알 수 있을 것이다. 마찬가지로 태백권 지역이라고 하면 그 지역이 강원도에 위치하고 있는 곳임을 우리 모두는 잘 알고 있다. 이와 같이 지역은 지리적으로 실제 존재하는 공간이기 때문에 지역의 개념에는 기본적으로 구체성이 있는 것이다.

반면 지역의 개념에는 모호함도 함께 포함되어 있다. 그 모호함이란 지역의 공간적 범위를 구분짓는 경계를 정할 때 발생한다. 지역과 다른 지역을 공간적으로 구분할 때, 경계를 어떻게 정할 것이며, 그 기준은 무엇인가 하는 것이다. 예를 들어 사람들에게 색연필을 주고 행정경계가 표시되지 않은 지도에 수도권 지역이나 태백권 지역의 공간적 범위를 표시하라고 한다면 과연 몇 사람이나 정확하게 지역의 경계를 표시할 수 있을 것인가? 지도에 수도권 지역이나 태백권 지역의 공간범위를 개략적으로 표시할 사람들은 있겠지만 행정구역의 경계를 정확하게 표시할 사람은 아마 드물 것이다. 이와 같이 지역의 개념에는 경계구분의 모호함이 존재하는 것이다.

지역간 경계구분의 모호함이 지역을 정의하는 데 어려움을 주며 지역학자들을 곤혹스럽게 만든다. 그러나 지역경계를 설정하는 데 있어 분명하고 합리적인 기준이 수립된다면 문제는 쉽게 해결될 수 있다. 이에 대해 관련문헌을 보면 지역의 공간범위는 3가지 기준에 의해 구분되며, 각 기준을 바탕으로 지역은 정의된다(Richardson, 1978). 여기서 말하는 3가지 기준이란 바로 동질성(homogeneity)과 응집성(cohesiveness), 그리고 동일한 정책수단의 적용이다. 이러한 근거에 의해 지역은 각각 동질지역(homogeneous region), 결절지역(nodal region), 그리고 계획지역(planning region)으로 구분된다.

위와 같은 지역의 구분은 중요하다. 왜냐하면 지역을 어떻게 정의할 것인가에 따라 지역분석에 요구되는 이론이나 모형의 선택이 달라지기 때문이다. 강조하자면, 지역이란 연구자들의 연구 목적에 따라 달리 정의될 수 있으므로 동질지역, 결정지역, 그리고 계획지역 중 어떤 지역이 가장 정확한 지역이라고 말하기는 어렵다. 그러면 각 지역에 대해 좀 더 자세히 살펴보자.

1.1.1 동질지역

지역의 공간범위는 동질성에 의해 구분될 수 있다. 동질성이란 특정한 관점에서 공간들이 갖는 공통된 특성을 의미한다. 그리고 그러한 동질적 공간들이 모여 구성된 지역을 동질지역이라 한다. 따라서 동질지역에 포함되지 않는 공간은 타 지역으로 분류되며, 이는 동질지역들 사이에는 이질성(heterogeneity)이 존재함을 의미한다. 즉 지역은 내부적으로는 동질성으로, 그리고 외부적으로는 이질성으로 경계가 결정된다. 동질성 관점으로부터 '지역은 동질성으로 구분되는 지리적인 실체'로 정의되며, 이러한 정의를 바탕으로 한 지역이 동질지역이다.

어떤 공간들이 특정한 관점에서 동질성을 갖고 있다면 그 공간들은 하나의 동질지역으로 간주된다. 여기서 특정 관점이란 연구자들의 연구목적에 따라 다양하다. 예를 들면 자연환경관점에서 보면 지역은 농촌지역, 탄광지역, 평야지역, 산악지역 등으로 구분될 수 있다. 산업에 투입되는 생산요소의 집중도측면에서 지역은 자본집약산업집중 지역 또는 노동집약산업집중 지역으로 구분될 수 있다. 또는 산업의 특성에 따라 첨단산업지역과 전통산업지역으로, 그리고 경제의 성장속도에 의해 발전지역, 정체지역, 그리고 쇠퇴지역으로 분류될 수 있다. 문화의 특성에 따라 지역은 백제문화권 지역, 신라문화권 지역, 가야문화권 지역으로, 그리고 언어의 특성에 따라 강원언어권 지역, 충청언어권 지역, 전라언어권 지역, 그리고 경상언어권 지역으로 구분될 수 있다. 물론 행정서비스의 제공주체에 따라 경기도지역, 강원도지역 등으로 구분될 수도 있다.

위와 같이 동질성을 보는 관점에 따라 지역은 다양하게 분류될 수 있다. 따라서 어느 한 관점에 의해 어떤 공간이 다른 공간과 함께 동질지역으로 묶일 수 있지만 다른 관점에서는 서로 다른 지역으로 구별될 수 있다. 예를 들면 소득수준, 산업구조나 경제규모 등과 같은 경제적 관점에서 보면 공간 A와 공간 B는 함께 동질지역으로 포함될 수 있다. 그러나 언어나 문화와 같은 관점에서 이 두 공간이 서로 이질적인 경우 이 두 공간은 서로 다른 지역이 된다.

그림 1.1
동질지역의
구분개념

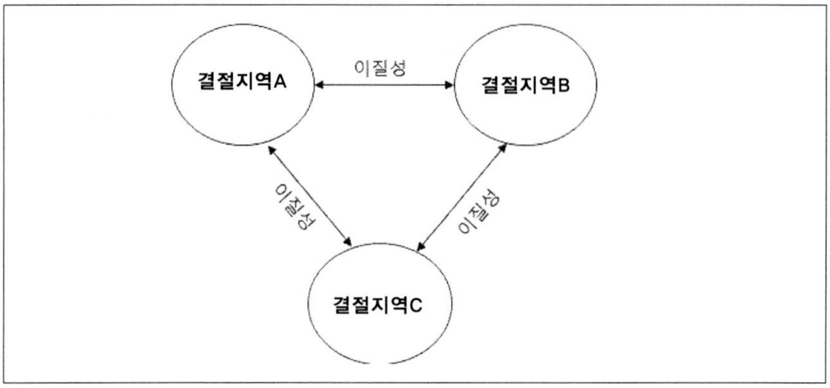

요약하면, 동질지역은 지역내 동질성과 지역간 이질성에 의해 공간범위가 결정된다. 여기서 동질지역을 주장하는 지역경제학자들은 지역간 이질성을 부각시키기 위해 지역내 공간들의 동질성의 차이를 무시하는 관점을 취해 왔다. 지역내 동질성의 차이를 무시한다는 것은 바로 지역내 공간 특성을 고려하지 않음을 의미한다. 이러한 관점으로 인해 지역경제 관련 문헌을 보면 동질지역은 종종 지역내 공간특성이 무시된 점과 같은 공간경제(point economy), 달리 표현하면 무공간의 공간경제(spaceless spatial economy)로 취급되었다. 따라서 점 경제를 바탕으로 한 지역경제 모형에서는 지역내 공간이나 거리의 역할을 원칙적으로 반영할 수 없는 한계가 있게 된다.

1.1.2 결절지역

지역의 공간범위는 응집성에 의해 결정될 수도 있다. 여기서 응집성이란 공간 사이의 상호 의존성에 의해 이루어지는 것으로 겉으로는 인적, 물적 흐름(flow)으로 나타난다. 그리고 그러한 흐름들이 최종적으로 응집되는 장소에 따라 지역의 공간범위는 구분될 수 있다. 만일 지역의 공간범위가 응집성으로 결정된다면 '지역은 응집성으로 구분되는 지리적인 실체'로 정의된다. 그리고 응집성으로 구분되는 공간을 결절지역(nodal region)이라고 한다. 결절지역의 경우 지역간 이질성은 거의 무시되는 반면 지역내 공간들의 상호의존성은 중요하게 고려된다.

결절지역에서도 기본 질문은 '어떤 공간이 어느 지역에 포함될 것인가?, 그리고 그 기준은 무엇인가?' 하는 것이다. 결절지역은 근본적으로 공간과 공간 사이에서 이루어지는 기능적 연관관계에 초점을 맞추어 구분된 지역이다. 이러한 특징으로 인해 결절지역을 기능지역(functional region)이라 부르기도 한다. 결절지역에 대한 개념은 Isard(1956)에서 찾아 볼 수 있다. 지상에서 일어나는 모든 흐름을 볼 수 있는 초능력을 소유한 사람이 지상 1,000m 높이에서 땅을 본다면 그는 어떤 흐름을 발견할 수 있을 것인가? 아마 그가 가장 먼저 발견할 수 있는 것은 통근과 통학을 비롯한 다양한 목적을 위해 이동하는 보행자와 차량의 거대한 흐름일 것이다. 또한 복잡하게 얽힌 유선과 무선 등의 네트워크에서 일어나는 통화나 정보 및 자본, 그리고 전기의 흐름도 발견할 수 있을 것이다. 이외에도 학교나 연구소에서 일어나는 지식의 흐름이나 공기와 하천의 흐름, 땅속에 매설된 관을 통해 흐르는 상수도와 하수도, 석유와 가스 등의 흐름도 발견할 수 있을 것이다.

위와 같이 초능력자가 보게 될 지상에서의 다양한 흐름들은 무분별하게 방향 없이 흘러가는 것이 아니라 나름대로의 규칙성과 방향성이 있다. 즉 대부분의 흐름은 시작과 끝이 있으며 흐름도 매우 규칙적이라는 것이다. 흐름들이 규칙적인 이유는 바로 공간상에서 일어나는 활동들간 일정한 기능적 연관관계가 존재하기 때문이다. 초능력을 보유한 사람이 발견하게 될 다양한 흐름의 시작점과 종점을 그림으로 나타내면 그림 1.2와 같을 것이다. 그림에서와 같이 다양한 흐름들은 소수의 결절점으로 응집되며, 그러한 흐름들로부터 응집되는 공간과 주변공간들 사이의 상호 기능적 연관관계도 나타나게 된다. 공간들의 연관 정도를 바탕으로 지역은 구분될 수 있는데, 그것이 위에서 언급한 결절지역이다.

그림 1.2
결절지역 구분의 개념

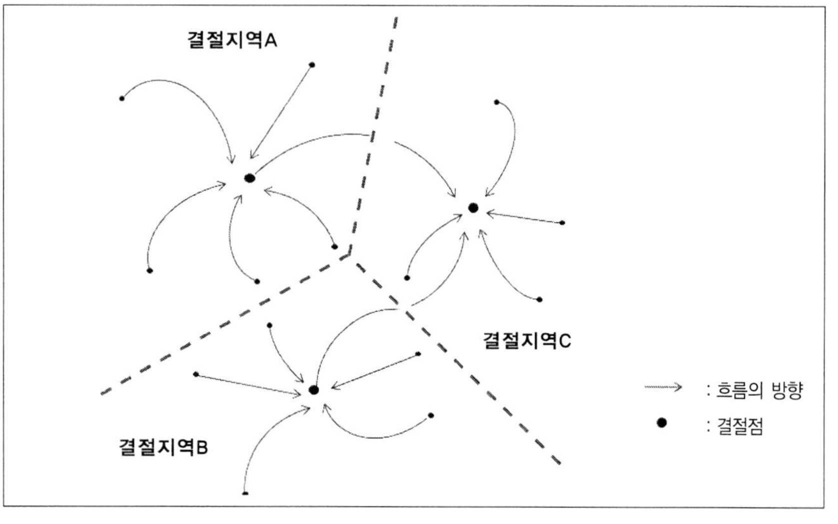

요약하면 결절지역이란 다양한 흐름이 응집되는 장소를 기준으로 공간적 범위가 결정되는 지역이다. 대부분의 도시경제학자나 교통학자는 지역을 결절지역으로 전제한다. 왜냐하면 지역내 인적·물적 흐름으로부터 도시의 공간구조 형성이나 도시주민의 효용수준 결정 등에서 거리와 교통비용의 역할을 구체적으로 반영할 수 있기 때문이다. 또한 교통학자들은 결절지역을 흐름에 기준한 교통존(traffic zone)으로 부르기도 한다.

1.1.3 계획지역

계획지역이란 계획 및 정책이 동일하게 집행되는 공간이다. 여기서 동일한 계획 및 정책이 바로 지역내 공간을 단일화시키는 힘(unifying force)이라 할 수 있다. 계획지역은 Richardson(1978)이 지적하였듯이 계획경제, 즉 사회주의 체계의 특징을 갖는다. 정부는 어떤 국가의 목적을 달성하기 위해 특정 공간들을 계획지역으로 지정하여 역할과 기능을 부여할 수 있다. 이 경우 계획지역으로 묶인 공간들은 하나의 동일한 계획목표와 계획수단이 적용되는 공간이 된다. 따라서 계획지역이란 바로 '동일한 계획수단의 적용 여부로 구분되는 지리적인 실체'로 정의된다.

언급한 바와 같이 계획지역은 공간들 사이의 동질성이나 기능적 연관관계를 고려하여 구분된 것이 아니라 계획수단의 적용 여부에 의해 구분된 공간이다. 그러므로 계획지역의 공간범위는 일률적인 것이 아니라 계획의 목적과 성격에 따라 달라진다. 예를 들면 계획의 목적이 탄광지역을 특별하게 개발·관리하고자 하는 것이라면 계획지역의 범위는 탄광지역 중심의 공간이 된다. 그러나 고속도로나 다목적 댐 건설 등에 있어 계획지역은 여러 지역을 포함한 상대적으로 광범위한 공간이 된다.

그림 1.3
계획지역 구분의 개념

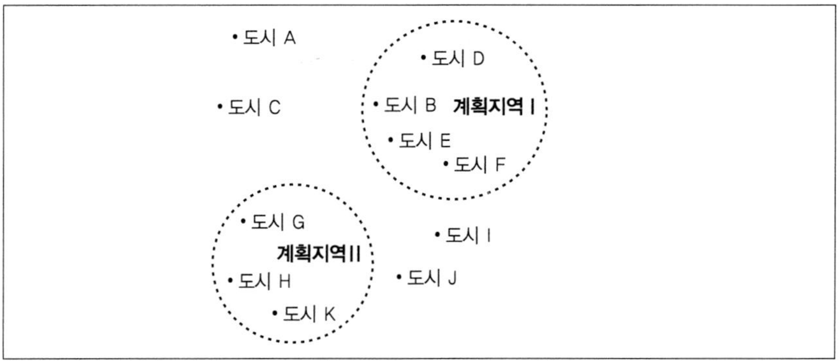

계획지역을 결정하는 데 있어 핵심은 계획집행과 데이터 수집, 그리고 계획의 효과 분석 등에 있어 용이성이라고 할 수 있다. 자료가 계획지역별로 수집된다는 것은 수립된 계획이 그 지역에 미치는 효과를 분석하는 데 용이하게 할 뿐만 아니라 집행과정을 모니터링하는 데 있어서도 효과적이다. 그러나 계획지역의 문제는 공간범위와 지역내 주민들의 생활권이 일치하지 않는 경우에 발생한다. 계획지역의 공간범위가 실제 주민들의 생활권과 다를 경우, 계획지역으로부터 수집된 자료와 그를 바탕으로 한 분석 결과는 실제와 다르게 나타난다. 이런 경우 계획이나 정책은 정확한 현실에 기초하지 못하므로 원래 의도했던 목표달성이 어렵게 되고 종국적으로 실패로 끝날 가능성이 높다. 이와 같이 계획지역의 공간범위와 실제 생활권 사이의 불일치 가능성이 계획지역의 가장 큰 문제라고 할 수 있다. 따라서 계획가는 이를 유의해서 지역을 구분하여야 한다.

1.2 지역과 국가

지역이 독립된 기능을 발휘할 수 있는 공간단위라 할 때 개념적으로 지역과 국가와의 차이에 대한 혼란이 발생할 수도 있다. 또한 종종 경제학자들은 지역경제를 세계에서 지리적으로 인접한 특정 국가들의 집합체로 보는 경향도 있다. 예를 들면 한국과 중국, 일본으로 구성된 동북아경제권, 북미자유무역협정(North American Free Trade Agreement)으로 묶이는 미국, 캐나다, 그리고 멕시코의 북미경제권, 그리고 유럽 국가들의 EU(Europe Union)경제권 등은 세계경제 관점에서 볼 때 모두 지역경제라고 할 수 있다. 이러한 개념상의 혼란에 대해 다음과 같은 질문이 제기될 수 있다. 즉 지역경제를 국민경제나 동북아경제권과 같은 초국가경제(supra-national economy)와 어떻게 구분할 것인가 하는 것이다. 이를 위해서는 무엇보다도 지역과 국가의 차이에 대한 이해가 우선되어야 한다.

지역과 국가 사이에는 뚜렷한 차이가 존재한다. 가장 분명한 차이는 개방성의 정도이다. Ohlin(1933)이 지적한 바와 같이 생산요소나 제품의 이동은 국가간 보다는 지역간에서 보다 활발하게 이루어진다. 왜냐하면 지역간 이동에는 이주 제한이나 관세 등과 같이 인위적으로 이동을 제약하는 제도가 존재하지 않기 때문이다. 예를 들어 인구의 이동을 생각해 보자. 지방에서 서울로 통근 또는 통학하는 사람들을 막을 제도적 수단은 없다. 그 이유는 자유국가에서 개인의 자유로운 지역간 이동은 기본적으로 보장된 권리이기 때문이다.

반면 미국이나 유럽 등의 해외국가에서 취업이나 유학을 위해 이동하려 한다면 그러한 이동에는 많은 제약이 있게 된다. 해외로 이동하기 위해서는 다양한 수속과정이 필요하며, 많은 시간과 비용도 투입되어야 한다. 구체적으로 말해, 이동하려는 국가의 기업이나 학교에서 초청장 또는 입학허가서를 먼저 받아야 하며, 다음으로 해당 국가의 대사관에서 취업 또는 유학에 합당한 비자(VISA)를 발급받아야 한다. 만일 합당한 비자를 발급받지 못한다면 국가간 이동은 근본적으로 어렵게 된다. 또한 비자에는 유효기간이 있어 그 기간이 초과되면 다시 귀국해야 한다. 이와 같이 해외로의 이동은 지역간 이동에 비해 많은 제약이 존재한다. 인구이동뿐만 아니라 자금의 이동도 국가간 보다는 지역간이 보다 원활하다. 왜냐하면 지역간 자금의 흐름은 규제 자체가 되지 않으며, 이동에 따른 신고나 화폐교환의 필요성도 없기 때문이다.

제품에 있어서도 국가간 이동은 지역간 이동보다 제약이 많이 존재한다. 제품에 부과되는 관세와 이동에 따른 물류비는 제품의 가격을 상승시키고, 이로 인해 제품을 생산하는 국가에서와 소비하는 국가에서의 수요 차이가 있게 된다. 그러한 수요의 차이는 그 만큼 국가간 제품의 이동이 제약받음을 반영하는 것이라 할 수 있다. 물론 오늘날에는 생산요소나 제품의 국가간 이동을 제약했던 기존 제도가 철폐 또는 크게 완화되는 추세이다. 예를 들면 다자간 무역협상기구인 WTO(world trade organization)의 출범과 국가간 자유무역협정(free trade agreement) 등으로 인해 관세철폐가 이루어지고 있으며, 또한 다국적 회사의 출범이나 외국인 출자제한과 같은 규제가 철폐 또는 완화되면서 제품이나 자본의 이동이 과거에 비해 보다 원활해졌다. 이러한 면을 생각해 보면 오늘날 경제측면에서 국경의 의미는 많이 약화되었다고 할 수 있다.

국경의 의미가 약해졌다고 할지라도 국가의 경계를 넘는 것은 지역경계를 넘는 것과는 달리 또 다른 차원의 장애를 극복해야 한다. 구체적으로 이민자에 대한 할당제도(quotas), 입국 검사(immigration control), 수출 · 입에 대한 license 제도, 자본 유입 및 이출에 대한 신고 또는 제한 등이 이에 해당된다. 이러한 제도 때문에 국가간 생산요소 및 제품의 이동은 오늘날에도 여전히 제약을 받는다. 단적으로 말해, 인구와 자본, 그리고 제품의 이동성은 지역과 국가에서 뚜렷한 차이가 있다.

경제성장, 물가안정, 지역인구 및 자원의 배분, 그리고 환경보존 수준 등과 같은 정책에 있어서도 국가와 지역 간에는 차이가 존재한다. 지역정책은 목표와 내용면에서 국가정책과 항상 동일하지 않다. 예를 들어 인플레이션(inflation)의 억제는 국가정책에 있어 중요한 부분을 차지하지만 일반적으로 지역정책의 목적이 되지 않는다. 왜냐하면 인플레이션은 근본적으로 생산비용의 상승으로부터 오며, 생산비용에 대한 영향은 대부분 전국적인 차원에서 일어나기 때문이다. 또한 인구가 지속적으로 감소하는 지역의 경우 지역정부의 인구유출 최소화 전략은 중앙정부의 정책과 상반된 정책일 수 있다. 중앙정부는 환경보존의 이유로 특정지역의 개발을 제한하는 정책을 수립할 수 있지만 해당지역에서는 지역의 경제성장을 위한 개발정책을 추구할 수도 있다. 이와 같이 정책측면에서 볼 때도 지역과 국가 사이에는 차이가 존재한다.

경제성장의 속도 측면에서도 국가와 지역 간에는 차이가 있다. 일반적으로 지역의 경제성장 범위는 전국의 경제성장에 비해 크게 나타난다. 왜냐하면 지역의 성장은 자본 및 노동과 같은 생산요소의 이동결과로 나타나며, 지역간 생산요소의 이동은 앞에서 설명하였듯이 자유롭기 때문이다. 즉 인구와 자본 같은 생산요소의 이동으로 인해 지역 사이에는 경제규모와 성장수준의 차이가 국가 전체에 비해 상대적으로 크게 발생한다.

표 1.1은 지난 8년간(2005~2013년) 우리나라의 인구와 국내 총생산(gross domestic product), 광역자치단체의 지역내 총생산(gross regional domestic product), 그리고 각각의 성장률을 요약한 것이다. 표에 보이듯이 우리나라의 인구는 관찰기간 동안 전체적으로 연평균 0.59%로 성장하였지만 이를 지역별로 보면 인구가 성장하는 지역과 감소하는 지역이 동시에 있음을 알 수 있다. 경기도와 인천광역시는 각각 연평균 1.69%와 1.28%로 높게 성장한 반면 전라남도와 부산광역시는 각각 0.39%와 0.38%로 인구가 오히려 크게 감소하였다. 이러한 현상은 GDP와 GRDP의 경우도 마찬가지이다. 같은

기간 동안 우리나라 GDP는 연평균 3.59%로 성장하였으나 지역별로 보면 차이가 있음을 알 수 있다. 충청남도와 경기도의 GRDP는 각각 연평균 6.23%와 5.09%로 높은 성장을 하였으나 울산광역시와 부산광역시는 각각 연평균 2.18%와 2.24%로 낮은 성장을 하였다. 이와 같이 경제성장에 있어서도 전국에 비해 지역간 성장의 차이는 상대적으로 크게 나타난다.

표 1.1 우리나라 인구 및 지역내 총생산 (단위 : 천 명, 십억 원)

구분	인구			GRDP		
	2005년	2013년	연평균 성장률	2005년	2013년	연평균 성장률
전국	48,782	51,141	0.59 %	920,028	1,430,255	3.59 %
서울	10,167	10,144	−0.03 %	220,236	318,607	2.50 %
부산	3,638	3,528	−0.38 %	50,611	70,338	2.24 %
대구	2,511	2,502	−0.05 %	30,767	44,754	2.83 %
인천	2,600	2,880	1.28 %	44,164	64,654	3.30 %
광주	1,402	1,473	0.62 %	19,236	29,763	3.31 %
대전	1,455	1,533	0.66 %	20,442	31,456	2.69 %
울산	1,088	1,156	0.77 %	43,381	68,348	2.18 %
경기	10,697	12,235	1.69 %	185,777	313,671	5.09 %
강원	1,513	1,542	0.24 %	23,556	35,357	3.20 %
충북	1,489	1,573	0.69 %	27,576	47,402	5.15 %
충남	1,963	2,048	0.54 %	51,307	99,154	6.23 %
전북	1,885	1,873	−0.08 %	26,570	42,513	2.99 %
전남	1,967	1,907	−0.39 %	42,925	62,289	2.68 %
경북	2,688	2,699	0.05 %	61,827	89,132	3.11 %
경남	3,160	3,334	0.67 %	63,402	99,619	3.86 %
제주	558	594	0.79 %	8,250	13,198	3.93 %

자료 : 통계청, 인구는 주민등록 인구통계 기준임.

지역과 국가의 차이를 인식한다는 것은 지역을 정의하는 경우와 마찬가지로 이론이나 모형 선택에 있어 중요한 의미를 갖는다. 왜냐하면 인식에 따라 이론이나 모형에서 접근방법이 달라지기 때문이다. 지역의 개방성이 바로 지역의 본질임을 인식한다면 분명 국가를 구성하는 지역들을 태평양 상에 떠 있는 섬과 같이 외부로부터 고립된 체계로 취급될 수는 없다. 대외적으로 외부와 고립된 폐쇄경제는 국가를 단위로 한 거시경제 모형으로 구축될 수 있지만 지역모형에는 적용될 수 없는 가정이다. 그러므로 지역은 생산요소와 제품의 이동이 자유로운 개방경제(open-economy)로 가정되어야 한다. 그러나 전국을 폐쇄경제(closed economy)로 가정하는 경우도 있다(물론 앞서 언급하였듯이 오늘날 국가간 교역이 전에 비해 자유로워지면서 국가를 폐쇄경제로 보는 가정도 현실적으로 무리가 있다고 할 수 있다.). 문헌을 살펴보아도 국민경제를 폐쇄경제로 가정한 연구는 있지만 지역경제를 폐쇄경제로 가정한 연구는 거의 없는 실정이다. 만일 지역을 폐쇄경제로 전제하여 분석이 진행된다면 그 연구결과는 엄밀히 말해 현실성이 떨어진다고 할 수 있다.

본 서에서 말하는 지역이란 국가를 구성하는 공간단위이면서 독립적인 경제활동을 영위하는 공간단위로 전제한다. 이러한 지역의 최소단위는 행정적으로 우리나라에서는 군(郡)이 되며, 미국에서는 county가 된다. 따라서 같은 거리를 이동한다고 해도 지역 내에서 일어나는 이동과 지역의 경계를 넘는 이동은 서로 목적이 다를 것이다. 또한 지역내 이동을 주거이동(residential movement)으로, 그리고 지역의 경계를 넘는 이동을 지역간 이동(migration)으로 구별하여 부르기도 한다.

1.3 지역경제학의 주요 분야

앞 절에서는 지역경제의 연구대상이 되는 지역에 대해 설명하였다. 본 절에서는 지역경제학의 주 관심 분야에 대해 살펴보기로 하자. 지역경제학이란 과연 어떤 분야인가? 이에 대해서는 지역경제학자들 사이에 다양한 의견이 있을 수 있다. 그 중에서 Hoover와 Giarratani(1984)는 지역경제학을 다음과 같이 간단하고 명료한 질문으로 설명하고 있다.

Regional or spatial economics might be summed up in the question 'What is where and why and so what?'(Hoover and Giarratani, 1984, p.3)

위와 같이 Hoover와 Giarrantani는 지역경제학을 '어디에 무엇이 있으며, 왜 그러며, 그것이 과연 무엇을 의미하는가?'를 탐구하는 학문으로 정의하고 있다. 그들의 설명에서 알 수 있듯이 지역경제학의 시작은 바로 공간의 인식에서 출발한다. 즉 '어디에(where)'는 지역경제의 시작이 바로 공간의 인식에 있음을 가리키는 것이다. 다음으로 인식된 공간에서 발생하는 현상을 주목하는 것이 '무엇(what)'이다. 이는 공간상에서 발생하는 문제의 활동이나 사회적 이슈가 되는 현상을 의미한다. 예를 들면 경제력 집중으로 인한 집적경제와 불경제, 국토의 균형과 불균형 발전, 발전지역과 낙후지역, 공간적 형태의 유사성과 특이성, 산업특화와 다양성, 개발과 환경보존 등 다양한 현상들이 여기에 포함된다.

'왜 그런가(why)'는 특정 공간에서 발생하는 현상을 어떻게 이해할 것인가에 관한 것이다. 겉으로 나타나는 현상을 정확하게 이해하는 것은 중요하다. 왜냐하면 현상의 발생 원인을 정확하게 이해할 때 효과적인 정책수립이 가능하기 때문이다. 문제는 현실이 너무 복잡하여 정확한 현상의 이해가 결코 쉽지 않다는 것이다. 따라서 '왜 그런가'에는 현상이해를 위한 이론이나 모형 개발, 그리고 분석 등이 포함된다. 그러나 현실의 모든 요인을 고려할 수 없기 때문에 이론이나 모형에서는 핵심요인을 중심으로 문제를 분석한다. 그리고 분석된 결과를 바탕으로 현상을 이해하고 문제해결(problem-solving)을 위한 처방을 내리는 것이 바로 '그것은 무엇을 의미하는가(so what)'이다. 여기서 처방이란 정책을 제시하는 것이다. 따라서 이론과 모형의 개발 목적은 궁극적으로 현실이해와 정책수립을 위한 것이라 할 수 있다.

위에서 설명한 Hoover와 Giarratani의 질문을 바탕으로 지역경제학의 주 분야를 구분한다면 크게 3분야, 즉 입지분석, 지역경제분석, 그리고 지역정책이라고 할 수 있다. 먼저 입지분석은 바로 공간을 가장 구체적으로 인식하는 것이기 때문에 지역경제학의 기본이 되는 분야라고 할 수 있다. 입지분석은 한마디로 말해 특정 활동이 왜 특정 공간에 발생하며, 환경이 변화되었을 때 그것이 특정 활동의 입지에 미치는 영향을 분석하는 분야라고 할 수 있다. 이러한 입지분석은 경제학에서 다루기 어려운 분야이다. 왜냐하면 경제학이 기초하고 있는 완전경쟁시장의 원리가 성립하기 위해 필요한 완전이동(perfect mobility)의 가정은 교통비 발생을 근본적으로 배제시키기 때문이다.

입지분석의 핵심은 교통비용이다. 생산자가 제품을 시장으로 이동시킬 때나 소비자가 제품구매를 위해 시장으로 이동할 때 교통비가 발생하게 되고, 이 교통비를 누가 지불할 것인지에 대한 질문으로부터 입지분석은 시작된다.

입지분석은 공간구조분석이나 주거 및 시설 입지 등의 현실 문제를 해결하는 데 있어 많은 기여를 하였다고 할 수 있다. 김홍배(2011)는 교통비의 지불주체를 바탕으로 국토의 중심지체계와 도시 내 공간구조, 그리고 시설의 최적입지 등을 설명하였다. 사실 입지분석 분야는 중심지이론이나 지대이론 등의 고전적인 입지분석을 바탕으로 실로 광범위하게 연구가 이루어져 문헌에 나타난 연구들을 열거한다는 것 자체가 불가능할 정도라 할 수 있다.

지역경제분석 분야는 지역경제학의 발전에 크게 기여한 분야라고 할 수 있다. 과학적이고 합리적인 지역경제이론 및 분석모형을 이용하여 지역문제의 원인들을 정확히 파악하고, 그 결과로부터 의미 있고 효과적인 지역정책들을 제시하였기 때문이다. 지역경제분석 분야에서 가장 널리 사용된 모형이 있다면 그것은 아마 투입산출모형(input-output model)일 것이다. 투입산출모형은 산업별 최종수요의 변화가 국민경제에 미치는 영향을 측정하는 데 매우 효과적이며 종합적인 분석방법이다. 경제를 구성하는 산업들 사이에는 밀접한 연관관계가 존재하며, 그러한 연관관계를 구체적으로 고려하여 경제분석을 하는 모형이 투입산출모형이다.

산업간 연관관계에 공간을 고려하면 지역간-산업간 연관관계는 보다 구체화된다. 지역간-산업간 연관관계가 포함될 때 모형은 다지역투입산출모형(multi-region input-output model)으로 확장된다. 다지역투입산출모형의 적용 분야는 실로 광범위하다. 수요변화의 파급효과분석부터 가격변화의 효과분석, 그리고 에너지나 환경 분야의 정책효과 분석 등 다양한 분야에서 유용하게 이용되고 있다(김홍배, 2012; Miller and Blair, 1984). 우리나라에서도 한국은행(2008)이 2005년 기준의 다지역투입산출표를 최초로 발표한 이래 지금까지 2010년과 2013년의 경제흐름을 바탕으로 다지역투입산출표가 각각 발표되었다(한국은행, 2015). 지역경제분석도 다양한 분야에서 광범위하게 연구가 이루어져 문헌에서 나타나는 연구를 일일이 설명은 불가능할 정도라고 할 수 있다.

지역경제분석 분야에서 모형이나 이론의 개발만큼이나 중요한 것이 있다면 그것은 지역자료의 구축이다. 지역모형을 적용하기 위해서는 무엇보다도 지역자료가 있어야 한다. 아무리 이론적으로 훌륭한 모형이라고 하여도 필요한 자료가 조사되어 있지 않다면, 그 모형의 현실 기여는 낮게 되는 것이다. 이러한 면에서 모형 적용을 위한 자료구축도 지역경제학의 발전에 많은 기여를 하였다고 할 수 있다. 다만, 제품이나 생산요소의 이동이 복잡하기 때문에 지역자료를 정확하게 구축하는 과정에 많은 시간과 비용이 투입되는 것이 문제이다. 그러나 일단 지역자료가 구축되면, 이를 이용하여 다양한 연구가 가능해지고, 결과적으로 새로운 이론이나 모형이 개발되는 등 지역경제학의 영역이 넓어지고 깊어지게 된다.

마지막으로 지역정책 분야이다. 지역정책은 앞에서 언급하였듯이 지역의 문제를 해결하는 수단이다. 그러나 모든 지역이 직면한 환경이 서로 다르고 고유하기 때문에 지역의 문제도 다양하다. 이는 모든 지역문제 해결에 적용할 일반적인 정책이 엄밀히 말해 없음을 의미한다. 그리고 지역정책을 수립하는 데 있어 어려움은 바로 지역문제를 일으키는 원인이 쉽게 파악되지 않는다는 것이다. 의사가 병의 원인을 정확히 진단할 때만이 환자에게 맞는 유효한 처방을 할 수 있는 것과 같이 지역정책도 마찬가지이다. 만일 원인에 대한 진단 없이 겉으로 나타나는 문제만 가지고 지역의 정책을 수립한다면 그것은 실패한 정책이 될 가능성이 높다. 비록 겉으로 나타나는 문제가 유사하다고 할지라도 지역의 특성에 따라 정책은 내용적으로 달라질 수 있다.

예를 들어 낙후지역(depressed region)과 저개발지역(undeveloped region)을 생각해 보자. 낙후지역이나 저개발지역은 일반적으로 낮은 경제성장률, 낮은 생산성, 지역기업의 영세성, 높은 실업률 등으로 특징 지워지는 지역이다. 두 지역에서 나타나는 현상이 서로 유사하지만 사실 지역발전을 위한 처방은 서로 달라야 한다. 왜냐하면 두 지역은 성격상 서로 다른 지역이기 때문이다. 낙후지역이란 한때 경제발전을 이루었으나 그 발전을 지속시키지 못하고 소외되어 쇠퇴 또는 정체 상태에 있는 지역을 말한다. 따라서 낙후지역 내에는 우수한 노동력과 경영전문가들이 있을 수 있으며, 적절한 서비스 부문과 발달된 교통인프라 등을 보유할 수도 있다. 반면, 저개발지역이란 발전을 경험한 적이 없으며, 지역의 모든 면이 평균 이하인 지역이다. 결과적으로 낙후지역에 대한 정책은 내용면에서 저개발지역 정책과는 달라야 한다. 만일 겉으로 나타나는 현상이 유사하다고 하여 동일한 정책을 적용할 때 그 정책은 위에서 언급하였듯이 실패로 끝날 가능성이 높다고 할 수 있다.

지역경제학에서는 지역문제에 대해 실증적 분석결과를 바탕으로 많은 정책과 계획을 제시해 왔다. 여기서 지역의 문제는 공간적 자원배분의 비효율성이나 경제적 쇠퇴 및 낙후뿐만 아니라 성장에 따른 부정적인 외부효과(negative externality), 예를 들면 교통 혼잡, 공해, 쾌적성 감소, 범죄 등 다양한 유형의 문제가 포함된다. 모든 유형의 문제에 대한 처방이 바로 지역정책의 대상이 되는 것이다. 즉 지역문제의 다양성은 바로 지역정책이 다양함을 가리키는 것이다. 지역정책도 입지분석이나 지역경제분석 만큼이나 광범위하게 연구되었다고 할 수 있다.

언급하였듯이 지역경제분석의 목적은 현재 발생하고 있는 지역문제의 원인을 정확하게 진단 및 파악하여 궁극적으로 효과적인 정책방향을 제시하는 것이다. 여기서 중요한 것은 지역의 문제는 현재뿐만 아니라 미래 관점에서도 도출될 수 있다는 것이다. 왜냐하면 지역의 미래상으로부터 지역의 잠재적 문제는 구체적으로 파악될 수 있기 때문이다. 예를 들어 인구가 급격히 증가하는 지역이 있다고 하자. 이 지역의 현재 기반시설 수준이 적절하다고 하여도 미래의 증가된 인구를 서비스하기는 부족할 수 있다. 이러한 경우 지역의 잠재적 문제는 인프라시설의 부족이 되며, 이에 대한 대책수립이 필요하다. 이와 같이 지역의 정책은 현재와 미래를 동시에 고려하여 수립되어야 한다. 그리고 정확한 분석과 예측은 적절한 지역정책을 수립 및 선택하는 데 있어 필수적이다. 이에 본서는 지역경제학의 주요 분야 중 경제분석에 초점을 맞추어 내용을 구성하기로 한다.

1.4 요약 및 본서의 구성

본 장에서는 지역의 개념과 정의, 지역과 국가의 차이점, 그리고 지역경제학의 주요 분야에 대해 설명하였다. 먼저 본 장에서는 지역을 정의하는 데 있어 어려움은 바로 지역의 개념 자체가 구체성과 모호함이 동시에 포함되어 있음에 기인함을 설명하였다. 여기서 말하는 구체성이란 지역은 허구가 아닌 실제적으로 존재하는 지리적인 실체라는 것이며, 모호함이란 지역의 경계 설정에 관한 것이다. 이에 본 장에서는 동질성과 응집성, 그리고 동일한 계획수단의 적용 여부를 바탕으로 지역을 동질지역과 결절지역, 그리고 계획지역으로 구분하여 설명하였다. 그리고 동질지역은 동질성으로 구분되는 지리적인 실체로, 결절지역은 응집성으로 구분되는 지리적인 실체로, 그리고 계획지역은 동일한 계획수단이 적용되는 지리적인 실체로 각각 정의하였다.

지역과 국가의 차이에 대해서도 살펴보았다. 구체적으로 개방성측면, 정책측면, 경제성장의 속도측면, 그리고 개방성에 대한 가정측면 등에서 지역과 국가 사이의 명확한 차이를 설명하였다. 그리고 본서에서 말하는 지역이란 국가를 구성하는 공간단위이며, 독립적인 경제활동을 영위하는 공간단위로 지역의 최소단위는 우리나라의 경우 군(郡)임을 설명하였다.

Hoover와 Giarratani은 지역경제학을 공간인식－현상주목－현상진단 및 분석－문제해결을 위한 정책제시 등을 탐구하는 학문으로 정의하였다. 이러한 정의를 바탕으로 본 장에서는 지역경제학의 주 분야를 입지분석, 지역경제분석, 그리고 지역정책으로 구분하여 설명하였으며, 이 중 본서는 계획과 정책수립을 위해 필요한 분석과 예측에 초점을 맞추어 내용이 구성됨을 설명하였다(참고로 본서에서 소개되는 분석 및 예측모형은 기본적으로 지역에 적용되는 모형들이지만 분석자의 목적에 따라 도시에도 적용될 수 있는 모형도 있다.). 본서는 다음과 같이 제5편 15장으로 구성된다.

	제1장	서론 및 본서의 구조
제 I 편 추세연장법		
	제2장	추세연장법
	제3장	인구추정식의 선택
제 II 편 조성법		
	제4장	조성법
	제5장	조성법을 이용한 인구예측
제 III 편 경제분석기법		
	제6장	지역 수출기반모형
	제7장	지역 수출기반모형의 평가와 지역경제 예측
	제8장	변이할당법
제 IV 편 투입산출모형		
	제9장	투입산출모형
	제10장	지역투입산출모형
	제11장	가격투입산출모형
제 V 편 사회회계행렬과 연산일반균형모형		
	제12장	사회회계행렬
	제13장	연산일반균형모형 I (폐쇄경제 전국모형)
	제14장	연산일반균형모형 II (개방경제 전국모형)
	제15장	다지역 연산일반균형모형(개방경제 다지역모형)

본서에서 소개되는 내용은 지역의 문제를 분석하고 계획 및 정책을 수립하는 데 기본적으로 필요한 분석 및 예측방법으로 구성된다. 그리고 편과 장의 체계는 지역에서 수집할 수 있는 자료의 수준에 따라 구성된 것이다. 따라서 제Ⅰ편의 추세연장법에 필요한 지역자료가 가장 단순하고 수집하기도 용이한 자료라면, 제Ⅴ편의 연산일반균형모형에 필요한 자료가 가장 복잡하고 수집도 어려운 자료라 할 수 있다. 그러면 각 편에서 다루어지는 내용을 간단하게 설명하면 다음과 같다.

제Ⅰ편은 지역을 분석하고 예측하는 데 있어 가장 단순한 기법인 추세연장법을 설명한다. 이 기법은 과거부터 현재까지 인구의 변화를 바탕으로 인구 추정식을 결정하고, 이를 단순히 시간에 대해 연장함으로 지역의 인구를 예측하는 방법이다. 제2장에서는 다양한 형태의 추정식 소개와 추정식을 결정하고 예측하는 방법에 대해, 제3장에서는 최종적으로 지역에 적용할 추정식의 선택방법에 대해 설명한다. 추세연장법은 간편하고 용이하지만 지역의 인구구조에 대한 아무런 정보가 없기 때문에 분석 및 예측에 있어 한계도 크다고 할 수 있다.

제Ⅱ편에서는 조성법이 소개된다. 조성법은 지역의 인구성장을 성별 · 연령별 자연성장과 지역간 인구이동으로 나누어 지역의 인구를 분석하고 예측하는 기법이다. 조성법에 대한 기본 특성은 바로 인구변화의 규칙성에 있다. 이에 제4장에서는 연령별 출생과 사망, 그리고 지역간 인구이동의 규칙성에 대해, 제5장에서는 조성법을 이용한 지역인구의 예측방법에 대해 설명힌다. 또한 조성법을 지역내 주택규모 예측에 적용하여 지역의 주택공급 정책에 대해서도 알아본다. 조성법을 이용한 인구예측에 있어 근본적인 한계는 경제환경의 변화와 인구변화의 직접적인 연결고리가 없다는 것이다.

제Ⅲ편은 지역경제의 분석과 예측모형을 소개한다. 제6장에서는 지역에서 생산된 제품에 대한 외부수요가 지역의 성장을 선도한다는 전제하에 지역경제를 분석하고, 예측하는 지역 수출기반모형(regional export base model)이 설명된다. 이 모형에서의 핵심은 지역의 외부수요, 즉 지역수출량을 계산하는 것이다. 왜냐하면 정확한 지역수출량으로부터 정확한 지역수출승수가 도출되며, 도출된 승수는 지역의 파급효과를 분석하는 데 있어 결정적인 역할을 하기 때문이다. 따라서 정확한 분석을 위해서는 무엇보다도 지역수출량이 정확히 계산되어야 한다.

제6장에서는 지역수출량 계산을 위한 다양한 방법과 모형을 이용하여 지역의 환경변화나 정책의 파급효과를 분석하는 방법이 설명된다. 제7장은 지역수출량을 계산하는 방법에 대한 평가와 지역 수출기반모형을 이용한 예측방법, 모형의 한계에 대해 설명된다. 그리고 제8장에서는 변이할당모형이 소개된다. 이 모형은 지역의 경제성장을 경제성장요인, 산업구조요인, 경쟁요인으로 구분하여 지역경제를 분석하고 예측하는 방법이다. 여기서는 모형과 적용방법, 그리고 모형의 한계 등이 설명된다.

제Ⅳ편은 투입산출모형에 관한 내용으로 구성된다. 투입산출모형을 이해하기 위해서는 무엇보다도 투입산출표의 구조와 특징을 이해해야 한다. 이에 제9장에서는 투입산출표에 대한 자세한 설명이 제공된다. 그리고 산업간 물동량의 흐름으로부터 산업간 연관관계와 승수행렬 도출과정, 그리고 산업별 최종 수요변화의 파급효과분석방법 등을 살펴본다. 제10장은 지역투입산출모형에 대해 설명한다. 지역투입산출모형은 지역간, 산업간 연관관계가 자세히 나타나기 때문에 지역정책의 구체성 측면에서 매우 유용하다고 할 수 있다. 여기서는 지역모형을 단일지역모형과 다지역모형으로 구분하여 지역투입산출표를 작성하는 방법과 분석방법 등이 설명된다. 그리고 제11장은 가격투입산출모형이 소개된다. 가격투입산출모형은 산업별 생산구조를 바탕으로 생산비용의 변화와 같은 경제여건의 변화가 가격에 미치는 영향을 분석하는 유용한 모형이다.

마지막 제Ⅴ편에서는 경제를 구성하는 부문들의 거래를 생산과 소득, 그리고 수요의 관점에서 종합적으로 나타낼 수 있는 사회회계행렬과 이를 바탕으로 구축되는 연산일반균형모형을 소개한다. 먼저 제12장에서는 투입산출표의 한계를 보완하고 확장하여 국민경제의 경제구조와 소득 및 제품의 흐름 등 다양한 정보를 체계적으로 조직화한 표인 사회회계행렬과 이를 이용한 분석에 대해 살펴본다. 그리고 제13장과 제14장에서는 연산일반균형모형이 설명된다. 연산일반균형모형은 구조가 충분히 복잡하며 구축과정도 매우 이론적이다. 그러나 모형의 가장 큰 장점은 모형의 해가 이론적인 해가 아니라 수리적인 해라는 것이다. 즉 모형의 해가 숫자로 나타나기 때문에 해를 구하기 위한 모형구조의 제약은 대폭 해소되며, 이로 인해 계획 및 정책 분야에서 중요한 분석수단으로 널리 활용되고 있다. 먼저 제13장에서는 국민경제를 해외수출과 수입이 없는 폐쇄경제의 전국모형이, 그리고 제14장에서는 수출과 수입이 허용되는 개방경제의 전국모형이 설명된다.

제15장에서는 국민경제를 대외적으로 개방된 다지역경제로 전제하고 수립되는 다지역 연산일반균형모형과 모형을 이용한 정책분석에 대해 살펴본다. 다지역모형의 경우 동일한 산업제품이라고 해도 해당지역에서 생산하는 제품과 다른 지역에서 생산되는 제품, 그리고 해외에서 수입되는 제품들이 모형에서 구별되기 때문에 모형구조는 전국모형에 비해 더욱 복잡해진다. 그러나 모형의 개념과 원리는 전국모형과 거의 동일하기 때문에 다지역모형을 이해하는 데 특별히 개념상의 어려움은 없을 것이다.

언급하였듯이 본서의 제 I 편에서부터 제 V 편에 이르기까지 소개되는 모형들은 구조의 복잡성에 따라 전개된 것이다. 여기서 모형이 복잡화된다는 것은 모형이 정교해졌음을, 즉 모형이 현실적임을 가리키는 것이다. 그러나 여기서 독자들이 명확히 이해해야 할 것은 모형이 아무리 정교화된다고 해서 계획이나 정책의 모든 문제를 해결하는 완벽한 모형은 아니라는 것이다. 모형은 근본적으로 현실을 단순화시킨 것이기 때문에 복잡한 모형과 단순한 모형의 차이는 바로 현실을 단순화시키는 정도 차이라고 이해해야 한다.

제 I 편

추세연장법

제 02 장

추세연장법

2.1 추세연장법이란

추세연장법(trend extrapolation method)은 과거 인구 자료를 이용하여 지역 인구를 예측하는 방법이다. 여기서 사용되는 자료는 두 가지 특징을 갖는다. 첫째, 지역을 구성하는 인구의 성별, 교육수준, 연령 등과 같은 특성이 고려되지 않은 채 단지 지역의 총 인구수만을 나타내는 단순 자료이다. 둘째, 지역성장에 관한 이해, 즉 지역인구를 성장 또는 쇠퇴시킨 요인에 관한 이해의 제공 없이 단지 전체적인 추세만을 나타내는 자료이다. 따라서 추세연장법은 뒤에서 설명되는 지역경제의 특성을 고려한 경제적인 모형보다 이론적으로 취약하다. 그러나 추세연장법은 계획이나 행정의 실무 분야에서 유용하게 사용되는 기법이다. 왜냐하면 사용되는 자료를 구하기 용이하고 계산 과정이 간단하기 때문이다. 특히 시간과 비용이 한정되어 있을 때, 그의 유용함은 더욱 크다.

추세연장법에 의한 인구예측은 그림 2.1에서 보듯이 두 단계의 과정으로 이루어진다. 첫째 단계는 과거 지역의 인구 추세를 설명할 수 있는 식을 결정(curve-fitting)하는 단계이다. 그리고 둘째 단계는 예측 단계이다. 이는 앞 단계에서 결정된 식을 시간에 대해 단순 연장시킴으로써 이루어진다. 첫째 단계에서 결정된 식을 지역인구의 추정식이라 한다(식의 결정에 관한 자세한 내용은 부록 A 2-1을 참조할 것). 추세연장법에서 사용되는 인구추정식의 종류는 다양하며 여기서는 6가지의 식을 소개하기로 한다.

본 장은 3개의 절로 구성된다. 제2절에서는 6가지의 인구추정식에 대해 설명한다. 여기서 설명되는 6가지의 인구추정식은 선형식, 기하곡선식, 포물선식, 수정된 지수곡선식, Gompertz곡선식, 그리고 Logistic곡선식이다. 그리

그림 2.1
추세연장법의 단계

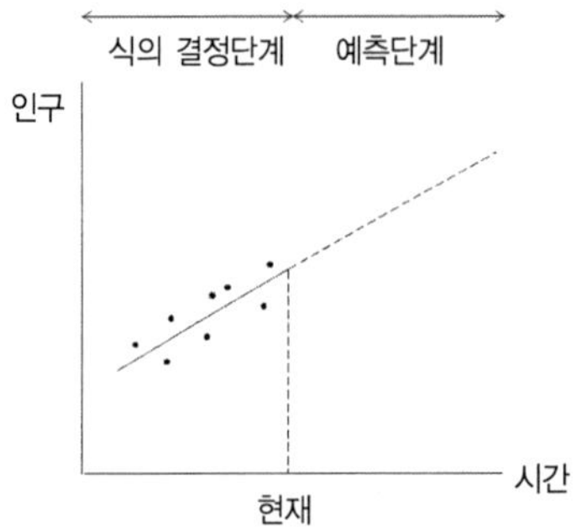

고 제3절에서는 본 장에서 설명된 내용이 요약된다. 또한 본 장 부록에서는 지역의 인구변화가 관찰되었을 때, 관찰된 인구변화로부터 6가지의 인구추정식을 결정하는 과정에 대해 설명한다.

2.2 인구추정식의 종류

2.2.1 선형식

가장 단순하면서도 널리 사용되는 추정식의 형태는 바로 선형식이다. 이 식은 다음 식 (2.1)과 같이 표현된다.

$$P_t = a + bt. \tag{2.1}$$

P_t는 t시점에서 지역의 인구를 나타낸다. 여기서 t는 시간을 나타내는 변수로 보통 '년' 단위로 표시된다. 식 (2.1)에서 a와 b는 시간에 따라 변하지 않은 계수(parameters)인데, 이들은 각각 지역의 초기 인구와 성장 특성을 나타낸다. 즉 계수 a는 $t=0$일 때의 값으로 지역 초기의 인구를 가리킨다. 계수 b는 선형식의 기울기를 나타내며, 이는 시간변화당 지역의 변화된 인구를 가리킨다. 그러므로 계수 b의 부호에 따라 지역은 성장하는 지역($b > 0$), 정체하는 지역($b = 0$), 그리고 쇠퇴하는 지역($b < 0$)으로 구분된다.

선형식에서 지역의 변화되는 인구는 항상 일정한 특징을 가지고 있다. 그러나 실제로 지역의 변화된 인구수가 일정하다는 것은 지역인구를 예측하는 데 적합한 특징은 아니다. 왜냐하면 새롭게 성장하는 지역의 인구는 초기에 급격한 성장(체증적인 성장)을 하지만 시간이 계속되면서 성장 속도가 완만

그림 2.2
계수에 따른
선형식의 형태 구분

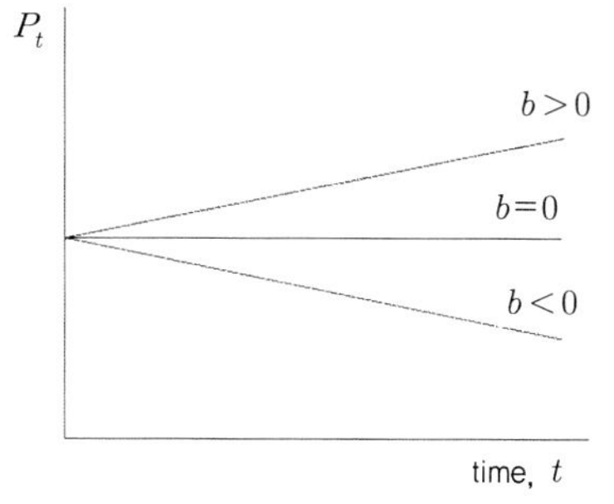

(체감적인 성장)하게 나타나는 것이 일반적인 현상이기 때문이다. 따라서 선형식은 급격히 발전하는 지역에 적응하기보다는 일정한 성장을 경험하는 지역이나 과거로부터 현재까지 낮은 성장을 보이는 지역에 한하여 적용할 수 있다.

2.2.2 기하곡선식

추세연장법에서 널리 사용되는 인구추정식으로는 지수곡선(exponential curve)식 또는 기하곡선(geometric curve)식이 있다. 지수곡선식은 다음과 같이 표현된다.

$$P_t = ae^{bt}. \tag{2.2}$$

여기서 e는 자연지수로 그 값은 2.71828…이다. 그리고 기하곡선식은 다음과 같은 형태를 갖는다.

$$P_t = ab^t. \tag{2.3}$$

식 (2.2)와 (2.3)을 비교하면, 지수곡선식은 기하곡선식의 특정 형태임을 알 수 있다. 그러므로 여기서는 기하곡선식을 중심으로 설명하도록 한다. 기하곡선식은 일정한 성장률 r_t에 의해 성장하는 현상을 설명하는 데 적합하다. 성장률은 다음과 같이 계산된다.

$$P_{t+T} = P_t(1+r)^T,\ \ r = \left(\frac{P_T}{P_t}\right)^{1/T} - 1. \tag{2.4}$$

기하곡선식의 예는 일정한 이자율하에 은행에 예치한 금액의 증가 또는 아무런 자원의 제약이 없다는 가정 하에 생물학상의 인구성장 등일 것이다.

그림 2.3
계수에 따른 기하곡선식의 형태 구분

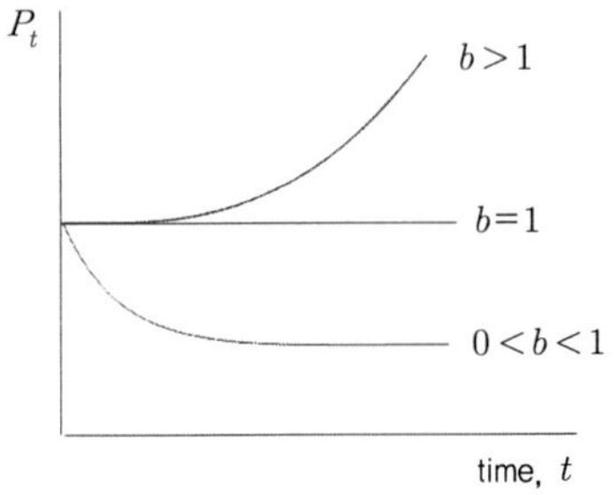

선형식과 마찬가지로 지역성장의 특성은 식 (2.3)에서 b의 값으로 나타난다. 즉 b가 1보다 클 경우 기하곡선은 어떠한 상한선(a upper limit) 없이 계속적으로 성장하는 지역을 가리킨다. 그리고 b가 0과 1 사이에 있을 경우, 기하곡선식은 시간이 경과함에 따라 0으로 접근되므로, 이는 계속해서 쇠퇴하는 지역을 말한다. 그리고 b가 1일 경우, 기하곡선식은 시간에 따라 변하지 않는 정체지역을 말한다.

여기서 선형식과 기하곡선식의 차이를 알아보기 위해 두 식에 의한 인구추정을 비교해 보자. 각 식에 의한 구체적인 인구추정식은 다음과 같으며, 각 식에 의한 인구예측은 표 2.1에 요약되어 있다.

$$P_t = 20{,}000 + 1{,}000t,\ P_t = 20{,}000(1+0.1)^t.$$

표 2.1 선형식과 기하곡선식의 인구예측 비교

구분 / 연도	선형식			기하곡선식		
	인구	성장인구	성장률	인구	성장인구	성장률
0	20,000	······	······	20,000	······	······
1	21,000	1,000	0.050	22,000	2,000	0.100
2	22,000	1,000	0.048	24,200	2,200	0.100
3	23,000	1,000	0.046	26,620	2,420	0.100
4	24,000	1,000	0.044	29,282	2,662	0.100

표 2.1에서 나타나듯이 두 식에서 지역의 초기 인구는 모두 20,000명이다. 그러나 두 식에 의한 인구예측은 뚜렷한 차이를 보이고 있다. 선형식의 경우 시간당 변화되는 인구는 시간에 따라 일정하나 지역의 인구성장률은 체감하는 특징을 보인다. 반면 기하곡선식에서는 시간당 변화되는 인구는 체증적 증가를 보이지만 인구성장률은 일정한 특징을 보인다.

기하곡선식에 기초한 예측은 결국 지역의 인구나 경제성장이 항상 같은 비율로 변화할 것이라는 관점에 바탕을 두고 있다. 맬더스(Multhus)와 같은 많은 학자들은 이러한 관점이 인구학적인 측면에서도 합리적이라고 주장한다. 그러나 무한히 계속되는 지역인구의 성장을 현실적인 현상으로 받아들이기는 어렵다. 왜냐하면 지역은 공간적으로 범위가 한정되어 있기 때문에 성장에 따른 공해나 교통혼잡과 같은 외부효과(external effect)가 발생하여 지역의 성장을 제한하기 때문이다(Leo Classen, 1980). 그러므로 기하곡선식은 급격하게 성장하는 지역의 단기적인 예측에 적용되어야 하며, 장기적인 예측에는 부적절하다.

2.2.3 포물선식

추세연장법에 이용되는 인구추정식에는 포물선식도 있으며, 이를 식으로 표현하면 다음과 같다.

$$P_t = a + bt + ct^2. \tag{2.5}$$

그림 2.4에서 나타나듯이 포물선식의 기울기는 시간에 따라 계속적으로 변한다. 그리고 곡선식의 형태는 식 (2.5)에서 계수 c의 부호에 의해 결정된다. 그림에서 보듯이 곡선의 형태는 c의 부호에 따라 결정된다. 즉 $c > 0$일 때, 곡선은 오목한(convex) 형태를, 그리고 $c < 0$일 때 곡선은 위로 볼록한(concave) 형태를 갖는다. 그리고 $c = 0$일 때, 포물선은 직선의 형태를 갖게 된다. 위에서 설명한 것과 같이 c의 부호는 지역 성장의 특성을 가리킨다. 다시 말하면, $c > 0$인 경우 급격히 성장하는 지역을, $c = 0$인 경우 일정하게 성장하는 지역을 말하며, 그리고 $c < 0$인 경우 지역은 급격히 쇠퇴지역으로 특징 지워진다. 따라서 이러한 포물선식은 급격한 성장이나 쇠퇴를 경험하는 지역에만 적용될 수 있다.

위에서 언급한 선형식과 기하곡선식, 그리고 포물선식은 일반적으로 성장이나 쇠퇴는 어떠한 상한선이나 하한선의 제한 없이 계속됨을 가정하고 있다. 따라서 일단 지역이 성장하는 지역은 무한정의 성장을, 그리고 쇠퇴하는 지역은 지속적인 쇠퇴를 가리키고 있다. 이러한 현상은 도시나 지역에서 일시적으로 일어날 수 있으나, 그것이 영원히 계속된다는 것은 매우 현실적이지 못하다. 이러한 비현실적인 가정은 다음과 같이 수정될 수 있다. 즉 지역의

그림 2.4
계수에 따른
포물선식의 형태
구분

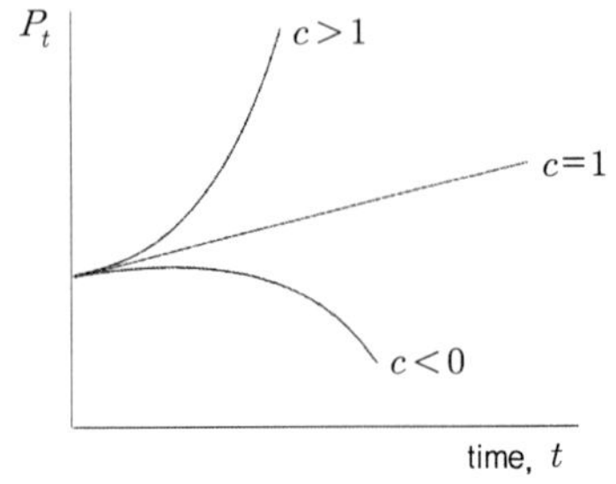

성장이나 쇠퇴는 그 지역의 물리적인 환경 조건에 맞는 수준까지 계속되지만, 시간에 따른 변화는 체감적이라는 것이다. 이는 지역성장의 상한선 또는 쇠퇴의 하한선이 존재함을 가리킨다. 이러한 특징을 인구추정식에 반영하는 식이 점근적 성장곡선식이다. 이 식의 종류는 수정된 지수곡선식(modified exponential curve method)과 Gompertz곡선식, 그리고 Logistic곡선식이 있다.

2.2.4 수정된 지수곡선식

수정된 지수곡선식은 식 (2.6)과 같이 표현된다.

$$P_t = c + ab^t. \tag{2.6}$$

그림 2.5에서 보이듯이 수정된 지수곡선은 식의 계수값에 따라 4가지 형태를 갖는다. 그림 2.5와 같이 수정된 지수곡선식은 성장과 쇠퇴의 속도가 체감적으로 진행된다는 것을 인식할 때 현실적으로 분명한 설득력이 있다. 또한 성장 상한선이 과거의 자료와 지역의 특성을 고려하여 주어질 때, 인구예측 수단으로서 수정된 지수곡선식의 효용은 더욱 높아진다. 그림 중 가장 현실성 있는 형태는 그림 (a)이다. 그림 (a)에서 계수 c는 지역 성장의 상한선을 가리킨다. 즉 시간이 흐름에 따라 지역의 인구는 c에 가까워지지만 결국은 그 규모를 초과하지 못한다는 것이다. 물론 지역의 인구가 감소되는 경우는 그림 (c)도 현실성 있는 인구추정식이라 할 수 있다(지역성장한계선의 측정에 관한 상세한 내용은 부록 A 2-3을 참조할 것).

2.2.5 Gompertz곡선식

추세연장법에 사용되는 인구추정식에 Gompertz곡선식이 있다. 이 식은 영

그림 2.5
수정된 지수함수의 계수값에 따른 형태 구분

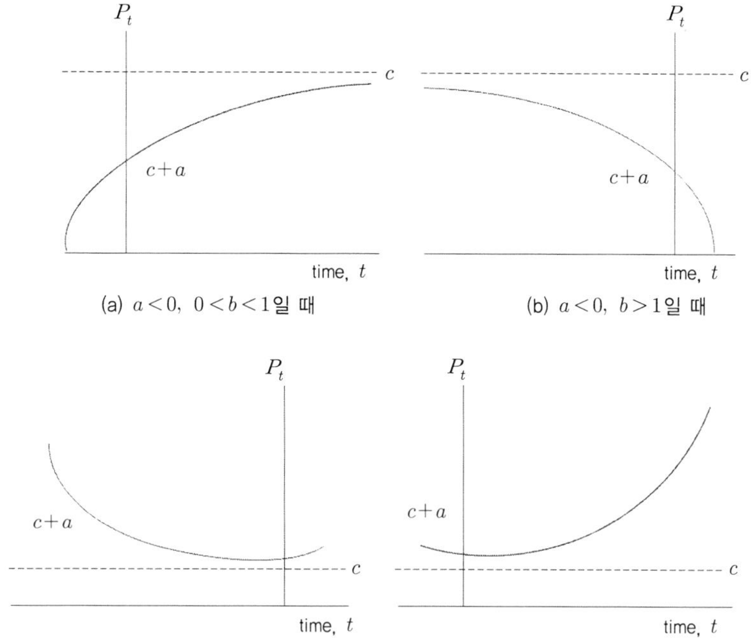

(a) $a<0,\ 0<b<1$일 때　(b) $a<0,\ b>1$일 때

(c) $a>0,\ 0<b<1$일 때　(d) $a>0,\ b>1$일 때

국의 수학자인 Benjamin Gompertz(1779~1865)의 이름에 따라 명명되었으며, 식 (2.7)과 같이 표현된다.

$$P_t = ca^{b^t}. \tag{2.7}$$

위 식의 양변에 로그를 취하면 그것은 수정된 지수곡선식과 유사함을 알 수 있다.

$$\log P_t = \log c + (b^t)\log a. \tag{2.8}$$

위의 식 (2.8)의 Gompertz곡선식은 식 (2.6)의 수정된 지수곡선식과 동일하며 차이는 $\log p_t$, $\log c$, $\log a$가 p_t, c, a를 각각 대체한 것뿐이다. 곡선의 형태도 수정된 지수곡선식과 마찬가지로 4가지로 구분된다. 그림 2.6은 각 계수값에 대한 Gompertz곡선식의 형태를 보이고 있다.

수정된 지수곡선식과 마찬가지로 연구자들의 관심을 끄는 것은 그림 2.6 중 (a)의 경우이다. 왜냐하면 이 곡선은 지역성장의 일반적인 형태를 나타낸다고 할 수 있기 때문이다. 이 경우 지역의 성장은 S−자 형태의 곡선이라는 특징을 가지며 지역의 성장한계선은 c이다. 즉 초기에는 급격한 성장을 보이다가

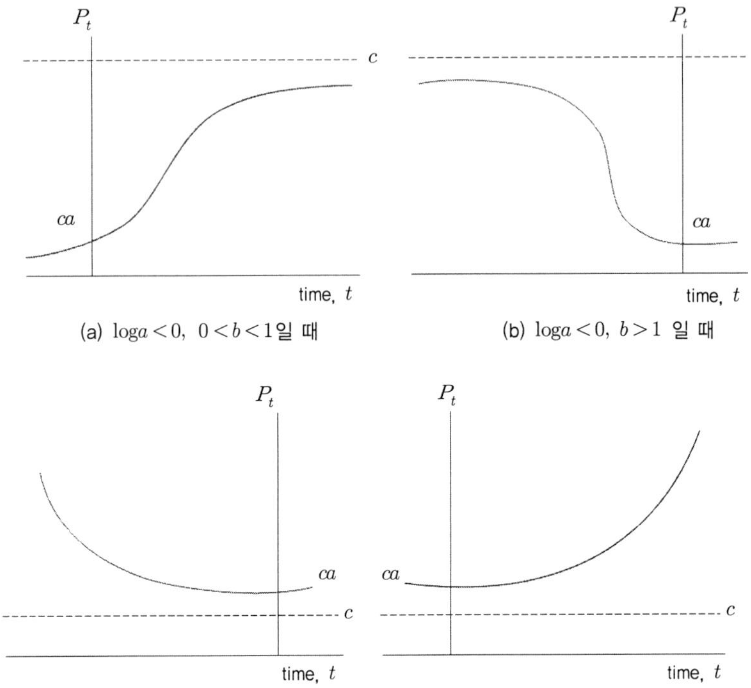

그림 2.6
계수값에 따른 Gompertz곡선식의 형태 구분

(a) $\log a<0,\ 0<b<1$일 때

(b) $\log a<0,\ b>1$ 일 때

(c) $\log a>0,\ 0<b<1$일 때

(d) $\log a>0,\ b>1$일 때

시간이 지남에 따라 성장의 속도가 완만해진다는 것을 나타내고 있다. 이러한 지역성장의 상한선은 보통 추정식 외부에서 정해지지만 관찰된 지역 자료로부터도 유추될 수 있다(부록 A 2-3 참조). 만일 지역의 인구가 지속적으로 감소되는 경우라면 그림 (c)도 현실성 있는 인구추정식이라고 할 수 있다.

2.2.6 Logistic곡선식

지역의 인구를 추정하는 데 가장 널리 쓰이는 추정식이 있다면 그것은 바로 Logistic곡선식일 것이다. 이 식은 1880년대 벨기에의 수학자 P.F. Verhurst에 의해 제시되었으며, 식 (2.9)와 같이 표현된다.

$$\frac{1}{P_t}=c+ab^t \text{ 또는 } P_t=(c+ab^t)^{-1}. \tag{2.9}$$

Logistic곡선은 위에서 설명한 수정된 지수곡선식이나 Gompertz곡선식과 거의 동일하다. 다만, 차이는 수정된 지수곡선식의 값이나 Gompertz곡선의 로그 값은 Logistic곡선에서 그들의 값이 역수로 취해진다는 것이다. 그림 2.7에서 보듯이 Logistic곡선식의 형태는 수정된 지수곡선식과 Gompertz곡선식

그림 2.7
Logistic곡선의 계수값에 의한 형태 구분

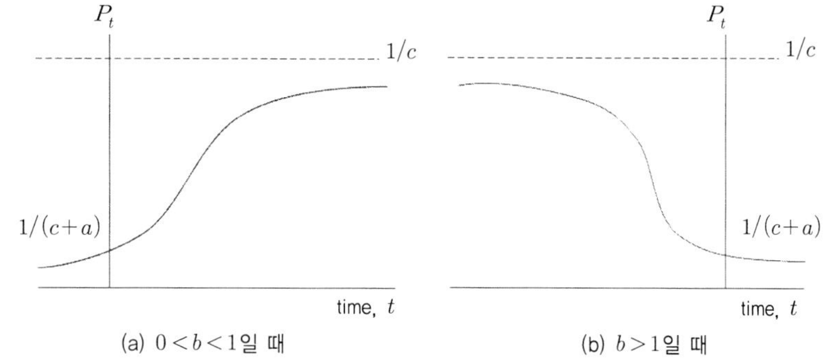

의 형태와 유사하다.

위 곡선 형태 중 연구자의 관심은 (a)의 형태, 즉 b의 값이 0과 1 사이에 있을 때이다. 이때 Logistic곡선의 형태는 S－자 형태를 보이며, 지역의 성장 상한값은 1/c이다. 이는 위의 곡선들과 같이 초기에는 높은 성장률을 보이다가 시간이 경과함에 따라 완만한 성장률을 보이는데, 이러한 곡선은 지역성장의 일반적인 형태를 나타낸다고 할 수 있으며, 현실적으로도 설득력이 높다고 할 수 있다.

2.3 요약

제2장에서는 추세연장법에 대해 설명하였다. 추세연장법에 의한 인구예측은 지역의 과거 인구 추세를 가장 잘 설명하는 인구추정식을 결정하고, 그 추정식을 시간에 대해 단순히 연장함으로써 이루어진다. 이러한 추세연장법은 계획 및 개발의 실무 분야에서 널리 사용된다. 이는 예측에 필요한 자료의 수집이 용이하며 방법 또한 간단하기 때문이다. 그러나 이 방법에 의한 인구예측은 단지 지역의 총 인구만 예측되는 단조로움이 결점이라고 할 수 있다. 본 장에서는 추세연장법에 사용되는 인구추정식을 크게 6가지로 구분하여 설명하였다. 여기서 유의해야 할 것은 각 인구추정식은 서로 다른 결과를 제시한다는 사실이다. 따라서 연구자들의 관심은 인구추정식의 선택, 즉 정확성이 높은 결과를 얻기 위해 어떤 인구추정식을 선택할 것인가에 있다. 이러한 인구추정식의 선택 문제에 대해서는 다음 장에서 상세히 다루도록 한다.

A 2-1 추정식의 결정

제2장에서 설명한 추세연장법에서 사용되는 6가지 인구추정식을 지역의 인구 자료를 이용하여 결정하는 과정에 대한 설명은 다음과 같다. 가장 기본적인 결정기준은 관찰된 실제 인구와 추정된 인구의 차이, 즉 오차의 합을 최소로 하는 최소자승법이다. 최소자승법은 일반 통계학 서적에 자세히 설명되어 있으므로 여기서는 각 추정식의 계수를 결정하는 공식만 제공하기로 한다.

□ 선형식

선형식 $P_t = a + bt$에서 각 계수는 식 (A.1)에 의해 결정된다.

$$a = \overline{P} - b\overline{t}, \ b = \frac{\sum_t tP_t - nt\overline{P}}{\sum_t t^2 - n\overline{t}^2}. \tag{A.1}$$

여기서 n은 관찰자료의 수를, 그리고 $\overline{x}$는 변수(x)의 평균값을 가리킨다. 즉

$$\overline{P} = \frac{\sum_t P_t}{n}, \quad \overline{t} = \frac{\sum_t t}{n}.$$

위의 식에서 t는 보통 연도를 나타내기 때문에 식을 결정하기 위해서는 지표변수로 전환되어야 한다. 지표변수의 범위는 분석자들에 의해 결정되며, 각 지표 간의 차이는 등차가 되도록 설정하여야 한다. 그리고 관찰 연도에 대한 지표변수의 초기값은 양수 또는 음수로 설정될 수 있다. 단, 관찰 기간에 대해 지표변수를 설정할 때 그의 평균이 0이 되도록 설정하면($\overline{t}=0$) 각 계수를 결정하는 계산 과정을 크게 줄일 수 있다. 예를 들어 지표변수의 평균을 0이 되게 설정하면 식 (A.1)은 다음과 같이 간편화된다.

$$a = \overline{P}, \ b = \frac{\sum_t tP_t}{\sum_t t^2}. \tag{A.1.1}$$

지표변수의 평균을 0으로 만드는 데 있어서 그 방법은 관찰 자료의 수(n)에 따라 조금 차이가 있다. 구체적으로 말해 관찰된 자료의 수가 홀수인 경우, 지표변수는 관찰기간의 중간 시점을 0으로 하고 각 시간대별로 대칭되게 지표변수를 설정한다. 이에 대한 예는 표 A-1과 같다.

관찰 자료의 수가 짝수인 경우도 홀수인 경우와 마찬가지로 변수의 평균값을 0이 되게 설정할 수 있다. 즉 관찰기간 중 중간의 두 시점을 선택하고 각각의 초기 값은 부호가 다르고 절대값이 같은 정수로 설정한다. 이에 대한 예는 표 A-2와 같다. 이와 같은 지표변수의 설정 방법은 선형식뿐만 아니라 다음의 모든 식에도 동일하게 적용된다.

표 A–1 지표변수의 설정방법 (n이 홀수인 경우)

연 도	지표변수(t)
1985	−3
1990	−2
1995	−1
2000	0
2005	+1
2010	+2
2015	+3

표 A–2 지표변수의 설정방법 (n이 짝수인 경우)

연 도	지표변수(t)
1980	−7
1985	−5
1990	−3
1995	−1
2000	+1
2005	+3
2010	+5
2015	+7

□ 기하곡선식의 경우

기하곡선식 $P_t = ab^t$의 양변에 로그를 취하여 비선형식을 다음과 같이 선형식으로 전환할 수 있다.

$$\log P_t = \log a + (\log b)t. \tag{A.2}$$

따라서 위의 식에서 나타나는 계수는 식 (A.1.1)과 같이 간편화된 공식에 의해 결정된다.

$$\log a = \overline{\log P},\ \ \log b = \frac{\sum_t t log P_t}{\sum_t t^2}. \tag{A.3}$$

□ 포물선식

포물선식 $P_t = a + bt + ct^2$의 각 계수 결정은 다음과 같은 식에 의해 정해진다.

$$c = \frac{n\sum_t t^2 P_t - \sum_t t^2 \sum_t P_t}{n\sum_t t^4 - (\sum_t t^2)^2},\ \ a = \frac{\sum_t P_t - c\sum_t t^2}{n},\ \ b = \frac{\sum_t tP_t}{\sum_t t^2}. \tag{A.4}$$

□ 수정된 지수곡선식

수정된 지수곡선식 $P_t = c + ab^t$은 앞서 설명하였듯이 각 계수 a와 b의 값에 따라 그 곡선의 형태가 변한다. 다시 말하면, 계수들의 값에 따라 곡선의 상한선 또는 하한선이 존재한다. 여기서는 지역의 성장에 있어서 일반적인 경우로 그림 2.5 중 (a)의 경우 ($a < 0$,

$0 < b < 1$)만을 고려하여 설명한다. 이러한 조건하에 수정된 지수곡선식은 다음과 같이 표현된다.

$$P_t = c - ab^t, \qquad (a > 0).$$

그리고 양변에 로그를 취하면 다음과 같이 선형화시킬 수 있다.

$$\log(c - P_t) = \log a + (\log b)t. \tag{A.5}$$

선형식의 경우와 마찬가지로 각 계수는 다음과 같은 식에 의해 정해진다.

$$\log a = \overline{\log(c - P_t)}, \ \log b = \frac{\sum_t t\log(c - P_t)}{\sum_t t^2}. \tag{A.6}$$

□ Gompertz곡선식

Gompertz곡선식의 일반식, $P_t = ca^{b^t}$의 양변에 로그를 취하면 다음과 같다.

$$\log P_t = \log c + (\log a)b^t. \tag{A.7}$$

Gompertz곡선도 수정된 지수곡선과 같이 $\log a$와 b의 값에 따라 4가지 형태로 구분된다. 여기서도 그중 가장 일반적인 유형인 그림 2.6 중 (a)의 경우($\log a < 0$과 $0 < b < 1$)에 한해 설명을 한다. 위의 식 (A.7)의 양변에 다시 한 번 양변에 로그를 취하여 Gompertz곡선식을 선형식으로 전환시킬 수 있다.

$$\log(\log c - \log P_t) = \log(\log a) + (\log b)t. \tag{A.8}$$

그러므로 위에 나타난 계수도 다음 식 (A.9)에 의하여 결정된다.

$$\log(\log a) = \left\{\overline{\log(\log c - \log P_t)}\right\}, \ \log b = \frac{\sum_t \{t\log(\log c - \log P_t)\}}{\sum_t t^2}. \tag{A.9}$$

□ Logistic곡선식

Logistic곡선의 일반식, $P_t = (c + ab^t)^{-1}$의 양변에 로그를 취하여 다음과 같이 선형식으로 전환시킬 수 있다.

$$\log(P_t^{-1} - c) = \log a + (\log b)t. \tag{A.10}$$

따라서 식 (A.10)의 선형식에서 나타나는 각 계수는 다음과 같이 정해진다.

$$\log a = \left\{\overline{\log(P_t^{-1} - c)}\right\}, \ \log b = \frac{\sum_t \{t\log(P_t^{-1} - c)\}}{\sum_t t^2}. \tag{A.11}$$

A 2-2 적용의 예

앞에서 설명한 6개의 인구추정식 결정 과정을 가상의 지역 "가"에 적용하여 살펴보면 다음과 같다. 각 식의 결정 과정은 거의 동일하므로 여기서는 그 중 일반적인 Logistic곡선식에 초점을 맞춰 설명하도록 한다. 나머지 5가지의 식에 대해서는 독자 스스로 연습해 보기 바란다(지역 "가"에 대한 6가지의 인구추정식의 결과는 표 A-6에 요약되어 있다). 다음 표 A-3에는 지역 "가"의 1975년부터 (현재 2015년)까지 인구의 증가가 나타나 있다.

지역은 그의 지리적인 특성에 의하여 인구 1,500천 명을 초과할 수 없다는 연구 보고가 있었다. 그러므로 지역의 인구성장은 1,500천 명을 초과할 수 없다. Logistic곡선식에 의해 지역 "가"의 2035년까지 인구를 예측하고자 한다. 앞서 설명하였듯이 추세연장법에 의한 예측은 단순한 2단계에 의하여 이루어진다. 첫째 단계는 인구추정식의 결정이고, 그 다음 단계는 이를 이용한 지역인구예측이다. 우선 첫째 인구추정식의 결정 과정은 표 A-4에 그 과정이 요약되어 있다.

표 A-3 지역 "가"의 인구변화 (인구단위 : 천 명)

연 도	인 구 수	연 도	인 구 수
1975	180	2000	580
1980	250	2005	700
1985	320	2010	850
1990	370	2015	940
1995	480		

표 A-4 Logistic곡선식의 결정 과정 (인구단위 : 천 명)

연 도	P_t	t	t^2	c	P_t^{-1}	$\log(P_t^{-1}-c)$	$t\log(P_t^{-1}-c)$
1975	180	−4	16	0.0007	0.0056	−2.3108	9.2432
1980	250	−3	9	0.0007	0.0040	−2.4771	7.4314
1985	320	−2	4	0.0007	0.0031	−2.6094	5.2187
1990	370	−1	1	0.0007	0.0027	−2.6912	2.6912
1995	480	0	0	0.0007	0.0021	−2.8487	0.0000
2000	580	+1	1	0.0007	0.0017	−2.9757	−2.9757
2005	700	+2	4	0.0007	0.0014	−3.1181	−6.2362
2010	850	+3	9	0.0007	0.0012	−3.2926	−9.8778
2015	940	+4	16	0.0007	0.0011	−3.4010	−13.6041
계		0	60			−25.7247	−8.1094

앞에서 가정된 지역의 성장 상한선이 1,500천 명이므로 Logistic곡선식의 계수 c는 다음과 같이 정해진다.

$$\frac{1}{c} = 1{,}500 \text{ 따라서 } c = 0.0007 \text{이다.}$$

표 A-4로부터 각 계수 $\log a$와 $\log b$는 식 (A.11)에 의해 결정된다.

$$\log a = \left\{\overline{\log(P_t^{-1} - c)}\right\} = -25.7247/9 = -2.8583 \quad \therefore a = 0.0014$$

$$\log b = \frac{\sum_t \{t\log(P_t^{-1} - c)\}}{\sum_t t^2} = -0.1352 \quad \therefore b = 0.7326$$

그러므로 지역 "가"에 대한 Logistic곡선식은 다음과 같다.

$$P_t^{-1} = 0.0007 + 0.0014(0.7326)^t$$

위와 같이 Logistic곡선을 결정한 후 다음 단계는 지역인구의 예측단계로 이어진다. 지역인구의 예측은 표 A-5에 요약된 것과 같이 결정된 식에 지표변수를 단순 연장함으로써 얻어진다.

표 A-5 Logistic곡선식을 이용한 지역인구예측 (인구단위 : 천 명)

연도	지표변수(t)	인구 역수(P_t^{-1})	예측인구(P_t)
2015	4	0.0011	940.00
2020	5	0.0010	1,042.72
2025	6	0.0009	1,135.28
2030	7	0.0008	1,214.24
2035	8	0.0008	1,279.42

그리고 표 A-3의 지역 "가"의 인구자료를 이용하여 다른 인구추정식도 결정할 수 있다. 지역의 인구자료로부터 6가지의 인구추정식을 결정하면 표 A-6에 제시된 바와 같다.

표 A-6 지역 "가"의 인구추정식

곡선의 종류	식의 결정	곡선의 종류	식의 결정
선형식	$P_t = 518.8889 + 96.8333t$	수정된 지수곡선식	$P_t = 1{,}500 - 945.0332(0.8992)^t$
기하곡선식	$P_t = 454.6248(1.227)^t$	Gompertz곡선식	$P_t = 1{,}500(0.3439)^{0.8284^t}$
포물선식	$P_t = 481.731 + 96.833t - 5.574t^2$	Logistic곡선식	$P_t = 0.0007 + 0.0014(0.7326)^t$

※ 수정된 지수곡선식, Gompertz곡선식, Logistic곡선식에서 지역 성장한계선은 1,500천 명으로 가정하여 계산되었음.

A 2-3 지역 성장한계선의 측정

앞에서 설명한 6가지의 추정식 중 수정된 지수곡선식과 Gompertz곡선식, 그리고 Logistic 곡선식에는 각 계수에 따라 지역성장의 한계선, 즉 상한선과 하한선이 존재한다고 하였다. 이러한 성장한계선은 인구추정식의 외부로부터 주어질 수 있고 또는 지역의 관찰 자료로부터 도출될 수 있다. 그러므로 이 3가지 추정식을 이용하여 지역인구의 예측을 시도할 때 우선 분석자가 확인해야 할 것이 있다. 그것은 바로 지역의 성장한계선이 외부로부터 결정되는가에 대한 것이다. 즉 앞의 예와 같이 성장한계선이 주어지게 되면 분석가들은 그 한계선을 이용하여 추정식을 결정하고 그에 따라 예측하면 된다. 그러나 그러한 한계선이 결정되지 않았을 경우 위의 3가지 곡선을 이용하려면, 우선 지역의 성장한계선을 주어진 지역의 자료로부터 도출해야 한다.

지역의 성장한계선을 도출하는 공식은 Croton, Cowden, 그리고 Klein(1967)에 의해 소개되었다. 본서에서는 성장한계선을 도출하는 공식만을 소개하기로 한다(관심이 있는 독자는 Croton, Cowden, 그리고 Klein(1967)을 참고하기 바람).

지역의 성장한계선을 결정하기 위해서는 우선 다음과 같은 선행 조건이 충족되어야만 한다.

1) 관찰 자료의 총수는 균등하게 3영역으로 나눌 수 있어야 한다.
2) 첫째 영역의 첫째 관찰 자료의 지표변수는 0으로 설정되어야 하며, 각 지표 간의 등차는 +1이 되도록 설정하여야 한다.

위의 두 가지 조건이 충족되면 각 추정식에서 지역의 성장한계선은 다음과 같은 공식에 의해 도출된다.

ㅁ 수정된 지수곡선식의 경우

$$b^n = \frac{\sum_3 P_t - \sum_2 P_t}{\sum_2 P_t - \sum_1 P_t}, \quad a = \left(\sum_2 P_t - \sum_1 P_t\right)\left\{\frac{b-1}{(b^n-1)^2}\right\}, \tag{A.12}$$

$$c = \frac{1}{n}\left\{\frac{\left(\sum_1 P_t\right)\left(\sum_3 P_t\right) - \left(\sum_2 P_t\right)^2}{\sum_1 P_t + \sum_3 P_t - 2\sum_2 P_t}\right\},$$

여기서 $\sum_i P_t$: 구분된 i 번째 영역의 부분 합,

n : 구분된 영역의 자료의 수.

□ Gompertz곡선식의 경우

$$b^n = \frac{\sum_3 \log P_t - \sum_2 \log P_t}{\sum_2 \log P_t - \sum_1 \log P_t}, \quad \log a = (\sum_2 \log P_t - \sum_1 \log P_t)\left\{\frac{b-1}{(b^n-1)^2}\right\}, \qquad (A.13)$$

$$\log c = \frac{1}{n}\left\{\frac{(\sum_1 \log P_t)(\sum_3 \log P_t) - (\sum_2 \log P_t)^2}{\sum_1 \log P_t + \sum_3 \log P_t - 2\sum_2 \log P_t}\right\}.$$

□ Logistic곡선식의 경우

$$b^n = \frac{\sum_3 P_t^{-1} - \sum_2 P_t^{-1}}{\sum_2 P_t^{-1} - \sum_1 P_t^{-1}}, \quad a = (\sum_2 P_t^{-1} - \sum_1 P_t^{-1})\left\{\frac{b-1}{(b^n-1)^2}\right\}, \qquad (A.14)$$

$$c = \frac{1}{n}\left\{\frac{(\sum_1 P_t^{-1})(\sum_3 P_t^{-1}) - (\sum_2 P_t^{-1})^2}{\sum_1 P_t^{-1} + \sum_3 P_t^{-1} - 2\sum_2 P_t^{-1}}\right\}.$$

위의 3가지 인구추정식에서 지역의 성장한계선을 도출하는 과정은 동일하다. 그러므로 여기서는 표 A-3에 제시된 지역 "가"의 자료를 가지고 Logistic곡선식의 상한선만을 도출하는 과정을 제공하기로 한다. 계산 과정은 표 A-7과 같다.

표 A-7 Logistic곡선식의 성장 상한선의 계산 과정 (인구단위 : 천 명)

연도	(t)	(P_t)	(P_t^{-1})	$(\sum_i P_t^{-1})$
1975	0	180	0.0056	
1980	1	250	0.0040	0.0127
1985	2	320	0.0031	
1990	3	370	0.0027	
1995	4	480	0.0021	0.0065
2000	5	580	0.0017	
2005	6	700	0.0014	
2010	7	850	0.0012	0.0037
2015	8	940	0.0011	

표 A-7의 자료를 식 (A.14)를 대입하면 다음과 같이 각 계수의 값을 결정할 수 있다.

$$b^n = \frac{0.0037 - 0.0068}{0.0065 - 0.0127} = 0.4605$$

$$\begin{aligned} b &= 0.7722 \\ \therefore\ a &= 0.0048 \\ c &= 0.0004 \end{aligned}$$

그러므로 지역 “가”의 Logistic곡선은 다음과 같다.

$$P_t^{-1} = 0.0004 + 0.0048(0.7722)^t.$$

따라서 지역의 성장 상한선은 2411.81(=1/0.0004)이다.

앞에서 구한 지역의 Logistic곡선식을 이용하면 지역의 인구는 쉽게 예측된다. 예측된 지역의 인구는 표 A-8에 요약된 바와 같다.

표 A-8 Logistic곡선식에 의한 지역인구의 예측(성장한계선이 내부적으로 계산되는 경우)

(인구단위 : 천 명)

연도	(t)	(P_t^{-1})	(P_t)
2015	8	0.0011	940
2020	9	0.0009	1,129
2025	10	0.0008	1,284
2030	11	0.0007	1,437
2035	12	0.0006	1,583

제 03 장

인구추정식의 선택

3.1 서 론

앞 장에서는 추세연장법의 두 단계, 즉 관찰된 자료로부터 추정식을 결정하고, 그 식을 이용하여 지역의 장래 인구를 예측하는 6가지 인구추정식에 대해 설명하였다. 여기서 분석자에게 발생하는 문제는 각 추정식으로부터 구한 인구예측의 결과가 서로 다르다는 것이다. 이는 각 추정식을 이용하여 지역인구를 예측해보면 쉽게 알 수 있다. 앞 장에서 결정한 추정식으로부터 계산한 지역 "가"의 예측인구는 표 3.1에 제시된 바와 같다. 2035년 각 추정식의 결과는 1,096천 명부터 2,343천 명까지 큰 차이가 있음을 알 수 있다. 그러므로 연구자는 지역인구예측에 가장 적합한 추정식을 결정해야 하는 선택의 문제에 직면하게 된다. 본 장에서는 과거 자료로부터 도출한 추정식 중 지역인구예측에 가장 적합한 식을 선택하는 방법에 대해 설명한다.

표 3.1 각 추정식으로부터 계산된 지역 "가"의 인구예측

연도	선형	기하곡선	포물선	수정된 지수곡선	Gompertz곡선	Logistic곡선
2020	1,003	1,267	1,105	944	989	1,043
2025	1,100	1,555	1,263	1,000	1,062	1,135
2030	1,197	1,909	1,433	1,051	1,127	1,214
2035	1,294	2,343	1,613	1,096	1,184	1,279

• 수정된 지수곡선식, Gompertz곡선식, Logistic곡선식에서 지역성장한계는 1,500천 명으로 가정하여 계산되었음.
• 인구단위 : 천 명

지역인구를 예측하기 위한 추정식 선택에는 여러 가지 기준이 있다. 각 기준은 추정식 선택을 합리적으로 유도하여 결정하게 한다. 그러한 기준 중

가장 신속한 방법이 관찰 자료를 좌표상에 직접 표시하는 방법이다. 이를 산포도법(scatter diagram method)이라 한다. 즉 산포도법은 지역인구의 변화 특성을 가장 근사하게 나타내는 식을 지역의 인구추정식으로 결정하는 방법이다. 그러나 일반적으로 지역인구의 변화가 어떠한 특정 형태를 나타내지 않는 경우가 대부분이기 때문에 이러한 산포도법은 사용상 한계가 있다. 그러나 산포도법은 지역의 인구변화를 설명하는데 적합하지 않은 추정식을 1차적으로 배제할 수 있다는 면에서 나름대로의 의미가 있다.

또 다른 방법으로는 추정 인구와 지역의 실제 인구를 비교하여 추정식을 선택하는 방법이다. 이는 과거를 가장 잘 설명하는 추정식이 예측에 있어서도 가장 신뢰성이 높다는 전제에 바탕을 두고 있다. 본 장에서는 이 방법에 대해 구체적으로 설명한다. 지역의 인구추정식 선택은 접근방법상 크게 두 가지로 나누어진다. 첫째는 각 추정식이 가지고 있는 특성과 과거에 나타난 지역인구의 성장 특성을 비교함으로써 지역에 적합한 추정식을 선택하는 방법이다. 둘째는 결정된 추정식을 이용하여 과거 지역의 인구를 추정하고 그 후 추정 결과와 지역의 실제 인구를 비교하여 지역에 적정한 추정식을 선택하는 방법이다. 전자의 방법을 투입평가법(input evaluation method)이라 하며, 후자의 방법을 결과평가법(output evaluation method)이라 한다. 각각에 대한 설명은 다음과 같다.

설명에 앞서 본 장의 구성은 5개의 절로 이루어진다. 제2절에서는 실제로 관찰된 지역인구의 성장 형태와 앞 장에서 설명한 6가지의 인구추정식의 변화 형태를 비교하여 지역에 적합한 인구추정식을 평가하는 투입평가법에 대해 설명한다. 제3절에서는 관찰된 지역의 인구와 각 추정식에 의해 추정된 인구와 비교하여 지역에 적합한 인구추정식을 평가하는 결과평가법에 대해 설명한다. 제4절에서는 앞 절에서 설명한 투입평가법과 결과평가법을 동시에 고려하여 지역에 적합한 인구추정식의 선택에 대해 설명한다. 마지막으로 제5절에서는 본 장에서 설명된 내용이 요약된다.

3.2 투입평가법

3.2.1 인구추정식의 특성

투입평가법은 대상지역 예측에 가장 적합한 추정식을 선택하기 위해 실제의 지역 성장 형태와 각 추정식의 변화 특성을 비교하는 방법이다. 일반적으로 지역의 실제 자료는 어떠한 추정식의 변화 특성과도 완전히 일치하지 않는다. 그러므로 추정식의 선택 방법은 지역의 실제 성장 형태와 각 추정식이 가지는 특성과의 차이를 측정하여 그 차이가 최소가 되는 식을 지역의 인구추정식으로 선택하는 것이다. 이 방법을 설명하기 전에 우선 추정식이 어떠한 성장 특성을 가지고 있는지 알아보자.

□ 선형식

선형식은 시간에 대해 일정한 변화량으로 특정지워진다. 그러므로 만일 지역의 변화된 인구가 시간대별로 일정하다면 이것은 그 지역의 예측에는 선형식이 가장 적절한 인구추정식임을 가리킨다.

$$d_t = P_t - P_{t-1} = constant. \tag{3.1}$$

□ 기하곡선식

기하곡선식을 로그를 통하여 선형화시키면 다음과 같이 표현된다.

$$\log P_t = \log a + t \log b.$$

따라서 관찰된 자료의 시간대별 변화된 인구의 로그값이 일정하다면, 이는 지역의 예측을 위하여 기하곡선식이 가장 적절한 추정식이라 하겠다.

$$d_t^{\log} = \log P_t - \log P_{t-1} = constant. \tag{3.2}$$

□ 포물선식

포물선식은 시간대별로 변화된 인구의 차이가 일정한 것으로 특정지을 수 있다. 따라서 관찰된 자료에서 변화된 인구의 차가 일정하다면 포물선식이 지역예측방법으로 가장 적합함을 가리킨다고 할 수 있다.

$$s_t = d_t - d_{t-1} = constant. \tag{3.3}$$

표 3.2는 지역인구의 변화를 위의 3가지 인구추정식의 특성을 비교하기 위해 지역 "가"의 인구변화를 특성별로 구분하였다.

표 3.2 지역 "가"의 인구변화의 특성 구분

연 도	P_t	d_t	s_t	$\log P_t$	$d_t^{\log}$
1975	180	……	……	2.2553	……
1980	250	70	……	2.3979	0.1427
1985	320	70	0	2.5051	0.1072
1990	370	50	−20	2.5682	0.0631
1995	480	110	60	2.6812	0.1130
2000	580	100	−10	2.7634	0.0822
2005	700	120	20	2.8541	0.0817
2010	850	150	30	2.9294	0.0843
2015	940	90	−60	2.9731	0.0437

□ 수정된 지수곡선식

수정된 지수곡선식은 변화된 인구의 비가 일정한 것으로 특징지을 수 있다. 따라서 지역의 시간대별로 변화된 인구의 비가 일정하다면 대상 지역의 인구예측은 수정된 지수곡선식이 가장 적절한 추정식이라 할 수 있다.

$$q_t = \frac{d_t}{d_{t-1}} = constant. \tag{3.4}$$

표 3.3 지역 "가"의 변화 인구비

연 도	P_t	d_t	q_t
1975	180	……	……
1980	250	70	……
1985	320	70	1.0000
1990	370	50	0.7143
1995	480	110	2.2000
2000	580	100	0.9091
2005	700	120	1.2000
2010	850	150	1.2500
2015	940	90	0.6000

□ Gompertz곡선식

Gompertz곡선은 양변에 로그를 취함으로써 수정된 지수곡선형태가 될 수 있음은 앞서 설명한 바 있다. 따라서 Gompertz곡선식은 지역의 로그 인구($\log P_t$) 변화비가 일정하다는 가정을 바탕으로 한다. 그러므로 대상 지역에서 시간대별로 로그 인구의 변화비가 일정하다면 그 지역의 예측에는

Gompertz곡선식의 사용이 가장 적절함을 나타낸다고 하겠다.

표 3.4 지역 "가"의 로그 인구의 변화비

연 도	P_t	$\log P_t$	$d_t^{\log}$	$q_t^{\log}$
1975	180	2.2553	……	……
1980	250	2.3979	0.1427	……
1985	320	2.5051	0.1072	0.7515
1990	370	2.5682	0.0631	0.5881
1995	480	2.6812	0.1130	1.7928
2000	580	2.7634	0.0822	0.7271
2005	700	2.8451	0.0817	0.9937
2010	850	2.9294	0.0843	1.0325
2015	940	2.9731	0.0437	0.5184

$$q_t^{\log} = \frac{d_t^{\log}}{d_{t-1}^{\log}} = constant. \tag{3.5}$$

여기서, $d_t^{\log} = \log P_t - \log P_{t-1}$ 이다.

□ Logistic곡선식

Logistic곡선은 지역인구 역수의 차이 비가 일정한 것으로 특징지워진다. 따라서 관찰된 인구 역수의 차이 비가 시간대별로 일정하다면 그 지역의 예측에는 Logistic곡선식이 가장 적합하다.

$$d_t^{-1} = P_t^{-1} - P_{t-1}^{-1},\ q_t^{-1} = \frac{d_t^{-1}}{d_{t-1}^{-1}} = constant. \tag{3.6}$$

표 3.5 지역 "가"의 인구 역수의 차이 비

연 도	P_t	P_t^{-1}	d_t^{-1}	q_t^{-1}
1975	180	0.0056	……	……
1980	250	0.0040	−0.0016	……
1985	320	0.0031	−0.0009	0.5625
1990	370	0.0027	−0.0004	0.4826
1995	480	0.0021	−0.0006	1.4667
2000	580	0.0017	−0.0004	0.5799
2005	700	0.0014	−0.0003	0.8229
2010	850	0.0012	−0.0003	0.8529
2015	940	0.0011	−0.0001	0.4468

3.2.2 투입평가법

앞 절의 표 3.2부터 표 3.5까지 나타나듯이 지역에서 관찰된 인구성장의 특징은 어느 특정 추정식이 가지고 있는 특성에 정확하게 상응하지 않음을 보이고 있다. 이는 지역 "가"의 인구예측에 적절한 추정식의 선택/결정이 단순하지 않음을 가리키고 있다. 그러므로 적절한 추정식을 선택하기 위해서는 어떠한 통계적 방법이 필요하게 된다. 즉 실제로 나타난 지역인구의 성장 특성과 각 추정식이 기초하고 있는 특성의 차이를 측정할 수 있는 방법이 필요하다. 그리고 그러한 오차가 최소가 되는 추정식이 지역예측에 있는 가장 정확성이 높은 추정식이라 할 수 있다. 여기서 이러한 측정값과 실제값의 차이를 표준편차(s)라 하며, 이는 다음과 같은 식에 의해 측정된다.

$$s=\left[\frac{\sum_{t}(Z_t-\overline{Z})^2}{M-1}\right]^{1/2}, \tag{3.7}$$

여기서 Z_t : 투입값,

M : 투입값의 개수,

$\overline{Z}$: 투입값의 산술평균 $\left(\overline{Z}=\frac{\sum_{t}Z_t}{M}\right)$.

여기서 투입값이라 함은 실제 지역인구성장의 특성을 나타내는 변수의 값을 의미한다. 표 3.2부터 표 3.5까지 나타난 지역인구변화의 특성은 각 추정식별로 서로 다르므로 각 추정식에서 의미하는 투입값이란 구체적으로 d_t, s_t, $d_t^{\log}$, q_t, $q_t^{\log}$, q_t^{-1}을 가리킨다. 위의 식은 다음과 같이 표현된다.

$$s=\left[\frac{\sum Z_t^2-(\sum \overline{Z_t})^2/M}{M-1}\right]^{1/2}. \tag{3.8}$$

여기서 각 추정식을 비교하여 선택하는 데 있어서 표준편차의 이용은 적절하지 않다. 왜냐하면 각 식의 편차는 서로 다른 단위를 가지고 있기 때문이다. 예를 들면 선형식에서는 지역의 변화된 인구(d_t)를, 포물선식에서는 변화된 인구의 변화(s_t)를 단위로 갖기 때문이다. 그러므로 각 식의 편차를 비교하기 위해서는 동일한 단위로 통일해야 하는데, 이는 각 추정식의 표준편차를 그 식에 투입되는 값의 산술평균으로 나누어 줌으로써 가능하다. 이러한 과정을 통해 얻어지는 계수를 상대분산계수(coefficient of relative variation, CRV)라 하며, 다음과 같이 표현된다.

$$CRV = \frac{s}{|\bar{Z}|} \times 100. \tag{3.9}$$

따라서 CRV에서 각 추정식은 서로 동일한 단위로 측정되므로 각 추정식의 정확성을 비교할 수 있게 된다(엄밀히 말해서 CRV의 단위는 무단위(dimensionless)이다). 즉 각 추정식의 CRV가 가장 작은 값을 가지는 식이 지역의 인구예측에 가장 정확성이 높은 추정식이 된다. 각 추정식에서 CRV의 계산 과정은 선형식을 예로 들어 표 3.6에 제시하였다. 그리고 각 추정식에 대한 결과는 표 3.8에 제공되었으므로 독자들은 스스로 연습해보기 바란다.

표 3.6 CRV의 계산과정

연 도	P_t	$Z_t = P_t - P_{t-1}$	Z_t^2
1975	180	......	......
1980	250	70	4,900
1985	320	70	4,900
1990	370	50	2,500
1995	480	110	12,100
2000	580	100	10,000
2005	700	120	14,400
2010	850	150	22,500
2015	940	90	8,100
계		760	79,400

식 (3.8)을 이용하면 표준편차(s)는 다음과 같다.

$$s = \left[\frac{79,400 - 760^2/8}{7}\right]^{1/2} = 32.07.$$

그리고 $\bar{Z}$의 값도 다음과 같다.

$$\bar{Z} = 95.$$

따라서 식 (3.9)에 의한 CRV는 33.76이 된다.

$$CRV = 32.07/95 = 33.76.$$

3.3 결과평가법

결과평가법은 관찰된 자료와 각 추정식의 결과와의 차이를 가지고 평가하는 방법이다. 이 방법은 지역의 과거 성장 추세를 가장 정확하게 묘사하는 식이 미래의 예측에도 가장 정확성이 높음을 기본 관점으로 하고 있다. 이를 바탕으로 한 추정식의 평가방법이 절대평균오차백분법(mean absolute percentage error, $MAPE$)이다. 이 방법은 다음과 같은 식으로 표현된다.

$$MAPE = \frac{\sum_t \frac{|P_t - P_t^e|}{P_t}}{n} \times 100. \qquad (3.10)$$

여기서 P_t^e는 추정식을 이용하여 추정된 지역인구이다. $MAPE$는 실제값과 추정값의 오차를 백분율의 합으로 계산하고 이를 다시 산술평균함으로써 구해진다. 다시 말해, $MAPE$는 오차의 평균 크기를 제공하여 추정식의 선택에 적절한 바탕을 제공하는 것이다. 또한 사용단위나 관찰 자료의 수가 다른 경우에도 관계없이 서로 비교할 수 있는 장점을 가지고 있다. 계산과정은 매우 간단하다. 선형식을 중심으로 $MAPE$의 계산 과정은 표 3.7에 제시된 바와 같다. 그리고 다른 곡선식에 대한 $MAPE$ 값은 표 3.8에 요약되었다.

표 3.7 $MAPE$의 계산과정(선형식)

연 도	P_t	P_t^e	$P_t - P_{t-1}$	$\frac{\|P_t - P_t^e\|}{P_t}$
1975	180	132	48	0.2691
1980	250	228	22	0.0864
1985	320	325	−5	0.0163
1990	370	422	−52	0.1407
1995	480	519	−39	0.0810
2000	580	616	−36	0.0616
2005	700	713	−13	0.0179
2010	850	809	41	0.0478
2015	940	906	34	0.0359
계				0.7568

표 3.7의 결과로부터 선형식의 $MAPE$ 값은 8.409이다.

$$MAPE = \frac{0.7568}{9} \times 100 = 8.409.$$

3.4 인구추정식의 선택

위에서 설명한 CRV와 $MAPE$가 동일하게 어느 특정한 추정식이 지역예측에 최적임을 가리킨다면 연구자의 선택은 분명해진다. 즉 CRV와 $MAPE$가 동일하게 최소가 되는 식을 선택하면 된다. 그러나 이러한 두 기준이 서로 다른 추정식을 지역의 인구예측에 최적임을 제시할 때 분석자는 추정식을 선택해야 하는 문제에 직면하게 된다.

앞서 설명한 투입평가법과 결과평가법을 지역 "가"에 각각 적용했을 때 각 추정식에 대한 결과는 표 3.8에 요약되었다. 표는 CRV와 $MAPE$에 의한 각 추정식의 평가가 어느 특정한 식이 지역에 대해 최적임을 제시하지 않는 경우도 발생할 수 있다. 즉 CRV에 의한 기준에 의하면 지역에 가장 적합한 인구추정식은 선형식이다. 반면, $MAPE$의 기준에 의하면 지역예측에 가장 적합한 인구추정식은 포물선식이다.

표 3.8 각 추정식의 평가

곡선식의 종류	CRV	$MAPE$
선형식	33.76	8.41
기하곡선시	34.30	4.54
포물선식	1,351.23	2.29
수정된 지수곡선식	47.09	17.54
Gompertz곡선식	47.16	6.58
Logistic곡선식	47.68	2.65

표 3.8에서 나타나듯이 CRV와 $MAPE$에 의한 기준이 동일하게 지역인구예측에 적합한 추정식을 가리키지 않는다고 할지라도 두 기준의 적용은 연구자로 하여금 선택의 폭을 줄이게 한다. 지역인구추정식의 선택 과정은 다음과 같다. 표 3.8에서 가장 높은 CRV값을 보이는 포물선식과 가장 높은 $MAPE$값을 보이는 수정된 지수곡선식은 우선 지역 "가"의 인구추정

에 부적합한 식으로 선택의 대상에서 제외시킬 수 있다(여기서 포물선식은 특별한 경우로 CRV에서는 가장 높은 값을, 그리고 $MAPE$에서는 가장 낮은 값을 보이고 있다. 따라서 포물선식을 우선적으로 지역의 인구추정식의 선택과정에서 제외하기는 실제적으로 무리가 있으나 설명상 식의 CRV값이 가장 높으므로 제외하는 것으로 한다). 그리고 나머지 4식 중 선형식과 기하곡선식, 그리고 Gompertz곡선식과 Logistic곡선식을 서로 묶어 비교하면 선택의 폭은 다시 줄어든다. 왜냐하면 묶인 두 식은 CRV에서 서로 근소한 차이를 보이는 반면 $MAPE$에서는 뚜렷한 차이를 보이기 때문이다.

지역 "가"에 적합한 추정식의 선택 대상은 기하곡선식과 Logistic곡선식으로 줄어들게 된다. 이 두 식 중 지역의 인구추정식으로 최종 선택은 연구자의 판단에 의한다. 이는 대상 지역의 성장 과정과 지형적인 특징, 그리고 타 지역과의 관계 등을 종합적으로 고려하여 결정되어야만 한다. 예를 들어 만일 지역의 성장한계선은 1,500천 명이라면 기하곡선식에 의한 인구예측은 2035년 2,343천 명이다. 이 예측인구는 지역의 인구 수용 능력을 초과하였으므로 최종 인구추정식 선택에서 제외될 수 있다. 따라서 지역 "가"의 인구예측에 가장 적절한 식은 Logistic곡선식이라 할 수 있다.

지역의 인구예측을 위한 추정식의 선택에는 Isserman(1970a)의 연구에서 찾아 볼 수 있다. Isserman은 미국의 Illinois주와 Indiana주 내의 소지역을 대상으로 1930년부터 1960년까지 인구의 변화를 이용하여 각 인구추정식을 결정하였다. 그리고 그는 결정된 추정식을 가지고 1960~1970년까지 각 지역의 인구를 예측하고 실제의 인구와 비교한 결과 소지역단위에 대해 가장 적절한 인구추정식은 특별하게 나타나지 않았다는 것이다. 단지 그가 발견할 수 있었던 것은 앞서 언급하였듯이 지역의 성장 특성이나 규모에 따라 지역에 적합한 추정식이 결정된다는 것이다. 예를 들면 급격히 성장하는 지역이나 완만히 쇠퇴하는 지역 또는 지역의 인구가 5,000명 이하인 지역의 경우 기하곡선식이 가장 정확한 인구추정식이 됨을 보였다. 물론 이러한 결과는 모든 지역에 예외없이 적용될 수 있는 것은 아니지만 이와 같은 성격을 가지고 있는 지역의 경우 기하곡선의 적용을 고려할 수 있음은 최소한 제시한다고 할 수 있다.

3.5 요 약

인구추정식의 결정과 추세연장법에 의한 지역인구의 예측은 하나의 단순 자료만을 이용하여 지역의 미래를 예측할 수 있는 유일한 수단이다. 특히 시간이나 비용이 제한되어 있는 경우 이 방법은 유용하게 사용될 수 있다. 그러나 이 방법은 무엇이 지역의 성장과 쇠퇴를 야기시키는가에 대한 요인 등이 전혀 고려되지 않는다. 따라서 추세연장법은 이론적으로 매우 취약하다고 할 수 있다. 예를 들면 지역의 남녀 구성, 인구의 연령 구조, 지역간 인구이동 형태, 지역의 산업구조 등은 지역의 인구예측에 매우 중요한 요소이다. 그러나 추세연장법에서는 이러한 요소들이 전혀 고려되지 않아 예측 결과의 정확성에 한계가 있다. 그러므로 추세연장법에 의한 지역인구의 예측은 장기적인 것보다는 단기적인 예측으로 제한되어야 바람직하다.

제 Ⅱ 편

조성법

제 04 장

조성법

4.1 서 론

지역인구의 성장은 크게 인구의 자연성장과 사회성장으로 이루어진다. 자연성장은 출생과 사망에 의한 인구의 변화이고, 사회성장이란 지역간 인구이동에 의한 변화이다. 지역의 인구성장은 식 (4.1)과 같이 표현된다.

$$P_{t+1} = P_t + B_t - D_t + IM_t - OM_t. \tag{4.1}$$

B_t는 't'기간 동안 출생한 신생아의 수를, D_t는 사망자의 수, 그리고 IM_t와 OM_t는 각각 지역 안으로 전입한 인구수와 지역 밖으로 이동한 전출자의 수를 말한다. 식 (4.1)은 다시 식 (4.2)와 같이 표현된다.

$$\Delta P_t = P_{t+1} - P_t = B_t - D_t + IM_t - OM_t. \tag{4.2}$$

즉 지역인구의 성장은 출생과 사망, 그리고 지역간 인구이동에 의한 시간적 변화의 결과라 할 수 있다. 이러한 인구변화에는 성별, 연령별, 그리고 지역별로 일반적인 특성이 있다. 이를 좀 더 구체적으로 말하면 다음과 같다.

첫째, 출생은 여성들에 의해서만 이루어지며, 여성들의 출산율은 연령에 따라 크게 변한다. 즉 20대 초반의 여성은 출산율이 높은 반면 30대 또는 40대로 갈수록 출산율은 급격히 감소한다. 따라서 지역인구의 성별 연령구조는 지역인구성장에 중요한 영향을 미친다. 예를 들면 남녀 성의 비와 인구수가 동일한 두 지역 "가"와 "나"가 있다고 하자. 지역 "가"는 거주 인구의 대부분이 노인층인 소위 실버 타운(silver town)의 성격을 가진 지역인 반면, 지역 "나"는 젊은 연령층이 많이 거주하는 공업지역이라 하자. 그러면 두 지역 간의 인구성장은 비록 두 지역의 인구와 성의 비가 현재 동일하다 할지라도 시간이 흐름에 따라 매우 다르게 나타날 것이다. 왜냐하면 두 지역간 가임여성(15~45세)의 구성비율 차이가 크기 때문에 지역 "가"는 낮은 인구성장을, 그리고 지역 "나"는 높은 인구성장을 경험할 것이기 때문이다. 또한 지역간 인구성장의 불균형 현상은 연령구조뿐 아니라 성의 비의 차이에 의해서도 나타날 수 있다. 군사도시와 같이 지역 내에 남자의 수가 여자의 수보다 많은 경우 또는 반대인 경우에도 인구의 불균형은 나타날 수 있다. 그러므로 지역인구성장에서 지역인구의 성별, 그리고 연령별 구조가 차지하는 영향은 매우 크다.

둘째, 사망은 연령에 따라 뚜렷한 특징을 보인다. 즉 사망률의 경우 신생아에게 비교적 높고 유아층에게 낮으며 나이에 따라서 완만히 증가하는 경향을 보인다. 보통 사망률은 성별로 볼 때 여성이 남성보다 낮은 것으로 나타나고 있다. 또한 사망률은 각 지역이 지역 주민에게 제공하는 환경 조건에 의해 영향을 받는다. 예를 들면 맑은 공기와 좋은 물, 그리고 조용한 환경을 제공하는 농촌지역에서 생활하는 주민과 소음과 공해, 교통혼잡 등이 심한 도시지역에 거주하는 주민의 경우 각 지역의 사망률은 서로 동일하지 않을 것이다. 왜냐하면 도시지역에는 건강을 해치는 요소와 사고 등 생명에 위협을 주는 요소가 상대적으로 많이 존재하기 때문이다. 따라서 인구의 사망률은 농촌지역보다 도시지역이 높다고 할 수 있다.

셋째, 지역간 인구이동도 인구의 계층마다 특징을 가지고 있다. 일반적으로 말해, 지역의 인구 중 교육의 정도가 높은 계층일수록, 그리고 연령별로는 젊은 계층일수록 지역간 이동성이 높다. 또한 인구의 교육수준에 따라 이동성의 차이가 존재한다. 교육의 수준이 높은 계층일수록 이동성은 높은 반면, 교육의 수준이 낮을수록 이동성이 낮은 것은 일반적으로 잘 알려져 있는 사실이다. 지역간 이동을 발생시키는 지역요인으로는 지역경제의 특성을 들 수 있다. 즉 전출이 발생하는 지역은 경제적으로 정체 또는 쇠퇴하는 지역이거나 농업을 기반으로 하고 있는 지역이며, 반대로 전입이 일어나는 지역은 경제적으로 제2차 또는 3차 산업을 기반으로 하고 있는 성장하는 지역이다.

위에서 설명한 출생과 사망, 그리고 인구이동의 3가지 성장 요소들의 관계는 서로 매우 독립적이며, 각 요소마다 여러 가지의 지역특성에 의해 복잡하게 변한다. 따라서 모든 지역의 특성을 고려하여 지역인구를 예측한다는 것은 실제로 매우 어렵다. 그러나 지역인구의 변화에는 어떠한 규칙성이 존재한다. 그러므로 지역인구의 예측은 그러한 규칙성에 바탕을 두고 이루어져야 하며, 그러한 규칙성이 세밀하게 고려될 때 예측의 신뢰성은 향상될 수 있다. 여기서 말하는 인구변화의 규칙성을 고려한 인구예측방법이 바로 조성법이다. 조성법은 종종 집단생존법이라고도 불리운다. 본 장에서는 이에 대해 주로 다루게 된다.

본 장은 총 4절로 구성된다. 제2절에서는 조성법의 기초 내용인 인구 코호트와 인구 피라미드에 대해 설명한다. 제3절에서는 지역인구의 요인별 성장, 즉 출생과 사망, 그리고 지역간 인구이동에 대해 설명한다. 마지막으로 제4절에서는 본 장에서 설명된 내용이 요약된다.

4.2 인구 코호트와 인구 피라미드

4.2.1 인구 코호트

코호트(cohort)란 인구를 연령에 의해 구분할 때 같은 등급 안에 묶이는 연령 집단을 의미한다. 예를 들면 인구를 10년 단위로 구분한다면 연령대별 인구구조는 0~9, 10~19,······ 60~69, 70+ 등의 8등급으로 구분될 것이다(물론 이러한 10년 단위의 구분은 분석자들의 분석 목적에 따라 1년 또는 5년 등으로 구분될 수 있으며, 등급도 8등급에서 확대 또는 축소할 수 있다). 이 경우 지역인구는 총 8코호트로 구성되어 있다고 말한다. 여기서 연령 집단 중 n코호트에 해당하는 남성의 인구를 M_t^n으로, 그리고 이에 해당하는 여성의 인구를 F_t^n으로 표현하기로 한다. 그러므로 해당 코호트의 총인구는 식 (4.3)과 같이 표현된다.

$$P_t^n = M_t^n + F_t^n. \tag{4.3}$$

가상 지역 "나"의 총인구 66,528명을 성별로, 10년 단위로 구분하면 표 4.1과 같이 나타낼 수 있다.

표 4.1 지역 "나" 인구의 성별 · 연령별 인구구조

연령 구분	코호트 번호	남자 인구수 (M_t^n)	여자 인구수 (F_t^n)	전체 인구수 (P_t^n)
0~9	1	6,300	5,900	12,200
10~19	2	7,160	6,520	13,680
20~29	3	6,868	6,950	13,818
30~39	4	5,700	5,500	11,200
40~49	5	3,005	3,060	6,065
50~59	6	2,550	2,717	5,267
60~69	7	1,300	1,708	3,008
70~79	8	600	690	1,290
계		33,483	33,045	66,528

인구의 코호트별 구분은 일정 기간 동안을 기준으로 구분한 것이다. 여기서 나타나는 문제는 구분된 기간 사이에 일어나는 인구변화이다. 왜냐하면 구분된 기간 동안에도 인구의 변화는 계속해서 발생하기 때문이다. 따라서 같은 기간이라 할지라도 기간 초와 기간 말의 인구는 다르게 된다. 이에 대한 일반적인 방법은 각 기간의 중간 시점을 기준으로 하여 인구를 계산하는 것이다. 이를 정지인구라 한다. 예를 들면 1년을 기준으로 인구가 구분되었다면 그의 인구는 연초(1월 1일)와 연말(12월 31일)의 인구에서 차이가 있을 것이다. 따라서 연도의 인구는 중간 시점(6월 30일)을 기준으로 인구를 사용한다. 따라서 이제부터 나타나는 코호트의 인구는 별도의 설명이 없는 한 각 코호트 기간의 중간 시점에서 관찰된 인구임을 전제한다. 이에 대해 제3절에서 자세히 설명하기로 한다.

4.2.2 인구 피라미드(Population Pyramid)

지역인구의 성별, 그리고 연령별 구조를 그래프로 표현한 것이 인구 피라미드이다. 인구 피라미드는 여러 개의 수평 막대그래프로 구성되며, 각 수평 막대는 각 코호트의 성별 인구수를 가리킨다. 그리고 그래프는 아래에서 위로 올림차 순으로 일정한 간격(여기서는 10년 단위)에 의해 표현된다. 표 4.1에 제시된 지역 "나"의 성별 · 연령별 구조를 인구 피라미드로 나타내면 그림 4.1과 같다.

그림 4.1
지역 “나”의 인구 피라미드(2015)

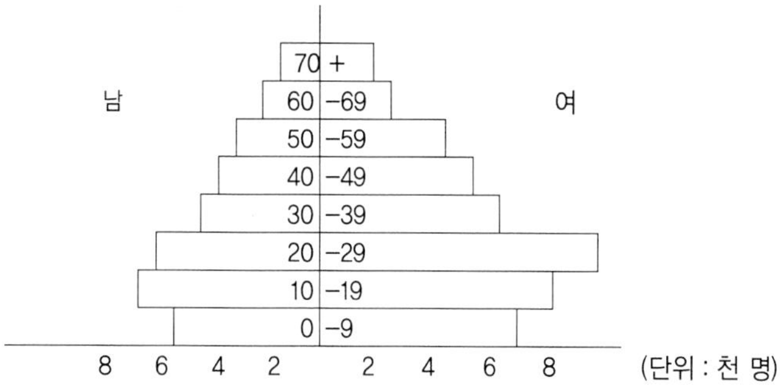

그림 4.2
지역 “나”의 각 코호트별 인구변화 (2005~2015)

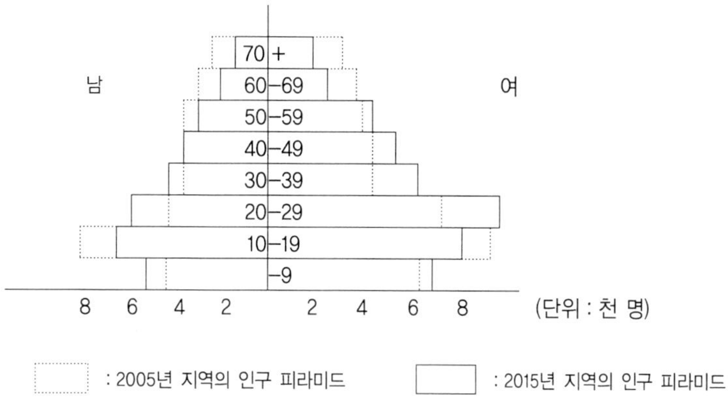

인구 피라미드는 지역의 성별·연령별 구조를 쉽게 나타내기도 하지만, 특히 특정 기간 동안 인구의 변화를 묘사하는 데 매우 유용하게 사용될 수 있다. 관찰 기간 동안 어느 코호트에서 인구변화가 어떻게 발생했는지를 쉽게 파악할 수 있기 때문이다. 따라서 인구 피라미드를 이용하면 지역인구의 성장 또는 쇠퇴의 원인에 대한 분석의 방향을 제시할 수도 있다. 그림 4.2는 가상으로 지난 10년 간(2005~2015). 지역인구의 변화를 각 코호트 별로 나타낸 것이다. 그림에서 점선으로 나타난 인구피라미드는 2005년 당시의 인구구조를 나타낸다.

그림 4.2와 같이 지난 10년 동안 지역이 경험한 인구변화는 각 코호트별로 뚜렷하다. 즉 지역 “나”의 교육 연령층과 노령층의 인구는 감소한 반면 유아층과 경제활동 인구층에서는 증가가 있었다. 여기서 우선 관심을 가져야 할 것은 유아층의 인구변화와 경제활동 인구의 변화 관계이다. 왜냐하면 유아층 인구의 변화는 그들의 부모인 경제활동 인구의 변화와 매우 밀접한

관계를 가지기 때문이다. 이는 매우 일반적인 현상이며, 엄밀히 말해 유아들의 출생과 이동 결정은 그들의 의지가 아니라 그들의 부모에 의해 결정되는 것이다. 그러므로 유아층의 인구는 경제활동 인구의 변화와 함께 고려하여야 한다.

일반적인 지역의 특성은 하나의 인구 피라미드에 기간별 인구의 변화를 동시에 표현함으로써 파악될 수 있다. 지역 “나”에서 경제활동 인구의 전반적인 증가는 지역경제 활동의 특징을 나타내는 것이라 할 수 있다. 여기서 지역경제 활동인구의 증가는 여러 가지의 원인, 예를 들면 지역산업구조의 특징, 생산기술의 발전, 지역 상품에 대한 외부수요 증가, 유리한 산업입지, 높은 지역생산성 등의 다양한 원인이 있겠으나 인구 피라미드에 의한 방법으로는 이러한 원인을 분석하는 데는 한계가 있다. 단지 이 방법을 통해 알 수 있는 것은 지역 “나”의 전반적인 특징이다. 즉 모든 경제활동 인구층에서 인구의 유입이 일어나고 있기 때문에 지역 “나”는 경제적으로 성장하는 지역으로 특징지을 수 있다.

지역의 교육 연령층이 감소하고 있는 것을 보아서 지역 “나” 내 교육기관이 타 지역에 비해 상대적으로 적게 입지해 있음을 알 수 있다. 따라서 지역은 주변지역에 대해 교육의 중심적인 기능을 제공하는 것이 아니라 의존하는 지역이라 할 수 있다. 또한 노인층 인구의 감소는 지역내 이들을 수용할 수 있는 시설이 빈약하거나 지역의 생활환경 자체가 열악하여 노인층 인구가 거주하기에는 적합하지 않은 지역임을 나타낸다고 할 수 있다(이러한 지역의 일반적인 특징은 전국 또는 지역 “나”를 포함하는 광역 지역과의 비교를 통해 보다 분명해 질 수 있다).

4.3 요인별 인구성장

앞서 설명하였듯이 지역인구의 성장은 크게 3가지 요인, 출생과 사망, 그리고 지역간 인구이동에 의해 이루어진다. 본 절에서는 각각에 대해 구체적으로 설명한다.

4.3.1 출생

신생아는 다양한 가임여성층으로부터 출생하게 된다. 이를 그래프로 나타내면 그림 4.3과 같다. 그림에서 알 수 있듯이 2015년의 첫째 코호트의 인구는 지난 10년(2005~2014) 동안 가임여성으로부터 출생하여 생존한 인구이다.

그림 4.3
가임여성에 의한 출생

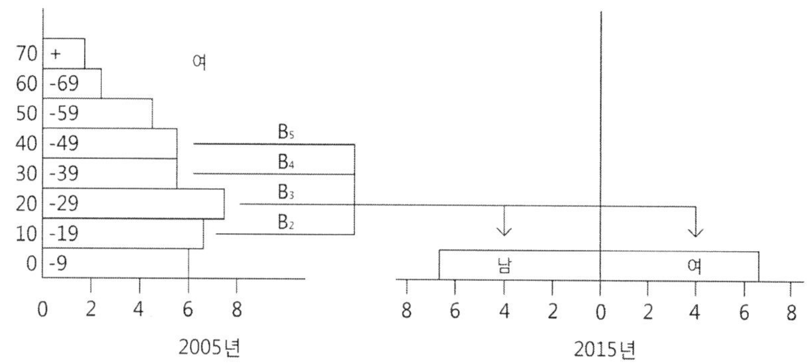

그림 4.3에서 각 여성의 코호트로부터 출생하는 신생아수(B_t^n)의 규모는 두 가지 요인에 의해 결정된다. 즉 여성의 코호트별(또는 연령별) 출산율과 각 코호트에 속한 여성의 수이다. 그러므로 여성의 출산율이 높아도 가임여성의 수가 적으면 신생아의 수는 적게 되며, 반대로 실버 타운(silver town)과 같이 여성 수는 많으나 출산율이 낮은 인구로 구성되어 있으면 그 지역에서 출생하는 신생아의 수는 적게 된다. 이와 같이 지역의 신생아 규모는 위의 두 요인이 동시에 고려되어야 결정할 수 있다.

n 코호트에 속한 여성이 한해에 출산하는 신생아수를 여성의 연령별 출산율(age specific birth rate, $ASBR_t^n$)이라 하며 다음과 같이 표현된다.

$$ASBR_t^n = \frac{B_t^n}{F_t^n} \times 1,000. \tag{4.4}$$

위의 식에서 1,000을 곱해주는 이유는 $ASBR_t^n$는 일반적으로 여성 1,000명을 기준으로 하기 때문이다. 그러므로 지역내 코호트별 여성인구수와 그들이 출산하는 신생아수를 알면 연령별 출산율은 쉽게 계산된다. 표 4.2는 지역내 코호트별 여성수와 신생아수가 주어졌을 때 여성들의 연령별 출산율을 계산하여 제시한 것이다.

표 4.2 지역 "나" 여성의 연령별 출산율($ASBR_t^n$)

연령 구분	코호트	코호트별 여성수(F_t^n)	신생아수(B_t^n)	연령별 출산율($ASBR_t^n$)
10~19	2	6,520	300	46
20~29	3	6,950	900	129
30~39	4	5,500	400	73
40~49	5	3,060	40	13

연령별 출산율($ASBR_t^n$)과 여성수(F_t^n)의 자료로부터, 각 코호트별 한 해 출산하는 신생아의 수는 식 (4.5)를 이용하면 쉽게 계산할 수 있다.

$$B_t^n = \frac{F_t^n \times ASBR_t^n}{1,000}. \tag{4.5}$$

그리고 가임여성은 코호트 2에서 5까지 해당하기 때문에 한 기간에 출생하는 총 신생아의 수(B_t^T)는 다음과 같은 식을 이용하여 구할 수 있다.

$$B_t^T = 10 \times \sum_{n=2}^{5} B_t^n.$$

위의 식에서 10을 곱해 주는 이유는 각 코호트의 구분이 10년을 기준으로 하였기 때문이다.

그림 4.3에서와 같이 총 신생아는 다시 남녀로 구분되어야 한다. 이러한 구분은 인구예측에서 매우 중요한 부분을 차지한다. 왜냐하면 신생아의 성별 구분은 다음 기간의 가임여성의 규모를 결정하기 때문이다. 그리고 신생아의 성별 구분은 출생 시 성의 비에 관한 자료에 의한다. 일반적으로 출생 시 남녀의 성비는 105 : 100 ~ 107 : 100 정도로 나타난다. 즉 출생 시 남성의 비율이 여성보다 조금 높은 편이다. 따라서 출생 시 성의 비가 $a_t : b_t$라 할 때 각각의 신생아 수는 다음 식 (4.6)에 의해 구분된다.

$$Bm_t = B_t^T \times \overline{a_t}, \; Bf_t = B_t^T \times \overline{b_t}. \tag{4.6}$$

위 식에서 $Bm_t(Bf_t)$는 신생아 중 남자(여자)의 수를 말하며, 각 계수는 다음과 같이 계산된다.

$$\overline{a_t} = \frac{a_t}{a_t + b_t}, \; \overline{b_t} = \frac{b_t}{a_t + b_t}.$$

표 4.3 국가별 출생 성비(남 : 여)

구분	대한민국	미국	일본	중국	UN 전체
1990~1995	114 : 100	105 : 100	106 : 100	112 : 100	107 : 100
1995~2000	110 : 100	105 : 100	106 : 100	114 : 100	107 : 100
2000~2005	110 : 100	105 : 100	106 : 100	116 : 100	107 : 100
2005~2010	107 : 100	105 : 100	106 : 100	117 : 100	108 : 100
2010~2015	107 : 100	105 : 100	106 : 100	116 : 100	107 : 100

• UN, 2015, World Population Prospects : The 2015 Revision에서 인용

표 4.3은 국가별 출생 성비의 변화를 요약한 것이다. 표에서 UN 전체란 2015년 UN에 등록한 193개 국가의 평균을 말하며, 출생 성비의 전체 평균은 대체로 107 정도 수준이라고 할 수 있다. 우리나라의 경우 2000년대 중반까지 전체 평균에 비해 남자가 많이 태어났으나 점차적으로 불균형이 개선되어 현재는 전체 평균 수준에 이르고 있다. 그러나 중국은 출생 성비의 불균형이 매우 심한 편이며 이러한 현상은 지금까지 지속되고 있는 실정이다.

출생 성비의 불균형은 향후 가임여성의 부족으로 나타나게 되며, 인구감소에 직접적인 영향을 준다. 또한 남녀의 혼인 연령인구의 불균형으로 인해 성범죄를 포함한 다양한 사회문제가 발생될 수 있다. 따라서 출생 성비의 불균형이 심한 국가는 이러한 불균형을 완화시킬 수 있는 대책수립이 필요하다.

여성의 연령별 출생률과 함께 인구 분야에서 가장 많이 사용하는 것이 합계출산율(total fertility rate, TFR)이다. 이는 단지 연령별 출산율($ASBR_t^n$)을 기간별 코호트의 합으로 구한다. 그러므로 합계출산율은 한 여성이 일생 동안 출산하는 신생아의 수를 의미한다. 여기서 합계출산율을 계산할 때 두 가지 점에 주의하여야 한다. 첫째는 합계출산율을 구하기 전에 분석자는 각 코호트가 몇 년 단위로 구분되었는가를 확인하는 것이다. 왜냐하면 각 여성은 각 코호트의 구분된 시간만큼 해당 코호트에 속하기 때문이다. 즉 지역 “나”의 경우 10년으로 각 코호트가 구분되었기 때문에 각 여성은 각 코호트에 10년간 머무른다. 그러므로 합계출산율은 합계출산율을 구하기 전에 구분된 시간을 확인하고 각 $ASBR_t^n$에 구분된 기간을 곱하여 구해진다. 둘째로 $ASBR_t^n$은 일반적으로 여성 1,000명을 기준으로 표현되나 합계출산율

은 각 여성 1인당으로 표현된다. 그러므로 $ASBR_t^n$에 1,000을 나누어 주어야 한다. 이러한 두 가지 점에 유의하여 합계출산율은 다음과 같이 계산되어진다.

$$TFR = \frac{\sum_{n=2}^{5} ASBR_t^n \times 10}{1,000}. \tag{4.7}$$

식 (4.7)에 의하여 지역 "나"의 합계출산율은 2.61이다. 즉 지역 "나"에 사는 여성이 평생 출산하는 신생아의 수는 2.61명임을 의미한다.

표 4.4 국가별 합계출산율

구분	대한민국	미국	중국	일본	독일	인도	UN 전체
1960s	5.17	2.99	6.23	2.00	2.42	5.81	4.97
1970s	3.6	1.89	3.93	1.98	1.61	5.19	4.17
1980s	1.92	1.86	2.64	1.71	1.45	4.47	3.52
1990s	1.61	2.01	1.74	1.42	1.32	3.66	2.89
2000s	1.22	2.05	1.52	1.32	1.36	2.97	2.59
2010~2015	1.26	1.89	1.55	1.40	1.39	2.48	2.51

• UN, 2015, World Population Prospects : The 2015 Revision에서 인용

표 4.4는 최근 우리나라를 포함한 다른 나라들의 합계출산율을 보이고 있다. 여기서도 UN 전체는 2015년 UN에 등록한 193개 국가의 평균을 말한다. 표를 보면 1960년대 우리나라 여성들의 합계출산율은 5.17명으로 전체 평균 4.97명보다 높았으나 최근(2010~2015)에는 1.26명으로 전체 평균 2.51명의 1/2 수준으로 떨어졌다. 표에서 알 수 있듯이 여성들의 출산율이 감소되는 것은 세계적인 추세이지만 우리나라의 경우 그 감소의 속도가 상대적으로 매우 빠른 것이 문제이다. 낮은 출산율은 자연히 인구의 고령화를 가져오게 하며, 궁극적으로 노동력 부족과 나라의 경제성장에 부정적 영향을 주게 된다. 또한 미래의 젊은 세대들이 짊어질 재정적 부담도 커지게 된다. 따라서 저출산으로 인한 인구고령화는 우리나라가 시급히 해결해야 할 국가의 중요 과제라고 할 수 있다. 이러한 나라의 저출산 문제를 해결하기 위한 출산장려정책의 수립이 우리나라에서 절실하게 요구된다.

4.3.2 사망

인구의 사망률도 출산율과 마찬가지로 연령에 따라 변한다. 즉 코호트 n에 속한 인구 중 사고와 질병 등으로 인하여 다음 코호트 $n+1$에 도달하기 전에 사망하는 인구가 발생하게 된다. 이러한 각 코호트별 사망을 나타내는 것이 사망률(d_t^n)이다. 이는 다음 식 (4.8)과 같이 각 코호트 기간에 발생하는 사망자 수(D_t^n)를 각 코호트의 인구 수(P_t^n)로 나누어 줌으로써 계산된다.

$$d_t^n = \frac{D_t^n}{P_t^n}, \quad 0 < d_t^n < 1. \tag{4.8}$$

식 (4.8)의 사망률은 반대로 코호트 n에 속한 인구가 다음 코호트 $n+1$까지 생잔할 확률로 동일하게 표현될 수 있다. 이를 각 코호트별 생잔율(survival rate, s_t^n)이라 하며, 식 (4.9)와 같이 구해진다.

$$s_t^n = 1 - d_t^n, \quad 0 < s_t^n < 1. \tag{4.9}$$

따라서 각 코호트별 인구수(P_t^n)와 코호트별 생잔율을 이용하여 다음 기간의 해당 코호트의 인구수(P_{t+1}^{n+1})를 계산할 수 있다. 이는 다음과 같이 표현된다.

$$P_{t+1}^{n+1} = P_t^n \times s_t^n. \tag{4.10}$$

그리고 마지막 코호트(P_t^f)의 경우는 다음과 같이 나타난다.

$$P_{t+1}^f = (P_t^{f-1} \times s_t^{f-1}) + (P_t^f \times s_t^f). \tag{4.11}$$

마지막 코호트의 인구변화는 식 (4.11)과 같이 두 코호트의 인구변화로 구성된다. 즉 $f-1$의 코호트에서 f코호트로 생잔하는 인구와 마지막 코호트에서 다시 생잔하는 인구의 합이 $t+1$기간의 f코호트 인구가 된다. 예를 들면 식 (4.7)은 지역 "나"의 경우 다음과 같이 나타난다.

$$P_{t+1}^8 = (P_t^7 \times s_t^7) + (P_t^8 \times s_t^8).$$

식 (4.10)과 (4.11)의 각 코호트별 인구변화는 그림 4.4와 같이 표현된다.

그림 4.4
각 코호트의 생잔

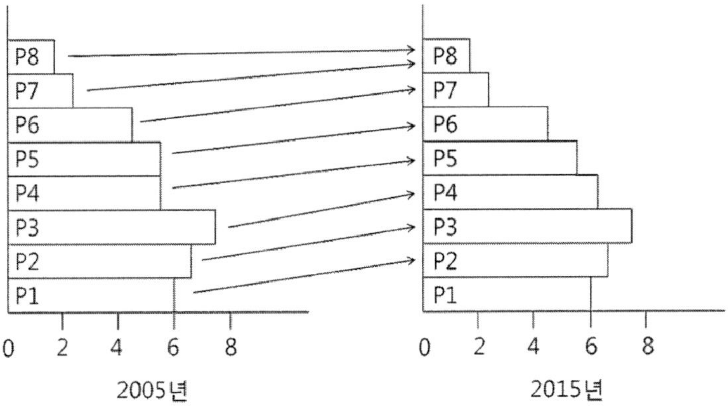

기간별 인구변화는 세부적으로 각 코호트 n에 속한 인구가 그 다음 코호트 $n+1$까지 생잔할 확률에 크게 영향을 받는다. 즉 각 코호트별 생잔율이 낮으면(사망률이 높으면) 인구의 감소는 클 것이고 반대로 각 코호트의 생잔율이 높으면(사망률이 낮으면) 인구의 감소는 완만할 것이다. 이는 국가별 영양 상태나 의료수준, 그리고 환경수준 등에 따라 달라질 수 있다. 그러므로 각 코호트별 생잔율은 인구변화를 예측하는 데 매우 중요하다. 실제적으로 각 코호트별 생잔율은 생명표(life table)로부터 계산된다. 생명표란 인간의 수명에 관한 통계표로서 인구의 각 코호트에서 사망으로 인해 인구가 감소되어 가는 과정을 나타낸 표로 남녀로 구분하여 작성된다. 기본적으로 인구 100,000명을 기준으로 작성된다.

표 4.5는 우리나라의 생명표이다. 연령 구분은 1년(1월 1일부터 12월 31일) 단위로 되어 있으며, 유의해야 할 것은 생존자수(L^n)와 정지인구수(P^n)이다. 생존자수는 이미 구분된 기간의 초(1월 1일 기준)의 생존자수를 말하며, 정지인구는 각 구분의 기간 동안의 평균 인구를 말한다. 따라서 코호트별 정지인구는 다음과 같이 계산된다.

수(L^n)와 정지인구수(P^n)이다. 생존자수는 이미 구분된 기간의 초(1월 1일 기준)의 생존자수를 말하며, 정지인구는 각 구분된 기간의 평균 인구를 말한다. 따라서 코호트별 정지인구는 다음과 같이 계산된다.

$$P^n = \frac{L^n + L^{n+1}}{2}. \tag{4.12}$$

표 4.5 우리나라 생명표(Life Table)

연령 (n)	사망률 (d^n)	생존자수 (L^n)	사망자 (D^n)	정지인구 (P^n)	생잔율 (s^n)	총생존년수 (T^n)	기대여명 (E^n)
0	0.00294	100,000	294	99,753	0.99941	8,194,265	81.94
1	0.00024	99,706	24	99,694	0.99978	8,094,512	81.18
2	0.00020	99,682	20	99,672	0.99982	7,994,818	80.20
3	0.00016	99,662	16	99,654	0.99985	7,895,146	79.22
4	0.00014	99,646	14	99,639	0.99987	7,795,492	78.23
5	0.00013	99,632	13	99,626	0.99988	7,695,853	77.24
6	0.00011	99,619	11	99,614	0.99989	7,596,227	76.25
·	·	·	·	·	·	·	·
·	·	·	·	·	·	·	·
10	0.00009	99,578	9	99,574	0.99992	7,197,835	72.28
11	0.00008	99,570	8	99,566	0.99992	7,098,261	71.29
·	·	·	·	·	·	·	·
·	·	·	·	·	·	·	·
20	0.00032	99,415	32	99,399	0.99967	6,202,657	62.39
21	0.00034	99,383	34	99,366	0.99966	6,103,258	61.41
·	·	·	·	·	·	·	·
·	·	·	·	·	·	·	·
40	0.00116	98,218	114	98,161	0.99880	4,223,992	43.01
·	·	·	·	·	·	·	·
·	·	·	·	·	·	·	·
70	0.01415	85,435	1209	84,831	0.98495	1,403,805	16.43
·	·	·	·	·	·	·	·

• 통계청 2013년 생명표에서 인용

표 4.5와 같이 코호트별 정지인구 중 영유아(0~4세)의 경우는 식 (4.12)에 의한 계산과는 일치하지 않는다. 왜냐하면 일반적으로 영유아층의 사망은 계절적으로 관계가 있기 때문이다. 영유아층에서 발생하는 사망은 후반기(7월 1일~12월 31일)보다는 전반기(1월 1일~6월 30일)에 더 많이 일어난다. 표 4.5에서 영유아층의 정지인구가 식 (4.12)에 의해 계산된 인구보다 낮게 나타나는 것은 바로 이러한 이유이다. 각 코호트별 생잔율은 정지인구를 기준으로 다음과 같이 구한다.

$$S^n = \frac{P^{n+1}}{P^n}. \tag{4.13}$$

예를 들어 연령이 10살인 어떤 사람이 11살까지 생잔할 확률은 다음과 같이 구해진다.

$$S^{10} = \frac{P^{11}}{P^{10}} = \frac{99,566}{99,574} = 0.99992.$$

연령이 10살인 사람이 11살까지 생잔할 확률은 바로 0.99992이다. 그리고 총생존년수(T^n)는 각 코호트별 생존자가 모두 사망할 때까지 생존할 것으로 기대되는 생존년수의 합계로 나타난다. 이를 식으로 표시하면 다음과 같다.

$$T^n = \sum_{n}^{\infty} P^n. \tag{4.14}$$

기대여명(E^n)은 n코호트에 해당하는 인구가 앞으로 생존할 것으로 기대되는 평균생존년수를 의미하며, 다음과 같은 식에 의하여 구해진다.

$$E^n = \frac{T^n}{L^n}. \tag{4.15}$$

위의 표에서 생잔율은 1년을 구분한 것이므로 본 장에서와 같이 10년 단위로 연령이 구분되어 있을 경우 각 코호트의 생잔율은 다음과 같이 구할 수 있다. 1년 단위로 구분된 코호트를 10년별로 다시 구분하고 각 코호트에 해당하는 인구를 합함으로써 가능하다. 예를 들어 표 4.5에서 주어진 인구 자료를 10년으로 구분한 첫 번째 코호트I(0~9세)에 해당하는 인구가 다음 코호트(10~19세)까지 생잔할 확률은 다음과 같은 식을 이용하여 계산된다.

$$S^I = \frac{\sum_{n=10}^{19} P^n}{\sum_{n=0}^{9} P^n} = 0.99874.$$

또한 위의 식은 총생존년수(T^n)를 이용하면 쉽게 계산할 수 있다.

$$S^I = \frac{\sum_{n=10}^{19} P^n}{\sum_{n=0}^{9} P^n} = \frac{P^{\text{II}}}{P^{\text{I}}},$$

$$P^{\text{I}} = \sum_{n=0}^{9} P^n = T^0 - T^{10} = 8,194,265 - 7,197,835 = 996,430,$$

$$P^{\text{II}} = \sum_{n=10}^{19} P^n = T^0 - T^{10} = 7,197,835 - 6,302,086 = 895,749.$$

그러므로 10년 단위로 인구가 구분되었을 때 첫 번째 코호트의 생잔율은 0.99874이다. 같은 방법으로 각 코호트의 생잔율을 계산할 수 있다.

4.3.3 지역간 인구이동

인구이동은 인구변화를 추정하고 예측하는 데 가장 중요한 요소이다. 특히 도시나 지역의 성장 모형에서는 인구이동의 형태를 다양하게 묘사함으로써 도시 및 지역 성장을 동태적(dynamic)으로 설명하고 있다(Rabenau, 1979 1985;Smith 1974 1975;Miayo 1983 1987; Kim 1992; 김홍배 1994). 그러나 현실적으로 인구이동을 설명할 하나의 안정된 식을 결정하기는 어렵다. 왜냐하면 이동의 동기가 너무 다양하기 때문이다. 예를 들면 지역간 인구이동의 동기는 직장 문제, 소득 문제, 지역환경 문제, 교육 문제, 가정 문제, 이웃간 문제 등 매우 다양하다. 그러므로 앞서 언급한 출생과 사망의 경우는 안정적인 변화를 보이는 데 반해 인구이동의 변화는 안정적이지 못하다.

인구이동은 크게 두 가지 형태로 구분된다. 지역간 인구이동과 지역내 이동이다. 이 두 가지 이동의 주된 차이는 인구이동의 공간적인 범위의 차이이다. 따라서 이 두 이동의 구분은 지역의 범위를 어디로 정할 것인가에 달려 있다. 지역의 범위를 정하는 방법은 제1장에서 설명하였듯이 동질적 지역에서 찾아볼 수 있다. 즉 '지역은 동질성으로 구분되는 지리적인 실체이다.' 그러므로 지역과 지역 사이에는 이질성이 존재한다. 따라서 지역 범위의 구분은 어떻게 지역의 동질성을 구분하는가가 가장 중요한 바탕이다. 일반적으로 동일한 행정 시비스, 자료수집과 동일힌 지방세율 등이 동질성올 이루고 있다. 이러한 동질성을 기초로 한 지역의 최소단위는 우리나라의 경우에는 군(郡), 그리고 미국의 경우에는 county이다. 따라서 지역의 최소단위를 군으로 볼 경우, 군의 행정경계를 넘어선 인구이동은 지역간 이동(migration)으로, 그리고 행정경계 안에서 일어나는 인구이동은 주거이동(residential movement)으로 구분할 수 있다. 그러므로 지역의 인구예측에서 주거이동은 고려하지 않는다.

지역의 인구이동률(mr_t)은 식 (4.16)과 같이 순이동인구(NM_t)를 지역인구로 나누어 줌으로써 구할 수 있다.

$$mr_t = \frac{NM_t}{P_t}. \tag{4.16}$$

여기서 $NM_t = IM_t - OM_t$이다. 그리고 전입인구(IM_t)와 전출인구(OM_t)의 규모에 따라 인구이동률의 부호는 정해진다.

$$mr_t \begin{Bmatrix} > \\ = \\ < \end{Bmatrix} 0 \quad \text{As } IM_t \begin{Bmatrix} > \\ = \\ < \end{Bmatrix} OM_t. \tag{4.17}$$

물론 지역간 인구이동률은 앞서 언급한 것과 같이 연령에 따라 변화하므로 연령별로 세분화하면 다음과 같이 표현할 수 있다.

$$mr_t^n = \frac{NM_t^n}{P_t^n}, \quad NM_t^n = IM_t^n - OM_t^n. \tag{4.18}$$

각 코호트별 이동률의 방향은 식 (4.19)와 같이 정해진다.

$$mr_t^n \begin{Bmatrix} > \\ = \\ < \end{Bmatrix} 0 \quad \text{As } IM_t^n \begin{Bmatrix} > \\ = \\ < \end{Bmatrix} OM_t^n. \tag{4.19}$$

지역 "나"의 코호트별 인구에서 전입자와 전출자의 수가 표 4.6과 같이 주어졌다면 코호트별 인구이동률은 표의 마지막 행에 제시된 바와 같이 계산된다.

표 4.6 지역 "나"의 코호트별 지역 이동률

연령 구분	코호트 번호	코호트별 인구	전입자 수(IM_t^n)	전출자 수(OM_t^n)	이동률(mr_t^n)
0~9	1	12,200	600	900	−0.025
10~19	2	13,680	1,150	200	0.069
20~29	3	13,818	300	1,500	−0.087
30~39	4	11,200	440	1,050	−0.054
40~49	5	6,065	342	650	−0.051
50~59	6	5,267	200	400	−0.038
60~69	7	3,008	750	360	0.130
70 +	8	1,290	225	50	0.136

이와 같은 형태로 인구를 남녀로 구분할 경우, 각 성별, 그리고 코호트별 남자 이동률(mrm_t^n)과 여자 이동률(mrf_t^n)을 구할 수 있으나 이러한 계산 과정은 위의 인구이동률 계산 과정과 동일하므로 여기서는 생략하기로 한다.

4.4 요 약

본 장에서는 인구의 변화를 3가지 요인, 즉 출생과 사망, 그리고 인구의 지역간 이동으로 구분하였으며, 각 요인의 변화가 지역의 인구변화에 미치는 영향에 관해 설명하였다. 각 변화는 성별, 그리고 코호트별로 구분되기 때문에 지역 분석이나 예측에 매우 유용하게 사용될 수 있다. 분석이나 예측된 결과는 지역의 전체 인구뿐만 아니라 성별, 그리고 연령별 인구 규모도 함께 제시하기 때문에 분석자는 예측결과를 바탕으로 각 코호트 인구와 관련한 서비스 및 지역 하부구조에 대한 규모 등을 결정할 수 있다. 한마디로 이러한 코호트별 인구예측은 계획 시 자원배분의 구체적인 방향을 제시하는 장점이 있다.

앞서 언급하였듯이 3가지 성장요인의 변화에는 어떠한 규칙성이 존재한다. 이러한 규칙성은 조성법을 이용한 인구예측에 기초를 제공한다. 인구변화의 규칙성은 그림 4.5와 같이 3시점에 따라 인구피라미드가 어떻게 변화해가는지의 과정을 보여주고 있다.

그림 4.5와 같은 변화의 규칙성을 이용하여 지역의 인구를 예측하려면 우선 변화의 안정성이 전제되어야 한다. 즉 각 변화의 특징은 과거와 현재의 자료를 이용하여 도출하고, 도출된 변화 특성은 미래에도 일정하게 일어난다는 전제가 필요하다. 조성법에서의 필요한 전제는 다음과 같다.

그림 4.5
인구변화의 규칙성

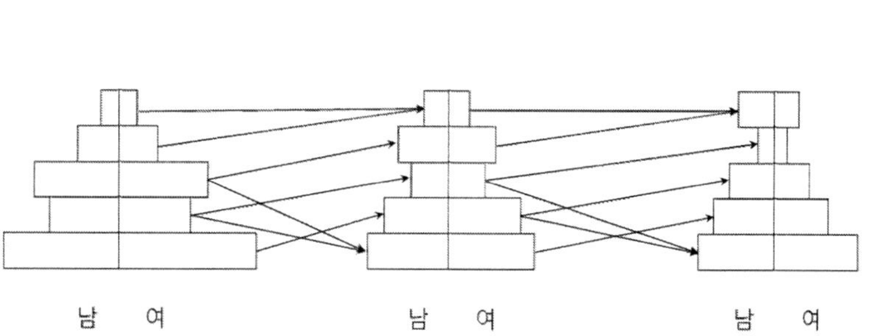

• 코호트별 생잔율

$$s_t^n = s_{t+1}^n = \cdots\cdots\cdots = s_{t+m}^n = s^n,$$

$$sm_t^n = sm_{t+1}^n = \cdots\cdots\cdots = sm_{t+m}^n = sm^n \text{ (남자의 경우)},$$

$$sf_t^n = sf_{t+1}^n = \cdots\cdots\cdots = sf_{t+m}^n = sf^n \text{ (여자의 경우)}.$$

• 코호트별 사망률

$$dr_t^n = dr_{t+1}^n = \cdots\cdots\cdots = dr_{t+m}^n = dr^n,$$

$$dm_t^n = dm_{t+1}^n = \cdots\cdots\cdots = dm_{t+m}^n = dm^n \text{ (남자의 경우)},$$

$$df_t^n = df_{t+1}^n = \cdots\cdots\cdots = df_{t+m}^n = df^n \text{ (여자의 경우)}.$$

• 여성 코호트별 출산율

$$ASBR_t^n = ASBR_{t+1}^n = \cdots\cdots\cdots = ASBR_{t+m}^n = ASBR^n.$$

• 코호트별 순인구이동률

$$mr_t^n = mr_{t+1}^n = \cdots\cdots\cdots = mr_{t+m}^n = mr^n,$$

$$mrm_t^n = mrm_{t+1}^n = \cdots\cdots\cdots = mrm_{t+m}^n = mrm^n \text{ (남자의 경우)},$$

$$mrf_t^n = mrf_{t+1}^n = \cdots\cdots\cdots = mrf_{t+m}^n = mrf^n \text{ (여자의 경우)}.$$

• 출생 성비

$$a_t : b_t = a_{t+1} : b_{t+1} = \cdots\cdots\cdots = a_{t+m} : b_{t+m} = a : b.$$

다시 말하면 인구성장요인의 변화 특징이 시간과 무관하다는 것을 전제함으로써 지역인구의 예측은 가능하게 된다. 이에 대해서는 다음 장에서 자세하게 다루기로 한다.

제 05 장

조성법을 이용한 인구예측

5.1 서 론

앞 장에서 지역의 인구성장을 결정하는 3가지 요소, 즉 출생과 사망, 그리고 지역간 인구이동에 관한 기본적인 특징에 관해 살펴보았다. 이를 바탕으로 본 장에서는 조성법(cohort component method) 또는 집단생존법(cohort survival method)을 이용한 지역인구예측방법을 소개한다.

인구성장은 출생과 사망에 의한 자연성장과 지역간 인구이동에 의한 사회적 성장으로 구분된다. 자연성장에 의한 인구예측은 지역인구예측보다는 국가 전체의 인구예측에 더 유용하다. 왜냐하면 국가간 인구이동은 인어, 문화, 제도 등 많은 면에서 제한되어 실제로 지역에 비해 무시할 정도로 작기 때문이다. 그러나 지역의 인구성장은 자연성장뿐만 아니라 사회적 성장에 의해서도 크게 영향을 받기 때문에 자연성장에 의한 변화만을 고려한 인구예측은 정확성이 낮다.

지역의 인구예측은 자연성장의 예측과 사회적 성장의 예측 두 가지 단계를 구분하여 이루어져야 한다. 이러한 단계의 구분은 조성법의 계산 절차를 두 단계로 나누게 한다. 즉 첫 단계는 코호트별 생잔율과 가임여성의 연령별 출산율을 이용하여 하나의 행렬(matrix)을 작성하는 단계이다. 이 행렬을 집단생존행렬(cohort survival matrix)이라 하며 이는 지역의 자연성장을 나타내는 행렬이다. 그리고 둘째 단계는 지역간 인구이동을 나타내는 인구이동행렬(migration matrix)을 작성하는 단계이다. 이 행렬은 지역의 사회성장을 나타내는 행렬이다. 이와 같이 지역인구예측은 이 두 단계를 거쳐 이루어지게 된다. 본 장에서는 위의 두 단계의 과정에 대해 단계별로 설명한다.

본 장은 모두 5절로 구성된다. 제2절에서는 자연성장만 고려한 인구 예측, 즉 출생과 사망의 두 요인만을 고려한 지역의 인구예측방법에 대해 설명한다. 제3절에서는 지역의 인구를 자연성장과 함께 지역간 인구이동도 고려하여 예측하는 방법에 대해 설명한다. 제4절에서는 조성법의 응용으로 지역내 주택규모의 예측에 대해 설명한다. 그리고 제5절에서는 본 장에서 다루어진 내용이 요약된다.

5.2 자연성장에 의한 인구예측

본 절에서 지역은 외부로부터 닫혀 있는, 즉 태평양 한가운데 떠 있는 섬과 같은 지역으로 가정한다. 따라서 지역간 인구이동은 없으며 지역의 인구변화는 오로지 사망과 출생에 의해서만 이루어진다(물론 이러한 지역은 하나의 국가로 간주하여 인구예측을 하여도 무방할 것이다).

본 절은 두 부분으로 나누어 진행한다. 첫째 부분은 주어진 지역인구의 자료가 코호트별로는 구분되어 있으나 성별로 구분되지 못하였을 경우 인구예측 방법이고, 둘째 부분은 지역의 인구 자료가 성별, 그리고 코호트별로 구분되었을 경우의 인구예측 방법이다.

5.2.1 인구가 연령별로만 구분되어 있을 경우

인구가 성별 구분 없이 코호트로만 구분되어 있을 경우 인구변화는 다음과 같이 나타낼 수 있다.

$$
\begin{aligned}
P_{t+1}^{1} &= ab^{1}P_{t}^{1} + ab^{2}P_{t}^{2} + \cdots\cdots + ab^{n}P_{t}^{n}, \\
P_{t+1}^{2} &= s^{1}P_{t}^{1}, \\
P_{t+1}^{3} &= s^{2}P_{t}^{2}, \qquad (5.1) \\
&\cdots\cdots\cdots\cdots\cdots\cdots\cdots\cdots\cdots\cdots \\
P_{t+1}^{(n-1)} &= s^{n-2}P_{t}^{n-2}, \\
P_{t+1}^{n} &= s^{n-1}P_{t}^{n-1} + s^{n}P_{t}^{n}.
\end{aligned}
$$

여기서 ab^n은 성별이 구분되지 않은 코호트별 출산율을 말하며, 다음 식 (5.2)와 같이 구해진다.

$$ab^n = \frac{B_t^n}{P_t^n}. \tag{5.2}$$

식 (5.1)의 식들은 하나의 행렬식으로 간단히 표현할 수 있다.

$$\underset{(n\times 1)}{P_{t+1}} = \underset{(n\times n)}{CSM_I} \times \underset{(n\times 1)}{P_t}. \tag{5.3}$$

여기서 CSM_I는 연령별 출산율과 코호트별 생잔율을 나타내는 집단생존행렬(cohort survival matrix)이다. 아래 첨자 I는 후술될 성별이 구분된 집단생존행렬과 단지 구분하기 위한 것이다. 위의 식에서 각 행렬의 구조는 다음과 같다.

$$P_{t+1} = \begin{bmatrix} P_{t+1}^1 \\ P_{t+1}^2 \\ P_{t+1}^3 \\ \cdots \\ P_{t+1}^{n-1} \\ P_{t+1}^n \end{bmatrix},\ CSM_I = \begin{bmatrix} ab^1 & ab^2 & \cdots & ab^{n-2} & ab^{n-1} & ab^n \\ s^1 & 0 & \cdots & 0 & 0 & 0 \\ 0 & s^2 & \cdots & 0 & 0 & 0 \\ \cdot & \cdot & \cdots & \cdot & \cdot & \cdot \\ 0 & 0 & \cdots & s^{n-2} & 0 & 0 \\ 0 & 0 & \cdots & 0 & s^{n-1} & s^n \end{bmatrix},\ P_t = \begin{bmatrix} P_t^1 \\ P_t^2 \\ P_t^3 \\ \cdots \\ P_t^{n-1} \\ P_t^n \end{bmatrix}.$$

여기서 집단생존행렬에서 각 요소는 앞 장에서 가정한 바와 같이 시간에 따라 일정하다. 그러므로 지역의 각 코호트별 인구 자료(P_t^n)를 알면 출생과 사망으로 인한 기간별($t,\ t+1,\ t+2, \cdots,\ t+m$) 인구예측은 가능하다. 이를 예를 들어 알아보자.

(예 5-1) 지역 "다"의 인구는 5개의 코호트로 구분되었다. 그리고 각 코호트별 인구수와 연령별 출산율, 그리고 생존율은 각각 행렬 P_t와 AB, SR로 표시되었다. 이를 이용하여 $t+1$의 지역인구를 예측하라.

$$P_t = \begin{bmatrix} 300 \\ 400 \\ 250 \\ 150 \\ 50 \end{bmatrix}, \quad AB = \begin{bmatrix} 0.00 \\ 0.25 \\ 0.15 \\ 0.08 \\ 0.00 \end{bmatrix}, \quad SR = \begin{bmatrix} 0.99 \\ 0.98 \\ 0.90 \\ 0.80 \\ 0.40 \end{bmatrix}.$$

인구예측을 위하여 우선 주어진 자료를 이용하여 다음과 같이 집단생존행렬(CSM_I)을 작성한다.

$$CSM_I = \begin{bmatrix} 0.00 & 0.25 & \cdots & 0.15 & 0.08 & 0.00 \\ 0.99 & 0.00 & \cdots & 0.00 & 0.00 & 0.00 \\ 0.00 & 0.98 & \cdots & 0.00 & 0.00 & 0.00 \\ 0.00 & 0.00 & \cdots & 0.90 & 0.00 & 0.00 \\ 0.00 & 0.00 & \cdots & 0.00 & 0.80 & 0.40 \end{bmatrix}.$$

식 (5.3)을 이용하여 $t+1$의 지역 "다"의 인구는 코호트별로 예측된다. 즉 지역 전체의 인구수는 1,204명이고 각 코호트별 인구수는 다음과 같다.

$$P_{t+1} = \begin{bmatrix} 150 \\ 297 \\ 392 \\ 225 \\ 140 \end{bmatrix}.$$

같은 방법으로 $t+2$의 지역인구예측도 가능하다. $t+2$에서 지역의 총인구수는 1,179명이며 각 코호트별 인구수는 다음과 같다.

$$P_{t+2} = \begin{bmatrix} 151 \\ 148 \\ 291 \\ 353 \\ 236 \end{bmatrix}.$$

이와 같이 일단 집단생존행렬(CSM_I)이 결정되면, 이를 이용한 장래 예측은 어떠한 시점에서도 가능하다. 이는 다음과 같이 기간별로 연장하여 보면 더 분명해진다.

$$P_{t+1} = CSM_I \times P_t,$$

$$P_{t+2} = CSM_I \times P_{t+1} = CSM_I \times (CSM_I \times P_t) = CSM_I^2 \times P_t,$$

$$P_{t+3} = CSM_I \times P_{t+2} = CSM_I \times (CSM_I^2 \times P_t) = CSM_I^3 \times P_t,$$

$$\cdots\cdots\cdots\cdots\cdots\cdots\cdots\cdots\cdots\cdots\cdots\cdots$$

$$P_{t+m-1} = CSM_I \times P_{t+m-2} = CSM_I \times (CSM_I^{m-2} \times P_t),$$

$$= CSM_I^{m-1} \times P_t.$$

위의 식들에서 나타나듯이 집단생존행렬을 이용한 인구예측은 다음과 같이 일반식으로 표현할 수 있다.

$$P_{t+m} = CSM_I^m \times P_t. \tag{5.4}$$

예를 들면 위의 지역 "다"의 $t+3$에서 지역의 인구는 식 (5.4)를 이용함으로써 계산 과정을 간단하게 줄일 수 있다.

$$P_{t+3} = CSM_I^3 \times P_t.$$

집단생존행렬의 3승은 다음과 같다.

$$CSM_I^3 = \begin{bmatrix} 0.00 & 0.25 & \cdots & 0.15 & 0.08 & 0.00 \\ 0.99 & 0.00 & \cdots & 0.00 & 0.00 & 0.00 \\ 0.00 & 0.98 & \cdots & 0.00 & 0.00 & 0.00 \\ 0.00 & 0.00 & \cdots & 0.00 & 0.00 & 0.06 \\ 0.00 & 0.00 & \cdots & 0.00 & 0.80 & 0.06 \end{bmatrix}^3 = \begin{bmatrix} 0.15 & 0.13 & \cdots & 0.04 & 0.02 & 0.00 \\ 0.25 & 0.15 & \cdots & 0.07 & 0.00 & 0.00 \\ 0.00 & 0.24 & \cdots & 0.15 & 0.08 & 0.00 \\ 0.87 & 0.00 & \cdots & 0.00 & 0.00 & 0.00 \\ 0.00 & 0.71 & \cdots & 0.29 & 0.13 & 0.06 \end{bmatrix}.$$

따라서 위의 집단생존행렬의 3승과 지역의 초기 인구를 곱하여 $t+3$일 때 지역의 인구는 예측된다. 즉 지역의 예측인구는 1,042명이며 각 코호트별 인구는 다음과 같다.

$$P_{t+3} = \begin{bmatrix} 109 \\ 150 \\ 145 \\ 262 \\ 377 \end{bmatrix}.$$

위에서 설명한 인구예측방법은 인구 자료가 성별이 구분되지 않은 채 단지 코호트별로 주어졌을 경우의 인구예측방법이다. 그러나 앞서 여러 번 언급하였듯이 지역의 인구성장은 가임여성 인구의 각 코호트별 출산율과 인구수에 의해 큰 영향을 받는다. 이는 지역인구의 예측에 있어서 인구의 성별, 코호트별 구분이 필수적임을 의미한다. 따라서 다음은 인구가 성별, 그리고 코호트별로 구분되어 있을 때 인구예측 방법에 대한 설명이다.

5.2.2 인구가 성별, 코호트별로 구분되어 있을 경우

인구가 성별, 코호트별로 구분되어 있을 경우 그 계산 과정은 앞의 경우와 거의 동일하다. 즉 인구예측은 다음과 같이 하나의 행렬식으로 나타낼 수 있다.

$$\underset{(2n\times 1)}{P_{t+1}} = \underset{(2n\times 2n)}{CSM_{II}} \times \underset{(2n\times 1)}{P_t}. \tag{5.5}$$

여기서 CSM_{II}은 성별로 구분된 집단생존행렬을 말한다. 위의 행렬식은 남녀로 구분되었기 때문에 다음과 같이 쓸 수 있다.

$$\begin{bmatrix} M_{t+1} \\ \hdashline F_{t+1} \end{bmatrix} = \begin{bmatrix} SM & BM \\ ZM & SF \end{bmatrix} \times \begin{bmatrix} M_t \\ \hdashline F_t \end{bmatrix}. \tag{5.6}$$

식 (5.6)에서 각 행렬구조는 다음과 같다.

$$M_{t+1} = \begin{bmatrix} M_{t+1}^1 \\ M_{t+1}^2 \\ \cdots \\ M_{t+1}^{n-1} \\ M_{t+1}^n \end{bmatrix}, \quad F_{t+1} = \begin{bmatrix} F_{t+1}^1 \\ F_{t+1}^2 \\ \cdots \\ F_{t+1}^{n-1} \\ F_{t+1}^n \end{bmatrix},$$

$$SM = \begin{bmatrix} 0 & \cdots & 0 & 0 & 0 \\ sm^1 & \cdots & 0 & 0 & 0 \\ \cdot & \cdots & \cdot & \cdot & \cdot \\ 0 & \cdots & sm^{n-2} & 0 & 0 \\ 0 & \cdots & 0 & sm^{n-1} & sm^n \end{bmatrix}, \quad BM = \begin{bmatrix} \bar{a}ab^1 & \cdots & \bar{a}ab^{n-2} & \bar{a}ab^{n-1} & \bar{a}ab^n \\ 0 & \cdots & 0 & 0 & 0 \\ \cdot & \cdots & \cdot & \cdot & \cdot \\ 0 & \cdots & 0 & 0 & 0 \\ 0 & \cdots & 0 & 0 & 0 \end{bmatrix},$$

$$ZM = \begin{bmatrix} 0 & \cdots & 0 & 0 & 0 \\ 0 & \cdots & 0 & 0 & 0 \\ \cdot & \cdots & \cdot & \cdot & \cdot \\ 0 & \cdots & 0 & 0 & 0 \\ 0 & \cdots & 0 & 0 & 0 \end{bmatrix}, \quad SF = \begin{bmatrix} \bar{b}ab^1 & \cdots & \bar{b}ab^{n-2} & \bar{b}ab^{n-1} & \bar{b}ab^n \\ sf^1 & \cdots & 0 & 0 & 0 \\ \cdot & \cdots & \cdot & \cdot & \cdot \\ 0 & \cdots & sf^{n-2} & 0 & 0 \\ 0 & \cdots & 0 & sf^{n-1} & sf^n \end{bmatrix},$$

M_{t+1} : $t+1$에서 남자의 코호트별 인구수,

F_{t+1} : $t+1$에서 여자의 코호트별 인구수,

SM : 남자의 코호트별 생존율을 나타내는 행렬,

BM : 가임여성의 코호트별 남자 출산율을 나타내는 행렬,

ZM : 모든 요소가 0인 행렬,

SF : 여성의 코호트별 여자 출산율과 생존율을 나타내는 행렬,

$\bar{a} = \dfrac{a}{a+b}, \quad \bar{b} = \dfrac{b}{a+b}.$

이를 예와 함께 계산 과정을 살펴보자.

(예 5-2) 예제 5-1에서 지역 "다"의 인구 자료는 다음과 같이 성별로 구분되었다. 아래 주어진 자료를 이용하여 $t+1$의 지역인구를 예측하라. 여기서 출생시 남녀의 성비는 105 : 100이다.

$$M_t = \begin{bmatrix} 150 \\ 220 \\ 130 \\ 80 \\ 20 \end{bmatrix}, F_t = \begin{bmatrix} 150 \\ 180 \\ 120 \\ 70 \\ 30 \end{bmatrix}, SM = \begin{bmatrix} 0.99 \\ 0.97 \\ 0.86 \\ 0.78 \\ 0.32 \end{bmatrix}, SF = \begin{bmatrix} 0.99 \\ 0.98 \\ 0.88 \\ 0.80 \\ 0.35 \end{bmatrix}, ASBR = \begin{bmatrix} 0.00 \\ 0.50 \\ 0.30 \\ 0.16 \\ 0.00 \end{bmatrix}.$$

출생 시 남자와 여자의 비가 105 : 100이므로 식 (4.6)에 의하여 $\bar{a}=0.512$, 그리고 $\bar{b}=0.488$이다. 주어진 자료를 이용하여 CSM_{II}를 작성하면 다음과 같다.

$$CSM_{II} = \left[\begin{array}{ccccc|ccccc} 0.00 & 0.00 & 0.00 & 0.00 & 0.00 & 0.00 & 0.26 & 0.15 & 0.08 & 0.00 \\ 0.99 & 0.00 & 0.00 & 0.00 & 0.00 & 0.00 & 0.00 & 0.00 & 0.00 & 0.00 \\ 0.00 & 0.97 & 0.00 & 0.00 & 0.00 & 0.00 & 0.00 & 0.00 & 0.00 & 0.00 \\ 0.00 & 0.00 & 0.86 & 0.00 & 0.00 & 0.00 & 0.00 & 0.00 & 0.00 & 0.00 \\ 0.00 & 0.00 & 0.00 & 0.78 & 0.32 & 0.00 & 0.00 & 0.00 & 0.00 & 0.00 \\ \hline 0.00 & 0.00 & 0.00 & 0.00 & 0.00 & 0.00 & 0.24 & 0.15 & 0.08 & 0.00 \\ 0.00 & 0.00 & 0.00 & 0.00 & 0.00 & 0.99 & 0.00 & 0.00 & 0.00 & 0.00 \\ 0.00 & 0.00 & 0.00 & 0.00 & 0.00 & 0.00 & 0.98 & 0.00 & 0.00 & 0.00 \\ 0.00 & 0.00 & 0.00 & 0.00 & 0.00 & 0.00 & 0.00 & 0.88 & 0.00 & 0.00 \\ 0.00 & 0.00 & 0.00 & 0.00 & 0.00 & 0.00 & 0.00 & 0.00 & 0.80 & 0.35 \end{array}\right].$$

식 (5.6)을 이용하면 $t+1$의 지역인구는 총 1,181명이며, $t+2$의 인구는 1,135명이다. 이 예측인구의 성별, 그리고 코호트별 인구는 다음과 같다.

$$P_t = \begin{bmatrix} 150 \\ 220 \\ 130 \\ 80 \\ 20 \\ \hline 150 \\ 180 \\ 120 \\ 70 \\ 30 \end{bmatrix}, \quad P_{t+1} = \begin{bmatrix} 70 \\ 149 \\ 213 \\ 112 \\ 69 \\ \hline 67 \\ 149 \\ 176 \\ 108 \\ 68 \end{bmatrix}, \quad P_{t+2} = \begin{bmatrix} 74 \\ 70 \\ 144 \\ 184 \\ 109 \\ \hline 70 \\ 66 \\ 146 \\ 159 \\ 114 \end{bmatrix}.$$

식 (5.4)와 같이 인구가 성별로 구분되어 있을 때에도 인구예측은 다음과 같이 일반식으로 나타낼 수 있다.

$$P_{t+m} = CSM_{II}^{m} \times P_t. \tag{5.7}$$

식 (5.7)을 이용한 예측은 독자 스스로 해보기 바란다.

5.3 인구이동을 고려한 인구예측

본 절에서 지역은 폐쇄지역(closed region)이 아닌 개방지역(open region)이다. 즉 국가는 여러 지역으로 구성되어 있으며, 각 지역간 인구이동을 막는 어떠한 제도적인 장치는 없다. 이러한 지역 개방성을 고려한다면 앞 절에서와 같이 출생과 사망으로 인한 자연성장만으로 지역의 인구성장을 설명하는 데 한계가 있다. 지역의 성장은 지역간 인구의 사회적 이동으로 인하여 많은 영향을 받기 때문이다. 특히, 지역의 단위가 작으면 작을수록 지역간 인구이동의 영향은 크게 나타나는 것이 일반적인 특성이다.

집단생존법에서 지역간 인구의 이동 규모는 관찰 연도의 실제 인구와 전년도를 기준으로 자연성장한 인구를 비교하여 구한다(물론 과거자료를 이용하여 코호트별 인구이동률이 이미 결정되어 있다면 지역의 인구예측에는 별 어려움이 없을 것이다. 그러나 여기서는 그러한 코호트별 인구이동률의 자료는 없다고 가정한다). 다시 말해서, 지역간 인구이동은 자연성장으로 설명되지 않는 인구의 변화를 지역간 인구이동에 의한 변화로 간주하는 것이다. 따라서 실제의 관찰인구가 자연 증가에 의한 인구보다 큰 지역은 타지역으로부터 전입되는 인구가 전출되는 인구보다 큰 지역이다. 이러한 현상은 산업화된 지역이나 경제적으로 성장하는 지역에서 통상적으로 나타나는 현상이다. 반대로 관찰인구가 자연 증가에 의한 인구보다 작은 지역은 전입보다는 전출이 더 많이 일어나는 지역이다. 이러한 현상은 침체지역이나 낙후지역 등에서 흔히 나타나는 현상이다. 전입과 전출은 성별, 연령별로 다르게 나타나기 때문에 집단생존법은 이를 반영하기에는 적당한 방법이라 할 수 있다.

지역간 인구이동이 고려되었을 때에는 앞서 설명하였듯이 지역의 인구예측은 두 단계로 구분된다. 첫째 단계는 자연성장에 의한 인구예측 단계이고, 둘째 단계는 인구이동을 고려하는 단계이다. 따라서 각 단계별로 계산되는 인구를 편의상 구분해야 한다. 여기서는 첫째 단계, 즉 자연성장을 바탕으로 예측한 지역인구를 변화 인구(P_t^c)라 하며, 자연성장과 사회적 성장 모두를 고려하여 예측된 지역인구를 예측인구(P_t^e)라 한다. 그리고 실제로 관찰된 인구를 관찰인구(P_t)라 하기로 한다. 지역간 인구이동을 고려한 지역인구예측 방법을 구체적으로 설명하면 다음과 같다. 자연성장에 의해 예측된 지역의 변화 인구(P_t^c)는 앞 절에서 설명한 방식에 의해 계산된다.

$$P_t^c = CSM_{II} \times P_{t-1}. \tag{5.8}$$

여기서는 각 지역인구 자료는 성별로 구분되었다고 가정하여 집단생존행렬은 CSM_{II}로 표현하기로 한다.

$$\begin{bmatrix} M_t^c \\ F_t^c \end{bmatrix} = \begin{bmatrix} SM & BM \\ ZM & SF \end{bmatrix} \times \begin{bmatrix} M_{t-1} \\ F_{t-1} \end{bmatrix}. \tag{5.9}$$

실제 관찰인구와 변화인구의 차이가 지역간 이동한 순이동 인구(net migration, NM)이므로 순이동 인구는 다음과 같이 표현된다.

$$NM_t = P_t - P_t^c. \tag{5.10}$$

이를 성별로 구분하면 다음과 같다.

$$\begin{bmatrix} NMM_t \\ NMF_t \end{bmatrix} = \begin{bmatrix} M_t \\ F_t \end{bmatrix} - \begin{bmatrix} M_t^c \\ F_t^c \end{bmatrix}, \tag{5.11}$$

NMM_t : 남사의 순이동 수를 나타내는 행렬,

NMF_t : 여자의 순이동 수를 나타내는 행렬.

식 (5.9)과 (5.11)로부터 각 성별, 코호트별 순이동률은 다음 식 (5.12)를 이용하여 구한다.

$$nmm_t^n = \frac{M_t^n - M_t^{nc}}{M_t^{nc}}, \quad nmf_t^n = \frac{F_t^n - F_t^{nc}}{F_t^{nc}}, \tag{5.12}$$

$nmm_t^n (nmf_t^n)$: n코호트에 해당하는 남자(여자)의 순이동률.

식 (5.12)로부터 지역의 인구이동률을 나타내는 순인구이동률 행렬(net migration matrix, NMM)을 작성할 수 있다.

$$NMM = \begin{bmatrix} NM & ZF \\ ZM & FM \end{bmatrix}. \tag{5.13}$$

위의 행렬에서 $MM(FM)$은 남자(여자)의 코호트별 이동률을 나타내는 행렬이며 ZF, ZM은 모든 요소가 0인 영(zero)행렬을 말한다. 그리고 식 (5.13)의 각 행렬은 다음과 같다.

$$MM=\begin{bmatrix} nmm^1 & 0 & \cdots & 0 & 0 \\ 0 & nmm^2 & \cdots & 0 & 0 \\ \cdot & \cdot & \cdots & \cdot & \cdot \\ 0 & 0 & \cdots & nmm^{n-1} & 0 \\ 0 & 0 & \cdots & 0 & nmm^n \end{bmatrix},\ ZF=ZM=\begin{bmatrix} 0 & \cdots & 0 & 0 & 0 \\ 0 & \cdots & 0 & 0 & 0 \\ \cdot & \cdots & \cdot & \cdot & \cdot \\ 0 & \cdots & 0 & 0 & 0 \\ 0 & \cdots & 0 & 0 & 0 \end{bmatrix},$$

$$FM=\begin{bmatrix} nmf^1 & 0 & \cdots & 0 & 0 \\ 0 & nmf^2 & \cdots & 0 & 0 \\ \cdot & \cdot & \cdots & \cdot & \cdot \\ 0 & 0 & \cdots & nmf^{n-1} & 0 \\ 0 & 0 & \cdots & 0 & nmf^n \end{bmatrix}.$$

여기서 NMM행렬과 단위행렬(identity matrix)을 합함으로써 지역의 변화인구를 지역의 예측인구로 전환할 수 있는 전환 행렬(transformation matrix, TSM)이 작성된다.

$$TSM = I + NMM. \tag{5.14}$$

이를 구체적으로 설명하면, 지역간 인구이동을 반영한 예측 과정은 다음과 같이 표현된다.

$$P^e_{t+1} = TSM \times (CSM_{II}) \times P_t. \tag{5.15}$$

(a)

(b)

식 (5.15)에서 (a)는 자연성장에 의한 변화 인구를 예측하는 과정을 말하며, (b)는 자연성장과 사회성장 모두를 고려한 지역의 예측 인구를 계산하는 과정을 말한다. 위에서 설명한 지역간 인구이동을 반영한 인구예측 과정을 예를 들어 알아보자.

(예 5-3) 예제 5-2에서 인용한 지역 "다"의 실제 인구는 $t+1$에서 다음과 같이 성별, 코호트별로 관찰되었다. 그러면 이를 이용하여 $t+2$시점에서 지역의 인구를 예측하라(현재시점은 여기서 $t+1$이 된다).

$$M_{t+1} = \begin{bmatrix} 65 \\ 190 \\ 200 \\ 120 \\ 80 \end{bmatrix}, \quad F_{t+1} = \begin{bmatrix} 60 \\ 130 \\ 150 \\ 98 \\ 75 \end{bmatrix}.$$

지역인구를 예측하기 위해서 먼저 성별, 코호트별 순이동 인구를 구하여 이를 바탕으로 순이동 행렬(NMM)을 작성해야 한다. 식 (5.9)를 이용하여 변화 인구를 구하고, 이 변화 인구를 관찰된 실제 인구와 비교하여 다음과 같이 순이동 인구를 계산해야 한다. 계산결과는 다음과 같다.

$$NM_{t+1} = \begin{bmatrix} -5 \\ 42 \\ -13 \\ 8 \\ 11 \end{bmatrix}, \quad NF_{t+1} = \begin{bmatrix} -7 \\ -19 \\ -26 \\ -10 \\ 7 \end{bmatrix}.$$

위의 계산 결과와 식 (5.12)를 이용하여 성별, 코호트별 순인구이동률을 가리키는 행렬이 다음과 같이 작성된다.

$$MM = \begin{bmatrix} -0.075 & 0.000 & 0.000 & 0.000 & 0.000 \\ 0.000 & 0.279 & 0.000 & 0.000 & 0.000 \\ 0.000 & 0.000 & -0.063 & 0.000 & 0.000 \\ 0.000 & 0.000 & 0.000 & 0.073 & 0.000 \\ 0.000 & 0.000 & 0.000 & 0.000 & 0.163 \end{bmatrix},$$

$$FM = \begin{bmatrix} -0.104 & 0.000 & 0.000 & 0.000 & 0.000 \\ 0.000 & -0.125 & 0.000 & 0.000 & 0.000 \\ 0.000 & 0.000 & -0.150 & 0.000 & 0.000 \\ 0.000 & 0.000 & 0.000 & -0.093 & 0.000 \\ 0.000 & 0.000 & 0.000 & 0.000 & 0.103 \end{bmatrix}.$$

마지막으로 식 (5.14)를 이용하여 전환 행렬(TSM)을 작성한다.

$$TSM = \begin{bmatrix} 0.925 & 0.000 & 0.000 & 0.000 & 0.000 & 0.000 & 0.000 & 0.000 & 0.000 & 0.000 \\ 0.000 & 1.279 & 0.000 & 0.000 & 0.000 & 0.000 & 0.000 & 0.000 & 0.000 & 0.000 \\ 0.000 & 0.000 & 0.937 & 0.000 & 0.000 & 0.000 & 0.000 & 0.000 & 0.000 & 0.000 \\ 0.000 & 0.000 & 0.000 & 1.073 & 0.000 & 0.000 & 0.000 & 0.000 & 0.000 & 0.000 \\ 0.000 & 0.000 & 0.000 & 0.000 & 1.163 & 0.000 & 0.000 & 0.000 & 0.000 & 0.000 \\ 0.000 & 0.000 & 0.000 & 0.000 & 0.000 & 0.896 & 0.000 & 0.000 & 0.000 & 0.000 \\ 0.000 & 0.000 & 0.000 & 0.000 & 0.000 & 0.000 & 0.875 & 0.000 & 0.000 & 0.000 \\ 0.000 & 0.000 & 0.000 & 0.000 & 0.000 & 0.000 & 0.000 & 0.850 & 0.000 & 0.000 \\ 0.000 & 0.000 & 0.000 & 0.000 & 0.000 & 0.000 & 0.000 & 0.000 & 0.907 & 0.000 \\ 0.000 & 0.000 & 0.000 & 0.000 & 0.000 & 0.000 & 0.000 & 0.000 & 0.000 & 1.103 \end{bmatrix}.$$

위와 같은 과정을 통해 지역의 인구예측이 이루어진다. 지역 "다"의 경우 변화 인구는 $t+2$에서 다음과 같다.

$$M_{t+2}^{c}=\begin{bmatrix}64\\64\\184\\172\\119\end{bmatrix},\quad F_{t+2}^{c}=\begin{bmatrix}61\\59\\127\\135\\108\end{bmatrix}.$$

위의 변화 인구와 전환 행렬(TSM)로부터 지역의 $t+2$에서 예측인구는 다음과 같이 구해진다. 즉 $t+2$에서 지역의 총 인구는 1,097명(남자 639명, 여자 458명)이며, 각 코호트별 인구수는 다음과 같다.

$$M_{t+2}^{e}=\begin{bmatrix}60\\82\\173\\185\\139\end{bmatrix},\quad F_{t+2}^{e}=\begin{bmatrix}55\\52\\108\\123\\120\end{bmatrix}.$$

5.4 응용의 예

조성법 또는 집단생존법은 지역의 인구예측뿐만 아니라 토지이용의 변화나 주택 또는 병원과 같은 시설규모 예측 등에서도 유용하게 사용될 수 있다. 여기서는 조성법을 이용한 지역내 주택량의 예측 방법에 대해 알아보자.

지역 "라" 내 주택은 상태에 따라 4가지 등급(A, B, C, D)으로 구분된다. A급의 주택은 가장 수준이 양호한 주택을 의미하며, D등급의 주택은 가장 수준이 불량한 주택을 말한다. 지난 10년간(2005~2015) 지역내 주택 등급별 규모는 표 5.1에 요약된 바와 같다.

표 5.1 지역 "라"의 연도별 주택량

주택의 등급	2005년	2015년
A등급의 주택	400호	370호
B등급의 주택	700호	480호
C등급의 주택	1,100호	670호
D등급의 주택	600호	540호
계	2,800호	2,060호

그리고 지역 당국은 지난 10년간 주택이 어떻게 변화하였는가를 관찰하여 기록하고 있다. 그 관찰 내용은 다음과 같다.

- A등급의 주택 총 400호 중 200호는 A등급으로 수준을 유지하였으나 100호는 B등급으로 50호는 C등급으로, 그리고 40호는 D등급으로 각각 수준이 변경되었으며, 나머지 주택은 철거되었다.
- B등급의 주택 총 700호 중 70호는 A등으로 향상되었고, 280호는 B등급으로 수준 유지를, 120호는 C등급으로, 그리고 100호는 D등급으로 변경되었으며, 나머지는 철거되었다.
- C등급의 주택 총 1,100주택 중 500호는 C등급으로 수준을 유지하였으나 300호는 D등급으로 변경되었으며, 나머지는 철거되었다.
- D등급의 주택 총 600호 중 100호는 리모델링을 통해 A등급으로, 그리고 100호는 B등급으로 수준이 각각 향상되었으며, 100호는 D등급으로 그리고, 나머지는 철거되었다.

《문제 1》 지난 10년과 마찬가지로 지역 "라"는 새로운 주택지 확보를 통한 주택 공급이 없다면 위의 자료를 이용하여 10년과 20년 후의 지역내 등급별 주택의 규모를 예측하라.

이 문제에서 가장 중요한 부분은 지난 10년간 주택 등급의 변화는 앞으로도 계속 같은 형태로 진행될 것이라는 가정이다. 그리고 이러한 가정과 함께 지난 10년간 주택의 변화를 나타내는 주택전이행렬(housing transition matrix, HTM)을 작성하는 것이다. 구체적으로 말해, 주택전이행렬의 각 요소(elemenet)는 각 주택 등급의 변화하는 주택 전이율이며, 이는 다음과 같은 식에 의해 결정된다.

$$T_{xy} = \frac{\text{관찰기간 동안 } x\text{등급의 주택 중 } y\text{등급으로 변한 주택의 양}}{\text{관찰 초기의 } x\text{등급의 총 주택량}}$$

각 주택의 변화를 위의 식에 의해 계산하고, 다음과 같이 주택전이행렬을 작성한다.

$$HTM = \begin{bmatrix} T_{aa} & T_{ba} & T_{ca} & T_{da} \\ T_{ab} & T_{bb} & T_{cb} & T_{db} \\ T_{ac} & T_{bc} & T_{cc} & T_{dc} \\ T_{ad} & T_{bd} & T_{cd} & T_{dd} \end{bmatrix} = \begin{bmatrix} 0.500 & 0.100 & 0.000 & 0.167 \\ 0.250 & 0.400 & 0.000 & 0.167 \\ 0.125 & 0.171 & 0.455 & 0.000 \\ 0.100 & 0.143 & 0.273 & 0.167 \end{bmatrix}.$$

주택전이행렬을 이용하면 기간별 주택 규모는 다음과 같은 식에 의해 예측된다.

$$H_{t+1} = HTM \times H_t.$$

주택규모의 예측식을 일반식으로 표현하면 다음과 같다.

$$H_{t+m} = HTM^m \times H_t.$$

2025년과 2035년의 지역 "라"의 등급별 주택규모는 각각 1,509호와 1,124호이다. 이를 등급별로 보면 각각 다음과 같다.

$$H_{2025} = \begin{bmatrix} 323 \\ 375 \\ 433 \\ 378 \end{bmatrix}, \ H_{2035} = \begin{bmatrix} 262 \\ 294 \\ 301 \\ 167 \end{bmatrix}.$$

《문제 2》 지역 "라"의 당국에서는 2015년 지역내 새로운 주택지를 조성하여 500호의 신규 주택을 지역 주민들에게 공급하였다. 지역 "라"의 2025년과 2035년의 주택 등급별 규모를 예측하라.

만일 주택이 2015년 500호가 새로이 공급되었다면 지역내 주택의 등급별 규모는 다음과 같이 된다. 왜냐하면 새로운 주택은 등급별로 볼 때 A등급에 해당하기 때문이다.

$$H_{2015}^N = \begin{bmatrix} 870 \\ 480 \\ 670 \\ 540 \end{bmatrix}.$$

그러므로 2025년과 2035년의 지역의 총 주택량은 다음과 같이 예측된다.

$$H_{2025} = HTM \times H_{2015}^N.$$

$$H_{2035} = HTM \times H_{2025}^N.$$

주택이 새롭게 공급되면 지역내 주택 규모는 2025년과 2035년에 각각 1,998호 1,541호가 된다. 이를 등급별로 나타내면 다음과 같다.

$$H_{2025} = \begin{bmatrix} 573 \\ 500 \\ 496 \\ 429 \end{bmatrix}, \ H_{2035} = \begin{bmatrix} 408 \\ 415 \\ 383 \\ 336 \end{bmatrix}.$$

5.5 요 약

본 장에서는 출생과 사망, 그리고 지역간 인구이동에 관한 기본적인 특징을 바탕으로 지역인구예측방법에 관해 살펴보았다. 조성법에 의한 인구예측은 지역을 구성하는 인구의 성별, 그리고 연령별 특성을 고려하였기 때문에 앞서 설명한 추세연장법보다는 이론적으로 우수하다고 할 수 있다. 또한 예측인구의 성별·연령별로 자세한 정보를 제공하기 때문에 계획이나 행정 분야에 유용하게 사용될 수 있다. 그리고 예측된 인구의 구성 특성에 따라 각 연령층에 맞는 서비스와 지역 하부구조에 대한 규모 등을 구체적으로 제시하는 장점을 가지고 있다.

조성법의 한계는 바로 지역의 인구성장을 결정하는 요소들의 특성이 조성법 밖에서 정해진다는 것이다. 즉 여성의 연령별 출산율, 연령별 사망률, 그리고 인구이동률은 조성법 이전에 정해진다. 즉 이론적으로 가장 중요한 지역인구의 특징은 조성법에서는 설명이 안 된다는 것이다. 또한 지역의 성장과 쇠퇴는 지역산업의 변화와 전국의 산업변화, 생산기술의 변화, 소비자들의 수요변화 등에 따라 민감하게 반응한다. 그러나 조성법에서는 이러한 산업의 변화를 예측에 고려할 수 없는 것이 약점이다.

제 Ⅲ 편

경제분석기법

제 06 장

지역 수출기반모형

6.1 서 론

지역의 인구성장은 지역의 경제 구조와 밀접한 관계가 있기 때문에 지역 인구예측의 정확성을 높이기 위해서는 지역경제 구조의 특성이 고려되어야 한다. 지역경제 구조의 특징이 고려되지 못했을 때 인구예측의 결과는 부정확한 것이 되기 쉽다. 특히, 지역 외부에서의 수요(external demand)에 민감하게 반응하는 산업이 지역경제 활동을 주도하는 경우는 부정확한 예측의 가능성은 더욱 높다. 예를 들면 지역내 모든 경제 활동이 하나의 산업에 의존하는 탄광 지역을 생각해 보자. 전국에서 석탄의 수요가 높은 한 탄광 지역의 성장은 계속될 것이다. 왜냐하면 석탄을 캐기 위해서는 자본의 투자와 고용의 증가가 계속되기 때문이다. 그러나 석탄의 낮은 열효율과 대체에너지원의 개발 등으로 인하여 석탄의 수요가 전국에서 급격히 줄었다고 한다면, 탄광 지역의 경제는 불을 보듯 분명해진다.

석탄에 대한 전국적 수요의 감소는 지역의 석탄 생산량 감소로 이어지고, 이는 다시 석탄산업의 침체로 나타날 것이다. 지역경제의 핵심산업인 석탄산업의 침체는 지역내 다른 산업으로 확산되어 지역경제 활동은 전체적으로 침체될 것이다. 이러한 수요변화가 지속된다면 지역내 자본과 노동은 보다 높은 자본 수익과 일자리를 찾아 타 지역으로 떠나게 되고 결국 지역은 폐허가 된, 이른바 유령 도시(ghost town)가 되는 것이다. 이러한 현상은 국내·외적으로 탄광지역에서 흔히 나타나는 현상이다(Cumbersome 1971, 김홍배 1987 등).

여기서 탄광 지역의 인구예측을 생각해 보자. 탄광 지역의 경제활동은 석탄 산업에 전적으로 의존하기 때문에 지역의 인구예측은 석탄의 생산량 예측과 함께 이루어져야 한다. 그러나 만일 탄광 지역의 인구예측을 지역의 과거 인구변화의 규칙성을 바탕으로 한 추세연장법 또는 조성법을 이용한다면, 그 예측 결과의 정확성은 매우 낮을 것이다. 왜냐하면 탄광 지역의 인구변화는 시간에 따라 규칙적으로 성장하였다기 보다는 석탄에 대한 외부수요에 따라 변했기 때문이다. 이는 지역경제의 특성이 지역인구예측에 반영되어야 함을 가리킨다. 이에 본 장에서는 지역 수출기반모형(regional export base model)을 소개한다. 이 모형의 기본 관점은 지역 성장은 지역 밖에서 발생하는 외부수요의 변화의 결과로 본다. 즉 지역 생산물에 대한 높은 외부수요가 지역의 성장을 선도하며, 반대로 지역 생산물에 대한 낮은 외부수요는 지역의 성장을 둔화 또는 침체하게 만든다. 지역 수출기반모형은 고전적인 기법으로 구조가 간단하고 자료를 구하기가 용이하여 지역의 분석 및 예측에 많이 쓰이는 모형이다.

본 장은 6절로 구성된다. 제2절에서는 지역 수출기반모형의 구조에 대해 설명한다. 제3절에서는 지역의 수출량을 결정하는 방법 중 가정법과 입지상법에 대해, 그리고 제4절에서는 입지상법이 가지고 있는 비현실적인 가정과 가정의 보정방향에 대해 설명한다. 제5절에서는 지역의 수출량 결정 방법인 최소고용요구량법과 이 방법이 가지고 있는 가정, 그리고 가정의 보정방향에 대해 설명한다. 마지막으로 제6절에서는 본 장에서 다루어진 내용이 요약된다. 그리고 본 장의 부록에서는 수출기반모형을 이용하여 UR이 우리나라에 미치는 영향을 분석한 논문이 소개된다.

6.2 모형의 기본 구조

지역 수출기반모형에서는 지역경제를 구성하는 산업을 크게 수출산업(또는 기반산업)과 수입산업(또는 비기반산업)으로 구분한다. 이러한 두 산업에 대한 문헌상에서 발견할 수 있는 명칭은 매우 다양하나 본 서에서는 각각을 수출산업과 수입산업으로 통일하여 부르기로 한다. 여기서 수출산업이란 생산된 제품이나 서비스가 지역 밖으로 수출되는 산업을 말한다. 좀 더 포괄적으로 표현하면, 지역 내에서 생산된 상품이나 서비스가 최종적으로 지역 외부인에 의해 소비되는 산업을 의미한다. 예를 들면 지역내 입지한 양조 회사나 광산 또는 농장 등에서 생산된 제품이 지역 밖의 외부인에 의해서 소비된다면 이러한 산업은 지역의 수출산업이라 할 수 있다. 반면, 수입산업이란 지역내 생산된 제품이나 서비스가 지역 외부로 수출되지 않고 지역 내에서 전적으로 소비되는 산업을 말한다. 예를 들면 소매점이나 도매점 또는 지역내 교통산업 등은 지역의 수입산업이라 할 수 있다.

수출산업과 수입산업의 구분은 민간 부문(private sector)에만 해당하는 것이 아니라 공공부문(public sector)에서도 적용된다. 예를 들면 중앙정부 기관이나 특별시, 광역시 또는 도 단위의 지방정부 기관의 행정 서비스도 지역의 수출산업에 속한다고 할 수 있다. 왜냐하면 이러한 행정 기관의 서비스는 전국 또는 광역 행정 지역을 대상으로 하고 있기 때문이다. 지역에서 제공되는 행정 서비스는 지역 밖으로 수출하고 전국이나 광역지역별로 징수되는 세금은 수출된 행정 서비스의 대가로 볼 수 있다. 반면, 지역 거주자들만을 대상으로 행정 서비스를 제공하는 시청, 군청 또는 구청이나 읍, 면사무소 등의 행정기관은 수입산업으로 볼 수 있다(여기서 기억해야 할 것은 앞에서 언급하였듯이 본 서에서 지역의 최소단위는 군(郡)이다). 이러한 맥락에서 보면 지역의 관광산업이나 대학교육 등은 수출산업으로 볼 수 있다. 이 산업들은 지역 외 인구를 일시적으로 지역 내로 거주케 하여 산업의 최종 제품(관광이나 교육)을 소비하게 만들기 때문이다.

지역 수출기반모형에서는 지역내 모든 산업이 수출 또는 수입산업으로 구분되며, 수출산업은 더 나아가 수출부문과 수입부문으로 구분된다. 왜냐하면 지역 생산물은 공간적으로 두 개의 시장(지역내 시장과 지역 외 시장)에서 소비되기 때문이다. 따라서 지역내 각 산업의 경제 활동은 식 (6.1) 같이 표현된다.

$$E_i^r = Ex_i^r + Em_i^r, \qquad (6.1)$$

E_i^r : 지역내 산업 i에 종사하는 고용인구,

Ex_i^r : 지역내 산업 i의 수출부문에 종사하는 고용인구,

Em_i^r : 지역내 산업 i의 수입부문에 종사하는 고용인구.

일반적으로 지역내 산업의 경제활동 규모는 산업에 종사하는 고용 인구로 나타낸다(지역의 규모가 작을수록 경제규모에 관한 자료는 고용인구로 대신하는 경향이 높다). 물론 고용인구 외에도 산업의 활동 규모는 산업별 매출 규모 또는 부가가치액 등으로 표현될 수 있다. 그러나 산업별 매출이나 부가가치액 보다는 고용인구에 관한 자료가 통상적으로 구하기 쉽기 때문에 본 서에서는 지역의 경제활동 규모를 고용인구로 나타내기로 한다.

지역 총 고용인구(E^r)도 식 (6.2)와 같이 지역내 산업 중 수출부문에 종사하는 총 고용인구(Ex^r)와 수입부문에 종사하는 총 고용인구(Em^r)로 나누어진다.

$$E^r = Ex^r + Em^r. \tag{6.2}$$

여기서 각 부문에 종사하는 총 고용인구는 각 산업의 각 부문에 종사하는 고용인구의 합이다.

$$E^r = \sum_i E_i^r, \ Ex^r = \sum_i Ex_i^r, \ Em^r = \sum_i Em_i^r. \tag{6.3}$$

지역 수출기반모형에서 가장 중요한 가정은 수출부문과 수입부문과의 관계이다. 즉 모형에서 다음과 같이 두 부문의 관계는 선형적인 관계로 가정된다.

$$Em^r = \rho Ex^r, \ \rho > 0. \tag{6.4}$$

식 (6.4)를 식 (6.2)에 대입하면,

$$E^r = (1+\rho) Ex^r = \lambda^r Ex^r. \tag{6.5}$$

식 (6.5)에 나타난 관계를 그래프로 나타내면 그림 6.1과 같다. 그림은 지역의 경제규모는 지역의 수출량이 많으면 많을수록 크다는 것을 가리킨다. 그리고 지역의 수출량 한 단위가 지역경제에 미치는 영향은 직선의 기울기 λ^r로 나타나며, 이를 지역의 수출승수(regional export multiplier)라고 한다. 따라서 지역 수출의 변화가 지역경제에 미치는 영향은 다음과 같이 표현된다.

$$\Delta E^r = \lambda^r \Delta Ex^r. \tag{6.6}$$

그림 6.1
지역수출량과
지역의 총생산 활동

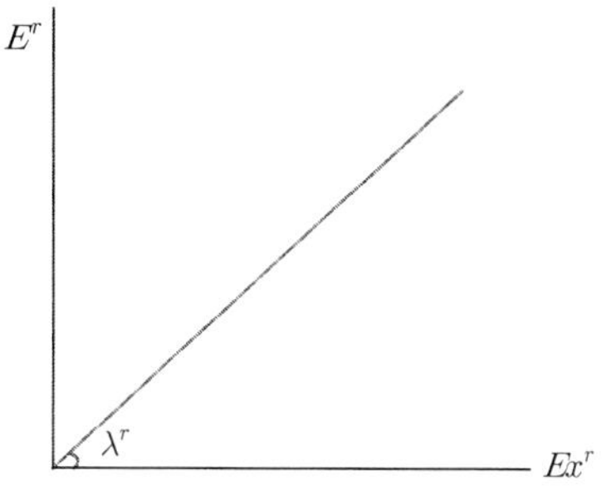

식 (6.5)로부터 지역의 수출승수는 다음과 같이 구해진다.

$$\lambda^r = \frac{E^r}{Ex^r}. \tag{6.7}$$

지역 수출승수의 크기는 지역내 경제활동 중 수입부문이 차지하는 비율에 따라 변한다. 이러한 특징은 식 (6.7)을 식 (6.8)과 같이 변형함으로써 알 수 있다. 식에서 알 수 있듯이 지역의 경제활동 중 수입부문이 차지하는 비율이 높을 때 지역의 수출승수는 높게 되고, 이 비율이 낮을 때 수출승수는 낮게 된다. 이는 지역 내에서 수입부문이 차지하는 비율과 수출승수의 크기와는 비례 관계가 있음을 가리킨다.

$$\lambda^r = \frac{E^r}{E^r - Em^r} = \frac{1}{1 - \dfrac{Em^r}{E^r}}. \tag{6.8}$$

식 (6.6)과 식 (6.7)에서 알 수 있듯이 지역의 수출승수는 지역의 1단위 수출(또는 수출 변화)이 지역경제에 미치는 영향을 종합적으로 나타내는 값이다. 이러한 지역의 수출승수를 지역 수출량의 변화에 따른 파급효과로부터 도출하면 다음과 같다.

어떤 지역에 산업단지가 새롭게 건설되고, 건설된 산업단지에서 생산된 제품의 일부가 지역 외부로 수출된다고 하자. 여기서 새롭게 건설된 산업단지에서 지역 외부로 수출되는 양이 ΔEx^r라고 한다면 지역의 수출 증가가 지역경제에 미치는 파급효과는 얼마인지 알아보자. 지역 수출기반모형에서 볼 때 산업단지의 건설 효과는 1차적으로 지역의 수출량 증가로 나타나고, 지역의 수출량 증가는 2차적으로 지역내 수입부문에 영향을 미치게 된다.

산업단지 건설이 지역경제에 미치는 파급효과는 1차적으로 지역의 수출량 증가와 2차적으로 수입부문의 생산 증가로 구분된다. 여기서 수입부문의 생산 증가는 수출부문에 비해 좀 더 복잡한 과정을 통해 이루어진다. 왜냐하면 수입부문의 생산 증가는 연쇄적이며 반복적으로 일어나기 때문이다(지역 수출기반모형에서 지역의 수출변화는 오로지 외부수요의 변화에 의해서만 일어나기 때문에 수입부문의 변화에 따른 지역의 수출 변화는 없는 것으로 한다). 단, 지역 수출량의 변화가 지역내 수입부문에 미치는 효과는 변화된 지역 수출량에서 수입부문이 지역경제에서 차지하는 비율만큼으로 가정한다. 그리고 수입부문의 변화가 다시 수입부문에 미치는 영향도 수입부문이 받는 변화에서 수입부문의 구성비율 만큼인 것으로 가정한다. 이와 같은 가정과 함께 지역의 수출량 변화가 지역경제에 미치는 총파급효과는 다음과 같은 식으로 나타난다.

- 1차 효과 : ΔEx^r.
- 2차 효과 : $\Delta Ex^r\left(\dfrac{Em^r}{E^r}\right)$.
- 3차 효과 : $\Delta Ex^r\left(\dfrac{Em^r}{E^r}\right)\left(\dfrac{Em^r}{E^r}\right)=\Delta Ex^r\left(\dfrac{Em^r}{E^r}\right)^2$.
- 4차 효과 : $\Delta Ex^r\left(\dfrac{Em^r}{E^r}\right)^2\left(\dfrac{Em^r}{E^r}\right)=\Delta Ex^r\left(\dfrac{Em^r}{E^r}\right)^3$.
- n차 효과 : $\Delta Ex^r\left(\dfrac{Em^r}{E^r}\right)^{n-2}\left(\dfrac{Em^r}{E^r}\right)=\Delta Ex^r\left(\dfrac{Em^r}{E^r}\right)^{n-1}$. (6.9)

지역의 수출량 증가가 지역경제에 미치는 총 파급효과는 1차부터 n차까지의 효과를 모두 합한 ΔE^r이다. 이를 식으로 표현하면 다음과 같다.

$$\Delta E^r=\left\{1+\left(\frac{Em^r}{E^r}\right)+\left(\frac{Em^r}{E^r}\right)^2+\left(\frac{Em^r}{E^r}\right)^3+\cdots+\left(\frac{Em^r}{E^r}\right)^{n-1}\right\}\Delta Ex^r. \tag{6.10}$$

식 (6.10)의 양변에 $\left(\dfrac{Em^r}{E^r}\right)$을 곱하여 주면,

$$\left(\frac{Em^r}{E^r}\right)\Delta E^r=\left\{\left(\frac{Em^r}{E^r}\right)+\left(\frac{Em^r}{E^r}\right)^2+\left(\frac{Em^r}{E^r}\right)^3+\cdots+\left(\frac{Em^r}{E^r}\right)^{n}\right\}\Delta Ex^r. \tag{6.11}$$

그리고 식 (6.10)에서 식 (6.11)을 빼주면,

$$\left(1-\frac{Em^r}{E^r}\right)\Delta E^r = \left\{1-\left(\frac{Em^r}{E^r}\right)^n\right\}\Delta Ex^r. \tag{6.12}$$

여기서 지역내 수입부문이 지역경제에서 차지하는 구성비율 $\left(\frac{Em^r}{E^r}\right)$은 지역이 외부로부터 완전히 폐쇄되지 않은 이상 1보다 작은 수이다. 따라서 n이 무한히 큰 수이면 $\left(\frac{Em^r}{E^r}\right)^n$은 자연히 0으로 수렴한다.

$$\lim_{n\to\infty}\left(\frac{Em^r}{E^r}\right)^n = 0. \tag{6.13}$$

그러므로 지역의 수출량변화가 지역경제에 미치는 총 파급효과는 다음과 같다.

$$\Delta E^r = \frac{1}{1-\frac{Em^r}{E^r}}\Delta Ex^r = \lambda^r \Delta Ex^r.$$

위에서 설명한 지역경제와 지역 수출승수와의 관계를 다음의 두 지역 R_1과 R_2로부터 다시 알아보자.

(예 6-1) 전체의 고용이 10,000명이고 이중 수입부문에 종사하는 고용자는 6,000명인 지역 R_1의 수출승수는 얼마인가? 그리고 지역에 1,000명을 고용하는 공장이 준공되었다. 그 공장에서 생산된 제품 전부를 지역 외부로 수출한다고 한다면, 이 공장의 준공이 지역경제에 미치는 효과를 측정하라.

우선 식 (6.7) 또는 식 (6.8)을 이용하여 지역 R_1의 수출승수를 구하면,

$$\lambda^{R_1} = \frac{10,000}{4,000} = \frac{1}{1-\frac{6,000}{10,000}} = 2.5$$

지역 R_1의 수출승수는 2.5이다. 이는 수출부문에 종사하는 고용 1명의 증가가 지역 전체적으로 볼 때 2.5명의 고용 증가를 가져옴을 가리킨다. 여기서 증가된 2.5명은 수출부문에 종사하는 고용인구 1명과 수입부문에 종사하는 고용인구 1.5명으로 구성된다. 그리고 공장의 준공으로 인하여 지역의

수출량 증가가 1,000명이므로 지역 전체의 고용 증가는 2,500명이 된다.

만일 지역 R_1 내에 입지하여 생산물의 전부를 수출하는 어떤 공장이 있다고 하자. 그 공장의 고용자는 1,000명이며, 그 중 수출부문에 종사하는 고용자는 800명이라 한다. 만일 이 공장이 경영 악화로 인해 도산된다면 이로 인하여 지역경제는 어떠한 영향을 받겠는지 측정하라.

식 (6.6)을 이용하면 공장 도산이 지역경제에 미치는 영향을 쉽게 측정할 수 있다. 공장의 도산으로 인하여 수출부문의 고용인구 감소는 −800명이다. 따라서 이것이 지역경제에 미치는 영향은 다음과 같다.

$$\Delta E_T^{R_1} = 2.5 \times (-800) = -2,000.$$

즉 공장의 도산으로 인해 지역내 총 고용자 중 2,000명이 직장을 잃을 것으로 예상된다.

(예 6-2) 지역 R_2의 총 고용인구는 10,000명이며, 이 중 수입부문에 종사하는 고용자는 8,000명이다. 지역의 수출승수는 얼마인가? 그리고 위의 예와 동일하게 지역에 1,000명을 고용하는 공장이 준공되었다. 그리고 그 공장에서 생산된 제품 전부는 지역 외부로 수출한다고 한다면, 이 공장의 준공이 지역경제에 미치는 효과를 측정하라.

같은 방법에 의하여 지역 R_2의 수출승수는 다음과 같이 구할 수 있다.

$$\lambda^{R_2} = \frac{10,000}{2,000} = \frac{1}{1 - \dfrac{8,000}{10,000}} = 5.$$

따라서 공장의 준공으로 인한 효과는 지역에 5,000명의 고용 증가가 일어날 것이다.

여기서 두 지역 R_1과 R_2를 비교해보자. 두 지역을 비교해보면 서로가 동일한 고용인구를 가지고 있지만 지역 내에서 수입부문이 차지하는 비율이 다름으로 해서 각 지역은 서로 다른 승수 값을 가지게 된다. 그 결과 동일한 규모의 공장 준공이 각각의 지역경제에 미치는 영향은 다르게 나타난다. 이로부터 알 수 있는 것은 지역간 상품의 교류 정도에 따라 지역의 수출승수는 달라진다는 것이다. 즉 지역간 상품의 교류가 고립된 지역일수록 높은 수출승수를 가지며, 교류가 활발한 도시지역일수록 낮은 수출승수를 가진다.

지역 수출기반모형에서 지역의 경제 활동 규모는 그의 수출규모와 수출승수에 의해 설명된다. 그리고 수출승수와 함께 지역 수출량의 변화가 지역경제에 미치는 영향도 측정할 수 있다. 여기서 유의해야 할 것은 지역의 수출승수는 지역의 수출량이 계산되어야만 구할 수 있다는 것이다. 따라서 지역 수출기반모형은 수출량의 계산으로부터 시작된다고 할 수 있다. 이에 대한 것은 다음 절에서 자세히 설명된다.

6.3 지역 수출량 결정

지역 수출기반모형의 핵심은 외부수요, 즉 지역의 수출이 지역의 성장을 유도한다는 것이다. 따라서 지역 수출기반모형의 중심은 지역의 수출량 산정에 있다. 여기서 지역의 수출량은 지역경제활동 중 수출부문의 활동 규모로 나타난다. 지역의 수출량을 계산하는 방법으로는 직접적으로 조사하는 방법과 간접적인 방법으로 가정법(assumption method)과 입지상법(location quotient method), 그리고 최소고용요구량법(minimum requirement method) 등이 있다. 직접조사법은 많은 경비와 시간이 소요되므로 시간과 비용이 제한되어 있는 경우에는 사용할 수 없는 방법이다. 본 서에서는 간접적인 방법에 대해서만 설명한다.

6.3.1 가정법(Assumption Method)

가정법은 지역산업의 특성을 고려하여 수출산업과 수입산업에 해당하는 산업을 우선 결정하고, 결정된 수출산업에 종사하는 고용자를 단순히 합함으로써 지역의 수출규모를 산정하는 방법이다. 다시말해 가정법은 분석자의 직관이나 지역경제에 대한 오랜 관찰을 통한 이해를 바탕으로 지역산업의 수출 여부를 결정하는 것이다. 그러므로 가정법에 의한 지역 수출량의 계산 방법은 매우 간단하다. 가상의 지역 "A"를 대상으로 가정법을 설명해보자.

표 6.1은 지역 "A"의 산업별 고용구조에 가정법을 적용하여 지역의 수출규모를 산정한 것이다. 표 6.1은 지역의 각 산업을 가정법에 의해 수출부문 또는 수입부문으로 구분한 것이다. 따라서 가정법에 의한 지역 A의 총 수출규모는 7,806명의 고용인구로 측정되며, 이로부터 지역 수출승수(λ^A)는 2.494이다. 표 6.1에서와 같이 산업별로 전부 수출 또는 전부 수입으로 구

분하는 것은 극단적이라 할 수 있다. 지역산업의 특성을 고려하여 수출과 수입 비를 결정할 수도 있다. 예를 들어 농업의 경우 수출과 수입의 비를 9 : 1로, 그리고 부동산임대사업의 경우 2 : 8로 결정할 수도 있다. 이러한 구분을 반영한다면 농업의 수출량은 2,340명, 그리고 부동산임대사업의 수출량은 110명이 된다. 이와 같은 방법을 지역내 모든 산업에 적용하면, 극단의 경우보다는 더 정확한 지역의 수출량을 구할 수 있다.

표 6.1 가정법에 의한 수출산업과 수입산업의 구분 (단위 : 명)

산 업 구 분	고용자수(E_i^A)	수출부문(Ex_i^A)	수입부문(Em_i^A)
1. 농업	2,600	2,600	0
2. 임업	23	23	0
3. 어업	0	0	0
4. 광업	75	75	0
5. 제조업			
a. 음식료 및 담배 제조업	523	523	0
b. 목재/나무제품 제조업	760	760	0
c. 종이/종이제품 제조업	400	400	0
d. 화합물	900	900	0
e. 비금속광물 제조업	544	544	0
f. 제1차 금속	1,421	1,421	0
g. 조립금속 제품	412	0	412
h. 기타 제조업	560	560	0
6. 전기 · 가스 · 수도	1,500	0	1,500
7. 건설업	1,423	0	1,423
8. 도소매 · 수리	3,030	0	3,030
9. 숙박 · 음식	1,550	0	1,550
10. 운수 · 창고 · 통신	630	0	630
11. 금융보험	1,330	0	1,330
12. 부동산임대사업	550	0	550
13. 기타	1,240	0	1,240
계	19,471	7,806	11,665

위와 같이 가정법을 이용하면 지역의 수출과 수출승수는 매우 간편하게 계산된다. 그러나 가정법의 문제는 지역의 산업을 수출부문과 수입부문으로 구분하는 데 있어 객관적인 근거가 부족하다는 것이다. 그러므로 가정법은 이론적으로 취약한 방법이며, 특별한 경우가 아니면 마지막으로 선택되어야 할 방법이라 할 수 있다.

6.3.2 입지상법

입지상법은 1940년대에 Hildebrand와 Mace(1950)에 의해 개발되었으며, 도시 및 지역경제의 분석과 예측에 광범위하게 사용되는 방법이다. 이 방법은 지역경제를 구성하는 산업들의 특화도를 측정하는 방법이다. 여기서 말하는 산업의 지역 특화도는 산업 i가 지역에서 차지하는 비율과 그 산업이 전국에서 차지하는 비율을 비교함으로써 측정된다(여기서 전국 대신에 분석 지역을 포함한 광역지역을 사용할 수도 있다. 그러나 본 서에서는 전국을 기준으로 하여 설명하도록 한다). 이러한 산업의 특화도는 다음과 같이 지역 내 산업별 입지상 계수(location quotient coefficient, LQ_i^r)로 나타낸다.

$$LQ_i^r = \frac{E_i^r / E^r}{E_i^n / E^n}, \tag{6.14}$$

E_i^r : 지역 r의 산업 i에 종사하는 고용인구,

E^r : 지역 r의 전체 고용인구,

E_i^n : 전국 산업 i에 종사하는 고용인구,

E^n : 전국의 전체 고용인구.

입지상 계수로 측정되는 산업의 지역 특화도는 산업의 상대적인 집중도를 나타내며, 입지상 계수에 의한 산업의 특성은 다음과 같다. 입지상 계수가 1인 산업은 지역에서 그 산업이 차지하는 비율이 전국의 비율과 같음을 말한다. 그러므로 이러한 산업의 생산품이나 서비스는 지역의 수요만을 충당하는 자급자족하는 산업으로 볼 수 있다. 따라서 이러한 자급자족산업에는 수출부문이 존재하지 않는다. 입지상 계수가 1보다 작은 산업의 경우는 전국에 비해 지역산업의 특화가 되지 않았음을 가리킨다. 그러므로 지역내 제품에 대한 수요를 충당하기 위해서는 타 지역으로부터 제품을 수입해야 한다. 따라서 이 산업에도 역시 수출부문은 존재하지 않는다. 입지상 계수가 1보다 큰 산업의 경우, 이는 지역의 산업은 전국에 비해 특화되었음을 의미한다. 특화된 산업의 생산품은 지역의 수요를 충당하고 나머지 잉여분을 지역 외부로 수출하게 된다. 따라서 이러한 산업은 수출산업이다. 입지상 계수에 따른 산업의 3가지 구분은 표 6.2에 요약되어 있다.

표 6.2 입지상에 따른 산업 특성

입지상(LQ)	산업특성	산업 내 수출부문
$LQ_i > 1$	수출산업	수출부문 존재
$LQ_i = 1$	자급자족산업	수출부문 없음
$LQ_i < 1$	수입산업	수출부문 없음

표 6.3 입지상법에 의한 수출산업과 수입산업의 구분 (단위 : 명)

산 업 구 분	지역 고용자(E_i^A)	전국 고용자(E_i^n)	입지상(LQ_i)	수출부문
1. 농업	2,600	7,020,422	0.99	×
2. 임업	23	65,034	0.95	×
3. 어업	0	65,045	0.00	×
4. 광업	75	145,568	1.39	○
5. 제조업				
a. 음식료 및 담배 제조업	523	1,360,032	1.03	○
b. 목재/나무제품 제조업	760	787,346	2.60	○
c. 종이/종이제품 제조업	400	560,670	1.92	○
d. 화합물	900	1,120,678	2.16	○
e. 비금속광물 제조업	544	766,934	1.91	○
f. 제1차 금속	1,421	800,549	4.77	○
g. 조립금속 제품	412	1,479,034	0.75	×
h. 기타 제조업	560	887,934	1.70	○
6. 전기 · 가스 · 수도	1,500	1,979,543	2.04	○
7. 건설업	1,423	3,457,632	1.11	○
8. 도소매 · 수리	3,030	10,265,487	0.79	×
9. 숙박 · 음식	1,550	4,135,792	1.01	○
10. 운수 · 창고 · 통신	630	1,865,932	0.91	×
11. 금융보험	1,330	5,675,123	0.63	×
12. 부동산임대사업	550	1,457,653	1.01	○
13. 기타	1,240	8,453,568	0.39	×
계	19,471	52,349,976		

표 6.3은 지역 “A”의 산업별 고용인구와 기타 통계자료로부터 얻은 전국의 고용인구를 가지고 입지상법에 의해 각 산업의 특성을 구분한 것이다. 표에서는 지역의 산업 중 수출부문을 포함하는 산업을 제시하고 있다. 즉 언급하였듯이 입지상 계수가 1보다 큰 산업은 수출부문을 가지고 있는 수출산업이다. 여기서 주의해야 할 것은 입지상 계수는 지역산업의 수출부문의 여

부를 제시하지만 그 산업의 수출규모에 대해서는 제시하지 않는다는 점이다. 그러므로 다음 단계는 산업 내에서 수출부문과 수입부문의 구분이다. 그 구분은 식 (6.15)에 의한다.

$$Ex_i^r = \left(\frac{E_i^r}{E^r} - \frac{E_i^n}{E^n} \right) E^r, \ LQ > 1 \text{일 때.} \tag{6.15}$$

표 6.4 지역내 수출부문과 수입부문 구분 (단위 : 명)

산 업 구 분	산업 고용자(E_i^A)	입지상(LQ_i)	수출부문(Ex_i^A)	수입부문(Em_i^A)
1. 농업	2,600	0.99	0	2,600
2. 임업	23	0.95	0	23
3. 어업	0	0.00	0	0
4. 광업	75	1.39	21	54
5. 제조업				
a. 음식료 및 담배 제조업	523	1.03	17	506
b. 목재/나무제품 제조업	760	2.60	467	293
c. 종이/종이제품 제조업	400	1.92	191	209
d. 화합물	900	2.16	483	417
e. 비금속광물 제조업	544	1.91	259	285
f. 제1차 금속	1,421	4.77	1,123	298
g. 조립금속 제품	412	0.75	0	412
h. 기타 제조업	560	1.70	230	330
6. 전기 · 가스 · 수도	1,500	2.04	764	736
7. 건설업	1,423	1.11	137	1,286
8. 도소매 · 수리	3,030	0.79	0	3,030
9. 숙박 · 음식	1,550	1.01	12	1,538
10. 운수 · 창고 · 통신	630	0.91	0	630
11. 금융보험	1,330	0.63	0	1,330
12. 부동산임대사업	550	1.01	8	542
13. 기타	1,240	0.39	0	1,240
계	19,471		3,712	15,759

지역산업 i의 수출량은 산업 i가 지역 내에서 차지하는 집중도와 전국에서 차지하는 집중도의 차이, 그리고 지역 전체의 고용 인구에 의해 결정된다. 여기서 식 (6.15)에 의한 수출규모 계산은 산업이 우선 수출부문을 포함하는 산업이어야 하므로 입지상 계수가 1보다 큰 산업에만 적용된다. 식 (6.15)을 이용하여 지역 "A" 내에 각 산업을 수출부문과 수입부문으로 구분하면 표 6.4와 같다.

표에 제시되었듯이 지역의 수출부문에 종사하는 고용인구는 3,712명이다. 즉 지역의 총 수출량이 3,712명이므로 식 (6.7)을 이용하면 지역의 수출승수는 5.247이 된다. 이는 가정법에 의한 수출규모 7,806명과 수출승수 2.494와는 많은 차이가 있음을 보이고 있다. 따라서 분석자들은 수출규모의 산정시 계산할 방법 선택에 유의해야 한다.

6.4 지역 수출기반모형의 가정과 보정방향

입지상법은 앞 절에서 살펴보았듯이 구조가 단순하고 계산 과정 또한 간단하여 도시 및 지역의 경제 분석과 예측에 광범위하게 사용되고 있다. 그러나 이에 못지않게 입지상법은 그의 가정의 비현실성 때문에 많은 비판을 받아 왔다(Isserman, 1977b, 1980). 일반적으로 모형의 결과에 대한 신뢰성은 그 모형이 기초하고 있는 가정에 의한다. 모형이 기초한 가정이 비현실적인 가정일 경우 모형의 결과에 대한 신뢰성은 그 만큼 낮아진다. 지역 수출기반모형이 기초하고 있는 가정은 식 (6.15)를 다음과 같이 변형함으로써 알 수 있다.

$$Ex_i^r = \left(\frac{E_i^r}{E_i^n} - \frac{E^r}{E^n}\right)E_i^n. \tag{6.16}$$

식 (6.16)에서 괄호 안의 첫째 항은 산업 i에 종사하는 고용인구의 지역과 전국의 비이다. 이는 지역과 전국간 생산의 비로 볼 수 있다. 왜냐하면 산업의 생산규모는 그 산업에 종사하는 종사자의 규모와 밀접한 관계가 있기 때문이다. 즉 생산규모가 크면 고용규모도 크고, 반대로 생산규모가 작으면 고용규모도 작은 것이 일반적인 현상이다. 그리고 둘째 항은 지역이 전국에서 차지하는 고용의 비이다. 여기서 고용의 비는 지역과 전국간 소비의 비로 볼 수 있다. 왜냐하면 인구의 규모는 소비의 규모를 나타낸다고 할 수 있기 때문이다. 즉 인구의 규모가 큰 지역이 소비의 규모도 크고 반대로 인구의 규모가 작으면 그 만큼 소비의 규모도 작다.

위에서 설명한 생산과 소비 측면에서 식 (6.16)은 다음과 같이 해석될 수 있다. 지역내 산업 i의 수출량은 지역산업 i가 전국에서 차지하는 생산비율과 지역이 전국에서 차지하는 소비비율의 차로 인해 결정된다. 다시말해 지역이 전국에서 차지하는 생산비율이 소비비율보다 크면 지역은 그 산업 제품을 외부로 수출하지만 반대로 작으면 외부에서 수입해야 한다. 이러한 해석은 매우 합리적이고 현실적이라고 할 수 있다. 그러나 이 해석이 진정으로 의미를 갖기 위해서는 다음과 같은 가정들이 필요하다.

첫째 가정은 동일한 노동생산성이다. 식 (6.16)의 첫째 항, 즉 산업 i에서 지역이 전국에서 차지하는 고용비율이 산업 i 생산의 지역비율이 되기 위해서는 지역과 전국간 노동생산성이 동일하다는 가정이 필요하다. 그러나 이러한 가정은 현실적으로 받아들이기가 어렵다. 왜냐하면 노동생산성은 다양한 요인들의 차이에 의해 지역간 다르게 나타나기 때문이다. 여기서 다양한 요인이란 지역내 노동당 자본의 비, 지역내 투자된 사회간접자본의 규모, 지역내 각 산업에 보급된 생산기술, 그리고 고용인구의 인적 자본수준, 지역의 물리적인 환경 조건 등이다. 따라서 이러한 요인들의 차이로 인해 지역간 노동생산성의 차이는 실제로 발생하게 된다. 만일 동일한 노동생산성의 가정과 함께 지역의 수출규모를 계산한다면, 이는 지역의 실제 수출규모가 과대 또는 과소로 평가됨으로써 분석 결과의 정확성을 떨어뜨리는 결과를 초래한다. 예를 들면 노동생산성이 전국에 비해 높은 지역의 경우 실제 지역의 수출량은 식 (6.16)에서 산정된 수출량을 초과할 것이다. 반대로 노동생신성이 전국보다 낮은 지역의 경우 식에 의한 지역의 수출량은 실제의 수출량을 과대하게 계산하게 된다. 따라서 지역의 수출규모 산정에 있어서 지역 노동생산성의 차이는 필히 고려되어야 한다. 그리고 노동생산성의 차이는 산업별로 고용자당 부가가치액으로 보정될 수 있다.

$$\alpha_i^r = \frac{Y_i^r / E_i^r}{Y_i^n / E_i^n}, \tag{6.17}$$

α_i^r : 지역 r내 i산업에 대한 노동생산성 보정계수,

$Y_i^r(Y_i^n)$: 지역(전국) 산업 i의 부가가치액.

둘째 가정은 동일한 소비수준이다. 식 (6.16)에서 지역의 소비수준은 지역이 전국에서 차지하는 고용인구의 비율로 나타내었다. 그러나 이러한 고용비율이 진정으로 지역의 소비수준을 의미하기 위해서는 지역과 전국간의 동일한 소비수준이 가정되어야 한다. 그리고 소비수준은 소득수준으로 볼 수 있기 때문에 이러한 가정은 바로 지역간 소득의 격차가 없다는 가정과

동일하다. 지역간에 나타나는 소득의 불균형 현상은 현실적인 사회 문제이며, 대통령 선거, 국회의원 선거를 포함한 모든 선거에서 항상 제기되는 문제이다. 그러므로 지역간 동일한 소비수준의 가정은 모형의 정확성을 떨어뜨린다. 예를 들면 고용인구의 소득이 전국의 소득수준보다 높은 지역의 경우는 식 (6.16)에 의해 계산된 지역 수출량은 실제보다 과대하게 계산된다. 반대로 지역의 소득수준이 전국에 비해 낮다면 지역의 수출규모는 과소하게 산정되는 것이다. 그러므로 모형의 정확성 향상을 위해 소득수준은 보정되어야 한다. 동일한 소비수준의 가정은 다음과 같이 해당 산업 종사자들의 평균 임금수준에 의해 보정될 수 있다.

$$\beta_i^r = \frac{w_i^r}{w_i^n}, \tag{6.18}$$

β_i^r : 지역 r내 i산업에 대한 소비보정계수,

$w_i^r(w_i^n)$: 지역(전국)내 산업 i에 종사하는 고용자들의 평균임금.

셋째 가정은 국가는 외부로부터 폐쇄된 경제, 즉 국가는 바다 한가운데 떠 있는 섬과 같은 경제이다. 폐쇄된 경제에는 국가간 교역이 없다. 식 (6.16)에서와 같이 이는 전국의 모든 생산이 전국의 모든 소비량과 일치한다는 것을 의미한다. 그러나 이와 같은 폐쇄경제는 실제로 존재하지 않는다.

표 6.5는 우리나라 국내총생산(gross domestic product, GDP)과 해외수출액 및 수입액의 추세를 요약한 것이다. 표에서 알 수 있듯이 2000년에는 무역규모(수출액+수입액)가 GDP의 59%이었으나 경제가 발전하면서 2014년에는 78% 수준으로 증가하였다. 이와 같이 폐쇄경제의 가정은 매우 비현실적인 가정이다.

표 6.5 명목 국내총생산, 해외수출 및 수입규모 (단위 : 십억 원)

구 분	2000	2005	2010	2014
명목 국내총생산 (a)	635,185	919,797	1,265,308	1,485,078
수출액 (b)	194,770	291,322	539,266	603,157
수입액 (c)	181,444	267,579	491,661	553,496
무역규모 (d=b+c)	376,213	558,902	1,030,927	1,156,654
d/a	0.59	0.61	0.81	0.78

위와 같이 폐쇄경제의 가정은 지역의 수출량 계산의 정확성을 감소시킨다. 예를 들면 산업 i가 대외적으로 국가의 주요 수출품이라 한다면 식 (6.16)에 의해 산정된 수출규모는 실제의 수출량을 과소하게 평가한 것이다. 반대로 대외적으로 의존도가 높은, 즉 많은 양이 타국으로부터 수입되는 산업제품이라면 식 (6.16)으로부터 산정된 지역의 수출규모는 과대하게 계산된 것이다. 그러므로 산업별 수출액과 수입액은 수출기반모형에서 필히 고려해야 한다. 폐쇄경제의 가정은 다음과 같이 보정될 수 있다.

$$\gamma_i^r = \frac{EXP_i^n - IMP_i^n}{Y_i^n}, \tag{6.19}$$

γ_i^r : 지역 r내 i산업에 대한 교역보정계수,

$EXP_i^n(IMP_i^n)$: i산업의 대외 수출액(수입액).

넷째 가정은 산업간 제품 이동에 관한 것이다. 식 (6.16)에 의하면, 산업 i의 지역 수출량은 지역이 전국에서 차지하는 생산비율과 소비비율의 차이에 의해 결정된다. 그러나 이는 산업 i의 제품이 지역과 전국간 차이가 없을 때, 즉 제품의 동질성이 보장될 때만이 가능하다. 이러한 가정을 상품의 동질성 가성(homogeneous product assumption)이라 한다. 그러나 이러한 가정 또한 현실적이지 못하다. 왜냐하면 같은 종류의 제품이라도 지역제품에 대한 소비자의 선호는 다를 수 있기 때문이다. 예를 들어 설명하면 다음과 같다.

어떤 지역에서는 전국 맥주 생산량의 1%가 소비되고, 지역내 양조장에서 전국 생산량의 1%가 생산된다고 한다. 이러한 경우 식 (6.16)에 의하면 지역의 맥주산업은 수입과 수출이 없이 자급자족하는 산업이 된다. 그러나 실제로 소비자가 갖는 맥주에 대한 상품 선호는 다르기 때문에 타 지역에서 생산된 맥주도 수입될 수 있다. 마찬가지로 지역에서 생산된 맥주의 일부는 수출될 수 있다. 왜냐하면 외부지역에서도 지역에서 생산된 맥주를 선호하는 사람들이 있을 수 있기 때문이다. 다시말해 식 (6.16)에 의하면 지역의 맥주산업은 수출량이 없는 것으로 평가되었지만, 실제적으로는 수출이 발생할 수 있는 것이다. 따라서 상품 동질성의 가정은 지역 수출부문을 과소 평가하는 결과를 가져온다.

위와 유사하게 지역산업의 수출 활동을 과소하게 만드는 요인은 산업을 구분할 때도 발생한다. 즉 서로 다른 제품을 생산하는 산업이 동종의 산업으로 묶이게 되는 경우이다. 예를 들면 산업 분류에서 제조업에 해당하는 여러 산업이 하나의 제조업으로 구분되었다고 하자. 이러한 산업 분류에 의해 어느 지역의 산업구조를 보니 제조업의 경우 전국에서 차지하는 생산비율이 소비비율보다 높다고 한다. 이는 제조업이 지역의 수출산업임을 의미한다. 그러나 제조업은 표 6.4에서 나타나는 것 이상의 다양한 산업으로 구성된다. 지역에 제조업이 특화되었다고 할지라도 제조업의 세부산업 모두가 지역에 특화되기는 어려울 것이다. 다시 말해서, 지역의 제조업은 전체적으로 수출부문이 존재하는 산업이지만, 세부적으로 볼 때 제조업 내에는 수출부문을 가지지 못한 산업도 존재할 수 있다. 이러한 경우 제조업 안의 각 산업의 실제 수출부문은 수출부문이 없는 산업으로 인해 상쇄되는 현상이 일어난다. 이는 산업을 대분류로 구분할 때, 지역 수출은 실제보다 과소하게 계산될 수 있음을 가리킨다.

위에서 설명한 지역 수출량의 과소평가 가능성에 대해서는 특별한 보정방향이 사실 없는 실정이다. 다만, 가능한 한 지역내 산업을 세분하여 분석에 임하는 것이 최선의 방법이라 할 수 있다.

위에서는 모형의 비현실적인 가정을 어떻게 현실적으로 보정할 수 있는가에 대해 살펴보았다. 종합하면 식 (6.17) ~ 식 (6.19)를 이용하여 식 (6.16)은 다음과 같이 보정되고, 이로부터 보정된 지역의 산업별 수출량($Ex_i^{r,adj}$)은 계산될 수 있다.

$$Ex_i^{r,adj} = \left\{ \alpha_i^r \frac{E_i^r}{E_i^n} - \beta_i^r \frac{E^r}{E^n} (1 - \gamma_i^r) \right\} \frac{E_i^n}{\alpha_i^r}, \tag{6.20}$$

그리고 보정된 수출량과 함께 보정된 지역의 수출승수($\lambda^{r,adj}$)는 새롭게 구해진다.

$$\lambda^{r,adj} = \frac{E^r}{Ex^{r,adj}}. \tag{6.21}$$

지역 수출기반모형의 가정을 현실적인 가정으로 보정하였을 때 어떠한 차이가 있는가를 살펴보자. 우리나라의 경우 광역지역을 기초로 식 (6.16)에 의한 지역 수출량 산정과 수출승수, 그리고 식 (6.20)에 의한 수출량 산정과 수출승수를 비교하면 표 6.6과 같다.

표 6.6 지역 수출량과 수출승수의 비교(우리나라의 경우)

지 역 구 분	수출규모 (Ex_i^r)	수출승수 (λ^r)	수출규모 ($Ex_i^{r,adj}$)	수출승수 ($\lambda^{r,adj}$)
서 울	782	6.05	1,144	4.13
부 산	304	5.30	421	3.83
대 구	148	6.19	231	3.96
인 천	151	4.83	150	4.85
경 기	261	9.22	337	7.15
강 원	142	4.38	216	2.88
충 남	239	4.96	176	6.74
충 북	100	5.42	150	3.62
경 남	192	8.28	193	8.14
경 북	318	3.86	341	3.59
전 남	405	3.85	312	5.00
전 북	155	4.78	285	2.60
제 주	76	3.17	121	1.99

• 출처 : 김홍배, 1994

표 6.6은 지역 수출기반모형을 지역경제 분석에 이용할 때 가정을 보정하지 않았을 경우와 보정하였을 경우의 수출량과 수출승수의 차이를 보이고 있다. 우리나라의 경우, 지역 수출량은 인천과 충남을 제외한 모든 지역에서 모형의 가정이 보정되었을 경우가 보정되지 않았을 경우보다 크게 나타난다. 이러한 결과는 지역 수출기반모형을 이용하여 지역경제를 분석할 때 모형이 가지고 있는 가정은 필히 보정되어야 함을 가리킨다. 즉 가정을 보정함으로써 분석자는 지역 수출량과 수출승수를 보다 정확하게 도출할 수 있다. 지역의 수출승수를 정확하게 도출한다는 것은 도시 및 지역계획 분야에서 매우 중요하다. 왜냐하면 지역의 수출승수는 정책이나 경제환경변화의 파급효과를 분석하는 데 있어 핵심적인 정보를 제공하기 때문이다(김홍배, 1994b).

6.5 최소고용요구량법에 의한 수출량 산정

6.5.1 최소고용요구량법

최소고용요구량법은 1960년 Ullman과 Decay에 의해 처음 소개된 이래 많은 연구자들에 의해 도시 및 지역경제 분석에 사용되어 왔다(Brodsky and Sarfaty 1977, Moore 1975). 이 방법 또한 지역 수출량을 측정하는 방법으로 기본적으로는 입지상법과 매우 흡사하다. 단지 차이는 수출량 계산을 위해 비교되는 대상에 있다. 즉 입지상법에서는 지역을 전국 또는 분석 지역을 포함한 광역 지역과 비교하여 수출량을 산정하는 반면, 최소고용요구량법에서는 경제활동 규모가 비슷한 지역들과 비교하여 수출량을 계산한다는 점이다. 먼저 최소고용요구량법에서 지역산업의 수출량은 다음과 같은 식에 의해 계산된다.

$$Ex_i^r = \left(\frac{E_i^r}{E^r} - \frac{E_i^m}{E^m}\right)E^r, \tag{6.22}$$

E_i^m : 산업 i의 구성비율이 가장 낮은 지역 m내 i산업 고용인구,

E^m : 산업 i의 지역 구성비율이 가장 낮은 지역 m의 총고용인구.

식 (6.22)에서 괄호 안의 두 번째 항은 지역이 산업 i의 제품을 자급자족하기 위해 필요한 최소의 고용수준을 의미한다. 따라서 지역산업 i의 고용비율이 지역내 수요를 감당하기 위한 최소한의 고용비율보다 크다면, 그 산업에는 수출부문이 존재한다고 할 수 있다. 식 (6.22)를 이용하면 지역내 각 산업의 수출부문과 수입부문으로 구별할 수 있다.

최소고용요구법의 계산과정은 다음과 같다. 지역의 수출량을 결정하기 위해서는 앞서 언급하였듯이 산업별로 지역이 최소한 자급자족할 수 있는 고용수준이 먼저 계산되어져야 한다. 이를 위해 어느 가상의 나라 N국을 생각해 보자. 그 나라는 지역의 규모가 다양한 여러 지역으로 구성되어 있다고 한다. 여기서 가장 먼저 해야 할 것은 표 6.7과 같이 전국을 인구규모에 의해 몇 개의 지역으로 구분하는 것이다. 그 다음 구분된 지역들의 각 산업구조를 비교하여 그 중 가장 낮은 산업의 구성비율을 그 산업의 최소고용요구율로 결정하는 것이다. 이와 같은 방법으로 가상의 나라 N국의 지역별, 그리고 산업별 최소고용요구율은 표 6.7과 같다.

표 6.7 지역의 규모별 · 산업별 최소고용요구율표

구분	100만 명 이상	50만 ~ 100만 명	20만 ~ 50만 명	10만 ~ 20만 명	5만 ~ 10만 명	5만 명 이하
1. 농업	0.041	0.037	0.036	0.040	0.036	0.029
2. 임업	0.005	0.002	0.003	0.003	0.002	0.003
3. 어업	0.001	0.002	0.001	0.001	0.002	0.001
4. 광업	0.006	0.005	0.005	0.005	0.003	0.005
5. 제조업						
a. 음식료 및 담배 제조업	0.051	0.008	0.007	0.030	0.006	0.005
b. 목재/나무제품 제조업	0.026	0.017	0.016	0.018	0.015	0.001
c. 종이/종이제품 제조업	0.017	0.015	0.015	0.016	0.015	0.013
d. 화합물	0.009	0.010	0.010	0.010	0.010	0.009
e. 비금속광물 제조업	0.011	0.014	0.012	0.013	0.012	0.007
f. 제1차 금속	0.008	0.011	0.011	0.009	0.011	0.008
g. 조립금속 제품	0.011	0.009	0.009	0.009	0.009	0.009
h. 기타 제조업	0.029	0.018	0.017	0.019	0.017	0.018
6. 전기 · 가스 · 수도	0.043	0.034	0.033	0.030	0.033	0.029
7. 건설업	0.061	0.063	0.061	0.062	0.061	0.061
8. 도소매 · 수리	0.174	0.162	0.157	0.129	0.131	0.126
9. 숙박 · 음식	0.092	0.071	0.069	0.074	0.069	0.073
10. 운수 · 창고 · 통신	0.081	0.069	0.058	0.039	0.040	0.038
11. 금융보험	0.042	0.042	0.042	0.045	0.038	0.044
12. 부동산임대사업	0.038	0.022	0.021	0.023	0.012	0.023
13. 기타	0.032	0.029	0.027	0.024	0.019	0.022
계	0.684	0.640	0.610	0.578	0.540	0.524

표 6.7에 나타난 지역의 규모별 · 산업별 자급자족을 위한 최소고용요구율표와 식 (6.22)를 이용하면 산업별 수출량과 지역 수출량을 계산할 수 있다. 앞 절에서 이용된 지역 "A"의 인구 규모가 5만 명 이하라고 가정할 때 최소고용요구량법에 의한 지역의 수출량 계산 과정은 표 6.8에 요약되어 있다.

표 6.8 최소고용요구량법에 의한 지역의 수출량 산정

구분	고용인구 (E_i^A)	구성비율 (E_i^A/E^A)	최소고용률 (E_i^m/E^m)	수출부문 (Ex_i^A)
1. 농업	2,600	0.134	0.029	2,035
2. 임업	23	0.001	0.003	0
3. 어업	0	0.000	0.001	0
4. 광업	75	0.004	0.005	0
5. 제조업				
a. 음식료 및 담배 제조업	523	0.027	0.005	426
b. 목재/나무제품 제조업	760	0.039	0.001	741
c. 종이/종이제품 제조업	400	0.021	0.013	147
d. 화합물	900	0.046	0.009	725
e. 비금속광물 제조업	544	0.028	0.007	408
f. 제1차 금속	1,421	0.073	0.008	1,265
g. 조립금속 제품	412	0.021	0.009	237
h. 기타 제조업	560	0.029	0.018	210
6. 전기 · 가스 · 수도	1,500	0.077	0.029	935
7. 건설업	1,423	0.073	0.061	235
8. 도소매 · 수리	3,030	0.156	0.126	577
9. 숙박 음식	1,550	0.080	0.073	129
10. 운수 · 창고 · 통신	630	0.032	0.038	0
11. 금융보험	1,330	0.068	0.044	473
12. 부동산임대사업	550	0.028	0.023	102
13. 기타	1,240	0.064	0.022	812
계	19,471	1.00	0.524	9,455

표 6.8에서 나타나듯이 지역 "A"의 수출량은 수출부문의 고용인구 9,455명으로 측정되었으며, 지역의 수출승수는 2.050이다.

6.5.2 최소고용요구량법의 가정과 보정방향

최소고용요구량법도 입지상법과 같이 기초로 하고 있는 가정이 있다. 가정을 알아보기 위해 식 (6.22)에 전국에서 산업 i의 고용인구(E_i^n)를 도입하여 변형하면 다음과 같다.

$$Ex_i^r = \left\{ \frac{E_i^r}{E_i^n} - \left(\frac{E_i^m}{E_i^n} \right) \left(\frac{E^r}{E^m} \right) \right\} E_i^n . \tag{6.23}$$

식 (6.23)에서 알 수 있듯이 최소고용요구량법이 기초로 하고 있는 가정은 입지상법이 기초로 하고 있는 가정에 비해 적다. 지역 수출량은 전국의 총 고용인구(E^n)에 기준하여 산정된 것이 아니므로 지역과 전국 간의 동일한 소비수준, 폐쇄경제, 그리고 상품의 동질성 등의 가정은 최소고용요구량법에는 해당되지 않는다(Pratt 1968, Isserman, 1980). 따라서 최소고용요구량이 가정하고 있는 것은 유일하게 동일한 노동생산성이다. 산업의 생산 측면에서 지역이 전국에서 차지하는 고용인구 비율이 바로 지역이 전국에서 차지하는 산업의 생산비율이다. 입지상법에서와 마찬가지로 이 가정은 비현실적인 가정이므로 앞에서 제시되었던 보정식 (6.17)에 의해 현실적으로 보정되어야 한다. 최소고용요구량법의 가정이 보정되었을 때 지역내 산업의 수출량은 다음과 같은 식에 의해 계산된다.

$$Ex_i^{r,adj} = \left\{ \alpha_i^r \frac{E_i^r}{E_i^n} - \left(\frac{E_i^m}{E_i^n} \right) \left(\frac{E^r}{E^m} \right) \right\} \frac{E_i^n}{\alpha_i^r}. \tag{6.24}$$

위 식에 의한 지역의 수출량과 수출승수 계산은 많이 설명하였으므로 여기서는 생략하기로 한다.

6.6 요 약

본 장에서는 지역 수출기반모형의 구조에 대해 살펴보았다. 지역 수출기반모형의 기본 관점은 지역의 외부수요의 변화, 즉 지역의 수출량변화가 지역의 성장 또는 침체를 결정한다는 것이다. 지역의 경제 활동은 수출량과 그 수출량 한 단위가 지역경제에 미치는 영향을 의미하는 수출승수에 의해 설명된다. 지역의 수출승수 크기는 지역내 경제활동 중 수입부문이 차지하는 비율에 의해 결정되며, 이 둘의 관계는 서로 양의 상관관계를 보인다. 지역 수출기반모형에서 첫 단계는 지역의 수출량 산정이다. 지역의 수출량 산정은 여러 가지 방법에 의해 계산될 수 있으며, 본 장에서는 가정법과 입지상법, 그리고 최소고용요구량법에 대해 설명하였다. 가정법은 산업의 특성을 고려하여 각 산업을 수출부문과 수입부문으로 구분하여 지역의 수출량을 결정하는 방법이다. 그리고 입지상법은 지역산업이 전국에서 차지하는 생산 비율과 지역이 전국에서 차지하는 소비비율의 차이를 이용하여 지역의 수출량을 결정하는 방법이다. 마지막으로 최소고용요구량법은 입지상법과 유사하지만 지역 수출량의 계산을 위해 비교되는 대상에 있어 차이를 보인다. 즉 최소고용요구량법에서는 지역과 경제규모가 비슷한 지역들의 산업구조와 비교하여 산업별 최소고용요구율을 결정하고, 이를 이용하여 지역의 수출량을 산정한다.

입지상법이나 최소고용요구량법은 도시나 지역경제 분석에서 광범위하게 사용되어 왔으나 동시에 모형이 기초하는 가정으로 인하여 많은 비판을 받아 왔다. 입지상법이 기초로 하는 가정은 동일한 노동생산성, 동일한 소비수준, 폐쇄경제, 그리고 상품의 동질성 등으로 요약된다. 그리고 최소고용요구량법에서는 동일한 노동생산성이 가정된다. 본 장에서는 이러한 비현실적인 가정에 대해 보정의 방향이 제시되었다. 가정의 보정이 모형 결과의 정확성을 높여준다는 것은 많은 연구자들에 의해 실증적으로 밝혀졌다(Isserman, 1980; Hinoja and Rios, 1991; Klosterman, 1991 등).

지역 수출량의 정확한 계산은 정확한 지역의 수출승수 도출을 의미한다. 지역의 수출승수는 어떠한 개발 정책이 지역경제에 미치는 영향을 측정하는데 매우 중요한 역할을 한다. 따라서 수출승수는 지역 계획이나 지역개발 정책 수립시 매우 중요하다. 지역 수출기반모형의 가정이 보정되지 않을 경우, 수출승수는 실제와 다르게 나타나고 이를 기초한 정책의 분석 결과는 자원 배분의 방향을 잘못 제시할 수 있다. 그러므로 입지상법이나 최소고용요구량법이 도시 및 지역경제 분석에 이용될 때 각 방법이 가지고 있는 가정은 보정하여야 한다.

본 장의 부록에서는 김홍배(1994)가 연구한 UR이 우리나라의 지역경제에 미치는 영향과 지역개발 정책방향에 대한 논문을 소개한다.

A 6-1 서 론

UR의 타결과 함께 우리나라의 경제구조는 새로운 국제 무역 질서에 맞게 변화할 것이다. 그리고 그 변화는 최종적으로 지역경제구조의 개편으로 나타나게 될 것이다. 왜냐하면 국가의 경제구조변화는 산업간 생산요소의 이동으로 이루어지며, 산업간 생산요소의 이동은 공간적으로 지역간에서도 발생하기 때문이다. 반면 국내적으로는 지방자치제 실시를 앞둔 지방화시대가 도래하고 있다. 지방화시대에서 지역의 경제 운용은 지방자치제가 자율적으로 책임지고 경영해야 하므로 지역경제에 관한 관심과 이해가 그 어느 때보다도 필요한 시기이다. 특히 UR의 영향이 지역경제구조의 개편임을 감안한다면 현재 가장 시급하게 이루어져야 할 것은 UR이 지역경제에 미칠 효과의 예측인 것이다. UR에 대한 다양한 기관(산업연구원, 1993; 대외경제연구원, 1993; 대한무역협회, 1993)에서 연구를 하였으나 UR이 지역경제에 미칠 영향에 대해서는 아직 연구가 되지 못한 실정이다.

UR로 인해 우리나라의 시장이 개방되는 만큼 다른 나라의 시장도 개방이 되기 때문에 UR의 영향은 양과 음이 함께 존재하며, 그것은 다시 국민경제를 구성하는 산업의 경쟁력에 의해 정해진다. 예를 들면 기술적으로 국제경쟁력을 확보하지 못한 산업의 경우는 수출이 감소되거나 해외로부터 수입이 증가되어 국내 경제활동은 크게 위축될 것이다. 이와는 반대로 이미 국제경쟁력을 갖춘 산업은 해외 시장이 넓어져 해외 수요가 증가되고, 이를 충당하기 위해 산업의 경제활동은 더욱 활발해질 것이다. 그러므로 위의 두 산업 중 어느 형태의 산업이 해당 국가에 많이 입지하였는가에 따라 UR이 국민경제에 미치는 효과가 결정된다.

이와 같은 맥락에서 볼 때, UR이 지역경제에 미치는 영향에도 양과 음이 존재하며, 그 영향은 한마디로 지역의 산업구조에 의한다고 할 수 있다. 즉 UR로 인하여 수출 증가가 높은 산업이 많이 입지한 지역은 경제활동의 증가와 더불어 성장을 경험할 것이다. 반대로 UR의 타결로 인하여 수출 감소와 수입 증가가 이루어지는 산업이 많이 입지한 지역의 경우 경제활동은 크게 위축받아 지역의 성장은 정체될 것이다. 따라서 지역개발계획의 수립은 각 지역의 변화 방향에 맞게 이루어져야 한다. 이를 위해 가장 우선적으로 필요한 것은 바로 UR이 지역경제에 어떠한 변화를 야기시키는가에 대한 예측인 것이다. 본 연구는 수출기반모형을 이용하여 UR이 지역경제에 미치는 영향에 대해 분석하였다. 수출기반모형은 UR의 영향을 분석하는 데 있어 적절한 방법이라 할 수 있다. 왜냐하면 지역에서 생산된 제품에 대한 외부 지역의 수요가 그 지역의 경제성장을 결정한다는 것이 수출기반모형이 기본 관점이며, 여기서 외부 지역의 수요란 국내와 해외에서 발생하는 수요로 구분할 수 있기 때문이다.

본 연구는 다음과 같이 구성된다. 제2절에서는 수출기반모형을 이용한 분석의 틀이 제시되며, 제3절에서는 UR로 인한 지역별 경제변화가 분석된다. 그리고 분석된 지역경제의 변화와 지역의 성장과정을 바탕으로 지역을 4가지 유형으로 구분하여 각 유형별로 지역개발 방향이 제시된다. 마지막 절에서는 연구의 요약과 향후 연구방향에 대하여 설명된다.

A 6-2 모 형

수출기반모형에서는 지역내 산업을 두 가지 유형, 즉 수출산업과 수입산업으로 구분한다. 여기서 말하는 수출산업이란 그 산업의 최종 생산물을 타지역으로 수출하는 산업을 말하며, 반대로 타 지역으로부터 상품을 수입하는 산업을 수입산업이라고 한다. 수출기반모형의 기본 가정은 지역의 성장은 오로지 수출산업에 의존한다는 것이다. 일반적으로 지역의 산업별 수출량은 다음 식 (A.1)과 같이 지역과 전국의 산업집중도 차이에 의하여 결정된다.

$$Ex_i^r = \left(\frac{E_i^r}{E^r} - \frac{E_i^n}{E^n} \right) E^r, \tag{A.1}$$

Ex_i^r : 지역산업 i의 수출량,

$E_i^r\,(E_i^n)$: 지역(전국)에서 산업 i에 종사하는 고용자 수,

$E^r\,(E^n)$: 지역(전국)의 총 고용자 수.

지역의 총 수출량(Ex^r)은 지역내 각 산업의 수출량의 합으로 나타난다.

$$Ex^r = \sum_i Ex_i^r. \tag{A.2}$$

지역의 수출량과 지역 전체의 경제활동은 선형적인 관계로 수출승수(export multiplier), λ^r에 의해 표현된다.

$$E^r = \lambda^r \sum_i Ex_i^r. \tag{A.3}$$

수출승수가 시간에 따라 변하지 않는다고 가정하면 지역경제의 변화는 지역의 수출량 변화, 즉 외부수요의 변화만 가지고 예측될 수 있다. 이것이 수출기반모형의 기본이다. 그러면 수출기반모형의 결과는 어떠한가? 일반적으로 모형의 결과에 대한 신뢰성은 그 모형이 어떠한 가정 위에 세워졌는가에 의한다. 수출기반모형의 가정을 알기 위해 식 (A.1)은 다음과 같이 변형된다.

$$Ex_i^r = \left(\frac{E_i^r}{E_i^n} - \frac{E^r}{E^n} \right) E_i^n. \tag{A.1.1}$$

식 (A.1.1)에서 괄호 안의 첫째 항은 산업 i에 종사하는 전국의 고용자 중 지역이 차지하는 비율을 가리키며, 이는 산업 i의 전체 생산량 중 지역이 차지하는 부분임을 나타낸다. 둘째항에서 전국 고용자 중 지역이 차지하는 비율은 지역이 전국 소비량에서 차지하는 비율을 의미한다. 그러므로 지역산업 i의 수출은 생산과 소비의 비율 차이에 의해 결정된다. 여기서 나타나는 수출기반모형의 가정은 다음 3가지로 요약된다.

첫째, 산업 i에서 지역과 전국의 고용비가 생산의 비를 나타내기 위해서는 지역과 전국간에 노동당 동일한 생산성이 가정되어야 한다. 그러나 현실적으로 노동의 생산성은 지역에 투자되어 있는 자본의 규모, 사회간접시설의 규모, 지역내 보급된 생산기술, 그리고 종사하는 고용자들의 인적 자본의 수준 등에 따라 지역적으로 많은 차이가 존재한다.

둘째, 지역과 전국 고용자의 비가 소비수준의 비를 나타내기 위해서는 지역과 전국간에 동일한 소비수준이 가정되어야 한다. 그러나 지역의 소비수준은 지역 소득과 높은 상관관계가 있고, 현실적으로 지역간 소득수준의 불균형은 널리 알려져 있는 사실이다(김성태·정초시·노근호, 1991; 김홍배 1994).

셋째, 지역이 전국에서 차지하는 생산과 소비의 비율이 전국 고용에 의해 결정되기 때문에 국가는 밖으로부터 닫혀진 폐쇄 경제를 의미한다. 그러나 이 가정 또한 매우 비현실적인 것이다. 특히 우리나라의 경우 국내 총생산(GDP) 중 대외 수출액이 차지하는 비율이 약 26% 임을(통계청 1993) 감안한다면 폐쇄 경제의 가정은 현실에 적용하는데 위험한 가정이라 하겠다.

결론적으로 수출기반모형의 가정은 비현실적인 것으로 모형의 결과에 대한 신뢰성을 크게 약화시킨다. 그러나 수출 기반 모형의 신뢰성 회복은 그렇게 어려운 문제는 아니다. 비현실적인 가정을 아래 식과 같이 현실성 있게 보정하여 산업 i의 수출량($Ex_i^{r,adj}$)을 산출한다면 모형의 신뢰성은 높아질 수 있는 것이다. 이러한 신뢰성의 향상은 실질적으로 행해진 많은 연구(Isserman, 1977·1980; Hinoja and Rios, 1991; Klosterman, 1991)에서 찾아 볼 수 있다.

$$Ex_i^{r,adj} = \left(\alpha_i^r \frac{E_i^r}{E_i^n} - \beta_i^r \frac{E^r}{E^n} (1 - \gamma_i^r) \right) \frac{E_i^n}{\alpha_i^r}, \quad \text{(A.4)}$$

α_i^r : 노동생산성에 대한 산업 조정계수,

β_i^r : 소비수준에 대한 산업 조정계수,

γ_i^r : 수출수입에 대한 산업 조정계수.

여기서 동일한 노동생산성은 지역별, 산업별 일인당 생산액으로 전국과 비교하여 보정되며, 동일한 소비수준은 지역 임금과 전국 평균 임금의 차이에 의하여 보정된다. 마지막으로 폐쇄경제의 가정은 산업별 무역량에 의하여 보정된다. 이러한 보정을 통하여 지역 총수출($Ex^{r,adj}$)과 수출승수($\lambda^{r,adj}$)가 새롭게 정해진다.

$$Ex^{r,adj} = \sum_i Ex_i^{r,adj}, \tag{A.2.1}$$

$$E^r = \lambda^{r,adj} = \sum_i Ex_i^{r,adj}. \tag{A.3.1}$$

UR은 산업별로 대외교역에 변화를 가져오며, 지역의 수출량($Ex_i^{r,UR}$)과 경제활동($E^{r,UR}$)에 변화를 야기시킨다. 이러한 지역의 변화는 다음 식을 이용하여 구할 수 있다.

$$Ex_i^{r,UR} = \left\{ \alpha_i^r \frac{E_i^r}{E_i^n} - \beta_i^r \frac{E^r}{E^n}(1-\gamma_i^{UR}) \right\} \frac{E_i^n}{\alpha_i^r}, \tag{A.4.1}$$

$$E^{r,UR} = \lambda^{r,adj} = \sum_i Ex_i^{r,adj}, \tag{A.5}$$

γ_i^{UR} : UR로 인한 산업 i의 대외교역의 변화.

위와 같은 과정을 통해 UR이 지역경제에 미치는 영향은 다음과 같이 UR 전과 후의 경제활동을 비교함으로써 분석될 수 있다.

$$\text{지역의 경제활동} \left\{ \begin{matrix} \text{증가} \\ \text{일정} \\ \text{감소} \end{matrix} \right\} \Leftrightarrow \phi_R \left\{ \begin{matrix} > \\ = \\ < \end{matrix} \right\} 0,\ \phi_R = E^{r,UR} - E^r, \tag{A.5.1}$$

ϕ_R : UR 전과 후의 지역경제활동의 변화.

A 6-3 UR의 영향과 지역개발방향

본 절은 크게 두 부분으로 구성된다. 첫째 부분은 제2절에서 제시한 수정된 수출기반모형을 이용하여 UR이 지역경제에 미치는 영향이 분석되며, 둘째 부분은 UR로 인한 지역의 경제활동변화와 지역의 성장 과정을 바탕으로 지역의 유형 구분과 각 유형별 개발방향이 제시된다.

1. 지역별 경제 활동의 변화

UR이 지역경제에 미치는 영향의 분석은 UR로 인한 국내 각 산업에서 일어나는 외부수요의 변화 예측, 즉 산업별 대외교역의 변화 예측으로부터 시작된다. 그러나 이러한 예측은 각 산업의 국제 경쟁력에 따라 동태적으로 변하기 때문에 이를 장기적으로 예측하기란 매우 어렵다. 따라서 본 연구는 장기 예측 보다는 UR 타결 후 3년 정도를 기준으로 한 단기 예측에 기준하여 연구를 진행하였다. 그러므로 분석방법은 지역경제의 변화과정을 시간대별로 나타내는 동태적(dynamic)인 것이 아니라 UR의 영향이 지역경제에 순간적으로 나타남을 가정한 정태적(static)인 방법이다. 그리고 여기서 지역경제의 단위는 동일한 행정 서비스를 제공하는 시 또는 도(道) 단위의 광역 행정구역이다.

UR의 주요 내용은 농산물 교역의 자유화, 공산품의 관세 인하, 서비스 교역의 확대, 그리고 지적재산권 보호 등 여러 분야로 구분할 수 있다(대한무역협회, 1994). 이러한 각 분야의 협정은 국가의 경제구조변화에 직·간접으로 영향을 미치므로 UR의 영향 분석을 위해서 모두가 동시에 고려되어야 한다. 그러나 본 연구에서는 자료의 한계 등으로 인하여 UR이 국토 공간 구조의 변화에 미치는 영향 정도를 감안하여 농산물과 축산물, 그리고 제조업 분야의 교역변화만을 고려한다(표 A-1). 그리고 지역내 산업은 자료 구득의 관계로 산업 대분류에 의해 구분하여 분석을 진행한다.

표 A-1 UR로 인한 산업별 대외 교역의 변화 (단위 : 백만 $)

구분	해당 제품	수출	수입
농업	농산물	·	+67
축산업	축산물	·	+321
제조업	음식료품 및 담배	+11	−25
	섬유, 의복 및 가죽	+180	−2
	목재 및 나무제품	+94	−15
	종이 및 종이제품	−24	+17
	화합물, 석유, 석탄, 고무	+1,803	−432
	비금속광물	+17	+2
	금속산업	+1,783	−76
	기계 및 장비	+1,052	+992
	기타	+45	−7

• 시간 기준 : UR 타결 후 3년을 기준.
• 농산물의 경우 : 쌀 시장의 최소 시장 개방 비율을 2%로 가정.
(대외경제정책연구원 내부 자료 1993).
• 축산물의 경우 : 축산협동조합 내부 자료(1994).
• 제조업의 경우 : 산업연구원(1993, P.128).

지역 수출량 산정 (식 A.4)에 필요한 각 보정계수는 다음과 같은 자료에 의하여 보정되었다. 지역별 노동생산성 보정은 도내 총생산(통계청, 1993)에서, 지역별 소비수준은 김홍배

(1994)에서, 그리고 대외 무역에 관한 보정은 한국무역협회(1994)에서 각각 보정되었다. 그리고 지역별 각 보정계수는 표 A-2와 표 A-3에 제시되었다. 또한 보정된 계수 값과 식 (A.2), 식 (A.3.1), 식 (A.3.2), 식 (A.4), 그리고 식 (A.4.1)을 이용하여 UR이 각 지역경제에 미치는 영향은 다음과 같이 표 A-4에 요약되었다.

표 A-2 지역별 보정계수(α_i^r, β_i^r)

	산업분류	서울	경기	경남	부산	전남	경북	충남	인천	대구	전북	충북	강원	제주
노동생산성 보정계수 (α_i^r)	농 업	0.36	1.52	0.80	3.92	0.73	0.98	0.94	1.67	0.84	1.39	1.08	0.93	1.38
	임 업	0.01	0.43	1.98	0.13	1.41	1.12	1.33	0.07	0.03	0.69	1.20	2.44	0.68
	어 업	15.53	0.00	1.05	0.90	1.42	0.36	1.83	1.64	0.00	6.57	0.00	0.25	0.37
	광 업	0.12	2.71	2.94	0.05	1.29	0.58	1.05	0.00	0.08	0.80	3.79	0.83	0.00
	제조업	0.36	1.38	1.70	0.55	1.86	1.99	1.36	1.11	0.66	1.27	1.79	1.27	0.92
	전기, 가스, 수도	0.37	1.65	4.34	0.68	0.39	4.24	2.13	1.16	0.80	0.42	1.58	0.84	0.00
	건설업	0.68	1.54	1.34	0.87	0.89	0.99	1.05	1.16	0.79	0.91	1.55	1.57	0.96
	도소매업	1.20	0.53	0.78	1.20	0.96	0.81	0.95	0.97	1.10	1.05	0.75	1.04	0.80
	음식, 숙박	2.04	0.51	0.43	0.71	0.50	0.66	0.72	0.57	0.62	0.49	0.54	0.53	1.82
	운수, 창고	1.32	0.66	0.92	0.91	0.99	0.94	0.92	1.09	0.87	0.72	0.87	0.74	0.85
	금융보험업	1.41	0.58	0.81	0.94	0.78	0.86	0.83	0.70	0.72	0.62	0.61	0.50	0.91
	부동산 및 사업서비스	1.11	0.71	1.58	1.06	0.75	1.88	1.01	0.63	0.89	0.86	1.01	1.02	0.72
	정부사회민간 서비스	0.87	0.93	1.30	0.86	1.18	1.35	1.29	0.94	0.74	1.18	1.10	1.05	1.18
소득보정 (β_i^r)		0.88	1.28	1.39	0.76	1.04	1.04	1.21	1.20	0.72	0.72	0.91	0.73	0.64

표 A-3 대외무역 보정계수(γ_i^{UR})

구 분		대외무역보정(γ_i^{UR})	구 분	대외무역보정(γ_i^{UR})
농 업		-0.0229029	전기 · 가스 · 수도	0
임 업		-0.0049754	건설업	0
어 업		0.00389696	도소매 · 수리	0
광 업		-0.0432687	숙박 · 음식	0
제조업	음식료품 및 담배 제조업	-0.0051947	운수 · 창고 · 통신	0.00034729
	섬유, 의복 및 가죽사업	0.05794708	금융 · 보험	0
	목재 및 나무제품 제조업, 가구 포함	-0.0023981	부동산임대사업	0
	종이 및 종이제품 제조업	-0.0038056	정부사회민간 개인서비스	0
	화합물, 석유, 석탄, 고무, 플라스틱	-0.0176712		
	비금속광물 제조업, 석유, 석탄제품	0.0018785		
	제1차 금속산업	0.013827		
	조립금속제품, 기계 및 장비 제조업	0.01261154		
	기타 제조업	0.0057845		

표 A-4 지역 수출량과 수출승수, 그리고 UR의 지역별 영향

지역구분 (R)	모형 I		모형 II		영향(ϕ_R)
	수출량(Ex^r)	수출승수(λ^r)	수출량($Ex^{r,adj}$)	수출승수($\lambda^{r,adj}$)	
서울	781.7	6.046	1,144.37	4.129	000.0
경기	261.31	9.215	336.62	7.153	+3,922.0
경남	191.61	8.178	192.45	8.143	+3,022.0
부산	304.29	5.301	420.82	3.833	+2,777.0
전남	404.80	3.851	311.89	4.999	−2,213.0
경북	317.78	3.855	341.36	3.589	−797.0
충남	239.32	4.964	176.18	6.743	−2,258.0
인천	151.01	4.834	150.49	4.851	+236.0
대구	147.77	6.185	230.93	3.958	+368.0
전북	154.73	4.776	284.62	2.596	−166.0
충북	100.25	5.417	149.52	3.632	−125.0
강원	142.01	4.380	215.89	2.881	−305.0
제주	76.09	3.167	121.35	1.986	−49.0

• 모형 I : 일반적인 수출기반모형,
• 모형 II : 수정된 수출기반모형.

UR의 영향을 지역별로 구분하면 다음과 같다. 첫째, 경제활동이 증가하는 지역은 경기, 경남, 부산, 대구, 인천 순이며, 둘째, UR로 인하여 지역의 경제활동이 위축되는 지역은 충남, 전남, 경북, 강원, 전북, 충북, 그리고 제주 순이다. 마지막으로 UR로 인한 영향이 거의 없는 지역은 서울로 나타났다. 서울의 경우 이러한 결과는 본 연구의 분석에서 고려된 산업의 특징에 기인한다고 할 수 있다. 즉 표 A-1에 제시된 산업들은 서울에서는 모두 수입산업들이다. 따라서 UR로 인한 산업별 국제교역의 변화는 서울지역의 수입산업변화로 나타나고, 결과적으로 서울지역의 경제활동은 UR과 무관한 듯 나타난다(식 A.3.1, A.3.2 참조). 그러나 실제로 서울의 경제는 우리나라 국민경제의 중추적 역할을 담당하고 있기 때문에 서울의 경제변화는 전국의 경제변화 수준에서 파악되어야 한다. 그러므로 표 A-4에 나타나듯이 UR의 효과는 전체 국민경제의 활동을 증가시킴으로써(분석에서는 나타나 있지 않지만) 서울 지역의 경제활동을 증가시킬 것이 예상된다.

본 연구의 결과를 해석하는 데 있어 주의해야 할 점은 앞서 밝혔듯이 UR의 효과 분석에 농산물과 축산물, 그리고 제조업 분야의 교역변화만을 고려했다는 점이다. 그러므로 표 A-4에 나타난 결과를 UR이 지역경제에 미치는 종합적인 영향으로 해석하기보다는 UR로 인한 지역경제활동의 변화방향과 지역별변화 정도로 해석하는 것이 적절하다. 실제적인 UR의 영향은 표 A-4에 나타난 것보다는 클 것이다. 왜냐하면 표 A-1에서와 같이 분석에 고려한 산업 중 제조업 분야가 가장 큰 변화를 나타내며, 일반적으로 제조업의 변화와 서

비스업의 변화는 서로 밀접한 관계가 있기 때문이다.

표 A-2는 지역의 수출량과 수출승수의 계산에 있어 일반적인 수출기반모형과 수정된 모형 사이에 많은 차이가 있음을 보여주고 있다. 이러한 차이는 일반적인 수출기반모형이 현실 적용에 있어서 한계가 있음을 가리키고 있다.

2. 지역 구분과 개발 정책방향

본 절에서는 앞에서 분석한 지역경제 활동의 변화와 지난 기간 동안(1985~1991) 지역의 경제성장과정을 가지고 우리나라의 지역을 그림 A-1과 같이 4가지 유형으로 구분하였다. 여기서 지역의 경제성장과정은 지역내총생산(GRDP)의 성장률 g_R과 국내총생산(GDP)의 성장률 g_N의 차로 구분하였다.

그림 A-1
지역의 유형별 구분

$g_N = g_R$

TYPE-Ⅱ	TYPE-Ⅰ
$g_N > g_R$ $\phi_R > 0$	$g_N < g_R$ $\phi_R > 0$
TYPE-Ⅲ	**TYPE-Ⅳ**
$g_N > g_R$ $\phi_R < 0$	$g_N < g_R$ $\phi_R < 0$

$\phi_R = 0$

이러한 지역의 구분은 앞으로 지역 개발을 어떻게 계획적으로 유도할 것인가 하는 개발 정책의 방향을 제시한다. 각 유형의 개발방향은 다음과 같다.

□ TYPE-Ⅰ 지역

TYPE-Ⅰ에 포함되는 지역은 앞으로도 지속적인 성장을 경험할 지역이며, 국민경제에 있어서 중추적인 역할을 담당할 지역이다. 그러므로 지역개발의 기본방향은 지역이 가지고 있는 중추 기능의 질적 향상이며, 이는 다음과 같이 요약된다.

- 국제사회에서의 무역 여건, 기술혁신, 기타 경제요인의 변동 등에 관한 정보를 수집하여 지역 및 국내산업에 배분하는 정보기능이 지역에 강화되어야 한다.
- 지역은 기술혁신(innovation)의 생산 장소로서 기능이 강화되어야 한다. 이를 위해 고급 인력 확보와 연구시설 제공, 그리고 지속적인 고급 기술 인력을 배출할 수 있는 교육기관이 필요하다. 그러므로 지역내 교육과 산업을 담당하는 종합적인 연구단지(research park)가 조성되어야 한다.
- 해외 및 국내의 자본 투자에 관한 규제를 완화하고, 인·허가 등의 행정 절차를 간소화하는 등의 행정혁신이 일어나야 한다.

• 지역내 산업 생산품의 해외 수출이 증가되므로 해외와의 교류가 증대될 지역이다. 따라서 다양한 국제 교역 업무를 담당할 만한 국제업무단지(international business park)의 조성이 필요하며 해외로의 접근성도 강화되어야 한다.
• 제조업과 서비스업의 관계를 비추어 볼 때 사무실 공간의 수요가 증가될 지역이므로 이에 대비하여 사무실 단지(office park)의 조성이 필요하다.
• 자본과 노동의 유입으로 인한 지역내 혼잡이 지역의 생산성을 저하시킬 우려가 있으므로 사회간접자본을 확충시켜 높은 지역의 생산성을 유지케해야 한다.

□ TYPE-Ⅱ 지역

TYPE-Ⅱ에 포함된 지역은 과거 전국에 비해 낮은 성장을 경험하였지만 UR로 인하여 경제활동이 확대되는 지역이며, 또한 제조업의 중심지로 성장할 가능성이 있는 지역이기도 하다. 이러한 유형의 지역은 다음과 같은 방향에서 개발계획이 이루어져야 한다.

• 해외 경제 동향에 민감한 지역이므로 해외 여건 변화에 관한 정보를 수집하여 전달하는 정보기능이 강화되어야 한다. 또한 정보와 산업기술은 서로 밀접한 관계가 있으므로 이러한 기능은 지역내 연구 단지와 연계되어 계획되어야 한다.
• 제조업 중심지로서의 역할을 강화하기 위해 사회간접자본을 확충하여 지역의 생산성을 높여야 한다.
• 국내와 해외 자본의 유입에 대비하여 행정체계의 개선과 인·허가 등의 행정 절차의 간소화, 그리고 규제 완화 등이 이루어져야 한다.
• 제조업 분야의 성장으로 인한 3차 산업의 수요가 증가됨을 고려하여 사무실 단지 등의 확보 방안이 고려되어야 한다.

□ TYPE-Ⅲ 지역

TYPE-Ⅲ에 포함되는 지역은 전형적인 낙후 또는 정체 지역으로 UR로 인하여 경제활동이 더욱 침체되는 지역이다. 이러한 지역 개발 전략은 우선 지역인구의 유출을 방지하는데 그 초점이 맞춰져야 한다. 이를 위한 개발방향은 다음과 같다.

• 기술적으로 낙후된 지역이라 할 수 있으므로 발전지역의 생산성 높은 기술을 보급하기 위한 기술보급센터 등이 지역 내에 입지하여야 한다.
• 지역내 생산환경을 개선하여 타 지역으로부터의 자본 유입을 유도하여야 한다. 이를 위해서는 지역내 사회간접자본을 확충하고 직업훈련소 등을 유치하여 생산 여건을 향상시키고, 산업 입지로의 잠재력을 높인다.
• 관광산업 등의 개발로 지역내 주민 소득 증대 방안이 마련되어야 한다.
• 지역 주민의 생활 여건 개선으로 주민의 복지를 향상시켜야 한다.

□ TYPE-Ⅳ 지역

TYPE-Ⅳ에 포함되는 지역은 과거 전국에 비해 높은 성장을 경험하였지만, UR로 인하여 지역경제 활동이 위축되는 지역이다. 왜냐하면 지역 내에 입지한 산업은 비교적 경쟁력이 약한 산업이라 할 수 있기 때문이다. 그러므로 이러한 지역 개발방향은 우선적으로 지역 내 산업의 경쟁력 회복에 있다. 좀더 구체적으로 말해, TYPE-Ⅳ에 속한 지역의 개발방향은 다음과 같은 방향으로 수립되어야 한다.

- 경쟁력 확보를 위해 정보산업의 기능이 강화되어야 한다. 지역내 기술보급센터 등을 입지시켜 지역내 첨단의 생산기술을 제공하여 지역산업의 생산성을 높이는 한편, 산업과 기술을 연결시킬 수 있는 지역내 연구 단지 조성이 추진되어야 한다.
- 자본 및 노동의 유출을 방지하고 오히려 생산요소를 지역 내로 유입할 수 있는 제도, 즉 지역 내에 입지한 산업에 금융이나 세제의 혜택을 부여하는 방안과 주민의 복지를 향상시킬 수 있는 제도가 강구되어야 한다.
- 사회간접자본 확충으로 지역내 산업의 생산성을 향상시키고, 이를 바탕으로 산업의 유입을 도모해야 한다.

위와 같이 지역을 4가지 유형으로 구분하여 각 유형에 따라 지역개발방향을 제시하였다. 지역개발에 관한 정책 수립은 지역의 성장과 변화의 특성에 맞게 계획되어야 하기 때문에 산업별로 중앙정부에 의한 제시 및 통제보다는 지방정부에 의해 지역별로 종합적으로 이루어져야 한다. 그러므로 계획 수립부터 집행까지 지방정부의 권한이 대폭 강화되어야 한다.

그림 A-1의 지역의 유형 구분을 우리나라의 각 지역에 적용하였다. 각 유형에 해당하는 지역은 그림 A-2와 같다(단, 서울의 경우 $g_N = g_R$, 그리고 $\phi_N = 0$이므로 그림 A-2에서 제외되었음).

그림 A-2
우리나라 지역의 유형별 구분

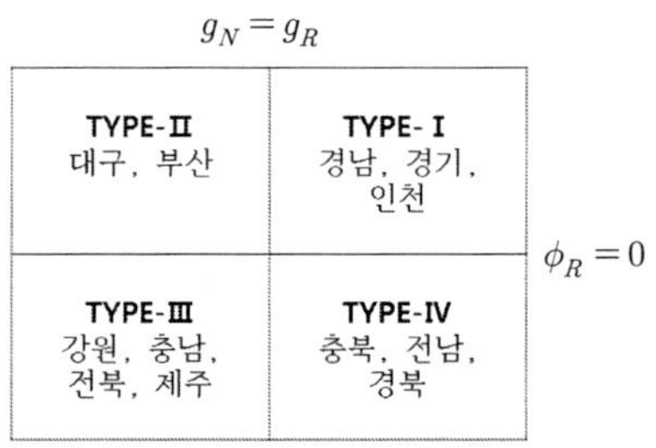

그림 A-2에서와 같이 UR로 인해 경제활동이 확대되는 지역은 ⅰ)전국에 비해 높은 성장을 해 온 경남, 경기, 인천과 같은 발전 지역과 ⅱ) 부산, 대구와 같은 대도시권 지역이다. 그러면 국토의 균형·성장 관점에서 볼 때 과연 UR은 어떠한 결과를 초래하는가? 이는 UR로 인하여 경제활동이 확대되는 6개 지역(서울 포함)이 전체 국민경제에서 차지하는 비중

을 살펴 보면 쉽게 알 수 있다. 전체 도내 총생산량 중에서 6개 지역이 차지하는 비중은 약 69% 정도(통계청, 1993)이다. 이는 우리나라의 경제력이 얼마나 지역적으로 불균형적으로 배분되었는가를 보여주고 있다. 이러한 불균형 배분은 UR로 인하여 더욱 심화될 전망이다. 왜냐하면 위의 6개 지역 중 UR로 인해 경제력이 감소되는 지역은 한 지역도 없기 때문이다. 그러므로 UR로 인해 심화될 지역간 불균형 성장에 관해 중앙정부는 지속적인 관심을 가지고 정책 수립에 임해야 할 것이다.

A 6-4 결 론

본 연구는 수출기반모형을 수정하여 UR이 지역경제에 미치는 영향을 분석하였다. 그리고 지역별 영향과 성장과정을 가지고 우리나라의 지역을 4가지 유형으로 구분하여 각 유형별 개발방향을 제시하였다. 본 연구는 곧 다가올 WTO의 출범과 지방자치제의 실시를 감안한다면 연구 시기는 적절하다고 하겠다. 그러나 연구 진행에 있어서 한계가 있었으며, 이러한 한계는 크게 두 가지로 요약될 수 있다. 첫째, 본 연구의 분석은 UR로 인한 전 산업의 변화를 고려한 것이 아니라 농산물, 축산물, 그리고 제조업 분야에만 한정하였다. 그러므로 연구 결과는 UR이 지역경제에 미치는 종합적인 효과라기 보다는 UR이 지역경제에 미치는 방향을 제시한 것이라 할 수 있다. 둘째, 본 연구에서는 자료 구득의 한계로 지역단위를 광역 행정 구역인 시와 도(道)로 구분하였다. 그러므로 지역개발의 방향 제시는 매우 광역적이며 개념적인 것이라 하겠다. 만일 UR의 변화를 전 산업의 변화로 확대하고 지역의 구분을 군 단위의 지역으로 구분하여 연구를 진행한다면(물론 이를 위해서는 군 단위의 지역내총생산(GRDP)의 자료가 필요하지만), 종합적이며, 구체적이고, 공간적으로 좀더 실질적인 계획 자료를 제시할 수 있을 것이다. 앞으로 위의 두 가지 점을 고려한 연구가 있기를 기대한다.

제 07 장

지역 수출기반모형의 평가와 지역경제 예측

7.1 서 론

제6장에서는 지역의 수출량을 산정하는 방법으로 가정법, 입지상법, 그리고 최소고용요구량법에 대해 살펴보았다. 지역의 성장은 지역의 수출에 의해 유도된다는 것이 지역 수출기반모형의 기본 관점이기 때문에 지역의 수출량 산정은 지역경제를 이해하는 데 핵심이다. 산정된 지역 수출량을 바탕으로 지역의 수출승수가 계산된다. 지역의 수출승수는 설명하였듯이 지역 개발 정책이나 경제환경변화의 영향을 구체적으로 나타낼 수 있기 때문에 정확한 수출승수의 계산은 계획 분야에서 매우 필요하다.

정확한 수출승수를 얻기 위해서는 무엇보다도 지역 수출량이 정확히 계산되어야 한다. 여기서 유의해야 할 것은 지역 수출량은 사용되는 계산 방법에 따라 다르게 측정된다는 것이다. 이는 지역 수출기반모형을 이용하여 지역경제를 분석하고 예측할 때 수출량 산정을 위한 계산 방법의 선택 문제를 발생시킨다. 즉 어느 계산 방법에 의해 지역 수출량이 계산되어야 하는가 하는 문제이다. 이러한 문제에 대해 본 장에서는 각 방법을 이론적인 측면과 실증적인 측면에서 비교한다. 그리고 이를 통하여 지역 수출량을 산정하는 데 있어 계산 방법을 선택하는 방향을 제공한다.

본 장은 크게 두 가지 부분으로 구성된다. 첫 부분은 3가지 수출량 산정 방법에 대해 비교 설명하는 부분이며, 둘째 부분은 지역 수출기반모형을 바탕으로 지역경제 예측과 지역인구예측 방법을 설명하는 부분이다.

7.2 수출량 측정 방법에 관한 평가

7.2.1 이론적 측면에서의 평가

지역내의 모든 산업을 수출부문과 수입부문으로 구분하는 3가지 방법에 대해 이론적인 측면에서 보면 다음과 같다.

첫째, 가정법은 분석자가 지역산업의 특성을 고려하여 지역의 각 산업을 수출부문과 수입부문으로 구분하여 지역의 수출규모를 산정하는 방법이다. 이러한 방법은 지역이 관광산업, 중앙 행정기관, 그리고 고등교육기관 등 지역산업의 특징이 명확할 때 사용할 수 있는 방법이다. 그러나 산업을 수출부문과 수입부문으로 구분하는 데 있어 가정법은 아무런 이론적인 근거를 제시하지 못한다. 따라서 가정법은 이론적인 바탕이 없는 방법이라 할 수 있다.

둘째, 입지상법은 산업의 지역 집중도와 전국 집중도의 차이 또는 지역이 전국에서 차지하는 산업 i의 생산비율과 소비비율의 차이에 의해 지역 수출량이 결정된다. 그리고 수출량 산정에 있어 입지상법이 가지고 있는 비현실적인 가정은 현실적으로 보정함으로써 지역 수출량의 정확성을 향상 시킬 수 있다. 그러나 입지상법에서 결점이라 할 수 있는 것은 상품의 동질성으로부터 발생한다. 즉 이 가정은 입지상법에 의해 계산되는 수출량이 실제의 수출량을 과소하게 평가할 수 있음을 의미한다. 예를 들면 산업을 대분류 기준에 의해 구분하였을 때 계산한 지역의 수출량은 산업을 중분류 기준에 의해 계산한 지역의 수출량보다 적게 된다. 왜냐하면 지역의 산업이 대분류로 묶을 때 각 산업 내에 서로 다른 산업이 동종으로 묶임으로써 각 산업의 수출량과 수입량이 서로 상쇄되기 때문이다. 이러한 입지상법의 한계는 지역내의 모든 산업을 생산품의 상표(brand)에 따라 구분시키지 않는 한 피할 수 없는 것이라 하겠다.

셋째, 최소고용요구량법은 입지상법과 유사하지만, 분석지역과 비교되는 지역 크기에 차이가 있다. 이 방법에 의한 지역 수출량은 분석지역과 경제활동 규모가 비슷한 지역 중 산업 i의 구성비가 최소인 지역을 기준으로 비교하여 결정된다. 물론 최소고용요구량법에서도 가정의 보정을 통하여 지역 수출량의 정확성은 향상될 수 있다. 최소고용요구량법의 최대 결점은 산업 구성비율이 최소인 지역을 기준으로 산업 생산품의 소비수준이 결정되는 데 있다. 구체적으로 말해 위의 문장 '산업의 구성비율이 최소인 지역…'에서 해당 산업과 해당 지역에 대한 정보가 제공되지 않는다는 것이다. 즉 구성비율이 최소인 산업이 진정으로 지역 외부로부터의 수출과 수입이 없는 자급자족형 산업인가에 대한 근거가 없다. 그리고 최소 구성비율을 보이는 지역의 산업구조의 특징이 전혀 고려되지 못한다는 점이다. 따라서 단지 산업이 어떠한 지역에서 최소 구성비율을 보인다는 점 하나로 산업의 자급자족의 소비수준으로 결정한다는 것은 엄밀하게 말해서는 아무런 근거가 없다고 할 수 있다.

위와 같이 지역 수출량을 계산하는 각 방법은 서로가 이론적인 한계를 가지고 있다. 즉 가정법은 이론적인 배경이 전혀 없다는 점이며, 입지상법에서는 수출량이 과소평가 된다는 점이고, 최소고용요구량법에서는 산업생산물에 대한 자급자족의 소비수준을 나타내는 지역의 특성과 산업의 특성이 전혀 고려되지 않는다는 점이다. 그러나 이론적으로 볼 때, 입지상법과 최소고용요구량법이 가정법보다는 우수하다고 할 수 있다. 왜냐하면 가정법에는 이론적인 바탕이 전혀 없기 때문이다. 입지상법과 최소고용요구량법 중 어느 방법이 더 우수하고 정확한지에 대해 이론적으로는 판단할 수 없다 (Isserman, 1980). 왜냐하면 두 방법 모두 비현실적인 가정을 가지고 있으며 각 방법이 가지고 있는 가정은 부분적으로 현실적인 보정을 통하여 보완되기 때문이다. 그러면 이 두 방법이 실증적으로 현실에 적용되었을 때 어느 방법이 더 정확한 결과를 가져오는가에 대해 알아보자.

7.2.2 실증적 측면에서의 평가

입지상법과 최소고용요구량법을 이론적으로 비교하여 방법의 우월성은 앞서 언급하였듯이 결정할 수 없다. 그러면 각 방법이 현실에 적용되었을 때 어느 방법이 더 정확한 결과를 가져오는가 하는 기본적인 질문을 갖게 된다. 이에 대해 실증적으로 평가한 연구들이 있는데, 이를 살펴보면 다음과 같다.

Gibson과 Morden(1981)은 미국의 애리조나(Arizona)의 소규모단위 20개 지역의 실제 수출승수를 계산하고 입지상법과 최소고용요구량법에 의해 계산된 결과와 비교하였다. 그들의 결과에 의하면 입지상에 의해 계산된 수출승수가 최소고용요구량법에 의한 수출승수보다 거의 2~3배 정도 높게 측정되는 것을 발견하였다. 이는 예상할 수 있는 결과이다. 따라서 연구의 결과는 합리적이었다고 할 수 있다. 그들의 결론은 최소고용요구량법에 의해 측정된 수출량이 실제 조사된 값과 근사함을 보여 최소고용요구량법이 입지상법보다 우수한 계산방법임을 제시하였다. 그리고 입지상법은 규모가 작은 지역의 수출량을 계산하는 데 부적절한 방법임을 주장하였다.

이와 달리 Greytak(1969)는 미국의 한 개 주(State) 또는 몇 개의 주를 하나로 묶어 지역단위로 설정하고, 입지상법과 최소고용요구량법을 적용하여 그 결과를 가지고 두 방법을 비교하였다. 그는 입지상법이 최소고용요구량법보다 실제의 지역 수출량에 가까운 값을 제공함으로써 입지상법이 최소고용요구량법보다 우수함을 보였다.

위의 두 연구는 입지상법과 최소고용요구량법의 정확성에 대해 서로 다른 입장이지만 그 차이는 적용된 지역 규모의 차이에 기인한 결과로 볼 수 있다. 이는 지역 수출량 산정에서 입지상법과 최소고용요구량법은 지역의 규모에 따라 적용이 구분되어야 함을 의미한다. 즉 지역의 단위가 큰 지역의 경우는 입지상법을, 그리고 단위가 작은 지역의 경우는 최소고용요구량법이 적용되었을 때 보다 정확한 수출량과 수출승수를 구할 수 있다.

반면, Isserman(1980)은 101개의 표준도시통계지역(Standard Metropolitan Statistical Area, SMSA)을 대상으로 입지상법과 최소고용요구량법을 적용하여 결과를 비교하였다. 그 결과는 지역의 수출승수 계산에 있어서 101의 SMSA 중 79지역에서 최소고용요구량법을 사용하여 계산한 수출승수가 입지상법에 의해 계산한 수출승수보다 낮은 것으로 나타났으며, 나머지 22개 지역에서는 최소고용요구량법에 의한 수출승수가 입지상법에 의한 수출승수보다 더 높게 나타났다. 이 결과를 이해하기 전에 앞서 설명한 입지상법의 결점을 기억해 보자. 입지상법의 기본적인 한계는 지역의 수출량을 과소하게 측정한다는 것이었다. 따라서 입지상에 의한 수출승수는 높게 나타난다.

Isserman의 연구에서 101개의 SMSA 지역 중 79개의 지역에서 최소고용요구량법에 의한 수출승수가 입지상법에 의해 계산된 것보다 낮게 나타났다는 것은 예상된 결과이다. 그러나 문제는 22개 지역의 경우에 발생한다. 왜냐하면 이러한 결과는 일반적인 예상과 반대의 결과이기 때문이다. 여기서 문제의 22개 지역은 어떠한 공통적인 특징을 보인다. 즉 지역은 특정산업 또는 행정이나 교육 등에 특화되어 있다는 것이다. 이에 대해 Isserman은 최소고용요구량법이 지역경제의 특성을 탄력적으로 반영하지 못하는 한계를 지적한다. 따라서 산업 특화도가 분명한 지역의 경우, 지역 수출량을 산정하기 위해 최소고용요구량법의 적용은 부적절하다. Isserman의 결과는 입지상법과 최소고용요구량법은 지역의 규모 이외에도 지역산업의 특성에 따라 적용 범위가 구분되어야 함을 가리킨다고 할 수 있다.

본 절을 요약하면, 이론적인 측면과 실증적인 측면을 고려해 보았을 때 어느 방법이 다른 방법에 비해 절대적으로 우수하다고 말할 수 없다는 것이다. 단지 알 수 있는 것은 입지상법과 최소고용요구량법이 가정법보다는 이론적으로 우수하다는 것이다. 그리고 입지상법과 최소고용요구량법은 각각 적용하는 대상이 지역의 규모와 지역산업구조의 특성에 따라 구분될 수 있음을 말하고 있다. 이를 종합하면, Gibson과 Worden(1981)의 경우와 같이 산업의 세분된 자료를 얻기가 어렵고 규모가 작은 도시의 경우 입지상법보다는 최소고용요구량법의 적용이 더 유리하다. 그리고 지역의 규모가 큰 지역(군 이상의 행정구역)이거나 지역산업의 세분된 자료의 구득(求得)이 가능한 지역 또는 지역의 산업특화가 뚜렷한 지역 등에 대해서는 입지상법이 최소고용요구량법보다 유리하다. 마지막으로 두 방법에 의한 결과를 절충하는 방법도 하나의 방법이 될 수 있다. 즉 각 방법으로부터 구한 각 수출량을 산술평균이나 가중평균에 의해 절충하여 지역의 수출량으로 결정하는 방법이다.

7.3 지역인구예측

지역 수출기반모형에서 지역의 경제활동 규모는 지역 수출량과 수출승수로 설명된다. 여기서 지역의 수출승수는 시간에 따라 일정하다고 가정하면 결국 지역경제의 예측은 지역 수출량의 예측에 달려 있음을 알 수 있다. 즉 지역의 수출량 한 단위의 변화가 지역경제에 미치는 영향은 지역 수출승수에 의해 나타나므로 향후 지역경제의 변화는 지역 수출의 변화에서 예측될 수 있다는 것이다. 그러므로 수출기반모형을 이용하여 지역경제를 예측할

그림 7.1
지역경제 예측 과정 흐름도

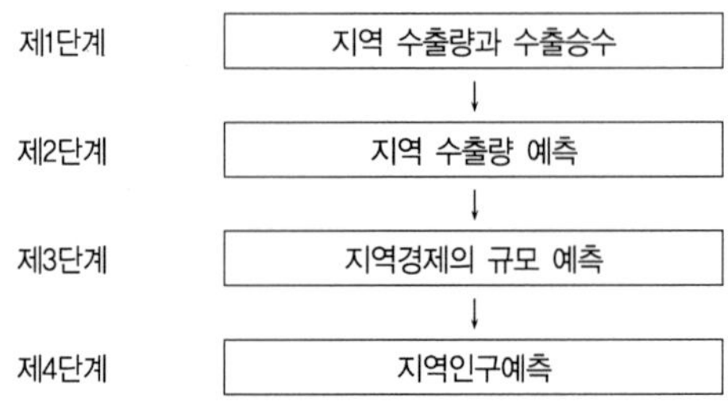

때 가장 핵심이 되는 부분은 지역 수출량의 예측이다. 지역 수출기반모형을 이용한 지역경제의 인구예측은 계산 과정상 그림 7.1과 같이 4단계로 나눌 수 있다.

위의 지역인구예측 과정을 단계별로 설명하면 다음과 같다. 제1단계는 지역 내 각 산업의 수출량과 지역의 수출승수를 계산하는 단계이다. 지역 수출량 산정 시에는 가정법, 입지상법, 그리고 최소고용요구량법 등을 이용할 수 있다. 그리고 계산 방법의 선택은 앞 절에서 설명하였듯이 각 방법의 특성과 지역의 특성을 고려하여 연구자가 지역에 가장 적합하다고 생각하는 방법을 선택하여 사용한다.

제2단계는 지역 수출량의 예측 단계이다. 지역의 수출은 외부수요에 따라 변화하므로 지역의 수출량은 전국의 수요변화에 의해 결정된다. 그리고 전국에서 산업에 대한 수요변화는 전국의 산업별 고용의 변화로 나타난다. 이는 산업 생산품에 대한 수요와 고용과의 일반적인 관계에 기인한다. 즉 생산물에 대한 수요가 증가하는 산업에서는 그의 생산량이 증가될 것이고, 결과적으로 산업의 고용은 증가하게 된다. 반대로 수요가 감소하는 산업은 생산량 감소와 함께 고용의 규모도 감소하게 된다. 그러므로 산업별 수요의 변화는 전국의 산업별 고용의 변화로 나타낼 수 있다. 그리고 지역산업의 수요변화율은 전국의 변화율과 동일하다고 가정한다. 즉 전국에서 산업 i의 고용이 5% 증가하였다면 이는 지역내 산업 i의 외부수요가 5% 증가한 것임을 가정한다. 따라서 지역 수출기반모형을 가지고 지역경제를 예측할 때 연구자들이 기억해야 할 것은 전국 경제의 예측 자료가 산업별로 있어야만 가능하다는 점이다.

제3단계는 지역경제의 예측 단계이다. 이는 언급하였듯이 수출승수는 시간에 따라 일정하다는 가정을 바탕으로 한다. 따라서 앞 단계에서 계산한 지역의 수출량과 수출승수를 이용하여 지역의 경제규모를 예측한다. 제4단계에서는 지역인구를 예측한다. 구체적으로 지역의 경제활동 인구와 지역 전체 인구의 관계를 나타내는 의존비(dependency ratio)나 의존승수(dependency multiplier)를 이용하여 지역인구가 예측된다. 여기서도 물론 지역의 의존승수는 시간에 대해 안정적임을 가정한다.

위에서 제시한 4단계를 이용하여 지역인구예측의 계산 과정을 살펴보자. 제6장에서 사용되었던 가상의 지역 A와 전국의 경제구조는 본 장에서도 그대로 이용된다. 여기서 정부는 국제 경제 여건의 변화를 고려하여 전국의 산업별 고용 인구를 2015년에서부터 2025년과 2035년까지 예측하였다고 하자.

표 7.1 전국 산업별 고용 인구예측 (단위 : 명)

산업	지역 A (2015)	전국 (2015)	전국(예측) (2025)	전국(예측) (2035)
1. 농업	2,600	7,02,422	6,530,452	6,230,428
2. 임업	23	65,034	62,012	60,123
3. 어업	0	65,045	58,041	56,035
4. 광업	75	145,568	123,752	115,231
5. 제조업				
a. 음식료 및 담배 제조업	523	1,360,032	1,340,044	1,330,001
b. 목재/나무제품 제조업	760	787,346	827,678	857,559
c. 종이/종이제품 제조업	400	560,670	571,789	629,677
d. 하합물	900	1,120,678	1,320,557	1,420,229
e. 비금속광물 제조업	544	766,934	821,921	853,783
f. 제1차 금속	1,421	800,549	812,548	824,452
g. 조립금속 제품	412	1,479,034	1,472,123	1,499,388
h. 기타 제조업	560	887,934	897,752	917,346
6. 전기 · 가스 · 수도	1,500	1,979,543	2,089,432	2,119,090
7. 건설업	1,423	3,457,632	3,657,651	3,757,335
8. 도소매 · 수리	3,030	10,265,487	11,245,453	11,987,111
9. 숙박 · 음식	1,550	4,135,792	4,635,671	4,986,452
10. 운수 · 창고 · 통신	630	1,865,932	2,065,334	2,215,449
11. 금융보험	1,330	5,675,123	5,985,345	6,013,431
12. 부동산임대사업	550	1,457,653	1,732,435	1,957,119
13. 기타	1,240	8,453,568	8,831,565	9,678,876
계	19,471	52,349,976	55,081,555	57,509,115

예측된 산업별 고용자는 표 7.1에 요약되어 있다. 이를 이용하여 2025년과 2035년의 지역인구를 예측하여 보자. 여기서 지역의 수출량 계산 방법 선택은 계산의 편의상 전통적인 입지상법을 사용하기로 한다.

첫째 단계는 지역 수출량을 계산하는 것이다. 여기서는 전통적인 입지상법을 사용하므로 우선 입지상 계수에 의해 지역내 산업의 특성이 구분되어야 한다. 이에 대해서는 제6장에서 상세하게 다루어졌으므로 여기서는 표 7.2와 같이 산업별 수출량의 결과만 제공하기로 한다.

표 7.2 지역내 수출부문과 수입부문 구분 (단위 : 명)

산 업 구 분	산업 고용자 (E_i^A)	입지상 (LQ_i)	수출부문 (Ex_i^A)
1. 농업	2,600	1.00	0
2. 임업	23	0.95	0
3. 어업	0	0.00	0
4. 광업	75	1.39	21
5. 제조업			
a. 음식료 및 담배 제조업	523	1.03	17
b. 목재/나무제품 제조업	760	2.60	467
c. 종이/종이제품 제조업	400	1.92	191
d. 화합물	900	2.16	483
e. 비금속광물 제조업	544	1.91	259
f. 제1차 금속	1,421	4.77	1,123
g. 조립금속 제품	412	0.75	0
h. 기타 제조업	560	1.70	230
6. 전기 · 가스 · 수도	1,500	2.04	764
7. 건설업	1,423	1.11	137
8. 도소매 · 수리	3,030	0.79	0
9. 숙박 · 음식	1,550	1.01	12
10. 운수 · 창고 · 통신	630	0.91	0
11. 금융보험	1,330	0.63	0
12. 부동산임대사업	550	1.01	8
13. 기타	1,240	0.39	0
계	19,471		3,712

표 7.2에서 지역 A의 수출량은 수출부문에 종사하는 고용인구가 3,712명으로 계산되었으며, 이로부터 도출된 지역의 수출승수는 5.247이다.

둘째 단계는 지역 수출량을 예측하는 단계이다. 앞서 언급하였듯이 지역 수요의 변화는 전국의 수요변화와 동일하며, 전국 수요의 변화는 산업 고용자의 변화로 나타난다고 하였다. 따라서 지역산업 i의 수출량변화는 산업 i의 전국 고용자변화이다. 이러한 지역의 수출량 예측 과정을 식으로 표시하면 다음과 같다. 우선 전국에서 산업 i에 종사하는 고용인구의 변화는 식 (7.1)과 같이 표현된다.

$$E^n_{i,t+1} = E^n_{i,t} + \Delta E^n_{i,t+1}. \tag{7.1}$$

$E^n_{i,t+1}$: $t+1$ 시점에서 전국의 산업 i에 종사하는 고용인구,

$\Delta E^n_{i,t+1}$: t와 $t+1$ 시점 사이에서 전국의 산업 i에 종사하는 고용인구의 변화.

산업 i의 생산품에 대한 수요의 변화율($g^n_{i,t+1}$)은 산업에 종사하는 고용인구의 변화율로 나타나므로,

$$g^n_{i,t+1} = \frac{\Delta E^n_{i,t+1}}{E^n_{i,t}}. \tag{7.2}$$

그리고 산업 i의 수요변화는 전국과 지역에서 동일함을 가정하였으므로 지역산업의 수요변화율($g^r_{i,t+1}$)은 전국의 수요변화율과 같다.

$$g^n_{i,t+1} = g^r_{i,t+1}. \tag{7.3}$$

따라서 지역산업 i의 수출량변화는 다음과 같이 표현된다.

$$Ex^r_{i,t+1} = (1 + g^r_{i,t+1}) Ex^r_{i,t}, \text{ 단, } LQ_i > 1, \tag{7.4}$$

$Ex^r_{i,t+1}$: $t+1$ 시점에서 지역 r내 산업 i의 지역 수출량.

식 (7.2)와 식 (7.4)를 이용하면 지역내 산업별 수출부문의 변화를 예측할 수 있다. 단, 식 (7.4)는 수출부문이 존재하는 산업에만 해당하므로 산업의 입지상 계수가 1보다 큰 산업에만 해당한다. 연도별 지역 A내 산업 수출량의 예측은 표 7.3에 요약되어 있다.

표 7.3 산업별 지역 수출량 예측 (단위 : 명)

산업구분	지역 수출량 ($Ex_{i,2015}^{A}$)	지역 수출량 ($Ex_{i,2025}^{A}$)	지역 수출량 ($Ex_{i,2035}^{A}$)
1. 농업	0	0	0
2. 임업	0	0	0
3. 어업	0	0	0
4. 광업	21	18	17
5. 제조업			
a. 음식료 및 담배 제조업	17	17	17
b. 목재/나무제품 제조업	467	491	509
c. 종이/종이제품 제조업	191	195	215
d. 화합물	483	569	612
e. 비금속광물 제조업	259	277	288
f. 제1차 금속	1,123	1,140	1,157
g. 조립금속 제품	0	0	0
h. 기타 제조업	230	232	237
6. 전기 · 가스 · 수도	764	806	818
7. 건설업	137	145	149
8. 도소매 · 수리	0	0	0
9. 숙박 · 음식	12	13	14
10. 운수 · 창고 · 통신	0	0	0
11. 금융보험	0	0	0
12. 부동산임대사업	8	9	11
13. 기타	0	0	0
계	3,712	3,913	4,043

표 7.3과 같이 지역의 수출량 계산에서 나타나는 문제는 지역내 각 산업의 특성은 시간에 따라 변하지 않는다는 것이다. 즉 관찰된 시점에서 수출을 하는 산업과 수입을 하는 산업은 영원히 수출하는 산업과 수입하는 산업으로 남게 된다. 이는 현실적이라 할 수 없다. 왜냐하면 지역의 산업구조는 기본적으로 지역의 입지적인 특성과 기술진보나 소비자의 선호도변화, 그리고 국제무역 여건의 변화 등 사회 · 경제적환경변화에 따라 항상 전환될 수 있기 때문이다. 그러므로 이러한 변화는 산업간 노동과 자본을 이동시켜 지역의 수출산업을 수입산업으로 또는 수입산업을 수출산업으로 변화시킨다. 예를 들면 국가간 FTA(free trade agreement)체결은 우리나라의 경제구조와 지역의 경제 구조변화에 많은 영향을 줄 것이다. 농업이 주요한 수출 상품인 지역에서 많은 인구가 타 산업으로 전환된다면 극단적으로 농업

의 수출부문은 약화되어 수출부문은 존재하지 않는 수입산업으로 전환될 가능성이 있다. 반면, 지역의 입지 여건 변화에 따라 과거에 수입하던 상품을 오히려 수출할 수 있는 경우도 발생할 수 있다. 그러나 지역 수출기반 모형에는 기본적으로 환경변화에 따른 산업구조의 전환을 반영하지 못하는 한계가 있다.

셋째 단계로 위에서 계산된 지역의 수출량과 수출승수를 이용하여 지역의 경제규모를 예측하는 단계이다. 이는 식 (7.5)에 의하며, 예측결과는 표 7.4에 요약되어 있다.

$$E_t^r = Ex_t^r \times \lambda^r. \tag{7.5}$$

표 7.4 지역경제규모의 예측

구 분	2015년	2025년	2035년
지역 수출량 (Ex_t^A)	3,712	3,913	4,043
지역 수출승수 (λ^A)	5.246	5.246	5.246
지역경제규모 (E_t^A)	19,471	20,529	21,207

넷째 단계는 위에서 계산한 지역의 경제규모를 이용하여 지역인구(P_t^r)를 예측하는 단계이다. 이 단계는 다음과 같다. 우선 지역의 인구는 크게 경제활동 인구(E_t^r)와 비경제활동 인구(NE_t^r)로 구성된다.

$$P_t^r = E_t^r \times NE_t^r. \tag{7.6}$$

지역의 인구예측은 지역내 경제활동 인구와 비경제활동 인구의 관계를 이용한다. 이 관계는 다음 식 (7.7)과 같이 경제활동 인구에 의존하는 비경제활동 인구수, 즉 지역의 의존비 또는 지역의 의존승수로 나타난다. 일반적으로 비경제활동 인구에 속하는 연령은 14세 미만, 그리고 65세 이상의 인구를 말한다.

$$DR^r = \frac{NE_t^r}{E_t^r}, \; DM^r = \frac{P^r}{E^r}, \tag{7.7}$$

DR^r : 지역 r의 의존비,

DM^r : 지역 r의 의존승수.

식 (7.6)와 (7.7)로부터 지역의 인구는 다음과 같이 계산된다.

$$P_t^r = E_t^r \times (1 + DR^r) = E_t^r \times DM^r. \tag{7.8}$$

예측된 인구로부터 분석자의 목적에 따라 다양한 계획 관련 자료의 도출도 가능하다. 예를 들어 지역내 주택공급규모 예측을 위해서는 기본적으로 필요한 것이 가구수의 예측이다. 가구수의 예측은 예측된 인구를 가구당 인구수로 나누면 전체의 가구수를 계산할 수 있다(물론 가구당 인구수의 변화추세를 반영하여 목표년도의 가구수를 예측한다면 예측의 정확성은 더욱 높아질 것이다).

$$HH_t^r = \frac{P_t^r}{hh^r}, \tag{7.9}$$

HH_t^r : 지역 r의 총 가구수,

hh^r : 지역 r의 가구당 인구수.

지역 A의 의존비(DR^A)를 2.5(이 경우 지역의 의존승수는 3.5가 된다.)라 하고, 가구당 인구수(hh^A)를 3.4명이라고 하면, 지역의 인구 및 총 가구수에 대한 예측은 표 7.5와 같다.

표 7.5 지역인구 및 가구수 예측

구 분	2015년	2025년	2035년
지역경제규모 (E_t^A)	19,471	20,529	21,207
지역의 의존비 (DR^A) (지역의 의존승수 (DM^A))	2.5 (3.5)	2.5 (3.5)	2.5 (3.5)
지역인구수 (P_t^A)	68,149	71,851	74,224
가구당 인구수 (hh^A)	3.4	3.4	3.4
지역 가구수 (HH_t^A)	20,044	21,133	21,831

표 7.5에 요약된 지역의 예측인구와 가구수는 다음의 예와 같이 지역의 주택 공급계획에 구체적인 계획 지침을 제공할 수 있다.

(예 7-1) 지역 A의 현재 주택보급율은 60%이다. 지역 행정당국은 2035년까지 지역의 주택보급률을 75% 수준으로 향상시킬 것을 계획하고 있다. 그러면 목표년도까지 공급되어야 할 주택의 규모는 얼마인가? (단, 여기서 주택의 철거는 없는 것으로 한다.)

우선 주택보급률의 공식은 다음과 같다.

$$주택보급률(\%) = \frac{지역내\ 주택수}{지역내\ 총\ 가구수} \times 100.$$

그러므로 위의 식을 이용하면 현재의 지역내 주택의 양을 알 수 있다.

$$현재\ 주택의\ 양 = 20,044가구 \times 60\% = 12,026호.$$

따라서 2035년 주택보급률을 75%로 달성하기 위해 필요한 지역의 주택량은 16,373호(21,831×75%)이다. 따라서 지역 A가 매년 217호의 주택을 공급할 때 2035년에 계획된 주택보급률을 달성할 수 있다.

$$매년\ 공급되어야\ 할\ 주택량 = \frac{16,373호 - 12,026호}{20년} = 217호/년.$$

7.4 요 약

본 장에서는 지역의 수출량을 계산하는 세 가지 방법에 대해 비교하였다. 가정법은 이론적인 바탕이 없기 때문에 입지상법과 최소고용요구량법에 비해 열세한 방법이라 할 수 있다. 그러나 입지상법과 최소고용요구량법은 서로 이론적인 한계가 있으며, 이는 현실적인 보정을 통해 부분적으로 보완될 수 있기 때문에 어느 한 방법이 다른 방법보다 우수하다고 말할 수 없다. 관련 문헌을 살펴본 결과, 이 두 방법은 지역의 규모와 산업구조의 특성에 따라 구분하여 적용되어야 한다. 구체적으로 산업의 세분화된 자료수집이 어렵고 규모가 작은 도시의 경우 입지상법보다는 최소고용요구량법의 적용이 더 유리하다. 그리고 지역의 규모가 큰 지역(군 이상의 행정구역), 지역산업의 세분된 자료수집이 가능한 지역 또는 지역의 산업 특화도가 뚜렷한 지역 등에 대해서는 입지상법이 최소고용요구량법보다 유리하다.

지역의 경제는 수출량과 수출승수에 의해 설명되고 수출승수가 시간에 대해 안정적이다는 가정을 하면 지역경제의 예측은 지역 수출량의 예측에 의해 가능하다. 본 장에서는 이를 바탕으로 지역경제의 예측과 더불어 지역인구예측의 과정까지 설명하였다. 예측과정은 절차상 4단계(지역 수출량과 수출승수, 지역 수출량 예측, 지역경제규모 예측, 그리고 지역인구예측)로 구분하였다. 지역 수출기반모형을 이용하여 지역경제를 예측하는 데 나타난 주요 한계는 지역내 산업의 특성이 시간에 대해 일정하다는 것이다. 즉 수출산업은 계속 수출산업으로, 그리고 수입산업은 계속 수입산업으로 남는다는 것이다. 그러나 현실적으로 지역내적 또는 외적인 조건 변화에 의해 지역산업구조는 변할 수 있고, 이에 따라 수출산업이 수입산업으로 또는 수입산업이 수출산업으로 전환될 수 있다. 그러나 지역 수출기반모형에서는 이러한 현상을 반영할 수 없는 것이 기본적인 한계라 할 수 있다.

제 08 장

변이할당법(Shift-Share Method)

8.1 서 론

지역 수출기반모형에서 지역의 성장은 지역의 외부수요변화, 즉 지역 수출량의 변화에 의해 결정된다. 이를 바탕으로 제7장에서는 지역내 산업 수출량의 변화율이 전국 해당 산업의 전국 수요변화율과 동일함을 가정하여 지역경제를 예측하였다. 그러나 이러한 가정은 현실적으로 무리가 있다. 왜냐하면 지역과 지역 사이에는 기본적으로 이질성이 존재하고 있기 때문이다. 즉 제1장에서 자세히 설명하였듯이 지역은 동질성으로 구분되는 지리적 실체이므로 지역과 지역 사이에는 물리적, 사회·경제적, 그리고 문화적 이질성이 존재한다. 이같은 이질성으로 인하여 각 지역은 동일한 외부환경의 변화에 대해 각기 다르게 반응한다. 다시 말해, 전국 수요의 변화에 대해 각 지역은 서로 동일한 변화를 보인다기보다는 각 지역의 특성에 따라 서로 다른 반응을 보이게 된다. 그러므로 각 산업은 어떠한 지역에서는 높게 성장하는 반면 다른 지역에서는 더딘 성장 또는 쇠퇴를 하게 되는 것이다.

지역의 성장은 지역을 구성하는 산업의 성장에 의해 결정되기 때문에 지역 성장의 분석은 산업별 성장에 바탕을 두어야 한다. 그리고 산업의 성장은 지역의 입지, 기술수준, 인적 자본수준, SOC 등 다양한 요인에 의해 변한다. 그러므로 결국 지역 성장의 분석은 산업별 성장요인으로 구분하여 이루어져야 한다. 지역산업의 성장요인은 크게 지역의 외적요인과 내적요인으로 구분된다. 지역의 외적요인이란 지역 밖에서 지역산업의 성장에 영향을 주는 요인을 말하는데, 이에 해당하는 대표적인 예는 전국의 경제성장이다. 즉 전국의 경제성장이 지역산업의 외부수요를 증가시켜 산업 성장을 유도하는 것을 의미한다. 이에 대해서는 앞의 두 장에서 자세히 설명된 바 있다.

지역의 내적요인은 구체적으로 지역경제의 특징과 산업의 생산성을 결정하는 지역의 생산환경을 의미한다. 생산환경은 지역의 입지, 기후, 토질, 자원 등과 같은 자연환경(natural endowment)과 인간의 기술과 자원을 투입하여 제공되는 도로, 지역의 하부구조 시설 등과 같은 인위적 환경(man-make endowment)으로 구성된다. 그리고 이러한 생산환경에 따라 지역의 특성은 결정되고 지역은 타 지역과 구별된다. 그리고 지역의 생산환경은 그 특성에 맞는 편익을 제공함으로써 특정산업의 입지를 유도한다. 예를 들면 지역내 교육기관과 직업훈련소가 입지해 있는 지역에서 노동 집약적인 산업은 양질의 노동력을 제공받을 수 있는 편익을 얻을 수 있다. 또는 음료산업은 양질의 용수 획득이 용이한 지역에 입지하여 원료 수송에 따른 교통비를 절감하고 생산된 음료의 품질을 높일 수 있는 편익을 얻는다. 이와 같이 특정 산업이 지역의 생산환경의 특징으로부터 얻는 편익은 평균 생산비의 절감 효과로 나타나게 되며, 궁극적으로 그 지역에서 산업경쟁력을 갖게 된다.

평균 생산비의 절감효과는 모든 산업에 해당하는 것이 아니라 생산 특성이 지역의 생산환경 특성에 맞는 산업에만 해당된다. 그러므로 지역의 내부 생산환경은 지역의 산업구조를 형성하는 데 기본적인 바탕을 제공하며, 지역 성장에 중요한 영향을 미친다. 지역경제가 전국적으로 빠른 성장을 보이는 산업으로 구성되어 있을 때 지역은 전국보다 높은 성장을 경험하게 될 것이다. 그러나 반대로 전국적으로 낮은 성장 또는 쇠퇴하는 산업으로 구성되어 있을 때 지역경제는 낮은 성장 또는 침체를 보인다. 이는 지역 성장의 분석은 지역의 총량적인 수준보다는 산업별로 이루어져야 함을 가리키는 것이다.

산업별, 그리고 성장요인별로 구분한 지역경제 분석은 지역경제의 특징을 이해하는 데 도움을 주며, 지역 개발 정책 수립시 구체적인 개발방향을 제시할 수 있게 해준다. 이와 같이 지역내 산업 성장을 요인별로 구분하여 지역의 경제를 분석하고 예측하는 기법이 바로 Dunn(1960)이 소개한 변이할당법(Shift-Share Method)이다. 이 기법은 분석방법이 단순하며 체계적이고 또한 분석에 필요한 자료를 얻기가 용이하여 계획 분야나 개발 정책 분야에 널리 사용되고 있는 방법이다(Krueckeberg and Silvers, 1974, Klosterman, 1991).

본 장은 총 4개의 절로 구성된다. 제2절에서는 지역의 경제성장을 3개의 성장요인별로 구분하여 분석하는 변이할당법에 대해 설명한다. 여기서 말하는 3개의 성장요인이란 경제성장요인, 산업구조요인, 그리고 경쟁요인이다. 제3절에서는 변이할당법을 이용한 지역경제의 예측에 대해 설명한다. 마지막으로 제4절에서는 본 장에서 다루어진 내용이 요약된다. 그리고 본 장의 부록에서는 변이할당법이 가지고 있는 가정을 보정하여 지역경제의 예측방법을 제시한 논문을 소개한다.

8.2 변이할당법이란

변이할당법은 지역의 성장을 산업별 성장에 의한 결과로 보고, 산업 성장의 요인을 3가지로 분류하여 지역경제를 분석하는 방법이다. 여기서 말하는 3가지 성장요인이란 전국의 경제 성장요인(national growth component), 산업구조요인(industry-mixed component), 그리고 경쟁요인(competition component)이다. 경제성장요인은 전국의 경제성장이 지역경제의 성장에 미치는 효과를 말하며, 둘째 산업구조요인은 산업의 전국적인 성장 특징이 지역경제의 성장에 미치는 영향을 가리킨다. 그리고 앞서 설명한 지역의 생산환경요인을 변이할당법에서는 지역의 경쟁요인이라 하며, 이는 지역의 생산환경 특징으로 인한 지역의 성장을 말한다. 각 요인에 대해서는 뒤에서 설명하도록 한다.

그림 8.1
지역 성장의 요인별 분류

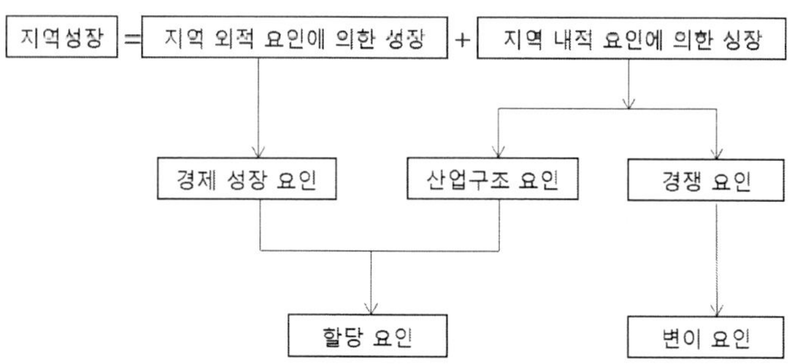

변이할당법은 지역의 산업별 성장 과정을 바탕으로 분석하는 방법이므로 분석을 위해서는 지역과 전국의 두 기간 동안 관찰 자료가 우선적으로 주어져야 한다. 먼저 주어진 자료로부터 두 기간 동안 지역과 전국의 산업별 성장률, 그리고 전국의 경제성장률을 다음과 같이 구한다.

$$g^{r}_{i,t}=\frac{E^{r}_{i,t}-E^{r}_{i,t-1}}{E^{r}_{i,t-1}},\ g^{n}_{i,t}=\frac{E^{n}_{i,t}-E^{n}_{i,t-1}}{E^{n}_{i,t-1}},\ g^{n}_{t}=\frac{E^{n}_{t}-E^{n}_{t-1}}{E^{n}_{t-1}}, \tag{8.1}$$

$g^{r}_{i,t}$: 지역 r내 산업 i의 성장률,

$g^{n}_{i,t}$: 전국에서 산업 i의 성장률,

g^{n}_{t} : 전국의 경제성장률.

변이할당법에서 지역산업의 성장률을 요인별로 구분하는 방법은 매우 간단하다. 분류 과정은 지역산업의 성장률을 다음과 같이 양변에 놓음으로써 시작한다.

$$g^{r}_{i,t}=g^{r}_{i,t}\,. \tag{8.2}$$

식 (8.2)에 전국 산업 i의 성장률($g^{n}_{i,t}$)과 전국의 경제성장률(g^{n}_{t})을 단순히 가감하면

$$g^{r}_{i,t}=g^{r}_{i,t}+\ (g^{n}_{t}-g^{n}_{t})+(g^{n}_{i,t}-g^{n}_{i,t}). \tag{8.3}$$

식 (8.3)을 정리하여 묶으면

$$g^{r}_{i,t}=g^{n}_{t}+(g^{n}_{i,t}-g^{n}_{t})+(g^{r}_{i,t}-g^{n}_{i,t}). \tag{8.4}$$

결국 식 (8.2)의 지역산업의 성장률은 다음과 같이 3가지 요인별 성장률로 분류된다.

$$g^{r}_{i,t}=g^{n}_{t}+g^{r,ind}_{i,t}+g^{r,com}_{i,t},\ \ g^{r,ind}_{i,t}:g^{n}_{i,t}-g^{n}_{t},\ \ g^{r,com}_{i,t}:g^{r}_{i,t}-g^{n}_{i,r} \tag{8.5}$$

식 (8.5)의 첫째 항(g^{n}_{t})은 국가의 경제성장에 따른 지역산업의 성장률을 말한다. 국가 경제성장이 지역산업의 외부수요를 변화시키고, 이에 따른 지역산업의 성장을 가리킨다. 둘째 항($g^{r,ind}_{i,t}$)은 산업구조요인에 의한 성장률을 말한다. 이는 전국의 각 산업 성장률과 전국의 경제성장률의 차이에 의해 결정된다. 이러한 차이는 전국 경제성장으로 인한 수요의 증가 외 존재하는 산업의 수요량을 가리킨다. 그러므로 산업의 성장률이 전국 경제성장률보다 높은 산업의 경우는 그 차이만큼 지역산업의 외부수요는 더 존재하며, 반대로 전국 경제성장률보다 낮은 산업의 경우는 그 차이만큼 지역산업의 외부수요는 존재하지 않는다. 따라서 이러한 차이의 고려는 지역산업의 성장에 중요한 의미를 갖는다.

왜냐하면 이 수요의 차이에 의해 지역산업의 규모는 변하기 때문이다. 그리고 세 번째 항($g_{i,t}^{r,com}$)은 지역의 경쟁요인에 의한 성장률을 가리킨다. 이는 지역의 생산환경이 지역산업을 전국 산업에 비해 빠른 성장으로 유도하는지 아니면 더딘 성장으로 이끄는지를 측정하는 부분이다.

식 (8.5)의 양변에 지역의 산업별 고용자 수($E_{i,t-1}^{r}$)를 곱하면 두 기간 동안 지역산업의 성장률을 요인별 고용의 변화로 나타날 수 있다.

$$g_{i,t}^{r}E_{i,t-1}^{r} = g_{t}^{n}E_{i,t-1}^{r} + g_{i,t}^{r,ind}E_{i,t-1}^{r} + g_{i,t}^{r,com}E_{i,t-1}^{r}, \tag{8.6}$$

$$\Delta E_{i,t}^{r} = E_{i,t}^{r} - E_{i,t-1}^{r} = \Delta E_{t}^{n} + \Delta E_{i,t}^{r,ind} + \Delta E_{i,t}^{r,com}.$$

지역내 각 산업에 대해 3가지 성장요인별로 구분했던 것과 마찬가지로 각 요인별로 산업의 성장률을 합함으로써 지역 전체의 성장(aggregate growth)도 다음과 같이 3가지 성장요인으로 구분할 수 있다. 여기서 지역경제는 m개의 산업으로 구성되어 있다고 가정한다.

$$g_{t}^{r} = g_{t}^{n} + g_{t}^{r,ind} + g_{t}^{r,com}, \tag{8.7}$$

$$g_{t}^{n} = \frac{(g_{t}^{n}E_{1,t-1}^{r} + g_{t}^{n}E_{2,t-1}^{r} + \cdots + g_{t}^{n}E_{i,t-1}^{r} + \cdots + g_{t}^{n}E_{m,t-1}^{r})}{E_{t-1}^{r}}$$

$$= \frac{\sum_{i}^{m} g_{t}^{n}E_{i,t-1}^{r}}{E_{t-1}^{r}},$$

$$g_{t}^{r,ind} = \frac{[(g_{1,t}^{n} - g_{t}^{n})E_{1,t-1}^{r} + (g_{2,t}^{n} - g_{t}^{n})E_{2,t-1}^{r} + \cdots +}{E_{t-1}^{r}}$$

$$\frac{(g_{i,t}^{n} - g_{t}^{n})E_{i,t-1}^{r} + \cdots + (g_{m,t}^{n} - g_{t}^{n})E_{m,t-1}^{r}]}{E_{t-1}^{r}},$$

$$= \frac{\sum_{i}^{m}(g_{i,t}^{n} - g_{t}^{n})E_{i,t-1}^{r}}{E_{t-1}^{r}},$$

$$g_{t}^{r,com} = \frac{[(g_{1,t}^{r} - g_{1,t}^{n})E_{1,t-1}^{r} + (g_{2,t}^{r} - g_{2,t}^{n})E_{2,t-1}^{r} + \cdots +}{E_{t-1}^{r}}$$

$$\frac{(g_{i,t}^{r} - g_{i,t}^{n})E_{i,t-1}^{r} + \cdots + (g_{m,t}^{r} - g_{m,t}^{n})E_{m,t-1}^{r}]}{E_{t-1}^{r}}$$

$$= \frac{\sum_{i}^{m}(g_{i,t}^{r} - g_{i,t}^{n})E_{i,t-1}^{r}}{E_{t-1}^{r}}.$$

그리고 식 (8.7)에 지역의 전체 고용(E_{t-1}^{r})을 양변에 곱함으로써 각 효과별 고용의 변화를 알 수 있다.

$$\Delta E_t^r = \Delta E_t^n + \Delta E_t^{r,ind} + \Delta E_t^{r,com}, \tag{8.8}$$

$$\Delta E_t^n = g_t^n E_{t-1}^r, \quad \Delta E_t^{r,ind} = g_t^{r,ind} E_{t-1}^r, \quad \Delta E_t^{r,com} = g_t^r E_{t-1}^r.$$

위에서 설명한 변이할당법을 이용하여 지역경제를 성장요인별로 분석하여 보자. 분석의 대상은 앞 장에서 이용했던 가상의 지역 A와 전국이다. 표 8.1은 두 기간 동안 지역과 전국의 고용구조의 변화를 나타내고 있다.

표 8.1 지역과 전국의 산업별 고용변화 (단위 : 명)

산 업	지역A ($E_{i,2005}^{A}$)	지역A ($E_{i,2015}^{A}$)	전국 ($E_{i,2005}^{A}$)	전국 ($E_{i,2015}^{A}$)
1. 농 업	2,430	2,600	7,414,014	7,020,422
2. 임 업	32	23	72,319	65,034
3. 어 업	0	0	70,437	65,045
4. 광 업	50	75	150,141	145,568
5. 제 조 업				
a. 음식료 및 담배 제조업	419	523	1,214,302	1,360,032
b. 목재/나무제품 제조업	652	760	760,040	787,346
c. 종이/종이제품 제조업	430	400	500,767	560,670
d. 화합물	820	900	982,998	1,120,678
e. 비금속광물 제조업	500	544	794,214	766,934
f. 제1차 금속	1,212	1,421	698,499	800,549
g. 조립금속제품	360	412	1,502,341	1,479,034
h. 기타 제조업	505	560	764,349	887,934
6. 전기 · 가스 · 수도	1,326	1,500	1,679,522	1,979,543
7. 건설업	1,272	1,423	2,975,123	3,457,632
8. 도소매 · 수리	2,803	3,030	9,241,551	10,265,487
9. 숙박	1,275	1,550	3,732,889	4,135,792
10. 운수 · 창고 · 통신	518	630	1,372,518	1,865,932
11. 금융보험	1,218	1,330	4,757,899	5,675,123
12. 부동산임대사업	419	550	1,375,321	1,457,653
13. 기타	987	1,240	6,534,219	8,453,568
계	17,228	19,471	46,593,463	52,349,976

표 8.1에서 제시된 산업별 고용 인구의 자료와 식 (8.1)~(8.6)을 이용하면 지역경제의 변화를 각 성장요인별로 분석할 수 있다. 분석의 결과는 표 8.2에 요약되어 있다. 변이할당법에 의한 지역경제의 분석 과정을 제1차 금속 제조업($5f$)의 경우를 들어 살펴보면 다음과 같다. 지역에서 제1차 금속 제조업의 성장률은 17.2%이며, 변환된 고용은 209명이다.

$$g^{A}_{5f,'05\sim'15}=0.172,\ \Delta E^{A}_{5f,'05\sim'15}=209.$$

전국에서 제1차 금속 제조업의 성장률과 전국의 경제성장률은 각각 14.6%와 12.4%이다.

$$g^{n}_{5f,'05\sim'15}=0.146,\ g^{n}_{'05\sim'15}=0.124.$$

위에서 계산한 제1차 금속 제조업의 성장률과 고용의 변화를 각 요인별로 분류하면 다음과 같다. 첫째, 경제성장요인은 전국의 경제수준이 상승됨으로써 제1차 금속 제조업의 생산품에 대한 수요가 증가되고, 증가된 수요를 충당하기 위해 산업에서는 고용이 증가하게 된다. 지역 A의 제1차 금속 제조업의 고용변화 중 경제성장에 의한 증가는 150명이다.

$$g^{n}_{'05\sim'15}-0.124,$$

$$\Delta E^{A}_{5f,'05\sim'15}=g^{n}_{'05\sim'15}\times\Delta E^{A}_{5f,'05}=0.124\times1,212=150.$$

둘째, 산업구조요인은 전국 경제성장률과 제1차 금속 제조업의 성장률과의 차이로 나타낸다. 지역 A의 제1차 금속 제조업의 경우, 전국의 경제성장 보다 높은 성장을 보임으로써 그 차이만큼의 지역산업의 외부수요가 존재함을 가리키고 있다. 그러므로 지역산업에서 그 차이만큼의 수요를 감당하기 위해 고용은 증가된다. 즉 산업구조요인에 의한 지역산업의 성장률은 2.2%이며, 이에 따른 고용의 성장은 27명이다.

$$g^{A,\,ind}_{5f,'05\sim'15}=g^{n}_{5f,'05\sim'15}-g^{n}_{'05\sim'15}=0.146-0.124=0.022,$$

$$\Delta E^{A,\,ind}_{5f,'05\sim'15}=(g^{n}_{5f,'05\sim'15}-g^{n}_{'05\sim'15})\times E^{A}_{5f,'05}=27.$$

셋째, 지역의 제1차 금속 제조업의 경쟁요인은 지역내 제1차 금속 제조업의 성장률과 전국의 성장률과의 차이에 의해 결정된다. 그러므로 지역 A의 경우, 경쟁요인에 의한 제1차 금속 제조업의 성장률은 3%이며, 이에 따른 고용 증가는 32명이다.

$$g^{A,\ com}_{5f,'05\sim'15} = g^{n}_{5f,'05\sim'15} - g^{n}_{'05\sim'15} = 0.172 - 0.146 = 0.026$$

$$\Delta E^{A,\ com}_{5f,'05\sim'15} = (g^{n}_{5f,'05\sim'15} - g^{n}_{'05\sim'15}) \times E^{A}_{5f,'05} = 32.$$

위의 3가지 성장요인을 종합하면 지역 A 내 제1차 금속 제조업의 변화율과 고용의 변화는 다음과 같다.

$$g^{A,\ com}_{5f,'05\sim'15} = 0.124 + 0.022 + 0.026 = 0.172,$$

$$\Delta E^{A,\ com}_{5f,'05\sim'15} = 150 + 27 + 32 = 209.$$

표 8.2 지역의 성장 효과별 변화 고용량

산 업	$g^{A}_{i,'05\sim'15}$	$g^{n}_{i,'05\sim'15}$	$g^{A,ind}_{i,'05\sim'15}$	$\Delta E^{A,ind}_{i,'05\sim'15}$	$g^{A,com}_{i,'05\sim'15}$	$\Delta E^{A,com}_{i,'05\sim'15}$
1. 농 업	0.070	−0.053	−0.177	−429	0.123	299
2. 임 업	−0.281	−0.101	−0.224	−7	−0.181	−6
3. 어 업	0.000	−0.077	−0.200	0.00	0.077	0
4. 광 업	0.500	−0.030	−0.154	−8	0.530	27
5. 제 조 업						
a. 음식료 및 담배 제조업	0.248	0.120	−0.004	−1	0.128	54
b. 목재/나무제품 제조업	0.166	0.036	−0.088	−57	0.130	85
c. 종이/종이제품 제조업	−0.070	0.120	−0.004	−2	−0.189	−81
d. 화합물	0.098	0.140	0.017	14	−0.043	−35
e. 비금속광물 제조업	0.088	−0.034	−0.158	−79	0.122	61
f. 제1차 금속	0.172	0.146	0.022	27	0.026	32
g. 조립금속제품	0.144	−0.016	−0.139	−50	0.160	58
h. 기타 제조업	0.109	0.162	0.038	19	−0.053	−27
6. 전기 · 가스 · 수도	0.131	0.179	0.055	73	−0.047	−63
7. 건설업	0.119	0.162	0.039	49	−0.043	−55
8. 도소매, 수리	0.081	0.111	−0.013	−36	−0.030	−84
9. 숙박	0.216	0.108	−0.016	−20	0.108	137
10. 운수 · 창고 · 통신	0.216	0.359	0.236	122	−0.143	−74
11. 금융보험	0.092	0.193	0.069	84	−0.101	−123
12. 부동산임대사업	0.313	0.060	−0.064	−27	0.253	106
13. 기타	0.256	0.294	0.170	168	−0.037	−37
계	0.130	0.124	−0.009	−159	0.016	273

식 (8.7)과 (8.8)을 이용하면 종합적인 측면에서 지역의 성장률과 고용의 변화를 요인별로 분류할 수 있다.

$$ag^{A}_{'05 \sim '15} = 0.124 - \frac{159}{17,228} + \frac{273}{17,228}$$
$$= 0.124 - 0.009 + 0.016 = 0.130,$$

$$\Delta E^{A}_{'05 \sim '15} = 2,219 - 159 + 273 = 2,243.$$

지역 A는 전체적으로 산업구조가 지역 성장을 저해하고 있는 것으로 나타나 지역의 산업구조 개편이 지역 개발 정책의 중점 사항임을 가리키고 있다. 산업구조의 개편은 특화시키고 유치되어야 할 산업과 성장이 억제되어야 할 산업의 구분으로부터 시작해야 한다. 이에 대해 표 8.2는 구체적으로 지역의 성장을 유도하는 산업과 저해하는 산업을 보여주고 있다. 따라서 변이할당법에 의한 산업별, 그리고 요인별 성장의 구분은 지역 개발 정책에 구체성을 제시한다고 할 수 있다.

8.3 지역인구예측

앞 상에서 설명하였듯이 지역 수출기반보형을 이용하여 지역경제를 예측할 때에 한계가 있었다. 첫째는 지역경제의 예측은 지역의 총 수출량으로 결정되기 때문에 지역내 수입부문산업에 대한 예측은 전혀 제공되지 못한다는 것이다. 둘째는 예측 시 지역 내에서 산업의 과거 성장 추세가 반영되지 못한다는 것이다. 관찰 시점에서 수출산업과 수입산업은 지속적으로 수출산업과 수입산업으로 남게 된다는 것이다. 그러나 비록 관찰시점에서는 산업의 생산품을 지역 밖으로 수출하는 산업이지만 그 산업은 과거로부터 관찰시점까지 계속해서 마이너스 성장을 보이는 산업이라면 그 산업은 향후 수입산업으로 전락할 가능성이 높다. 반대로 관찰 시점에서는 수입산업이었지만, 그 산업이 계속 급격한 성장을 보이는 산업이라면, 그 산업은 향후 수출산업으로 전환될 가능성이 높다. 그러나 이렇게 성장 추세에서 나타나는 산업의 특성은 지역 수출기반모형에는 반영되지 못한다.

위와 같은 지역 수출기반모형의 한계는 변이할당법에서는 보완될 수 있다. 변이할당법에 의한 지역경제의 예측은 수출산업을 중심으로 이루어지는 것이 아니라 지역내 모든 산업의 변화를 각 성장요인별로 구분하여 이루어진

그림 8.2
변이할당법에 의한 지역경제 예측 과정 흐름도

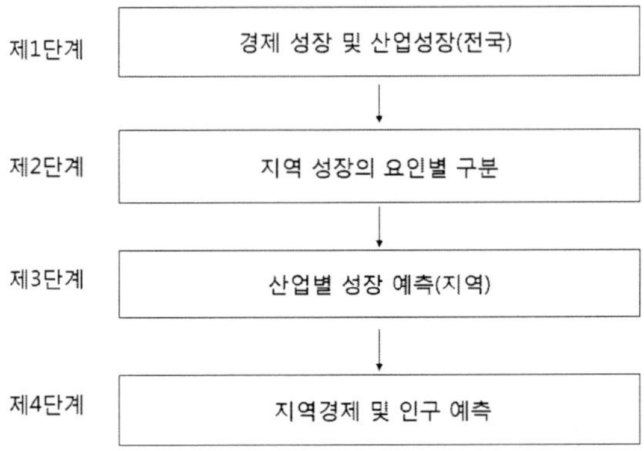

다. 그러므로 지역내 모든 산업에 대해 예측이 가능하다. 그리고 변이할당법에 의한 예측은 한 관찰 기간을 기준으로 하는 것이 아니라 두 기간 동안의 성장 과정을 토대로 예측된다. 따라서 두 기간 동안 나타난 산업의 성장 특징은 예측에 반영된다. 변이할당법을 이용한 지역경제의 예측은 그림 8.2와 같이 4단계로 구분된다.

그림 8.2에 제시된 예측과정을 단계별로 설명하면 다음과 같다. 첫째 단계는 지역의 경제를 예측하기 전에 우선 전국의 산업별 수요의 변화, 즉 전국의 산업별 고용인구변화가 예측되어 있어야 한다. 왜냐하면 변이할당법 자체도 수요를 바탕으로 한 방법이기 때문이다. 따라서 예측에 앞서 분석자는 전국 산업별 자료의 유무를 먼저 확인해보아야 한다. 그리고 예측 자료로부터 각 산업의 전국 성장률($g^n_{i,t+1}$)과 경제성장률(g^n_{t+1})을 계산해야 한다.

둘째 단계는 식 (8.3)의 요인별 성장률을 계산하는 단계이다. 여기서 주의해야 할 것은 지역의 생산환경을 나타내는 경쟁요인에 의한 성장률은 다음 기간으로 이전(shift)된다는 것이다. 그러므로 지역산업 성장률의 예측은 다음과 같이 표현된다.

$$g^r_{i,t+1} = g^n_{t+1} + (g^n_{i,t+1} - g^n_{t+1}) + (g^r_{i,t} - g^n_{i,t}). \tag{8.9}$$

셋째 단계는 위에서 예측한 지역의 산업별 성장률을 이용하여 각 산업별 고용인구를 예측하는 단계이다.

$$E^r_{i,t+1} = (1 + g^r_{i,t+1})E^r_{i,t}. \tag{8.10}$$

마지막 넷째 단계는 지역경제의 예측과 인구예측이다. 지역경제의 예측은 지역내 예측된 각 산업을 합함으로써 이루어진다. 그리고 지역인구의 예측은 지역 수출기반모형에서 설명한 바와 같이 지역을 구성하는 인구를 경제활동 인구와 비경제활동 인구로 구분하고, 그들의 관계를 이용하여 지역의 인구를 예측하는 단계이다.

그럼 변이할당법을 이용하여 지역경제를 예측해 보자. 여기서는 전국의 산업별 고용의 변화에 대한 예측은 제7장에서 이용되었던 자료와 같으며 표 8.3에 다시 요약되었다.

표 8.3 전국 산업별 고용 인구예측 (단위 : 명)

산 업	전국($E^{A}_{i,2015}$)	전국(예측) ($E^{A}_{i,2025}$)	전국(예측) ($E^{A}_{i,2035}$)
1. 농 업	7,020,422	6,530,452	6,230,428
2. 임 업	65,034	62,012	60,123
3. 어 업	65,045	58,041	56,035
4. 광 업	145,568	124,752	115,231
5. 제 조 업			
a. 음식료 및 담배 제조업	1,360,032	1,340,044	1,330,001
b. 목재/나무제품 제조업	787,346	827,678	857,559
c. 종이/종이제품 제조업	560,670	571,789	629,677
d. 화합물	1,120,678	1,320,557	1,420,229
e. 비금속광물 제조업	766,934	821,921	853,783
f. 제1차 금속	800,549	812,548	824,452
g. 조립금속제품	1,479,034	1,472,123	1,499,388
h. 기타 제조입	887,934	897,752	917,346
6. 전기 · 가스 · 수도	1,979,543	2,089,432	2,119,090
7. 건설업	3,457,632	3,657,651	3,757,335
8. 도소매, 수리	10,265,487	11,245,453	11,987,111
9. 숙박 · 음식	4,135,792	4,635,671	4,986,452
10. 운수 · 창고 · 통신	1,865,932	2,065,334	2,215,449
11. 금융보험	5,675,123	5,985,345	6,013,431
12. 부동산임대사업	1,457,653	1,732,435	1,957,119
13. 기타	8,453,568	8,831,565	9,678,876
계	52,349,976	55,082,555	57,509,115

위에서 제시한 4단계 과정을 통하여 지역 A의 경제를 예측한 결과는 표 8.4와 표 8.5에 요약되어 있다. 표 8.4는 2025년 지역 A의 경제 인구를, 표 8.5

는 2025년 지역의 경제 인구를 각각 산업별 · 요인별로 제시하고 있다. 계산 과정을 제조업 중 조립금속 제품(5g)을 중심으로 산업 성장률과 고용에 관한 예측을 살펴보면 다음과 같다.

$$g^{A}_{5g,'15\sim'25} = g^{n}_{'15\sim'25} + g^{A,ind}_{5g,'15\sim'25} + g^{A,com}_{5g,'15\sim'25}$$

$$= 0.052 - 0.057 + 0.160 = 0.155,$$

$$E^{A}_{5g,2025} = (1 + g^{A}_{5g,'15\sim'25}) \times E^{A}_{5g,'15} = 476,$$

$$g^{A}_{5g,'25\sim'35} = g^{n}_{'25\sim'35} + g^{A,ind}_{5g,'25\sim'35} + g^{A,com}_{5g,'25\sim'35}$$

$$= 0.044 - 0.026 + 0.160 = 0.178,$$

$$E^{A}_{5g,'35} = (1 + g^{A}_{5g,'25\sim'35}) \times E^{A}_{5g,'25} = 561.$$

표 8.4 지역의 산업별 고용의 변화 예측

산 업	$g^{n}_{i,'15\sim'25}$	$g^{A,ind}_{i,'15\sim'25}$	$g^{A,com}_{i,'15\sim'25}$	$g^{A}_{i,'15\sim'25}$	$E^{A}_{i,'15}$	$E^{A}_{i,'25}$
1. 농 업	−0.070	−0.122	0.123	0.053	2,600	2,738
2. 임 업	−0.046	−0.099	−0.181	−0.227	23	18
3. 어 업	−0.108	−0.160	0.077	−0.031	0	0
4. 광 업	−0.143	−0.195	0.530	−0.387	75	104
5. 제 조 업						
a. 음식료 및 담배 제조업	−0.015	−0.067	0.128	0.114	523	582
b. 목재/나무제품 제조업	0.051	−0.001	0.130	0.181	760	898
c. 종이/종이제품 제조업	0.020	−0.032	−0.189	−0.170	400	332
d. 화합물	0.178	0.126	−0.043	0.136	900	1,022
e. 비금속광물 제조업	0.072	0.019	0.122	0.194	544	650
f. 제1차 금속	0.015	−0.037	0.026	0.041	1,421	1,480
g. 조립금속제품	−0.005	−0.057	0.160	0.155	412	476
h. 기타 제조업	0.011	−0.041	−0.053	−0.042	560	537
6. 전기 · 가스 · 수도	0.056	0.003	−0.047	0.008	1,500	1,512
7. 건설업	0.058	0.006	−0.043	0.014	1,423	1,443
8. 도소매, 수리	0.095	0.043	−0.030	0.066	3,030	3,229
9. 숙박 · 음식	0.121	0.069	0.108	0.229	1,550	1,904
10. 운수 · 창고 · 통신	0.107	0.055	−0.143	−0.036	630	607
11. 금융보험	0.055	0.002	−0.101	−0.046	1,330	1,269
12. 부동산임대사업	0.189	0.136	0.253	0.441	550	793
13. 기타	0.045	−0.007	−0.037	0.007	1,240	1,249
계	0.052	0.000	0.018	0.070	19,471	20,843

그리고 지역 전체적으로는 2025년과 2035년의 지역 성장률과 고용의 변화는 다음과 같다.

$$g^{A}_{'15\sim'25} = g^{n}_{'15\sim'25} + g^{A,ind}_{'15\sim'25} + g^{A,com}_{'05\sim'15}$$

$$= 0.052 + 0.000 + 0.018 = 0.070,$$

$$E^{A}_{'25} = (1 + g^{A}_{'15\sim'25}) \times E^{A}_{'15} = 20,843\text{명},$$

$$g^{A}_{'25\sim'35} = g^{n}_{'25\sim'35} + g^{A,ind}_{'25\sim'35} + g^{A,com}_{'15\sim'25}$$

$$= 0.043 - 0.0007 + 0.027 = 0.063,$$

$$E^{A}_{'35} = (1 + g^{A}_{'25\sim'35}) \times E^{A}_{'25} = 22,159\text{명}.$$

표 8.5 지역의 산업별 고용의 변화 예측

산 업	$g^{n}_{i,'25\sim'35}$	$g^{A,ind}_{i,'25\sim'35}$	$g^{A,com}_{i,'25\sim'35}$	$g^{A}_{i,'25\sim'35}$	$E^{A}_{i,'25}$	$E^{A}_{i,'35}$
1. 농 업	−0.046	−0.090	0.123	0.077	2,738	2,950
2. 임 업	−0.030	−0.075	−0.181	−0.211	18	14
3. 어 업	−0.035	−0.079	0.077	0.042	0	0
4. 광 업	−0.076	−0.120	0.530	0.454	104	151
5. 제 조 업						
a. 음식료 및 담배 제조업	−0.007	−0.052	0.128	0.121	582	653
b. 목재/나무제품 제조업	0.036	−0.008	0.130	0.166	898	1,046
c. 종이/종이제품 제조업	0.101	0.057	−0.189	−0.088	332	303
d. 화합물	0.075	0.031	−0.043	0.033	1,022	1,056
e. 비금속광물 제조업	0.039	−0.005	0.122	0.161	650	754
f. 제1차 금속	0.015	−0.029	0.026	0.041	1,480	1,540
g. 조립금속제품	0.019	−0.026	0.160	0.178	476	561
h. 기타 제조업	0.022	−0.022	−0.053	−0.031	537	520
6. 전기 · 가스 · 수도	0.014	−0.030	−0.047	−0.033	1,512	1,462
7. 건설업	0.027	−0.017	−0.043	−0.016	1,443	1,420
8. 도소매, 수리	0.066	0.022	−0.030	0.036	3,229	3,346
9. 숙박 · 음식	0.076	0.032	0.108	0.183	1,904	2,254
10. 운수 · 창고 · 통신	0.073	0.029	−0.143	−0.071	607	564
11. 금융보험	0.005	−0.039	−0.101	−0.096	1,269	1,147
12. 부동산임대사업	0.130	0.086	0.253	0.382	793	1,096
13. 기타	0.096	0.052	−0.037	0.059	1,249	1,322
계	0.043	−0.007	0.027	0.063	20,843	22,159

표 8.4와 표 8.5에 예측된 지역 A의 경제 인구를 이용하여 지역인구를 예측할 수 있다. 지역인구의 예측은 지역내 경제 및 비경제활동 인구간의 관계와 제7장에서 설명한 식 (7.6)~(7.8)을 이용한다. 지역인구의 예측 과정과 이를 이용한 계획자료 도출 등은 제7장에서 자세히 설명하였으므로 여기서는 생략하고 그 결과만을 표 8.6에 나타낸다.

표 8.6 지역 A의 인구 및 가구수 예측

구분	2015년	2025년	2035년
지역경제규모 (E_t^A)	19,471	20,843	22,159
지역의 의존비 (DR^A) / 의존승수 (DM^A)	2.5(3.5)	2.5(3.5)	2.5(3.5)
지역인구수 (P_t^A)	68,149	72,951	77,555
가구당 인구수 (hh^A)	3.4	3.4	3.4
지역 가구수 (HH_t^A)	20,044	21,456	22,810

8.4 요 약

본 장에서는 지역경제의 분석 및 예측 기법으로 변이할당법을 소개하였다. 변이할당법은 지역의 성장을 산업별, 그리고 요인별로 구분하여 분석함으로써 지역경제에 대한 체계적인 분석과 지역 성장의 종합적인 이해를 제공한다. 앞 장의 지역 수출기반모형과 변이할당법과는 서로 지역의 외부수요가 지역의 성장을 유도한다는 관점은 동일하다고 할 수 있다. 그러나 두 방법의 차이는 지역 수출기반모형의 경우 지역경제의 성장은 전적으로 지역의 수출량에 의해 결정되는데 반해, 변이할당법에서 지역의 성장은 지역의 외부수요와 지역의 경쟁요인에 의해 지역의 성장이 결정된다. 또한 변이할당법에 의한 지역경제의 예측은 수출산업을 중심으로 이루어지는 것이 아니라 지역내 모든 산업의 변화를 각 성장요인별로 구분하여 이루어지기 때문에 모든 산업에 대해 예측이 가능하다는 것도 장점이라 할 수 있다.

그러나 변이할당법의 한계는 다음과 같이 요약될 수 있다. 첫째, 지역의 경쟁요인에 대한 근거가 전혀 없다는 것이다. 즉 지역의 어떠한 생산환경이 지역경쟁요인을 구성하는가에 대해 이론적인 바탕이 없는 실정이다. 이에 대해 Richardson(1981)은 변이할당법이 지역의 성장 과정은 설명하지만 지역의 성장을 설명하기에는 이론적으로 불충분하다는 지적이 바로 이러한 결점을 말하는 것이다. 둘째, 지역의 경쟁요인은 시간에 대해 일정하다는 가정이다. 이는 지역과 전국 사이에 생산환경으로 인한 경쟁요인이 일정함을 가리킨다. 그러나 오늘날 급속하게 진행되는 기술혁신과 지역간 기술 보급은 지역의 생산환경을 크게 변화시키고 있다. 이는 지역의 경쟁요인은 시간에 따라 변할 수 있음을 의미한다. 따라서 지역의 경쟁 효과가 시간에 대해 일정함을 가정한다는 것은 현실적으로 무리가 있다고 할 수 있다. 이러한 경쟁요인의 특성은 본장 부록의 식 (A.1)~(A.3)에 제시되어 있다.

마지막으로 지역내 산업간 연관관계가 반영되지 못한다는 것은 변이할당법의 치명적인 한계라고 할 수 있다. 산업간 연관관계가 고려되지 못함은 지역산업을 분석하고 예측하는 데 있어 타 산업이 전혀 고려되지 않음에서 알 수있다. 일반적으로 산업간 연관관계는 바로 산업간 물동량의 흐름으로 나타난다. 그리고 이러한 흐름은 지역경제의 구조와 지역산업의 생산구조를 이해하는 데 있어 핵심이 된다. 또한 산업간 연관관계의 특성에 따라 지역 정책의 방향이 수립되기도 한다. 강조하면 산업간 연관관계는 현실에서 엄연히 존재하는 관계이다. 이러한 관계를 반영하지 못한다는 것은 변이할당법의 적용범위가 넓지 못함을 가리키는 것이다.

본 장의 부록에서는 김홍배 · 김현주(2001)가 연구한 예측수단으로서의 변이할당모형에 대해 소개한다.

A 8-1 서 론

도시나 지역 계획을 수립할 때 가장 기본이 되는 것은 바로 대상 도시나 지역의 장래 인구의 예측이라 할 수 있다. 왜냐하면 예측된 장래 인구에 의해 각종 계획 시설의 규모가 결정되기 때문이다. 이는 자원의 효율적 활용과 장래의 인구예측 사이에는 매우 밀접한 관계가 있음을 가리킨다. 만일 장래의 실제 인구가 예측된 인구와 같을 경우 도시나 지역에 제공된 시설들은 효율적으로 활용될 수 있겠지만, 그렇지 않을 경우 제공된 시설들은 사회비용을 발생시키게 된다. 다시말해 장래 인구가 예측된 인구보다 작을 경우 도시나 지역에 제공된 시설 중 많은 부분은 활용되지 못하고 방치된 시설, 즉 유휴시설(idle capital)이 될 것이며, 반대로 장래 인구가 예측인구보다 클 경우 제공된 시설에는 혼잡이 발생하게 된다. 이와 같이 장래 인구와 예측된 인구의 차이가 크면 클수록 자원의 낭비, 즉 사회비용은 그만큼 크게 발생한다. 따라서 도시나 지역의 장래 인구예측은 계획 과정에서 중요하게 다루어져야 한다.

계획 분야에서 사용되는 인구예측 방법에는 추세연장법, 연령별 출산율과 사망률 및 인구이동률을 고려한 조성법, 그리고 지역경제의 변화를 고려한 수출기반모형, 변이할당모형, 투입산출모형 등이 있다. 이러한 방법 중 우리나라 계획 실무 분야에서는 대부분 추세연장법이나 조성법을 이용하여 도시 및 지역의 장래인구를 예측하는 실정이다. 그러나 추세연장법이나 조성법 등은 지역경제의 구조와 변화를 적절하게 반영하지 못함으로 인해 인구예측력에 한계를 보인다고 할 수 있다. 반면에 도시나 지역의 경제 구조 및 변화를 고려한 경제 모형은 장래 인구를 예측함에 있어 추세연장법이나 조성법에 비해 예측의 오차가 작다고 할 수 있다(Klosterman, 1990; 김홍배, 1995). 이러한 경제 모형 중 본 논문은 변이할당모형에 초점을 맞춘다.

Brown(1969)이 지역경제의 예측 방법으로 변이할당모형을 제시한 이래 지역의 경제 구조와 규모를 예측함에 있어 변이할당모형은 그의 이론적 취약으로 인해 많은 비판을 받아왔다. 그럼에도 불구하고 모형의 구조가 단순하고 이해가 용이하여 지역 전문가들에 의해 많이 사용되어 왔다. 예측모형으로서 변이할당모형의 가장 큰 한계는 바로 일정할당(constant share)과 일정변이(constant shift)의 가정에 있다고 할 수 있다. 왜냐하면 이러한 가정은 지역의 동질성과 여건변화에 따른 지역환경의 변화를 나타내는 데 기본적으로 한계를 가지기 때문이다. 이에 대해 김홍배(1995)는 다음과 같이 지적하고 있다. "급속히 진행되는 기술혁신과 지역간 기술보급은 지역의 생산환경을 크게 변화시키고 있다. 이는 지역의 산업별 경쟁요인이 시간에 따라 변할 수 있음을 의미한다. 따라서 지역의 경쟁요인이 일정함을 가정한다는 것은 무리가 있다." 그러므로 일정할당과 일정변이의 가정을 가지고 있는 변이할당모형을 도시나 지역경제를 예측하는 데 사용한다면 예측 결과의 정확성은 낮아질 것이며, 이는 궁극적으로 자원의 비효율적 활용을 초래하게 된다. 따라서 모형의 예측력 향상을 위해 변이할당모형이 가지고 있는 일정할당과 일정변이의 가정은 현실적으로 보완되어야 한다. 본 논문의 목적은 새로운 예측 이론이나 모형의 개발이라기보다는 전통적으로 사용되고 있는 변이할당모형의 가정을 현실적으로 보정함으로써 계획실무 분야에 적용될 수 있도록 모형의 예측력을 향상시키는 데 있다.

본 논문은 5절로 구성된다. 2절에서는 도시나 지역경제의 분석과 예측 모형으로서의 변이할당모형에 대해 살펴본다. 3절에서는 모형의 예측력을 향상시키기 위한 수정된 변이할당모형이 제시된다. 4절에서는 전통적인 변이할당모형과 수정된 변이할당모형을 우리나라 지역경제에 적용하여 지역의 산업별 규모를 예측하고, 각각 예측된 결과를 비교함으로써 수정된 변이할당모형의 예측력에 대해 평가한다. 그리고 마지막 5절에서는 연구의 요약 및 향후 연구 과제를 제시한다.

A 8-2 전통적 변이할당모형

변이할당모형은 지역내 각 산업의 성장을 전국의 경제성장 및 산업성장과 비교하여 지역경제를 분석하는 모형이다. 좀더 구체적으로 말하자면 변이할당모형은 지역내 산업의 성장을 3가지 성장요인, 즉 전국의 경제성장요인(national growth component), 산업구조요인(industry-mixed component), 그리고 경쟁요인(competition-component)으로 구분한다. 경제성장요인은 전국의 경제성장이 지역내 산업의 성장에 미치는 효과를, 산업구조요인은 산업의 전국적인 성장 특징을, 그리고 경쟁요인은 지역의 생산환경의 특징을 나타낸다. 이를 식으로 표현하면 다음과 같다.

$$g^{r}_{i,t} = g^{n}_{t+1} + g^{r,ind}_{i,t+1} + g'^{r,com}_{i,t}, \qquad \text{(A.1)}$$

$g^{r}_{i,t}(g^{n}_{i,t})$: 지역 r내(전국) 산업 i의 성장률,

g^{n}_{t} : 전국의 경제성장률,

$g^{r,ind}_{t}$: 산업구조요인에 의한 성장률$(g^{n}_{i,t} - g^{n}_{t})$,

$g^{r,com}_{i,t}$: 경쟁요인에 의한 성장률$(g^{r}_{i,t} - g^{n}_{i,t})$.

위의 식을 이용하여 장래 지역경제를 예측하는 과정은 다음과 같다. 먼저 각 산업의 전국성장률$(g^{n}_{i,t+1})$과 경제성장률(g^{n}_{t+1})을 계산한다. 단, 전국의 산업별 성장률은 주어지는 것을 전제한다. 그 다음 단계에서는 지역의 요인별 성장률을 계산한다. 여기에서 경제성장요인과 산업구조요인에 의한 성장률은 지역에 할당(share)되며, 경쟁요인에 의한 성장률은

다음 기간으로 이전(shift)됨을 가정한다. 경쟁요인이 다음 기간으로 이전되는 것은 바로 지역의 생산환경이 시간에 따라 바뀌지 않고 계속 유지되는 것으로 전제하기 때문이다. 따라서 변이할당모형에서 지역산업의 성장은 다음과 같은 식에 의해 예측된다.

$$g_{i,t}^{r} = g_{t+1}^{n} + g_{i,t+1}^{r,ind} + g_{i,t}^{r,com} \tag{A.2}$$

여기서 주목해야 할 것은 바로 다음 기간으로 이전되는 지역의 경쟁요인이 기간에 관계없이 항상 일정한 값을 갖는다는 것이다. 이는 식 (A.2)로부터 다음과 같은 식이 도출되므로 쉽게 알 수 있다.

$$g_{i,t+1}^{r,com} = g_{i,t+1}^{r} - g_{i,t+1}^{n} = g_{i,t}^{r} - g_{i,t}^{n} = g_{i,t}^{r,com} = constant. \tag{A.3}$$

식 (A.1)~식 (A.3)에 나타난 변이할당모형의 가정을 요약하면 다음과 같다. 첫째 가정은 일정할당이다. 할당 효과는 전국의 경제 또는 개별산업의 성장이 지역경제에 미치는 효과를 말한다. 따라서 일정할당이란 전국의 경제나 산업의 성장 효과가 지역의 생산환경과는 무관하게 모든 지역에서 동일하게 나타남을 의미한다. 변이할당모형의 두 번째 가정은 일정변이이다. 이는 지역의 생산환경이 시간에 따른 여건 변화에 관계 없이 일정함을 가리키는 것이다. 변이할당모형의 이러한 가정은 현실적인 측면에서 볼 때 매우 취약하다고 할 수 있다. 왜냐하면 전국의 경제변화가 각 지역에 미치는 영향은 지역의 입지특성이나 생산환경에 따라 달리 나타내며, 지역의 환경 또한 생산기술의 변화 등으로 인해 변하기 때문이다. 따라서 변이할당모형이 도시나 지역경제를 예측하는 모형으로서 의미를 갖기 위해서는 기본적으로 일정할당과 일정변이의 두 가정은 현실적으로 수정되어야 한다.

A 8-3 수정된 변이할당모형

앞에서 설명한 바와 같이 변이할당모형의 일정할당과 일정변이의 가정은 현실을 충분히 반영하지 못하기 때문에 변이할당모형은 지역경제를 예측하는 수단으로서도 한계를 갖는다고 할 수 있다. 따라서 변이할당법의 예측력을 높이기 위해서는 우선적으로 일정할당과 일정변이에 대한 가정이 현실적으로 보정되어야 한다. 변이할당모형은 지역경제의 성장이 3가지 성장요인으로 구분되므로 모형의 보정도 다음의 식과 같이 각 성장요인별로 되어야 한다.

$$g_{i,t+1}^{r} = \alpha^{r} g_{i,t}^{n} - \beta_{i,t}^{r}(g_{i,t+1}^{n} - g_{t+1}^{n}) + \gamma_{i,t}^{r}(g_{i,t}^{r} - g_{i,t}^{n}), \tag{A.4}$$

α_{t}^{r} : 지역 r의 경제성장요인의 보정계수,

$\beta_{i.t}^{r}$: 지역 r내 i산업의 산업구조요인의 보정계수,

$\gamma_{i.t}^{r}$: 지역 r내 i산업의 경쟁요인의 보정계수.

위의 식 (A.4)의 변이할당모형의 각 성장요인별 보정방향을 설명하면 다음과 같다. 성장요인의 보정에는 기본적으로 시간 격차(time-lag)를 두었다. 이는 전국의 경제변화가 지역에 할당될 때, 할당되는 효과는 바로 전년도까지의 지역경제 환경에 의해 영향을 받는다는 사실을 나타내기 위함이다. 우선 전국의 경제성장이 지역경제에 미치는 영향을 가리키는 경제성장요인은 지역의 경제규모에 따른 집적경제에 따라 다르게 나타날 것이다. 예를 들어 지역내 집적경제가 존재한다면 지역에 할당되는 전국의 경제성장요인은 전국의 경제성장 보다 크게 나타날 것이며, 반대로 집적 불경제가 존재한다면 지역에 할당되는 경제성장요인은 전국의 경제성장에 비해 작게 나타날 것이다. 일반적으로 지역의 경제규모와 집적 경제 또는 집적 불경제 간의 관계는 장기 평균 비용곡선의 U자형과 같은 관계로 특징지워진다(Rabenau, 1979 1985; Dentrinos 1982; among others). 경제규모가 작은 지역에서는 집적경제가 존재하는 반면 경제규모가 큰 지역에서는 집적 불경제가 존재하게 된다. 이러한 일반현상을 고려하여 경제성장의 할당효과를 보정하면 다음과 같다. 여기서는 지역의 경제규모를 지역내 총생산(GRDP)으로 보고 전국의 평균 지역내 총생산과 비교하여 경제성장 효과를 보정하도록 한다.

$$\alpha_t^r = \left(\frac{Y_t^r}{\overline{Y_t^r}} \right)^{\theta}, \quad \theta \begin{Bmatrix} > \\ = \\ < \end{Bmatrix} 0 <=> \text{지역} \begin{Bmatrix} \text{집적경제} \\ \cdot \\ \text{집적불경제} \end{Bmatrix}, \tag{A.5}$$

$Y_t^r(\overline{Y_t^r})$: t년도 지역내 (평균) 총생산.

산업구조요인에 대한 보정은 다음과 같다. 전국의 한 산업 성장이 지역내 해당 산업에 미치는 효과는 지역에 따라 달리 나타날 것임은 분명하다. 왜냐하면 특정산업에 대한 지역의 특화 정도가 서로 다르기 때문이다. 예를 들어 산업 i가 특화된 지역 r을 생각해 보자. 지역 r에서는 i산업의 특화경제(localization economy)가 존재하기 때문에 지역 r의 전국 산업 i의 할당효과는 다른 지역에 비해 크게 나타날 것이다. 이는 산업구조요인에 의한 할당효과는 지역내 산업구조의 특징을 고려하여 보정되어야 함을 의미한다. 여기서는 특화경제에 따른 산업구조요인을 입지상(locational quotient)의 개념을 적용하여 보정하도록 한다. 즉 지역내 산업구조의 특징을 지역내 산업별 부가가치액의 구성 비율, 지역내 한 산업의 부가가치액이 지역내 총생산에서 차지하는 비율로 다음 식 (A.6)과 같이 표현하기로 한다. 따라서 어떤 산업이 지역에 특화되어 있을 경우 지역내 총생산 중 그 산업이 차지하는 비율은 전국의 비율에 비해 높을 것이며, 지역의 할당효과도 그만큼 클 것이다.

$$\beta_{i.t}^r = \frac{Y_{i,t}^r / Y_t^r}{Y_{i,t}^n / Y_t^n}, \tag{A.6}$$

$Y^r_{i,t}(Y^n_{i,t})$: t년도 지역 r내 (전국) i산업의 부가가치액,

Y^n_t : t년도 국내 총생산(GDP).

지역의 경쟁요인은 지역의 생산환경이 지역내 산업 성장에 기여하는 효과이다. 이러한 경쟁요인은 개별산업의 지역내 성장률과 전국의 평균 성장률 간의 차이로 나타내기 때문에 지역의 경쟁요인은 상대적인 것이라 할 수 있다. 이와 같은 지역의 경쟁요인을 나타내기 위해서는 지역의 생산성이 구체적으로 고려되어야 한다. 왜냐하면 특정산업이 성장하기에 적합한 생산환경을 가진 지역이라면, 그 지역의 생산성은 다른 지역의 생산성에 비해 높기 때문이다. 따라서 지역의 생산성을 고려하면 지역의 경쟁요인은 현실적으로 보정될 수 있다. 단, 여기서는 지역의 생산성을 노동생산성으로 나타내도록 한다. 산업별 지역의 노동생산성과 전국의 노동생산성을 이용하여 지역의 경쟁요인을 보정하면 다음의 식과 같다.

$$\gamma^r_{i,t} = \frac{Y^r_{i,t}/E^r_{i,t}}{Y^n_{i,t}/E^n_{i,t},}, \tag{A.7}$$

$E^r_{i,t}(E^n_{i,t})$: t년도 지역 r내 (전국) i산업에 고용된 고용자 수.

A 8-4 실증 분석 및 모형 평가

본 절에서는 앞에 제시한 수정된 변이할당모형을 이용하여 지역경제를 예측하고, 예측 결과의 정확성을 평가해 보기로 한다. 수정된 모형의 정확성 평가는 전통적인 모형, 즉 일정할당과 일정변이의 가정을 보정하지 않은 모형의 예측 결과와의 비교를 통해 이루어진다. 좀더 구체적으로 말해 1991년을 기준으로 각각의 모형에 의해 1996년의 지역경제를 예측하고, 예측 결과와 실제 자료를 비교함으로써 모형의 예측력에 대한 평가가 이루어진다. 분석의 편의상 여기서 지역의 단위는 특별시나 광역시, 그리고 도단위의 광역 행정구역이며, 산업 분류는 대분류 9개 산업이다.

□ 전통적 변이할당모형에 의한 예측

변이할당모형을 이용하여 지역경제를 예측하기 위해서는 우선 전국의 산업별변화가 먼저 예측되어 있어야 한다. 왜냐하면 변이할당모형 자체가 수요를 바탕으로 한 부분 평형체계모형(partial equilibrium framework model)이기 때문이다. 여기서는 1991년을 기준년도로 하여 1996년 지역의 경제구조와 규모를 예측하는 것이므로 기본적으로 목표년도인 1996년 전국의 각 산업별변화에 대한 예측자료가 필요하다. 이에 관한 자료는 이미 관찰된 자료가 존재하므로 지역경제에 대한 예측은 이루어질 수 있다. 전통적 변이할당모형에 의한 지역경제 예측 결과를 보면 서울·부산·인천·광주·전북·경북과 제주의 경제규모는 실제 경제규모에 비해 크게 예측되었으며, 대구·경기·강원·충북·충남·전남·경남 지역

은 실제 경제규모보다 작게 예측되었음을 알 수 있다.

□ 수정된 변이할당모형에 의한 예측

수정된 변이할당모형에 의한 지역경제의 예측 과정은 앞의 전통적 변이할당모형에 의한 예측 과정과 동일하다. 단, 여기서는 식 (A.2)가 아닌 식 (A.4)에 의해 지역경제가 예측된다는 것이 다른 점이다. 그리고 식 (A.5)~식 (A.7)에 제시된 각 성장요인별 보정식은 지역내 산업별 고용자 수와 부가가치액, 지역내 총생산(GRDP), 전국 산업별 고용자 수와 부가가치액, 그리고 국내 총생산(GDP)을 이용하여 결정하였다. 단, 경제성장요인 보정식의 경우는 다음과 같이 보정되었다. 지역내 존재하는 집적 경제나 불경제는 엄밀히 말해 공간적 측면에서 다루어져야 한다. 왜냐하면 집적 경제나 불경제는 생산요소의 공간적 집적으로부터 발생하는 것이기 때문이다. 여기서는 식 (5)의 θ는 지역내 공간의 생산성, 즉 지역내 총생산과 지역의 면적을 바탕으로 결정되었다. 분석의 편의상 지역 공간의 생산성이 전국의 평균보다 높은 상위 5개 지역의 경우 $\theta=-1$로, 그리고 전국의 평균보다 낮은 하위 5개 지역의 경우 $\theta=1$로 결정하였다. 그리고 전국의 평균에 근접하는 기타 4개의 지역은 $\theta=0$으로 하였다.

수정된 변이할당모형에 의해 지역경제의 규모를 예측할 경우에는 서울·부산·대구·인천·광주·전북·제주는 실제 지역의 경제규모보다 다소 크게 예측되었으며, 경기·강원·충북·충남·전남·경북·경남은 작게 예측되었음을 알 수 있다. 이러한 내용을 바탕으로 다음 절에서는 관찰된 경제규모와 각 모형에 의한 예측결과의 비교를 통하여 두 모형의 예측력을 평가해 보도록 한다.

□ 모형 평가

전통적 모형과 수정된 모형을 통한 예측 결과를 보면 지역경제를 예측하는 데 있어 전통적인 모형과 수정된 모형 어느 모형이 더 적합한 것인지 불분명하다. 왜냐하면 두 모형에 의한 예측결과가 각 지역마다 산업별로 모두 다르게 나타나기 때문이다. 전통적 모형에 의한 예측 결과와 수정된 모형에 의한 예측 결과 중 어느 것이 실제 지역경제의 규모에 가까운지 판단하기가 어렵다. 따라서 여기서는 실제 지역에서 관찰된 산업별 경제규모와 각 모형에 의해 예측된 결과를 비교하여 지역별·산업별 오차율을 계산하고, 계산된 오차율의 분산을 구하여 평가하도록 한다. 여기에서 오차 대신에 산업별 오차율을 사용하는 이유는 각 지역의 개별 산업 규모에 따른 영향을 없애기 위해서이다. 다시말해 경제규모가 큰 산업의 오차는 다른 산업에 비해 오차의 규모 자체가 클 것이며, 상대적으로 경제규모가 작은 지역의 오차는 작게 나타날 것이다. 반면에 오차율을 사용하면 경제규모에 따른 영향을 제거할 수 있으므로 모형의 예측력을 정확히 판단하는 데 적합하다고 할 수 있다. 또한 오차율의 분산을 구함으로써 전체적인 오차율의 정도를 계산할 수 있다. 식

(A.8)에 의해 계산된 오차율의 분산값이 크면 클수록 모형의 예측 결과의 정확성은 떨어진다고 하겠으며, 반대로 오차율의 분산값이 작으면 그 모형의 예측 결과는 그만큼 높다고 할 수 있다.

$$e_i^r = \frac{\left|E_{i,t}^{r,projected} - E_{i,t}^r\right|}{E_{i,t}^r}, \quad e = \sum_r \sum_i e_i^r, \ , \tag{A.8}$$

$E_{i,t}^{r,projected}(E_{i,t}^r)$: 예측된(실제) 지역내 i산업의 고용자 수.

전통적 변이할당모형과 수정된 변이할당모형에 의한 예측 결과에 대해 지역별·산업별로 식 (A.8)을 이용하여 오차율과 오차율의 분산값을 계산하면 각 모형의 예측력을 평가할 수 있다. 이 결과는〈별첨 A 표-4〉와 〈별첨 A 표-5〉에 요약된 바와 같다. 〈별첨 A 표-4〉에서 전통적 변이할당모형의 경우 대구와 광주의 오차율이 매우 크게 나타나고 있음을 알 수 있다. 또한 산업별로 보면 농업·수렵업·임업 및 어업 부문의 오차율이 가장 크게 나타난다. 또한 〈별첨 A 표-5〉를 보면 〈별첨 A 표-4〉에서와 마찬가지로 대구와 광주 지역의 오차율이 크게 나타난다. 그러나 전통 모형의 오차율에 비해 수정된 모형의 오차율은 크게 줄었음을 알 수 있다. 또한 다른 산업에 비해 농업·수렵업·임업 및 어업 부문의 오차율이 크게 나타나지만 전통 모형에 비해 수정 모형의 오차율이 크게 감소하였다. 오차율의 분산 또한 수정된 변이할당모형 오차율의 분산(43.513)이 전통적 변이할당모형 오차율의 분산(194.722)에 비해 크게 줄어들었다. 따라서 수정된 변이할당모형의 예측력이 전통적 변이할당모형의 예측력에 비해 향상되었으며, 오차율 또한 각 지역별로 비교적 고른 분포를 보이고 있음을 알 수 있다.

표 A-1 모형의 예측결과 평가

구 분	전통적 변이할당모형	수정된 변이할당모형
오차율	257.198	153.886
오차율의 분산	194.722	43.513

위에서 제시한 바와 같이 전통적 변이할당모형과 수정된 변이할당모형을 실제 우리나라 지역경제 예측에 적용한 결과 수정된 변이할당모형의 예측력이 전통적 모형에 비해 높은 것으로 나타났다. 즉 일정할당과 일정변이에 대한 가정을 보정함 없이 변이할당모형을 이용하여 지역경제를 예측할 때 예측결과의 신뢰성은 낮아진다고 할 수 있다. 따라서 계획측면에서 볼 때 변이할당모형의 예측 결과를 바탕으로 도시나 지역의 계획시설의 규모를 결정하는 것은 궁극적으로 자원의 비효율적 활용으로 나타난다고 할 수 있다.

A 8-5 요 약

본 논문에서는 변이할당모형의 각 성장요인을 지역의 특성을 고려하여 현실적 측면에서 보정한 수정된 변이할당모형을 제시하였다. 수정된 변이할당모형의 실제 예측력을 살펴본 결과 전통적 변이할당모형에 비해 수정된 모형의 예측력이 높으며 실제 관찰값과의 오차율의 분산 또한 비교적 고르게 나타남을 알 수 있었다. 그러나 본 논문에서 제시된 수정된 변이할당모형은 도시나 지역경제의 장래를 예측하는 데 있어 매우 초보적인 수준의 모형이며 모형의 예측력을 향상시키기 위해 더욱 발전되어야 한다. 특히 변이할당모형이 좀더 높은 예측력을 갖기 위해서는 각 요인의 보정은 더욱 정교한 형태로 설정되어야 하며, 지역의 경제규모로부터 도출될 수 있는 규모의 경제 효과를 독립적으로 나타낼 수 있는 요인도 모형 내에 구체적으로 제시되어야 한다.

그리고 분석을 위한 지역의 단위는 광역시나 도와 같은 광역 행정구역보다는 군 또는 시와 같은 기초 행정구역이 되어야 한다. 왜냐하면 기초 행정구역의 지역단위가 지역간 생산기술과 생산환경의 차이를 좀더 정확하게 나타낼 수 있기 때문이다. 지역간 생산기술과 생산환경의 차이가 구체적으로 분석에 반영될 때, 변이할당모형에서 말하는 성장요인들이 장차 해당 지역의 경제성장에 어떠한 영향을 미칠 것인지 좀더 정확하게 나타낼 수 있는 것이다. 이와 같은 지역의 세분화는 산업 분류에 있어서도 마찬가지이다. 이는 본 논문에서 제시한 수정된 변이할당모형이 세분된 산업 분류의 자료와 함께 기초 행정구역단위의 지역에 적용될 때 모형에 의한 예측 결과의 정확성은 높아질 것이다.

요약하면 본 논문은 변이할당모형이 예측모형으로서 많은 면에서 보완되어야 하며, 현실적으로 보정되었을 때 모형의 예측 결과는 향상될 수 있음을 보여준 데 의의가 있다고 하겠다. 앞으로 이에 대한 연구가 활발히 진행되기를 기대한다.

별첨 A 표-1 경제성장요인의 보정계수

구 분	경제성장요인의 보정계수	구 분	경제성장요인의 보정계수
서 울	0.274	충 북	0.405
부 산	0.957	충 남	1.000
대 구	1.820	전 북	0.484
인 천	1.464	전 남	0.739
광 주	3.286	경 북	0.949
경 기	1.000	경 남	1.000
강 원	0.387	제 주	1.000

별첨 A 표-2 산업구조요인의 보정계수

구 분	농업·수렵업·임업 및 어업	광업	제조업	전기·가스 및 수도사업	건설업	도·소매 및 음식 숙박업	운수·창고 및 통신업	금융·보험·부동산 및 용역업	사회 및 개인 서비스업
서 울	0.066	0.090	0.431	0.331	0.773	1.767	1.453	1.922	1.022
부 산	0.281	0.270	0.954	0.503	0.979	1.375	1.499	1.026	0.983
대 구	0.100	0.244	0.922	0.575	1.118	1.532	1.016	1.106	1.069
인 천	0.125	0.424	1.594	1.042	0.976	0.608	1.309	0.711	0.632
광 주	0.407	0.167	0.936	0.403	1.268	1.242	0.993	0.889	1.491
경 기	0.755	0.983	1.574	0.758	1.243	0.519	0.404	0.671	0.795
강 원	1.731	13.113	0.519	1.352	1.284	0.912	1.086	0.609	1.711
충 북	1.884	2.227	1.103	0.808	1.223	0.536	0.742	0.638	1.155
충 남	2.155	0.986	0.725	1.120	1.255	0.880	0.871	0.762	1.330
전 북	3.005	0.718	0.703	0.524	1.040	0.812	0.808	0.614	1.572
전 남	3.139	1.979	0.863	2.280	1.009	0.374	0.993	0.515	1.058
경 북	2.282	1.544	1.218	2.094	0.864	0.431	0.696	0.504	1.033
경 남	1.099	0.353	1.629	2.291	0.898	0.510	0.697	0.417	0.657
제 주	4.452	0.517	0.135	0.554	1.149	1.001	1.054	0.732	1.402

별첨 A 표-3 경쟁요인의 보정계수

구 분	농업·수렵업·임업 및 어업	광업	제조업	전기·가스 및 수도사업	건설업	도·소매 및 음식 숙박업	운수·창고 및 통신업	금융·보험·부동산 및 용역업	사회 및 개인 서비스업
서 울	0.074	0.413	0.419	0.459	0.406	1.386	1.108	1.100	0.954
부 산	0.140	3.200	0.659	0.893	1.451	1.048	0.778	0.927	0.817
대 구	0.289	2.711	0.720	0.727	1.488	1.097	0.831	1.049	0.803
인 천	4.946	1.598	1.144	1.888	0.922	0.812	1.540	1.037	0.803
광 주	0.506	2.562	1.351	0.353	1.002	0.930	0.698	0.628	1.004
경 기	1.431	2.294	1.287	1.435	3.437	0.761	0.772	1.163	1.015
강 원	1.335	0.803	1.196	0.559	0.958	0.719	0.942	0.742	1.232
충 북	1.029	1.234	1.362	0.572	2.207	0.566	0.905	0.861	1.090
충 남	1.433	0.964	1.105	0.655	1.323	0.835	0.984	0.836	1.091
전 북	2.093	0.957	1.026	0.413	0.879	0.761	0.793	0.693	1.131
전 남	2.596	0.836	1.954	1.382	1.765	0.488	1.258	0.860	1.183
경 북	2.069	0.970	1.365	1.510	1.399	0.566	1.068	0.861	1.188
경 남	1.151	1.473	1.692	1.662	1.795	0.796	1.281	0.892	1.009
제 주	1.729	3.819	0.601	0.394	1.268	0.720	0.530	0.655	1.013

별첨 A 표-4 전통적 변이할당모형에 의한 오차율

구 분	합	농업 · 수렵업 · 임업 및 어업	광업	제조업	전기 · 가스 및 수도사업	건설업	도 · 소매 및 음식 숙박업	운수 · 창고 및 통신업	금융 · 보험 · 부동산 및 용역업	사회 및 개인 서비스업
서 울	4.167	3.185	0.275	0.246	0.080	0.093	0.096	0.052	0.044	0.097
부 산	3.452	0.924	1.233	0.025	0.484	0.136	0.092	0.311	0.042	0.204
대 구	82.282	80.816	0.385	0.264	0.015	0.443	0.052	0.083	0.206	0.017
인 천	2.410	0.454	0.479	0.070	0.391	0.791	0.042	0.062	0.051	0.072
광 주	139.072	135.869	0.302	0.832	0.928	0.299	0.109	0.063	0.528	0.142
경 기	1.438	0.045	0.044	0.002	0.456	0.339	0.080	0.240	0.114	0.118
강 원	2.483	0.322	0.263	0.154	0.346	1.077	0.113	0.001	0.097	0.110
충 북	8.005	6.241	0.101	0.044	0.670	0.512	0.055	0.214	0.072	0.095
충 남	1.777	0.119	0.458	0.247	0.503	0.167	0.067	0.126	0.082	0.008
전 북	3.721	0.800	0.263	0.209	0.142	2.060	0.008	0.131	0.099	0.009
전 남	1.813	0.777	0.049	0.140	0.198	0.325	0.096	0.071	0.076	0.081
경 북	2.757	1.069	0.544	0.057	0.677	0.128	0.047	0.108	0.103	0.024
경 남	1.046	0.095	0.045	0.105	0.299	0.227	0.071	0.117	0.042	0.045
제 주	2.772	0.259	0.366	0.467	0.358	0.282	0.028	0.830	0.124	0.058
합	257.198	230.973	4.809	2.863	5.549	6.881	0.955	2.409	1.681	1.079

별첨 A 표-5 수정된 변이할당모형에 의한 오차율

구 분	합	농업 · 수렵업 · 임업 및 어업	광업	제조업	전기 · 가스 및 수도사업	건설업	도 · 소매 및 음식 숙박업	운수 · 창고 및 통신업	금융 · 보험 · 부동산 및 용역업	사회 및 개인 서비스업
서 울	1.205	0.514	0.003	0.283	0.066	0.034	0.008	0.050	0.225	0.023
부 산	6.494	0.533	4.389	0.202	0.495	0.141	0.105	0.407	0.040	0.183
대 구	27.375	23.997	2.537	0.032	0.074	0.360	0.116	0.044	0.089	0.126
인 천	2.276	0.804	0.026	0.016	0.318	0.884	0.000	0.071	0.068	0.088
광 주	78.108	70.434	2.571	1.717	0.964	0.131	0.520	0.459	0.708	0.604
경 기	2.128	0.260	0.248	0.155	0.468	0.214	0.125	0.340	0.170	0.149
강 원	3.589	0.737	1.000	0.145	0.148	0.942	0.201	0.073	0.271	0.073
충 북	11.190	7.982	1.000	0.098	0.370	0.841	0.170	0.332	0.247	0.150
충 남	2.499	0.827	0.428	0.167	0.376	0.248	0.072	0.151	0.155	0.075
전 북	5.265	2.581	0.183	0.230	0.063	1.741	0.093	0.225	0.103	0.046
전 남	2.876	0.534	1.000	0.231	0.226	0.525	0.097	0.026	0.115	0.122
경 북	4.410	2.421	0.476	0.013	1.044	0.104	0.063	0.193	0.063	0.035
경 남	2.290	0.201	0.583	0.308	0.355	0.228	0.096	0.207	0.203	0.108
제 주	4.181	1.437	0.982	0.386	0.406	0.207	0.161	0.371	0.118	0.112
합	153.886	113.261	15.427	3.984	5.372	6.601	1.826	2.950	2.573	1.893

제 Ⅳ 편

투입산출모형

제 09 장

투입산출모형(Input-Output Model)

9.1 투입산출모형이란

지역경제성장은 지역을 구성하는 각 산업의 성장에 의해 나타나며, 각 산업의 성장은 그 산업제품에 대한 외부수요의 변화에 의해 결정된다. 이러한 특징을 바탕으로 제3편에서는 지역 수출기반모형과 변이할당법이 설명되었다. 그러나 이 두 분석기법의 가장 큰 한계는 지역내 산업간 연관관계가 분석 과정에서 구체적으로 고려되지 못한다는 것이다. 여기서 말하는 산업간 연관관계란 산업간 제품의 흐름, 즉 어느 한 산업에서 생산된 제품의 일부가 다른 산업에서 생산 원료로 사용되는 관계를 의미한다.

지역 수출기반모형에서 지역경제는 지역의 총 수출량과 수출승수에 의해 설명됨으로 각 산업간 구체적인 연관관계는 고려되지 않는다. 또한 변이할당법에서는 산업 간의 관계는 서로 독립적인 관계로 가정함으로써 산업간 연관은 아예 없는 것으로 취급된다. 그러나 산업간 연관관계는 현실적으로 존재하는 관계이므로 지역경제 분석에서 고려되어야 하며, 그 고려는 산업제품의 수요만큼 중요하다. 왜냐하면 산업간 연관은 바로 산업간 수요의 구조와 경제의 특징을 나타내기 때문이다.

지역내 산업간 연관관계와 산업의 성장을 두 산업 A와 B로 구성되어 있는 어떠한 지역을 예로 살펴보자. 이 지역내 산업간 연관성은 다음과 같은 특징을 갖는다고 한다. 산업 A는 1단위 제품을 생산하기 위해 0.5단위의 산업 B 제품을 필요로 하며, 산업 B의 제품 1단위 생산에 있어서는 산업 A의 제품은 전혀 투입되지 않는다. 만일 전국적으로 산업 A의 제품에 대한 수요가 급격히 상승한 반면 B산업제품의 수요는 감소하였다고 한다면, 이 지역에서 각 산업의 성장은 어떻게 될 것인가? 이 경우 산업 A는 제품에 대한 수요의 증가로 인하여 성장할 것이며 산업 B는 수요의 감소로 인하여 위축될 것이다. 그러나 이러한 성장과 위축이 전부는 아니다. 왜냐하면 산업간 연관관계가 고려되지 않았기 때문이다.

위의 경우 산업간 연관관계를 고려해 보면 이 지역에서 산업 B는 전국적인 수요 감소로 인한 영향을 덜 받을 것이며, 오히려 산업 A의 성장 정도에 따라 산업 B는 성장할 수도 있다. 그 이유는 바로 지역내 산업간 연관의 특성, 즉 산업 A의 성장이 산업 B의 제품 수요를 내부적으로 증가시키기 때문이다. 반대로 산업 A는 전국적으로 쇠퇴하는 반면 산업 B는 전국적으로 성장하는 경우를 생각해 보자. 산업 B의 성장은 내부적으로 산업 A의 제품 수요를 증가시키지 않기 때문에 이러한 경우 산업 B의 성장이 산업 A의 성장을 유도하지 않는다. 그러므로 산업 A는 전국적인 수요 감소의 영향을 받아 쇠퇴할 것이다. 그렇다고 지역에서 산업 B가 성장한다고 단언하기는 어렵다. 왜냐하면 산업 A에서의 수요가 감소되기 때문이다. 즉 산업 A에서 감소된 수요와 전국에서 증가된 수요로부터 정해지는 순수요의 변화에 따라 산업 B는 성장할 수도 오히려 쇠퇴할 수도 있을 것이다.

지역내 산업간 연관관계의 특징은 산업의 성장 결정에 중요한 역할을 담당하므로 지역경제 분석에 있어서 마땅히 고려되어야 한다. 산업간 연관성과 산업별 수요를 고려하여 경제를 분석하는 방법이 투입산출모형(input-output model)이다. 투입산출모형은 1930년대의 레온티에프(Leontief)에 의해 고안되었으며, 많은 학자들에 의해 발전되어 왔다. 특히, Isard를 중심으로 한 지역경제 학자들이 지역경제 분석에 투입산출모형을 광범위하게 적용·발전시켜 왔다(Moore and Petersen 1955; Isard and Kuenne 1953; Miller and Blair 1984; Hewings 1987).

투입산출모형은 특정 기간에 관찰된 경제 자료로부터 만들어진 투입산출표(input-output table)를 이용하여 경제를 분석한다. 따라서 투입산출표가 투입산출모형에서 가장 핵심이 되는 부분이라 할 수 있다. 그리고 투입산출표는 분석의 대상에 따라 도시, 지역, 그리고 국가단위 등에서 작성될 수 있다. 본 장에서는 투입산출모형의 기본적인 구조 및 개념에 대해 설명을 하는 장이므로 우선 국가를 하나의 경제단위로 전제하여 설명을 진행한다. 그리고 지역 투입산출모형은 다음 장에서 상세하게 다루기로 한다.

본 장은 총 7절로 구성된다. 제2절에서는 투입산출표에 대해, 제3절에서는 투입산출표에서 계산되는 투입산출계수와 Leontief 역행렬, 그리고 수요변화에 따른 산업별 생산변화에 대해 설명한다. 제4절에서는 가계부문을 산업부문으로 내생화시켜 분석하는 폐쇄투입산출모형에 대해 설명한다. 제5절에서는 산업제품 1단위의 최종 수요변화가 경제에 미치는 영향을 나타내는 승수(multiplier)에 대해 설명한다. 제6절에서는 산업간 연관성의 정도를 전 산업의 평균승수값을 기준으로 측정하는 감응도계수와 영향력계수에 대해 설명한다. 마지막으로 제7절에서는 본 장에서 설명한 내용들이 요약된다. 그리고 본 장의 부록 1에서는 역행렬의 계산과정, 부록 2에서는 주택건설이 경제에 미친 효과에 대해 분석한 논문이 소개된다.

9.2 투입산출표

투입산출표란 일정 기간 동안 경제 내에서 생산된 제품에 대해 생산 단계에서부터 최종 소비 단계까지 모든 과정에서 발생한 거래(transaction)를 기록한 종합적인 통계표이다. 따라서 투입산출표에서 산업간 제품의 흐름, 즉 산업간 상호 연관관계가 구체적으로 파악된다. 투입산출표의 이해는 투입산출모형을 이해하는 데 필수적이다. 투입산출표의 구조를 다음과 같은 예를 통하여 알아보자. 어느 가상의 국가 "N"의 경제는 5산업으로 구성되어 있다. 그림 9.1은 "N"국의 기계산업제품의 생산과 배분 과정에서 발생한

그림 9.1
산업제품의 투입과 배분 과정

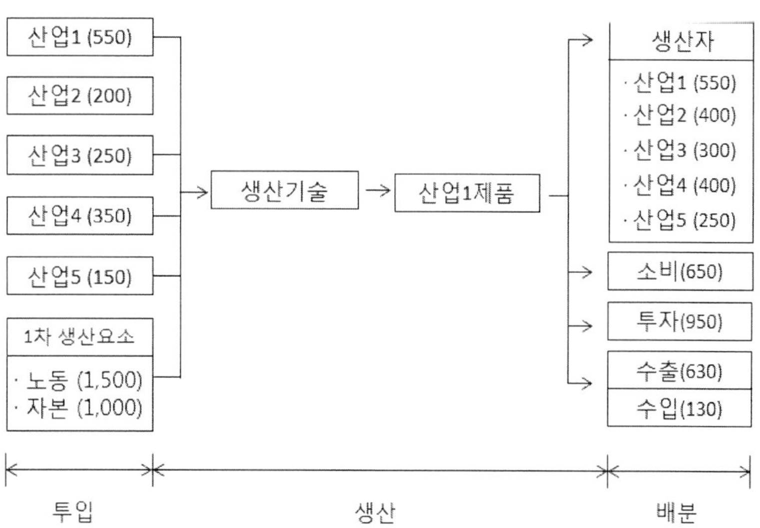

거래를 조사하여 작성한 것이다(그림에서 괄호 안의 숫자는 화폐가치(money value)를 나타내며 단위는 임의로 가정해도 무방하다.).

그림 9.1에서 보듯이 우선 산업1의 생산 측면은 다음과 같다. 산업1 제품은 각 산업으로부터 생산된 제품을 원료로 구입하고 노동과 자본 같은 1차 생산요소 또는 본원적 생산요소(Primary Input)를 투입함으로써 만들어진다. 산업1 제품 생산을 위하여 투입된 총 4,000단위의 내역을 살펴보면, 각 산업으로부터 생산 원료로 1,500단위가 구입되었고 이 생산 원료를 산업1 제품으로 생산하기 위해 노동과 자본 투입에 각각 1,500단위와 1,000단위가 지급되었다. 여기서 생산 원료를 결합하여 제품을 생산하는 기술을 생산기술(production technique)이라 하며, 경제적인 용어로 생산함수(production function)라고 한다. 이는 투입되는 요소와 생산되는 산출 사이의 일정한 기술 관계를 가리킨다.

생산된 산업제품은 그림 9.1에서 보이듯이 다양한 수요에 의해 배분되며, 이 배분은 크게 두 가지로 구분된다. 첫째는 생산된 제품이 타 산업 생산자들의 중간 수요(intermediate demand)에 의해 생산 원료, 즉 중간재(intermediate good)로 배분되는 경우이다. 둘째는 최종 수요(final demand)에 의해 최종 제품으로 배분되는 경우이다. 그림에서 산업1 제품은 중간재로 산업1 산업에 550단위, 산업2 산업에 400단위, 산업3 산업에 300단위, 산업4 산업에 400단위, 그리고 산업5 산업에 250단위가 배분되었다. 그리고 최종 수요에 의해 소비재로 650단위, 투자재로 950단위, 그리고 해외 수출에 630단위가 각각 배분되었다.

중간 수요와 최종 수요의 합이 총수요이다. 만일 어떠한 제품에 대한 총수요가 총 산출을 초과하는 경우는 초과된 수요를 충당하기 위해 그 제품은 해외로부터 수입되어야 한다. "N"국의 경우 산업1 제품에 대한 총수요는 4,130단위인데 반해, 총생산은 4,000단위이다. 그러므로 그림은 초과된 수요를 충당하기 위해 해외로부터 130단위의 산업1 제품이 수입되었음을 보이고 있다. 이와 같이 투입산출표에서는 에너지 보존의 법칙과 같이 총 투입과 총 산출이 항상 같은 특징을 가지고 있다.

위의 산업1과 같이 나머지 산업에 대해서도 생산과 배분 과정에서 발생한 모든 거래가 조사되었다면 각각을 종합함으로 국가의 투입산출표가 작성된다. 투입산출표의 작성은 다음과 같이 이루어진다. 우선 그림 9.1에서 나타난 산업별 투입구조를 투입산출표의 세로방향(column)에, 그리고 배분구조를 표의 가로방향(low)으로 배열한다. 세로방향은 산업별로 제품 생산을 위해 다른 산업으로부터 구입되는 중간 투입부문과 1차 생산요소에 지불되는 부가가치 부문으로 구분된다. 여기서 부가가치란 노동과 자본 같은 요소들이 생산과정에 고용되어 창출한 가치를 의미한다. 바꿔 말하면 생산 과정에 참여한 대가로 생산요소 제공자가 지급받게 되는 임금이나 이자 같은 소득을 말한다.

투입산출표의 가로방향은 언급하였듯이 배분구조를 나타내며, 이는 산업제품이 다른 산업의 생산 과정에 중간재로서 판매되는 중간 수요 부문과 최종 생산품으로 소비, 투자, 그리고 수출 등으로 판매되는 최종 수요 부문으로 나눈다. 그리고 수입은 전체의 산업에서 공제 부문으로 분류한다(수입 부문을 투입 부문으로 세로방향으로 표시할 수 있으나 본 서에서는 공제 부문으로 가로방향에 표시하도록 한다.). 이러한 방법으로 각 산업의 생산-배분구조를 종합하여 표 9.1과 같이 "N"국의 투입산출표가 작성된다.

표 9.1 "N"국의 투입산출표

투입 \ 배분		중간 수요					최종 수요				수입 (공제)	산출
		1	2	3	4	5	소비	투자	수출	총수요		
중간투입	1	550	400	300	400	250	650	950	630	4,130	130	4,000
	2	200	600	100	270	420	740	760	470	3,560	70	3,490
	3	250	350	700	210	180	870	920	840	4,320	210	4,110
	4	350	100	650	900	330	940	1,000	340	4,610	150	4,460
	5	150	140	260	330	460	2,000	1,650	920	5,910	470	5,440
부가가치	노동	1,500	1,100	1,150	1,250	2,100						
	자본	1,000	800	950	1,100	1,700						
투입계		4,000	3,490	4,110	4,460	5,440						

표 9.1과 같이 "N"국의 투입산출표는 경제 내 자금의 흐름과 산업간 연관관계를 구체적으로 보여 주고 있다. 투입산출표에서 나타난 생산 측면과 배분 측면의 관계를 보다 일반적으로 표현하면 표 9.2와 같다.

표 9.2 투입산출표의 구조

투입 \ 배분		중간재 수요						최종재 수요				수입 (공제)	총산출
		1	2	…	j	…	n	소비	투자	정부	수출		
생산부문	1	X_{11}	X_{12}		X_{1j}		X_{1n}	C_1	I_1	G_1	E_1	M_1	X_1
	2												
	·				(Ⅱ상한)				(Ⅰ상한)				
	i				X_{ij}			C_i	I_i	G_i	E_i	M_i	X_i
	n	X_{n1}	X_{n2}	…	X_{nj}	…	X_{nn}	C_n	I_n	G_n	E_n	M_n	X_n
부가가치	노동	W_1	W_2	…	W_j	…	W_n	W_C	W_I	W_G	W_E		W
					(Ⅲ상한)				(Ⅳ상한)				
	자본	R_1	R_2	…	R_j	…	R_n	R_C	R_I	R_G	R_E		R
총투입		X_1	X_2	…	X_j	…	X_n	C	I	G	E	M	X

표 9.2와 같이 투입산출표는 Ⅳ상한으로 구분될 수 있다. 제Ⅰ상한은 앞서 설명하였듯이 생산된 산업제품들이 다양한 최종 수요로 배분됨을 가리킨다. 최종 수요는 연구의 목적에 따라 소비(C), 투자(I), 수출(E), 정부(G), 그리고 재고 등으로 세분될 수 있다. 제Ⅱ상한은 각 산업간 거래, 즉 산업 간의 연관관계를 나타내기 때문에 투입산출표에서 가장 핵심이 되는 부분이다. 여기서 X_{ij}는 산업 j에 투입되는 산업 i 제품의 양을 의미한다. 제Ⅲ상한은 각 산업에 투입된 본원적 생산요소의 양을 가리키며 분석에 따라 노동(W), 자본(R), 토지, 그리고 정부의 서비스 등으로 세분할 수 있다(여기서 정부가 포함되는 이유는 시장의 가격에 간접세가 포함되기 때문이다).

표 9.2의 제Ⅳ상한은 투입산출모형에서 종종 나타나지 않는 부분이다. 이는 최종 수요 부문의 각 항목에서 직접 1차 투입요소에 대한 수요를 나타내는 부분이다. 예를 들면 정부의 노동 고용(W_G)이나 가계의 노동 서비스(G_C) 등은 이에 해당한다. 투입산출표의 4개의 상한 중 제Ⅱ상한을 내생 부문이라 하며, 나머지 상한을 외생부문이라 한다.

앞서 언급하였듯이 투입산출표의 특징은 바로 총투입과 총산출이 서로 동일하다는 것이다. 이 특징으로부터 두 가지의 균형방정식이 구해진다. 첫째 균형방정식의 총공급은 총수요와 동일함에서 구해지며, 구체적으로는 투입산출표의 행(row)에서 얻어진다. 여기서 산업 i의 총공급은 생산(X_i)과 수입(M_i)의 합으로, 그리고 총수요는 중간재 수요($\sum_j X_{ij}$)와 최종재 수요(F_i)의 합으로 나타난다. 이를 식으로 나타내면 다음과 같다.

$$X_i + M_i = \sum_j X_{ij} + F_i \ \ (i, j = 1, \cdots, \ n) \tag{9.1}$$

F_i : i산업에 대한 최종 수요의 합($F_i = C_i + I_i + G_i + E_i$).

둘째 균형방정식은 산업의 총생산이 총투입과 동일함에서 얻어진다. 그리고 이 균형방정식은 투입산출표의 열(column)로부터 구해지며 다음과 같이 표현된다.

$$X_j = \sum_i X_{ij} + W_j + R_j. \tag{9.2}$$

식 (9.2)는 각 산업의 생산(X_j)은 다른 산업으로부터 구입된 중간 투입($\sum_i X_{ij}$)과 부가가치($W_j + R_j$)의 합이 동일함을 가리키고 있다. 식 (9.1)에서 경제를 구성하는 모든 산업의 생산량을 합하면,

$$\sum_i X_i = \sum_i \sum_j X_{ij} + \sum_i (F_i - M_i). \tag{9.3}$$

식 (9.2)에서 경제를 구성하는 모든 산업을 합하면,

$$\sum_j X_j = \sum_j \sum_i X_{ij} + \sum_j (W_j + R_j). \tag{9.4}$$

여기서 $\sum_i X_i = \sum_j X_j$이므로 식 (9.3)과 식 (9.4)는 동일한 식이다. 그러므로 두 식을 결합하면 다음과 같은 결과를 구할 수 있다.

$$\sum_j (W_j + R_j) = \sum_i (F_i - M_i). \tag{9.5}$$

식 (9.5)에서 알 수 있는 것은 그 경제에서 창출된 총 부가가치, 즉 국내 총생산(gross domestic product)은 최종 수요의 합에서 총 수입을 감한 값과 같다는 것이다.

9.3 투입산출모형의 구조

전절에서 살펴보았듯이 투입산출표는 경제를 구성하는 모든 산업들이 생산 단계부터 소비 단계까지 전과정에 걸쳐 발생하는 모든 거래를 체계적으로 정리해 놓은 표이다. 이 표로부터 경제 구조와 함께 산업간 구체적인 연관 관계는 파악될 수 있다. 앞 절의 예에서 보면, "N"국의 산업1의 총생산은 4,000단위였다. 그리고 이 4,000단위 생산을 하기 위해 각 산업으로부터 생산 원료로 총 1,500단위가 구입되었다. 구체적으로 표현하면 산업1의 제품 1단위 생산을 위해 산업1의 제품은 0.138단위, 산업2의 제품은 0.050단위, 산업3의 제품은 0.063단위, 산업4의 제품은 0.088단위, 그리고 산업5의 제품은 0.038단위가 각각 투입되었음을 가리킨다. 이와 같이 산업 j의 제품 1단위 생산을 위해 투입되는 산업 i제품의 양은 다음과 같이 계산된다.

$$a_{ij} = \frac{X_{ij}}{X_j}, \tag{9.6}$$

X_{ij} : j 산업 생산을 위해 투입된 i산업의 중간 수요량.

식 (9.6)에서 계수 a_{ij}를 직접 투입산출계수(direct input coefficient) 또는 투입산출계수(input coefficient)라 한다. 이 투입계수는 각 문헌마다 다소 다른 용어로 사용된다. 예를 들면 투입산출계수(input-output coefficient) 또는 기술계수(technical coefficient) 등으로 사용되지만 모두 같은 의미이다. 본 서에서는 투입산출계수로 통일하여 부르기로 한다.

투입산출계수가 시간에 대해 안정하다고 가정한다면 산업 j의 생산변화가 산업 i에 미치는 영향은 투입산출계수에 의해 계산할 수 있다. 예를 들면 산업1의 총생산이 4,000단위에서 6,000단위로 증가되었을 때 산업1에서 필요로 하는 산업3의 제품의 양은 식 (9.6)을 이용하여 378단위(6,000단위×0.063)임을 알 수 있다. 이와 같이 산업간 투입산출계수를 전 산업에 대해 계산하고 행렬의 형태로 나타내면 투입산출계수 행렬(A)이 작성된다. "N"국의 경우 투입산출계수 행렬은 다음과 같다.

$$A = \begin{bmatrix} a_{11} & a_{12} & a_{13} & \cdots & a_{1n} \\ a_{21} & a_{22} & a_{23} & \cdots & a_{2n} \\ a_{31} & a_{32} & a_{33} & \cdots & a_{3n} \\ \cdot & \cdot & \cdot & \cdots & \cdot \\ a_{n1} & a_{n2} & a_{n3} & \cdots & a_{nn} \end{bmatrix} = \begin{bmatrix} 0.138 & 0.115 & 0.073 & 0.090 & 0.046 \\ 0.050 & 0.172 & 0.024 & 0.061 & 0.077 \\ 0.063 & 0.100 & 0.170 & 0.047 & 0.033 \\ 0.088 & 0.029 & 0.158 & 0.202 & 0.061 \\ 0.038 & 0.040 & 0.063 & 0.074 & 0.085 \end{bmatrix}.$$

위와 같은 투입산출계수 행렬은 각 산업의 생산구조를 보임으로써 산업 간의 연관관계를 기술적이고, 구체적으로 나타내고 있다. 그러나 엄밀히 말해, 투입산출계수 행렬은 특정산업의 수요변화가 타 산업에 미치는 영향을 전적으로 나타내지는 못한다. 왜냐하면 투입산출계수 행렬이 보여 주듯이 산업과 산업 사이에는 직·간접적으로 복잡한 상호 의존 관계가 존재하기 때문이다. 즉 어떠한 산업제품에 대한 수요의 변화는 그 산업과 타 산업 간의 투입산출계수에 의해 직접적으로 나타나지만, 그 변화의 충격은 산업 간에 무한히 파급된다.

그림 9.2는 산업1의 제품 1단위의 최종 수요변화가 "N"국 전체 산업에 미치는 과정을 그림으로 표시한 것이다. 산업1의 제품에 대한 1단위 수요 증가가 타 산업에 미치는 1차 파급효과(또는 직접 효과라 부른다)는 산업1과 타 산업간 투입산출계수에 의한 직접적인 수요의 증가이다. 즉 산업1 자체적으로 0.138단위의 수요 증가가 생기고, 산업2에는 0.05단위, 산업3에는 0.063단위, 산업4에는 0.088단위, 그리고 산업5에는 0.038단위 등 수요가 내부적으로 증가하여 각 산업의 생산량을 각 투입산출계수만큼 증가시킨다.

실제로 1차 생산 파급효과는 그것으로 끝나는 것이 아니라 계속해서 제2차 파급효과를 발생시킨다. 산업2의 경우를 보면 산업1의 제품에 대한 1단위의 수요 증가가 제1차적으로 산업2의 수요를 0.05단위 증가시켰으며, 이로 인한 생산의 증가는 다시 산업1에 0.006(0.05×0.115)단위 수요를 증가시키고, 산업2에 0.008(0.05×0.172)단위, 산업3에 0.005(0.05×0.100)단위, 산업4에 0.001(0.05×0.029)단위, 그리고 산업5에 0.002(0.05×0.040)단위의 수요 증가를 유발시킨다. 그리고 이러한 생산의 파급효과는 그림 9.2와 같이 3차 파급효과, 4차 파급효과 등 무한히 계속된다. 무한히 계속되는 파급효과의 최종결과는 바로 생산량의 변화로 나타나게 된다. 이를 식으로 표현하면 다음과 같다.

$$(I+A+A^2+\cdots+A^n+\cdots)\Delta F=\Delta X. \tag{9.7}$$

이 식을 효과별로 구분하면, ΔF를 최종 수요의 변화, $A\Delta F$를 직접 효과, 그리고 $(A^2+A^3+\cdots+A^n+\cdots)\Delta F$를 간접 효과라 한다. 위의 식에서 n은 파급효과의 차수를 의미하며, 파급의 차수가 높으면 높을수록 그 효과는 감소한다. 왜냐하면 투입산출계수 행렬의 각 요소는 1보다 작은 수이기 때

그림 9.2
최종 수요변화의 산업별 파급 과정

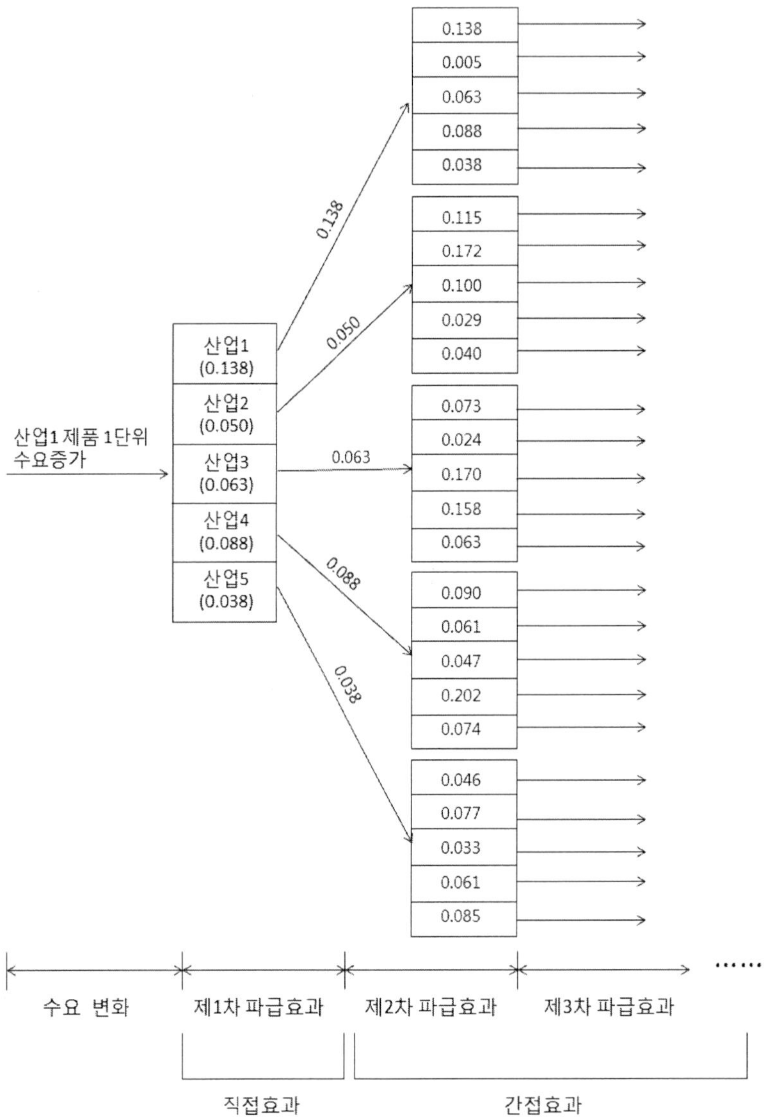

문이다. 그러므로 차수가 무한히 증가할 때 그의 효과는 무시할 정도로 작아진다($A^n \to 0$ when $n \to \infty$). 따라서 위의 식 (9.7)의 괄호 안은 무한 등비급수가 되어 결국 다음과 같이 표현된다.

$$\Delta X = \frac{1}{I-A}\Delta F = (I-A)^{-1}\Delta F. \tag{9.8}$$

식 (9.8)에서 $(I-A)^{-1}$행렬은 산업의 최종 수요 한 단위변화에 의해 발생하는 직접 효과와 간접 효과의 합을 나타내며, 이를 다산업승수행렬(multi-industry multiplier) 또는 승수행렬(multiplier matrix)이라 한다. 여기서는 승수행렬이라 통일하여 부르기로 한다.

식 (9.8)과 같이 수요변화의 총파급효과는 식 (9.6)을 식 (9.1)에 대입함으로써 도출될 수 있다.

$$X_i - \sum_j a_{ij} X_j = F_i - M_i. \tag{9.9}$$

계산의 편의상 수입이 없다고 가정하면($M=0$) 식 (9.9)는 다음과 같이 표현된다.

$$X_1 - (a_{11}X_1 + a_{12}X_2 + \cdots + a_{1i}X_i + \cdots + a_{1n}X_n) = F_1,$$

$$X_2 - (a_{21}X_1 + a_{22}X_2 + \cdots + a_{2i}X_i + \cdots + a_{2n}X_n) = F_2,$$

$$\cdots\cdots\cdots\cdots\cdots\cdots\cdots\cdots\cdots\cdots\cdots\cdots\cdots\cdots\cdots\cdots\cdots\cdots\cdots\cdots$$

$$X_n - (a_{n1}X_1 + a_{n2}X_2 + \cdots + a_{ni}X_i + \cdots + a_{nn}X_n) = F_n.$$

이를 행렬의 형태로 나타내면 다음과 같다.

$$X - AX = F, \tag{9.10}$$

각 행렬의 구조는 다음과 같다.

$$X = \begin{bmatrix} X_1 \\ X_2 \\ \vdots \\ X_n \end{bmatrix}, \quad F = \begin{bmatrix} F_1 \\ F_2 \\ \vdots \\ F_n \end{bmatrix}.$$

즉 식 (9.10)으로부터 최종 수요와 생산량 간의 관계식이 도출된다.

$$X = (I-A)^{-1}F. \tag{9.11}$$

여기서 I는 단위행렬(identity matrix)을 말한다. 그리고 식에서의 역행렬을 레온티에프의 역행렬(Leontief inverse matrix) 또는 승수행렬(multiplier matrix)이라고 한다.

$$(I-A)^{-1} = [\lambda_{ij}] = \begin{bmatrix} \lambda_{11} & \lambda_{12} & \cdots & \lambda_{1n} \\ \lambda_{21} & \lambda_{22} & \cdots & \lambda_{2n} \\ \cdot & \cdot & \cdots & \cdot \\ \lambda_{n1} & \lambda_{n2} & \cdots & \lambda_{nn} \end{bmatrix}.$$

위의 승수행렬을 구성하는 각 승수 λ_{ij}는 산업 j제품 1단위의 수요변화가 산업 i에 미치는 효과를 의미한다. 그러므로 산업별 수요의 변화가 경제 전체에 미치는 효과는 다음과 같이 레온티에프의 역행렬, 즉 승수행렬에 의해 측정된다. 여기서 산업제품의 수요변화란 정부 지출의 변화, 수출과 수입의 변화, 투자의 변화, 소비의 변화 등을 말한다. 식 (9.11)로부터 최종 수요변화에 따른 산업들의 생산량변화는 식 (9.8)과 동일하게 다음과 같이 표현된다.

$$\Delta X = (I-A)^{-1} \Delta F. \tag{9.12}$$

"N"국의 투입산출표로부터 계산된 승수행렬은 다음과 같다(역행렬의 계산 방법은 본 장의 부록에 제공되어 있다).

$$(I-A)^{-1} = \begin{bmatrix} 1.203 & 0.195 & 0.151 & 0.167 & 0.093 \\ 0.095 & 1.240 & 0.077 & 0.120 & 0.120 \\ 0.114 & 0.174 & 1.246 & 0.106 & 0.072 \\ 0.164 & 0.107 & 0.275 & 1.306 & 0.114 \\ 0.075 & 0.083 & 0.118 & 0.125 & 1.116 \end{bmatrix}.$$

만일 "N"국에서 생산된 산업제품의 품질이 해외 시장에서 인정받아 수출이 증가되었다고 하면 "N"국의 산업제품에 대한 최종 수요의 변화는 다음과 같이 표현된다.

$$F_i^{new} = C_i + I_i + E_i^{new}, \tag{9.13}$$

F_i^{new} : 변화된 산업 i의 최종 수요량,

E_i^{new} : 변화된 산업 i의 해외 수출량.

변화된 산업별 제품의 해외 수출량이 주어졌다면 변화된 최종 수요는 표 9.1과 위의 식을 이용하여 계산할 수 있다.

$$E^{new} = \begin{bmatrix} 900 \\ 800 \\ 1{,}010 \\ 460 \\ 1{,}350 \end{bmatrix}, \quad F^{new} = \begin{bmatrix} 2{,}500 \\ 2{,}300 \\ 2{,}800 \\ 2{,}400 \\ 5{,}000 \end{bmatrix}.$$

따라서 산업제품에 대한 해외 수출의 증가로 인해 “N”국 각 산업의 생산은 증가될 것이다. 증가된 각 산업의 생산규모는 식 (9.12)을 이용하여 예측할 수 있다.

$$X^{new} = \begin{bmatrix} 4,746 \\ 4,194 \\ 4,793 \\ 5,128 \\ 6,586 \end{bmatrix}.$$

9.4 폐쇄투입산출모형

앞 절에 제시된 표 9.2의 투입산출표를 살펴보면 최종 수요에서 가계부문(household sector)의 소비와 부가가치 부문의 노동 소득(또는 가계 소득)은 산업간 연관관계에서 외적인 요소, 즉 외생부문으로 취급되고 있다. 이러한 취급은 가계부문의 소득수준과 소비수준이 경제의 산업별 고용구조와 무관함을 보일 때 전혀 문제가 발생하지 않는다. 그러나 문제는 산업의 고용구조와 소득, 그리고 소비는 서로 독립적인 관계가 아니라는 데 있다. 우리나라의 산업화와 소득 및 소비수준의 변화를 생각하면 산업구조와 국가의 소득 및 소비수준 간의 관계는 쉽게 이해될 수 있다. 즉 산업화가 진전되면서 노동력이 1차 산업에서 고부가가치의 2차, 3차산업으로 이동하게 되었고, 이로 인해 우리나라의 전체적인 소득과 소비수준은 향상되었다.

위의 관계를 다시 설명하면, 가계부문은 그들의 노동력을 산업의 생산과정에 제공함으로 소득(노동임금)을 지급받고, 지급된 소득으로 소비를 하게 된다. 산업 생산에 투입되는 노동 규모가 변하면 당연히 가계부문의 소득 규모가 변하고 산업제품에 대한 소비의 규모도 따라 변하게 되어 결국 산업의 생산규모도 변하게 된다. 따라서 가계부문을 외생부문으로 취급할 때 가계부문과 산업의 생산규모와의 관계가 모형에 반영되지 못함으로 분석의 정확성이 떨어질 수 있다.

산업의 고용구조와 가계부문의 소득, 그리고 소비 규모는 서로 밀접한 관계가 있기 때문에 이를 반영하기 위해서는 가계부문의 소득과 소비는 모형 내에서 결정되어야 한다. 이는 투입산출표에서 가계부문이 내생화되어야 함을 가리킨다. 가계부문이 산업부문으로 내생화될 때 이를 가계부문에 대해 닫힌 폐쇄투입산출모형(closed input-output model)이라고 한다. 앞 절에서 설명한 투입산출모형은 가계부문의 소득과 소비를 외생부문으로 취급하였으므로 이를 가계부문에 대해 열린 개방 투입산출모형(open Input-output model)이라 한다. 여기서는 편의상 가계부문에 대해 개방된 모형을 모형Ⅰ, 그리고 폐쇄된 모형을 모형Ⅱ라 부르기로 한다.

모형Ⅱ에서 투입산출계수 행렬은 앞 절의 투입산출계수 행렬(A)에 하나의 행과 열이 첨가되는 행렬이다. 첨가되는 행은 산업별 고용구조를 나타내는 고용 투입산출계수($a_{n+1,j}$)로 구성되어 있으며, 첨가되는 열은 가계부문의 산업별 제품에 대한 소비 구조를 나타내는 소비계수($a_{i,n+1}$)로 구성되어 있다. 각 계수는 식 (9.14)에 의해 구해진다.

$$a_{n+1,j} = \frac{W_{n+1,j}}{X_j}, \quad a_{i,n+1} = \frac{C_{i,n+1}}{X_{n+1}}, \tag{9.14}$$

$W_{n+1,j}$: 산업 j에서 가계부문에 지불된 노동 소득,
$C_{i,n+1}$: 가계부문에서 산업 i제품 소비에 지출된 금액,
X_{n+1} : 가계부문의 총생산.

모형Ⅱ에서 투입산출계수 행렬($\overline{A}$)의 구조와 "N"국의 투입산출계수 행렬은 다음과 같다.

$$\overline{A} = \left[\begin{array}{cccc:c} a_{11} & a_{12} & \cdots & a_{1n} & a_{1,n+1} \\ a_{21} & a_{22} & \cdots & a_{2n} & a_{2,n+1} \\ \cdot & \cdot & \cdots & \cdot & \cdot \\ a_{n1} & a_{n2} & \cdots & a_{nn} & a_{n,n+1} \\ \hdashline a_{n+1,1} & a_{n+1,2} & \cdots & a_{n+1,n} & a_{n+1,n+1} \end{array}\right] = \left[\begin{array}{ccccc:c} 0.138 & 0.115 & 0.073 & 0.090 & 0.046 & 0.092 \\ 0.050 & 0.172 & 0.024 & 0.061 & 0.077 & 0.104 \\ 0.063 & 0.100 & 0.170 & 0.047 & 0.033 & 0.123 \\ 0.088 & 0.029 & 0.158 & 0.202 & 0.061 & 0.132 \\ 0.038 & 0.040 & 0.063 & 0.074 & 0.085 & 0.282 \\ \hdashline 0.375 & 0.315 & 0.280 & 0.280 & 0.386 & 0.000 \end{array}\right].$$

식 (9.10)과 마찬가지로 모형Ⅱ에서도 공급과 수요와의 관계는 다음과 같이 표현된다.

$$(I - \overline{A})\overline{X} = \overline{F}. \tag{9.15}$$

각 행렬의 구조는 다음과 같다.

$$\overline{X}=\begin{bmatrix} X_1 \\ X_2 \\ \vdots \\ X_n \\ X_{n+1} \end{bmatrix}, \quad \overline{F}=\begin{bmatrix} F_1 \\ F_2 \\ \vdots \\ F_n \\ F_{n+1} \end{bmatrix}.$$

여기서 최종 수요는 F_i^*는 모형Ⅰ의 F_i에서 가계의 소비(C_i)를 제외한 최종 수요의 합이다.

$$F_i^* = F_i - C_i = I_i + G_i + E_i.$$

그러므로 모형Ⅱ에서 각 산업 생산규모는 식 (9.11)과 같이 승수행렬 $(I-\overline{A})^{-1}$과 최종 수요 행렬에 의해 표현된다.

$$\overline{X} = (I-\overline{A})^{-1}\overline{F} = \left[\overline{\lambda_{ij}}\right]\overline{F}. \qquad (9.16)$$

모형Ⅱ에서 "N"국의 승수행렬은 다음과 같다.

$$(I-\overline{A})^{-1} = \left[\overline{\lambda_{ij}}\right] = \left[\begin{array}{ccccc|c} 1.399 & 0.387 & 0.335 & 0.350 & 0.279 & 0.334 \\ 0.291 & 1.432 & 0.261 & 0.302 & 0.306 & 0.334 \\ 0.329 & 0.384 & 1.448 & 0.306 & 0.276 & 0.366 \\ 0.427 & 0.364 & 0.523 & 1.550 & 0.363 & 0.449 \\ 0.434 & 0.434 & 0.455 & 0.458 & 1.455 & 0.611 \\ \hline 0.996 & 0.974 & 0.936 & 0.923 & 0.942 & 1.695 \end{array}\right].$$

여기서 앞 절의 계산 예와 마찬가지로 "N"국의 산업제품에 대한 해외 수출이 동일하게 증가되었다고 하자. 그러면 변화된 최종 수요는 다음과 같이 될 것이다.

$$\overline{E}^{new} = \begin{bmatrix} 900 \\ 800 \\ 1,010 \\ 460 \\ 1,350 \\ \hline 0 \end{bmatrix}, \quad \overline{F}^{new} = \begin{bmatrix} 1,850 \\ 1,560 \\ 1,930 \\ 1,460 \\ 3,000 \\ \hline 0 \end{bmatrix}.$$

해외 수출이 위와 같이 증가되었을 때 "N"국의 산업 생산의 변화는 식 (9.16)에 의해 계산된다.

$$\overline{X}^{new} = \begin{bmatrix} 5,188 \\ 4,635 \\ 5,276 \\ 5,721 \\ 7,394 \\ 9,340 \end{bmatrix}.$$

위의 최종 수요는 앞 절에서의 수요와 동일한 것이다. 왜냐하면 최종 수요의 증가는 소비와 투자 수요는 변함없이 오로지 수출 증가에 의한 것으로만 고려되었기 때문이다. 그러나 모형Ⅰ과 모형Ⅱ에서 계산된 산업별 생산량의 결과는 차이를 보이고 있다. 즉 동일한 수요변화에 대한 각 모형은 서로 상이한 산업 생산량을 제시하고 있다. 그리고 모든 산업의 생산량은 모형Ⅰ보다 모형Ⅱ에서 크게 나타난다. 이는 다음과 같은 이유에 의해 설명된다. 산업제품에 대한 해외 수요의 증가로 인해 각 산업의 생산은 증가하게 되고, 이에 따라 가계부문의 소득도 증가하게 된다. 그리고 가계부문의 증가된 소득은 산업제품에 대한 소비를 증가시킴으로써 산업의 생산은 다시 증가하게 된다. 이와 같이 가계부문의 소득 증가로 인해 산업 생산이 증가되는 효과를 유발효과(induced effect)라 한다.

모형Ⅰ에서는 가계부문이 외생부문으로 처리됨으로써 이러한 유발효과에 의한 산업의 생산 증가는 반영되지 않는다. 그러나 모형Ⅱ에서는 가계부문이 산업으로 내생화됨으로써 유발효과가 승수행렬에 포함된다. 그러므로 모형Ⅰ에서 구한 승수행렬은 직접 효과와 간접 효과를 나타내는 데 반해, 모형Ⅱ의 승수행렬은 직접 효과와 간접 효과, 그리고 유발효과를 나타낸다. 따라서 수요의 증가로 인한 산업 생산량이 모형Ⅱ에서 더 크게 계산되는 것은 당연한 결과이다.

9.5 승 수(Multipliers)

투입산출모형에서는 산업제품에 대한 1단위 외부수요의 변화가 경제 전체에 미치는 영향을 다양한 관점에서 측정할 수 있다. 여기서 말하는 다양성이란 생산, 가계소득, 부가가치, 고용, 환경, 세금 등으로 연구 목적에 따라 승수는 결정될 수 있다. 단, 여기서는 편의상 세 가지 관점, 즉 생산과 가계소득, 그리고 고용으로 한정하여 설명하기로 한다. 이러한 관점은 다음과 같이 각 승수로 측정된다. 구체적으로 최종 수요의 변화에 대해 경제 전체의 생산량변화를 측정하는 생산승수(output multiplier)와 가계부문의 소득변화를 측정하는 소득승수(income multiplier), 그리고 고용의 변화를 측정하는 고용승수(employment multiplier)이다. 이 세 승수는 모형의 승수행렬로부터 계산된다. 각각에 대한 설명은 다음과 같다.

9.5.1 생산승수

모형 I 에서 생산승수(O_j)는 산업 j제품에 대한 1단위 최종 수요의 변화가 경제 전체에 미치는 생산 효과를 나타낸다. 산업 j의 생산승수는 다음과 같이 계산된다.

$$O_j = \sum_i \lambda_{ij}. \tag{9.17}$$

생산승수는 승수행렬 중 산업 j에 해당하는 열(column)의 합으로 표현된다. "N"국의 경우 각 산업제품에 대한 최종 수요 1단위 변화가 전체 경제에 미치는 영향은 다음과 같이 생산승수에 의해 계산된다.

$$O_1 = 1.203 + 0.095 + 0.114 + 0.164 + 0.075 = 1.651,$$

$$O_2 = 0.195 + 1.240 + 0.174 + 0.107 + 0.083 = 1.799,$$

$$O_3 = 0.151 + 0.077 + 1.246 + 0.275 + 0.118 = 1.867,$$

$$O_4 = 0.167 + 0.120 + 0.106 + 1.306 + 0.125 = 1.825,$$

$$O_5 = 0.093 + 0.120 + 0.072 + 0.114 + 1.116 = 1.515.$$

위에서 계산된 각 산업의 생산승수 중 산업1의 경우, 제품 1단위의 수요 증가는 "N"국 전체 1.650단위의 생산을 증가시킨다. 이를 세부적으로 보면, 산업1에서 1.203단위, 산업2에서 0.095단위, 산업3에서 0.114단위, 산업4에서 0.164단위, 그리고 산업5에서 0.075단위의 증가로 구성된다.

또한 산업의 생산승수는 산업 간의 연관 정도를 나타낸다. 즉 산업 j의 생산승수가 높을 때는 산업 j와 타 산업 간의 연관 정도가 높다고 할 수 있으며, 반대로 낮을 때에는 산업 j와 타 산업 간의 연관관계는 낮다 하겠다. 그러므로 "N"국의 경우 산업3이 다른 산업과 연관도가 가장 높으며 산업5가 가장 낮다. 이러한 산업의 생산승수는 정부의 자원 배분 정책에 방향을 제시한다. 즉 정부가 산업3의 제품에 대해 지출을 증대할 경우, 경제 전체에 최대의 생산증대효과를 가져옴을 가리키고 있다.

모형 II 에서 산업 j제품의 최종 수요 1단위 변화가 전체적으로 경제 생산에 미치는 효과는 생산승수($\overline{O_j}$)에 의해 측정된다.

$$\overline{O}_j = \sum_i \overline{\lambda}_{ij}. \tag{9.18}$$

위와 마찬가지로 앞에서 계산한 $(I-\overline{A})^{-1}$ 행렬을 이용하면 모형Ⅱ에서 생산승수는 다음과 같다.

$$\overline{O}_1 = 1.399 + 0.291 + 0.329 + 0.427 + 0.434 + 0.996 = 3.876,$$

$$\overline{O}_2 = 0.387 + 1.432 + 0.384 + 0.364 + 0.434 + 0.974 = 3.976,$$

$$\overline{O}_3 = 0.335 + 0.261 + 1.448 + 0.523 + 0.455 + 0.936 = 3.958,$$

$$\overline{O}_4 = 0.350 + 0.302 + 0.306 + 1.550 + 0.458 + 0.923 = 3.889,$$

$$\overline{O}_5 = 0.279 + 0.306 + 0.276 + 0.363 + 1.455 + 0.942 = 3.621.$$

9.5.2 소득승수

여기서 소득승수란 정확히 표현하면 각 산업제품에 대한 그 최종 수요의 변화가 가계부문의 임금 소득에 미치는 효과를 측정하는 것이다. 모형Ⅰ에서 산업 j제품에 대한 1단위 수요의 변화가 가계부문의 임금소득변화에 미치는 영향은 다음과 같이 소득승수에 의해 표현된다.

$$H_j = \sum_i a_{n+1,i} \lambda_{ij}. \tag{9.19}$$

식 (9.19)을 이용하여 "N"국의 각 산업의 소득승수를 계산하면, 다음과 같다.

$$H_1 = 0.451 + 0.030 + 0.032 + 0.046 + 0.029 = 0.588,$$

$$H_2 = 0.073 + 0.391 + 0.049 + 0.030 + 0.032 = 0.575,$$

$$H_3 = 0.056 + 0.024 + 0.349 + 0.077 + 0.046 = 0.552,$$

$$H_4 = 0.063 + 0.038 + 0.030 + 0.366 + 0.048 = 0.545,$$

$$H_5 = 0.035 + 0.038 + 0.020 + 0.032 + 0.431 = 0.556.$$

계산된 소득승수는 "N"국에서 각 산업의 제품 1단위 변화에 대한 소득 효과를 나타내고 있다. 예를 들면 산업1의 제품에 대한 수요 1단위 증가는 국가 전체적으로 0.588단위만큼 가계부문의 임금소득을 증가시킨다. 이를 산업별로 구분하면, 가계부문의 소득 증가는 산업1에서 0.451단위, 산업2에서 0.030단위, 산업3에서 0.032단위, 산업4에서 0.046단위, 그리고 산업5에서 0.029단위로 구성된다.

모형Ⅱ에서 소득승수는 다음과 같이 표현된다.

$$\overline{H}_j = \sum_i a_{n+1,i}\,\overline{\lambda}_{ij}. \tag{9.20}$$

각 산업의 소득승수를 계산하면

$$\overline{H}_1 = 0.525 + 0.092 + 0.092 + 0.120 + 0.167 = 0.996,$$

$$\overline{H}_2 = 0.145 + 0.451 + 0.107 + 0.102 + 0.168 = 0.974,$$

$$\overline{H}_3 = 0.126 + 0.082 + 0.405 + 0.147 + 0.176 = 0.936,$$

$$\overline{H}_4 = 0.131 + 0.095 + 0.085 + 0.435 + 0.177 = 0.923,$$

$$\overline{H}_5 = 0.105 + 0.096 + 0.077 + 0.102 + 0.562 = 0.942.$$

각 산업의 소득승수 중 산업1을 예로 보면 제품 1단위 수요 증가는 국가 전체적으로 0.996단위의 가계 소득을 증가시킨다. 이를 산업별로 보면, 산업1에서 0.525단위, 산업2에서 0.092단위, 산업3에서 0.092단위, 산업4에서 0.120단위, 그리고 산업5에서 0.167단위가 각각 증가한다. 모형Ⅱ에서 나타나는 소득승수의 특징은 다음과 같다.

$$\overline{H}_j = \overline{\lambda}_{n+1,j}. \tag{9.21}$$

모형Ⅱ에서 산업 j의 소득승수는 승수행렬의 j산업의 노동 투입승수와 동일하다.

9.5.3 고용승수

만일 산업의 생산량과 산업의 종사자수의 관계가 측정 가능하다면 각 산업 제품에 대한 수요의 변화가 고용에 미치는 영향은 계산될 수 있다. 그리고 그 영향은 구체적으로 고용승수에 의해 측정된다. 우선 고용승수를 계산하기 위해서는 고용인구 투입산출계수($z_{n+1,j}$)가 계산되어야 한다. 여기서 고용인구 투입산출계수와 고용 투입산출계수($a_{n+1,j}$)는 서로 다르다. 고용 투입산출계수는 산업 j제품 1단위 생산에 투입되는 임금을 의미하는 반면, 고용인구 투입산출계수는 산업 j제품 1단위 생산에 고용되는 종사자의 수(e_j)를 가리킨다. 고용인구 투입산출계수는 다음과 같이 구해진다.

$$z_{n+1,j} = \frac{e_i}{X_j}. \tag{9.22}$$

여기서 산업 j의 종사자 수는 산업 j의 평균 노동임금(w_j^{avg})과 투입산출표에서 가계부문의 임금소득을 이용하여 구한다.

$$e_j = \frac{W_j}{w_j^{avg}}. \tag{9.23}$$

여기서 "N"국의 각 산업의 평균 임금이 다음과 같이 제공되었다면 식 (9.23)을 이용하여 표 9.3과 같이 산업별 종사자와 고용인구 투입계수를 계산할 수 있다.

표 9.3 "N"국의 산업별 고용인구 투입계수

구 분	산업1	산업2	산업3	산업4	산업5
전국 산업평균 임금 (w_j^{avg})	11	13	14	12	15
산업별 임금 소득 (W_j)	1,500	1,100	1,150	12.50	21.00
산업별 종사자수 (e_j)	136.36	84.62	82.14	104.17	140.00
산업별 생산 (X_j)	4,000	3,490	4,110	4,460	1,440
고용인구 투입계수 ($z_{n+1,j}$)	0.034	0.024	0.020	0.023	0.026

위에서 구한 고용인구 투입산출계수와 함께 모형 I 에서 고용승수(E_j)는 다음과 같이 계산된다.

$$E_j = \sum_i z_{n+1,i} \lambda_{ij}. \tag{9.24}$$

그러므로 "N"국의 경우 각 산업제품에 대한 최종 수요 1단위 변화에 따른 고용의 증가는 다음과 같다.

$$E_1 = 0.041 + 0.002 + 0.002 + 0.004 + 0.002 = 0.051,$$

$$E_2 = 0.007 + 0.030 + 0.003 + 0.002 + 0.002 = 0.045,$$

$$E_3 = 0.005 + 0.002 + 0.025 + 0.006 + 0.003 = 0.041,$$

$$E_4 = 0.006 + 0.003 + 0.002 + 0.031 + 0.003 = 0.044,$$

$$E_5 = 0.003 + 0.003 + 0.001 + 0.003 + 0.029 = 0.039.$$

여기서도 산업1을 중심으로 보면, 산업1 제품의 최종 수요 1단위 증가로 인해 전체적으로 0.051의 고용 증가가 발생한다. 산업별로는 산업1에서 0.041의 고용 증가가, 산업2에서 0.002, 산업3에서 0.002, 산업4에서 0.004, 그리고 산업5에서 0.002의 고용의 증가가 발생한다. 그리고 모형Ⅱ에서 고용승수는 다음과 같이 표현된다.

$$\overline{E}_j = \sum_i z_{n+1,i} \cdot \overline{\lambda}_{ij}. \tag{9.25}$$

"N"국의 고용승수는 다음과 같다.

$$\overline{E}_1 = 0.048 + 0.007 + 0.007 + 0.010 + 0.011 = 0.082,$$

$$\overline{E}_2 = 0.013 + 0.035 + 0.008 + 0.009 + 0.011 = 0.075,$$

$$\overline{E}_3 = 0.011 + 0.006 + 0.029 + 0.012 + 0.011 = 0.070,$$

$$\overline{E}_4 = 0.012 + 0.007 + 0.006 + 0.036 + 0.012 = 0.073,$$

$$\overline{E}_5 = 0.010 + 0.007 + 0.006 + 0.008 + 0.037 = 0.068.$$

9.6 감응도계수와 영향력계수

투입산출모형에서 Leontief의 역행렬은 산업재화에 대한 최종 수요 1단위의 변화가 경제에 미치는 파급효과를 가리키며, 앞 절에서는 산업별 파급효과의 정도를 생산승수와 소득승수, 그리고 고용승수로 구분하여 설명하였다. 본 절에서는 각 산업이 경제를 구성하는 산업들과 갖는 연관성의 정도를 전 산업의 평균승수 값을 기준으로 측정하는 감응도계수와 영향력계수에 대해 설명하기로 한다. 감응도계수는 산업의 전방연계효과(forward linkage effect)의 상대적 영향 정도를 측정하는 수단이며, 영향력계수는 산업의 후방연계효과(backward linkage effect)의 상대적 영향 정도를 측정하는 수단이다.

전방연계효과는 산업의 배분구조로부터 발생되는 효과이다. 즉 산업 i의 전방연계효과는 산업 i의 제품이 다른 산업들의 생산을 창출케 하는 효과를 말한다. 보다 일반적으로 말해, 한 산업의 발전이 그 산업의 제품을 원료로 사용하는 산업들을 발전시키는 효과가 바로 전방연계효과이다. 그리고 산업의 후방연계효과란 어떤 산업의 생산구조로부터 발생되는 효과이다. 구체적으로 말하면, 후방연계효과란 산업 j의 성장이 산업 j의 생산과정에 투입되는 중간재를 생산하는 산업들의 성장을 유도하는 효과를 말한다. 즉 한 산업의 발전이 그 산업에 원료로 투입되는 산업들의 발전을 유도하는 효과가 바로 후방연계효과이다.

산업의 감응도계수와 영향력계수의 측정방법에 관한 설명은 다음과 같다. 먼저 감응도계수는 모든 산업제품에 대한 최종 수요가 한 단위씩 변할 때 어떤 산업이 받는 영향을 전산업 평균과 비교하여 측정하는 계수이다. 이와 같은 감응도계수는 Leontief의 역행렬에서 해당 산업의 행의 합을 전산업의 행의 평균값으로 나누어 계산되며, 이를 식으로 표현하면 다음과 같다.

$$V_i = \frac{\sum_j \lambda_{ij}}{\frac{1}{n}\sum_i \sum_j \lambda_{ij}}, \qquad (9.26)$$

V_i : 산업 i의 감응도계수.

식 (9.26)에 의해 계산된 감응도계수가 1보다 큰 산업은 경제 여건에 상대적으로 민감하게 반응하는 산업인 반면 1보다 작은 산업은 경제 여건에 상대적으로 둔감하게 반응하는 산업이다. 다시말해 감응도계수가 1보다 큰 산업은 다른 산업제품들에 대한 최종 수요가 1단위씩 증가하였을 때 그 산업의 생산이 1단위 이상으로 증가하는 산업이며, 감응도계수가 1보다 작은 산업은 생산이 1단위보다 작게 증가하는 산업이다.

산업의 영향력계수는 어떤 산업 재화에 대한 최종수요 한 단위의 변화가 경제 전체에 미치는 영향을 전산업 평균과 비교하여 나타내는 계수이다. 이러한 영향력계수는 Leontief의 역행렬에서 해당 산업의 열의 합을 전산업의 평균 열의 값으로 나누어 계산한다. 이를 식으로 표현하면 다음과 같다.

$$U_j = \frac{\sum_i \lambda_{ij}}{\frac{1}{n}\sum_i \sum_j \lambda_{ij}}, \tag{9.27}$$

U_j : 산업 j의 영향력계수.

식 (9.27)에 의해 계산된 영향력계수가 1보다 큰 산업은 그 산업 재화에 대한 최종 수요가 경제 전체에 미치는 영향이 다른 산업에 비해 상대적으로 큼을 가리킨다. 반대로 영향력계수가 1보다 작은 산업은 그 재화에 대한 최종 수요가 경제 전체에 미치는 영향이 다른 산업에 비해 상대적으로 작음을 의미한다. 일반적으로 말해, 생산승수가 큰 산업일수록 그 산업의 영향력계수는 1보다 높게 나타난다.

그러면 앞의 표 9.1에 제시된 "N"국의 투입산출표로부터 계산된 승수행렬을 바탕으로 위에서 설명한 영향력계수와 감응도계수를 계산해 보자.

$$(I-A)^{-1} = \begin{bmatrix} 1.203 & 0.195 & 0.151 & 0.167 & 0.093 \\ 0.095 & 1.240 & 0.077 & 0.120 & 0.120 \\ 0.114 & 0.174 & 1.246 & 0.106 & 0.072 \\ 0.164 & 0.107 & 0.275 & 1.306 & 0.114 \\ 0.075 & 0.083 & 0.118 & 0.125 & 1.116 \end{bmatrix}.$$

식 (9.26)을 이용하여 "N"국의 산업별 감응도계수를 계산하면 다음과 같다.

$$V_1 = 1.045, \quad V_2 = 0.954, \quad V_3 = 0.989, \quad V_4 = 1.136, \quad V_5 = 0.876.$$

그리고 식 (9.27)을 이용하여 "N"국의 산업별 영향력계수를 계산하면 다음과 같다.

$$U_1 = 0.954,\ U_2 = 1.039,\ U_3 = 1.078,\ U_4 = 1.054,\ U_5 = 0.875.$$

산업별 감응도계수와 영향력계수는 경제성장을 위해 정부가 투자해야 할 산업을 선택할 때 유용한 기준을 제공한다. 국가의 경제성장을 선도하는 핵심산업(key industry)은 Hirschman(1958)이 강조하였듯이 기본적으로 전방연쇄효과와 후방연쇄효과가 큰 산업이어야 한다. 왜냐하면 그러한 산업은 산업간 연관관계가 다른 산업에 비해 강한 산업이기 때문이다. 여기서 전방연계효과와 후방연계효과가 큰 산업은 바로 감응도계수와 영향력계수가 1보다 큰 산업으로 표현된다. 영향력 계수와 감응도계수가 모두 1보다 큰 산업의 경우 그 산업의 성장은 다른 산업들의 성장을 선도하는 동시에 다른 산업들이 성장할 때 함께 성장하는 산업이다. 따라서 이러한 산업에 투자가 집중될 때 그 투자 효과는 경제 전체에서 크게 나타난다고 할 수 있다.

"N"국의 경우를 살펴보자. 산업4는 감응도계수와 영향력계수가 모두 1이 넘으므로 "N"국의 경제성장을 선도할 수 있는 핵심산업이라고 할 수 있다. 만일 감응도계수와 영향력계수가 1보다 큰 산업이 없을 경우 정부는 Hirschman이 제안한 것과 같이 감응도계수보다는 영향력계수를 고려하여 투자 대상의 산업을 선택해야 한다. 즉 영향력계수가 1보다 큰 산업에 정부는 투자하여야 한다.

산업의 감응도계수나 영향력계수는 엄밀히 말해 개별 산업의 상대적 연관성 크기를 구체적으로 나타내지만 산업의 연관성 범위에 대해서는 명확하게 나타내지 못한다. 왜냐하면 Laumas(1975)가 지적하였듯이 감응도계수와 영향력계수는 평균 개념에서 산술적으로 측정된 계수이기 때문이다. 다시 말해 이 둘의 계수는 일부 산업에 의해 왜곡되어 나타날 수도 있다는 것이다. 식 (9.27)에서 계산된 영향력계수는 어떤 산업 재화에 대한 수요변화가 경제 전체에 미치는 영향의 상대적 크기만을 제시할 뿐 내용적으로 얼마나 많은 산업들이 그 산업에 의해 영향을 받는지에 대해서는 나타내지 못한다. 감응도계수의 경우도 마찬가지이다. 여기서 산업의 연관성 범위란 감응도계수의 경우 어떤 산업의 생산에 실질적인 영향을 미칠 수 있는 산업의 수로, 그리고 영향력계수의 경우 어떤 산업 재화에 대한 최종 수요의 변화로부터 실질적인 영향을 받는 산업의 수로 나타낼 수 있다. 산업 연관성의 상대적 크기와 범위에 대해 예를 들어 설명하면 다음과 같다.

어떤 산업제품이 특정산업들의 생산과정에만 중간재로 집중적으로 투입될 때 그 산업의 감응도계수는 1보다 크게 나타날 수 있다. 또한 어떤 산업의 생산과정에 특정산업의 제품들이 과도하게 중간재로 투입될 때 그 산업의 영향력계수도 1보다 크게 나타날 수 있다. 그러나 이와 같은 두 가지 경우에 있어 감응도계수와 영향력계수가 1보다 크다고 하여도 각 산업이 다른 산업들과 갖는 연관성의 범위는 넓다기보다는 오히려 좁다고 할 수 있다. 왜냐하면 두 경우 모두에 있어 산업간 거래는 일부 산업들에서만 집중적으로 일어나기 때문이다. 따라서 만일 정부가 이러한 산업들을 단지 영향력계수 또는 감응도계수가 1보다 크다고 하여 경제성장을 유도할 핵심산업으로 간주하고 그 산업들에 대해 투자 정책을 집행한다면 그 정책의 효과는 경제 전반에 걸쳐 광범위하게 나타나지 못하고 일부 산업들에서만 나타나게 될 것이다.

위와 관련하여 Hirschman은 산업의 투입구조 또는 배분구조가 소수의 일부 산업에만 의존 또는 집중되었을 경우 그러한 산업을 대상으로 투자정책을 펴는 것은 위험한 정책임을 강조하고 있다. 이러한 그의 지적은 바로 정부의 투자 정책 효과가 앞서 언급하였듯이 일부 산업에만 국한될 가능성에 바탕을 둔 것이라 할 수 있다. 그리고 국가 경제가 일부 산업에 전적으로 의존한다는 것 자체가 사실 바람직하지 못한 것이다. 왜냐하면 핵심산업이 위축될 경우 경제 전체가 위축될 가능성이 높기 때문이다. 다시말해 신제품이 개발되어 기존 핵심산업의 제품을 대체하거나 소비자들의 선호도가 바뀌어 수요가 감소되면 핵심산업제품에 대한 수요는 급격히 감소하게 된다. 이 경우 기존 핵심산업은 크게 위축되고, 핵심산업에 의존하던 경제도 함께 침체된다. 이러한 이유로 일부 산업에 경제 전체가 전적으로 의존하는 것은 경제구조상 위험하다고 할 수 있다.

투입구조와 배분구조가 고르지 못한 산업은 Leontief의 역행렬에서 그 산업에 해당하는 행과 열을 구성하는 승수들 간의 차이가 다른 산업에 비해 크게 나타나게 된다. 반대로 산업의 투입 및 배분구조가 다른 산업에 비해 비교적 균등할 때 그 산업에 해당하는 행 또는 열을 구성하는 승수들 간 차이는 상대적으로 작게 나타난다. 이와 같이 산업이 다른 산업들과 갖는 연관성의 범위는 Leontief의 역행렬에서 분산계수로 측정될 수 있다. 여기서 분산계수는 Leontief의 역행렬에서 승수들의 표준편차를 행 또는 열의 평균값으로 나눈 것이며, 이러한 분산계수를 통해 승수들의 분포 정도는 파악될 수 있다. 따라서 산업별 승수의 분산계수를 이용하면 앞에서 언급한 산업연관성의 균등성이 분석될 수 있다. 우선 Leontief의 역행렬에서 산업의 열을 구성하는 승수들의 분산계수를 다음과 같은 식에 의해 계산하면 산업의 감응도에 대한 균등성이 파악될 수 있다.

$$\sigma_{V_i} = \frac{\sqrt{\frac{1}{n-1}\sum_j(\lambda_{ij} - \frac{1}{n}\sum_j\lambda_{ij})^2}}{\frac{1}{n}\sum_j\lambda_{ij}}, \qquad (9.28)$$

σ_{V_i} : 산업 i의 감응도 분산계수.

식 (9.29)에 의해 계산된 감응도 분산계수가 큰 산업은 특정산업의 최종 수요의 변화에 의해 산업의 생산이 영향을 받는 반면 감응도분산계수가 작은 산업은 비교적 많은 산업들의 제품에 대한 최종 수요의 변화에 의해 영향을 받는다.

산업 j가 경제 전체에 미치는 영향력에 대한 균등성은 Leontief의 역행렬에서 산업의 행을 구성하는 승수들과 다음과 같은 식에 의해 계산된다.

$$\sigma_{U_j} = \frac{\sqrt{\frac{1}{n-1}\sum_i(\lambda_{ij} - \frac{1}{n}\sum_i\lambda_{ij})^2}}{\frac{1}{n}\sum_i\lambda_{ij}}, \qquad (9.29)$$

σ_{U_j} : 산업 j의 영향력 분산계수.

식 (9.29)에 의해 계산된 영향력 분산계수가 큰 산업은 그 산업제품에 대한 최종 수요의 변화가 일부 산업에 집중적으로 나타나는 산업이며, 반대로 영향력 분산계수가 작은 산업은 산업제품에 대한 최종수요의 변화가 경제 내에서 모든 산업에 비교적 균등하게 영향을 미치는 산업이다.

Hirschman이 언급한 국가의 경제성장을 선도할 핵심산업의 조건은 다음과 같이 두 가지로 요약된다. 첫째는 전방연계효과와 후방연계효과가 높아야 한다는 것과, 둘째는 산업의 생산구조와 제품의 배분구조가 소수의 산업들에 의존 또는 집중되지 말아야 한다는 것이다. 이러한 핵심산업의 조건을 본 절에서 설명한 내용을 바탕으로 표현하면 다음과 같다. 즉 경제성장을 선도할 핵심산업은 감응도계수와 영향력계수가 1보다 커야 하며, 감응도 분산계수와 영향력분산계수는 작아야 한다.

9.7 요 약

산업간 연관관계는 산업간 제품의 흐름으로 나타나며, 이는 산업간 중간재 수요 관계를 구체적으로 가리키는 것이므로 산업의 성장을 분석하는데 이를 고려하는 것은 중요하다. 또한, 산업제품은 중간재 수요뿐만 아니라 최종재 수요에 의해서도 소비되므로 분석의 정확성을 높이기 위해서는 산업제품에 대한 최종 수요도 고려되어야 한다. 이와 같이 제품의 중간 수요와 최종 수요를 함께 고려하여 경제를 분석하는 방법이 투입산출모형에 의한 분석이다. 경제를 구성하는 산업의 생산규모는 산업제품에 대한 최종 수요와 산업간 연관관계로부터 도출되는 승수행렬에 의해 결정된다. 이 승수행렬은 산업 j제품의 최종 수요 1단위 변화가 산업 i에 미치는 효과를 구체적으로 나타낸다. 이것이 바로 투입산출모형의 가장 큰 장점이며 지역수출기반모형에서 도출되는 수출승수와 크게 비교되는 부분이다. 수출승수는 지역 전체의 총 수출량변화가 지역 전체에 미치는 영향을 의미하지만 산업별 효과는 나타내지 못하는 한계가 있다.

본 장에서는 투입산출표의 기본 구조와 투입산출모형의 기본 개념에 대해 설명하였으며, 두 가지의 모형, 가계부문에 대해 개방 투입산출모형(모형Ⅰ)과 폐쇄투입산출모형(모형Ⅱ)을 소개하였다. 이 두 모형의 차이는 산업의 고용구조와 가계부문의 소득과 소비의 내생화 여부에 있다. 구체적으로 말해 전자는 가계부문의 소득과 소비를 산업 연관관계에서 외생부문으로 취급하는 모형이며, 후자는 가계부문의 소득과 소비를 내생적인 부문으로 취급하는 모형이다. 이로 인하여 모형Ⅰ에서의 승수행렬은 최종 수요에 의한 직접 효과와 간접 효과만으로 나타나는데 비해 모형Ⅱ에서는 직접 효과와 간접 효과, 그리고 유발효과까지 포함한다. 따라서 승수행렬의 모든 승수는 모형Ⅱ가 모형Ⅰ보다 크다.

본 장에서는 산업제품에 대한 최종 수요 1단위 변화가 경제 전체에 미치는 영향은 3가지 승수에 의해 측정됨을 설명하였다. 즉 최종 수요의 변화에 대해 산업 생산량의 변화를 측정하는 생산승수와 가계부문의 임금소득변화를 측정하는 소득승수, 그리고 고용의 변화를 측정하는 고용승수에 대해 설명하였다. 이러한 승수는 정부의 자원 배분 정책 수립의 방향을 제시할 수 있다. 본 장에서 설명한 3가지 승수 이외에도 연구의 목적에 따라 다양한 승수의 도출이 가능하다.

마지막으로 본 장에서는 산업간 연관성의 정도를 전산업의 평균승수 값을 기준으로 측정하는 감응도계수와 영향력계수에 대해 설명하였다. 감응도계수는 산업의 전방연계효과의 상대적 영향 정도를, 그리고 영향력계수는 산업의 후방연계효과의 상대적 영향 정도를 측정하는 수단이다. 이 두 계수로부터 국가의 경제성장을 선도할 핵심산업의 조건에 대해 설명하였다. 여기서 핵심산업의 조건은 다음과 같이 요약되었다. 즉 전방연계효과와 후방연계효과가 다른 산업에 비해 높아야 하며, 산업의 생산구조와 제품의 배분구조가 소수의 산업에 의존 또는 집중되지 말아야 한다는 것이다.

본 장의 부록은 1과 2로 구성된다. 부록 1에서는 역행렬의 계산과정에 대해 설명하며, 부록 2에서는 노정현과 이동규(1990)가 연구한 200만 호 주택건설에 따른 산업연관효과 분석을 소개한다. 그리고 한국은행(2015)에서 발표한 2013년 우리나라의 투입산출표와 승수행렬은 본 서의 부록Ⅰ과 Ⅱ에 제시되었다.

1 : 역행렬 계산과정 ············ 부록

역행렬에 관한 설명은 여러 서적에서 자세히 설명되어 있으므로 본 서에서는 간단히 2×2 행렬의 역행렬을 구하는 순서만 나타내기로 한다. 일반적으로 행렬 A의 역행렬은 다음과 같은 공식에 의해 구할 수 있다.

$$A^{-1} = \frac{1}{|A|} adj \cdot A.$$

역행렬을 구하는 과정은 다음과 같이 3단계에 의한다. 첫째 단계는 행렬의 행렬식(determinant)을 구하는 것이고, 둘째 단계는 여인수 행렬(cofactor matrix)을 구하는 것이다. 셋째 단계에서 여인수 행렬을 부수 행렬(adjoint matrix)로 전환하여 위의 식에 대입하면 역행렬이 구해진다. 그러면 행렬 A가 다음과 같다고 할 때 역행렬을 구해보자.

$$A = \begin{bmatrix} 1 & -2 \\ 4 & 1 \end{bmatrix}.$$

위의 식에서 행렬식 $|A| = 1 \times 1 - (-2) \times 4 = 9$이다. 그리고 여인수(cofactor)는 다음과 같다.

$$c_{11} = (-1)^{1+1}|1| = 1, \ c_{12} = (-1)^{1+2}|4| = -4,$$

$$c_{21} = (-1)^{2+1}|-2| = 2, \ c_{22} = (-1)^{2+2}|1| = 1.$$

그러므로 여인수 행렬은 다음과 같다.

$$[c_{ij}] = \begin{bmatrix} 1 & -4 \\ 2 & 1 \end{bmatrix}$$

여기서 $adj \cdot A = [c_{ij}]^T$이므로

$$adj \cdot A = \begin{bmatrix} 1 & 2 \\ -4 & 1 \end{bmatrix}.$$

위 식을 이용하여 역행렬을 구하면 다음과 같다.

$$A^{-1} = \begin{bmatrix} \frac{1}{9} & \frac{2}{9} \\ \frac{-4}{9} & \frac{1}{9} \end{bmatrix}.$$

A 9-1 서 론

본 논문은 산업연관표를 이용하여 주택건설산업과 타 산업 간의 상호연관 관계를 밝히고, 이를 이용하여 현재 정부가 추진 중에 있는 200만 호 주택건설이 경제에 미칠 파급효과를 분석하고자 한다. 여기서 파급효과는 생산, 부가가치, 그리고 고용으로 구분되었으며, 구분된 각 파급효과는 Leontief 역행렬과 이로부터 계산되는 생산유발승수, 부가가치유발승수, 그리고 고용 및 고용자승수를 이용하여 분석되었다. 단, 건축 부문이 각 부문에 미치는 파급효과를 측정하기 위해 본 연구에서는 건설 부문에서 건축 및 건축보수 부문, 즉 건축 부문을 구분하고, 이 부문을 외생화하여 최종 수요로 처리하였다.

A 9-2 분석 모형의 구조

전술한 바와 같이 본 연구에서는 건축 부문이 각 산업에 미치는 파급효과를 분석하기 위해 건축 부문을 최종 수요항목으로 외생화시켰다. 이는 Leontief의 역행렬의 의미가 산업별 재화 1단위의 최종 수요가 전체 산업에 미치는 효과를 뜻하므로, 건축 부문을 중간수요 부문에 그대로 두고 분석이 진행된다면 분석된 값은 주택투자에 따른 생산유발효과를 계산하는 것이 아니라 정부지출이 증가함에 따른 생산유발효과를 구하는 것이 된다. 따라서 표 A-1에 보이는 바와 같이 건축 부문을 중간수요에서 최종 수요(외생부문)로 처리하도록 산업연관표를 수정하여 투입산출계수표를 산출하였다. 특히 연관효과 분석은 각 산업 부문 간 생산계수를 파악하고자 하는 것이므로 화물운임이나 유통마진(margin)을 제외한 생산자 가격표를 사용하였다.

표 A-1 산업연관표의 구조

투입 \ 배분	내생 부문	건축 부문	최종 수요	수입(공제)	총산출
중간투입 부문	X_{ij}	X_{ih}	F_i	M_i	X_i
건축 부문 부가가치	X_{hi} V_j	X_{hh} V_h	F_h –	M_h –	X_h –
총투입	X_j	X_h			

표에 제시된 투입산출표의 구조로부터 산업별 재화의 배분구조를 식으로 행렬로 표현하면 다음과 같다.

$$A \cdot X + A_h \cdot X_h + F - M = X, \tag{A.1}$$

A : 산업별 투입산출계수 행렬, A_h : 건축 부문 투입산출계수 행렬

X : 산업별 총 산출 행렬, X_h : 건축 부문의 산출,

F : 최종 수요 행렬, M : 해외 수입 행렬.

산업별 투입산출계수와 건축 부문의 투입산출계수는 다음과 같이 계산된다.

$$A_{ij} = \frac{X_{ij}}{X_j},\ A_{ih} = \frac{X_{ih}}{X_h}. \tag{A.2}$$

X_{ij} : j부문의 산출을 위해 투입되는 i부문의 중간 투입액,

X_j : j부문으로의 투입액,

X_{ih} : 건축 부문의 산출을 위해 투입되는 i부문의 투입액.

식 (A.1)으로부터 생산량과 투입산출계수 행렬, 그리고 최종재 수요와의 관계를 나타내면 다음과 같다.

$$X = (I - A)^{-1} A_h \cdot X_h + (I - A)^{-1}(F - M). \tag{A.3}$$

본 연구에서 최종재 수요의 변화는 없는 것을 전제하므로 건축 부문의 생산액변화에 따른 경제 내 각 산업의 변화는 다음과 같이 표현된다.

$$\Delta X = (I - A)^{-1} A_h \cdot \Delta X_h. \tag{A.4}$$

또한 위의 식으로부터 건축 부문의 생산량변화에 따른 산업별변화를 나타내는 부가가치승수와 고용자승수는 다음과 같은 식에 의해 계산된다.

$$O_h = (I - A)^{-1} A_h,\ V_h = A_V (I - A)^{-1} A_h,$$

$$E_h = A_E (I - A)^{-1} A_h, \tag{A.5}$$

O_h : 건축 부문의 승수,

V_h : 건축 부문의 부가가치승수,

E_h : 건축 부문의 고용자승수.

식 (A.5)에서 부가가치승수와 고용승수에서 나타나는 각 계수 행렬은 다음과 같다.

$$A_V = (a_{V1} \cdot a_{Vj} \cdot a_{Vn}),\ A_E = (a_{E1} \cdot a_{Ej} \cdot a_{En}),, \tag{A.6}$$

a_{V_i} : j부문의 부가가치계수, $a_{V_i} = \dfrac{V_j}{X_j}$,

a_{E_i} : j부문의 고용자 계수, $a_{E_i} = \dfrac{E_j}{X_j}$,

E_j : j 부문에 고용된 고용자의 수.

투입산출표로부터 각 유발승수를 계산하면 표 A-2에 제시된 바와 같다. 표 A-2는 1986년 건축산업 연관표를 이용하여 건축 부문 투자에 따른 65개 부문별 생산유발계수, 부가가치 유발계수, 그리고 고용자 계수를 산출한 결과를 나타낸 것이다.

표 A-2 주택투자에 따른 부문별 파급효과 계수

부문	건축투입계수 A_h	생산유발계수 $(I-A_h)A_h$	부가가치유발계수 $A_V(I-A_h)A_h$	고용유발계수 $A_E(I-A_h)A_h$
1.작물	0.00004	0.00929	0.00004	0.00000
2.축산 및 양잠	0.00000	0.00232	0.00000	0.00000
3.농업서비스	0.00000	0.00028	0.00000	0.00000
4.임산물	0.00097	0.01934	0.00096	0.00007
5.수산물	0.00000	0.00025	0.00000	0.00000
6.석탄	0.00000	0.02329	0.00000	0.00000
7.금속광석	0.00000	0.01800	0.00000	0.00000
8.비금속광물	0.00919	0.07193	0.00899	0.00114
9.육류낙농품, 과일가공품	0.00000	0.00333	0.00000	0.00000
10.수산가공품	0.00000	0.00011	0.00000	0.00000
11.정곡	0.00000	0.00380	0.00000	0.00000
12.제분	0.00001	0.00087	0.00001	0.00000
13.제당	0.00000	0.00102	0.00000	0.00000
14.빵과자 및 면류	0.00000	0.00244	0.00000	0.00000
15.기타 식료품	0.00000	0.00599	0.00000	0.00000
16.음료품	0.00000	0.00741	0.00000	0.00000
17.연초	0.00000	0.00031	0.00000	0.00000
18.섬유사	0.00000	0.00289	0.00000	0.00000
19.섬유직물	0.00042	0.00242	0.00047	0.00005
20.섬유제품	0.00084	0.00331	0.00085	0.00010
21.의복 및 의복장신품	0.00000	0.00028	0.00000	0.00000
22.제혁 및 피혁제품	0.00001	0.00130	0.00001	0.00000
23.제재 및 목제품	0.03777	0.05088	0.03733	0.00431
24.펄프제품 및 지류	0.00482	0.03346	0.00476	0.00043
25.인쇄출판	0.00108	0.01154	0.00107	0.00011
26.산업용 기초화합물	0.00029	0.06565	0.00029	0.00002
27.화학섬유	0.00000	0.00194	0.00000	0.00000
28.화학비료 및 농약	0.00004	0.00216	0.00004	0.00000
29.의약품 및 화장품	0.00001	0.00078	0.00001	0.00000
30.기타 화학제품	0.02105	0.04156	0.02082	0.00171
31.화성수지제품	0.01849	0.02770	0.01830	0.00156
32.석유제품	0.00726	0.07131	0.00716	0.00054
33.석탄제품	0.00016	0.01679	0.00016	0.00002
34.고무제품	0.00050	0.00503	0.00050	0.00006

표 A-2 주택투자에 따른 부문별 파급효과 계수 (계속)

부문	건축투입계수 A_h	생산유발계수 $(I-A_h)A_h$	부가가치유발계수 $A_V(I-A_h)A_h$	고용유발계수 $A_E(I-A_h)A_h$
35. 비금속광물제품	0.15510	0.19571	0.15344	0.01483
36. 제철 및 제강	0.00233	0.11384	0.00229	-0.00022
37. 철강1차제품	0.07744	0.14056	0.07621	0.00645
38. 비철금속 및 1차제품	0.01395	0.04734	0.01374	0.00134
39. 금속제품	0.05449	0.06998	0.05386	0.00508
40. 일반기계	0.01807	0.04320	0.01789	0.00158
41. 전기기기	0.02782	0.04138	0.02752	0.00246
42. 전자 및 통신기기	0.00109	0.01009	0.00108	0.00011
43. 수송용 장비	0.00091	0.00962	0.00090	0.00008
44. 정밀기계	0.00083	0.00319	0.00082	0.00009
45. 기타 제조업제품	0.00014	0.00258	0.00014	0.00002
46. 전력	0.00347	0.04949	0.00340	0.00012
47. 도시가스 및 열공급업	0.00000	0.00069	0.00000	0.00000
48. 수도	0.00029	0.00231	0.00028	0.00002
50. 토목 및 기타 건설	0.00000	0.00000	0.00000	0.00000
51. 도소매	0.04119	0.08212	0.04040	0.00302
52. 음식점 및 숙박	0.00000	0.00763	0.00000	0.00000
53. 운수 및 보관	0.02589	0.05743	0.02567	0.00626
54. 통신	0.00343	0.01575	0.00341	0.00020
55. 금융 및 보험	0.03537	0.06660	0.03498	0.00193
56. 부동산	0.00302	0.01624	0.00268	0.00020
57. 사업서비스	0.04652	0.06427	0.04607	0.00234
58. 공공행정 및 국방	0.00000	0.00005	0.00000	0.00000
59. 교육 및 연구	0.00029	0.00147	0.00029	0.00002
60. 보건사회부장	0.00042	0.00188	0.00041	0.00005
61. 사회서비스	0.00083	0.00323	0.00082	0.00008
62. 기타 서비스	0.00011	0.00560	0.00011	0.00002
63. 사무용품	0.00071	0.00341	0.00070	0.00013
64. 가계외 소비지출	0.00716	0.03082	0.00707	0.00049
65. 분류 불명	0.00000	0.00070	0.00000	0.00000
합 계 (승수)	0.62320	1.59614	0.61136	0.05682

A 9-3 200만 호 주택건설에 따른 파급효과 분석

ㅁ 200만 호 주택건설계획

정부는 주택문제 해결을 위해 '83년부터 '92년까지 200만 호 주택을 건설하여 주택공급률을 '88년 69.9%에서 계획이 완료되는 '92년에는 72.9%로 높인다는 계획을 수립하였다. 표 A-3에 보이듯이 계획의 효율적인 추진을 위하여 정부는 정책대상을 소득수준에 따라 네 계층으로 구분하고 각 소득계층에 적합한 형태의 주택을 공급하기로 하였다. 그리고 이 계획에 소요되는 총사업비는 총 64조 원에 이를 것으로 예상되었다.

표 A-3 200만 호 주택건설에 따른 사업비

소득계층	영세층	중산화 가능계층	중산층	중산층 이상	계
건설호수	25만 호	60만 호	48만 호	67만 호	200만 호
자금지원	재정	국민주택기금	금융자금	자비	–
사업비	41,400억 원	87,100억 원	133,200억 원	318,300억 원	640,000억 원

자료 : 한국주택은행, 주택금융 제22권 2호, 1988

ㅁ 주택건설에 따른 부문별 파급효과

표 A-4는 주택 200만 호 건설계획에 따른 주요 부문별 파급효과를 추정한 것이다. 표에 보이듯이 주택건설의 총 효과는 총 102조 원으로 총 사업비의 약 1.6배에 이를 것이며, 고용유발인원도 약 370만 명에 이를 것으로 분석되었다.

표 A-4 200만 호 주택건설에 따른 파급효과 (단위;억 원, 천 명)

부문	생산유발액		부가가치유발액		고용유발인원	
	직접	총 효과	직접	총 효과	직접	총 효과
비금속광물	2	46,035	1	5,754	0	73
제재 및 목재품	24,173	32,563	5,141	23,891	108	276
산업용 기초화합물	186	42,016	40	186	0	1
석유재품	4,646	45,638	1,721	4,582	1	35
비금속광물제품	99,264	125,254	34,867	98,202	314	949
제철 및 제강	−1,491	72,858	8	−1,466	−1	−14
철강1차제품	49,561	89,958	9,431	48,774	59	413
금속제품	34,874	44,787	10,589	34,470	117	325
전기기계	17,805	26,483	5,715	17,613	51	157
도소매	26,362	52,557	18,691	25,856	132	193
운수 및 보관	16,570	36,755	8,206	16,429	306	401
금융 및 보험	22,637	42,624	15,283	22,387	68	124
사업서비스	29,773	41,133	18,074	29,485	25	150
기타	315,639	322,868	16,778	65,107	182	533
계	640,000	1021,530	144,544	391,270	1,362	3,636

ㅁ 산업연쇄효과 분석

200만 호 주택건설에 따른 산업별 파급효과 분석과 아울러 상대적으로 타 산업이 주택건설산업에 미칠 영향 정도(전방연쇄효과)와 상대적으로 주택건설산업이 타 산업에 미칠 영향 정도(후방연쇄효과)를 분석하기 위해 건축 부문의 감응도계수와 영향력계수를 다음과 같이 산출하였다.

$$\alpha_h(\text{감응도계수}) = \frac{\sum_j \lambda_{hj}}{\frac{1}{n}\sum_i\sum_j \lambda_{ij}}, \quad \beta_h(\text{영향력계수}) = \frac{\sum_i \lambda_{ih}}{\frac{1}{n}\sum_i\sum_j \lambda_{ij}} \tag{A.7}$$

λ_{ij} : Leontief 역행렬계수,

n : 산업부문 수.

감응도계수는 건축산업의 최종 수요를 한 단위 증가시키기 위한 각 산업별 투입항의 전산업 평균에 대한 비율로서, 건축 부문의 감응도계수는 0.74274로 전방효과가 평균보다 작은 것으로 나타났으며, 영향력계수는 건설산업의 최종 산출한 단위가 타 산업의 생산에 소요되는 전산업 평균에 대한 상대적 비율로, 건축 부문의 영향력계수는 1.02468로 후방효과가 평균보다 큰 것으로 나타났다. 따라서 건축 부문은 기존 산업의 영향을 적게 받으면서도 타 산업에 대한 상대적 영향력이 크다고 해석할 수 있다. 결국 주택산업은 지역차원의 입지유발을 통하여 지역개발의 효과를 가져올 수 있는 산업이므로 200만 호 주택건설계획을 통하여 낙후된 지역의 산업을 육성, 개발을 유도하는 정책산업으로서의 활용이 가능할 것이다.

A 9-4 결론

최근 건축자재의 품귀현상의 원인 중 하나는 계획이 시행됨에 따라 발생되는 건축자재의 수요를 예측하지 못했기 때문이라고 생각된다. 이는 계획의 시행으로 인한 파급효과의 충분한 예측 없이 근시안적 계획의 수립 및 시행으로 인해 역기능을 초래한 것이므로 대규모 정책의 시행 시 그와 관련된 산업에의 파급효과를 미리 파악하여 연관산업의 생산통제도 함께 이루어져야 함이 장기적 안목에서의 계획사업에 있어 필수요건임을 말해준다.

아울러 '주택건축 및 주택보수' 부문의 산업파급효과를 살펴볼 때 지금까지 공공주택정책은 지역의 산업을 육성하고, 고용을 촉진시키는 지역개발 관점에서라기 보다는 막연한 물량 위주의 정책이었다. 그러나 연구 결과 200만 호 주택건설의 산업파급효과가 166조 원의 생산액과 54조 원의 부가가치액, 그리고 370만 명의 고용을 유발하는 등 파급효과가 상당한 수준에 이르고 주택건축산업의 후방연쇄효과가 전방연쇄효과의 1.4배에 달하므로 막대한 물량 위주의 정책보다는 지역별 산업배분을 감안한, 그리고 지역개발유도라는 차원에서 단계적, 지역별 투자계획의 수립과 시행이 요구된다고 하겠다.

제 **10** 장

지역 투입산출모형

10.1 지역 투입산출모형의 개요

9장에서는 전국 투입산출모형에 대해 설명하였다. 전국 투입산출모형은 기본적으로 산업의 구분이 지역별로 분류되지 않았기 때문에 산업제품에 대한 수요의 변화가 지역경제에 미치는 영향이 측정될 수 없다. 그러므로 투입산출모형이 지역경제에 대해 의미 있는 분석방법이 되기 위해서는 지역의 개념, 즉 공간의 개념이 고려되어야 한다. 공간의 개념이 투입산출표에 반영될 때 비로소 지역 모형은 전국모형과 구분된다. 투입산출모형이 지역모형이 되기 위해서는 다음과 같이 지역의 두 특성이 투입산출표에 반영되어야 한다.

첫째는 생산구조의 지역적 특성이다. 전국 투입산출표로부터 계산되는 산업들의 투입계수는 각 지역산업들의 투입계수의 전국 평균으로 볼 수 있다. 따라서 지역의 투입계수는 전국의 투입계수와 유사할 수도 또는 상당한 차이를 보일 수도 있다. 예를 들면 경기도 지역에서 생산되는 맥주와 전라도 지역에서 생산되는 맥주의 경우는 비록 상표는 다르지만 제품 1단위당 투입되는 원료와 본원적 투입요소에 있어서는 지역적으로 많은 차이가 존재하지 않을 것이다. 그러나 전기의 경우, 경북 안동댐으로부터 발전되는 전기와 서울 당인리 발전소에서 발전되는 전기는 서로 동일하지만 전력 생산에 투입되는 원료의 종류와 양은 서로 다를 것이다. 이와 같이 동일한 산업제품에 대한 생산구조는 지역에 따라 유사할 수도 전혀 다를 수도 있다. 그러므로 생산구조의 지역적 특성은 모형이 지역 모형이 되기 위한 가장 중요한 요소이다.

둘째는 지역의 개방성이다. 이는 지역간 제품의 흐름을 의미한다. 한 국가 내 제품의 흐름을 제한한 제도적 장치는 실제로 존재하지 않는다. 그리고 지역간 산업간 제품의 흐름으로 인해 지역간 상호 연관관계로 나타난다. 예를 들면 생선을 타 지역으로부터 수입 가공하여 생선 통조림을 생산하는 산업을 생각해 보자. 많은 통조림을 생산하기 위해서는 많은 생선이 타 지역으로부터 수입되어야 한다. 따라서 생선 통조림에 대한 수요의 변화는 통조림을 생산하는 지역의 경제뿐만 아니라 생선을 수출하는 지역의 경제에도 영향을 미친다. 이처럼 지역이 개방되어 있기 때문에 지역간, 산업간 연관관계가 존재한다. 그리고 지역의 개방 정도에 따라 산업제품에 대한 수요의 변화가 지역경제에 미치는 영향 정도도 변한다. 그러므로 지역의 개방성이 투입산출표에 고려될 때 지역경제 분석의 정확성은 높아진다.

위와 같은 지역의 특징이 투입산출표에 고려될 때 모형은 지역 모형으로 특징을 갖게 된다. 지역 모형은 단일지역모형(single-region input-output model)과 다지역모형(many-region input-output model)으로 분류된다. 전자는 대상 지역만을 분석 대상으로 국한하여 분석하는 모형이다. 후자는 지역의 생산구조의 특성과 지역간, 그리고 산업간 제품 흐름의 특징을 투입산출표에 반영하여 분석하는 모형이다.

본 장은 총 5절로 구성된다. 제2절에서는 단일지역모형과 지역의 순투입산출계수를 도출하는 방법인 직접 공급비율법, 직접 조사법, 그리고 제품혼합법에 대해 설명한다. 제3절에서는 다지역모형을 지역간 투입산출모형과 다지역 투입산출모형으로 구분하여 설명한다. 그리고 제4절에서는 지역의 승수에 대해 설명한다. 여기서도 설명은 단일지역모형과 다지역모형으로 구분하여 제공한다. 마지막으로 제5절에서는 본 장에서 설명한 내용이 요약되며, 부록에서는 우리나라의 다지역 투입산출표를 이용하여 지역의 경제와 지역의 환경을 분석한 논문이 소개된다.

10.2 단일지역모형

단일지역 투입산출모형은 지역 자체 내 투입구조의 특징을 바탕으로 지역을 분석하는 모형이다. 전국모형에서 산업들의 생산구조 특징은 투입산출계수로 나타나듯이 지역 모형에서도 지역내 산업들의 생산구조 특징은 지역투입산출계수로 나타난다. 단, 지역모형의 주요 관점은 지역투입산출계수와 함께 지역의 순투입산출계수를 도출하는 데 있다. 먼저 유의해야 할 것은 지역의 순투입산출계수(a_{ij}^{rr})와 지역의 투입산출계수(a_{ij}^{r})는 서로 다르다는 것이다.

지역의 투입산출계수는 전국의 투입산출계수와 같은 개념으로 지역내 산업 j제품 1단위 생산을 위해 투입되는 산업 i제품의 양을 말한다. 그러나 이 계수는 투입되는 산업 i제품량이 지역 내에서 공급되는지 아니면 타 지역으로부터 수입되는지에 관해서는 아무런 정보를 제공해주지 못한다. 이에 반해 지역의 순투입산출계수는 지역내 입지한 산업 j의 제품 1단위 생산을 위해 동일 지역 내에 입지한 산업 i에서 투입되는 양을 의미한다. 이와 같은 차이를 식으로 표현하면 다음과 같다.

$$a_{ij}^{r} = \frac{X_{ij}^{r}}{X_{j}^{r}}, \ a_{ij}^{rr} = \frac{X_{ij}^{rr}}{X_{j}^{r}}, \tag{10.1}$$

X_{ij}^{r} : 지역 r내 산업 j제품 생산을 위해 투입되는 산업 i제품량,

X_{ij}^{rr} : 지역 r내 산업 j제품 생산을 위해 투입되는 지역 r내 산업 i제품량.

지역의 순투입산출계수의 도출은 지역경제를 이해하는 데 매우 중요하다. 왜냐하면 단일지역모형의 경우 지역의 승수행렬은 지역의 순투입산출계수행렬에 의해 결정되기 때문이다. 지역의 순투입산출계수를 도출하는 방법은 여러 가지가 있으나 여기서는 산업별 지역 공급비율법과 직접 조사법, 그리고 제품혼합법을 소개하기로 한다.

10.2.1 지역 공급비율법

지역의 순투입산출계수를 전국의 투입산출계수로부터 도출하는 방법 중 하나가 지역 공급비율에 의한 방법이다. 여기서 말하는 지역 공급비율이란 지역산업 j에서 생산된 제품 중 지역 내로 분배되는 양이 지역내 총수요에서 차지하는 비율을 말한다. 이를 식으로 표현하면 다음과 같다.

$$p_{j}^{r} = \frac{X_{j}^{r} - E_{j}^{r}}{X_{j}^{r} - E_{j}^{r} + M_{j}^{r}}, \tag{10.2}$$

p_j^r : 산업 j에 대한 지역의 공급비율,

E_j^r : 지역 r내 산업 j의 수출량,

M_j^r : 타 지역으로부터 지역 r로 수입되는 산업 j제품의 양.

식 (10.2)의 분자는 지역에서 생산된 산업 j제품 중 지역 내로 분배되는 양을 말하며, 분모는 지역내 산업 j제품에 대한 총수요, 즉 제품이 생산된 지역에 관계없이 지역 r 내에서 구입 가능한 산업 j제품의 양을 말한다. 지역 공급비율법에서 나타나는 가정은 산업의 투입구조가 지역과 전국에서 동일하다는 것이다. 따라서 지역 공급비율법에서 지역의 순투입계수는 전국의 투입산출계수(a_{ij}^n)를 지역의 공급비율에 의해 보정함으로 계산된다.

$$a_{ij}^{rr} = a_{ij}^n p_j^{rr}. \tag{10.3}$$

지역의 산업별 순투입산출계수를 행렬로 표현하면

$$A^{rr} = \hat{P} \times A, \tag{10.4}$$

A : 전국의 산업간 투입산출계수 행렬,

A^{rr} : 지역 r의 순투입산출계수 행렬,

$\hat{P}$: 지역산업 공급비율 대각선 행렬.

위 식의 각 행렬구조는 다음과 같다.

$$A^{rr} = \begin{bmatrix} a_{11}^{rr} & a_{12}^{rr} & \cdots & a_{1n}^{rr} \\ a_{21}^{rr} & a_{22}^{rr} & \cdots & a_{2n}^{rr} \\ \cdot & \cdot & \cdots & \cdot \\ a_{n1}^{rr} & a_{n2}^{rr} & \cdots & a_{nn}^{rr} \end{bmatrix}, \quad \hat{P} = \begin{bmatrix} p_1^r & 0 & \cdots & 0 \\ 0 & p_2^r & \cdots & 0 \\ \cdot & \cdot & \cdots & \cdot \\ 0 & 0 & \cdots & p_n^r \end{bmatrix}.$$

그러므로 지역의 투입산출체계는 다음과 같이 표현된다.

$$(I - \hat{P}A)X^r = F^r, \tag{10.5}$$

F^r : 지역 r의 산업제품에 대한 최종 수요 행렬.

식 (10.5)에서 지역산업의 생산량은 산업제품에 대한 최종 수요와 지역의 승수행렬에 의해 결정된다.

$$X^r = (I - \hat{P}A)^{-1} F^r. \tag{10.6}$$

예를 들면 지역 r은 3개의 산업으로 구성되어 있으며, 각 산업의 지역 공급비율은 1차 산업이 80%, 2차 산업이 60%, 그리고 3차 산업이 50%이다. 전국에서 계산된 산업간 투입산출계수 행렬이 주어졌다면 지역 r의 순투입산출계수 행렬과 승수행렬은 지역 공급비율법에 의해 도출될 수 있다.

$$A=\begin{bmatrix}0.15 & 0.25 & 0.10\\ 0.25 & 0.10 & 0.15\\ 0.18 & 0.20 & 0.27\end{bmatrix}.$$

지역의 승수행렬은 지역의 순투입산출계수에 의해 정해지므로 우선 지역의 순투입산출계수 행렬은 식 (10.4)에 의해 다음과 같이 결정된다.

$$A^{rr}=\hat{P}A=\begin{bmatrix}0.8 & 0 & 0\\ 0 & 0.6 & 0\\ 0 & 0 & 0.5\end{bmatrix}\times\begin{bmatrix}0.15 & 0.25 & 0.10\\ 0.25 & 0.10 & 0.15\\ 0.18 & 0.20 & 0.27\end{bmatrix}=\begin{bmatrix}0.120 & 0.200 & 0.080\\ 0.150 & 0.060 & 0.090\\ 0.090 & 0.100 & 0.135\end{bmatrix}.$$

그러므로 지역 r의 승수행렬 $(I-A^{rr})^{-1}$은 다음과 같이 구해진다.

$$(I-A^{rr})^{-1}=\begin{bmatrix}1.196 & 0.269 & 0.139\\ 0.205 & 1.122 & 0.136\\ 0.148 & 0.158 & 1.186\end{bmatrix}.$$

만일, 지역 r의 산업제품에 대한 최종 수요가 다음과 같이 주어졌다면 지역의 산업별 생산량(X^r)은 위에서 구한 승수행렬에 의해 결정된다.

$$F^r=\begin{bmatrix}600\\ 1,500\\ 800\end{bmatrix},\quad X^r=\begin{bmatrix}1,232.788\\ 1,914.488\\ 1,274.451\end{bmatrix}.$$

여기서 식 (10.2)로부터 계산된 산업 j의 지역 공급비율 범위를 살펴보자. 그 범위는 일반적으로 말해 다음과 같을 것이다.

$$0<p_j^r<1.$$

이는 지역 내에서 산업 생산에 필요한 모든 원료가 지역 안에서 모두 공급되는 것이 아님을 가리킨다(물론 $p_j^r=0$ 또는 $p_j^r=1$인 경우도 있을 수 있으나 지역의 개방성을 고려한다면 이러한 경우는 매우 드문 경우라 할 수 있다). 따라서 지역에서 산업제품에 대한 지역의 최종 수요는 지역 외에 입지한 산업에도 영향을 미친다. 위의 예에서 지역내 최종 수요가 지역 외부에 미치는 영향은 다음과 같이 측정할 수 있다. 만일 산업 생산에 필요한 중간 투입이 지역 내에서 완전 공급되는 경우($p_j^r = 1$), 전국의 투입산출계수 행렬과 지역의 투입산출계수 행렬, 그리고 지역의 순투입산출계수 행렬은 동일할 것이다.

$$A = A^r = A^{rr}.$$

이러한 경우 주어진 최종 수요에 대해 지역의 산업 생산량(X)은 다음과 같다.

$$X = (I - A)^{-1} F^r = \begin{bmatrix} 1.365 & 0.441 & 0.278 \\ 0.456 & 1.312 & 0.332 \\ 0.461 & 0.468 & 1.529 \end{bmatrix} \times \begin{bmatrix} 600 \\ 1,500 \\ 800 \end{bmatrix} = \begin{bmatrix} 1,702.204 \\ 2,506.558 \\ 2,202.340 \end{bmatrix}.$$

그러나 사실 지역 각 산업의 지역 공급비율은 1이 아니므로 완전 공급에서 계산된 지역의 생산은 지역내 생산과 지역 외 생산의 합이다. 따라서 최종 수요가 지역 외부에 미친 영향은 완전 공급비율하에서 계산된 지역의 생산에서 지역의 공급비율을 고려하여 계산한 생산의 차이($X - X^r$)이다.

$$(X - X^r) = \begin{bmatrix} 469.416 \\ 592.070 \\ 927.890 \end{bmatrix}.$$

10.2.2 직접 조사법

동일한 제품을 생산하는 산업의 경우도 생산방식의 차이로 인하여 투입구조는 지역간 차이가 있을 수 있다. 예를 들어, 전기 생산의 경우를 생각해 보자. 한 지역에서는 수력발전소에 의해, 그리고 다른 지역에서는 화력 발전소에서 전기가 생산된다면, 전기는 동일하지만 생산구조는 지역간 차이가 존재한다. 이러한 생산구조의 지역적 차이는 앞서 설명한 지역 공급비율법에서는 나타낼 수 없다. 왜냐하면 설명하였듯이 지역 공급비율법은 산업의 투입구조가 지역마다 동일함을 가정하고 있기 때문이다.

생산구조의 지역 특성을 정확하게 나타내는 방법은 지역내 산업 연관관계를 직접 조사하는 방법이다. 이 방법은 지역 내에 입지한 모든 기업들로부터 그들의 생산 단계에서 배분 단계에 이르기까지 발생한 모든 거래를 토대로 지역 투입산출표를 작성하는 것이다. 그리고 작성된 투입산출표로부터 지역의 순투입산출계수를 다음 식 (10.7)과 같이 계산함으로써 지역 투입구조의 특성을 도출하는 방법이다.

$$a_{ij}^{rr} = \frac{X_{ij}^{rr}}{X_j^r}. \tag{10.7}$$

그리고 식 (10.7)을 이용하여 지역 r의 순투입산출계수 행렬은 다음과 같이 표현된다.

$$A^{rr} = X^{rr}(\hat{X}^r)^{-1}. \tag{10.8}$$

식 (10.8)의 행렬의 구조를 나타내면,

$$\begin{bmatrix} a_{11}^{rr} \ a_{12}^{rr} \cdots a_{1n}^{rr} \\ a_{21}^{rr} \ a_{22}^{rr} \cdots a_{2n}^{rr} \\ \cdot \quad \cdot \ \cdots \ \cdot \\ a_{n1}^{rr} \ a_{n2}^{rr} \cdots a_{nn}^{rr} \end{bmatrix} = \begin{bmatrix} X_{11}^{rr} \ X_{12}^{rr} \cdots X_{1n}^{rr} \\ X_{21}^{rr} \ X_{22}^{rr} \cdots X_{2n}^{rr} \\ \cdot \quad \cdot \ \cdots \ \cdot \\ X_{n1}^{rr} \ X_{n2}^{rr} \cdots X_{nn}^{rr} \end{bmatrix} \times \begin{bmatrix} (X_1^r)^{-1} & 0 & \cdots & 0 \\ 0 & (X_2^r)^{-1} & \cdots & 0 \\ \cdot & \cdot & \cdots & \cdot \\ 0 & 0 & \cdots & (X_n^r)^{-1} \end{bmatrix}.$$

지역의 투입산출 체계는 다음과 같다.

$$(I - A^{rr})X^r = F^r. \tag{10.9}$$

그러므로 지역산업의 생산량은 지역산업의 승수행렬과 최종 수요 행렬에 의해 결정된다.

$$X^r = (I - A^{rr})^{-1}F^r. \tag{10.10}$$

직접 조사법에 의한 투입산출표의 작성은 지역산업의 생산구조 특성을 정확하게 나타낼 수 있다는 장점이 있는 반면 이를 위해서는 많은 시간과 비용이 소요된다는 단점도 있다.

10.2.3 제품혼합법

지역산업의 생산구조 특징은 투입산출계수에 의해 나타나며, 이는 제품혼합법에 의해 추정될 수 있다. 이 방법은 위에서 언급한 전기 생산의 예와 같이 동종의 산업이라도 지역마다 생산구조에 뚜렷한 차이가 있을 때 지역의 투입산출계수를 추정하는 방법이다. 이 방법의 기본 관점은 산업이 세밀하게 분류되었을 때는 각 산업의 생산구조에 지역적 차이는 없다는 것이다. 단지, 산업 분류가 세밀하게 분류되지 않았을 경우 지역간 생산구조의 차이는 투입되는 제품의 혼합(product-mixed) 차이에 의해 발생한다는 것이다. 예를 들어, 산업2제품 생산을 위해 투입되는 산업 8제품의 양을 나타내는 투입산출계수는 두 지역(r과 s)에서 뚜렷한 차이가 있다고 하자. 그리고 산업2는 세부적으로 $2a$, $2b$, 그리고 $2c$로 세분되며, 두 지역에서 각 세부산업의 생산량과 전국 투입산출표로부터 각 세부산업과 산업8간의 투입산출계수는 다음과 같이 조사되었다. 그러면 두 지역의 투입산출계수(a^r_{82}와 a^s_{82})는 제품 혼합법에 의해 계산될 수 있다.

$$X^r_{2a} = 800 \qquad X^r_{2b} = 400 \qquad X^r_{2c} = 0 \qquad X^r_2 = 1{,}200,$$

$$X^s_{2a} = 100 \qquad X^s_{2b} = 0 \qquad X^s_{2c} = 500 \qquad X^s_2 = 600,$$

$$a^n_{8,2a} = 0.005 \quad a^n_{8,2b} = 0.009 \quad a^n_{8,2c} = 0.003.$$

산업이 세밀하게 분류되었을 때 투입구조는 지역간 동일하다고 하였으므로,

$$a^n_{8,2a} = a^r_{8,2a} = a^s_{8,2a},\ a^n_{8,2b} = a^r_{8,2b} = a^s_{8,2b},\ a^n_{8,2c} = a^r_{8,2c} = a^s_{8,2c}.$$

지역 r의 경우 산업2에 투입되는 산업8제품의 양은 다음과 같이 구할 수 있다.

$$a^n_{8,2a}X^r_{2a} = (0.005)\times 800 = 4,\ a^n_{8,2b}X^r_{2b} = (0.009)\times 400 = 3.6,$$

$$a^n_{8,2c}X^r_{2c} = (0.003)\times 0 = 0.$$

따라서 지역 r의 투입산출계수는

$$a^r_{82} = \frac{4+3.6}{1{,}200} = 0.0063.$$

같은 방법으로 지역 s의 투입산출계수는,

$$a^n_{8,2a}X^s_{2a} = (0.005)\times 100 = 0.5,\ a^n_{8,2b}X^s_{2b} = (0.009)\times 0 = 0,$$

$$a^n_{8,2c}X^s_{2c} = (0.003)\times 500 = 1.5.\ a^s_{82} = \frac{0.5+1.5}{600} = 0.0033.$$

이와 같은 방법에 의해 지역 투입산출계수는 전 산업에 걸쳐 계산될 수 있다. 단, 여기서 유의해야 할 것은 제품혼합법에 의해 계산된 지역 투입산출계수는 지역의 순투입산출계수가 아니라는 것이다. 다시 말하면, 이 방법에 의해 계산된 지역 투입산출계수는 지역의 생산구조 특성은 나타내지만 지역간 제품의 흐름은 나타내지 못하고 있다. 그러므로 지역의 순투입산출계

수는 제품혼합법에 의해 계산된 지역 투입산출계수를 다시 지역의 공급비율법 또는 다음 절에서 설명될 지역간 유입계수행렬 등에 의해 보정하여 구할 수 있다.

10.3 다지역모형(Many-Region Input-Output Model)

단일지역 투입산출모형의 가장 큰 한계는 바로 지역간 연관관계가 분석 과정에서 구체적으로 고려되지 못한다는 것이다. 지역간 산업 연관관계는 지역내 산업 관계와 마찬가지로 존재하기 때문에 분석의 정확성을 높이기 위해서는 모형에 고려되어야 한다. 지역간 연관관계는 지역간 산업제품의 흐름으로 특징지워지기 때문에 이 산업제품의 흐름을 투입산출표에 반영하는 것이 무엇보다도 중요하다. 따라서 다지역모형에서 가장 중요한 부분은 바로 다지역경제의 투입산출표 작성이다.

지역간, 그리고 산업간 연관관계를 반영하는 투입산출표는 크게 두 가지 접근법, 즉 지역간 접근법(interregional approach)과 다지역 접근법(multi-regional approach)에 의해 작성된다. 전자의 경우는 지역내 산업별 기업(firms)단위로 직접 조사하여 투입산출표를 작성하는 방법을 말한다. 이의 대표적 예는 일본에서 1960년에 시작하여 매 5년마다 조사 작성되는 지역간 투입산출표이다. 그러나 조사의 기본단위가 기업이기 때문에 표 작성을 위해 많은 시간과 비용이 소요된다. 그리고 지역의 수가 많아지면 제품의 지역간 흐름을 나타내기 어려운 단점이 있다. 이에 비해 후자의 방법은 기업단위가 아니라 각 산업단위로 제품의 지역간 흐름을 바탕으로 작성되는 방법이다. 이는 산업제품의 지역간 흐름의 자료가 이미 조사되어 있을 때 사용할 수 있는 방법이다. 이러한 방법은 Chenery(1953)와 Moses(1955)에 의해 소개되었으며, Polenske(1980) 등에 의해 발전되었다. 이에 대한 대표적인 예는 Harvard Economic Research Project에서 미국을 51개 지역으로 구분하여 작성된 지역간 투입산출표이다. 두 접근법에 대한 설명은 다음과 같다.

10.3.1 지역간 투입산출모형

지역간 투입산출모형을 편의상 국민 경제는 두 지역 r과 s로 구성되어 있으며, 각 지역은 3개의 산업으로 구성되어 있다고 가정하고 설명을 진행하도록 한다. 우선 두 지역간 산업별 상품의 흐름은 지역내 기업단위로부터 조사하여 표 10.1과 같이 작성되었다고 하자.

표 10.1 지역간 산업연관표

투입 \ 배분		지역 r			지역 s		
		산업1	산업2	산업3	산업1	산업2	산업3
지역 r	산업1	X_{11}^{rr}	X_{12}^{rr}	X_{13}^{rr}	X_{11}^{rs}	X_{12}^{rs}	X_{13}^{rs}
	산업2	X_{21}^{rr}	X_{22}^{rr}	X_{11}^{rr}	X_{21}^{rs}	X_{22}^{rs}	X_{23}^{rs}
	산업3	X_{31}^{rr}	X_{32}^{rr}	X_{11}^{rr}	X_{31}^{rs}	X_{32}^{rs}	X_{33}^{rs}
지역 s	산업1	X_{11}^{sr}	X_{12}^{sr}	X_{13}^{sr}	X_{11}^{ss}	X_{12}^{ss}	X_{13}^{ss}
	산업2	X_{21}^{sr}	X_{22}^{sr}	X_{23}^{sr}	X_{21}^{ss}	X_{22}^{ss}	X_{23}^{ss}
	산업3	X_{31}^{sr}	X_{32}^{sr}	X_{33}^{sr}	X_{31}^{ss}	X_{32}^{ss}	X_{33}^{ss}

• X_{ij}^{sr} : 지역 r내 산업 j제품 생산에 투입된 지역 s에서 생산된 산업 i제품의 양.

표 10.1에 나타난 지역간 산업제품의 흐름은 다음과 같은 4개의 하부 행렬(sub-matrix)로 구성된 하나의 행렬로 표현할 수 있다.

$$Z = \begin{bmatrix} RR & RS \\ SR & SS \end{bmatrix}.$$

하부 행렬 RR과 SS는 각각 지역 r과 지역 s내 산업간 제품의 흐름을 의미하며, 하부 행렬 RS와 SR은 지역간 산업별 제품의 흐름, 즉 지역간 교역을 말한다. 좀더 구체적으로 말하면, RS는 지역 r 내에서 생산된 산업제품이 지역 s내 산업의 생산 과정으로 투입되는 제품의 흐름을 말한다. 이를 지역 r측면에서 보면 제품의 수출이며 지역 s측면에서 볼 때는 제품의 수입이라 할 수 있다. 같은 맥락에서 SR도 해석된다. 따라서 지역간 산업연관표로부터 직접 산업간 순투입산출계수와 교역계수를 구할 수 있다. 우선 두 지역의 순투입산출계수는 식 (10.11)과 같이 구할 수 있다.

$$a_{ij}^{rr} = \frac{X_{ij}^{rr}}{X_j^r}, \ a_{ij}^{ss} = \frac{X_{ij}^{ss}}{X_j^s}. \tag{10.11}$$

같은 방법에 의해 지역간 교역계수도 구해진다.

$$a_{ij}^{rs} = \frac{X_{ij}^{rs}}{X_j^s}, \ a_{ij}^{sr} = \frac{X_{ij}^{sr}}{X_j^r}. \tag{10.12}$$

그러므로 두 지역경제의 투입산출계수 행렬은 다음과 같이 표현된다.

$$A = \begin{bmatrix} A^{rr} & A^{rs} \\ A^{sr} & A^{ss} \end{bmatrix}.$$

투입산출계수 행렬의 각 하부 행렬은 다음과 같다.

$$A^{rr} = \begin{bmatrix} a_{11}^{rr} & a_{12}^{rr} & a_{13}^{rr} \\ a_{21}^{rr} & a_{22}^{rr} & a_{23}^{rr} \\ a_{31}^{rr} & a_{32}^{rr} & a_{33}^{rr} \end{bmatrix}, \quad A^{rs} = \begin{bmatrix} a_{11}^{rs} & a_{12}^{rs} & a_{13}^{rs} \\ a_{21}^{rs} & a_{22}^{rs} & a_{23}^{rs} \\ a_{31}^{rs} & a_{32}^{rs} & a_{33}^{rs} \end{bmatrix},$$

$$A^{sr} = \begin{bmatrix} a_{11}^{sr} & a_{12}^{sr} & a_{13}^{sr} \\ a_{21}^{sr} & a_{22}^{sr} & a_{23}^{sr} \\ a_{31}^{sr} & a_{32}^{sr} & a_{33}^{sr} \end{bmatrix}, \quad A^{ss} = \begin{bmatrix} a_{11}^{ss} & a_{12}^{ss} & a_{13}^{ss} \\ a_{21}^{ss} & a_{22}^{ss} & a_{23}^{ss} \\ a_{31}^{ss} & a_{32}^{ss} & a_{33}^{ss} \end{bmatrix}.$$

두 지역경제의 투입산출 체계는 식 (10.13)과 같이 표현된다.

$$\left\{ \begin{bmatrix} I & 0 \\ 0 & I \end{bmatrix} - \begin{bmatrix} A^{rr} & A^{rs} \\ A^{sr} & A^{ss} \end{bmatrix} \right\} \begin{bmatrix} X^r \\ X^s \end{bmatrix} = \begin{bmatrix} F^r \\ F^s \end{bmatrix}. \tag{10.13}$$

그러므로 두 지역경제의 산업 생산은 승수행렬과 최종 수요 행렬에 의해 결정된다.

$$\begin{bmatrix} X^r \\ X^s \end{bmatrix} = \left\{ \begin{bmatrix} I & 0 \\ 0 & I \end{bmatrix} - \begin{bmatrix} A^{rr} & A^{rs} \\ A^{sr} & A^{ss} \end{bmatrix} \right\}^{-1} \begin{bmatrix} F^r \\ F^s \end{bmatrix}. \tag{10.14}$$

두 지역경제의 산업별 생산량과 산업별 제품의 흐름이 표 10.2와 같이 조사되었을 때 이 두 지역경제의 투입산출계수 행렬과 승수행렬을 구하여 보자.

$$X^r = \begin{bmatrix} 1,500 \\ 3,400 \\ 2,200 \end{bmatrix}, \quad X^s = \begin{bmatrix} 2,000 \\ 2,500 \\ 1,800 \end{bmatrix}.$$

표 10.2 지역간 산업제품의 흐름

투입 \ 배분		지역 r			지역 s		
		산업1	산업2	산업3	산업1	산업2	산업3
지역 r	산업1	200	450	50	30	80	60
	산업2	250	150	420	160	180	100
	산업3	300	500	60	40	60	50
지역 s	산업1	80	100	65	180	250	170
	산업2	50	40	55	140	100	200
	산업3	100	80	40	110	150	330

우선 주어진 자료와 식 (10.11)과 식 (10.12)를 이용하여 지역내 순투입산출계수 행렬과 지역간 교역계수 행렬을 구하면,

$$A^{rr}=\begin{bmatrix}0.133 & 0.132 & 0.023\\ 0.167 & 0.044 & 0.191\\ 0.200 & 0.147 & 0.027\end{bmatrix},\quad A^{rs}=\begin{bmatrix}0.015 & 0.032 & 0.033\\ 0.080 & 0.072 & 0.056\\ 0.020 & 0.024 & 0.028\end{bmatrix},$$

$$A^{sr}=\begin{bmatrix}0.053 & 0.029 & 0.030\\ 0.033 & 0.012 & 0.025\\ 0.067 & 0.024 & 0.018\end{bmatrix},\quad A^{ss}=\begin{bmatrix}0.090 & 0.100 & 0.094\\ 0.070 & 0.040 & 0.111\\ 0.055 & 0.060 & 0.183\end{bmatrix}.$$

위의 두 지역경제의 투입산출계수 행렬로부터 두 지역경제의 승수행렬이 계산된다.

$$(I-A)^{-1}=\left[\begin{array}{ccc|ccc}1.217 & 0.183 & 0.069 & 0.048 & 0.066 & 0.079\\ 0.295 & 1.132 & 0.239 & 0.127 & 0.122 & 0.128\\ 0.303 & 0.213 & 1.082 & 0.057 & 0.064 & 0.079\\ \hline 0.112 & 0.065 & 0.056 & 1.128 & 0.137 & 0.160\\ 0.077 & 0.037 & 0.043 & 0.098 & 1.068 & 0.164\\ 0.128 & 0.059 & 0.043 & 0.092 & 0.098 & 1.259\end{array}\right]$$

그러므로 어떠한 지역의 산업제품에 대한 외부수요의 변화가 지역별, 그리고 산업별로 미치는 영향은 두 지역경제의 승수행렬에 의해 계산될 수 있다. 만일 산업1제품에 대한 최종 수요가 두 지역에서 각각 100씩 증가하였다면 이 최종 수요의 변화가 두 지역경제에 미치는 영향은 위에서 구한 승수행렬과 식 (10.14)를 이용하여 다음과 같이 측정된다.

$$\Delta X=(I-A)^{-1}\Delta F=\left[\begin{array}{r}126.407\\ 42.195\\ 35.977\\ \hline 124.026\\ 17.427\\ 21.969\end{array}\right].$$

그림 10.1
지역간 확산효과와
환류효과

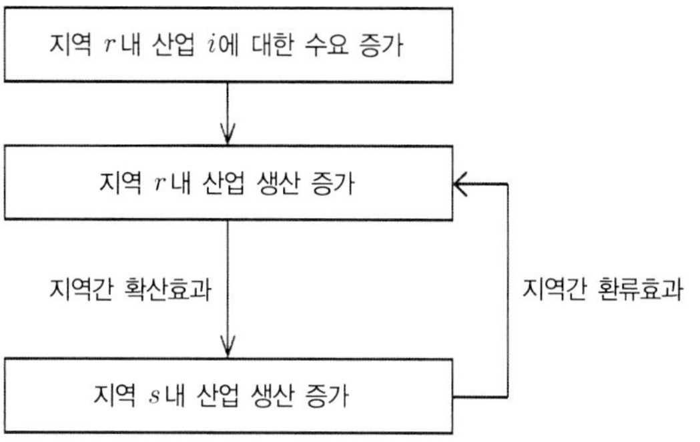

여기서 단일지역모형과 다지역모형과의 차이에 대해 생각해 보자. 앞서 언급하였듯이 단일지역모형의 가장 큰 한계는 지역간 교역의 효과가 분석에 나타나지 않는 것이다. 그러면 지역간 교역이 고려되었을 때 산업 생산에 미치는 효과는 무엇인가? 지역간 교역은 지역간 산업의 연관관계를 나타낸다. 그러므로 어느 지역 제품에 대한 수요변화의 효과는 그 지역으로 제한되지 않으며 타 지역으로 파급된다. 이와 같이 지역간 산업 연관관계로부터 발생하는 총 효과는 크게 확산효과(spill-over effect)와 환류효과(feedback effect)로 구분된다. 그림 10.1에서 보이듯이 확산효과란 두 지역경제의 경우 지역 r에서 생산되는 제품에 대한 수요변화가 지역 s내 산업 생산에 미치는 효과를 말한다. 그리고 환류효과란 확산효과로 인한 지역 s의 생산변화가 다시 지역 r의 산업 생산에 변화를 일으키는 효과를 말한다. 이러한 두 효과는 두 지역간 산업별 연관관계에 기인한 효과이며 단일지역모형에서는 나타낼 수 없는 효과이다.

여기서 문제는 이러한 두 효과를 무시하여 얻은 단일지역모형의 분석 결과와 두 효과를 고려한 다지역모형으로부터 얻은 결과의 차이이다. 이 차이에 대한 인식은 중요하다. 왜냐하면 만일 두 결과의 차이가 크다면 단일지역모형이 분석방법으로서 가지는 유용성에 의문이 제기될 수 있기 때문이다. 그러면 확산효과와 환류효과로 인한 지역의 산업 생산량의 변화는 어떠한지 앞의 예에서 살펴보자. 두 지역경제에서 두 지역을 각각 단일 지역으로 보고 각각의 지역승수행렬을 계산하면 다음과 같다.

$$(I-A^{rr})^{-1} = \begin{bmatrix} 1.202 & 0.176 & 0.063 \\ 0.267 & 1.118 & 0.226 \\ 0.288 & 0.205 & 1.075 \end{bmatrix}, \quad (I-A^{ss})^{-1} = \begin{bmatrix} 1.095 & 0.174 & 0.150 \\ 0.073 & 1.083 & 0.156 \\ 0.066 & 0.120 & 1.248 \end{bmatrix}.$$

그리고 위의 예와 마찬가지로 1차 산업에 대한 수요가 두 지역에서 각각 100씩 증가하였다면, 그 효과는 지역별로 다음과 같다.

$$\Delta X^{r} = (I - A^{rr})^{-1} \Delta F^{r} = \begin{bmatrix} 120.217 \\ 26.704 \\ 28.755 \end{bmatrix},$$

$$\Delta X^{s} = (I - A^{ss})^{-1} \Delta F^{s} = \begin{bmatrix} 109.524 \\ 7.276 \\ 6.643 \end{bmatrix}.$$

위와 같이 산업제품에 대한 동일한 수요변화의 파급효과는 단일지역모형에서 더 낮게 나타난다. 이는 매우 당연한 결과이다. 왜냐하면 단일지역모형에서는 확산효과와 환류효과가 분석에 고려되지 못했기 때문이다. 이러한 차이는 단일지역모형의 분석방법상 유용성에 의문을 제기한다. 이에 대한 문헌상의 실증적인 연구 결과는 확산효과와 환류효과의 영향이 지역내 산업생산에 미치는 영향에 비해 상대적으로 작음을 가리키고 있다(Miller, 1966, 1969). 이는 단일지역모형이 지역경제 분석의 모형으로 유용함을 제시하고 있는 것이라 할 수 있다. 그러나 여기서 분명히 인식해야 할 것은 이러한 결과를 일반적인 것으로 말하기는 어렵다는 것이다. 왜냐하면 확산효과와 환류효과는 지역간 연관관계(A^{sr} 또는 A^{rs})의 정도에 달려 있기 때문이다. 따라서 지역경제를 분석할 때 단일지역모형과 다지역모형의 선택은 분석자가 분석 지역산업의 특성과 자료 상태 등을 종합적으로 고려하여 결정해야 한다.

10.3.2 다지역 투입산출모형

앞 절에서 설명한 지역간 투입산출모형은 각 산업제품의 지역간 흐름을 지역내 입지한 각 기업단위로부터 조사·작성된 투입산출표에 기초하고 있다. 이에 비해 다지역 투입산출모형에서의 투입산출표는 각 산업제품의 지역간 흐름을 바탕으로 작성된다. 그러므로 만일 지역간 산업별 제품의 흐름이 조사되어 있다면 그 만큼 다지역 투입산출표의 작성은 유리하다고 할 수 있다. 그러면 p개의 지역으로 구성된 어떤 국가의 경우를 중심으로 다지역 투입산출모형을 설명한다. 우선, 그 국가에서 산업 i제품의 지역간 흐름이 표 10.3과 같이 조사되었다고 하자.

표 10.3 제품 i의 지역간 이동

FROM \ TO		지역 1	2	3	…	r	…	p
지역	1	Z_i^{11}	Z_i^{12}	Z_i^{13}		Z_i^{1r}		Z_i^{1p}
	2	Z_i^{21}	Z_i^{22}	Z_i^{23}	…	Z_i^{2r}	…	Z_i^{2p}
	.	.						
	.	.						
	s	Z_i^{s1}	Z_i^{s2}	Z_i^{s3}	…	Z_i^{sr}	…	Z_i^{sp}
	.	.						
	.	.						
	p	Z_i^{p1}	Z_i^{p2}	Z_i^{p3}	…	Z_i^{pr}	…	Z_i^{pp}
계		T_i^1	T_i^2	T_i^3	…	T_i^r	…	T_i^p

Z_i^{sr} : 지역 s에서 지역 r로 유입된 산업 i 제품의 양.

위의 표에서 각 열의 합(T_i^r)은 모든 지역에서 지역 r로 이동하는 산업 i 제품의 총량을 말한다.

$$T_i^r = Z_i^{1r} + Z_i^{2r} + \cdots + Z_i^{sr} + \cdots + Z_i^{pr}, \quad (i = 1, \cdots\cdots, n).$$

지역 r로 유입되는 산업 i제품의 총량 중 특정 지역 s에서 유입되는 양의 비율을 지역간 유입계수(c_i^{sr})라 하며 다음과 같은 식에 의해 계산된다.

$$c_i^{sr} = \frac{Z_i^{sr}}{T_i^r}. \tag{10.15}$$

여기서 지역간 유입계수는 산업 i제품의 지역간 교역계수로 볼 수도 있다. 그러나 지역 유입계수에는 지역내 산업제품의 흐름(Z_i^{rr})도 포함하고 있기 때문에 혼돈의 소지가 있다. 그러므로 본 서에서는 c_i^{sr}를 교역계수보다는 지역 유입계수로 부르기로 한다. 지역 s로부터 지역 r로 이동하는 모든 산업의 유입계수는 다음과 같은 행렬로 표현된다.

$$C^{sr} = \begin{bmatrix} c_1^{sr} \\ c_2^{sr} \\ \vdots \\ c_n^{sr} \end{bmatrix}.$$

그리고 위의 행렬은 다시 대각선 행렬(diagonal matrix), $\hat{c}^{sr}$로 표현된다.

$$\hat{c}^{sr} = \begin{bmatrix} c_1^{sr} & 0 & \cdots & 0 \\ 0 & c_2^{sr} & \cdots & 0 \\ \cdot & \cdot & \cdots & \cdot \\ 0 & 0 & \cdots & c_n^{sr} \end{bmatrix}.$$

각 산업에서 생산된 제품은 중간재 수요와 최종재 수요에 의해 지역별로 배분되기 때문에 다지역경제의 투입산출 체계는 다음과 같다.

$$X - CAX = CF. \tag{10.16}$$

식 (10.16)에서 CAX는 중간재로서 산업제품의 지역적 배분을 가리키며 CF는 최종재로서 지역적 배분을 의미한다. 따라서 다지역 투입산출모형에서 나타나는 하나의 특징은 지역간의 제품의 흐름은 산업제품이 중간재로 배분되는 경우와 최종재로 배분되는 경우에 관계없이 동일한 비율에 의해 지역간 배분된다는 것이다.

식 (10.16)에서 다지역경제의 지역별 산업 생산량은 지역승수행렬과 최종수요 행렬에 의해 결정된다.

$$X = (I - CA)^{-1} CF. \tag{10.17}$$

위의 각 행렬의 구조는 구체적으로 다음과 같다.

$$A = \begin{bmatrix} A^1 & 0 & \cdots & 0 \\ 0 & A^2 & \cdots & 0 \\ \cdot & \cdot & \cdots & \cdot \\ 0 & 0 & \cdots & A^p \end{bmatrix},\ C = \begin{bmatrix} \hat{C}^{11} & \hat{C}^{12} & \cdots & \hat{C}^{1p} \\ \hat{C}^{21} & \hat{C}^{22} & \cdots & \hat{C}^{2p} \\ \cdot & \cdot & \cdots & \cdot \\ \hat{C}^{p1} & \hat{C}^{p2} & \cdots & \hat{C}^{pp} \end{bmatrix},\ X = \begin{bmatrix} X^1 \\ X^2 \\ \vdots \\ X^p \end{bmatrix},\ F = \begin{bmatrix} F^1 \\ F^2 \\ \vdots \\ F^p \end{bmatrix}.$$

위에서 설명한 다지역모형을 3산업으로 구성된 두 지역경제를 중심으로 살펴보자. 지역의 산업별 생산은 다음과 같이 조사되었으며, 각 지역산업의 투입구조, 그리고 각 산업의 제품별 지역간 흐름은 각각 표 10.4와 표 10.5에 주어졌다고 하자. 여기서 표 10.4와 같은 자료는 좀 더 세분된 산업의 생산량 자료가 지역별로 조사되어 있는 경우 앞에서 설명한 제품혼합법에 의해 작성될 수 있다.

$$X^r = \begin{bmatrix} 1,600 \\ 3,400 \\ 2,000 \end{bmatrix},\ X^s = \begin{bmatrix} 1,900 \\ 2,100 \\ 1,400 \end{bmatrix}.$$

표 10.4 두 지역경제의 산업연관표

구분	지역 r			지역 s		
	산업1	산업2	산업3	산업1	산업2	산업3
산업 1	250	550	140	230	325	125
산업 2	280	120	400	350	200	270
산업 3	325	700	150	360	240	200

표 10.5 산업제품의 지역간 흐름

FROM \ TO	산업1		산업2		산업3	
	지역 r	지역 s	지역 r	지역 s	지역 r	지역 s
지역 r	900	700	2,250	1,150	1,300	700
지역 s	800	1,100	650	1,450	650	750

표 10.4로부터 각 지역의 투입산출계수 행렬은 다음과 같이 계산된다.

$$A^r = \begin{bmatrix} 0.156 & 0.162 & 0.070 \\ 0.175 & 0.035 & 0.200 \\ 0.203 & 0.206 & 0.075 \end{bmatrix}, \quad A^s = \begin{bmatrix} 0.121 & 0.155 & 0.089 \\ 0.184 & 0.095 & 0.193 \\ 0.189 & 0.114 & 0.143 \end{bmatrix}.$$

위의 투입산출계수 행렬은 순투입산출계수 행렬이 아니다. 왜냐하면 표 10.4의 산업연관표에서는 산업제품의 지역간 흐름이 나타나지 않기 때문이다. 그러므로 위에서 계산된 투입산출계수 행렬은 지역의 순투입산출계수 행렬과 지역간 유입계수 행렬이 혼합된 것이다. 이 투입산출계수 행렬이 지역간 유입계수에 의해 보정될 때 순투입산출계수 행렬의 도출이 가능해진다. 이를 위해 먼저 지역간 유입계수 행렬을 구하여야 한다. 주어진 산업제품의 지역간 흐름의 자료와 식 (10.15)를 이용하면 지역간 유입계수 행렬은 다음과 같이 계산된다.

$$C^{rr} = \begin{bmatrix} 0.529 \\ 0.776 \\ 0.667 \end{bmatrix}, \quad C^{rs} = \begin{bmatrix} 0.389 \\ 0.442 \\ 0.483 \end{bmatrix}, \quad C^{sr} = \begin{bmatrix} 0.471 \\ 0.224 \\ 0.333 \end{bmatrix}, \quad C^{ss} = \begin{bmatrix} 0.611 \\ 0.558 \\ 0.517 \end{bmatrix}.$$

그러면 위의 자료를 이용하여 두 지역의 승수행렬을 구하여 보자. 우선 주어진 자료로부터 지역의 투입산출계수 행렬과 대각선 유입계수 행렬은 다음과 같이 계산된다.

$$A=\begin{bmatrix} A^r & 0 \\ 0 & A^s \end{bmatrix}=\begin{bmatrix} 0.156 & 0.162 & 0.070 & 0 & 0 & 0 \\ 0.175 & 0.035 & 0.200 & 0 & 0 & 0 \\ 0.203 & 0.206 & 0.075 & 0 & 0 & 0 \\ 0 & 0 & 0 & 0.121 & 0.155 & 0.089 \\ 0 & 0 & 0 & 0.184 & 0.095 & 0.193 \\ 0 & 0 & 0 & 0.189 & 0.114 & 0.143 \end{bmatrix},$$

$$C=\begin{bmatrix} \hat{C}^{rr} & \hat{C}^{rs} \\ \hat{C}^{sr} & \hat{C}^{ss} \end{bmatrix}=\begin{bmatrix} 0.529 & 0 & 0 & 0.389 & 0 & 0 \\ 0 & 0.776 & 0 & 0 & 0.442 & 0 \\ 0 & 0 & 0.667 & 0 & 0 & 0.483 \\ 0.471 & 0 & 0 & 0.611 & 0 & 0 \\ 0 & 0.224 & 0 & 0 & 0.558 & 0 \\ 0 & 0 & 0.333 & 0 & 0 & 0.517 \end{bmatrix}.$$

두 지역경제의 승수행렬은 다음과 같다.

$$(I-CA)^{-1}=\begin{bmatrix} 1.137 & 0.124 & 0.074 & 0.095 & 0.096 & 0.076 \\ 0.220 & 1.099 & 0.202 & 0.154 & 0.099 & 0.145 \\ 0.221 & 0.199 & 1.108 & 0.165 & 0.112 & 0.132 \\ 0.133 & 0.119 & 0.073 & 1.131 & 0.137 & 0.104 \\ 0.088 & 0.049 & 0.072 & 0.153 & 1.093 & 0.149 \\ 0.125 & 0.112 & 0.063 & 0.152 & 0.102 & 1.120 \end{bmatrix}$$

이러한 두 지역경제에 각 산업제품에 대한 최종 수요의 변화가 미치는 영향은 위에서 구한 승수행렬에 의하여 측정될 수 있다. 예를 들면 각 지역의 산업 1제품에 대한 수요가 100씩 증가하였다면 그 수요의 증가가 각 지역 산업에 미치는 영향은 다음과 같이 측정된다.

$$\Delta F=\begin{bmatrix} 100 \\ 0 \\ 0 \\ 100 \\ 0 \\ 0 \end{bmatrix},\quad \Delta X=(I-CA)^{-1}\Delta F=\begin{bmatrix} 123.169 \\ 37.395 \\ 38.553 \\ 126.317 \\ 24.097 \\ 27.701 \end{bmatrix}.$$

다지역 투입산출모형에서 산업제품에 대한 최종 수요를 산정할 때 지역간 모형과는 달리 지역별 산업제품에 대한 수요를 구분할 필요는 없다. 왜냐하면 산업제품에 대한 수요량(F)만 파악되면 실제적인 지역 제품에 대한 수요량(CF)은 유입계수 행렬에 의해 자동적으로 계산되기 때문이다. 그러나 특정지역에서 생산되는 산업제품에 대한 수요(region-specific final demand)의 변화가 경제에 미치는 효과는 식 (10.17)에 의해 측정될 수 없다. 이 경우에는 식 (10.17)에서 (CF)는 특정 지역 산업제품에 대한 최종 수요(F^{**})

로 대체하여 효과를 측정하여야 한다.

$$X=(I-CA)^{-1}\Delta F^{**}, \tag{10.18}$$

F^{**} : 특정 지역에서 생산된 산업제품에 대한 최종 수요 행렬.

10.4 지역승수

제9장에서는 산업제품에 대한 최종 수요의 변화가 국민 경제에 미치는 영향을 전국의 승수행렬로부터 세 승수, 즉 생산승수, 소득승수, 그리고 고용승수로 구분하여 측정하였다. 이러한 승수의 측정은 지역 모형에서도 가능하다. 단, 지역의 승수행렬은 지역 투입산출표의 작성에 따라 달라짐에 유의해야 한다. 따라서 지역 산업제품에 대한 수요의 변화가 지역경제에 미치는 영향을 승수로 측정할 때에는 단일지역모형의 경우와 다지역모형의 경우로 구분하여 측정하여야 한다. 승수에 관한 기본적인 개념과 측정 방법에 관해서는 앞 장에서 설명되었으므로 본 절에서는 지역 모형에서 전술한 세 승수를 측정하는 방법에 대해서만 설명하도록 한다.

10.4.1 단일지역모형의 승수

지역 산업제품에 대한 최종 수요의 변화가 지역경제에 미치는 영향은 지역의 승수행렬 $(I-A^{rr})^{-1}$로부터 측정된다. 여기서는 편의상 지역의 승수행렬이 다음과 같이 계산되었다고 가정하고 각 승수의 측정에 대해 설명한다. 그리고 승수의 측정은 앞 장에서 설명한 바와 같이 가계부문을 투입산출표에서 외생부문으로 취급하는 경우(모형Ⅰ)와 내생부문으로 취급하는 경우(모형Ⅱ)에 차이가 발생하므로 각각을 구분하여 설명하기로 한다.

□ 모형Ⅰ의 경우

가계부문을 외생부문으로 취급하였을 경우 지역의 순투입산출계수 행렬과 승수행렬이 다음과 같이 주어졌다고 하자.

$$A^{rr}=\begin{bmatrix}0.120 & 0.200 & 0.080\\ 0.150 & 0.060 & 0.090\\ 0.090 & 0.100 & 0.135\end{bmatrix},\ (I-A^{rr})^{-1}=\left[\lambda_{ij}^{rr}\right]=\begin{bmatrix}1.196 & 0.269 & 0.139\\ 0.205 & 1.122 & 0.136\\ 0.148 & 0.158 & 1.186\end{bmatrix}.$$

위에서 주어진 순투입산출계수 행렬과 승수행렬을 이용하여 지역산업 j제품에 대한 1단위 최종 수요변화가 지역경제에 미치는 영향이 측정된다. 우선 지역의 생산에 미치는 효과는 생산승수(O_j^r)에 의해 측정된다.

$$O_j^r = \sum_i \lambda_{ij}^{rr}. \tag{10.19}$$

식 (10.19)에 의해 지역내 각 산업의 생산승수는 다음과 같다.

$$O_1^r = 1.196 + 0.205 + 0.148 = 1.549 \ ,$$

$$O_2^r = 0.269 + 1.122 + 0.158 = 1.549 \ ,$$

$$O_3^r = 0.139 + 0.136 + 1.186 = 1.461 \ .$$

각 산업제품에 대한 최종 수요의 변화가 지역산업의 생산에 미치는 영향은 위와 같이 생산승수에 의해 측정된다. 산업2의 경우를 보면, 산업2제품에 대한 최종 수요가 1단위 증가되었을 때, 이로 인해 산업1의 생산은 0.269단위가 증가되고, 산업2와 산업3은 각각 1.122단위와 0.158단위의 생산이 증가된다. 따라서 산업2의 생산승수는 산업2제품에 대한 최종 수요 1단위 증가로 인해 지역 전체적으로 1.549단위 생산이 증가됨을 가리킨다.

지역산업 j제품의 1단위 최종 수요의 변화가 지역의 가계 소득에 미치는 효과는 산업별 소득승수(H_j^r)에 의해 측정된다.

$$H_j^r = \sum_i a_{n+1,i}^r \lambda_{ij}^{rr}. \tag{10.20}$$

여기서 지역 r의 산업별 고용 투입산출계수는 다음과 같다고 하자.

$$a_{41}^r = 0.200,\ a_{42}^r = 0.230,\ a_{43}^r = 0.180,\ a_{44}^r = 0.050.$$

그러면 위의 식 (10.20)에 의하여 각 산업의 소득승수는 다음과 같이 계산된다.

$$H_1^r = 0.200 \times 1.196 + 0.230 \times 0.205 + 0.180 \times 0.148 = 0.313,$$

$$H_2^r = 0.200 \times 0.269 + 0.230 \times 1.122 + 0.180 \times 0.158 = 0.340,$$

$$H_3^r = 0.200 \times 0.139 + 0.230 \times 0.136 + 0.180 \times 1.186 = 0.273.$$

위의 산업별 소득승수 중 산업2의 경우를 보면, 지역내 산업2제품에 대한 최종 수요가 1단위 증가되었을 때, 이로 인해 가계부문의 소득은 산업1에 의해 0.054단위가 증가되고 산업2와 산업3에 의해 각각 0.258, 0.028단위가 증가된다. 결과적으로 산업2의 소득승수는 그의 제품에 대한 최종 수요 1단위가 증가되었을 때 지역 전체적으로는 0.340단위의 소득이 증가됨을 가리키고 있다.

산업별 제품에 대한 수요의 변화가 지역내 고용에 미치는 효과는 산업별 고용승수(E_j^r)에 의해 측정된다.

$$E_j^r = \sum_i z_{n+1,i}^r \lambda_{ij}^{rr}. \tag{10.21}$$

지역의 고용승수를 계산하기 위해서는 지역 r의 산업별 고용자 계수($z_{n+1,j}^r$)를 구해야 한다(이에 대한 자세한 설명은 9-5를 참조할 것). 여기서는 지역의 고용자 계수는 다음과 같이 주어졌다고 가정하자.

$$z_{4,1}^r = 0.030,\ z_{4,2}^r = 0.024,\ z_{4,3}^r = 0.026,\ z_{4,4}^r = 0.001.$$

지역의 산업별 고용승수는 다음과 같다.

$$E_1^r = 0.030 \times 1.196 + 0.024 \times 0.205 + 0.026 \times 0.148 = 0.045,$$

$$E_2^r = 0.030 \times 0.269 + 0.024 \times 1.122 + 0.026 \times 0.158 = 0.039,$$

$$E_2^r = 0.030 \times 0.139 + 0.024 \times 0.136 + 0.026 \times 1.186 = 0.038.$$

고용승수의 해석은 앞에서 설명한 생산승수와 고용승수의 경우와 동일하다. 산업2의 경우로 보면, 산업2제품에 대한 최종 수요 1단위 변화는 지역 전체적으로 0.039명의 고용이 증가된다.

□ 모형II의 경우

가계부문이 내생화된 투입산출표로부터 지역의 순투입산출계수 행렬과 승수행렬이 다음과 같이 계산되었다고 하자.

$$\overline{A}^{rr} = \left[\begin{array}{ccc|c} 0.120 & 0.200 & 0.080 & 0.150 \\ 0.150 & 0.060 & 0.090 & 0.250 \\ 0.090 & 0.100 & 0.135 & 0.300 \\ \hline 0.200 & 0.230 & 0.180 & 0.050 \end{array}\right].$$

$$(I-\overline{A}^{rr})^{-1}=\left[\overline{\lambda}_{ij}^{rr}\right]=\begin{bmatrix} 1.319 & 0.403 & 0.245 & 0.392 \\ 0.355 & 1.285 & 0.266 & 0.478 \\ 0.326 & 0.351 & 1.341 & 0.567 \\ \hline 0.425 & 0.462 & 0.370 & 1.358 \end{bmatrix}.$$

모형Ⅱ에서 산업별 제품의 최종 수요 1단위 변화가 지역경제에 미치는 영향을 측정하는 방법은 모형Ⅰ의 경우와 동일하다. 단지 두 모형의 차이는 지역의 순투입산출계수 행렬과 승수행렬에만 있다. 그러므로 여기서는 각 승수의 결과만 제시하기로 한다. 우선 모형Ⅱ에서 산업 j의 생산승수($\overline{O}_j^r$)는 다음과 같이 계산된다.

$$\overline{O}_j^r=\sum_i \overline{\lambda}_{ij}^{rr}. \tag{10.22}$$

식 (10.22)에 의해 지역의 각 산업별 생산승수는 다음과 같다.

$$\overline{O}_1^r=1.319+0.355+0.326+0.425=2.425\ ,$$

$$\overline{O}_2^r=0.403+1.285+0.351+0.462=2.500\ ,$$

$$\overline{O}_3^r=0.245+0.266+1.341+0.370=2.222\ .$$

지역의 산업별 소득승수($\overline{H}_j^r$)는 다음과 같은 식에 의해 계산된다.

$$\overline{H}_j^r=\sum_i a_{n+1,i}^r \overline{\lambda}_{ij}^{rr}. \qquad (10.23)$$

지역의 고용 투입산출계수($a_{n+1,i}^r$)는 위의 순투입산출계수 행렬($\overline{A}^{rr}$) 중 4행에서 주어졌으므로 산업별 소득승수는 다음과 같다.

$$\overline{H}_1^r=0.200\times1.319+0.230\times0.355+0.180\times0.326+0.050\times0.425=0.425,$$

$$\overline{H}_2^r=0.200\times0.403+0.230\times1.285+0.180\times0.351+0.050\times0.462=0.462,$$

$$\overline{H}_3^r=0.200\times0.245+0.230\times0.266+0.180\times1.341+0.050\times0.370=0.370.$$

위 지역의 산업별 소득승수의 결과는 다음과 같이 나타낼 수 있다.

$$\overline{H}_j^r=\overline{\lambda}_{n+1,j}^{rr}. \tag{10.24}$$

이는 이미 앞 장에서 설명했던 식 (9.21)의 결과와 동일하다. 즉 지역 모형Ⅱ에서 산업 j제품에 대한 1단위 최종 수요변화가 지역 가계부문의 소득에 미치는 영향은 바로 산업 j의 노동 투입승수와 동일하다. 산업 j제품에 대한 최종 수요 1단위 변화가 지역내 고용에 미치는 영향은 고용승수에 의해 측정된다.

$$\overline{E}_j^r = \sum_i z_{n+1,i}^r \overline{\lambda}_{ij}^{rr}. \tag{10.25}$$

여기서 지역 r의 산업별 고용자 계수($z_{n+1,j}^r$)는 모형 I 에서 주어졌으므로 지역의 산업별 고용승수는 다음과 같다.

$$\overline{E}_1^r = 0.030 \times 1.319 + 0.024 \times 0.355 + 0.026 \times 0.326 + 0.001 \times 0.425 = 0.056,$$

$$\overline{E}_2^r = 0.030 \times 0.403 + 0.024 \times 1.285 + 0.026 \times 0.351 + 0.001 \times 0.462 = 0.049,$$

$$\overline{E}_3^r = 0.030 \times 0.245 + 0.024 \times 0.266 + 0.026 \times 1.341 + 0.001 \times 0.370 = 0.054.$$

모형 I 과 모형 II 에서 계산한 세 승수를 비교해보면, 모형 II 에서 구한 승수가 모형 I 에서 구한 승수보다 크게 나타난다. 그 이유는 승수행렬의 차이에 있다. 즉 앞 장에서 설명하였듯이 모형 I 의 승수행렬은 최종 수요의 변화에 따른 직접 효과와 간접 효과만을 반영한 반면, 모형 II 의 승수행렬은 최종 수요의 변화에 따른 직접 효과와 간접 효과, 그리고 유발효과가 반영되었기 때문이다.

10.4.2 다지역모형의 승수

단일지역모형과 다지역모형과의 가장 큰 차이는 지역간 상품의 흐름, 즉 지역간 교역의 반영 여부이다. 지역간 교역이 투입산출표에 반영될 때, 각 지역의 투입산출계수 행렬은 순투입산출계수 행렬과 교역계수 행렬로 구분된다. 이렇게 구분된 투입산출계수 행렬로부터 다지역경제의 승수행렬은 계산된다. 이 승수행렬로부터 산업제품에 대한 최종 수요 1단위 변화가 각 지역에 미치는 영향을 앞 절에서 설명한 세 승수로 구분하여 측정할 수 있다. 여기서는 다지역모형의 승수 측정 방법을 두 지역경제를 중심으로 설명하도록 한다. 다음과 같이 두 지역경제의 투입산출계수 행렬과 승수행렬이 구해졌다고 하자.

$$A = \left[\begin{array}{c|c} A^{rr} & A^{rs} \\ \hline A^{sr} & A^{ss} \end{array}\right] = \left[\begin{array}{ccc|ccc} 0.133 & 0.132 & 0.023 & 0.015 & 0.032 & 0.033 \\ 0.167 & 0.044 & 0.191 & 0.080 & 0.072 & 0.056 \\ 0.200 & 0.147 & 0.027 & 0.020 & 0.024 & 0.028 \\ \hline 0.053 & 0.029 & 0.030 & 0.090 & 0.100 & 0.094 \\ 0.033 & 0.012 & 0.025 & 0.070 & 0.040 & 0.111 \\ 0.067 & 0.024 & 0.018 & 0.055 & 0.060 & 0.183 \end{array}\right],$$

$$(I-A)^{-1} = \left[\begin{array}{c|c} \lambda^{rr} & \lambda^{rs} \\ \hline \lambda^{sr} & \lambda^{ss} \end{array}\right] = \left[\begin{array}{ccc|ccc} 1.217 & 0.183 & 0.069 & 0.048 & 0.066 & 0.079 \\ 0.295 & 1.132 & 0.239 & 0.127 & 0.122 & 0.128 \\ 0.303 & 0.213 & 1.082 & 0.057 & 0.064 & 0.079 \\ \hline 0.112 & 0.065 & 0.056 & 1.128 & 0.137 & 0.160 \\ 0.077 & 0.037 & 0.043 & 0.098 & 1.068 & 0.164 \\ 0.128 & 0.059 & 0.043 & 0.092 & 0.098 & 1.259 \end{array}\right]$$

위에서 주어진 두 지역경제의 승수행렬은 다시 4개의 하부승수행렬(sub-multiplier matrix)로 구분할 수 있다. 그 중 두 하부승수행렬(λ^{rr}, λ^{ss})은 지역 산업제품의 최종 수요 1단위 변화가 그 지역에 미치는 지역내 효과(intraregional effect)를 나타내며, 나머지 두 하부승수행렬(λ^{sr}, λ^{rs})은 지역간의 연관관계에 의해 어느 한 지역에서의 산업제품에 대한 수요변화가 타지역에 미치는 지역간 효과(interregional effect)를 나타낸다. 그러므로 지역내 효과와 지역간 효과를 합하면 전국 효과(national effect)로 지역 산업제품 1단위 수요변화가 국민 경제에 미치는 영향이 측정되는 것이다. 각 효과에 대한 설명은 다음과 같다.

□ 지역내 효과

지역 산업제품에 대한 최종 수요 1단위의 변화가 지역내에 미치는 영향은 다음과 같이 두 하부승수행렬로부터 측정된다.

$$\lambda^{rr} = \begin{bmatrix} 1.217 & 0.183 & 0.069 \\ 0.295 & 1.132 & 0.239 \\ 0.303 & 0.213 & 1.082 \end{bmatrix}, \ \lambda^{ss} = \begin{bmatrix} 1.128 & 0.137 & 0.160 \\ 0.098 & 1.068 & 0.164 \\ 0.092 & 0.098 & 1.259 \end{bmatrix}.$$

두 지역 r과 s에서 산업의 생산승수는 구체적으로 식 (10.26)에 의해 계산된다.

$$O_j^{rr} = \sum_i \lambda_{ij}^{rr}, \ O_j^{ss} = \sum_i \lambda_{ij}^{ss}. \qquad (10.26)$$

$O_j^{rr(ss)}$: 지역 $r(s)$내 산업 j의 생산승수.

식 (10.26)에 의해 지역 r내 산업의 생산승수는,

$$O_1^{rr} = 1.217 + 0.295 + 0.303 = 1.815,$$

$$O_2^{rr} = 0.183 + 1.132 + 0.213 = 1.528,$$

$$O_3^{rr} = 0.069 + 0.239 + 1.082 = 1.390.$$

같은 방법에 의해 지역 s의 경우 산업 생산의 승수는,

$$O_1^{ss} = 1.128 + 0.098 + 0.092 = 1.318,$$

$$O_2^{ss} = 0.137 + 1.068 + 0.098 = 1.303,$$

$$O_3^{ss} = 0.160 + 0.164 + 1.259 = 1.583.$$

여기서 만일 지역별, 그리고 산업별 노동 투입산출계수($a_{n+1,j}^r$와 $a_{n+1,j}^s$)와 노동자 투입산출계수($z_{n+1,j}^r$와 $z_{n+1,j}^s$)의 자료가 구해진다면 식 (10.20)과 (10.21)에 의해 지역내 산업별 소득승수와 고용승수는 다음 식 (10.27)을 이용하여 계산할 수 있다.

$$H_j^{rr} = \sum_i a_{n+1,i}^r \lambda_{ij}^{rr}, \ E_j^{rr} = \sum_i z_{n+1,i}^r \lambda_{ij}^{rr}, \qquad (10.27)$$

$$H_j^{ss} = \sum_i a_{n+1,i}^s \lambda_{ij}^{ss}, \ E_j^{ss} = \sum_i z_{n+1,i}^s \lambda_{ij}^{ss}.$$

식 (10.27)에 의해 지역내 산업별 소득승수와 고용승수는 생산승수의 경우와 마찬가지로 계산되므로 여기서는 생략하기로 한다.

□ 지역간 효과

지역간 존재하는 산업 연관성 때문에 어느 한 지역의 최종 수요변화는 다른 지역산업 생산에 영향을 준다. 두 지역경제의 경우, 이러한 지역간 영향은 다음과 같이 지역간 승수행렬에 의해 나타난다.

$$\lambda^{sr} = \begin{bmatrix} 0.122 & 0.065 & 0.056 \\ 0.077 & 0.037 & 0.043 \\ 0.128 & 0.059 & 0.043 \end{bmatrix}, \ \lambda^{rs} = \begin{bmatrix} 0.048 & 0.066 & 0.079 \\ 0.127 & 0.122 & 0.128 \\ 0.057 & 0.064 & 0.079 \end{bmatrix}.$$

여기서 $\lambda_{21}^{sr} = 0.077$이란 지역 r내 산업 1제품의 최종 수요가 1단위 증가했을 때 지역 s내 산업2의 생산은 0.077단위 증가됨을 가리킨다. 그리고 $\lambda_{21}^{rs} = 0.127$은 지역 s내 산업1제품에 대한 최종 수요 1단위 증가로 인해

지역 r내 산업2는 0.127생산이 증가됨을 나타내고 있다. 따라서 지역간 승수는 지역간 산업 연관관계에 따라 달라지므로 각 지역을 중심으로 측정되어야 한다. 우선 두 지역경제의 경우 지역 r에서 생산되는 산업제품 j의 최종 수요변화가 지역 s내 산업 생산에 미치는 영향은 다음과 같이 지역간 산업의 생산승수(O_j^{sr})에 의해 측정된다.

$$O_j^{sr} = \sum_i \lambda_{ij}^{sr}. \tag{10.28}$$

그러므로 지역 r에서 발생한 최종 수요 1단위 변화가 지역 s내 생산에 미치는 영향을 산업별로 계산하면 다음과 같다.

$$O_1^{sr} = 0.112 + 0.077 + 0.128 = 0.317,$$

$$O_2^{sr} = 0.065 + 0.037 + 0.059 = 0.161,$$

$$O_3^{sr} = 0.056 + 0.043 + 0.043 = 0.142.$$

그리고 이에 따른 지역간 소득승수와 고용승수는 다음 식 (10.29)에 의해 계산된다.

$$H_j^{sr} = \sum_i a_{n+1,i}^s \lambda_{ij}^{sr},\ E_j^{sr} = \sum_i z_{n+1,i}^s \lambda_{ij}^{sr}. \tag{10.29}$$

지역 r의 경우와 마찬가지로 지역 s내 산업 j제품의 최종 수요 1단위 변화가 지역 r내 산업 생산에 미치는 영향은 다음과 같이 지역간 산업 생산승수(O_j^{rs})에 의해 계산된다.

$$O_j^{rs} = \sum_i \lambda_{ij}^{rs}. \tag{10.30}$$

그러므로 지역 s를 중심으로 볼 때, 지역간 산업별 생산승수는 다음과 같다.

$$O_1^{rs} = 0.048 + 0.127 + 0.057 = 0.232,$$

$$O_2^{rs} = 0.066 + 0.122 + 0.064 = 0.252,$$

$$O_3^{rs} = 0.079 + 0.128 + 0.079 = 0.286.$$

그리고 산업별 소득승수와 고용승수는 식 (10.31)과 같이 계산된다.

$$H_j^{rs}=\sum_i a_{n+1,i}^r \lambda_{ij}^{rs},\ E_j^{rs}=\sum_i z_{n+1,i}^r \lambda_{ij}^{rs}. \tag{10.31}$$

□ 전국 효과

지역산업 j제품에 대한 최종 수요의 변화가 전 국민 경제에 미치는 영향은 지역내 승수와 지역간 승수를 합하여 측정된다.

$$\begin{aligned}
&O_j^{rn}=O_j^{rr}+O_j^{sr},\ O_j^{sn}=O_j^{ss}+O_j^{rs},\\
&H_j^{rn}=H_j^{rr}+H_j^{sr},\ H_j^{sn}=H_j^{ss}+H_j^{rs},\\
&E_j^{rn}=E_j^{rr}+E_j^{sr},\ E_j^{sn}=E_j^{ss}+E_j^{rs},
\end{aligned} \tag{10.32}$$

$O_j^{r(s)n}$: 지역 $r(s)$ 내 산업 j제품 1단위 최종 수요 증가가 전국에 미치는 생산효과,

$H_j^{r(s)n}$: 지역 $r(s)$ 내 산업 j제품 1단위 최종 수요 증가가 전국에 미치는 소득효과,

$E_j^{r(s)n}$: 지역 $r(s)$ 내 산업 j제품 1단위 최종 수요 증가가 전국에 미치는 고용효과.

식 (10.32)로부터 지역 산업제품에 대한 최종 수요의 변화가 전 국민 경제에 미치는 효과가 측정될 수 있으며, 이 결과는 중앙 정부의 자원 재분배 정책의 방향을 제시한다. 예를 들면 지역 산업제품의 최종 수요가 전국 생산에 미치는 영향을 측정하면 다음과 같다.

$$\begin{aligned}
&O_1^{rn}=O_1^{rr}+O_1^{sr}=1.815+0.317=2.132\ ,\\
&O_2^{rn}=O_2^{rr}+O_2^{sr}=1.528+0.161=1.689\ ,\\
&O_3^{rn}=O_3^{rr}+O_3^{sr}=1.390+0.142=1.532\ ,\\
&O_1^{sn}=O_1^{ss}+O_1^{rs}=1.318+0.232=1.550\ ,\\
&O_2^{sn}=O_2^{ss}+O_2^{rs}=1.303+0.252=1.555\ ,\\
&O_3^{sn}=O_3^{ss}+O_3^{rs}=1.583+0.286=1.869\ .
\end{aligned}$$

따라서 중앙정부가 지역 r내 산업1제품에 지출할 때 이에 따른 전국 산업의 생산 증가는 최대의 효과를 발휘하게 된다. 그러므로 중앙 정부는 국민경제의 생산을 극대화시키기 위해서는 지역 r내 산업1제품의 지출을 증대

하여야 한다. 이러한 전국의 효과는 식 (10.32)에 제시된 식에 의해 소득승수와 고용승수를 함께 계산함으로써 정부 정책의 대상 지역과 산업을 구체적으로 제시한다.

마지막으로 가계부문이 내생화된 다지역모형Ⅱ의 경우 지역에서 생산되는 산업 j제품에 대한 1단위 최종 수요가 지역경제 및 국민 경제에 미치는 영향은 모형Ⅰ의 경우와 동일한 과정을 통하여 측정된다. 두 지역경제의 경우 모형Ⅱ의 승수행렬은 다음과 같이 표현된다.

$$(I-\overline{A})^{-1}=\left\{\begin{bmatrix} I & 0 \\ 0 & I \end{bmatrix}-\begin{bmatrix} \overline{A}^{rr} & \overline{A}^{rs} \\ \overline{A}^{sr} & \overline{A}^{ss} \end{bmatrix}\right\}^{-1}=\begin{bmatrix} \overline{\lambda}^{rr} & \overline{\lambda}^{rs} \\ \overline{\lambda}^{sr} & \overline{\lambda}^{ss} \end{bmatrix}.$$

위의 승수행렬을 이용하여 지역 산업제품에 대한 최종 수요 1단위가 지역 및 국민 경제에 미치는 영향은 세 가지 승수로 측정된다. 이 3가지 승수의 측정 방법에 대해서는 앞 장과 앞 절에서 여러 번 설명되었으므로 각각에 대한 설명은 무의미하다. 따라서 여기서는 단지 측정하는 공식만을 제공하기로 한다.

○ 지역내 효과

• 생산승수

$$\overline{O}_j^{rr}=\sum_i \overline{\lambda}_{ij}^{rr}, \qquad \overline{O}_j^{ss}=\sum_i \overline{\lambda}_{ij}^{ss}.$$

• 소득승수

$$\overline{H}_j^{rr}=\sum_i a_{n+1,i}^r \overline{\lambda}_{ij}^{rr}, \quad \overline{H}_j^{ss}=\sum_i a_{n+1,i}^s \overline{\lambda}_{ij}^{ss}.$$

• 고용승수

$$\overline{E}_j^{rr}=\sum_i z_{n+1,i}^r \overline{\lambda}_{ij}^{rr}, \quad \overline{E}_j^{ss}=\sum_i z_{n+1,i}^s \overline{\lambda}_{ij}^{ss}.$$

○ 지역간 효과

• 생산승수

$$\overline{O}_j^{rs}=\sum_i \overline{\lambda}_{ij}^{rs}, \qquad \overline{O}_j^{sr}=\sum_i \overline{\lambda}_{ij}^{sr}.$$

• 소득승수

$$\overline{H}_j^{rs} = \sum_i a_{n+1,i}^r \overline{\lambda}_{ij}^{rs}, \quad \overline{H}_j^{sr} = \sum_i a_{n+1,i}^s \overline{\lambda}_{ij}^{sr},$$

• 고용승수

$$\overline{E}_j^{rs} = \sum_i z_{n+1,i}^r \overline{\lambda}_{ij}^{rs}, \quad \overline{E}_j^{sr} = \sum_i z_{n+1,i}^s \overline{\lambda}_{ij}^{sr}.$$

○ 전국 효과

$$\overline{O}_j^{rn} = \overline{O}_j^{rr} + \overline{O}_j^{sr}, \qquad \overline{O}_j^{sn} = \overline{O}_j^{ss} + \overline{O}_j^{rs},$$

$$\overline{H}_j^{rn} = \overline{H}_j^{rr} + \overline{H}_j^{sr}, \qquad \overline{H}_j^{sn} = \overline{H}_j^{ss} + \overline{H}_j^{rs},$$

$$\overline{E}_j^{rn} = \overline{E}_j^{rr} + \overline{E}_j^{sr}, \qquad \overline{E}_j^{sn} = \overline{E}_j^{ss} + \overline{E}_j^{rs}.$$

10.4.3 다지역모형의 승수 세분

지역경제는 기본적으로 개방경제이며 이러한 경제의 특징 때문에 지역간, 그리고 산업간 연관관계가 존재한다. 따라서 어느 한 지역에서 생산되는 재회에 대한 수요변화의 파급효과는 그 지역 내로만 제한되지 않는다. 다시말해 지역 r에서 생산되는 재화에 대한 수요변화는 다른 지역 s의 산업들의 생산에 영향을 주며, 지역 s내 산업들의 생산변화는 역으로 지역 r내 산업의 생산에 영향을 미치게 된다. 이러한 지역간, 산업간 연관관계로 인하여 지역 재화에 대한 최종 수요의 변화는 복잡한 과정을 통하여 지역산업의 생산변화로 나타나게 된다.

뒤에서 언급한 지역간 산업의 복잡한 관계란 3가지 유형의 효과, 즉 그림 10.1에 제시되었듯이 지역내 파급효과(intraregional effect)와 지역간 확산효과(interregional spillover effect), 그리고 지역간 환류효과(interregional feedback effect)로 요약된다. 그러나 앞 절에서는 Leontief의 역행렬을 지역내 효과와 지역간 효과를 나타내는 2개의 승수로만 분류되었으며, 분류된 승수에는 지역간 환류효과가 독립적으로 구분되지 못하였다. 따라서 본 절에서는 지역별, 산업별 재화의 흐름을 바탕으로 Leontief의 역행렬을 지역내 파급효과와 지역간 확산효과, 그리고 지역간 환류효과를 나타내는 3개의 승수행렬로 세분하기로 한다. 설명의 편의를 위해 여기서도 앞 절의 경우와 같이 경제를 두 지역경제로 전제하기로 한다. 두 지역경제의 산업 재화의 배분을 행렬로 나타내면 다음과 같다.

$$\begin{bmatrix} X^r \\ X^s \end{bmatrix} = \begin{bmatrix} A^{rr} & A^{rs} \\ A^{sr} & A^{ss} \end{bmatrix} \begin{bmatrix} X^r \\ X^s \end{bmatrix} \begin{bmatrix} F^r \\ F^s \end{bmatrix}. \tag{10.33}$$

$$(2n \times 1) \quad (2n \times 2n)\ (2n \times 1)(2n \times 1)$$

식 (10.33)에 표현된 지역별 재화의 흐름에서 중간재의 흐름을 지역내와 지역간으로 구분하면 다음과 같이 표현된다.

$$\begin{bmatrix} X^r \\ X^s \end{bmatrix} = \left\{ \begin{bmatrix} A^{rr} & 0 \\ 0 & A^{ss} \end{bmatrix} + \begin{bmatrix} 0 & A^{rs} \\ A^{sr} & 0 \end{bmatrix} \right\} \begin{bmatrix} X^r \\ X^s \end{bmatrix} + \begin{bmatrix} F^r \\ F^s \end{bmatrix}. \tag{10.34}$$

위의 식으로부터 지역별, 산업별 생산액과 최종 수요와의 관계는 다음과 같이 표현된다.

$$\begin{aligned} \begin{bmatrix} X^r \\ X^s \end{bmatrix} &= \begin{bmatrix} (I-A^{rr})^{-1} & 0 \\ 0 & (I-A^{ss})^{-1} \end{bmatrix} \left\{ \begin{bmatrix} 0 & A^{rs} \\ A^{sr} & 0 \end{bmatrix} \begin{bmatrix} X^r \\ X^s \end{bmatrix} + \begin{bmatrix} F^r \\ F^s \end{bmatrix} \right\}, \\ &= \begin{bmatrix} 0 & D^{rs} \\ D^{sr} & 0 \end{bmatrix} \begin{bmatrix} X^r \\ X^s \end{bmatrix} + \begin{bmatrix} (I-A^{rr})^{-1} & 0 \\ 0 & (I-A^{ss})^{-1} \end{bmatrix} \begin{bmatrix} F^r \\ F^s \end{bmatrix}, \\ &= \begin{bmatrix} I & -D^{rs} \\ -D^{sr} & I \end{bmatrix}^{-1} + \begin{bmatrix} (I-A^{rr})^{-1} & 0 \\ 0 & (I-A^{ss})^{-1} \end{bmatrix} \begin{bmatrix} F^r \\ F^s \end{bmatrix}, \\ &= \lambda_X \cdot \lambda_{intra} \cdot \begin{bmatrix} F^r \\ F^s \end{bmatrix}, \end{aligned} \tag{10.35}$$

$$D^{rs} = (I-A^{rr})^{-1} A^{rs},$$

$$D^{sr} = (I-A^{ss})^{-1} A^{sr},$$

$$\lambda_X = \begin{bmatrix} I & -D^{rs} \\ -D^{sr} & I \end{bmatrix}^{-1},$$

$$\lambda_{intra} = \begin{bmatrix} (I-A^{rr})^{-1} & 0 \\ 0 & (I-A^{ss})^{-1} \end{bmatrix}.$$

식 (10.35)에서 지역재화에 대한 최종 수요의 변화로 인해 파급되는 지역내 효과는 λ_{intra} 승수행렬에 나타난다. 그러므로 지역간 확산효과와 환류효과는 λ_X 승수행렬에서 도출되어야 한다. λ_X 승수행렬로부터 지역간 확산효과와 환류효과는 다음과 같은 과정을 통해 구분된다.

$$(\lambda_X) = \begin{bmatrix} I & -D^{rs} \\ -D^{sr} & I \end{bmatrix}^{-1},$$

$$= \begin{bmatrix} (I-D^{rs}D^{sr})^{-1} & D^{rs}(I-D^{rs}D^{sr})^{-1} \\ D^{sr}(I-D^{rs}D^{sr})^{-1} & (I-D^{rs}D^{sr})^{-1} \end{bmatrix},$$

$$= \begin{bmatrix} (I-D^{rs}D^{sr})^{-1} & 0 \\ 0 & (I-D^{sr}D^{rs})^{-1} \end{bmatrix} \begin{bmatrix} I & D^{rs} \\ D^{sr} & I \end{bmatrix},$$

$$= \lambda_{feedback} \cdot \lambda_{spillover}, \tag{10.36}$$

$\lambda_{feedback}$: 지역간 환류효과 승수행렬,

$$\lambda_{feedback} = \begin{bmatrix} (I-D^{rs}D^{sr})^{-1} & 0 \\ 0 & (I-D^{rs}D^{sr})^{-1} \end{bmatrix},$$

$\lambda_{spillover}$: 지역간 확산효과 승수행렬, $\lambda_{spillover} = \begin{bmatrix} I & D^{rs} \\ D^{sr} & I \end{bmatrix}$.

위의 식에서 지역간 확산효과와 환류효과는 각각 $\lambda_{feedback}$ 승수행렬과 $\lambda_{spillover}$ 승수행렬로 나타난다. 그러므로 식 (10.33)은 다음과 같이 표현된다.

$$\underset{(2n\times 1)}{\begin{bmatrix} X^r \\ X^s \end{bmatrix}} = \underset{(2n\times 2n)}{(\lambda_{feedback})} \cdot \underset{(2n\times 2n)}{(\lambda_{spillover})} \cdot \underset{(2n\times 2n)}{(\lambda_{intra})} \cdot \underset{(2n\times 1)}{\begin{bmatrix} F^r \\ F^s \end{bmatrix}}. \tag{10.37}$$

의 식으로부터 알 수 있는 것은 다지역 투입산출모형에서 Leontief의 역 행렬은 3개의 승수행렬로 구성되어 있다는 것이다.

$$(I-A)^{-1} = (\lambda_{feedback}) \cdot (\lambda_{spillover}) \cdot (\lambda_{intra}).. \tag{10.38}$$

그러면 만일 두 지역경제의 투입산출계수 행렬이 다음과 같이 주어졌을 때 Leontief의 역행렬을 지역내 파급효과와 지역간 파급효과, 그리고 지역간 환류효과를 나타내는 3개의 승수행렬로 구분해 보자.

$$A = \begin{bmatrix} A^{rr} & A^{rs} \\ A^{sr} & A^{ss} \end{bmatrix} = \begin{bmatrix} 0.133 & 0.132 & 0.023 & 0.015 & 0.032 & 0.033 \\ 0.167 & 0.044 & 0.191 & 0.080 & 0.072 & 0.056 \\ 0.200 & 0.147 & 0.027 & 0.020 & 0.024 & 0.028 \\ 0.053 & 0.029 & 0.030 & 0.090 & 0.100 & 0.094 \\ 0.033 & 0.012 & 0.025 & 0.070 & 0.040 & 0.111 \\ 0.067 & 0.024 & 0.018 & 0.055 & 0.060 & 0.183 \end{bmatrix}.$$

위에서 주어진 두 지역경제의 투입산출계수 행렬을 바탕으로 식 (10.35)와 식 (10.36)을 이용하면 지역 재화에 대한 최종 수요 1단위의 변화 효과를 지역내 파급효과와 지역간 확산효과, 그리고 지역간 환류효과로 구분할 수 있다. 각 효과를 나타내는 승수행렬은 다음과 같이 도출된다.

○ 지역내 파급효과

지역내 파급효과는 지역에서 생산된 산업 재화에 대한 최종 수요 1단위의 변화가 그 지역내 산업들에 미치는 효과를 말한다. 이러한 지역내 효과는 식 (10.35)에 제시된 λ_{intra} 승수행렬로부터 계산된다. 우선 λ_{intra} 승수행렬은 다음과 같다.

$$(\lambda_{intra})=\begin{bmatrix} 1.202 & 0.176 & 0.063 & 0.000 & 0.000 & 0.000 \\ 0.267 & 1.118 & 0.226 & 0.000 & 0.000 & 0.000 \\ 0.287 & 0.205 & 1.075 & 0.000 & 0.000 & 0.000 \\ 0.000 & 0.000 & 0.000 & 1.117 & 0.125 & 0.146 \\ 0.000 & 0.000 & 0.000 & 0.091 & 1.061 & 0.155 \\ 0.000 & 0.000 & 0.000 & 0.082 & 0.086 & 1.245 \end{bmatrix}.$$

위에 제시된 지역내 파급효과 승수행렬로부터 산업별 지역내 파급효과는 다음과 같은 식에 의해 계산된다.

$$\lambda^{rr}_{(intra)j}=\sum_i \lambda^{rr}_{(intra)ij}\ ,\quad \lambda^{ss}_{(intra)j}=\sum_i \lambda^{ss}_{(intra)ij}\ . \tag{10.39}$$

위의 식을 이용하여 지역 r내 산업별 지역내 파급효과를 계산하면 다음과 같다.

$$\lambda^{r}_{(intra)1}=1.202+0.267+0.287=1.756,$$

$$\lambda^{r}_{(intra)2}=0.176+1.118+0.205=1.498,$$

$$\lambda^{r}_{(intra)3}=0.063+0.226+1.075=1.363.$$

지역 s내 산업별 파급효과도 지역 r과 마찬가지로 식 (10.39)에 의해 다음과 같이 계산된다.

$$\lambda^{s}_{(intra)1}=1.117+0.091+0.082=1.290,$$

$$\lambda^{s}_{(intra)2}=0.125+1.061+0.086=1.273,$$

$$\lambda^{s}_{(intra)3}=0.146+0.155+1.245=1.545.$$

○ 지역간 확산효과

지역간 확산효과는 지역 r에서 생산된 산업 재화에 대한 최종 수요 1단위 변화가 다른 지역 s에 미치는 효과를 말한다. 이러한 효과는 식 (10.38)의 $\lambda_{spillover}$ 승수행렬로부터 계산된다. 우선 $\lambda_{spillover}$ 승수행렬은 다음과 같다.

$$(\lambda_{spillover}) = \begin{pmatrix} I & \lambda^{rs}_{spillover} \\ \lambda^{sr}_{spillover} & I \end{pmatrix} = \begin{bmatrix} 1.000 & 0.000 & 0.000 & 0.033 & 0.053 & 0.051 \\ 0.000 & 1.000 & 0.000 & 0.098 & 0.094 & 0.078 \\ 0.000 & 0.000 & 1.000 & 0.042 & 0.050 & 0.051 \\ 0.073 & 0.037 & 0.039 & 1.000 & 0.000 & 0.000 \\ 0.050 & 0.019 & 0.032 & 0.000 & 1.000 & 0.000 \\ 0.091 & 0.033 & 0.027 & 0.000 & 0.000 & 1.000 \end{bmatrix}.$$

$\lambda_{spillover}$ 승수행렬이 계산되면 이로부터 지역별, 산업별 지역간 확산효과는 다음과 같은 식에 의해 구해진다.

$$\lambda^{rs}_{(spillover)j} = \sum_i \lambda^{rs}_{(spillover)ij},\ \lambda^{sr}_{(spillover)j} = \sum_i \lambda^{sr}_{(spillover)ij}. \tag{10.40}$$

식 (10.40)을 이용하여 지역 r의 지역간 확산효과를 산업별로 계산하면 다음과 같다.

$$\lambda^{rs}_{(spillover)1} = 0.073 + 0.050 + 0.091 = 0.214,$$

$$\lambda^{rs}_{(spillover)2} = 0.037 + 0.019 + 0.033 = 0.090,$$

$$\lambda^{rs}_{(spillover)3} = 0.039 + 0.032 + 0.027 = 0.098.$$

지역 s에서 지역 r로 파급되는 지역간 확산효과도 지역 r의 경우와 동일하게 계산된다. 지역 s내 산업별 지역 확산효과는 다음과 같다.

$$\lambda^{sr}_{(spillover)1} = 0.033 + 0.098 + 0.042 = 0.173,$$

$$\lambda^{sr}_{(spillover)2} = 0.053 + 0.094 + 0.050 = 0.197,$$

$$\lambda^{sr}_{(spillover)3} = 0.051 + 0.078 + 0.051 = 0.180.$$

○ 지역간 환류효과

지역간 환류효과는 지역 r에서 생산된 산업 재화에 대한 최종 수요 1단위 변화가 지역 s를 통해 다시 지역 r의 산업 생산에 미치는 효과이다. 이러한 환류효과는 앞의 식 (10.36)에 제시된 $\lambda_{feedback}$ 승수행렬에 의해 계산된다. 우선 $\lambda_{feedback}$의 승수행렬은 다음과 같다.

$$(\lambda_{feedback}) = \begin{pmatrix} \lambda^{rr}_{feedback} & 0 \\ 0 & \lambda^{ss}_{feedback} \end{pmatrix} = \begin{bmatrix} 1.010 & 0.004 & 0.004 & 0.000 & 0.000 & 0.000 \\ 0.019 & 1.008 & 0.009 & 0.000 & 0.000 & 0.000 \\ 0.010 & 0.004 & 1.005 & 0.000 & 0.000 & 0.000 \\ 0.000 & 0.000 & 0.000 & 1.008 & 0.010 & 0.009 \\ 0.000 & 0.000 & 0.000 & 0.005 & 1.006 & 0.006 \\ 0.000 & 0.000 & 0.000 & 0.008 & 0.009 & 1.009 \end{bmatrix}.$$

위의 $\lambda_{feedback}$ 승수행렬로부터 지역별, 산업별 환류효과는 다음과 같은 식에 의해 계산된다.

$$\lambda^{rr}_{(feedback)j} = \sum_i \lambda^{rr}_{(feedback)ij}, \ \lambda^{ss}_{(feedback)j} = \sum_i \lambda^{ss}_{(feedback)ij}. \tag{10.41}$$

식 (10.41)을 이용하여 지역 r에서 지역 s를 통해 지역 r에 다시 되돌아오는 지역간 환류효과를 산업별로 계산하면 다음과 같다.

$$\lambda^{rr}_{(feedback)1} = 1.010 + 0.019 + 0.010 = 1.040,$$

$$\lambda^{rr}_{(feedback)2} = 0.004 + 1.008 + 0.004 = 1.017,$$

$$\lambda^{rr}_{(feedback)3} = 0.004 + 0.009 + 1.005 = 1.018.$$

지역 s에서 지역 r을 통해 다시 지역 s로 영향을 주는 환류효과를 산업별로 계산하면 다음과 같다.

$$\lambda^{ss}_{(feedback)1} = 1.008 + 0.005 + 0.008 = 1.021,$$

$$\lambda^{ss}_{(feedback)2} = 0.010 + 1.006 + 0.009 = 1.025,$$

$$\lambda^{ss}_{(feedback)3} = 0.009 + 0.006 + 1.009 = 1.023.$$

지금까지 본 절에서는 다지역 투입산출모형의 Leontief의 역행렬을 지역내 파급효과와 지역간 확산효과, 그리고 지역간 환류효과를 나타내는 3개의 승수행렬로 구분하였다. 여기서 독자들이 혼돈하지 말아야 할 것은 Leontief의 역행렬은 식 (10.38)에서 제시되었듯이 3개의 승수행렬의 곱의 형태로 구성된다는 것이다. 따라서 다지역 투입산출모형에서 승수가 3개의 승수로 구분하였을 경우 전체 승수를 3개의 승수의 합으로 계산해서는 안 된다.

표 10.6은 위에서 계산된 3개의 승수들을 지역별로 정리한 것이다. 표에서와 같이 산업들의 지역내 파급효과와 지역간 확산효과, 그리고 지역간 환류효과를 산업별로 합하면 각 효과에 대한 지역의 크기를 알 수 있다. 그리고

계산된 지역의 각 효과별 크기를 다른 지역과 비교하면서 지역간의 관계와 경제성장을 위한 정책의 방향이 제시될 수 있다. 예를 들면 지역 r의 지역내 파급효과의 합은 4.618로 지역 s의 지역내 파급효과의 합 4.108보다 크다. 이는 산업들의 생산과정에 투입되는 중간재의 지역공급비율이 지역 s보다는 지역 r에서 더 높음에 기인한다.

사실 지역내 파급효과는 지역간 확산효과와 역의 관계가 있다. 즉 두 지역경제의 경우 어떤 지역이 다른 지역에 비해 지역내 파급효과가 높으면 지역간 파급효과는 다른 지역보다 낮고, 반대로 다른 지역에 비해 지역내 파급효과가 낮으면 지역간 파급효과는 높게 나타난다. 표에 제시되었듯이 지역간 확산효과의 합은 지역 r이 0.402이고, 지역 s가 0.550이므로 지역간 파급효과와는 반대로 지역 s의 확산효과가 지역 r보다 크다. 이는 지역 r에 대한 투자사업으로 인해 지역 s가 받는 영향이 지역 s에 투자할 때 지역 r이 받는 영향보다 작음을 의미한다.

마지막으로 지역간 환류효과의 합을 보면 지역 r은 3.075이고 지역 s는 3.069이다. 그러므로 지역간 환류효과는 지역 r이 지역 s보다 크다. 이와 같은 두 지역경제에서 3개의 승수효과를 종합하여 볼 때 투자의 효율성 측면에서 지역 r에 대한 투자가 지역 s보다 유리하다고 할 수 있다. 그러나 지역 r에만 투자가 집중될 경우 지역간 불균형 성장은 불가피하게 나타나게 되므로 개발 정책은 기존 산업들의 투입구조와 배분구조의 변화를 유도하고, 개별 산업들의 3가지 승수효과를 고려하여 경제성장과 지역간 균형적인 개발을 동시에 날성할 수 있노록 수립뇌어야 한다.

표 10.6 지역별 승수 비교

지역	산업	$\lambda_{(intra)j}$	$\lambda_{(spillover)j}$	$\lambda_{(feedback)j}$
지역 r	1	1.756	0.214	1.040
	2	1.498	0.090	1.017
	3	1.363	0.098	1.018
	소계	4.618	0.402	3.075
지역 s	1	1.290	0.173	1.021
	2	1.273	0.197	1.025
	3	1.545	0.180	1.023
	소계	4.108	0.550	3.069

10.5 요 약

본 장에서는 앞 장에서 설명한 국가의 투입산출모형을 바탕으로 지역 모형에 대해 설명하였다. 지역 모형이 전국모형과 구분되기 위해서는 지역 생산구조의 특징과 지역간 산업제품의 교역이 투입산출표에 반영되어야 한다. 이 두 가지 특성을 투입산출표에 반영하는 방법에 따라 지역 모형은 단일지역모형과 다지역모형으로 분류된다. 단일지역모형은 대상 지역만을 분석대상으로 국한하여 분석하는 모형이다. 단일지역모형에서 지역의 생산구조 특성은 지역 공급비율법, 직접조사법, 그리고 제품혼합법에 의해 도출된다. 다지역모형은 투입산출표의 작성방법에 따라 지역간 투입산출모형과 다지역 투입산출모형으로 구분된다. 투입산출표의 작성에 있어서 전자의 방법은 기업단위로 조사하여 표를 작성하는 방법이며, 후자의 방법은 산업제품의 지역간 흐름에 대한 자료를 이용하여 투입산출표를 작성하는 방법이다.

단일지역모형과 다지역모형과의 가장 큰 차이는 단일지역모형에서는 지역간 교역의 영향이 반영되지 못한다는 것이다. 지역간 교역이 지역경제에 미치는 영향은 지역간 확산효과와 환류효과로 설명된다. 따라서 단일지역모형에서는 이 두 효과를 반영하지 못하여 산업제품에 대한 최종 수요의 변화가 지역경제에 미치는 영향을 과소하게 측정하는 경향이 있다. 이에 대해 문헌에 나타난 실증 연구는 이 두 효과가 지역경제에 미치는 영향은 지역내 승수에 비해 상대적으로 크지 않음을 제시하고 있다. 그러나 이 결과를 일반적인 것으로 믿기에는 이르다. 왜냐하면 이 두 효과는 지역간 개방성에 따라 달라지기 때문이다. 그러므로 분석자가 투입산출모형을 이용하여 지역경제를 분석할 때, 모형의 선택은 분석 대상 지역의 특성과 규모, 그리고 구할 수 있는 지역경제의 자료 상태 등을 종합적으로 고려하여 결정해야 한다.

앞 장에서와 같이 지역 산업제품에 대한 최종 수요 1단위 변화가 지역경제에 미치는 영향을 생산승수와 소득승수, 그리고 고용승수에 의해 측정됨을 설명하였다. 그리고 다지역모형의 경우 최종 수요의 변화 효과를 지역내 효과와 지역간 효과로 구분하여 측정하고, 두 결과를 합하여 국민 경제에 미치는 총 효과가 계산됨을 보였다. 이러한 다지역모형에서의 승수 측정은 중앙 정부의 정책에 구체적인 방향을 제시한다.

마지막으로, 본 장에서는 다지역모형을 두 지역경제로 한정하여 설명하였다. 다지역경제가 두 지역 이상의 경제로 확장될 때도 다지역모형의 개념이 동일하게 적용되므로 지역 수의 확장에 따른 개념상의 어려움은 전혀 없다. 또한 투입산출모형을 이용하여 전국의 지역경제를 분석하고 예측할 때 국민 경제를 두 지역경제로 구분하는 것은 충분하다고 할 수 있다(Richardson, 1985).

독자들의 이해를 돕기 위해 본 장의 부록에서는 김홍배 · 진상엽(1997)의 논문이, 그리고 한국은행(2015)에서 발표한 2013년 우리나라의 다지역 투입산출표와 승수행렬이 부록 Ⅲ과 Ⅳ에 제시되었다.

A 10-1 일반 배경

환경을 오염시키는 오염물질 발생은 생산과 소비 과정에서 부산물로 발생하기 때문에 결국 경제규모와 환경수준간에는 서로 상반관계가 존재한다고 할 수 있다. 따라서 환경에 관한 연구는 기본적으로 이러한 상반관계를 인식하면서 이루어져야 한다. 그러나 이러한 인식을 바탕으로 환경문제에 접근한 연구는 많지 않은 실정이다. 그 중 김홍배 · 진상엽 · 조용희(1996)의 연구는 낙동강 유역의 수질 예측과 하천 관리정책을 지역경제의 구조와 규모를 구체적으로 고려하여 제시한 연구이기는 하지만 여러 가지 측면에서 그의 결과를 일반화시키는 데는 한계가 있다고 할 수 있다. 그 한계는 다음과 같이 크게 3가지로 요약할 수 있다.

첫째, 지역경제를 공간경제(spatial economy)가 아닌 점경제(point economy)로 가정하고 연구가 진행되었다. 이러한 가정은 투입산출모형에서는 피할 수 없는 것이기는 하지만 환경 부문 특히 수질 분야의 연구에서는 매우 주의해야 한다. 왜냐하면 동일한 지역내라 할지라도 위치에 따라 수질수준은 다르기 때문이다. 이는 지역의 환경문제를 투입산출모형을 이용하여 분석할 경우 분석공간의 단위가 좁혀져야 함을 의미한다.

둘째, 오염 처리시설의 건설비용은 폐수량과 선형적인 관계가 있음을 가정하고 도출되었다. 일반적으로 오염처리 비용에도 규모의 경제(economy of scale)가 존재하므로 오염처리량이 증가할수록 그의 평균 비용은 감소하게 된다. 따라서 이러한 규모의 경제를 고려하지 않았을 때 도출되는 결과는 사실과 다른 결과를 제시할 수 있다. 이는 오염처리 비용 산정시 규모의 경제가 필히 고려되어야 함을 가리킨다.

셋째, 오염물질의 지역간 이동성이다. 지역 내에서 처리되지 않고 하천으로 방류되는 오염물질은 한 곳에 계속적으로 정지한다기 보다는 시간이 흐름에 따라 이동하게 된다. 특히 하천 오염물질의 경우 그의 이동 경로는 매우 분명하다. 따라서 오염물질의 공간적 이동 경로에 위치한 지역은 비록 오염물질이 그 지역 안에서 발생하지 않는다고 할지라도 외부 지역에서 유입되는 오염물질 때문에 지역의 하천이 오염될 수 있다. 그러나 김홍배 외(1996)의 연구에서는 전국을 두 지역경제, 즉 낙동강 지역경제와 기타 지역의 두 지역경제로 구분하였기 때문에 오염물질의 공간적 이동에 따른 지역 하천 수질의 변화는 구조적으로 분석될 수 없었다. 따라서 오염물질의 공간적 이동에 따른 영향을 분석하기 위해서는 가장 기본적으로 투입산출표를 두 지역 이상의 다지역경제로 구분되어야 한다.

본 연구의 목적은 위에서 설명한 기존 연구의 한계를 고려하여 전국을 5대강 유역 13개 지역으로 세분화하여 지역경제의 변화에 따른 하천 수질의 변화, 그리고 지역별 하천 관리정책을 제시하는 것이다. 본 논문은 다음과 같이 구성된다. 제2절에서는 지역경제와 지역환경과의 관계를 분석하기 위한 모형이 설정된다. 제3절에서는 설정된 모형을 이용하여 장래 지역별 경제규모와 하천의 수질수준 예측과 예측된 수질수준을 바탕으로 하천별 정책이 제시된다. 여기서는 김홍배 외(1996)와 마찬가지로 자체 처리의 경우와 종말처리장의 증설, 두 정책에 대해 정책 분석을 실시한다. 마지막으로 4절에서는 연구의 요약과 향후 연구의 방향이 제시된다.

A 10-2 모형

지역내 하천의 수질은 산업부문과 가계부문에서 하천으로 유입되는 오염물질의 양과 상류 지역에서 하천의 경로를 따라 이동해오는 오염물질의 양에 의해 기본적으로 결정된다. 따라서 지역 하천내 존재하는 오염물질의 총 양은 다음과 같은 식으로 표현될 수 있다.

$$P_T^r = P_I^r + P_H^r + P^{sr} \qquad (A.1)$$

P_T^r : 지역 r의 하천내 존재하는 오염물질의 총량,

P_I^r : 지역 r내 산업부문에서 하천으로 유입되는 오염물질의 양,

P_H^r : 지역 r내 가계부문에서 하천으로 유입되는 오염물질의 양,

P^{sr} : 지역 s내에서 발생한 오염물질이 지역 r로 하천을 따라 유입되는 양.

산업부문이나 가계부문에서 지역내 하천으로 유입되는 오염물질의 양을 계산하기 위해서는 우선 지역의 산업부문과 가계부문으로부터 발생하는 오염물질의 양을 계산해야 한다. 그리고 각 부문에서 발생하는 오염물질의 양을 정확하게 계산하기 위해서는 김홍배 외(1996)에서 언급하였듯이 지역의 산업구조와 산업별 생산규모, 그리고 지역의 인구 규모와 소득수준이 구체적으로 고려되어야 한다. 왜냐하면 산업별 특성과 규모에 따라 발생되는 오염물질의 양은 달라지며 가계부문에서 발생하는 오염물질의 양은 인구 규모와 소득수준과 불가분의 관계를 갖기 때문이다. 본 논문에서는 산업부문과 가계부문에서 발생하는 오염물질의 양을 구분하여 지역의 수질문제를 분석하기 위해 다지역 투입산출모형을 분석의 수단으로 이용하도록 한다. 일반적으로 투입산출모형에서 산업별 재화의 수요와 생산량의 관계는 다음과 같이 표현된다.

$$X = (I - A)^{-1} F, \qquad (A.2)$$

X : 산업별 생산액($mn \times 1$), F : 산업별 최종 수요액($mn \times 1$),
A : 투입계수 행렬($mn \times mn$), m : 지역수,
n : 산업수.

산업별로 발생되는 오염물질의 양은 산업별 생산량과 선형적인 관계가 있음을 가정한다. 따라서 산업부문에서 발생되는 오염물질의 총량은 다음과 같이 표현된다.

$$OP_I^r = p_I \times X^r, \tag{A.3}$$

OP_I^r : 지역 r내 산업부문에서 발생하는 오염물질의 양,

p_I : 산업별 오염물질의 발생 원단위 행렬($m_I \times n$),

X^r : 지역 r내 산업별 생산액 행렬,

m_I : 산업부문에서 발생하는 오염물질의 수.

여기서의 오염물질은 폐수발생량과 환경보전법상 방류수 수질 기준인 산소요구량(BOD), 화학적 산소요구량(COD), 부유물량(SS)이다. 따라서 m_I는 4이다.

가계부문에서 발생하는 오염발생량은 지역의 소득수준과 인구 규모, 그리고 인구 1인당 발생하는 오염물질의 양에 의해 결정된다. 여기서 목표년도의 오염물질의 발생 원단위는 수환경정책자료집에 제시되어 있으나 하수발생량의 원단위는 제시되어 있지 않다. 따라서 하수 발생량은 다음과 같은 과정을 통해 계산한다.

일반적으로 소득수준이 높아질수록 가계에서 배출되는 하수량은 증가하기 때문에 지역내 주민의 소득수준과 주민 1인당 발생하는 하수량과의 관계를 결정해야 한다.

$$ln(W^r) = a + b\,ln(y^r), \tag{A.4}$$

W^r : 지역 r내 인구 일인당으로부터 발생하는 하수량(l/인),

y^r : 지역 r내 인구 일인당 소득(GRDP),

a, b : 상수.

하수발생량의 원단위와 오염물질 발생량의 원단위를 이용하여 가계부문에서 발생되는 오염물질의 양이 도출된다. 여기서도 가계부문에서 발생되는 오염물질의 양은 지역의 인구와 선형적인 관계가 있음을 가정한다.

$$OP_H^r = p_H \times Pop^r, \tag{A.5}$$

OP_H^r : 지역 r내 가계부문으로부터 발생하는 오염물질의 양,

p_H : 가계부문의 일인당 오염 발생 원단위 행렬($m_H \times 1$),

Pop^r : 예측된 지역 r의 장래인구,

m_H : 가계부문에서 발생하는 오염물질의 수.

가계부문으로부터 발생하는 오염물질의 양은 하수발생량과 생화학적 산소요구량(BOD), 부율물량(SS)으로 구분된다. 그러므로 식 (A.5)에서 m_H은 3이다.

종합하면, 지역내 산업부문과 가계부문으로부터 발생하는 오염물질의 총량은 식 (A.3)과 식 (A.5)를 합하여 구해진다.

$$OP_T^r = OP_I^r + OP_H^r, \tag{A.6}$$

OP_T^r : 지역 r내에서 발생하는 오염물질의 양.

위에서 계산되는 OP_T^r는 실질적으로 지역 하천으로 유입되는 오염물질의 양보다 클 것이다. 왜냐하면 일반적으로 발생하는 오염물질들은 지역내 오염처리시설을 거친 후 하천으로 보내지기 때문이다. 즉 많은 오염물질이 발생한다 하더라도 지역이 충분한 처리시설을 보유하고 있다면 지역은 양호한 수질의 하천을 유지할 수 있음을 의미한다. 따라서 지역 하천의 수질오염은 실질적으로 하천으로 방류되는 오염물질의 양으로부터 결정된다. 그리고 하천으로 방류되는 오염물질의 양은 발생 오염물질의 양과 지역이 보유하고 있는 오염 처리시설의 규모 차이로부터 결정된다.

$$P_W^r = OP_T^r - T_F^r, \tag{A.7}$$

P_W^r : 지역 r에서 발생하는 오염물질의 양 중 하천으로 방류되는 양,

T_F^r : 지역 r이 보유하고 있는 오염물질 처리시설의 총 용량.

위의 식을 통하여 계산된 P_W^r만으로는 그 지역의 하천 수질을 결정하지 못한다. 왜냐하면 앞서 설명하였듯이 하천의 수준은 P_W^r뿐만 아니라 외부지역에서 하천을 따라 이동되어 오는 오염물질의 양에 의해서도 영향을 받기 때문이다. 따라서 지역의 오염수준은 다음과 같은 식에 의해 표현된다.

$$WP^r = \frac{P_W^r + P^{sr}}{TQ^r}, \tag{A.8}$$

WP^r : 지역 r 하천의 오염수준,

TQ^r : 지역 r 하천의 유량.

상류지역에서 지역 r로 유입되는 오염물질의 양은 실질적으로 하천의 유달량에 의해 결정된다. 유달량이란 상류에서 발생한 오염물질이 중간에서 자연적요인에 의해 어느 정도 감소되어 하류에까지 도달하는 오염물질의 양을 의미한다. 여기서 말하는 자연적요인이란

오염물질이 하천에 퇴적하는 경우와 하천의 자연정화작용에 의한 오염물질이 자연적으로 감소되는 경우 등을 말한다. 유달량은 식 (A.9)와 같이 유달계수에 의해 결정되는데 우리나라의 경우 모든 하천의 유달계수 자료는 조사되어 있지 않기 때문에 본 논문에서는 국립환경연구원(1991)에서 제시하고 있는 일반 하천의 유달계수를 이용하여 유달량을 계산하도록 한다.

$$P^{sr} = P^{s} \times e^{-kr}, \tag{A.9}$$

P^s : 지역 s에서 발생하는 오염물질의 양,

t : 지역 s에서 지역 r까지 하천이 흘러가는 시간(day),

k : 유달계수(1.86/day).

식 (A.2)~(A.5)와 식 (A.7)~(A.9)로부터 지역 하천내 존재하는 오염물질의 총량이 계산되고, 이를 하천의 유량으로 나누면 지역 하천의 수질수준이 결정된다. 이러한 과정을 통해 장래 우리나라 각 지역의 하천 수질수준이 예측될 수 있다. 이에 대해서는 다음 절에서 자세히 다루어진다.

A 10-3 분석

본 절에서는 앞의 절에서 제시한 모형을 이용하여 우리나라 5대 강(한강, 금강, 낙동강, 섬진강, 영산강) 유역을 대상으로 하여 1993년을 기준으로 2010년도의 수질 상태를 예측하기로 한다. 본 연구에서 사용하는 산업 분류는 한국은행(1996)의 투입산출표에 나타난 산업 분류를 환경부에서 제시된 원단위의 산업 분류에 맞게 16개 산업으로 구분한 것이다. 그리고 하천유역을 기준으로 한 다지역 투입산출표는 김홍배 · 박재룡(1996)이 작성한 투입산출표를 바탕으로 재작성되었다. 그 작성 과정을 설명하면 다음과 같다.

- 전국을 우선 수도권, 강원도, 충북, 충남, 전북, 전남, 경북, 경남 등 제주도를 제외한 8개 지역경제로 구분하여 다지역 투입산출표를 작성한다.
- 작성된 다지역 투입산출표를 바탕으로 하천의 이동방향과 그 유역 면적에 의해 전국을 다시 13개 유역의 지역으로 구분한다.
  (단, 5대강 유역에 포함되지 못한 지역은 본연구에서 제외시킴.)
- 유역별로 구분된 5대강의 이동방향에 따른 유역내 13개 지역은 그림 A-1과 같다.

유역별 다지역 투입산출표와 한국개발원(1995)에서 제시한 우리나라 산업별 최종 수요의 변화율을 이용하여 2010년 지역별 생산액을 구하였으며, 여기에 식 (A.3)과 식 (A.4)~(A.5)를 이용하여 부문별 발생되는 오염물질의 양을 계산하였다. 우선 지역별로 부문별 발생하는 오염물질의 양은 표 A-1에 요약된 바와 같다. 단, 분석이 BOD와 폐수발생량으로 이루

어지므로 여기서는 오염물질 중 BOD와 폐수발생량만 제시하기로 한다.

그림 A-1
하천유역별 지역 구분

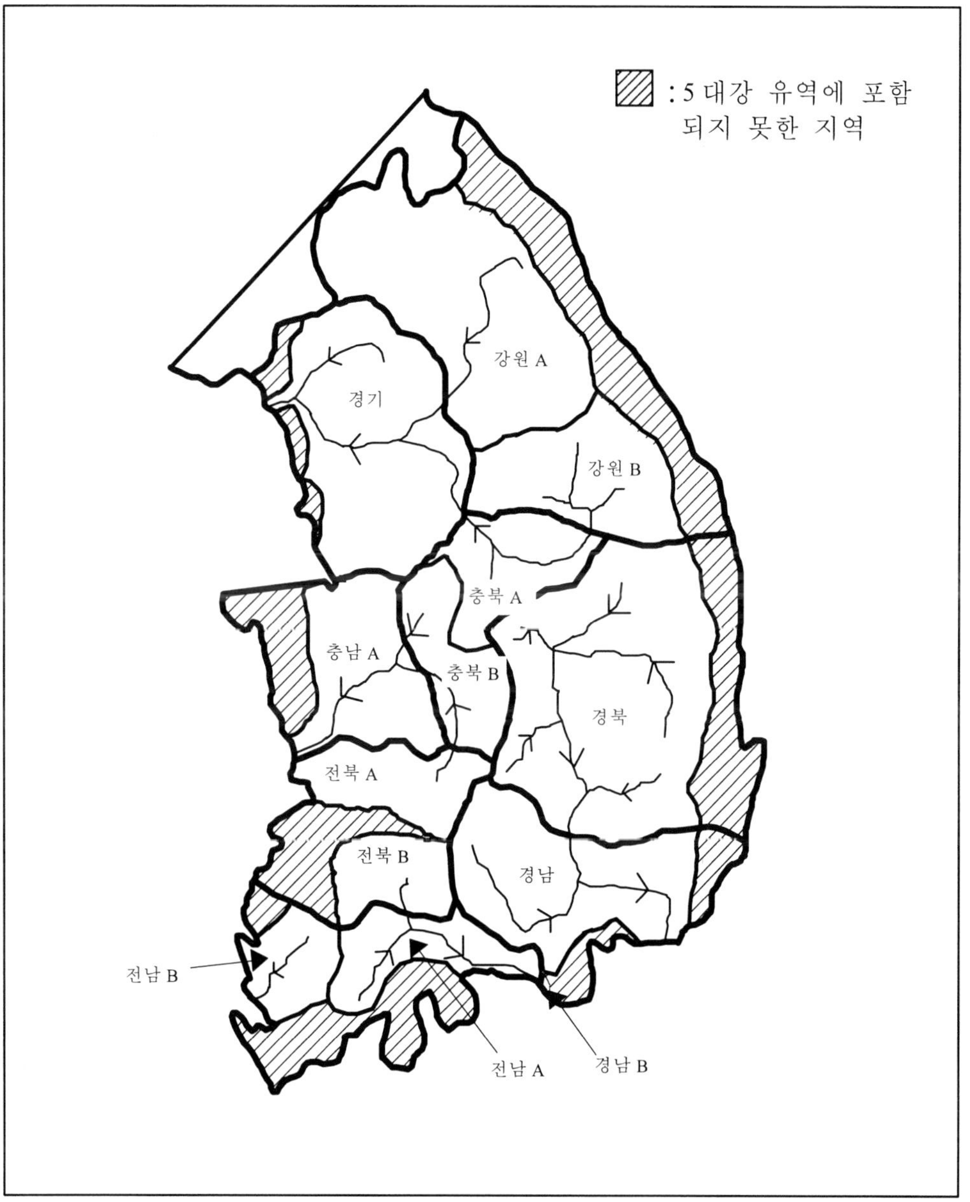

표 A-1 2010년 부문별 오염물질 발생량

구 분		산업부문				가계부문			
		폐수발생량		BOD		폐수발생량		BOD	
		(천㎥/년)	증가율	(톤/년)	증가율	(톤/년)	증가율	(톤/년)	증가율
한강	강원A	64,964	144%	27,352	131%	97,036	76%	13,002	31%
	강원B	71,163	172%	51,151	139%	84,353	76%	11,303	31%
	충북A	390,038	183%	219,289	164%	184,989	167%	24,787	99%
	경기	5,951,604	169%	1,781,937	72%	3,618,062	84%	484,794	37%
	소계	6,477,769	170%	2,079,730	80%	3,984,441	86%	533,886	39%
금강	충북B	372,711	176%	234,701	158%	249,919	167%	33,487	99%
	전북A	5,493	120%	2,812	112%	66,824	421%	8,954	288%
	충남	461,381	40%	428,916	87%	661,515	132%	88,638	73%
	소계	839,586	80%	666,430	107%	978,258	150%	131,079	86%
낙동강	경북	1,893,907	204%	557,705	116%	988,635	102%	132,470	51%
	경남A	1,504,077	194%	564,120	129%	1,173,456	93%	157,234	43%
	소계	3,397,984	197%	1,121,826	122%	2,162,091	97%	289,705	47%
섬진강	전북B	30,240	88%	16,403	95%	29,710	78%	3,981	32%
	전남A	37,359	180%	31,400	176%	37,905	109%	5,079	56%
	하동군	16,242	159%	5,908	77%	14,790	93%	1,982	43%
	소계	83,840	135%	53,711	132%	82,405	94%	11,042	44%
영산강	전남B	425,213	201%	216,440	149%	423,675	109%	56,769	56%
전국		11,224,393	168%	4,138,136	98%	7,630,869	97%	1,022,482	47%

2010년 산업부문에서 발생한 폐수량은 한강유역의 경기지역에서 가장 많이 발생될 것이고, 낙동강유역의 경북지역과 경남지역이 다음순으로 예측되었다. 증가율 측면에서 보면 낙동강 유역의 경북지역이 204%로 가장 크게 나타났는데, 이는 오염물질이 많이 발생하는 산업의 생산액이 다른 지역보다 더 크게 증가하였음에 기인하는 것이다.

가계부문에서 발생하는 폐수량도 경기지역이 가장 많이 발생될 것으로 예측되고 다음으로 경남, 경북 순으로 예측된다. 이는 앞서 언급하였듯이 가계부문의 폐수량이 인구 규모와 경제수준에 의해 결정됨을 전제한 것에 기인한 당연한 결과라 할 수 있다. 참고로 2010년 서울을 포함한 경기지역이 전국에서 차지하는 인구 및 GRDP 구성비율은 각각 47.41%와 58.59%로 경남지역은 15.38%와 15.61%, 그리고 경북지역은 12.96%와 10.37%로 예측되었다.

산업부문에서 발생되는 오염물질의 양과 가계부문에서 발생되는 오염물질의 양을 비교하면 표 A-2와 같다.

표 A-2 부문별 오염물질 발생량 비교

구 분		폐수발생량(%)		BOD(%)		COD(%)	SS(%)	
		산업부문	가계부문	산업부문	가계부문	산업부문	산업부문	가계부문
한강	강원A	40.10	59.90	67.78	32.22	100	99.16	0.84
	강원B	45.76	54.24	81.90	18.10	100	97.43	2.57
	충북A	67.83	32.17	89.84	10.16	100	98.70	1.30
	경기	62.19	37.81	78.61	21.39	100	95.33	4.67
금강	충북B	59.86	40.14	87.51	12.49	100	95.90	4.10
	전북A	7.60	92.40	23.90	76.10	100	69.50	30.50
	충남	41.09	58.91	82.87	17.13	100	97.50	2.50
낙동강	경북	65.70	34.30	80.81	19.19	100	98.67	1.33
	경남A	56.17	43.83	78.20	21.80	100	97.30	2.70
섬진강	전북B	50.44	49.56	80.47	19.53	100	96.50	3.50
	전남A	49.64	50.36	86.08	13.92	100	93.83	6.17
	하동군	52.34	47.66	74.88	25.12	100	99.19	0.81
영산강	전남B	50.09	49.91	79.22	20.78	100	97.77	2.23

폐수발생량은 전체적으로 볼 때 산업부문과 가계부문에서 비슷하게 발생되지만 BOD와 SS는 대부분이 산업부문에서 많이 발생된다. 이는 산업부문에서 발생되는 폐수에는 많은 양의 오염물질이 녹아 있는 반면, 가계부문에서 발생되는 폐수에는 상대적으로 적은 양의 오염물질이 녹아 있음을 의미한다. 따라서 산업폐수가 가계 하수보다 하천 오염의 주된 원인이 되고 있음을 알 수 있다.

앞서 설명하였지만 하천의 오염수준은 오로지 오염 발생량으로 결정되는 것이 아니라 오염 발생량과 각 하천별로 보유하고 있는 오염처리시설의 용량, 상류 지역에서 유입되는 오염물질의 양, 그리고 하천의 유량에 의해 결정된다. 산업부문에서 실질적으로 하천으로 유입되는 오염물질의 양은 자체 처리시설과 종말 처리시설의 용량에 의해, 그리고 가계부문에서 하천으로 유입되는 오염물질의 양은 하수 처리시설의 용량에 의해 결정된다. 먼저 현재 지역별로 보유하고 있는 오염처리시설의 용량과 신경제5개년 계획에 의해 신·증설되는 용량만을 고려하였을 경우 지역하천으로 방류되는 오염물질의 양을 계산하면 표 A-3과 같다.

표 A-3 지역별 처리시설 용량과 총 오염물질 방류량

구분		하수종말 처리장 (천톤/년)	폐수종말 처리장 (천톤/년)	자체처리 시설 (천톤/년)	BOD (톤/년)	COD (톤/년)	SS (톤/년)
한강	강원A	40,515	–	6,672	32,927	19,441	1,013,931
	강원B	27,375	547	6,127	54,552	31,251	286,067
	충북A	35,405	222	37,025	219,106	141,408	1,265,806
	경기	2,045,752	5,402	701,651	1,821,998	1,131,983	6,463,592
낙동강	경북	679,035	40,153	201,210	542,900	457,031	8,364,524
	경남	596,592	20,516	175,353	580,500	440,842	4,890,861
금강	충북B	78,110	335	35,189	236,924	152,584	532,433
	전북A	2,190	–	470	11,276	1,474	24,111
	충남	229,950	3,705	86,405	407,679	230,490	2,885,284
섬진강	전북B	–	87	5,451	17,382	7,168	82,244
	전남A	–	–	1,164	35,500	23,205	70,835
	하동군	–	–	1,804	7,234	4,139	223,813
영산강	전남B	236,155	1,350	40,289	225,135	157,702	2,205,993

표 A-3에 제시되었듯이 각 지역에서 하천으로 유입되는 오염물질의 양에 식 (A.9)를 적용하면 지역별로 상류지역에서 하천을 따라 유입되는 오염물질의 양을 계산할 수 있다. 상류지역은 유달량이 없으므로 4대강 5개지역의 유달량을 계산하면 표 A-4와 같다. 전국에서 유달량이 가장 큰 지역은 경남지역으로써 경북지역으로부터 약 1,719톤의 BOD 양이 유입된다. 이는 상류에 위치한 경북지역의 산업 생산액의 규모가 큰데 반해 오염처리시설은 충분치 못함을 의미한다.

표 A-4 지역별 유달량 비교(BOD기준)

구 분		산업부문 유달량 (kg)	가계부문 유달량 (kg)	총 유달량 (kg)
한강	충북A	837,838	147,842	985,680
	경기	384,003	85,071	769,074
낙동강	경남	1,544,784	174,369	1,719,153
금강	충남	1,173,506	149,468	1,322,974
섬진강	전남A	531,598	157,912	689,510

최종적으로 지역별 하천의 수질수준은 식 (A.8)에 의해 결정되며, 이때 이용되는 유량은 건설부(1994)에서 제시한 유량 측정 성과표를 이용하여 월별 유량의 평균을 구하여 적용하였다. 그리고 본 연구에서 하천의 수질수준은 BOD만을 고려하여 결정하였다. 왜냐하면 각 산업의 폐수처리율이 BOD기준으로만 제시되어 있고, BOD가 수질 등급을 구분하는 가장 정확한 기준이기 때문이다. 2010년 각 지역별 하천의 오염수준은 표 A-5와 같다.

표 A-5 2010년 지역별 하천수질 예측

구분		총 부하량 (톤/년)	유량 (톤/년)	수질수준 (ppm)	수질 등급 (2010년)	수질 등급 (1993)
한강	강원A	32,927	3,349,233,600	9.83	Ⅴ	Ⅱ
	강원B	54,552	2,901,808,000	18.80	Ⅴ	Ⅱ
	충북A	219,106	7,377,860,800	29.83	Ⅴ	Ⅱ
	경기	1,821,998	14,427,720,000	126.34	Ⅴ	Ⅲ
낙동강	경북	542,900	6,491,950,396	83.63	Ⅴ	Ⅲ
	경남	580,500	10,695,816,000	54.43	Ⅴ	Ⅲ
금강	충북B	236,924	2,173,040,000	109.03	Ⅴ	Ⅱ
	전북A	11,276	926,232,000	12.17	Ⅴ	Ⅱ
	충남	407,679	5,298,048,000	77.20	Ⅴ	Ⅱ
섬진강	전북B	17,382	912,615,712	19.05	Ⅴ	Ⅱ
	전남A	35,500	1,792,060,800	19.81	Ⅴ	Ⅱ
	하동군	7,234	2,961,900,850	3.49	Ⅲ	Ⅱ
영산강	전남B	225,135	2,177,261,102	103.40	Ⅴ	Ⅲ

표 A-5에서 나타나듯이 정부부문에 의해 오염처리시설이 추가로 설치되지 않는다면 경남 하동군 지역을 제외한 모든 지역의 하천수질수준은 5등급 이하로 떨어지는 것으로 예측되었다. 이는 현재 Ⅱ~Ⅲ등급을 유지하고 있는 수질이 공업용수로도 사용할 수 없는 수질로 악화됨을 의미한다. 즉 신경제5개년 계획에서 계획중인 처리시설의 규모로는 각 하천의 수질을 개선하는 데 크게 부족함을 알 수 있다. 따라서 목표년도의 수질을 개선하기 위해 오염처리시설의 추가 확충은 불가피하다고 하겠다.

A 10-4 지역별 수질 개선 정책

각 지역의 수질 개선을 위한 정책으로는 크게 자체 처리시설의 증설 정책과 종말처리시설의 증설 정책으로 구분된다. 어느 정책이건 정책이 추구하는 명확한 목표가 설정될 때 그에 따른 구체적인 정책평가가 이루어진다. 여기서 설정되는 정책의 목표는 1993년 현재의 수질을 달성하는 것으로 한다. 이러한 기준에 의하면 상수원수2급으로 사용할 수 있는 2등급 수준(BOD 3ppm 이하)을 유지해야 하는 지역은 강원도A와 B, 충북A, 충북B, 전북A와 B, 충남, 전남A, 그리고 하동군이며, 상수원수3급과 공업용수1급으로 사용할 수 있는 3등급 수준(BOD 6ppm 이하)을 유지해야 하는 지역은 나머지 경기, 경북, 경남, 전남B이다. 그리고 이러한 목표를 달성하기 위한 정책마다 비용 규모가 다르므로 본 논문에서는 수질개선 정책을 자체 처리시설 증설 정책과 종말처리장 증설 정책을 구분하여 평가하도록 한다.

1. 자체 처리시설의 증설 정책

자체 처리시설 증설 정책이란 종말처리시설의 규모는 현상태로 유지하면서 자체 처리시설만을 증설하여 환경의 목표를 달성하고자 하는 정책을 말한다. 이러한 정책의 목표는 지역의 일정한 수질수준으로 유지하기 위한 오염처리시설의 용량으로 최종 나타난다. 그리고 산업부문의 처리시설 용량을 도출하기 위해서 가계부문에서 발생되는 오염물질은 모두 처리되는 것으로 가정하였다. 여기에서 제시되는 자체 처리시설의 용량은 김홍배·진상엽·조용희(1996)가 사용했던 방법과 같다.

$$WP^* = \frac{(OB_h^{od} - T_h) + ((OB_i^{od} - T_1^*) - T_2) + OB_s^{od}}{TQ}, \qquad (A.10)$$

WP^* : 목표하는 수질의 수준,

OB_h^{od} : 가계부문에서 방류되는 BOD의 양,

OB_i^{od} : 산업부문에서 방류되는 BOD의 양,

OB_s^{od} : 상류지역에서 유입되는 BOD의 양,

T_h : 하수처리장의 시설 용량,

T_1^* : 증설되어야 할 자체 처리시설의 용량,

T_2 : 종말처리시설의 용량.

위의 식을 이용하면 앞에서 설명했던 지역별 하천의 목표 수질을 유지하기 위해 앞으로 증설해야 할 자체 처리시설의 용량이 계산된다. 그리고 계산된 용량을 바탕으로 정책집행에 필요한 비용 규모도 계산된다. 비용 규모는 김홍배 외(1996)가 사용했던 선형식이 아니라 규모의 경제 특성을 나타낼 수 있는 곡선식을 이용하여 도출하였다. 자체 처리시설의 공급비용은 환경부의 「폐수배출시설 조사결과 보고서」(1987~1994)에서 나온 폐수발생량과 산업 자체 처리시설의 설치비를 토대로 15개 산업에 대해 비용곡선식을 결정하여 계산하였다. 지역별로 추가되어야 할 처리용량과 자체 처리시설의 증설 정책 집행시 발생되는 비용은 표 A-6에 요약되었다.

표 A-6 자체 처리시설을 증설할 경우 처리 용량과 비용

구 분		산업처리용량 (톤)	수질수준 (ppm)	수질등급	비용 (백만 원)	비용구성비 (%)
한강	강원A	32,364,490	3	Ⅱ	35,110	0.53%
	강원B	48,619,143	3	Ⅱ	56,650	0.86%
	충북A	282,989,677	3	Ⅱ	254,771	3.86%
	경기	4,496,831,738	6	Ⅲ	3,482,527	52.72%
낙동강	경북	1,390,293,170	6	Ⅲ	811,958	12.29%
	경남	1,026,560,892	6	Ⅲ	876,639	13.27%
금강	충북B	299,598,542	3	Ⅱ	273,058	4.13%
	전북A	1,736,563	3	Ⅱ	13,047	0.20%
	충남	282,214,617	3	Ⅱ	413,563	6.26%
영산강	전북B	15,303,083	3	Ⅱ	24,333	0.37%
	전남A	29,535,518	6	Ⅱ	62,480	0.95%
	하동군		3	Ⅱ		
섬진강	전남B	334,346,341	6	Ⅲ	301,268	4.56%
계		8,240,393,774			6,605,404	100%

표 A-6에 제시되었듯이 자체 처리시설을 증설했을 경우 각 하천별로 설정된 수질 목표는 모두 달성될 수 있다. 그리고 이때 투자되어야 할 비용 규모는 전국적으로 약 6,605십억 원으로 계산되었다. 지역별로 보면 경기도 지역이 전체의 52.72%로 앞으로 가장 많은 시설 투자가 이루어져야 할 지역으로 나타났다. 그리고 경남지역과 경북지역이 전체 비용에서 차지하는 비율은 각각 13.27%와 12.29%로 나타났다. 하동군 지역의 경우는 앞으로도 양호한 수질을 보유할 것으로 예측되어 수질 개선에 투입되는 비용은 없는 것으로, 그리고 전북A와 전북B지역이 전체에서 차지하는 비용 중 각각 0.20%와 0.37%를 차지하여 수질오염 방지에 대한 시설투자가 적은 지역으로 나타났다.

2. 종말처리장의 증설 정책

종말처리장 증설 정책은 앞의 경우와는 반대로 자체 처리시설은 현 상태로 유지하고, 종말처리장 시설만을 증설하여 수질을 개선하고자 하는 것이다. 여기서도 가계부문에서 발생되는 오염물질은 모두 처리되는 것으로 가정한다. 그리고 각 하천의 설정된 목표수준의 수질을 유지하기 위해 필요한 종말처리시설의 용량은 다음과 같이 구해진다.

$$WP^* = \frac{(OB_h^{od} - T_h) + ((OB_i^{od} - T_1) - T_2^*) + BO_s^{od}}{TQ}, \qquad (A.11)$$

T_1 : 자체 처리시설의 용량,

T_2^* : 증설되어야 할 종말처리 시설의 용량.

위의 식을 이용하면 설정된 지역별 수질수준의 목표를 달성하기 위해 추가로 필요한 종말처리시설의 용량이 도출된다. 그리고 도출된 추가 증설 용량과 그에 따른 비용규모는 식 (A.12)를 이용하여 계산된다.

$$C = 820.35 Q^{0.707}, \tag{A.12}$$

C : 처리시설을 건설하는 데 드는 비용(백만 원/년),

Q : 처리시설 용량(천 톤/일).

위의 식을 이용하여 각 소유권별로 증설되어야 하는 종말처리장의 용량과 비용을 구하면 표 A-7과 같다.

표 A.7 종말처리장을 증설할 경우 처리 용량과 비용

구 분		종말처리장 용량 (톤)	수질수준 (ppm)	수질 등급	비용 (백만 원)	비용구성비 (%)
한강	강원A	42,031,701	3	Ⅱ	42,262	1.30%
	강원B	57,131,335	3	Ⅱ	52,504	1.61%
	충북A	338,348,779	3	Ⅱ	184,647	5.67%
	경기	5,244,550,821	16	Ⅴ	1,282,079	39.35%
낙동강	경북	1,652,542,580	11	Ⅴ	566,650	17.39%
	경남	1,306,409,390	6	Ⅲ	479,898	14.73%
금강	충북B	337,186,593	7	Ⅳ	184,198	5.65%
	전북A	2,343,641	3	Ⅱ	5,490	0.17%
	충남	371,270,866	5	Ⅲ	197,175	6.05%
섬진강	전북B	21,969,055	3	Ⅱ	26,714	0.82%
	전남A	31,836,136	3	Ⅱ	34,725	1.07%
	하동군		3	Ⅱ		6.19%
영산강	전남B	383,573,391	9	Ⅴ	201,773	6.19%
계		9,789,194,288			3,258,115	100%

표 A-7을 살펴보면 종말처리장을 증설할 경우, 시설 용량을 최대한 확장해도 한강의 경기지역과 낙동강의 경북지역, 금강의 충북지역, 영산강의 전남지역은 목표수준의 수질을 충족시킬 수가 없는 것으로 나타난다. 이는 현재 진행되고 있는 환경정책이 농도 규제만을

하고 있기 때문이다. 이를 좀 더 설명하자면 농도 규제는 방류폐수에 남아 있는 오염물질의 양을 규제하는 것이다. 종말처리장같이 큰 용량을 필요로 하는 시설에는 많은 양의 폐수가 방류되기 때문에 당연히 많은 양의 오염물질이 하천으로 방류된다. 그 결과 지역내 하천에는 많은 오염물질이 존재하게 되어 결국 목표했던 하천의 수질수준은 달성할 수 없게 된다. 이는 종말처리장의 경우 농도 규제만으로는 설정된 하천의 수질목표를 달성할 수가 없게 됨을 가리킨다.

마지막으로 앞에서 분석한 두 정책, 자체 처리시설 증설정책과 종말처리장 증설정책을 비교해 보면 표 A-8과 같다. 표에 제시되었듯이 각 처리시설의 비용은 지역별로 다르게 나타난다. 강원A지역과 전북B지역은 자체 처리시설의 건설비가 작게 나타나고, 그 외 지역은 종말처리시설의 건설비가 더 작게 나타난다. 이는 오염처리시 존재하는 규모의 경제 정도와 산업별 건설비용이 서로 다르기 때문에 나타나는 결과라 할 수 있다. 다시 말해서 산업별 오염처리비용과 처리시설의 건설비용이 다르다는 것은 바로 수질개선 정책이 지역의 산업구조 특징에 따라 수립되어야 함을 의미한다. 따라서 김홍배 외(1996)가 제시한 것과 같이 어느 한 정책이 다른 정책에 비해 지역 여건에 관계 없이 월등히 우수하다고 일률적으로 말하기는 어렵다고 하겠다. 결국 하천에 대한 환경정책이 획일적이기 보다는 지역산업구조의 특성에 따라 그 지역에 적합한 정책의 선택이 필요함을 보여주는 것이라 할 수 있다.

표 A-8 지역별 처리시설의 비용 비교

구분		자체 처리시설의 비용 (A)	종말처리시설의 비용 (B)	(A/B)
한강	강원A	35,110	42,262	0.83
	강원B	56,650	52,504	1.08
	충북A	254,771	184,647	1.38
	경기	3,014,562	1,282,079	2.35
낙동강	경북	730,868	566,650	1.29
	경남	876,639	479,898	1.83
금강	충북B	259,757	184,198	1.41
	전북A	13,047	5,490	2.38
	충남	396,265	197,175	2.01
영산강	전북B	24,333	26,714	0.91
	전남A	62,480	34,725	1.80
	하동군			
섬진강	전남B	289,607	201,773	1.44
전국		6,014,091	3,258,115	1.85

A 10-5 결론 및 제안

본 논문에서는 기존 연구의 한계 중 일부를 보다 현실적으로 모형에 고려하여 전국의 5대 강 유역 13개 지역을 대상으로 지역의 경제활동과 지역하천의 수질에 대해 살펴보았다. 연구의 결과 2010년까지 현재의 오염처리시설 용량으로는 우리나라 5대강 유역의 대부분이 5등급의 수질수준으로 하락할 것으로 예측되었다. 이는 일정 수준의 하천수질을 유지하기 위해서는 추가로 오염처리시설이 더 공급되어야 함을 의미한다.

논문에서는 각 하천의 수질을 개선시키기 위해 종말처리시설을 증설할 경우와 자체 처리시설을 증설할 경우의 두 가지 정책에 대해 분석하였다. 그 결과 수질개선 측면에서는 자체처리시설이 양호하고 비용 측면에서는 종말처리시설이 양호한 편으로 나타났다. 또한 본 논문에서는 종말처리장의 경우 농도규제하에서는 아무리 용량을 증가해도 하천에 존재하는 오염물질을 줄일 수 없고, 이로 인해 목표수질을 달성할 수 없게 됨을 보였다. 결국 종말처리장의 경우 농도규제에서 총량규제로의 전환이 필요하다고 할 수 있다. 아울러 지역별 수질개선 정책은 지역여건에 맞게 수립되어야 함을 제시하였다.

마지막으로 본 논문의 한계와 향후 계속 추구되어야 할 연구에 대해 제안하면 다음과 같다. 첫째, 환경수준과 경제와의 연관관계를 명확하게 구하기 위해서는 환경 부문이 산업간 연관관계 내에 내생화되어야 한다. 내생화된 투입산출모형을 구해야만 각 산업에 대한 환경비용을 보다 구체적으로 구할 수 있다. 둘째, 하천 수질은 하천의 유속, 오염물질의 확산, 그리고 지역의 토지이용 상태 등에 의해 일반적으로 영향을 받는다. 따라서 지역별 하천의 구체적인 수질수준을 예측하기 위해서 이러한 일반적요인들은 모형에 고려되어야 한다. 셋째, 산업별 오염원단위의 산출이 정확하게 계산되어 있을 때 연구 결과의 의미는 한층 더 커진다고 하겠다. 이는 하천 오염수준의 정확한 분석과 예측을 위해 가장 기본적인 것이라 할 수 있다.

위에서 언급된 점들을 고려하여 연구가 진행될 때 보다 구체적이고 정확한 연구결과가 제시될 것으로 믿는다. 이에 대해 앞으로 많은 연구가 있길 기대한다.

제 **11** 장

가격 투입산출모형

11.1 가격 투입산출모형이란

투입산출모형은 고정된 산업간 연관관계를 바탕으로 정책이 지역 및 국민경제에 미치는 파급효과를 생산과 소득, 그리고 고용 등으로 구분하여 분석하는 모형이다. 투입산출모형의 분석방법은 내용적으로 보면 복잡하다기보다는 오히려 공식적이고 단순하다고 할 수 있다. 즉 정책을 최종 수요의 변화로 나타낸 다음 산업들의 승수행렬인 Leontief의 역행렬을 이용하여 정책의 효과를 분석하면 되는 것이다. 여기서 분석자가 알아야 할 것은 투입산출모형이 수요중심의 모형(demand-oriented model)이기 때문에 투입산출모형을 이용하여 정책의 효과를 분석하기 위해서는 무엇보다도 정책을 재화에 대한 최종 수요변화로 나타내야 한다는 것이다. 따라서 투입산출모형은 수요가 공급을 창출한다는 개념을 위해 수립된 모형이며, 수요의 변화가 어떻게 공급의 변화를 유도하는지를 구체적으로 설명하는 모형이다.

투입산출모형에서는 수요의 변화가 생산에 미치는 효과로 분석되지만 가격의 변화에는 아무런 영향을 미치지 않음을 가정한다. 왜냐하면 투입산출모형은 재화의 공급이 수요의 변화에 대해 무한 탄력적으로 반응한다는 가정을 바탕으로 수립되는 부분 균형체계의 모형(partial equilibrium framework model)이기 때문이다. 이러한 투입산출모형은 산업별 재화 배분구조로부터 수립된 모형이다. 그러나 산업별 재화 생산의 투입구조로부터 가격결정구조가 파악될 수 있으며, 이로부터 정책이나 환경의 변화가 가격변화에 미치는 영향이 분석될 수 있다.

본 장에서는 산업의 생산과정에 투입되는 중간재 가격이나 노동과 자본 같은 본원적 생산요소(primary input factor)의 가격변화에 따른 산업별 재화가격의 변화에 대해 설명한다. 일반적으로 생산원료의 가격이 높아지거나 노동임금이 상승할 때 재화의 가격은 상승하게 된다. 이에 대한 예는 유류가격이 상승하면서 인상되는 교통요금이나 노동자들의 임금이 높아지면서 인상되는 제품의 가격 등에서 찾아 볼 수 있다. 사실 이러한 예는 우리 주변에서 흔히 찾아 볼 수 있는 것이다. 중간재나 생산요소의 가격변화에 의한 재화의 가격변화는 본 장에서 설명되는 가격 투입산출모형(price input-output model)을 이용하여 분석될 수 있다. 가격 투입산출모형이란 바로 산업의 투입구조변화가 경제를 구성하는 산업들의 재화가격변화에 미치는 영향을 분석하는 모형이다.

가격 투입산출모형에서 산업들의 연관관계는 산업간 금액단위의 거래가 아닌 물리적 단위(physical unit)의 거래로부터 도출된다. 여기서 물리적 단위란 재화의 수량이나 노동자의 수 또는 자본의 양과 같이 구체적인 물리적 규모를 나타낼 수 있는 단위를 가리킨다. 따라서 물리적 단위에는 개수나 인(人) 또는 톤(ton) 등이 포함된다. 엄밀히 말해 물리적 측면에서 도출되는 산업간 연관관계는 앞에서 설명한 금액단위로 거래되는 관계에서 도출되는 연관관계보다 기술적으로 더 정확하다고 할 수 있다. 왜냐하면 재화의 생산기술 특성은 생산요소의 기술적인 결합관계에 의해 정의되며, 정의된 생산요소의 결합관계는 물리적 단위로 나타나기 때문이다. 이를 예를 들어 설명해 보자.

어떤 회사가 그의 제품 1,000개를 생산하는 데 사용되는 전기의 양이 400kWh라고 한다면 400kWh는 전기가격에 관계 없이 1,000개의 제품 생산을 위해 투입되어야 하는 전기수요량이다. 여기서 전기가격이 kWh당 200원이라고 한다면 이 회사가 1,000개의 제품을 생산하기 위해 투입해야 할 전기비용은 80,000원(400kWh×200원)이 된다. 만일 전기가격이 kWh당 200원에서 400원으로 상승한다면 회사가 1,000개의 제품을 생산하기 위해 지불해야 할 전기비용은 160,000원이 된다. 그러나 전기가격이 상승했는데도 불구하고 생산자가 전기비용을 전과 동일하게 80,000원만 지불하려고 한다면 그 회사는 기술적으로 1,000개의 제품을 생산하지 못하게 된다. 왜냐하면 상승된 전기가격으로 인해 회사가 실질적으로 생산과정에 투입할 수 있는 전기의 양은 400kWh가 아니라 200kWh이기 때문이다.

회사가 상승된 전기비용 160,000원을 지불하는 경우 전체적으로 생산투입비용은 상승하게 되지만 생산되는 제품의 양은 전과 동일하다. 따라서 이 경우 투입비용의 상승으로 인해 제품의 가격은 자연히 상승하게 된다. 또한 산업간 연관관계로 인하여 회사의 가격 상승은 다른 산업의 제품 가격에도 영향을 미치게 된다. 이와 같이 한 산업의 생산요소 비용 증가가 해당 산업뿐만 아니라 다른 산업들의 가격에 미치는 영향을 분석하는 모형이 바로 가격 투입산출모형이다.

본 장에서는 산업간 연관관계와 산업별 투입구조를 바탕으로 투입요소비용의 변화가 산업별 가격변화에 미치는 영향 분석에 관해 설명된다. 본 장은 총 4절로 구성된다. 제2절에서는 가격 투입산출모형의 구조와 재화의 가격 결정 메커니즘에 대한 설명이 제공된다. 제3절에서는 가격 투입산출모형을 이용하여 산업의 노동임금이 변할 때 산업별 재화가격의 변화와 환경정책이 경제에 미치는 영향 분석에 대해 설명된다. 제4절에서는 본 장에서 다루어진 내용이 요약되며, 부록에서는 가격 투입산출모형을 이용하여 지역간 접근성 향상이 우리나라 지역경제에 미치는 효과를 분석한 논문이 제공된다.

11.2 가격 모형의 구조

투입산출모형과 가격 투입산출모형의 차이점은 다음과 같이 두 가지로 요약된다. 첫째, 앞에서 언급하였듯이 투입산출모형은 산업별 재화의 배분구조로부터 수립되는 모형인 반면, 가격 투입산출모형은 산업의 투입구조로부터 수립되는 모형이다. 둘째, 투입산출모형은 정부기관에서 발표된 투입산출표에서 제시된 자료로부터 직접 수립되는데 비해 가격 투입산출모형은 투입산출표에서 제시된 값들을 물리적 단위로 전환한 후 구축된다. 금액단위의 값들을 물리적 단위의 값들로 전환하기 위해서는 우선적으로 산업별 재화가격과 생산요소의 가격을 알아야 한다. 이러한 가격들을 이용하면 투입산출표에 나타난 경제 내 소득의 흐름은 바로 물리적인 재화의 흐름으로 나타나게 된다.

경제 내 물리적 단위의 재화 흐름은 계획 및 정책 분야에서 다양한 연구에 유용한 자료로 활용될 수 있다(이에 대해서는 3절과 부록에서 좀더 상세하게 설명된다). 금액단위의 투입산출표 구조는 앞의 9장에서 설명되었듯이 표 11.1과 같다. 재화의 가격이나 생산요소의 가격을 이용하여 금액단위의 투입산출표를 물리적 단위의 투입산출표로 전환하면 표 11.2와 같다.

표 11.1 금액단위의 투입산출표 구조

투입 \ 배분		중간재 수요 산업 1… 산업 j… 산업 n	최종재 수요	총공급
중간투입	산업 1 … 산업 i … 산업 n	X_{ij}	F_i	X_i
부가가치	노동	W_j		
	자본	R_j		
총 투입		X_j		

표 11.2 물리적 단위의 투입산출표 구조

투입 \ 배분		중간재 수요 산업 1… 산업 j… 산업 n	최종재 수요	총공급
중간투입	산업 1 … 산업 i … 산업 n	$Q_{ij} = \frac{X_{ij}}{p_i}$	$FQ_i = \frac{F_i}{p_i}$	$Q_i = \frac{X_i}{p_i}$
부가가치	노동	$L_j = \frac{W_j}{p_{L,j}}$		
	자본	$K_j = \frac{R_j}{p_{K,j}}$		
총 투입		$Q_j = \frac{X_j}{p_j}$		

금액단위의 투입산출표로부터 물리적 단위의 투입산출표로 전환하는 과정을 좀더 구체적으로 설명하면 다음과 같다. 우선 표 11.1에서 산업 j의 투입구조를 식으로 나타내면 식 (11.1)과 같다. 식에 제시된 각 항에 대해서는 앞의 두 장에 상세하게 설명되었으므로 여기서는 이에 대한 설명을 생략하도록 한다.

$$X_j = \sum_i X_{ij} + W_j + R_j. \tag{11.1}$$

위의 식은 금액단위로 제시되는 산업 j의 투입구조이다. 이러한 산업의 투입구조를 물리적 단위의 중간재 투입량과 노동 및 자본의 양으로 나타내면 다음과 같다. 물론 이를 위해서는 재화나 생산요소의 가격이 먼저 구해져야 한다.

$$p_j Q_j = \sum_i p_i Q_{ij} + p_{L,j} L_j + p_{K,j} K_j, \tag{11.2}$$

p_j : 산업 j제품의 가격,

Q_j : 산업 j제품의 생산량,

Q_{ij} : 산업 j제품 생산에 투입된 산업 i제품의 양,

$p_{L,j}(p_{K,j})$: 산업 j에 고용된 노동(자본)의 가격,

$L_j(K_j)$: 산업 j에 고용된 노동자의 수(자본의 양).

재화의 가격을 이용하여 산업간 거래되는 금액을 물량단위로 나타내고, 이로부터 산업간 연관관계를 나타내는 투입산출계수는 식 (11.3)에 의해 계산된다. 단, 여기서는 앞의 9장과 10장에서 설명한 투입산출계수와 구분하기 위해 가격 투입산출모형에서 계산되는 투입산출계수를 물리적 투입산출계수(physical input-output coefficient)로 부르기로 한다.

$$c_{ij} = \frac{Q_{ij}}{Q_j}, \tag{11.3}$$

c_{ij} : 물리적 투입산출계수.

투입산출계수 a_{ij}는 산업 j제품의 1원당 투입되는 산업 i제품의 가치를 의미하지만, 물리적 투입산출계수 c_{ij}는 산업 j의 1단위 제품당 투입되는 재화 i의 물리적인 양이다. 따라서 a_{ij}는 1보다 작으나 c_{ij}는 1보다 작아야 하

는 제한이 없다. 즉 c_{ij}는 1보다 클 수도 있다.

이를 예로 들어 설명하면 다음과 같다. 자동차를 생산하는 회사와 타이어를 생산하는 회사의 연관관계를 생각해 보자. 만일 자동차 생산 회사의 총매출이 1,000억 원이고 이중 타이어 생산 회사에 지불하는 비용이 10억 원이라면 자동차 생산 회사 입장에서 볼 때 타이어 생산 회사와의 관계는 투입산출계수 0.01로 표현된다. 그러나 물리적 투입산출계수는 자동차 1대 생산에 투입되는 타이어의 개수로 나타나므로 자동차 생산회사와 타이어 생산회사 간의 물리적 투입산출계수는 5가 된다. 왜냐하면 자동차 1대 생산에 투입되는 타이어는 여유분의 타이어(spare tire)를 포함하여 모두 5개가 되기 때문이다. 이와 같이 물리적 투입산출계수는 1보다 크게 나타날 수도 있다. 그러나 참고로 말하면 실제로 투입산출표를 물리적 단위의 투입산출표로 전환할 때 c_{ij}가 1보다 큰 경우는 드물다.

물리적 투입산출계수와 투입산출계수의 일반적인 관계는 다음과 같이 표현된다.

$$a_{ij} = \frac{p_i Q_{ij}}{p_j Q_j} = \frac{p_i}{p_j} c_{ij}. \tag{11.4}$$

식 (11.2)의 양변을 Q_j로 나누면 재화의 가격 구조는 다음과 같이 표현된다.

$$p_j = \sum_i p_i c_{ij} + p_{L,j} \cdot l_j + p_{K,j} \cdot k_j, \tag{11.5}$$

l_j : 산업 j의 노동투입계수, $l_j = \dfrac{L_j}{Q_j}$,

k_j : 산업 j의 자본투입계수, $k_j = \dfrac{K_j}{Q_j}$.

산업의 생산기술은 바로 제품 생산에 투입되는 원료와 생산요소의 결합기술을 말하며, 생산기술이 변함이 없음을 가정할 때는 바로 식 (11.5)에서 c_{ij}, l_j, k_j가 일정함을 가리킨다. 식 (11.5)를 이용하여 산업별로 가격구조를 나타내면 다음과 같다.

$$p_1 = p_1 c_{11} + p_2 c_{21} + p_3 c_{31} + \cdots + p_n c_{n1} + p_{L,1} l_1 + p_{K,1} k_1,$$

$$p_2 = p_1 c_{12} + p_2 c_{22} + p_3 c_{32} + \cdots + p_n c_{n2} + p_{L,2} l_2 + p_{K,2} k_2,$$

$$\cdots\cdots\cdots\cdots\cdots\cdots\cdots\cdots$$

$$p_n = p_1 c_{1n} + p_2 c_{2n} + p_3 c_{3n} + \cdots + p_n c_{nn} + p_{L,n} l_n + p_{K,n} k_n. \tag{11.6}$$

위의 식을 행렬로 표시하면,

$$P = PC^T + \hat{P}_L L + \hat{P}_K K, \tag{11.7}$$

$$P = \begin{bmatrix} p_1 \\ p_2 \\ \cdot \\ p_n \end{bmatrix}, \ C = \begin{bmatrix} c_{11} & c_{12} & \cdot & c_{1n} \\ c_{21} & c_{22} & \cdot & c_{2n} \\ \cdot & \cdot & \cdot & \cdot \\ c_{n1} & c_{n2} & \cdot & c_{nn} \end{bmatrix}, \ C^T = \begin{bmatrix} c_{11} & c_{21} & \cdot & c_{n1} \\ c_{12} & c_{22} & \cdot & c_{n2} \\ \cdot & \cdot & \cdot & \cdot \\ c_{1n} & c_{2n} & \cdot & c_{nn} \end{bmatrix},$$

$$\hat{P}_L = \begin{bmatrix} p_{L,1} & 0 & \cdot & 0 \\ 0 & p_{L,2} & \cdot & 0 \\ 0 & 0 & \cdot & 0 \\ 0 & 0 & \cdot & p_{L,n} \end{bmatrix}, \ \hat{P}_K = \begin{bmatrix} p_{K,1} & 0 & \cdot & 0 \\ 0 & p_{K,2} & \cdot & 0 \\ 0 & 0 & \cdot & 0 \\ 0 & 0 & \cdot & p_{K,n} \end{bmatrix}, \ L = \begin{bmatrix} l_1 \\ l_2 \\ \cdot \\ l_n \end{bmatrix},$$

$$K = \begin{bmatrix} k_1 \\ k_2 \\ \cdot \\ k_n \end{bmatrix},$$

식 (11.7)에서 C^T 행렬은 C 행렬의 전치행렬(transpose matrix)이다. 이 식을 산업별 재화가격의 구조식으로 표현하면 다음과 같다.

$$P = (I - C^T)^{-1} \{ \hat{P}_L L + \hat{P}_K K \}. \tag{11.8}$$

식 (11.8)에서 알 수 있듯이 재화의 가격은 크게 3가지 요인, 즉 물리적 투입산출계수의 변화, 생산요소 투입계수의 변화, 그리고 생산요소 가격의 변화에 의해 변화됨을 알 수 있다. 이러한 요인 중 물리적 투입산출계수의 변화와 생산요소 투입계수의 변화는 산업의 생산기술변화에 의한 것이라 할 수 있으며, 생산요소의 가격변화는 사회·경제적인 변화에 의한 것이라고 할 수 있다. 각 요인의 변화에 따른 재화가격의 변화를 구분하여 제시하면 다음과 같다. 우선 물리적 투입산출계수의 변화로 인한 재화의 가격변화는 다음과 같이 나타난다.

$$\Delta P_c = \Delta C^T (I - C^T)^{-1} \left(\hat{P}_L L + \hat{P}_K K \right), \tag{11.9}$$

$$\Delta P_c = \begin{bmatrix} \Delta p_1 \\ \Delta p_2 \\ \cdot \\ \Delta p_n \end{bmatrix}, \quad \Delta C^T = \begin{bmatrix} \Delta c_{11} & \Delta c_{21} & \cdot & \Delta c_{n1} \\ \Delta c_{12} & \Delta c_{22} & \cdot & \Delta c_{n2} \\ \cdot & \cdot & \cdot & \cdot \\ \Delta c_{1n} & \Delta c_{2n} & \cdot & \Delta c_{nn} \end{bmatrix},$$

ΔP_c : 물리적 투입산출계수의 변화에 의한 재화의 가격변화.

생산요소의 투입계수, 즉 노동투입계수나 자본투입계수의 변화에 따른 재화의 가격변화는 다음과 같이 표현된다.

$$\Delta P_L = (I - C^T)^{-1} (\hat{P}_L \Delta L), \quad \Delta P_K = (I - C^T)^{-1} (\hat{P}_K \Delta K), \tag{11.10}$$

$$\Delta L = \begin{bmatrix} \Delta l_1 \\ \Delta l_2 \\ \cdot \\ \Delta l_n \end{bmatrix}, \quad \Delta K = \begin{bmatrix} \Delta k_1 \\ \Delta k_2 \\ \cdot \\ \Delta k_n \end{bmatrix},$$

ΔP_L : 노동투입계수의 변화로 인한 재화가격의 변화,

ΔP_K : 자본투입계수의 변화로 인한 재화가격의 변화.

노동과 자본의 가격변화가 재화의 가격변화에 미치는 영향은 다음과 같이 표현된다.

$$\Delta P_{PL} = (I - C^T)^{-1} (\Delta \hat{P}_L L), \quad \Delta P_{PK} = (I - C^T)^{-1} (\Delta \hat{P}_K K), \tag{11.11}$$

$$\Delta \hat{P}_L = \begin{bmatrix} \Delta p_{L,1} & 0 & \cdot & 0 \\ 0 & \Delta p_{L,2} & \cdot & 0 \\ 0 & 0 & \cdot & 0 \\ 0 & 0 & \cdot & \Delta p_{L,n} \end{bmatrix}, \quad \Delta \hat{P}_K = \begin{bmatrix} \Delta p_{K,1} & 0 & \cdot & 0 \\ 0 & \Delta p_{K,2} & \cdot & 0 \\ 0 & 0 & \cdot & 0 \\ 0 & 0 & \cdot & \Delta p_{K,n} \end{bmatrix},$$

ΔP_{PL} : 노동가격변화에 따른 재화가격의 변화,

ΔP_{PK} : 자본가격변화에 따른 재화가격의 변화.

종합하면 식 (11.8)의 모든 항목이 동시에 변할 때 재화가격의 변화 (ΔP_T)는 식 (11.9)~식 (11.11)에 의해 계산되는 각 요인별 가격변화의 합이 된다.

$$\Delta P_T = \Delta P_C + \Delta P_L + \Delta P_K + \Delta P_{PL} + \Delta P_{PK}. \tag{11.12}$$

지금까지 설명한 내용을 요약하면 다음과 같다. 산업의 투입구조가 외부 충격에 의해 변하였을 때 그 변화는 궁극적으로 재화의 가격변화로 나타나게 되며, 그러한 가격의 변화는 가격 투입산출모형을 이용하여 분석된다. 그리고 가격 투입산출모형에서 의미하는 외부 충격은 물리적 투입산출계수의 변화와 생산요소의 투입계수변화, 그리고 생산요소의 가격변화이다. 이와 같은 가격 투입산출모형의 현실 적용에 대한 설명은 다음 절에서 제공된다.

11.3 가격 투입산출모형의 적용

본 절에서는 앞에서 설명한 가격 투입산출모형의 적용에 대해 설명한다. 본 절은 두 부분으로 구성된다. 첫째 부분은 노동가격의 변화가 산업재화의 가격에 미치는 영향 분석에 대해 설명한다. 그리고 두 번째 부분은 환경 부문이 고려된 투입산출표로부터 환경정책이 경제에 미치는 영향 분석에 대해 설명한다.

11.3.1 노동가격변화와 재화가격변화

어느 가상의 국가 A의 투입산출표가 표 11.3과 같이 주어졌다고 하자. 표에서 보이듯이 A국의 경제는 2개의 산업과 2개의 생산요소로 구성된 경제이다. 그리고 두 재화의 가격과 산업별 노동 및 자본의 가격도 다음과 같이 주어졌다고 하자.

$$p_1 = 4,\ p_2 = 3,\ p_{L,1} = p_{L,2} = 5,\ p_{K,1} = p_{K,2} = 6.$$

만일 A국에서 노동 가격, 즉 임금수준이 30% 상승된다면 재화의 가격은 얼마나 상승할 것인가를 가격 투입산출모형을 이용하여 분석해 보자. 여기서는 산업별로 노동가격의 인상 효과를 분석하기 위해 세부적으로 산업1에 고용된 노동자의 임금이 30% 상승한 경우와 산업2에 고용된 노동자의 임금이 30% 상승한 경우, 그리고 두 산업 공히 30% 상승한 경우로 구분하여 살펴보기로 한다. 이러한 분석을 위해서는 먼저 A국의 투입산출표를 앞에서 주어진 재화 및 생산요소의 가격을 이용하여 물리적 단위의 투입산출표로 전환해야 한다. 전환된 물리적 단위의 투입산출표는 표 11.4와 같다.

표 11.3 A국의 투입산출표(금액단위)

투입 \ 배분		중간재 수요		최종재 수요		총공급
		산업1	산업2	소비	정부	
중간투입	산업1	100	400	1,200	300	2,000
	산업2	300	900	3,300	600	5,100
부가가치	노동	700	1,400			
	자본	900	2,400			
총 투입		2,000	5,100			

표 11.4 A국의 투입산출표(물리적 단위)

투입 \ 배분		중간재 수요		최종재 수요		총공급
		산업1	산업2	소비	정부	
중간투입	산업1	25	100	300	75	500
	산업2	100	300	1,100	200	1,700
부가가치	노동	140	280			
	자본	150	400			
총 투입		500	1,700			

표 11.4로부터 물리적 투입산출계수 행렬 C^T와 산업간 연관관계를 나타내는 역행렬, $(I-C^T)^{-1}$를 계산하면 다음과 같다.

$$C=\begin{bmatrix}0.050 & 0.059\\0.200 & 0.176\end{bmatrix},\ (I-C^T)^{-1}=\begin{bmatrix}1.069 & 0.260\\0.076 & 1.233\end{bmatrix}.$$

그리고 노동가격이 30% 상승되었을 때 산업별 노동가격의 변화 폭은 모두 1.5이다.

$$\triangle P_{L,1}=P_{L,2}=5\times 0.3=1.5.$$

A국의 경제에서 노동가격의 변화에 따른 재화가격의 변화는 식 (11.11)을 이용하여 분석된다.

□ 산업1의 노동가격이 30% 상승한 경우

A국내 산업1의 노동가격이 30% 상승한 경우 재화가격의 변화는 다음과 같은 과정을 통해 계산된다.

$$\triangle P_L = (I - C^T)^{-1}(\widehat{\triangle P_L}L),$$

$$\triangle P_{L,1} = \begin{bmatrix} 1.069 & 0.260 \\ 0.076 & 1.233 \end{bmatrix} \cdot \begin{bmatrix} 1.5 & 0 \\ 0 & 0 \end{bmatrix} \cdot \begin{bmatrix} 0.280 \\ 0.165 \end{bmatrix} = \begin{bmatrix} 0.449 \\ 0.032 \end{bmatrix},$$

$$\triangle P_{L,1}^{new} = P_{L,1} + \triangle P_{L,1} = \begin{bmatrix} 4.449 \\ 3.032 \end{bmatrix}.$$

위에서 제시되었듯이 산업1의 노동가격이 30% 상승하였을 때 재화의 가격변화 폭은 p_1과 p_2가 각각 0.449와 0.032이다. 따라서 변화된 산업별 재화의 가격 p_1^{new}와 p_2^{new}는 4.449와 3.032이다.

□ 산업2의 임금이 30% 상승한 경우

산업2의 노동가격이 30% 상승한 경우 산업별 재화가격의 변화는 위에서 설명한 산업1의 경우와 동일한 방법으로 계산된다.

$$\triangle P_{L,2} = \begin{bmatrix} 1.069 & 0.260 \\ 0.076 & 1.233 \end{bmatrix} \cdot \begin{bmatrix} 0 & 0 \\ 0 & 1.5 \end{bmatrix} \cdot \begin{bmatrix} 0.280 \\ 0.165 \end{bmatrix} = \begin{bmatrix} 0.064 \\ 0.305 \end{bmatrix},$$

$$\triangle P_{L,2}^{new} = P_{L,2} + \triangle P_{L,2} = \begin{bmatrix} 4.064 \\ 3.305 \end{bmatrix}.$$

산업2의 노동가격이 30% 상승하였을 때 재화의 가격변화 폭은 p_1과 p_2가 각각 0.064와 0.305이다. 따라서 재화의 변화된 가격, p_1^{new}와 p_2^{new}는 4.064와 3.305가 된다.

□ 산업1과 2의 노동가격이 동시에 30% 상승한 경우

A국에서 산업1과 2의 노동가격이 동시에 30% 증가한 경우 재화의 가격은 다음과 같이 계산된다.

$$\triangle P_{L,12} = \begin{bmatrix} 1.069 & 0.260 \\ 0.076 & 1.233 \end{bmatrix} \cdot \begin{bmatrix} 1.5 & 0 \\ 0 & 1.5 \end{bmatrix} \cdot \begin{bmatrix} 0.280 \\ 0.165 \end{bmatrix} = \begin{bmatrix} 0.513 \\ 0.337 \end{bmatrix},$$

$$\triangle P_{L,12} = P_{L,12} + \triangle P_{L,12} = \begin{bmatrix} 4.513 \\ 3.337 \end{bmatrix}.$$

노동가격이 산업1과 2에서 동시에 30% 증가하는 경우 재화의 가격 p_1^{new}와 p_2^{new}는 각각 4.513과 3.337이 된다.

위에서 분석된 재화의 가격변화가 A국 전체에 미치는 파급효과는 전통적인 투입산출모형을 이용하여 분석된다. 투입산출모형은 수요중심의 모형이기 때문에 재화가격의 변화에 따른 파급효과를 분석하기 위해서는 재화에 대한 수요변화가 먼저 계산되어야 한다. 그리고 수요변화를 계산하기 위해서는 무엇보다도 부문별로 재화에 대한 수요함수를 알아야 한다. 산업별 수요함수는 분석자가 부문별로 직접 설정할 수도 있고, 다른 연구에서 제시된 수요함수를 이용할 수도 있으며, 또는 가계부문의 효용함수와 정부부문의 복지함수를 설정하고, 각 부문의 최적화 원리를 통해 수요함수를 도출할 수도 있다. 부문별로 최적화 원리에 의해 재화의 수요를 도출하는 방법을 좀 더 구체적으로 설명하면 다음과 같다.

가계부문의 산업별 재화에 대한 수요는 먼저 가계부문의 효용함수를 설정하고, 소득 제약 하에서의 효용극대화 원리에 의해 도출된다. 그리고 정부부문의 산업별 지출수요는 가계부문의 경우와 같이 정부부문의 복지함수를 설정하고, 정부소득 제약 하에 복지극대화 원리에 의해 도출된다. 여기서 노동가격변화로 인한 가계부문의 재화 수요의 변화를 도출할 때는 가계부문의 소득변화도 함께 고려되어야 한다. 왜냐하면 노동가격의 변화는 직접적으로 가계부문의 소득변화에 영향을 주며, 가계부문의 재화 수요 규모는 재화의 가격뿐만 아니라 가계부문의 소득수준에 의해서도 크게 영향을 받기 때문이다.

A국의 경우 노동가격변화가 경제에 미치는 파급효과는 가계부문과 정부부문의 재화 수요에 의해 계산된다. 가계부문의 소비수요의 변화와 정부부문의 지출 수요의 변화는 다음과 같이 표현된다.

$$\Delta CD = C(\Delta M, \Delta P), \ \Delta GD = G(\Delta P), \qquad (11.13)$$

ΔCD : 가계부문의 소비 수요량의 변화,

ΔGD : 정부부문의 지출 수요량의 변화,

ΔM : 가계부문의 소득 변화,

$C(\cdot)$: 가계부문의 수요함수,

$G(\cdot)$: 정부부문의 지출함수.

위에서 계산된 재화 수요의 변화로부터 산업별 생산액의 변화는 전통적인 투입산출모형을 이용하여 계산된다. 단, 식 (11.14)에 사용되는 항목들의 단위는 금액단위이므로 식 (11.13)에서 계산된 물리적 단위의 재화 수요량은

변화된 재화가격을 곱해서 금액단위로 전환시켜야 한다. 금액단위로 전환된 부문별 수요변화와 Leontief의 역행렬을 이용하면 노동가격의 상승이 경제 전체에 미치는 영향은 다음과 같은 식에 의해 분석된다.

$$\triangle X = (I - A)^{-1}(\triangle C + \triangle G), \tag{11.14}$$

$\triangle C$: 가계부문의 재화 소비액의 변화 ($\triangle C = \hat{P}^{new} \cdot \triangle CD$),

$\triangle G$: 정부부문의 지출 수요액의 변화 ($\triangle G = \hat{P}^{new} \cdot \triangle GD$).

본 절에서는 산업별 노동가격의 변화가 가격변화에 미치는 영향 분석과 분석된 가격변화로부터 재화에 대한 수요의 변화를 도출하여 생산액의 변화까지 계산하는 과정에 대해 설명하였다. 이러한 과정을 통해 분석된 산업별 생산액의 변화로부터 고용의 변화도 고용자 투입계수를 이용하여 분석된다. 여기서 고용자 투입계수는 제9장에서 설명하였듯이 산업별 생산액 1원당 투입되는 고용자의 수를 나타내는 계수이다. 간단히 말해 생산액변화에 따른 고용의 변화는 다음과 같은 식에 의해 계산된다.

$$\triangle E = A_Z \triangle X, \tag{11.15}$$

$$A_Z = (a_{E,1} \cdots a_{E,j} \cdots a_{E,n}), \; a_{E,j} = \frac{e_j}{X_j},$$

$\triangle E$: 고용의 변화,

A_Z : 고용자 투입계수 행렬($1 \times n$),

e_j : 산업 j에 고용된 고용자의 수.

노동가격변화의 경우와 마찬가지로 물리적 투입산출계수의 변화와 생산요소의 투입계수변화가 재화의 가격에 미치는 영향도 식 (11.9)와 식 (11.10)을 이용하여 분석될 수 있다. 그러나 여기서는 이에 대한 설명을 생략하도록 한다. 왜냐하면 분석 과정이 노동가격변화의 경우와 거의 동일하기 때문이다. 이에 대해서는 독자들이 스스로 해보기 바란다. 참고로 물리적 투입산출계수의 변화가 산업별 재화가격에 미치는 영향은 본 장 부록에 제시된 논문에서 상세하게 설명된다. 그 논문에서는 경부고속철도로 인한 지역간, 그리고 지역내 물리적인 투입계수의 변화가 지역별, 산업별 재화의 가격변화에 미치는 영향이 분석된다.

11.3.2 환경정책의 효과분석

본 절에서는 가격 투입산출모형을 이용하여 환경정책에 따른 산업별 재화 가격의 변화에 대해 설명한다. 사실 환경을 오염시키는 물질은 생산과 소비와 같은 경제활동의 부산물로 발생하는 것이기 때문에 경제규모가 증가하고 소득수준이 향상됨에 따라 오염물질의 증가는 기본적으로 피할 수 없는 것이라 할 수 있다. 따라서 환경의 문제는 기술적인 문제라기보다는 사회·경제적인 문제라고 할 수 있으며, 이는 환경정책 수립이 경제적 측면에서 접근되어야 함을 가리킨다. 그리고 환경문제가 경제활동으로부터 초래되는 문제임을 인식한다면 투입산출모형은 환경문제를 분석하는 데 있어 매우 적절한 분석 수단이라고 할 수 있다. 왜냐하면 투입산출모형에서는 경제를 구성하는 산업의 생산구조와 소비자들의 소비구조가 구체적으로 제시되기 때문이다(이에 대해서는 이미 앞의 10장 부록에서 제공된 논문에서 자세히 설명되었다.).

사실 투입산출표를 이용하여 의미 있는 환경분석을 하기 위해서는 다음과 같은 두 가지 사실을 연구자가 인식하여야 한다. 첫째, 환경의 문제는 바로 지역의 문제로 인식되어야 한다는 것이다. 왜냐하면 오염물질의 발생 규모와 이로 인해 결정되는 환경수준은 지역이 직면하고 있는 물리적인 환경과 경제적인 환경에 따라 변하기 때문이다. 이는 환경문제를 분석하는 데 적용되는 투입산출모형은 경제를 구성하는 모든 지역들의 특성을 나타낼 수 있는 다지역 투입산출모형(multi-region input-output model)이 되어야 함을 가리킨다.

둘째, 산업부문이나 가계부문과 같이 오염물질을 배출하는 부문(pollutant-producing sector)과 동일하게 오염물질을 처리하는 부문(pollutant-abating sector)도 경제실체로 인식해야 한다는 것이다. 왜냐하면 오염물질의 처리는 자연적으로 이루어지는 것이라기 보다는 실질적으로 자원을 투입함으로 이루어지는 것이기 때문이다. 따라서 환경정책을 분석할 때 오염물질 처리부문은 자원활용부문(resource-using sector)으로 인식되어야 한다. 이러한 인식을 바탕으로 김홍배·진상엽·윤갑식(1998)은 환경부문을 고려한 다지역 투입산출표의 구조를 제시하였는데, 그 구조는 표 11.5에 보이는 바와 같다. 그들의 연구에서는 환경 문제를 하천의 수질 문제로 한정하였다.

표 11.5에 제시된 다지역 투입산출표의 구조를 간단히 설명하면 다음과 같다. 환경 부문은 자원활용 부문의 특징을 나타내기 위하여 중간재 수요와 최종재 수요 사이에 위치한다. 그리고 표의 마지막 행은 오염물질의 발생과 오염물질의 공간적 이동, 처리되는 오염물질의 양, 그리고 지역의 오염물질 소비에 이르는 모든 과정을 나타낸다. 좀더 구체적으로 말해, 오염물질의 행에서 두 번째 열은 지역에서 발생한 오염 물질과 지역간 이동되는 오염물질의 양을 나타낸다. 따라서 표에서 P_{Total}은 지역에서 발생한 오염물질의 양과 상류지역에서 이동해오는 오염물질의 양을 합하여 지역하천에 포함된 오염물질의 총량이 된다.

표 11.5의 세 번째 열(PT)은 환경 부문의 총 산출로 이는 곧 처리된 오염물질의 총량을 의미한다. 그리고 네 번째 열(PC)은 두 번째 열과 세 번째 열의 차이로 지역에서 처리되지 않은 오염물질의 양, 즉 지역의 오염물질 소비량을 나타내는 것이다. 지역 하천의 수질수준은 바로 지역의 오염물질의 소비량에 의해 결정된다.

표 11.5 환경부문을 고려한 다지역 투입산출표의 구조

투입 \ 배분		중간재 수요 $r \cdots s$	환경 부문 $r \cdots s$	최종재 수요 $r \cdots s$	총 산출
중간재 투입	$r \cdot s$	AX^I	WX^E	F	X
부가가치		V^I	V^E		V
자체처리		$SELF^I$	$SELF^E$		$SELF$
환경세		$ETAX^I$ $(PTAX^I + STAX^I)$	$ETAX^E$	$STAX^H$	$ETaxR$
총 투입		$(X^I)'$	$(X^E)'$		X
오염물질	$r \cdot s$	P_{Total}	PT	PC	

(X^I) : 산업생산 산출행렬 $(1 \times mn)$,

V^I : 부가가치 행렬 ($r \times mn$, r : 생산요소의 수),

$SELF^I$: 산업부문 자체처리에 투입되는 투입요소 행렬

($r_{self} \times mn, r_{self}$: 자체처리에 투입되는 요소의 수),

$SELF^E$: 환경부문 자체처리에 투입되는 투입요소 행렬 $(r_{self \times} mn)$,

$SELF^I$: 산업부문에 부과되는 환경세 행렬 $(t \times mn)$,

(t : 산업부문에 적용되는 환경세의 종류)

$ETAX^E$: 환경부문에 적용되는 환경세 행렬 $(m \times 1)$,

W : 환경부문의 기술계수 행렬 $(mn \times n)$,

X^E : 환경부문의 총산출 행렬 $(m \times 1)$,

P_{total} : 지역내 산업부문에서 발생한 오염물질의 총량,

PT : 환경부문에서 처리된 오염물질의 총량,

PC : 지역의 오염물질 소비량 행렬 $(m \times 1)$,

m : 지역 수, n : 산업 수.

표 11.5의 투입산출표에 나타난 산업의 투입구조는 중간재 투입액과 노동과 자본에 의해 창출되는 부가가치액, 오염물질처리와 관련하여 투입되는 자체 처리비용, 그리고 정부부문이 부과한 배출부과금($PTAX^I$)과 산업하수도세($STAX^I$)로 구성된다. 앞에서 언급하였듯이 환경부문은 자원활용부문이기 때문에 오염물질을 처리하기 위해서는 환경부문에 자원이 투입되어야 한다. 환경 부문의 오염물질 처리시설의 건설과 운영에 투입되는 자원은 하늘에서 뚝하고 떨어지는 것이 아니라 통상적으로 지역내 산업부문과 가계부문에 부과되는 배출부과금과 산업하수도세, 그리고 생활하수도($STAX^{II}$) 등과 같은 환경 관련 세금과 중앙정부의 보조금 등에 의해 조달된다. 단, 여기서는 설명의 편의상 지역내 환경부문에 투입되는 자원은 지역내 환경 관련 세금에 의해 조달되는 것을 전제한다.

정책적으로 결정된 하천의 목표수질을 달성하기 위해 새롭게 건설 공급되어야 할 폐수 종말처리장과 하수 종말처리장의 규모는 결국 환경 관련 세금의 인상을 초래한다. 왜냐하면 오염 처리시설의 건설과 운영에 투입되는 비용은 지역내 생산부문과 가계부문에 부과되는 환경 관련 세금에 의해 조달되기 때문이다. 환경 관련 세금 중 특히 배출부과금과 산업하수도세의 인상은 바로 기업들이 부담해야 하는 비용 증가이고, 이는 결국 기업들이 생산하는 재화의 가격 상승에 영향을 미치게 된다. 재화의 가격 상승은 지역에서 생산되는 재화에 대한 수요의 변화를, 그리고 수요의 변화는 다시 지역경제의 규모와 고용 규모에 변화를 가져온다. 이와 같이 환경 관련 세금의 변화가 경제에 미치는 영향은 표 11.5에 제시된 투입산출표의 산업별 투

입구조로부터 분석될 수 있다. 우선 산업 j의 생산액과 투입된 요소들의 가치와의 관계는 다음과 같이 표현된다.

$$p_j^r Q_j^r = \sum_{r=r}^{s} \sum_{i=1}^{n} p_i^r Q_{ij}^{rr} + V_j^r + B_j^r + \alpha^r \cdot wtax_j^r \cdot B_j^{od,r}$$

$$+ stax_s^{I,r} \cdot Sewage_j^{I,r} + sc_j^r \cdot sr_j^r \cdot B_j^{od,r}, \tag{11.16}$$

p_j^r : 지역 r내 산업 j재화의 가격,

Q_j^r : 지역 r내 산업 j재화의 생산량,

Q_{ij}^{sr} : 지역 r내 산업 j재화 생산에 투입되는 지역 s에서 생산된 i재화의 양,

V_j^r : 지역 r내 j산업의 부가가치(노동, 자본),

B_j^r : 지역 r내 산업 j에 적용되는 배출 기본부과금,

$wtax_j^r$: 지역 r내 산업 j에 적용되는 배출부과 세율,

$B_j^{od,r}$: 지역 r내 산업 j에서 폐수처리장으로 유입되는 BOD의 양,

$stax_j^{I,r}$: 지역 r내 산업 j에 부과되는 하수도 세율,

$Sewage_j^{I,r}$: 지역 r내 산업 j로부터 발생하는 산업하수의 양,

sc_j^r : 지역 r내 산업 j의 단위 오염물질당 자체 처리비용,

sr_j^r : 지역 r내 산업 j의 자체 처리비율.

식 (11.16)의 양변을 산업의 생산량으로 나누면 산업들의 재화가격 결정구조를 알 수 있다. 이를 행렬로 나타내면 다음과 같다.

$$P = (I - C^T)^{-1}(V + B + \alpha \cdot wtax\hat{B}^{od} + stax_j^I \cdot Se\hat{w}age^I$$

$$+ sc_j^r \cdot sr_j^r \cdot \hat{B}^{od}), \tag{11.17}$$

$$P = \begin{bmatrix} p_1^r \\ \cdot \\ p_n^r \\ \hdashline p_1^s \\ \cdot \\ p_n^s \end{bmatrix}, \quad C^T = \left[\begin{array}{ccc:ccc} c_{11}^{rr} & \cdot & c_{1n}^{rr} & c_{11}^{rs} & \cdot & c_{12}^{rs} \\ \cdot & \cdot & \cdot & \cdot & \cdot & \cdot \\ c_{n1}^{rr} & \cdot & c_{nn}^{rr} & c_{n1}^{rs} & \cdot & c_{n2}^{rs} \\ \hdashline c_{11}^{sr} & \cdot & c_{1n}^{sr} & c_{11}^{ss} & \cdot & c_{12}^{ss} \\ \cdot & \cdot & \cdot & \cdot & \cdot & \cdot \\ c_{n1}^{sr} & \cdot & c_{nn}^{sr} & c_{n1}^{ss} & \cdot & c_{n2}^{ss} \end{array}\right], \quad V = \begin{bmatrix} v_1^r \\ \cdot \\ v_n^r \\ \hdashline v_1^s \\ \cdot \\ v_n^s \end{bmatrix}, \quad B = \begin{bmatrix} b_1^r \\ \cdot \\ b_n^r \\ \hdashline b_1^s \\ \cdot \\ b_n^s \end{bmatrix},$$

$$sc=\begin{bmatrix} sc_1^r \\ \cdot \\ sc_n^r \\ \hdashline sc_1^s \\ \cdot \\ sc_n^s \end{bmatrix}, sr=\begin{bmatrix} sr_1^r \\ \cdot \\ sr_n^r \\ \hdashline sr_1^s \\ \cdot \\ sr_n^s \end{bmatrix},\ \hat{B}^{od}=\left[\begin{array}{ccc:ccc} b_1^{od^r} & \cdot & 0 & 0 & \cdot & 0 \\ \cdot & \cdot & \cdot & \cdot & \cdot & \cdot \\ 0 & \cdot & b_n^{od^r} & 0 & \cdot & 0 \\ \hdashline 0 & \cdot & 0 & b_1^{od^s} & \cdot & 0 \\ \cdot & \cdot & \cdot & \cdot & \cdot & \cdot \\ 0 & \cdot & 0 & 0 & \cdot & b_n^{od^s} \end{array}\right],$$

$$Se\hat{w}age^I=\left[\begin{array}{ccc:ccc} Sewage_1^{I,r} & \cdot & 0 & 0 & \cdot & 0 \\ \cdot & \cdot & \cdot & \cdot & \cdot & \cdot \\ 0 & \cdot & Sewage_n^{I,r} & 0 & \cdot & 0 \\ \hdashline 0 & \cdot & 0 & Sewage_1^{I,s} & \cdot & 0 \\ \cdot & \cdot & \cdot & \cdot & \cdot & \cdot \\ 0 & \cdot & 0 & 0 & \cdot & Sewage_n^{I,s} \end{array}\right],$$

$b_i^{od^r}$: 지역 r내 i재화단위당 발생되는 BOD의 양,

$sewage_j^{I,r}$: 지역 r내 산업 i재화 한 단위 생산에서 발생되는 하수의 양.

식 (11.17)을 이용하여 지역하천의 목표수질 달성을 위해 산업부문에 부과되는 환경 관련세금의 인상이 산업들의 재화가격에 미치는 효과는 다음과 같이 표현된다.

$$\triangle P=(I-C^T)^{-1}\left\{\alpha\hat{B}^{od}\triangle wtax+Se\hat{w}age\triangle stax^{I,s}\right\}. \qquad (11.18)$$

앞에서 여러 번 언급하였듯이 환경정책으로 인한 재화의 가격변화는 다시 재화에 대한 수요를 변화시킨다. 수요의 변화를 소비수요, 투자수요, 정부의 지출수요, 그리고 수출 및 수입으로 구분하고, 각각의 수요함수 형태를 결정하면 가격변화에 따른 각 수요의 변화량은 계산될 수 있다.

$$\triangle CD=C(\triangle M,\triangle P),\ \triangle ID=I(\triangle P),\ \triangle GD=G(\triangle P),$$
$$\triangle EXD=EX(\triangle P, WPE),\ \triangle IMD=IM(\triangle P, WPM), \qquad (11.19)$$

$C(\cdot)$: 재화의 소비함수, $I(\cdot)$: 재화의 투자함수,
$G(\cdot)$: 정부의 지출수요함수, $EX(\cdot)$: 재화의 수출함수,
$IM(\cdot)$: 재화의 수입함수, WPM : 수출재의 국제가격,
WPM : 수입재의 국제가격.

환경 관련 세금의 인상은 재화의 가격을 변화시킬 뿐만 아니라 소비자들의 가처분소득도 함께 감소시킨다. 왜냐하면 지역 하천의 수질수준을 향상시키기 위해 증설되어야 하는 폐수종말처리장과 하수 종말처리장의 건설비용 중 일부는 소비자들이 지불하는 생활 하수도세로 충당되기 때문이다. 이와 같은 소비자들의 가처분소득의 감소는 산업 재화에 대한 가계부문의 소비를 위축시키며, 이는 결국 산업의 생산액 감소로 나타난다. 따라서 식 (11.19)의 재화 소비함수에 나타나 있듯이 소비자들의 소득감소로 인한 생산액의 감소도 가계부문의 소비수요변화를 계산할 때 가격변화와 함께 구체적으로 고려해야 한다.

종합하면 지역 하천의 수질 목표 달성을 위한 환경 관련세의 인상이 경제에 미치는 파급효과는 식 (11.20)과 같이 표현된다. 환경정책의 파급효과를 투입산출모형에 의해 분석할 때 각 항목의 수요변화단위는 금액단위이어야 한다. 따라서 식 (11.19)에서 계산된 각 항목의 수요량변화는 환경정책으로 인해 변화된 산업별 가격을 이용하여 금액단위로 전환한 후 식 (11.20)에 적용되어야 한다. 그리고 분석된 생산액변화 결과를 바탕으로 식 (11.15)를 이용하면 환경정책으로 인한 지역별 생산액변화와 함께 고용의 변화도 구체적으로 측정될 수 있다.

$$\triangle X = (I - A)^{-1}(\triangle C + \triangle I + \triangle G + \triangle EX - \triangle IM), \qquad (11.20)$$

$\triangle I$: 투자 수요액의 변화, $\triangle EX$: 해외 수출액의 변화,

$\triangle IM$: 해외 수입액의 변화.

위에서 설명한 모형을 이용하면 지역별 환경정책의 수립과 수립된 환경정책의 파급효과를 분석할 수 있다. 김홍배와 김대욱(2001)은 우리나라를 13개 지역으로 구분한 후 2010년 지역별 하천의 수질수준을 예측하고, 각 하천의 수질수준을 1995년 수준으로 유지하기 위한 정책의 효과를 위에서 설명한 방법에 의해 분석하였다. 그들은 표 11.7, 표 11.8, 그리고 표 11.9에 요약되었듯이 정책의 효과를 가격의 변화, 생산량변화, 그리고 고용의 변화로 구분하여 제시하였다. 참고로 그들의 연구에서 지역의 구분은 우리나라 하천의 유역면적과 행정구역을 고려하여 이루어졌으며, 각 지역에 포함되는 도시 및 지역은 표 11.6에 제시되었다. 그리고 가격 투입산출모

형을 이용한 환경정책 분석에 관심 있는 독자들은 김홍배와 윤갑식(2000)과 김홍배와 김대욱(2001), 그리고 Kim, Jin and Yun(2001) 등을 참조하기 바란다.

표 11.6 지역구분(하천의 유역면적 기준)

하천	지역 구분	해당 도시 및 지역
한강	수도권 지역	서울특별시, 인천광역시, 경기도 전역 (안산, 시흥, 화성 제외)
	강원A지역	춘천시, 홍천군, 정선군, 철원군, 화천군, 양구군
	강원B지역	원주시, 횡성군, 영월군, 평창군, 인제군
	충북A지역	충주시, 제천시, 청원군, 진천군, 괴산군, 음성군, 단양군
낙동강	경북지역	대구광역시, 김천시, 안동시, 구미시, 영주시, 영천시, 상주시, 문경시, 경산시, 군위군, 의성군, 청송군, 영양군, 청도군, 고령군, 성주군, 예천군, 봉화군
	경남A지역	부산광역시, 창원시, 진주시, 김해시, 밀양시, 의령군, 함안군, 창영군, 양상군, 산청군, 함양군, 거창군, 합천군
	충북B지역	청주시, 보은군, 옥천군, 영동군, 증평군
금강	전북A지역	진안군, 무주군, 장수군
	충남지역	대전광역시, 보령시, 서산시, 서천군, 홍성군, 태안군, 당진군
	전북B지역	남원시, 임실군, 순창군
섬진강	전남A지역	곡성군, 구례군, 보성군
	경남B지역	하동군
영산강	전남B지역	광주광역시, 나주시, 담양군, 화순군, 영암군, 무안군, 함평군, 장성군
기타 지역		위의 지역에 포함되지 않은 도시 및 지역

표 11.7 환경정책으로 인한 지역별, 산업별 재화가격의 변화(상위 3개 산업)

구분	산업	가격변화율	구분	산업	가격변화율
수도권지역	광업	1.57%	전북A지역	광업	10.12%
	섬유가죽	1.14%		섬유가죽	4.53%
	음식료품	1.00%		음식료품	4.41%
	지역평균	0.79%		지역평균	2.98%
강원A지역	광업	1.68%	충남지역	광업	1.15%
	섬유가죽	1.17%		섬유가죽	1.00%
	음식료품	1.04%		석유석탄	0.85%
	지역평균	0.76%		지역평균	0.70%
강원B지역	광업	1.19%	전북B지역	광업	2.32%
	섬유가죽	0.98%		섬유가죽	1.41%
	음식료품	0.86%		음식료품	1.29%
	지역평균	0.63%		지역평균	0.90%
충북A지역	섬유가죽	0.85%	전남A지역	광업	3.77%
	광업	0.79%		섬유가죽	1.96%
	화학	0.71%		음식료품	1.81%
	지역평균	0.56%		지역평균	1.30%
경북지역	광업	1.36%	경남B지역	광업	4.00%
	섬유가죽	1.06%		섬유가죽	1.99%
	석유석탄	0.89%		음식료품	1.81%
	지역평균	0.75%		지역평균	1.15%
경남A지역	섬유가죽	0.84%	전남B지역	광업	1.11%
	석유석탄	0.76%		섬유가죽	0.97%
	광업	0.75%		음식료품	0.85%
	지역평균	0.60%		지역평균	0.63%
충북B지역	섬유가죽	0.87%	전국	전국 총계	0.95%
	광업	0.85%			
	농림어업	0.70%			
	지역평균	0.58%			

표 11.8 환경정책으로 인한 지역별, 산업별 생산량의 변화(상위 3개 산업)

(단위 : 십억 원)

구분	산업	생산액의 변화	변화율	구분	산업	생산액의 변화	변화율
수도권 지역	서비스	-2,909	-0.49%	전북 A지역	서비스	-18	-1.53%
	음식료품	-342	-1.90%		음식료품	-9	-2.69%
	화학	-304	-0.54%		농림어업	-5	-0.74%
	지역총계	-5,176	-0.44%		지역총계	-34	-1.30%
강원 A지역	서비스	-36	-0.50%	충남지역	서비스	-143	-0.38%
	전기전자	-34	-0.23%		화학	-102	-0.69%
	음식료품	-7	-2.13%		음식료품	-39	-0.72%
	지역총계	-91	-0.35%		지역총계	-366	-0.47%
강원 B지역	전기전자	-63	-0.23%	전북 B지역	서비스	-13	-0.69%
	서비스	-30	-0.43%		농림어업	-13	-0.19%
	음식료품	-13	-0.78%		음식료품	-7	-0.83%
	지역총계	-124	-0.30%		지역총계	-41	-0.36%
충북 A지역	서비스	-39	-0.44%	전남 A지역	서비스	-20	-0.58%
	음식료품	-19	-0.48%		화학	-10	-0.54%
	요업토석	-15	-0.35%		농림어업	-10	-0.39%
	지역총계	-116	-0.32%		지역총계	-46	-0.55%
경북 지역	서비스	-289	-0.46%	경남 B지역	서비스	-27	-0.33%
	전기전자	-71	-0.17%		농림어업	-9	-0.29%
	음식료품	-56	-1.10%		음식료품	-2	-1.46%
	지역총계	-691	-0.37%		지역총계	-37	-0.32%
경남 A지역	서비스	-313	-0.39%	전남 B지역	서비스	-133	-0.39%
	1차금속	-88	-0.26%		화학	-72	-0.72%
	음식료품	-72	-0.80%		수송기계	-30	-0.48%
	지역총계	-884	-0.32%		지역총계	-342	-0.41%
충북 B지역	서비스	-43	-0.38%	전국	-8,051	전국 평균 변화율	-0.41%
	음식료품	-21	-0.38%				
	전기전자	-10	-0.10%				
	지역총계	-103	-0.29%				

표 11.9 환경정책으로 인한 지역별, 산업별 고용의 변화(상위3개 산업)

(단위 : 십억 원)

구분	산업	생산액의 변화	변화율	구분	산업	생산액의 변화	변화율
수도권 지역	서비스	−59,585	−0.49%	전북 A지역	서비스	−414	−1.53%
	일반기계	−3,607	−0.27%		음식료품	−67	−2.69%
	섬유가죽	−3,460	−0.66%		광업	−54	−4.30%
	지역총계	−84,038	−0.46%		지역총계	−543	−1.50%
강원 A지역	전기전자	−1,131	−0.23%	충남 지역	서비스	−2,857	−0.38%
	서비스	−816	−0.50%		화학	−510	−0.69%
	광업	−73	−0.58%		섬유가죽	−292	−0.72%
	지역총계	−2,269	−0.32%		지역총계	−4,449	−1.10%
강원 B지역	전기전자	−1,517	−0.23%	전북 B지역	서비스	−365	−0.43%
	서비스	−722	−0.43%		음식료품	−49	−0.69%
	음식료품	−98	−0.78%		종이나무	−34	−0.83%
	지역총계	−2,526	−0.29%		지역총계	−520	−1.53%
충북 A지역	서비스	−807	−0.44%	전남 A지역	서비스	−278	−0.60%
	광업	−132	−0.37%		수송기계	−178	−0.58%
	요업토석	−105	−0.35%		화학	−61	−3.53%
	지역총계	−1,441	−0.36%		지역총계	−630	−0.54%
경북지역	서비스	−5,989	−0.46%	경남 B지역	서비스	−348	−0.82%
	섬유가죽	−1,830	−0.98%		농림어업	−18	−0.33%
	음식료품	−457	−1.10%		음식료품	−16	−0.29%
	지역총계	−10,790	−0.45%		지역총계	−238	−1.46%
경남 A지역	서비스	−6,983	−0.39%	전남 B지역	서비스	−2,475	−0.21%
	광업	−2,429	−5.79%		화학	−384	−0.39%
	섬유가죽	−1,183	−0.55%		섬유가죽	−375	−0.72%
	지역총계	−14,208	−0.42%		지역총계	−4,224	−0.44%
충북 B지역	서비스	−928	−0.38%	전국	−127,299	전국 평균변화율	−0.44%
	섬유가죽	−130	−0.79%				
	종이나무	−78	−0.81%				
	지역총계	−1,424	−0.35%				

11.4 요 약

본 장에서는 산업의 투입구조로부터 수립되는 모형인 가격 투입산출모형에 대해 설명하였다. 가격 투입산출모형이란 한 산업의 생산비용 증가가 해당 산업뿐만 아니라 기타 산업의 가격에 미치는 영향을 분석하는 모형이다. 가격 투입산출모형에서 산업들의 연관관계는 산업간 금액단위의 거래가 아닌 물리적 단위의 거래로부터 도출된다. 여기서 물리적 단위란 재화의 수량이나 노동자의 수 또는 자본의 양과 같이 구체적인 물리적 규모를 나타낼 수 있는 단위를 가리킨다. 따라서 물리적 단위에는 개수나 인(人) 또는 톤(ton) 등이 포함된다.

가격 투입산출모형은 산업들의 투입구조 측면에서 다양한 경제 여건의 변화 효과를 구체적으로 분석할 수 있는 유용한 모형이다. 본 장에서는 가격 투입산출모형을 이용한 임금변화의 경우와 환경정책의 효과분석에 대해 설명하였다. 본 장에서 설명한 가격 투입산출모형을 이용하면 경제나 환경, 기타 분야의 문제, 예를 들면 생산기술의 문제, 노동 및 임금의 문제, 수질이나 대기문제와 같은 환경문제나 산업폐기물의 문제 등에 관해 심도 있는 연구가 이루어질 수 있을 것으로 믿는다. 또한 그러한 연구를 통해 의미 있는 정책 제안과 평가도 가능할 것이다. 그러나 여기서 독자들이 명심해야 할 것은 그러한 연구에 있어 가장 중요한 것이 가격 투입산출모형 자체가 아니라 문제를 해결하려는 연구자들의 창조적인 생각이라 할 수 있다.

본 장의 부록에서는 김홍배, 원제무, 박재룡, 그리고 이택준(1997)이 가격 투입산출모형을 바탕으로 연구한 지역간 접근성이 지역경제 및 국민경제에 미치는 영향 분석에 대해 소개한다.

A 11-1 서 론

지역간 공간(또는 거리)의 인식은 바로 제품이 지역간 이동할 때 공간 극복을 위해 발생되는 교통비의 존재를 가리키며, 이는 제품의 생산 지역과 소비 지역이 동일하지 않을 경우 지역간 가격 차이를 발생시킨다. 그리고 이러한 가격 차이는 지역간 제품의 흐름인 교역을 저해한다. 왜냐하면 교통비 부담 때문에 소비자들은 지역외부에서 생산된 제품을 소비하기 보다는 지역 내에서 생산된 제품을 소비하려는 경향을 갖기 때문이다. 그러므로 지역간 발생하는 교통비로 인해 제품에 대한 지역내부 수요는 높은 반면 지역외부에서 생산되는 산업제품들의 가격 결정에 영향을 준다. 왜냐하면 지역외부에서 생산된 제품이 중간재로 투입될 경우 구매자가 지불한 교통비는 중간재 비용의 일부가 되기 때문이다. 이러한 맥락에서 볼 때 지역간 접근성의 향상은 교통비의 감소와 지역간 가격 차이의 감소로 요약할 수 있다.

지역간 접근성의 향상이 지역경제에 미치는 영향은 총량적인 접근보다는 산업별로 분석되어야 한다. 왜냐하면 산업제품에 대한 지역내부 수요와 지역외부 수요의 변화 비율에 따라 생산이 증가되는 산업이 있는 반면 생산에 변화가 없거나 생산이 오히려 감소되는 산업도 있기 때문이다. 좀더 구체적으로 말해 접근성의 향상으로 인해 지역내부 수요의 감소 비율이 지역외부 수요의 증가 비율보다 작을 경우 그 산업제품에 대한 수요는 전체적으로 감소한 것이 되므로 산업의 생산규모는 축소된다 하겠으며, 반대의 경우 산업의 생산규모는 증가된다. 그리고 생산규모가 증가되는 산업이 감소되는 산업보다 많이 입지한 지역경제는 성장한다 하겠으며, 그렇지 못한 지역은 지역간 접근성의 향상에도 불구하고 지역경제는 쇠퇴한다 하겠다. 결국 접근성의 향상이 지역경제에 미치는 영향은 지역의 산업구조에 의한다고 볼 수 있다. 이에 본 연구에서는 지역들의 산업별 생산구조를 구체적으로 고려할 수 있는 다지역 투입산출모형(multi-region input-output model)을 분석 수단으로 이용한다.

본 연구의 목적은 경부고속전철로 인한 지역간 접근성의 향상이 우리나라 각 지역경제에 미치는 영향을 다지역 투입산출모형을 이용하여 분석·측정하는 것이다. 여기서 접근성 향상 효과는 산업제품의 가격변화로부터 생산량변화, 고용변화, 물류비용변화, 그리고 지역내 총생산(GRDP)과 국내 총생산(GDP)의 변화로 구분되어 측정된다.

다지역 투입산출모형을 이용하여 경부고속전철의 건설이 지역경제에 미치는 효과는 김홍배, 강무진, 최석우(1995)에 의해 전국을 두 지역으로 구분하여 효과를 측정하였다. 그러나 두 지역 투입산출모형은 분석의 한계와 분석결과의 신뢰성에 의문을 제기할 수 있다. 왜냐하면 전국을 두 지역경제로 구분하는 경우 지역의 구분은 대상 지역과 그 지역을 제외한 전국 지역을 하나의 지역으로 분류하게 됨으로써 교통비 계산에 모순이 발생하기 때문이다. 예를 들어, 우리나라의 경제를 수도권지역과 기타 지역의 두 지역경제로 구분하였다고 하자. 여기서 기타 지역의 공간적 범위는 수도권 지역에 비해 매우 넓음을 알 수 있으며 교통비의 발생은 수도권 지역과 기타 지역간에만 발생하게 된다. 즉 수원과 천안 사이에 발생하는 교통비는 지역이 서로 다름으로 인해 고려되면서 강릉과 광주간에 발생하는 높은 교통비는 두 도시가 같은 지역으로 묶여 있어 무시되는 모순이 나타난다. 이러한 구분은 지역의 범위가 공간적으로 확장될수록 지역내 발생하는 교통비가 무시되는 범위는 넓어지게 된다.

이와 같이 두 지역 투입산출모형은 가까운 거리에서 발생하는 지역간 교통비는 고려하면서 거리상 멀리 떨어져 있음에도 불구하고 동일 지역 내에 있기 때문에 고려하지 못하는 모순을 낳고 있다. 이러한 면에서 보면 Richardson(1985)의 지적, 즉 투입산출모형을 이용하여 지역경제를 분석할 때 경제의 두 지역 구분은 충분한 것 이상이라고 한 지적은 공간의 범위가 구체적으로 고려되는 경우 매우 부적절하다. 이와 같이 공간 개념이 구체적으로 고려되었을 때 발생하는 모순에 대한 대처방법으로는 지역의 공간적 범위를 축소시키고 분석 지역의 수를 증가시키는 것은 비조사방법으로 작성될 다지역 투입산출표의 신뢰성을 떨어뜨리기 쉽다. 따라서 본 연구에서는 광역 행정구역을 기준으로 지역을 다음과 같이 제주도를 제외한 8개 지역으로 구분하였으며, 산업은 각 지역별로 26개 산업으로 구분하였다.

- 수도권 지역 : 서울시, 인천시, 경기도 포함
- 강원도 지역 : 강원도
- 충청북도 지역 : 충청북도
- 충청남도 지역 : 대전시, 충청남도 포함
- 전라북도 지역 : 전라북도
- 전라남도 지역 : 광주시, 전라남도 포함
- 경상북도 지역 : 대구시, 경상북도 포함
- 경상남도 지역 : 부산시, 경상남도 포함

그리고 8개 지역간 투입산출표는 한국은행(1996)에서 발표한 1993년 산업연관표와 Polenske(1980)가 제시한 비조사방법에 의해 작성하였다.

본 연구의 구조는 다음과 같다. 제2절에서는 고속전철의 건설이 각 지역경제에 미치는 영향을 분석하기 위한 모형이 정립된다. 제3절에서는 분석의 구체적 방법이 제시된다. 그리고 제4절에서는 3절에서 제시된 분석방법을 토대로 지역간 접근성의 향상이 지역별 제품가격의 변화에 미치는 효과와 생산량, 고용, 그리고 물류비용 및 지역내 총생산(GRDP)과 국내 총생산(GDP)에 미치는 영향이 분석되며, 그리고 마지막 절에서는 분석결과를 요약한다.

A 11-2 분석모형(The Model)

고속전철이 지역경제에 미치는 효과를 분석하기 위한 모형의 구조는 다음과 같다. 우선 국민경제는 m개 지역으로, 그리고 각 지역은 공히 n개의 산업으로 구성된다. 각 지역내 산업 i의 생산자는 지역내외에서 생산된 제품(q_{ki}^{sr})과 노동(L_i^r), 그리고 자본(K_i^r)을 투입하여 제품 $I(Q_i^r)$를 생산한다. 이때 생산기술은 수익불변의 Cobb-Douglas 생산함수로 특징지워진다.

$$Q_i^r = A_i^r (L_i^r)^{a_i^r} (K_i^r)^{B_i^r} \prod_s^m \prod_j^n (q_{ji}^{sr})^{r_i^r}, \quad (i, j = 1, 2, \cdots, n), \tag{A.1}$$

Q_i^r : 지역 r내 산업 i의 생산량,

A_i^r : 지역 r내에 입지한 i산업의 생산성계수,

q_{ji}^{sr} : 지역 r내 산업 i의 생산을 위해 투입되는 s지역의 j산업 제품의 중간 투입량.

여기서 생산기술은 수익불변을 가리키므로 각 요소의 생산성 탄력계수는 다음과 같은 조건을 만족시킨다.

$$a_i^r + \beta_i^r + \sum_s^m \sum_j^n \gamma_{ji}^{sr} = 1. \tag{A.2}$$

요소의 이동 중 노동은 지역간, 그리고 산업간 불완전 이동을 가정하는 반면, 자본은 지역간, 그리고 산업간 완전이동을 가정한다. 따라서 지역간, 그리고 산업간 노동임금의 불균형은 존재하나 자본수익은 전국적으로 동일하다.

$$w_i^r \neq w_j^r \neq w_i^s \neq w_j^s, \ (\text{단}, \ i \neq j), \tag{A.3}$$

$$r_i^r = r_j^r = r_i^s = r_j^s = r, \tag{A.4}$$

w_i^r : 지역 r내 산업 i에 고용된 종사자의 임금,
r_i^r : 지역 r내 산업 i에 고용된 자본의 수익률,
$\bar{r}$: 전국 평균 자본의 수익률.

산업생산자는 이윤극대자로 생산요소의 수요량은 생산요소의 한계생산가치만큼을 고용한다.

$$p_{ji}^{sr} = p_i^r \frac{\partial Q_i^r}{\partial q_{ji}^{sr}}, \ w_i^r = p_i^r \frac{\partial Q_i^r}{\partial L_i^r}, \ r_i^r = p_i^r \frac{\partial Q_i^r}{\partial K_i^r}, \tag{A.5}$$

p_i^r : 지역 r내 산업 i의 제품 가격,

p_{ji}^{sr} : 지역 r내 산업 i에 투입되는 지역 s에 입지한 산업 j의 제품 가격.

지역간 상품가격의 차이는 오로지 교통비에 의해 발생하는 것으로 가정할 때 지역간 제품의 가격 차이는 식 (A.6)과 같이 표현된다.

$$P_{ji}^{sr} = p_j^s + TC_{ji}^{sr} = (1 + t_{ji}^{sr})p_j^s, \tag{A.6}$$

TC_{ji}^{sr} : 지역 r내 산업 i로 지역 s내 j제품이 이동할 때 발생하는 교통비,

t_{ji}^{sr} : 지역 r내 산업 i로 지역 s내 j제품이 이동할 때 발생하는 교통비율.

그리고 제품의 교통비는 일반적으로 목적지에 따라 발생하는 것이지 목적지의 산업에 따라 변하는 것이 아니므로 교통비율은 다음과 같이 나타낼 수 있다.

$$t_{ji}^{sr} = t_j^{sr}. \tag{A.7}$$

제품이 지역간 이동할 때 발생하는 교통비는 거리(km)와 중량(ton)에 따라 변하며, 또한 제품의 특성에 따라서도 변한다. 예를 들면 농산물 1ton을 운반하는 데 발생하는 교통비와 전자제품 1ton을 운반하는 데 발생하는 교통비는 서로 다를 것이다. 왜냐하면 이동시 발생할 수 있는 산업제품의 훼손으로 인한 가치 하락의 가능성 등이 고려되기 때문이다. 그러므로 본 연구에서는 제품의 특성에 따라 변하는 교통비의 차이는 그 제품가격의 차이에 의한다고 가정하였다. 따라서 식 (A.7)은 다음과 같이 표현된다.

$$t_{ji}^{sr} = \delta_j t^{sr}, \tag{A.8}$$

δ_j : 산업 j제품이 지역간 이동시 발생하는 교통비의 할증률,

t^{sr} : 제품에 관계 없이 산업제품 1ton을 지역간 이동시키는 데 발생하는 교통비율.

할증률이란 지역간 발생하는 제품 이동의 운송비 차이를 가리킨다. 산업제품별 운송비의 할증률은 다음과 같이 표현된다.

$$\delta_j = \frac{p_j}{p_{low}}, \tag{A.9}$$

p_{low} : 산업제품 중 1ton당 가격이 가장 낮은 제품의 가격.

위의 식 (A.5), (A.6)을 식 (A.3)에 대입하여 정리하면,

$$lnp_r^p - \sum_s \sum_j \gamma_{ji}^{sr} lnp_j^s = (lnA_j^r + \sum_s \sum_j \gamma_{ji}^{sr} ln(1+t_{ji}^{sr}) + \alpha_i^r ln\alpha_i^r$$

$$- \alpha_i^r lnw_i^r + \beta_i^r ln\beta_i^r - \beta_i^r ln\bar{r}). \tag{A.10}$$

그리고 식 (A.10)은 다음과 같이 표현된다.

$$(I-L)lnP = \{Dln W + Eln\bar{r} + Hln(1+T) - A\}, \tag{A.11}$$

$$\underset{(nm\times nm)}{L = \begin{bmatrix} r^{11} & \cdots & r^{m1} \\ \cdot & \cdots & \cdot \\ r^{1m} & \cdots & r^{mm} \end{bmatrix}}, \quad \underset{(n\times n)}{L^{sr} = \begin{bmatrix} r_{11}^{sr} & \cdots & r_{n1}^{sr} \\ \cdot & \cdots & \cdot \\ r_{1n}^{sr} & \cdots & r_{nn}^{sr} \end{bmatrix}}, \quad \underset{(nm\times 1)}{lnP = \begin{bmatrix} lnp^1 \\ \cdot \\ lnp^m \end{bmatrix}},$$

$$\underset{(n\times 1)}{lnp^r = \begin{bmatrix} lnp_1^r \\ \cdot \\ lnp_n^r \end{bmatrix}}, \quad \underset{(nm\times 1)}{ln W = \begin{bmatrix} lnw^1 \\ \cdot \\ lnw^m \end{bmatrix}}, \quad \underset{(n\times 1)}{lnw^r = \begin{bmatrix} lnw_1^r \\ \cdot \\ lnw_n^r \end{bmatrix}}$$

$$\underset{(nm\times 1)}{ln V^r = \begin{bmatrix} lnv^1 \\ \cdot \\ lnv^m \end{bmatrix}}, \quad \underset{(n\times 1)}{lnv^r = \begin{bmatrix} lnv_1^r \\ \cdot \\ lnv_n^r \end{bmatrix}}, \quad \underset{(nm\times nmm)}{H = \begin{bmatrix} H^1 & 0 & \cdots & 0 \\ 0 & H^2 & \cdots & 0 \\ 0 & 0 & \ddots & 0 \\ 0 & 0 & \cdots & H^m \end{bmatrix}},$$

$$\underset{(n\times nm)}{H^r = \begin{bmatrix} r_{11}^{1r} & \cdots & r_{n1}^{1r} & \cdots & r_{11}^{mr} & \cdots & r_{n1}^{mr} \\ \cdot & \cdots & \cdot & \cdots & \cdot & \cdots & \cdot \\ \cdot & \cdots & \cdot & \cdots & \cdot & \cdots & \cdot \\ r_{1n}^{1r} & \cdots & r_{nn}^{1r} & \cdots & r_{1n}^{mr} & \cdots & r_{nn}^{mr} \end{bmatrix}}, \quad \underset{(nmm\times 1)}{H = \begin{bmatrix} t_1^{11} \\ \cdot \\ t_n^{11} \\ \cdot \\ t_1^{mm} \\ \cdot \\ t_n^{mm} \end{bmatrix}},$$

$$\underset{(nm\times 1)}{A = \begin{bmatrix} A_1 \\ \cdot \\ A_m \end{bmatrix}}, \quad \underset{(n\times 1)}{A^r = \begin{bmatrix} A_1^r \\ \cdot \\ A_n^m \end{bmatrix}}, \quad A_i^r = lnA_i^r + \alpha_i^r ln\alpha_i^r + \beta_i^r ln\beta_i^r,$$

D : 원소가 α_i^r인 대각선 행렬,

E : 원소가 β_i^r인 대각선 행렬.

따라서 산업별 제품 가격 행렬(P)은 다음과 같다.

$$lnP = (I-L)^{-1}\{D\,ln\,W + E\,ln\bar{r} + H\,ln(1+T) - A\}. \tag{A.12}$$

위의 식을 이용하여 지역간 접근성 향상이 지역별 제품 가격변화에 미치는 효과는 식 (A.13)과 같이 표현된다. 단, 여기서는 Liew and Liew(1985)와 같이 고속전철로 인한 노동 임금과 자본 수익의 변화는 없는 것으로 가정한다. 따라서 본 연구에서 고속전철이 지역경제에 미치는 영향은 건설 후 나타나는 단기적인 효과라 하겠다.

$$\frac{dP}{P} = (I-L)^{-1}H\frac{dT}{(1+T)}. \tag{A.13}$$

위의 식을 이용하여 접근성 향상이 지역 산업제품의 가격에 미치는 효과를 파악하고 그 결과를 이용하면 고속전철의 건설이 지역경제에 미치는 파급효과가 분석된다.

A 11-3 분석(The Analysis)

앞서 설명하였듯이 접근성 향상은 지역간 발생하는 교통비 절감을 가져와 결국 산업제품의 가격변화로 나타나게 된다. 이 가격의 변화는 생산자들의 중간재 수요와 소비자들의 최종재 수요를 변화시킨다. 이 두 수요의 변화가 지역경제에 미치는 파급효과는 투입산출 체계로부터 도출된다. 다지역경제에서 제품의 투입산출 체계는 다음의 식 (A.14)와 같다. 즉 지역의 생산량은 생산과정에서 투입되는 중간재 수요(AQ)와 최종재 수요(F)에 의해 배분된다.

$$Q = AQ + F, \tag{A.14}$$

$$Q = \begin{bmatrix} Q_1^r \\ \cdot \\ Q_n^m \end{bmatrix},\quad A = \begin{bmatrix} a_{11}^{rr} & \cdots & a_{1n}^{rr} & \cdots & a_{11} & \cdots & a_{1n} \\ \cdot & \cdots & \cdot & \cdots & \cdot & \cdots & \cdot \\ a_{n1}^{mr} & \cdots & a_{nn}^{mr} & \cdots & a_{n1}^{mm} & \cdots & a_{nn}^{mm} \end{bmatrix},$$

$$F = \begin{bmatrix} F_1^r \\ \cdot \\ F_n^m \end{bmatrix}.$$

식 (A.14)의 기술계수는 행렬(A)은 고정된 계수(fixed parameters) 행렬이 아니라 고속전철의 건설로 인한 접근성 향상에 따라 변하는 가변 행렬이다. 따라서 식 (A.14)를 전미분하면,

$$dQ = (I-A)^{-1}(dA)(I-A)^{-1}F + (I-A)^{-1}dF. \tag{A.15}$$

식 (A.15)는 접근성 향상에 의한 산업 생산변화는 두 수요의 변화, 즉 산업구조의 변화, dA와 최종 수요의 변화, dF에 따른 생산량의 변화를 의미하는 것이다. 여기서 중간재 수요의 변화는 지역경제의 산업구조변화를 의미하며, 이는 지역의 투입계수에 의해 나타나므로 고속전철에 의한 투입계수의 변화는 식 (A.5)와 식 (A.13), 그리고 접근성의 변화,

$(t_{ji}^{sr})^{new}$를 이용하여 다음과 같이 계산된다.

$$(a_{ji}^{sr})^{new} = \frac{r_{ji}^{sr}(p_i^r)^{new}}{\{1+(t_{ji}^{sr})^{new}\}(p_j^s)^{new}}. \tag{A.16}$$

가격변화에 따른 최종 수요의 변화량을 구하기 위해서는 우선 지역별 개인의 효용함수가 설정되어야 한다. 여기서는 각 지역의 소비자 효용함수(U^r)는 Cobb-Douglas함수의 형태를 갖는다고 가정한다.

$$U^r = \prod_s^m \prod_j^n (x_j^{sr})^{\varnothing_j^{sr}}. \tag{A.17}$$

소비자 효용 극대화 행태로부터 소비자의 산업제품에 대한 수요량은 다음과 같이 결정된다.

$$x_j^{sr} = \frac{\varnothing_j^{sr}}{\sum_s \sum_j \varnothing_j^{sr}} \times \frac{(\overline{w})^r}{p_j^{sr}}, \tag{A.18}$$

$(\overline{w})^r$: 지역 r의 고용자 1인당 평균 임금.

일반적으로 물류(losgistics)는 화물유통 또는 물적유통의 준말로 생산과 소비를 이어주는 경제활동을 뜻한다.[1)] 따라서 물류비는 이러한 생산과 소비를 이어주는 과정에서 발생한 비용, 예를 들면 수송비, 창고보관비, 포장, 하역 등의 모든 비용을 포함한 비용을 의미한다. 본 연구에서는 투입산출표에 나타난 값만을 고려하여 물류비를 다음과 같이 3요소로 한정하였다.

$$TLC = Intra\cos t + Inter\cos t + Storage\cos t, \tag{A.19}$$

TLC : 물류비용, $Intra\cos t$: 지역내 교통비,
$Inter\cos t$: 지역간 교통비, $Storage\cos t$: 보관비.

물류비를 구성하는 3요소 중 지역 내에서 발생하는 교통비와 운수보관비의 계산은 본 연구에서 작성된 투입산출표에서 가능하다. 그러나 경부고속전철 건설로 인한 지역내 교통비와 운수보관비의 절감 효과를 본 연구에서 제시되는 모형으로 분석하기란 어렵다. 왜냐하면 다음 절에서 설명되겠지만 제품의 이동은 지역 내에서 완전이동을, 그리고 지역간에는 부분이동을 가정하여 연구가 진행되기 때문이다. 따라서 본 연구에서는 지역내 교통비와 운수보관비 등에 대해서는 금액단위의 다지역 투입산출표에 나타나 있는 운수보관업의 비용으로 대처하고 지역간 발생하는 교통비는 별도로 계산하였다. 그리고 경부고속전철에 의한 물류비 절감 효과는 지역간 교통비 절감분과 선형적인 관계가 있음을

1) 노정현, 임채욱(1993) 참조

가정하고 측정하기로 한다. 이를 식으로 표현하면 다음과 같다.

$$\frac{\Delta TLC}{TLC} \approx \frac{\Delta Intra\cos t}{Intra\cos t} \approx \frac{\Delta Inter\cos t}{Inter\cos t} \approx \frac{\Delta Storage\cos t}{Storage\cos t}. \tag{A.20}$$

우선 지역 s에서 지역 r로 제품 이동시 발생하는 교통비는 다음과 같이 계산된다.

$$Inter\cos t^{sr} = \sum_j \sum_i (TC)_{ji}^{sr}. \tag{A.21}$$

그런데 교통비 발생은 식 (A.7)에서와 같이 목적지와 운송되는 산업제품의 특성에 따라 변한다고 하였으므로 산업 j제품이 지역간 이동시 발생하는 교통비는 다음과 같이 나타낼 수 있다.

$$(TC)_{ji}^{sr} = (TC)_j^{sr}. \tag{A.22}$$

따라서 식 (A.21)은 다음과 같이 나타낼 수 있다.

$$Inter\cos t^{sr} = \sum_j (TC)_j^{sr} = \sum_j \delta_j t^{sr} p_j^s Q_j^{sr}, \tag{A.23}$$

Q_j^{sr} : 지역 s의 j제품 중 지역 r로 이동하는 양.

지역간 교통비는 지역 s에서 지역 r로 이동할 때 발생하지만 지역 r에서 지역 s로 이동할 때도 발생하게 된다. 따라서 전국에서 발생하는 총 지역간 교통비는 다음과 같이 나타낼 수 있다.

$$Inter\ \cos t^n = \sum_s \sum_r (TC)^{sr}, \ (\text{단}, \ s \neq r) \tag{A.24}$$

$Inter\ \cos t^n$: 전국에서 발생한 총 지역간 교통비.

또한 식 (A.23), (A.24)로부터 지역간 제품 이동시 발생하는 물류비용의 변화는 다음과 같이 새롭게 나타냄으로써 구할 수 있다.

$$(TC^{sr})^{new} = \sum_j \delta_j (t^{sr})^{new} (p_j^s)^{new} Q_j^{sr}. \tag{A.25}$$

그리고 접근성 향상에 의한 지역내 총생산과 국내 총생산은 다음과 같이 계산된다. 우선 이를 위해서는 지역내 산업 j에서 창출되는 부가가치의 변화부터 계산되어야 한다.

$$GV_i^r = p_i^r Q_i^r - \sum_s \sum_i (a_{ji}^{sr})^{new} (p_j^s)^{new} Q_i^r, \tag{A.26}$$

GV_i^r : 지역 r내 산업 i에서 창출된 부가가치액.

따라서 지역내 총생산(GRDP)은

$$(GRDP^r)^{new} = \sum_i (GV_i^r)^{new}. \tag{A.27}$$

그리고 국내 총생산(GDP)은

$$(GDP^r)^{new} = \sum_r (GRDP^r)^{new}. \tag{A.28}$$

앞에서 제시한 식 (A.3), (A.16), (A.18), (A.28)을 이용하면 고속전철이 지역경제에 미치는 효과를 산업별 가격변화와 생산량변화, 고용의 변화, 물류비용의 변화, 그리고 지역내 총생산과 국내 총생산의 변화로 구분하여 분석될 수 있다. 이에 대해서는 다음 절에서 설명된다.

A 11-4 분석 결과(The Results)

1. 가격의 변화

고속전철의 건설로 인한 지역산업의 가격변화는 식 (A.13)에 의해 측정되었다. 여기서는 분석된 전체 26개 산업 중 가격변화의 폭이 큰 상위 3개 산업을 각 지역별로 표 A-1에 요약하여 제시하였다. 경부고속전철이 산업제품 가격 절감에 미치는 효과는 지역별로 다르게 나타난다. 경부고속전철이 건설될 경우 가격 절감이 가장 크게 일어나는 지역은 수도권 지역과 충북지역으로 산업 평균 가격 절감률이 각각 0.76%와 0.73%로 나타났다. 반면, 경부고속전철로 인한 가격 절감효과가 가장 낮게 일어나는 지역은 경남지역과 경북지역으로 그의 가격 절감률은 각각 0.47%와 0.55%로 나타났다. 전체적으로 볼 때 경부고속전철의 건설로 인한 가격 절감효과는 우리나라에서 크지 않은 것으로 나타났다.

고속전철의 건설로 인한 가격 절감효과가 크게 나타나는 지역이 충북지역, 충남지역, 그리고 수도권 지역으로 나타났는데, 이는 서울~충남 구간의 교통혼잡이 고속전철에 의해 부분적으로 해소됨으로써 나타나는 결과로 볼 수 있다. 반면, 경남지역과 경북지역에 미치는 효과는 낮게 나타났는데, 이는 대구~부산의 구간 자체가 고속전철 건설 이전에도 혼잡이 적은 구간이었기 때문에 고속전철로 인한 접근성 향상 자체가 크게 일어나지 않음에 기인하다.

표 A-1 산업제품가격의 변화(상위 3개 산업) (단위 : %)

<table>
<tr><th>지역</th><th>순위</th><th>산업분류</th><th>절감률</th><th>지역</th><th>순위</th><th>산업분류</th><th>절감률</th></tr>
<tr><td rowspan="4">수도권</td><td>1</td><td>9 제1차 금속</td><td>1.5264</td><td rowspan="4">전북</td><td>1</td><td>26 기타산업</td><td>1.2199</td></tr>
<tr><td>2</td><td>4 섬유, 가죽제품</td><td>1.3040</td><td>2</td><td>11 일반기계</td><td>1.1760</td></tr>
<tr><td>3</td><td>3 음식료품</td><td>1.2724</td><td>3</td><td>14 수송기계</td><td>1.1718</td></tr>
<tr><td>산업평균</td><td></td><td>0.7566</td><td>산업평균</td><td></td><td>0.5940</td></tr>
<tr><td rowspan="4">강원</td><td>1</td><td>4. 섬유, 가죽제품</td><td>1.5712</td><td rowspan="4">전남</td><td>1</td><td>26 기타 산업</td><td>1.1320</td></tr>
<tr><td>2</td><td>9 제1차 금속</td><td>1.2645</td><td>2</td><td>14 수송기계</td><td>1.1150</td></tr>
<tr><td>3</td><td>26 기타 산업</td><td>1.1004</td><td>3</td><td>4 전기, 전자기계</td><td>1.1000</td></tr>
<tr><td>산업평균</td><td></td><td>0.6355</td><td>산업평균</td><td></td><td>0.5941</td></tr>
<tr><td rowspan="4">충북</td><td>1</td><td>26 기타산업</td><td>1.4058</td><td rowspan="4">경북</td><td>1</td><td>26 기타 산업</td><td>1.1026</td></tr>
<tr><td>2</td><td>14 수송기계</td><td>1.3470</td><td>2</td><td>14 수송기계</td><td>1.0221</td></tr>
<tr><td>3</td><td>4. 섬유, 가죽제품</td><td>1.3432</td><td>3</td><td>4 섬유, 가죽제품</td><td>1.0097</td></tr>
<tr><td>산업평균</td><td></td><td>0.7308</td><td>산업평균</td><td></td><td>0.5463</td></tr>
<tr><td rowspan="4">충남</td><td>1</td><td>14 수송기계</td><td>1.2862</td><td rowspan="4">경남</td><td>1</td><td>14 수송기계</td><td>0.8988</td></tr>
<tr><td>2</td><td>26 기타 산업</td><td>1.2478</td><td>2</td><td>26 기타 산업</td><td>0.8943</td></tr>
<tr><td>3</td><td>4. 섬유, 가죽제품</td><td>1.2007</td><td>3</td><td>4 섬유, 가죽제품</td><td>0.8548</td></tr>
<tr><td>산업평균</td><td></td><td>0.6690</td><td>산업평균</td><td></td><td>0.4694</td></tr>
</table>

2. 생산량의 변화

앞에서 구한 지역별 산업제품의 가격변화가 지역산업의 생산량변화에 미치는 효과는 식 (A.5), (A.15), (A.16), 그리고 (A.18)에 의해 계산된다. 여기서 주의해야 할 것은 산업제품의 가격변화 폭과 산업제품의 생산량변화 폭은 동일하지 않다는 것이다. 왜냐하면 중간재 수요는 지역 내에서 생산된 제품의 가격과 타 지역에서 생산된 제품의 가격에 의해 결정되며, 최종 소비재의 경우는 제품에 대한 수요 탄력성에 따라 달라지기 때문이다. 앞의 경우와 마찬가지로 경부고속전철의 건설로 인한 생산량변화가 큰 상위 3개 산업만을 표 A-2에 요약하였다.

경부고속전철의 건설로 인해 지역 전체 생산량의 증가가 가장 크게 일어나는 지역은 수도권 지역과 충북지역으로 전체 생산량 증가율이 각각 1.20%와 1.40%로 나타났다. 반면, 경부고속전철로 인한 생산량 증가가 가장 낮게 일어나는 지역은 충남지역과 전남지역으로 그의 전체 생산량 증가율은 각각 0.92%와 0.61%로 나타났다.

표 A-2 지역별, 산업별 생산량의 변화 (상위 3개 산업) (단위 : %)

지역	순위	산업분류	증가량	증가율	지역	순위	산업분류	증가량	증가율
수도권	1	2 광업	515,731	3.000	전북	1	1 농림어업	168,580	3.837
	2	6 화학제품	1,665,043	2.614		2	5 종이, 나무제품	31,891	2.180
	3	7 석유, 석탄제품	591,684	2.604		3	15 기타 제조업	302	1.921
	계		4,337,333	1.202		계		376,523	1.033
강원	1	9 제1차 금속	26,005	9.024	전남	1	13 정밀기계	36	11.638
	2	6 화학 제품	3,718	2.128		2	2 광업	187,583	4.085
	3	5 종이, 나무제품	2,499	2.217		3	12 전기, 전자기계	1,877	1.919
	계		424,911	1.160		계		660,626	0.612
충북	1	7 석유, 석탄제품	53,168	7.729	경북	1	2 광업	198,086	3.365
	2	2 광업	16,273	3.858		2	7 석유, 전자기계	70,622	3.354
	3	1 농림어업	45,359	1.815		3	15 기타 제조업	861	1.882
	계		536,608	1.403		계		1,051,714	1.004
충남	1	5 종이, 나무제품	75,913	4.966	경남	1	2 광업	413,505	9.304
	2	2 광업	186,764	3.711		2	6 화학제품	232,877	2.484
	3	1 농림어업	155,217	2.773		3	12 전기, 전자기계	9,227	1.497
	계		651,381	0.918		계		2,139,574	0.966

전체 증가		10,178,749	1.042

3. 고용의 변화

생산량의 변화는 고용의 변화를 의미한다. 그러나 이 두 변화의 관계가 항상 양의 상관관계만이 유지되는 것은 아니다. 즉 생산량은 증가하지만 고용은 감소될 수도 있다. 왜냐하면 산업별 노동수요는 식 (A.5)에서와 같이 가격과 생산량의 변화에 의해 결정되기 때문이다. 즉 가격의 절감률과 생산량의 증가율에 있어서 가격의 절감률이 생산량의 증가율보다 작은 경우는 전반적으로 고용의 증가를 가져오지만 그렇지 않은 경우는 고용이 감소하게 된다. 따라서 지역의 고용변화는 지역경제의 산업구조에 의해 결정된다. 즉 고속전철로 인하여 가격의 절감율보다 생산량의 증가율이 높은 산업이 지역경제를 구성하고 있다면, 그 지역의 고용은 증가될 것이고, 반대의 경우에는 지역의 고용은 감소하게 될 것이다. 지역별 산업의 고용의 변화를 종합하여 보면 표 A-3과 같다.

표 A-3 지역별, 산업별 고용의 변화 (단위 : 명)

구분		수도권	강원	충북	충남	전북	전남	경북	경남	계
증가	1차 산업	1,898	47	2,295	9,868	8,858	5,534	–	134	28,635
	2차 산업	2,674	550	229	768	294	491	712	2,278	7,997
	3차 산업	41	43	70	105	229	–	132	755	1,376
	계	4,614	640	2,594	10,742	9,381	6,026	844	3,167	38,008
감소	1차 산업	–	–	–	–	–	–	−263	–	−263
	2차 산업	−2,125	−33	−509	−416	−107	−184	−645	−1,660	−5,677
	3차 산업	−15,651	−693	−970	−1,602	−775	−1,693	−2,048	−3,210	−26,643
	계	−17,776	−725	−1,479	−2,018	−881	−1,877	−2,956	−4,870	−32,583
순변화		−13,163	−85	1,115	8,724	8,500	4,148	−2,112	−1,703	5,425

표 A-3에서 보는 바와 같이 경부고속전철의 건설로 인해 우리나라 전체적으로는 5,425명의 고용 증가가 이루어질 것으로 보이며, 지역별로는 충남지역과 전북지역이 8,724명과 8,500명으로 가장 높은 고용 증가를 경험할 것으로 나타났다. 반면에 수도권 지역과 경북지역은 각각 13,163명, 2,112명의 고용이 감소되는 것으로 나타났다. 이러한 결과는 3차 산업의 고용 감소가 두드러지게 심한 지역에서 나타나고 있으며 충남지역, 전북지역은 3차 사업에서의 고용 감소에도 불구하고 1차 산업에서의 고용 증가가 두드러져 오히려 고용 증가가 이루어지는 것으로 나타났다. 특히 3차 산업 중에서도 건설업 같은 경우에는 거의 모든 지역에서 고용자가 크게 감소되는 것으로 나타나고 있다. 이러한 결과로 볼 때 결국 접근성 향상은 서비스 산업에 대한 수요를 감소시키게 되고 이는 또다시 서비스 산업의 생산량 감소와 함께 서비스 산업의 고용을 감소시키는 특징이 있다고 할 수 있겠다.

4. 물류비용의 변화

접근성 향상은 제품 이동시 발생하는 교통비 감소를 의미하므로 이는 결국 물류비용 감소라고 할 수 있다. 식 (A.25)에서 설명하였듯이 본 연구에서는 분석의 편의상 경부고속전철에 의한 교통비 감소가 바로 물류비용 감소라 하였다. 경부고속전철의 개통으로 인한 우리나라 물류비용의 변화를 표 A-4에 제시되었다.

표 A-4에서 보는 바와 같이 경부고속전철의 건설로 인해 우리나라 전체 물류 비용은 1993년 현재에 비해 1조 3,484억 원 정도가 절감되는 것으로 나타났으며, 이는 전체 물류비용 중 약 2.046%가 절감되는 것이다.

표 A-4 지역간 물류비용의 변화 (단위 : 백만 원)

from \ to	수도권	강원	충북	충남	전북	전남	경북	경남	계
수도권	−14,853.2	−23,261.7	−59,248.0	−82,163.9	−32,553.7	−73,735.7	−109,777.9	−135,646.9	−531,240.7
강원	−22,339.6	−200.0	−671.0	−1,925.7	−566.3	−566.3	1,669.7	1,741.2	−23,491.2
충북	−52,580.3	−400.8	1,443.9	−4,894.6	−481.0	−481.0	−899.4	331.8	−58,817.7
충남	−116,308.6	−256.0	−2,643.5	1,776.0	−257.0	−257.0	−971.7	1,423.8	−117,535.7
전북	−82,308.6	−448.8	−1,094.8	−572.0	1,032.2	1,032.2	229.4	4,153.3	−78,827.9
전남	−88,346.84	−20.1	−1,080.7	−1,013.7	1,065.6	1,065.6	1,058.4	7,277.0	85,440.0
경북	−133,811.4	35.2	−1,288.0	−1,919.5	914.7	914.7	2,964.7	−9,459.2	−142,531.6
경남	−304,118.5	516.1	−2,274.6	1,410.8	2,783.9	2,783.9	−8,433.4	−5,178.9	−310,501.9
계	−814.666.7	−24,036.2	−66,856.8	−89,302.8	−28.061.6	−28,061.6	−114,160.2	−135,357.9	−1,348,386.6

*참고 : 1993년 현재 우리나라 물류비용 : 65조 9,031억 원[2)]

5. 지역내 총생산(GRDP)의 변화

접근성 향상으로 인한 중간재 수요와 최종재 수요의 변화는 지역내 총생산(GRDP)의 변화를 초래하게 된다. 접근성 향상으로 인해 생산량 증가나 고용 증가를 경험하는 고부가가치 산업들이 지역내 많이 구성되어 있다면, 그 지역은 당연히 지역내 총생산이 증가하게 될 것이다. 그러나 고부가가치 산업이 생산량이나 고용 측면에서 마이너스 성장을 경험하게 된다면, 그리고 그러한 산업들로 지역경제가 이루어져 있다면, 그 지역은 경부고속전철로 인한 접근성 향상에도 불구하고 지역내 총생산이 감소하는 경향이 나타날 것이다.

이미 앞에서 도출한 각 지역별 제품 가격의 변화와 생산량변화, 그리고 지역내 산업구조의 변화를 이용하여 각 지역의 부가가치변화를 살펴보면 표 A-5와 같다.

표 A-5 지역내 총생산(GRDP)의 변화 (단위 : 십억 원, %)

구분	건설 전	건설 후	증가율
수도권	126,529.4	126,481.1	−0.038
강원	6,875.4	6,879.5	0.060
충북	8,386.2	8,382.5	−0.044
충남	18,327.5	18,359.8	0.176
전북	9,690.7	9,744.9	0.559
전남	19,876.1	19,889.1	0.065
경북	30,054.5	30,054.6	0.000
경남	50,172.5	50,227.7	0.110
계	269,912.2	270,019.1	0.040

2) 여기서 제시된 우리나라 전체 물류비용은 본 연구에서 작성한 투입산출표를 이용하여 산출된 금액이다.

표 A-5에 제시되어 있듯이 경부고속전철이 개통될 경우 국내 총생산은 약 0.04% 증가하게 될 것이며, 이를 지역별로 보면 수도권 지역과 충북지역의 지역내 총생산이 각각 0.038%와 0.044% 감소하며, 기타 지역에서는 증가하는 것으로 나타났다. 그러나 전체적으로 볼 때, 경부고속전철로 인한 지역내 총생산의 변화는 매우 미약하다.

A 11-5 요 약

본 연구는 경부고속전철의 건설로 인한 지역간 접근성 향상이 지역경제에 미치는 효과를 분석하였다. 연구의 구체적 분석 수단은 Liew and Liew(1985)가 제시한 가격이 내생화된 가변 다지역 투입산출모형에 바탕을 두었다. 분석 대상 지역은 광역 행정 구역인 도를 기준으로 전국을 8개 지역으로 구분하였으며, 지역내 경제활동은 26개 산업으로 분류하였다. 그리고 경부고속전철 건설이 지역경제에 미치는 효과는 산업별 가격의 변화로부터 생산량 변화와 고용변화, 물류비용변화, 그리고 지역내 총생산과 국내 총생산의 변화로 구분하여 분석하였다.

분석 결과를 종합해 보면 경부고속전철 건설이 우리나라의 지역경제에 미치는 효과는 크지 않은 것으로 나타났다. 단, 미약하나마 경부고속전철로 인한 접근성 향상으로 인해 자원은 수도권으로부터 다른 지역으로 분산될 것으로 예측되었다. 이러한 결과는 두 지역경제로 구분하였을 때의 결과(김홍배 · 강무진 · 최석우, 1995)와 다소 상반되는 결과이다. 두 지역 모형에서 경부고속전철로 인한 접근성 향상은 수도권으로의 자원 집중을 초래할 것으로 예측되었었다. 이러한 차이는 지역간 접근성 향상의 효과를 분석할 때 경제를 두 지역으로 구분하는 것은 무리가 있음을 가리킨다. 따라서 본 연구에서는 Richardson(1985)이 "다지역 투입산출모형을 이용하여 지역경제를 분석할 때 두 지역으로 경제를 구분하는 것은 충분한 것 이상이다."한 지적은 공간이 구체적으로 고려되는 경우에는 부적절하다는 것을 제시하였다.

제 V 편

사회회계행렬과 연산일반균형모형

제 **12** 장

사회회계행렬

12.1 서 론

경제 내 소득과 재화의 복잡한 흐름은 기본적으로 생산과 소득, 그리고 재화에 대한 수요에 의해 일어난다. 즉 가계부문은 노동력과 자본을 재화의 생산과정에 투입하고, 그의 대가로 임금과 자본의 지대(rent)를 얻는다. 임금과 자본의 지대는 바로 가계부문의 소득이 되며, 이러한 소득을 가지고 가계부문은 재화를 소비하게 된다. 그리고 가계부문의 소비를 충당하기 위해 생산부문에서는 재화를 생산하게 되고, 재화 생산을 위해 생산부문은 다시 생산요소인 노동과 자본을 가계부문으로부터 고용하게 된다. 이와 같은 생산과 소득, 그리고 소비의 순환과정을 통해 경제활동은 지속되는 것이며, 이것이 바로 경제 내 소득과 재화 흐름의 기본 골격이 된다.

투입산출표는 앞의 9장에서 설명하였듯이 경제 내 다양한 활동을 생산과 수요로 구분하여 산업간 연관관계와 함께 재화와 자금의 흐름을 구체적인 표로 요약한 것이다. 그러나 재화를 소비하는 주체들의 소득을 고려하면 투입산출표에 나타난 자금과 재화의 흐름은 사실 분명하지 않다. 물론 이에 대해서는 투입산출표로부터 암묵적으로 소득 형성의 메커니즘을 생각할 수는 있지만 어찌했던 재화 소비의 주체들이 어디로부터 그들의 소득을 얻는지 분명히 나타나있지 않다. 투입산출표를 보면 가계부문에서 소비하는 산업별 수요규모는 구체적으로 나타나 있지만 그러한 규모의 소비를 위해 가계부문의 소득이 어떻게 형성되었는지 불분명하다.

투자 수요의 규모는 가계부문의 저축이나 정부저축, 그리고 해외부문의 투자 등에 의해 결정되지만 이에 대해 투입산출표에서 제공하는 설명은 불충분하다. 정부지출도 마찬가지이다. 정부소득은 간접세와 직접세, 그리고

그림 12.1
경제 순환 과정의
key 요소

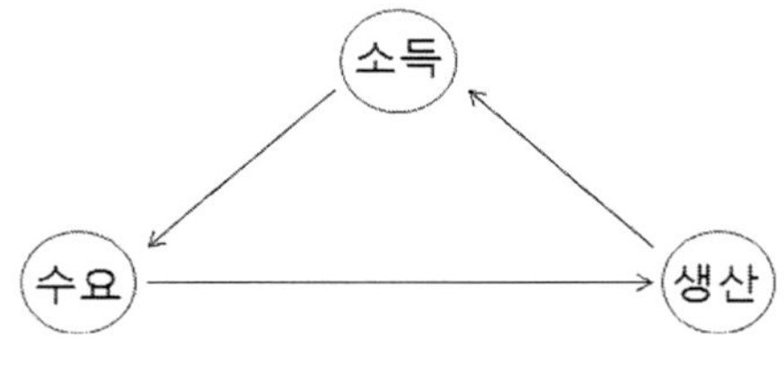

관세 등으로 구성된다. 그러나 이러한 정부소득의 형성과정에 대해서도 투입산출표에서 제공하는 정보는 불완전하다. 이와 같이 분명하지 않은 가계부문이나 정부부문의 소득형성 메커니즘과 함께 경제 주체들간의 거래도 부분적으로 나타나기 때문에 투입산출표를 이용하여 사회 내 소득배분에 관한 문제, 예를 들면 계층별 소득배분과 같은 문제는 근본적으로 다루기 어렵다. 요약한다면 투입산출표는 경제 내 흐름과 구조를 종합적으로 나타내는 통계표로서는 한계가 있다고 할 수 있다.

일반적으로 소비나 투자, 그리고 정부의 지출 등을 위한 경제 주체들의 소득은 하늘에서 뚝하고 떨어지는 것이 아니라 그들이 경제 내 산업들의 생산과정에 참여하므로 얻어지는 것이다. 즉 생산으로부터 소득이 발생하고, 발생된 소득이 재화의 수요를 가능케 하며, 재화 수요가 다시 산업의 생산활동을 유도하는 것이다. 투입산출표가 이러한 생산–소득–소비의 순환과정(circular process)을 명확하게 나타내기 위해서는 무엇보다도 경제 내 모든 경제 주체들이 산업부문과 같은 형태로 투입산출표에 제시되어야 한다. 왜냐하면 투입산출표의 한계는 생산과정에서 얻어지는 경제 주체들의 소득 형성과정과 그들의 소득 지출 과정이 서로 단절되어 있음에 기인하기 때문이다. 모든 경제 주체들이 산업부문과 같이 그들의 수입과 지출을 나타내기 위해서는 투입산출표의 구조는 근본적으로 확장되어야 하는데, 그것이 바로 사회회계행렬(social accounting matrix, SAM)이라고 할 수 있다.

단적으로 말해 투입산출표는 재화를 생산하는 산업부문에 초점을 맞춘 것이라면 SAM은 산업부문을 포함한 모든 경제 주체들의 종합적인 거래에 초점을 맞춘 것이다. 또한 SAM은 투입산출표의 한계를 보완하고 확장한 것으로 특정년도의 국가의 경제활동과 구조, 그리고 소득 및 재화의 흐름 등 경제에 관한 다양한 정보를 체계적으로 조직화한 표이다. SAM이 투입산출표와 근본적으로 다른 점은 행과 열의 구성에 있다. 투입산출표에서 행과 열의 구성이 동일한 부분은 단지 산업간 연관관계를 나타내는 중간재 수요와 중간재 투입 부분이다. 그러나 산업부문을 제외한 경제 주체들의 수입과 지출, 그리고 그들 간의 거래는 언급하였듯이 투입산출표에서는 불분명하다.

경제주체 간 거래를 나타내는 데 있어 투입산출표의 한계를 보완하기 위해 SAM에서는 표 12.1에 보이듯이 행과 열에서 부문이 동일하게 구성된다. 다시말해 행에서 어떤 부문이 있다면 그 부문은 열에도 공히 존재하게 된다. 그리고 SAM의 행은 수입(receipts or incomings)을, 그리고 열은 지출(expenditures or outgoings)를 가리키며, 에너지 보존의 법칙과 마찬가지로 한 부문의 수입은 그 부문의 지출과 같게 된다. 즉 각 부문의 행의 합과 열의 합은 언제나 같아야 하는 것이다. SAM의 행은 열의 부문으로부터 얻은 소득 또는 행으로부터 열의 부문들에게 판매한 금액을, 그리고 열은 행으로 지출되는 금액을 가리킨다.

SAM의 작성에 있어 가장 기초가 되는 원리가 바로 복식부기원리(double entry bookkeeping principle)이다. 복식부기 원리란 한 부문의 소득과 지출이 균형이 되도록 작성하는 방법이며, 이 원리에서는 어느 한 부문의 수입(收入)은 바로 다른 부문으로 지출을 동반하게 된다. 이러한 기본원리로 인하여 SAM에서는 경제 내 부문별 소득과 재화의 흐름은 물론 경제 주체들의 생산과 소득, 그리고 소비의 관계까지 명확하게 제시된다. 따라서 SAM은 산업간 거래뿐 아니라 경제 주체들 간의 거래도 나타내므로 경제의 흐름을 종합적으로 나타내는 표가 되는 것이다.

여기서 주목해야 할 것은 SAM의 구조에 대해 특정한 제한이 없다는 것이다. 즉 연구자의 연구 목적과 대상, 그리고 수집되는 자료에 따라 SAM의 구조는 다양한 형태로 구성될 수 있다(Pyatt and Round 1985). 단, SAM은 산업부문간 이루어지는 중간재 거래를 포함한 경제 주체들의 거래를 나타내는 미시적 SAM(micro SAM)과 산업부문간 상세한 거래를 합하여 총액만을 제시하는 거시적 SAM(macro SAM)으로 구분된다. 그러나 이러한 구분 자체가 갖는 의미는 크지 않다고 할 수 있다. 왜냐하면 거시적 SAM은 바로 미시적 SAM에 의해 작성될 수 있기 때문이다. 따라서 본 장에서는 미시적 SAM에 초점을 맞추기로 한다.

표 12.1 SAM의 구조

구 분	계정 1	계정 2	…	계정 i	…	계정 n	계
계정 1							S_1
계정 2			지 출 →				S_2
·	↓ 수 입						·
계정 i							S_i
·							·
계정 n							S_n
계	S_1	S_2	…	S_i	…	S_n	

본 장은 SAM의 기본 구조와 특징, 투입산출표로부터 SAM을 작성하는 방법, 그리고 SAM을 이용한 분석방법 등에 관해 설명한다. 본 장에서 설명되는 SAM에 대한 이해는 바로 다음 장에서 설명될 연산일반균형모형(computable general equilibrium model)을 이해하는 데는 필수적이라고 할 수 있다. 왜냐하면 SAM에서 제공되는 경제에 대한 정보들은 일반균형모형의 경제항등식에 대한 적절한 통계내용을 제공하기 때문이다. 그러므로 연산일반균형모형은 SAM에서 제시된 내용을 바탕으로 모형이 구성되며, 또한 모형에 필요한 많은 파라메타가 SAM으로부터 도출된다(연산일반균형모형에 대해서는 다음 두 장에서 자세히 설명된다.).

본 장은 6절로 이루어진다. 우선 제2절에서는 사회회계행렬이 무엇인가를 설명하기 위해 Robinson Crusoe의 섬 경제를 묘사하는 SAM을 구성하므로 SAM에 대한 기초적인 이해를 제공한다. 제3절에서는 가상의 국가 M국의 경제구조와 소득의 흐름을 나타내는 기본적인 SAM을 제시하고 이에 현실성을 부과하면서 SAM의 구조가 어떻게 확장되는지에 대해 설명한다. 따라서 제3절은 바로 본 장의 가장 중요한 절이라 할 수 있다. 그리고 제4절에서는 투입산출표가 주어졌을 때 이를 이용하여 SAM을 작성하는 방법에 대해 설명한다. 대부분의 국가에서 SAM은 투입산출표로부터 작성되기 때문에 이에 대한 이해는 실무적으로도 중요하다. 5절에서는 SAM을 이용한 분석방법에 대해 설명한다. 마지막으로 6절에서는 본 장에서 설명한 내용이 요약된다.

12.2 Robinson Crusoe의 섬 경제 SAM

우선 독자들에게 SAM이 과연 무엇인가에 대한 기초적인 이해를 제공하기 위해 Robinson Crusoe가 살고 있는 섬을 예로 들어 설명해 보자. Robinson Crusoe의 환경은 다음과 같이 전제된다. 대서양과 카리브 해 사이에 위치하며 외부로부터 고립된 어느 무인도에 표류한 Robinson Crusoe는 섬에 갇혀 혼자 살고 있으며, 그는 오로지 낚시만 하면서 구조대가 도착할 때까지 그의 생명을 보존한다고 하자. 여기서 그는 일정시간 동안에 물고기 100마리를 잡는다고 한다면, 이 경우 낚시로 잡은 물고기 100마리는 바로 그의 생산량인 동시에 그의 전체 소득이고 그의 총 소비량이 되는 것이다. 이러한 환경에서 Robinson Crusoe가 살고 있는 섬의 경제를 SAM으로 어떻게 나타낼 수 있는지 알아보자. 먼저 이 섬의 경제는 표 12.2에서와 같이 3개의 행과 열로 구성된다. 표에서 행은 Robinson Crusoe의 수입(incomings)을, 그리고 열은 그의 지출(outgoings)을 의미한다. 독자들의 이해를 위해 SAM의 각 항목을 좌표화하여 설명해보자.

위에서 설정한 전제에서 알 수 있듯이 Robinson Crusoe가 살고 있는 섬은 밖으로부터 폐쇄된 섬이기 때문에 해외 수출이나 수입이 없으며 오로지 단일 재화, 즉 물고기만 존재하고, 재화 생산에 투입되는 중간재도 없다. 그리고 무인도이기 때문에 자원배분에 간섭할 정부는 더더욱 없는 상태이다. 그러므로 섬의 경제는 Robinson Crusoe의 기본적인 생산과 소득, 그리고 수요의 계정으로만 구성된다. Robinson Crusoe가 잡은 물고기 100마리는 그의 총생산량이며, 생신된 물고기 전부는 그의 소득이 된다. 이는 일반적으로 경제 주체의 소득이 바로 생산에서 얻어지는 것임을 가리키는 것이다. 그리고 이러한 생산과 소득 관계는 표 12.2의 소득 행과 생산 열에 나타나 있다. 이를 좌표로 나타내면 (2,1)이다. 그리고 Robinson Crusoe의 소득은 다시 물고기 소비에 모두 지출하는데, 이는 좌표 (3,2)에 제시된 소득 열과 수요 행에 나타나 있다. 마지막으로 물고기 100마리의 수요는 다시 물고기 100마리의 생산을 유도하는데, 이는 좌표 (1,3)에 나타난다.

표 12.2에 제시된 섬 경제의 SAM을 종합하면 다음과 같다. 먼저 소득 행과 생산 열은 바로 소득을 얻는 사람으로서의 Robinson Crusoe의 역할, 즉 그의 소득이 어디로부터 오는가를 설명하고 있다. 그리고 수요 행과 소득 열

에서는 소비자로서 Robinson Crusoe의 역할, 다시말해 생산에서 얻어지는 그의 소득이 어떻게 지출되는 것인가를 나타낸다. 마지막으로 생산 열과 수요 행은 주어진 수요를 충당하기 위해 생산하는 생산자로서 Robinson Crusoe의 역할을 나타내고 있다. 이와 같은 단순경제로부터 알 수 있는 것은 경제 내 순환적 과정이 존재한다는 것이다.

표 12.2의 SAM은 그림 12.1에서 보여지는 것과 같이 생산에서 소득이 발생하고, 발생된 소득은 다시 수요를 창출하며, 창출된 수요는 생산을 유도하는 순환적인 과정을 설명하고 있다. 한마디로 경제 내 소득과 재화의 순환적 과정을 구체적으로 나타내는 것이 바로 SAM이다. 표 12.2에 묘사된 섬 경제의 SAM은 가장 단순한 형태라 할 수 있으나 SAM의 기본원리를 이해하기에는 충분하다고 할 수 있다. 그리고 섬경제의 SAM을 이해했다면 앞으로 전개될 SAM이나 실무 분야에서 사용되는 복잡한 SAM에 대해 이해하는 데 어려움은 없을 것이라 믿는다.

표 12.2 Robinson Crusoe의 섬 경제 SAM (단위 : 마리)

구분		지출			계
		1 : 생산	2 : 소득	3 : 수요	
수 입	1 : 생산			100	100
	2 : 소득	100			100
	3 : 수요		100		100
계		100	100	100	

12.3 SAM의 일반구조

12.3.1 SAM의 기본계정

앞 절에서는 기초적으로 SAM이 무엇이고 그것으로부터 경제 내 일어나는 소득과 재화의 흐름은 어떻게 알 수 있는지 등에 관해 설명하였다. 본 절에서는 가상의 국가 M국을 대상으로 하여 SAM의 일반적인 구조에 대해 설명한다. 설명은 표 12.3에 제시된 M국의 SAM을 기본으로 전제하고 이에 현실성을 부과하면서 일반적인 SAM의 구조로 확장하도록 한다.

설명에 앞서 SAM을 구성하는 부문별 계정(account)에 대해 설명하면 다음과 같다. SAM의 행과 열은 각각 생산부문 계정(production account), 요소부문 계정(factors account), 기관부문 계정(institution account), 자본시장 계정(combined capital account), 그리고 해외부문 계정(rest of world account)으로 구성된다. 여기서 생산부문의 계정은 산업부문의 생산구조와 생산된 재화의 배분구조를 나타내는 계정이다. 생산구조는 생산에 투입되는 비용구조로 나타나며, 배분구조는 부문별 수요규모에 의한 생산부문의 소득으로 나타난다. 따라서 생산구조를 가리키는 열의 합은 생산부문에 투입된 총 비용이며, 배분구조를 가리키는 행의 합은 생산부문의 총 소득이다.

요소부문계정은 대부분 노동과 자본과 같은 본원적 생산요소들이 제품의 생산과정에 참여하여 그로부터 각각의 소득을 얻고, 그 소득의 지출을 나타내는 계정이다. 요소부문의 열의 합은 요소부문의 총비용을, 그리고 행의 합은 요소부문의 총 소득을 가리킨다. 기관부문의 계정은 대표적으로 가계부문과 정부부문으로 구성되는 계정이다. 가계부문은 노동과 자본을 생산과정에 제공하지만 생산으로부터 얻은 소득을 소비할 때는 하나의 독립적인 경제 주체가 된다(물론 가계별 선호도의 차이 또는 소득수준을 고려하면 가계부문은 하나의 부문이 아니라 다수의 부문으로 세분될 수도 있다.).

정부부문은 경제에 자본을 제공하고 간접세를 산업에 부과하므로 재화 생산의 가치 결정에 영향을 준다. 또한 간접세와 함께 직접세나 관세 등을 가계부문과 해외부문에 부과하고 부과된 세금수입을 하나의 독립된 경제주체로서 지출하게 된다. 따라서 기관부문의 계정은 요소부문과 생산부문, 그리고 해외부문으로부터 얻는 소득을 자본시장과 생산부문, 그리고 해외부문에 지출하는 것을 나타내는 계정이다. 그리고 기관부문의 열의 합은 기관부문의 총 지출을, 그리고 행의 합은 기관부문의 총 소득을 가리킨다.

자본 시장의 계정은 총 저축이 총 투자가 되는 과정을 설명하는 계정이다. 자본시장의 부문을 일반적인 투자은행(investment bank)으로 생각하면 이 계정에 대한 이해는 좀 더 용이하다. 자본시장이라는 투자은행의 역할은 국내와 국외의 저축을 모두 받아들이고, 저축된 총 금액을 국내 산업부문과 해외에 투자하는 것이다. 여기서 총 저축은 가계부문의 저축이나 정부의 저축, 그리고 해외투자로 이루어지며, 이러한 총 저축은 생산부문에 투자와 해외부문에 투자 등으로 지출된다. 자본시장부문의 열의 합은 총 투자지출을, 그리고 행의 합은 총저축을 가리킨다.

마지막으로 해외부문의 계정은 수출과 수입뿐만 아니라 해외 송금이나 소득의 해외 이전, 그리고 해외 투자 등 다양한 거래를 나타내는 계정이다. 해외부문의 열의 합은 국가의 해외소득이 되며, 행의 합은 해외로 나가는 총지출이 된다. 여기서 독자들이 혼돈하지 말아야 할 것은 바로 해외부문의 행과 열의 합의 의미가 앞에서 설명한 부문들과는 반대라는 것이다. 예를 들면 앞에서 설명한 어떤 부문의 행과 열의 합은 각각 그 부문의 소득과 지출을 의미하였지만 해외부문은 반대로 지출과 소득을 의미한다. 왜냐하면 SAM은 해당 국가를 중심으로 작성되기 때문이다. 따라서 해외부문의 소득은 해당 국가의 지출이 되며, 반대로 해외부문의 지출은 해당 국가의 소득이 되는 것이다.

표 12.3에 제시된 M국의 거시경제를 보면 국내의 총 산출액은 1,060억 원이며, 총 산출과 수입을 합치면 생산부문의 총공급 1,135억 원이 된다. 생산부문에서 창출된 총 부가가치는 요소부문의 1,000억 원과 기관부문의 60억 원의 합인 1,060억 원이다. 그리고 M국의 총 저축과 총 투자는 230억 원이다. 그러면 부문별 계정과 거시경제에 대한 기본적인 이해를 가지고 M국의 SAM에 대해 살펴보자.

먼저 M국의 SAM에 대한 설명을 생산부문의 계정부터 시작해보자. 표 12.3에 제시되었듯이 M국내 생산부문의 수입(incomings)은 총 1,135억 원이며, 이러한 수입은 생산부문이 다른 부문에 재화를 판매한 금액이다. 즉 생산부문의 재화 판매 금액은 각각 기관부문에 745억 원, 자본시장부문에 190억 원, 그리고 해외부문에 수출한 200억 원이다. 이러한 생산부문의 수입은 재화 생산에 투입된 총 비용 1,135억 원과 정확하게 일치한다. 즉 생산부문은 노동과 자본과 같은 생산요소 구입에 1,000억 원을, 생산과정에서 발생하는 간접세(indirect tax)로 기관부문에 60억 원을, 그리고 해외로부터 생산 원료 수입을 위해 75억 원 등 모두 1,135억 원을 지출하였다. 요소부문을 살펴보면, 생산과정에 참여한 생산요소는 그의 대가로 생산부문으로부터 1,000억 원을 받았으며, 이러한 요소부문의 소득은 기관부문(여기서는 가계부문)에 전액 지출되었다.

표 12.3에 나타난 M국의 기관부문의 소득은 총 1,070억 원이며, 이는 요소부문으로부터 1,000억 원, 생산부문에서 간접세로 60억 원, 그리고 해외부문에서 (여기서는 관세) 10억 원으로 구성된다. 그리고 이러한 기관부문의 소득은 국내에서 생산된 재화 소비에 745억 원, 자본시장에 225억 원, 그리고 해외에서 생산된 재화 소비에 100억 원 등 총 1,070억 원이 모두 지출되었다. 그러므로 기관부문의 지출은 그의 소득과 동일한 1,070억 원이 된다.

표 12.3 M국의 기본 SAM (단위 : 억 원)

부문구분	생산	요소	기관	자본시장	해외	계
생산			745	190	200	1,135
요소	1,000					1,000
기관	60	1,000			10	1,070
자본시장			225		5	230
해외	75		100	40		215
계	1,135	1,000	1,070	230	215	

M국의 자본시장을 보면 기관부문에서 가계저축과 정부저축으로 225억 원이, 그리고 해외부문에서 5억 원이 들어와 자본시장부문으로 유입된 총 금액은 230억 원이다. 여기서 자본시장으로 유입되는 총 금액이 바로 총 저축이다. 이러한 총 저축은 다시 모두 투자로 지출되었는데, 그 투자 내역은 생산부문에 190억 원, 그리고 해외에 40억 원이다. 마지막으로 해외부문에서 각 부문에 판매한 금액은 총 215억 원으로 세부판매내역은 생산부문에 75억 원, 기관부문에 100억 원, 그리고 자본시장부문에 40억 원이다. 이러한 해외부문의 소득은 M국에서 생산된 재화소비 (즉 수출)에 200억 원, 기관부문에 수입관세로 10억 원, 그리고 자본시장부문에 5억 원 등으로 모두 지출되었다.

종합하면 표 12.3에서 M국의 경제 내 소득과 재화의 흐름 중 가장 큰 금액을 나타내는 좌표는 (2,1), (3,2), 그리고 (1,3)이다. 이는 앞의 Robinson Crusoe의 섬 경제에서 설명하였듯이 경제의 흐름은 바로 생산과 소득, 그리고 수요에 의해 이루어지는 순환 과정의 특징을 가리킨다. 그리고 표에서 알 수 있듯이 경제를 구성하는 다양한 부문들의 수입과 지출은 항상 같게 나타난다. 각 부문별로 수입과 지출을 요약하면 표 12.4에 보이는 바와 같다.

표 12.4 각 부문의 수입과 지출 비교

구분	수입(incomings) 계정		지출(outgoings) 계정	
생산부문	• 기관부문 :	745억 원	• 생산요소 :	1,000억 원
	• 자본시장 :	190억 원	• 기관부문 :	60억 원
	• 해외수출 :	200억 원	• 수 입 :	75억 원
	계	1,135억 원	계	1,135억 원
요소부문	• 생산부문 :	1,000억 원	가계부문 :	1,000억 원
	계	1,000억 원	계	1,000억 원
기관부문	• 요소부문 :	1,000억 원	• 자본시장 :	225억 원
	• 생산부문 :	60억 원	• 생산부문 :	745억 원
	• 해외부문 :	10억 원	• 수 입 :	100억 원
	계	1,070억 원		1,070억 원
자본시장부문	• 기관부문 :	225억 원	• 생산부문 :	190억 원
	• 해외부문 :	5억 원	• 해외부문 :	40억 원
	계	230억 원	계	230억 원
해외부문	• 기관부문 :	100억 원	• 기관부문 :	10억 원
	• 자본시장 :	40억 원	• 자본시장 :	5억 원
	• 생산부문 :	75억 원	• 생산부문 :	200억 원
	계	215억 원	계	215억 원

12.3.2 부문 내 거래를 포함한 SAM

표 12.3에 제시된 M국의 기본 SAM 중에서 대각선 행렬의 모든 요소들(elements), 즉 (1,1), (2,2), (3,3), (4,4), 그리고 (5,5)는 모두 0이다. 이는 각 부문 내에서는 거래가 발생하지 않음을 가리킨다. 그러나 가계부문과 정부부문 사이에, 그리고 생산부문 내에서 이루어지는 실질적인 거래를 고려해 본다면 M국의 기본 SAM에서 각 부문 내 거래가 없다는 것은 다소 현실적이지 못하다. 예를 들어 기관부문은 가계부문과 정부부문으로 구성되어 있으므로 가계부문이 정부부문에 지불하는 직접세는 기관부문 내 거래로 나타나야 한다(가계부문과 정부부문은 표 12.6에서 구분된다.). 또한 투입산출모형이 초점을 맞출 정도로 산업간 연관관계가 경제에서 차지하는 역할은 지대하다. 산업간 연관관계는 산업부문 간 중간재 투입과 중간재 수요에 의한 거래로 특징지워지는 것이다. 그러므로 생산부문 내 이루어지는 중간재 거래도 SAM에 당연히 포함되어야 한다.

기관부문과 생산부문에서 발생하는 부문 내 거래를 표 12.3의 SAM에 포함시키면 표 12.5와 같다. 표에 보이듯이 부문 내에서 이루어지는 거래가 포함되었을 경우 각 부문의 수입과 지출은 동시에 증가하게 된다. 왜냐하면 설명할 필요도 없이 부문 내 발생하는 거래는 부문의 수입과 지출을 동시에 의미하기 때문이다. 따라서 부문 내 거래가 포함될 때 부문의 수입과 지출은 부문 내 거래된 금액 만큼 증가하게 된다. 표 12.5에 보이듯이 생산부문의 수입과 지출은 기본 SAM에 비해 130억 원이 증가한 1,265억 원이 되며, 기관부문의 경우는 90억 원이 증가한 1,160억 원이 된다.

표 12.5 부문 내 거래를 포함한 M국의 SAM (단위 : 억 원)

부문구분	생산	요소	기관	자본시장	해외	계
생산	130		745	190	200	1,265
요소	1,000					1,000
기관	60	1,000	90		10	1,160
자본시장			225		5	230
해외	75		100	40		215
계	1,265	1,000	1,160	230	215	

12.3.3 정부의 역할이 포함된 SAM

여기서는 정부의 역할을 고려해 SAM을 구성해보자. 경제에서 정부는 다양한 역할을 수행하지만 그 중에서 가장 기본적인 것은 바로 소득 전달자로서의 역할이라 할 수 있다. 소득 전달자의 역할이란 정부가 경제 주체들에게 세금을 부과하고, 세금으로부터 얻어진 정부소득을 사회복지 극대화를 위해 다시 경제 내로 지출하는 것을 의미한다. 좀 더 구체적으로 말해 정부는 가계부문에 직접세를, 생산부문에 간접세를, 그리고 해외부문에 관세를 부과하므로 정부소득을 얻으며, 이를 다시 산업부문에 대한 지출과 정부 저축, 그리고 보조금 지급 등 다양한 형태로 지출한다.

M국에서 소득의 전달자로서 정부 부문을 나타내기 위해서는 앞의 표에서 제시되었던 기관부문은 가계부문과 정부부문으로 구분되어야 한다. 가계부문과 정부부문을 구분하여 M국의 SAM을 구성하면 표 12. 6에 보이는 바와 같다. 표에 나타난 SAM에서 가계부문과 정부부문의 수입과 지출을 살펴보

면 다음과 같다. 가계부문은 요소부문으로부터 1,000억 원을 받으며, 이것이 가계부문의 모든 소득이 된다. 가계부문은 그의 소득을 직접세에 90억 원을, 저축에 210억 원을, 국내에서 생산된 재화 소비에 600억 원을, 그리고 해외에서 생산된 재화 소비에 100억 원을 지출한다. 따라서 가계부문의 지출 총액은 그의 총 수입 1,000억 원과 같다. 참고로 생산부문에서 수입되는 해외재화는 생산과정에 투입되는 중간재(intermediate good)인 반면 가계부문에서 수입하는 해외 제품은 최종재(final good)이다. 정부부문은 가계부문으로부터 직접세로 210억 원, 생산부문으로부터 간접세로 60억 원, 그리고 해외부문으로부터 관세로 10억 원을 받는다. 따라서 정부가 이와 같은 세금으로부터 얻는 총 소득은 160억 원이 된다. 정부부문은 이러한 정부소득 160억 원을 다시 생산부문에 145억 원, 그리고 정부저축에 15억 원을 지출하게 된다.

표 12.6 정부부문이 포함된 M국의 SAM (단위 : 억 원)

부문구분	생산	요소	가계	정부	자본시장	해외	계
생산	130		600	145	190	200	1,265
요소	1,000						1,000
가계		1,000					1,000
정부	60		90			10	160
자본시장			210	15		5	230
해외	75		100		40		215
계	1,265	1,000	1,000	160	230	215	

마지막으로 표 12.6에서 요소부문을 노동과 자본으로 구분하여 SAM을 구성하면 표 12.7과 같다. 이에 대한 설명은 생략하도록 한다. 왜냐하면 지금까지 M국의 기본 SAM으로부터 정부부문이 고려된 SAM까지 확장하면서 독자들은 SAM에 대해 충분히 이해했을 것으로 믿어지며, SAM을 이해한 독자들에게 표 12.7에 대해 다시 설명한다는 것은 시간낭비라고 할 수 있기 때문이다.

표 12.7 생산요소가 세분된 M국의 SAM (단위 : 억 원)

부문구분	생산	노동	자본	가계	정부	자본	해외	계
생산	130			600	145	190	200	1,265
노동	600							600
자본	400							400
가계		600	400					1,000
정부	60			90			10	160
자본				210	15		5	230
해외	75			100		40		215
계	1,265	600	400	1,000	160	230	215	

12.4 투입산출표와 사회회계행렬

12.4.1 전국 투입산출표와 전국 사회회계행렬

앞 절에서 설명하였듯이 SAM은 투입산출표의 한계를 보완하고 경제 내 소득과 재화의 흐름을 종합적으로 나타내는 표이다. 그러나 SAM은 실질적으로 직접 조사되어 작성되기 보다는 대부분 국가에서 투입산출표로부터 간접적으로 작성된다. 왜냐하면 SAM을 작성하는 데 필요한 모든 통계자료를 일률적으로 모두 구하기란 실제로 어렵기 때문이다.

우리나라에서도 지금까지 SAM을 조사하여 공식적으로 발표한 적이 없으며, 연구자들이 그들의 연구 목적에 따라 투입산출표로부터 작성하고 있는 실정이다. 따라서 투입산출표로부터 SAM을 작성하는 과정에 대한 이해는 실무적인 측면에서도 중요하다. 본 절에서는 투입산출표가 주어졌을 때 이를 바탕으로 SAM을 작성하는 방법에 대해 설명한다. 우선 어떤 가상의 국가 K국의 투입산출표가 표 12.8과 같다고 하고, 이로부터 K국의 SAM을 작성해 보기로 한다.

표 12.8 K 국의 투입산출표 (단위 : 억 원)

수입 \ 지출		중간수요 1	중간수요 2	최종수요 소비	최종수요 투자	최종수요 정부	최종수요 수출	수입	수입 관세	계
중간투입	1	31	15	80	12	10	140	38	5	245
	2	80	30	100	36	22	150	140	16	262
부가가치	노동	75	120							
	자본	46	72							
	간접세	13	25							
합 계		245	262							

표 12.8에 제시된 투입산출표의 자료는 대부분 SAM으로 전환된다. 그러나 SAM을 작성하기 위해서는 투입산출표에서 제공되지 않는 자료, 예를 들면 가계부문의 저축과 직접세, 그리고 정부부문의 저축 등에 관한 자료가 K국의 경우 추가로 필요하다(사실 SAM내 부문들이 세분되면 될수록 SAM 작성을 위해 추가로 필요한 자료는 더욱 증가하게 된다.). 직접세에 관해서는 K국의 조세자료로부터 구해야 하며, 민간저축이나 정부저축의 경우는 각각에 해당하는 가계부문의 지출자료나 정부의 예산 및 결산 자료로부터 구해야 한다. 그러나 이러한 자료 모두가 동시에 필요한 것은 아니다. 왜냐하면 추가로 필요한 자료 중 일부만 제공되면 나머지는 SAM 내에서 자동적으로 구해질 수도 있기 때문이다. 이는 SAM내 모든 부문들의 수입과 지출은 서로 동일해야 하는 기본원칙으로 인해 가능하다.

K국의 경우 가계부문의 저축액 자료만 있다면 가계부문이 정부부문에 납부하는 직접세와 정부부문의 저축액은 자동적으로 구해진다. 이에 대해서는 독자들이 직접 해보면 가장 빠르게 이해할 수 있다(필자는 독자들에게 직접 SAM을 가상의 투입산출표로부터 작성해 볼 것을 강력하게 권하는 바이다.). 즉 투입산출표를 SAM으로 전환하는 과정은 독자들이 본 서와 같이 가상의 투입산출표를 작성하고, 이로부터 SAM을 작성하면서 이해하는 것이 가장 안전하고 확실한 방법이다. 강조하면 SAM에 대한 이해를 가장 효과적으로 할 수 있는 방법은 다름 아닌 직접 시도하면서 배우는(learning by doing) 것이다.

표 12.8에 주어진 투입산출표를 SAM으로 전환하면 표 12.9와 같다. 우선 산업1과 2부문의 경우 투입산출표에서 제시된 투입구조와 배분구조를 그대로 SAM으로 가져오면 된다. 단, 투입산출표에서 해외수입과 관세는 SAM에서 해외부문의 행과 생산부문의 열로 이동시켜야 한다. 왜냐하면 수입된 재화는 바로 산업부문의 생산과정에 투입되는 중간재이기 때문이다(엄밀히 말해 해외에서 수입된 재화는 산업의 생산과정에 투입되는 중간재와 최종소비자에게 소비되는 최종재로 구분된다. 만일 수입되는 재화에 대해 이러한 구분이 가능하다면 해외로부터 수입된 재화는 앞에서 설명하였듯이 생산부문과 가계부문으로 구분하여 SAM으로 전환되어야 한다. 그러나 여기서는 해외부문에서 수입된 재화는 모두 중간재로 투입됨을 가정한다.). 그리고 요소소득은 투입산출표의 생산부문에서 지불한 요소비용이 된다.

가계부문의 소득은 생산부문에서 지불한 노동임금과 자본의 지대로 구성되며, 이 소득은 재화 소비와 직접세, 그리고 저축으로 모두 지출된다. 여기서의 문제는 투입산출표에서는 재화소비에 대해서는 구체적으로 제시하고 있으나 직접세와 가계 저축에 대해서는 아무런 정보를 제공하지 않는다는 것이다. 그러나 직접세와 가계저축 중 어느 한 항목에 대한 자료가 제공된다면 다른 항목은 자동적으로 구해진다. 예를 들어 표에 제시되었듯이 가계부문이 납부하는 직접세가 50억 원이라면 자동적으로 가계저축은 가계소득에서 생산재화 소비액과 직접세를 제한 나머지 금액 83억 원(313억 원−80억 원−100억 원−50억 원=83억 원)이 된다. 동일한 방법으로 가계저축이 주어지면 직접세가 구해진다. 따라서 K국의 투입산출표로부터 가계부문의 수입과 지출을 SAM에 나타내는 데는 문제가 없다.

표 12.9 K국의 SAM(Type Ⅰ) (단위 : 억 원)

구분＼부문	생산1	생산2	노동	자본	가계	정부	자본시장	해외	계
생산1	31	15			80	10	12	140	288
생산2	80	30			100	22	36	150	418
노동	75	120							195
자본	46	72							118
가계			195	118					313
정부	13	25			50*			21	109
자본시장					83	77			160
해외	43	156					112		311
계	288	418	195	118	313	109	160	311	

(* 표시된 자료는 투입산출표 이외의 다른 자료로부터 구해진 값임.)

정부부문의 총 소득은 생산부문과 가계부문, 그리고 해외부문으로부터 간접세와 직접세, 그리고 관세로 구성되며 표에서 보이듯이 109억 원이다. 이러한 정부소득은 재화소비와 정부저축으로 지출된다. 구체적으로 정부부문의 두 재화소비는 32억 원이므로 정부저축은 정부소득에서 생산부문에 대한 지출을 제외한 금액 77억 원(109억 원−10억 원−22억 원=77억 원)이 된다. 만일 정부부문이 가계부문에 보조금을 지급하였다면 정부부문의 소득지출을 SAM에 나타내기 위해서는 가계부문의 경우와 같이 추가적인 자료가 필요하게 된다.

자본시장의 경우 앞에서 계산된 가계저축과 정부저축으로 인해 국내 총저축은 160억 원이 된다. 투입산출표에 나타난 산업1과 2부문에 대한 투자수요는 각각 12억 원과 36억 원이므로 해외 투자는 자동적으로 112억 원(160억 원－12억 원－36억 원=112억 원)이 된다. 마지막으로 K국에서 해외부문으로 지출된 금액은 산업1과 2부문에서 43억 원과 156억 원이다. 이러한 해외부문으로의 지출은 투입산출표에 나타나듯이 산업별로 수출액 140억 원과 150억 원, 그리고 21억 원의 관세 등 해외부문의 소득과 균형을 이루게 된다.

SAM을 작성하는 방법 중에는 생산부문의 수입과 지출을 나타내는 데는 두 가지 방법이 있다. 첫째 방법은 표 12.9에 제시된 바와 같이 생산부문의 행과 열의 합계를 각각 총수요와 총공급으로 나타내는 것이다. 이러한 방법에 의해 작성된 SAM을 본 서에서는 SAM(Type Ⅰ)이라 부르기로 한다. 둘째 방법은 생산부문의 행과 열의 합계가 국내재(domestic good)의 총 산출과 생산을 위한 총 투입이 되도록 SAM을 구성하는 것이다. 이 방법에 의해 작성된 SAM을 여기서는 SAM(Type Ⅱ)라 부르기로 한다.

국내재란 앞에서 설명한 생산부문에서 해외수입을 제외하고 국내시장에서 조달되는 중간재와 생산요소, 그리고 정부부문의 간접세 투입에 의해 생산되는 재화를 의미한다. 이 경우 생산부문의 계정은 국내에서 생산되는 국내재의 투입과 배분에 대해 나타내게 되며, 국내재 배분은 국내소비와 해외수출로 나타난다. 국내재를 구별할 경우 국내시장에서 재화의 공급을 담당할 부문이 SAM의 행과 열에 포함되어야 한다. 이러한 부문의 계정을 여기서는 재화부문의 계정(commodities account)이라 하기로 한다. 그리고 재화부문이 고려될 때 기존의 생산부문의 계정은 생산활동부문의 계정(production activities account)으로 된다. 여기서 생산활동부문이란 실제적으로 생산활동을 발생하는 부문을 의미하는 것이다.

재화부문의 계정은 생산부문과 요소부문 사이에 표 12.10에 보인바와 같다. 재화부문은 국내시장에 공급되는 국내재와 해외 수입재로 구성되는 일명 복합재(composite good)의 투입과 배분을 나타내는데, 복합재 투입은 국내재의 국내소비와 해외에서 수입된 재화, 그리고 관세로 이루어진다. 그리고 복합재의 배분은 국내 생산부문에서 발생하는 중간재 수요와 가계부문의 소비수요, 정부부문의 지출수요, 그리고 자본시장의 투자수요로 구성된다. 이러한 구분은 특히 다음 장에서 설명되는 연산일반균형모형을 설정하는 데 있어 중요하다. 이에 대한 설명은 제14장에서 자세하게 제공된다. K국의 투입산출표로부터 K국의 SAM(Type Ⅱ)을 작성하면 표 12.10과 같다. 그리고 투입산출표를 SAM으로 전환하는 데 있어 재화부문의 계정을 포함시킬 경우 SAM의 구조에 대한 설명은 표 12.11에 제시되었다.

표 12.10 재화부문이 포함된 K국의 SAM(Type Ⅱ) (단위 : 억 원)

구분 \ 부문	생산1 활동	생산2 활동	재화1	재화2	노동	자본	가계	정부	자본시장	해외	계
생산1 활동			105							140	245
생산2 활동				112						150	262
재화1	31	15					80	10	12		148
재화2	80	30					100	22	36		268
노동	75	120									195
자본	46	72									118
가계					195	118					313
정부	13	25	5	16			50				109
자본시장							83	77			160
해외			38	140					112		290
계	245	262	148	268	195	118	313	109	160	290	

표 12.11 K국의 SAM(Type Ⅱ) 구조

부문구분	생산활동	재화	노동	자본	가계	정부	자본시장	해외	계
생산활동		C(Dom)						Export	국내재 총산출, Px · X
재화	INDT				C(H)	C(G)	C(I)		복합재 총산출, Pq · Q
노동	w · L								노동소득, w · L
자본	r · L								자본소득, r · K
가계			w · L	r · K					가계소득, Y
정부	Tax(i)	Tax(m)			Tax(d)				정부소득, G
자본시장					S(H)	S(G)		S(F)	총저축, S
해외		Import					F(I)		해외지출, FS
계	국내재 총투입 Px · X	복합재 총투입 Pq · Q	노동비용 w · L	자본비용 r · K	가계 총지출 Y	정부 총지출 G	총투자 I	해외수입 FS	

- INTD : 중간투입
- X : 국내재 생산량
- C(H) : 복합재 가계 수요
- Tax(d) : 직접세
- I : 총 투자
- Import : 해외수입
- w : 노동당 임금
- Q : 복합재 생산량
- C(G) : 복합재 정부 수요
- S(H) : 가계저축
- F(I) : 해외투자
- FS : 해외지출
- r : 자본당 지대
- Px : 국내재 가격
- C(I) : 복합재 투자수요
- S(G) : 정부저축
- Y : 가계소득
- L : 노동인구
- Pq : 복합재 가격
- Tax(i) : 간접세
- S(F) : 해외저축
- G : 정부소득
- K : 자본량
- C(Dom) : 국내재 국내수요
- Tax(m) : 관세
- S : 총저축
- Export : 해외수출

12.4.2 지역 투입산출표와 지역 사회회계행렬

지역 SAM은 투입산출표에서와 같이 단일지역 SAM과 다지역 SAM으로 구분된다. 단일지역의 SAM은 앞에서 제시된 전국의 SAM 구조와 같으며, 차이점은 단지 해외부문 계정이 국내의 기타 지역과 해외부문이 합하여진 지역 외부계정으로 대체된다는 것이다. 따라서 이러한 단일지역 SAM에 대한 설명은 앞의 M국의 SAM의 경우와 동일하다. 그리고 단일지역 SAM은 단일지역 투입산출표로부터 앞에서 제공된 설명에 의해 작성될 수 있다. 단, 여기서는 단일지역 SAM에 관한 구체적인 설명은 생략하기로 한다.

다지역 SAM도 전국 SAM과 마찬가지로 다지역 투입산출표로부터 작성된다(다지역 투입산출표의 작성에 대해서는 이미 본 서 제10장에서 자세히 설명되었다.). 다지역 투입산출표로부터 다지역 SAM을 작성하는 방법은 앞에서 설명한 K국의 경우와 동일하다. 따라서 이에 대한 자세한 설명은 생략하도록 한다. 단, 다지역 SAM의 구조와 내용을 2지역경제로 전제하고 유형별로 제시하면 표 12.12와 표 12.13과 같다. 그리고 독자들의 이해를 돕기 위해 가상의 국가 N국의 두 지역 투입산출표가 표 12.14와 같이 제공되었을 때 이로부터 두 지역 SAM을 유형별로 작성하면 표 12.15와 표 12.16과 같다.

표 12.12 다지역 SAM(Type Ⅰ) 구조

구분 \ 부문		지역 r				지역 s				정부	해외	계
		생산	요소	가계	자본시장	생산	요소	가계	자본시장			
지역 r	생산	INTD		C(H)	C(I)	INTD		C(H)	C(I)	C(G)	Export	지역총산출
	요소	F-Cost										지역요소소득
	가계		F-Cost									지역가계소득
	자본시장			S(H)						S(G)		지역 총저축
지역 s	생산	INDT		C(H)	C(I)	INTD		C(H)	C(I)	C(G)		지역 총산출
	요소					F-Cost						지역요소소득
	가계						F-Cost					지역가계소득
	자본시장							S(H)		S(G)		지역총저축
정부		Tax(i)		Tax(d)		Tax(i)		Tax(d)			Tax(m)	정부소득
해외		Imp(I)			F(I)	Imp(I)			F(I)			해외지출
계		지역 총 투입	지역요소 비용	지역가계 지출	지역투자 지출	지역 총 투입	지역요소 비용	지역가계 지출	지역투자 지출	정부 지출	해외소득	

• F-Cost : 요소비용
• Imp(I) : 최종재 해외수입
• Imp(H) : 중간재 해외수입
• 표에 나타난 변수에 대한 정의는 표 12.10과 같음.

표 12.13 다지역 SAM (Type Ⅱ) 구조

부문 구분		지역 r					지역 s					정부	해외	계
		생산활동	재화	요소	가계	자본시장	생산활동	재화	요소	가계	자본시장			
지역 r	생산활동		C(rr)										Export	지역재
	재화	INTD			C(H)	C(I)		C(rs)				C(G)		복합재
	요소	F-Cost												요소비용
	가계			F-Cost										가계지출
	자본시장				S(H)							S(G)	S(F)	투자지출
지역 s	생산활동		C(sr)					C(ss)					Export	지역재
	재화						INTD			C(H)	C(I)	C(G)		복합재
	요소						F-Cost							요소비용
	가계								F-Cost					가계지출
	자본시장									S(H)		S(G)	S(F)	투자지출
정부		Tax(i)	Tax(m)		Tax(d)		Tax(i)	Tax(m)		Tax(d)				정부소득
해외			Import			F(I)		Import			F(I)			해외지출
계		지역재	복합재	요소비용	가계지출	투자지출	지역재	복합재	요소비용	가계지출	투자지출	정부총지출	해외수입	

• S(F) : 지역의 해외저축

• 변수들의 지역구분은 지면관계상 생략하였음.

• 기타 변수들에 대한 정의는 표 12.10과 같음.

표 12.14 N국의 두 지역 투입산출표

(단위 : 억 원)

지출 수입			중간수요				최종수요						수출	수입	관세	계
			지역 r		지역 s		지역 r			지역 s						
			1	2	1	2	소비	투자	정부	소비	투자	정부				
중간투입	지역 r	1	20	8	11	14	50	10	7	30	5	5	60	70	11	139
		2	8	12	6	9	60	12	9	35	8	3	85	44	6	197
	지역 s	1	11	7	15	8	30	15	4	41	20	10	79	13	2	225
		2	9	20	20	10	15	4	2	30	18	6	20	10	2	142
생산요소			83	129	154	90										
간접세			8	21	19	11										
계			139	197	225	142										

표 12.15 N국의 다지역 SAM (Type Ⅰ)

(단위 : 억 원)

수입 \ 지출		지역 r				지역 s				정부부문	해외부문	계
		생산부문	요소부문	가계부문	자본시장	생산부문	요소부문	가계부문	자본시장			
지역 r	생산부문	48		110	22	40		65	13	24	145	467
	요소부문	212										212
	가계부문		212									212
	자본시장			17						63**		80
지역 s	생산부문	47		45	19	53		71	38	22	99	394
	요소부문					244						244
	가계부문						244					244
	자본시장							74		45**		119
정부부문		29		40**		30		34**			21	154
해외부문		131			39	27			68			265
계		467	212	212	80	394	244	244	119	154	265	

• ** 표시는 투입산출표 외 다른 자료로부터 제시된 값임.

표 12.16 N국의 다지역 SAM (Type Ⅱ)

(단위 : 억 원)

수입 \ 지출		지역 r					지역 s					정부	해외	계
		생산활동	재화	요소	가계	자본시장	생산활동	재화	요소	가계	자본시장			
지역 r	생산활동		191										145	336
	재화	95			155	41		118				24		433
	요소	212												212
	가계			212										212
	자본시장				17							63**		80
지역 s	생산							268					99	367
	재화		111				93			136	51	22		413
	요소						244							244
	가계								244					244
	자본시장									74		45**		119
정부		29	17		40**		30	4		34**				154
해외			114			39		23			68			244
계		336	433	212	212	80	367	413	244	244	119	154	244	

• ** 표시는 투입산출표 외 다른 자료로부터 제시된 값임.

12.5 SAM을 이용한 분석

SAM을 이용한 분석은 기본적으로 투입산출모형과 유사하다. 투입산출모형은 수요중심의 모형이기 때문에 정부의 정책이나 경제환경의 변화 효과는 재화에 대한 최종 수요의 변화로 나타난다. 그리고 최종 수요의 변화와 Leontief의 역행렬을 이용하여 정책이나 경제환경의 변화는 최종적으로 산업의 생산량이나 소득 및 고용의 변화 등으로 제시된다. SAM을 이용하여 분석하려면 먼저 SAM을 구성하는 부문 중 관련부문을 외생화해야 한다. 그리고 정책이나 경제환경의 변화를 외생부문의 변화로 나타내야 한다. 만일 모든 부문을 내생부문으로 취급한다면 SAM을 이용한 분석은 가능하지 못하다. 그러므로 분석을 위해서는 SAM의 부문들을 내생부문과 외생부문으로 먼저 구분하여야 한다.

SAM에서 외생부문의 구분은 어떤 정해진 규칙에 의한 것이 아니라 분석의 대상이나 목적에 따라 정해지는 것이다. 외생부문을 구분하고나면 다음으로 SAM내 모든 요소들(elements)의 투입계수를 계산하여야 한다. 여기서 투입계수(b_{ij})란 어떤 부문의 총 투입이나 지출에서 다른 부문이 차지하는 비율을 가리키는 것이다. 따라서 SAM에서 투입계수는 바로 투입산출모형에서의 투입산출계수와 그 의미는 동일하다.

$$b_{ij} = \frac{S_{ij}}{S_j}, \qquad (12.1)$$

S_{ij} : j 부문에 투입되는 i 부문의 금액,

S_j : j 부문의 총 투입(또는 지출)액.

만일 SAM에서 외생화된 부문(EG)과 식 (12.1)에서 계산된 부문별 투입계수를 이용하여 경제 내 소득과 재화의 흐름을 식으로 나타내면 다음과 같다. 여기서 외생화된 부문은 한 부문일 필요는 없다. 분석의 성격에 따라 2개 이상의 부문이 외생화될 수도 있다. 그러나 여기서는 편의상 한 부문만 외생화시켜 설명하기로 한다.

$$b_{11}S_1 + b_{12}S_2 + b_{13}S_3 + \cdots + b_{1n}S_n + EG_1 = S_1,$$

$$b_{21}S_1 + b_{22}S_2 + b_{23}S_3 + \cdots + b_{2n}S_n + EG_2 = S_2,$$

$$\vdots$$

$$b_{n-1,1}S_1 + b_{n-1,2}S_2 + b_{n-1,3}S_3 + \cdots + b_{n-1,n}S_n + EG_{n-1} = S_{n-1},$$

$$b_{n1}S_1 + b_{n2}S_2 + b_{n3}S_3 + \cdots + b_{nn}S_n + EG_n = S_n. \quad (12.2)$$

위의 식을 행렬로 나타내면 다음과 같다.

$$B \cdot S + EG = S, \quad (12.3)$$

$$B = \begin{bmatrix} b_{11} & b_{12} & \cdot & b_{1,n-1} & b_{1n} \\ b_{21} & b_{22} & \cdot & b_{2,n-1} & b_{2n} \\ \cdot & \cdot & \cdot & \cdot & \cdot \\ b_{n-1,1} & b_{n-1,2} & \cdot & b_{n-1,n-1} & b_{n-1,n} \\ b_{n1} & b_{n2} & \cdot & b_{n,n-1} & b_{nn} \end{bmatrix}, \quad S = \begin{bmatrix} S_1 \\ S_2 \\ \cdot \\ S_{n-1} \\ S_n \end{bmatrix}, \quad EG = \begin{bmatrix} EG_1 \\ EG_2 \\ \cdot \\ EG_{n-1} \\ EG_n \end{bmatrix},$$

따라서 경제 내 부문별 총 투입과 외생부문과의 관계는 다음과 같이 표현된다.

$$S = (I - B)^{-1} EG. \quad (12.4)$$

여기서는 경제 주체들 간의 거래관계를 나타내는 투입 계수들은 일정하다고 가정한다. 이러한 가정과 함께 위의 식 (12.4)를 이용하면 정책이나 경제환경의 변화(ΔEG)가 경제 전체에 미치는 영향이 부문별 총 지출(또는 산출)의 변화로 제시된다.

$$\Delta S = (I - B)^{-1} \Delta EG. \quad (12.5)$$

위와 같이 SAM을 이용한 분석과정을 예를 들어 설명하면 다음과 같다. 설명의 편의상 해외부문만을 외생부문으로 전제하고, 표 12.9에 제시된 K 국의 SAM을 이용하여 해외 수출수요의 변화가 경제에 미치는 영향을 분석하여 보자. 우선 K국의 투입계수행렬과 역행렬을 계산하면 다음과 같다.

$$B = \begin{bmatrix} 0.11 & 0.04 & 0.00 & 0.00 & 0.26 & 0.09 & 0.08 \\ 0.28 & 0.07 & 0.00 & 0.00 & 0.32 & 0.20 & 0.23 \\ 0.26 & 0.29 & 0.00 & 0.00 & 0.00 & 0.00 & 0.00 \\ 0.16 & 0.17 & 0.00 & 0.00 & 0.00 & 0.00 & 0.00 \\ 0.00 & 0.00 & 1.00 & 1.00 & 0.00 & 0.00 & 0.00 \\ 0.05 & 0.06 & 0.00 & 0.00 & 0.16 & 0.00 & 0.00 \\ 0.00 & 0.00 & 0.00 & 0.00 & 0.27 & 0.71 & 0.00 \end{bmatrix},$$

$$(I-B)^{-1} = \begin{bmatrix} 1.57 & 0.40 & 0.64 & 0.64 & 0.64 & 0.37 & 0.21 \\ 1.06 & 1.69 & 1.05 & 1.05 & 1.05 & 0.76 & 0.46 \\ 0.71 & 0.59 & 1.47 & 0.47 & 0.47 & 0.32 & 0.19 \\ 0.43 & 0.36 & 0.28 & 1.28 & 0.28 & 0.19 & 0.11 \\ 1.15 & 0.95 & 1.76 & 1.76 & 1.76 & 0.51 & 0.30 \\ 0.32 & 0.27 & 0.37 & 0.37 & 0.37 & 1.14 & 0.08 \\ 0.53 & 0.44 & 0.73 & 0.73 & 0.73 & 0.94 & 1.14 \end{bmatrix},$$

만일 K국에서 생산된 재화에 대한 해외수출 수요가 산업1의 경우는 3억 원이 증가하는 반면 산업2의 경우는 2억 원이 감소된다고 하자. 이 경우 식 (12.5)를 이용하면 해외수출 수요의 변화가 K국의 경제에 미치는 영향은 부문별로 계산된다. 계산 결과 부문별변화($\triangle S$)와 변화된 총 산출(S^{new})은 다음과 같다.

$$\triangle EG = \begin{bmatrix} +3 \\ -2 \\ 0 \\ 0 \\ 0 \\ 0 \\ 0 \end{bmatrix}, \qquad \triangle S = \begin{bmatrix} 3.90 \\ -0.20 \\ 0.96 \\ 0.59 \\ 1.55 \\ 0.41 \\ 0.70 \end{bmatrix}, \qquad S^{new} = \begin{bmatrix} 291.90 \\ 417.80 \\ 195.96 \\ 118.59 \\ 314.55 \\ 109.41 \\ 160.70 \end{bmatrix},$$

해외수출 수요의 변화로 인해 변화되는 K국내 각 부문간 거래$(S_{ij})^{new}$는 위에서 계산된 S^{new}와 계수행렬 B를 이용하여 다음과 같이 계산된다.

$$(S_{ij})^{new} = B \times \hat{S}^{new}, \tag{12.6}$$

$$\hat{S}^{new} = \begin{bmatrix} S_1^{new} & 0 & \cdots & 0 & 0 \\ 0 & S_2^{new} & \cdots & 0 & 0 \\ \cdots & \cdots & \cdots & \cdots & \cdots \\ 0 & 0 & \cdots & S_6^{new} & 0 \\ 0 & 0 & \cdots & 0 & S_7^{new} \end{bmatrix}$$

최종적으로 K국의 해외수출 수요의 변화로 인해 달라지는 부문간 거래를 SAM으로 나타내기 위해서는 해외부문의 행을 완성해야 한다. 이를 위해서는 부문별 해외부문의 계수, $b_{8,j}$와 각 부문의 총산출, S_j^{new} 을 이용하여야 한다. 이를 식으로 나타내면 다음과 같다.

$$S_{8j}^{new} = b_{8,j} \times S_j^{new}, \ j = 1, \ 2, \ \cdots \ 8. \tag{12.7}$$

표 12.17 해외수출 수요가 변화되는 경우 K국의 SAM (단위 : 억 원)

구분	생산1	생산2	노동	자본	가계	정부	자본M	해외	계
생산1	31.42	14.99			80.40	10.04	12.05	143	291.90
생산2	81.08	29.99			100.49	22.08	36.16	148	417.80
노동	76.02	119.94							195.96
자본	46.62	71.97							118.59
가계			195.96	118.59					314.55
정부	13.18	24.99			50.25			21	109.41
자본M					83.41	77.29			160.70
해외	43.58	155.93					112.49		312.00
계	291.90	417.80	195.96	118.59	314.55	109.41	160.70	312	

(표에 나타난 값은 소수점 3자리에서 반올림한 것임.)

종합하면 K국에서 생산된 산업별 재화에 대한 해외수출 수요가 변화되었을 때, K국의 SAM의 변화는 식 (12.5)~(12.7)을 이용하여 도출된다. 계산된 결과 K국의 SAM은 표 12.17에 제시된 바와 같다. SAM의 분석 결과와 투입산출모형을 이용한 분석 결과를 비교해 보면 SAM 분석이 투입산출모형에 비해 매우 종합적임을 알 수 있다. 즉 투입산출모형의 경우는 정책이나 경제환경의 변화가 생산과 소득, 그리고 고용의 변화 등으로 나타나지만, SAM의 경우는 이러한 결과를 포함하여 경제 전반에 걸친 부문간 거래의 변화까지 제시한다. 따라서 투입산출모형의 결과는 SAM에서 제시하는 결과의 부분임을 알 수 있다.

다지역 SAM을 이용하여 정책이나 경제환경의 변화가 국민 경제와 지역경제에 미치는 영향도 위에서 설명한 방법에 의해 분석된다. 즉 다지역 SAM을 구성하는 부문을 내생부문과 외생부문으로 구분한 후 외생부문의 변화와 역행렬로부터 지역별, 부문별 산출의 변화가 계산된다. 그리고 계산된 지역별, 부문별 산출과 투입계수 행렬을 이용하여 변화된 부문간 거래가 계산된다. 마지막으로 외생부문의 계수와 지역별, 부문별 산출액을 이용하면 정책이나 경제의 환경이 변화되었을 때 경제주체간 거래가 구체적으로 제시되는 SAM이 완성되는 것이다. 이러한 과정을 식으로 다시 나타내면 다음과 같다(여기서 m은 지역의 수를, 그리고 k는 내생부문의 수를 가리킨다.).

$$\underset{(mk\times 1)}{\triangle S} = \underset{(mk\times mk)}{(I-B)^{-1}} \underset{(mk\times 1)}{\triangle EG}, \tag{12.8}$$

$$\underset{(mk\times mk)}{(S_{ij})^{new}} = \underset{(mk\times mk)}{B} \times \underset{(mk\times mk)}{(\hat{S}^{new})}, \tag{12.9}$$

$$S^r_{mk+1,j} = b^r_{mk+1,j}(S^r_j)^{new},\ r=1,\ 2,\ \cdots,\ m,\ j=1,\ 2,\cdots,\ k, \tag{12.10}$$

$S^r_{mk+1,j}$: 지역 r내 j부문과 외생부문과의 거래액,

$b^r_{mk+1,j}$: 지역 r내 j부문에서 외생부문의 투입계수.

다시 강조하면 다지역 SAM의 경우 분석방법은 앞에서 설명한 전국 SAM의 경우와 비교할 때 행과 열이 확장된 것 이외에는 분석과정은 모두 동일하다.

12.6 요 약

투입산출표는 재화를 생산하는 산업부문의 거래에 초점을 맞추었기 때문에 산업부문을 제외한 경제 주체들의 거래는 명확하게 나타내지 못하는 한계가 있다. 따라서 투입산출표는 경제 내 흐름을 나타내는 종합적인 통계표임에도 불구하고 경제 전체의 현상을 나타내기는 한계가 있다. 이러한 투입산출표의 한계를 보완하고 확장한 것이 바로 사회회계행렬(SAM)이다. SAM은 경제 내 모든 주체들의 거래를 나타내기 위해 정방행렬($n\times n$)의 형태로 작성되며, 그들의 소득과 지출의 합이 항상 일치하게 하는 복식부기원리에 의해 작성된다. 따라서 SAM은 특정 년도의 국가의 경제활동과 구조, 그리고 소득 및 재화의 흐름 등 경제에 관한 다양한 정보를 체계적으로 조직화한 표라고 할 수 있다. 본 장에서는 SAM의 구조와 특징을 설명하였으며, 투입산출표가 주어졌을 때 이를 이용하여 SAM을 작성하는 방법, 그리고 SAM을 이용한 분석방법을 설명하였다.

SAM 관련 문헌을 보면 정형화된 SAM의 구조보다는 연구 목적에 따라 그의 구조는 다양함을 알 수 있다. 이는 연구목적에 따라 연구자들은 본 장에서 설명한 기본 구조를 바탕으로 상황에 따라 합리적이며 창조적으로 SAM을

구성해야 함을 가리킨다. 본 장에서 설명한 SAM은 독자들의 이해를 위해 가장 단순한 형태로 제공되었다. 이러한 단순구조는 실질적으로 연구목적에 따라 또는 분석 대상에 따라 얼마든지 확장될 수 있다.

SAM의 확장은 부문을 세분하면서 이루어질 수 있다. 예를 들어 가계부문을 선호도에 따라 또는 소득수준에 따라 구분하여 SAM을 작성할 수 있으며, 생산요소인 노동의 경우도 숙련도에 따라 노동부문을 구분하여 SAM을 작성할 수도 있다. 또한 기관부문을 여기서는 가계부문과 정부부문으로 구분하였으나 기업부문을 첨가하여 SAM을 구성한 다음 분석할 수도 있다. 마찬가지로 또한 정부부문도 중앙정부와 지방정부로 구분하여 분석할 수도 있다. 이와 같이 각 부문에 대한 세분은 연구특성에 따라 다양한 것이다. 물론 이러한 다양한 구분을 위해서는 무엇보다도 관련 자료의 제공이 가장 중요하다. 그리고 연구 목적에 따라 경제 주체들이 세분되면 될수록 연구의 결과도 그 만큼 의미 있게 제시될 것이다. 따라서 SAM을 이용한 연구가 앞으로 많이 이루어지길 기대한다.

마지막으로 본 장에서 설명한 SAM은 다음 세 장에서 설명될 연산일반균형모형을 이해하는데 있어 필수적이다. 왜냐하면 SAM은 경제를 구성하는 모든 부문의 소득과 지출이 일치하며, 부문간 거래를 종합적으로 나타내기 때문이다. 다시말해 SAM에서 제공하는 경제에 대한 정보들은 일반균형모형의 경제항등식에 대한 적절한 통계내용을 제공한다. 그러므로 연산일반균형모형에서는 SAM에서 제시된 내용을 바탕으로 모형이 구성되며, 또한 모형에 필요한 많은 파라메타도 SAM으로부터 도출된다. 이에 대해 보다 자세한 설명은 다음의 장들에서 제공된다.

제 **13** 장

연산일반균형모형 I (폐쇄경제 전국모형)

13.1 서 론

일반적으로 말해 이론적 모형(theoretical model)은 현실의 복잡한 경제활동을 단순화시켜 현상에 대한 근본적인 이해를 제공하며, 연구자는 이를 바탕으로 정책을 수립한다. 따라서 모형의 궁극적인 목표는 현실 이해를 바탕으로 한 정책수립에 있다고 할 수 있다. 여기서 우리가 알아야 할 것은 모형의 구조와 모형의 일반성 사이에 존재하는 상반관계(trade-off)이다(모형의 일반성이란 바로 모형이 갖는 현실성과 동일한 의미이다). 즉 모형의 구조가 단순할수록 모형의 해(解)는 구하기 용이하지만 모형의 일반성은 떨어진다. 반대로 모형의 구조가 복잡할수록 모형의 일반성은 높아지지만 모형의 해는 구하기 어렵게 된다.

이론적으로 해가 존재하지 않는 모형은 아무런 의미가 없으며, 엄밀히 말해 모형이라고도 할 수 없다. 따라서 모형이 되기 위한 필수조건은 바로 모형의 해가 반드시 존재해야 한다는 것이다. 이와 같이 모형의 구조와 모형의 일반성 사이에 존재하는 상반관계를 고려할 때 모형 수립에 있어 현실에 대한 단순화는 모형의 해를 도출하기 위해 불가피한 것이라 할 수 있다. 그러나 현실 단순화의 문제는 현실을 충분히 고려하지 못함으로 인해 모형의 유효성이 떨어진다는 것이다. 이것이 이론적 모형이 갖는 근본적인 한계라고 할 수 있다.

현실의 단순화로 인한 모형의 기본적 한계는 연산일반균형모형(computable general equilibrium model, CGE model)의 등장으로 인해 많이 향상된다고 할 수 있다. CGE모형은 모형의 구조가 충분히 복잡하며 수립과정도 매우 이론적이다. 그러나 모형의 해는 이론적인 해(theoretical solution)가 아닌 수리적인 해(numerical solution)이다. 모형의 해가 숫자로 나타나기 때문에 위에서 언급한 모형의 제약, 즉 해를 구하기 위한 모형 구조의 제약은 대폭 감소하게 된다. 따라서 구조의 복잡성에도 불구하고 CGE모형의 일반성과 현실성은 기존의 이론적 모형에 비해 크게 향상되는 것이다. 이러한 특징 때문에 CGE모형은 계획 및 정책 분석 분야에 주요한 분석 수단으로 활용되고 있으며, 모형의 적용 분야도 광범위하다(CGE모형의 적용 분야에 대해서는 Shoven and Whalley(1984), Davarajan(1986), 그리고 Decaluwe and Martens(1988) 등이 광범위한 분야에서 상세하게 고찰하였으므로 관심 있는 독자들은 참고하기 바란다.).

CGE모형은 대부분 다 부문의 경제(multi-sector economy)분석에 적용되므로 모형의 구조 자체가 복잡하다. 이러한 모형 구조의 복잡성 때문에 대체적으로 CGE모형은 이해하기 어려운 모형으로 인식되는 경향이 있으나 이론적 측면에서 보면 내용은 간단하다. 그리고 모형의 구조와 해를 도출하는 메커니즘을 이해하면 CGE모형은 사실 어려운 모형이 아니다. 다시 말해 다른 모형의 경우와 마찬가지로 일단 모형에 대한 기본적인 이해를 하면 복잡한 CGE모형에 대한 이해는 그 만큼 용이한 것이다.

문헌을 보면 CGE모형에 관해서는 광범위하게 연구가 이루어진 반면 CGE모형에 대해 쉽게 설명한 서적이나 논문은 사실 많지 않은 실정이다 (Dervis, De Mole and Robinson 1982; Bolnick 1989). 따라서 본 장에서는 경제학의 기초지식만을 보유한 사람이라면 누구나 이해할 수 있도록 CGE모형을 개념적 수준에서 쉽게 설명하고자 한다(좀더 복잡하고 현실적이 모형은 다음 장에서 설명된다.). 본 장의 주요 목적은 CGE모형에 대한 기본적인 설명을 통해 모형에 대한 이해를 향상시키며, 가상의 정책 실험을 통해 모형의 유용성과 모형에 대한 익숙함을 제공하고자 하는 것이다.

본 장은 다음과 같이 구성된다. 제2절에서는 CGE모형에 대한 일반적인 설명이 제공된다. 여기서는 CGE모형이 무엇이며 다른 모형과는 어떻게 다른지, 그리고 그 차이가 왜 중요한지 등에 관한 설명과 CGE모형이 계획이나 정책 분야의 정책실험에 어떻게 적용될 수 있는지를 설명한다. 제3절에서는 기초적인 CGE모형의 구조와 모형의 해에 대해 2부문으로 구성된 가상의 국가 N국의 경제를 이용하여 설명한다. 제4절에서는 정책 실험을 통해 CGE모형이 계획이나 정책 분석에 어떻게 활용되는지를 설명한다. 그리고 5

절에서는 본 장에서 토의된 내용을 요약한다. 마지막으로 본 장의 별첨에서는 국민경제를 두 지역경제로 구분하고, 간단한 CGE모형을 적용하여 지역개발 정책을 분석한 논문을 제공한다.

13.2 연산일반균형모형이란

CGE모형의 기본적인 특징은 다음과 같이 요약될 수 있다. 첫째, 모형의 명칭에서 '연산 가능한(computable)'이란 단어가 의미하듯이 CGE모형의 해는 구체적인 숫자로 나타난다. 모형의 해는 경제 주체들의 활동과 서로간의 관계를 나타내는 다수의 방정식으로부터 도출되는 모든 내생변수(endogenous variable)의 값을 말한다. 둘째, 일반균형(general equilibrium)의 단어가 의미하듯 CGE모형은 재화와 요소에 대한 공급조건과 수요조건을 동시에 고려하여 해를 구하는 일반균형모형이다. 그리고 모형에서 재화와 요소의 가격은 시장의 균형조건(market-clearing condition), 즉 공급과 수요가 같아져서 초과수요가 발생하지 않는 조건을 충족하면서 내생적으로 결정된다. 모형에서 재화나 요소의 공급과 수요조건은 각각 경제 주체들의 최적행위(optimal behavior)로부터 도출되는 것이 일반적이다.

CGE모형의 셋째 특징은 기본적인 거시경제의 제약이 있다는 것이다. 거시경제의 제약으로는 예를 들어 소득-지출 균형 제약, 또는 저축-투자 균형 제약 등이 있다. 모형은 이러한 거시의 제약 조건들을 만족하는 시장의 공급규모와 가격을 수리적으로 푼다. 마지막으로 CGE모형에서는 현재의 경제 상태를 균형상태에 있다고 가정하고 모형이 전개된다는 것이다.

CGE모형의 전개과정을 개략적으로 설명하면 다음과 같다. 먼저 경제 주체들의 활동과 그들 간의 거래관계를 고려하여 재화나 요소들의 공급과 수요조건들을 나타내는 연립방정식을 설정하고, 이로부터 가격의 함수를 구체화시킨다. 그리고 설정된 연립방정식으로부터 재화와 요소의 초과수요가 0이 되는 균형 가격들이 계산된다. 또한 계산된 균형가격으로부터 시장에서 수요하고 공급되는 재화와 요소의 규모가 결정된다. CGE모형의 해는 이러한 과정을 통해 구해지는 것이다. 모형의 해는 정책변수가 새롭게 모형에 첨가되거나 또는 모형 내 파라메타가 변할 때 당연히 함께 변하게 된다. 다시말해 정부가 정책이나 제도개선 등을 통해 시장에 간섭하면 기존의 자원배분은 변화되고, 이는 일차적으로 재화나 요소의 가격변화로 나타난다. 그리고 변화된 가격들로부터 다시 시장의 규모와 구조가 달라진다. 따라서 CGE모형에서 가격변화는 정부 정책의 효과를 직접적으로 나타내는 가장 기본적인 메커니즘이다.

CGE모형을 이용한 정책 효과의 분석은 정책 전 모형의 해와 정책 후 변화된 모형의 해를 비교하므로 이루어진다. 즉 정책 후 변화되는 모형의 해를 정책 전의 것과 비교하므로 정책의 효과가 매우 구체적으로 나타나게 된다. 이와 같이 정책의 효과를 정책이 집행되지 않았을 경우와 비교하여 분석할 수 있다는 것이 바로 CGE모형이 가지는 가장 큰 장점이라고 할 수 있다. 이러한 점을 고려해볼 때 CGE모형은 기본적으로 실험모형(simulation model)에 속한다고 할 수 있다(이에 대해서는 본 장 제4절에서 자세하게 설명된다.).

CGE모형이 소개되기 전에는 투입산출모형이나 선형계획법 또는 기타 부분평형체계 모형 등이 계획이나 정책의 분석수단으로 대표적인 것이었다. 그러나 이러한 모형들은 사실 정책분석에 있어 생산과 소비의 대체효과나 가격효과 등을 고려하기는 많은 제약이 있다고 할 수 있다. 예를 들어 투입산출모형에서는 정책을 산업별 재화 수요의 변화로 나타내고, 변화된 수요와 산업간 연관관계를 고려하여 재화의 공급변화가 도출된다. 그리고 도출된 공급의 변화로부터 소득이나 고용 등의 파급효과가 계산된다. 따라서 투입산출모형에서는 정책의 효과를 기본적으로 재화의 공급변화로 나타낸다. 이에 대해서는 본 서 제9장과 10장에서 자세히 설명되었으므로 여기서는 설명을 생략하도록 한다.

투입산출모형에서는 생산요소 제약에 따른 재화 공급의 제약이나 수요변화에 따른 재화가격의 변화는 나타나지 않아 투입산출모형을 이용하여 정책을 분석하는 데 한계가 있다. 또한 선형계획법에서는 각 자원의 잠재가격(shadow price)이 도출되기는 하나 그 가격은 주어진 생산과 수요의 제약, 그리고 목적함수의 형태로부터 계산된 가격이다. 그러나 선형계획법에서는 계획이나 정책 집행에 의해 자원의 규모가 변하였을 때 자원의 실제 가치인 잠재가격의 변화에 대해서는 사실 불분명하다. 이는 선형계획법을 이용한 정책의 분석이나 평가도 한계가 있음을 의미한다.

기타 부분 평형체계 모형에는 수요중심의 모형(demand-oriented model)과 공급중심의 모형(supply-oriented model)이 있다. 각각은 공급 또는 수요의 한 측면만을 고려하기 때문에 이러한 모형들을 부분 평형체계 모형(partial equilibrium framework model)이라고 한다. 수요 중심의 모형에서 경제성장은 국가나 지역에서 생산된 재화나 서비스에 대한 수요에 의해 결정됨을 가정한다. 반면 공급 중심의 모형에서는 경제성장은 국가나 지역이 직면한 생산환경에 의해 결정됨을 가정한다. 각 모형의 접근법을 그림으로 표현하면 그림 13.1과 같다. 각각에 대한 설명은 다음과 같다.

지역을 중심으로 수요 중심의 모형을 그림으로 설명하면 그림 13.1a와 같다. 그림은 어느 지역에서 생산되는 재화에 대한 수요에 의해 지역경제규모가 결정됨을 보이고 있다. 그림에서 재화에 대한 초기 균형은 E_0에서 일어나며, 이때 지역의 경제규모는 Q_0로 나타난다. 그러나 지역의 여건변화나 소비자들의 수요 선호도의 변화 등으로 인하여 지역 재화에 대한 수요가 D_1이나 D_2로 변화되었을 때 그에 따른 균형점은 E_1 또는 E_2로 변하게 되고 그 결과 지역경제의 규모는 각각 Q_1과 Q_2로 변하게 된다. 이와 같이 수요 중심의 모형에서 지역경제의 성장과 쇠퇴를 결정하는 요인은 바로 지역에서 생산된 재화에 대한 수요이다. 수요 중심의 모형에서 지역의 공급 측면은 전혀 고려가 되지 않는다. 왜냐하면 재화의 공급은 수요에 대해 무한 탄력적임을 가정하기 때문이다. 이러한 가정으로 인해 수요의 변화는 그림에서 보이듯이 가격의 변화에 아무런 영향을 주지 못함을 알 수 있다. 투입산출모형이나 수출기반모형(cxport base model) 등은 대표적인 수요 중심의 모형이다.

공급 중심의 모형은 위에서 언급하였듯이 지역의 경제규모와 성장이 지역의 생산환경에 의해 결정됨을 가정한다. 즉 지역환경이나 입지조건으로 인해 지역의 생산기술이 결정되고, 생산기술은 지역의 공급곡선으로 나타나게 된다. 예를 들면 지역경제의 초기 균형점이 G_0에 있다면 지역의 경제규모는 그림 13.1b에 보이듯이 Q_0로 나타난다. 그러나 지역내 집적경제의 효과로 인하여 공급곡선이 S_2로 이동하게 되면 그에 따른 지역경제의 규모는 Q_2로 증가하게 된다. 만일 집적의 불경제가 지역 내에 존재하게 되면 반대로 지역의 공급곡선 S_1으로 이동하게 되고, 지역의 경제규모는 Q_1으로 축소된다. 이와 같이 지역경제의 성장과 규모는 지역의 공급곡선에 의해 결정

그림 13.1
부분 평형체계의 모형 구분

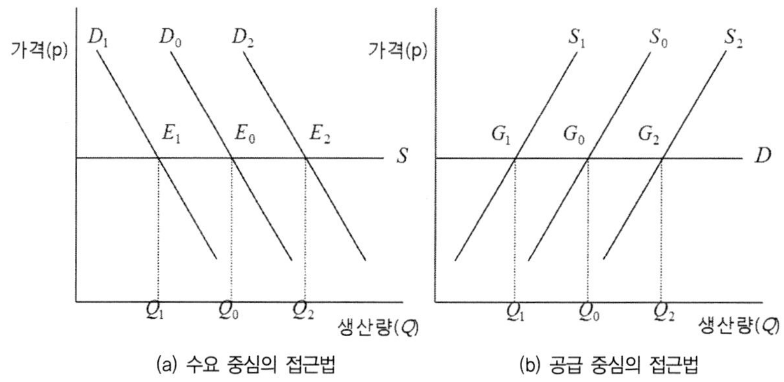

되며, 지역의 공급곡선의 변화는 바로 지역경제의 변화로 나타나게 된다.

공급 중심의 접근법에서는 앞에서 설명한 수요 중심의 접근법과는 달리 수요는 공급에 대해 완전탄력적임을 가정하고 있다. 그러므로 공급 중심의 접근법에서는 수요 측면이 전혀 고려되지 않으며, 이에 따라 공급의 변화는 재화의 가격에 아무런 영향을 미치지 않는다. Borts와 Stein(1964)이 제시한 신고전적 지역성장 모형은 대표적인 공급 중심의 모형이다.

위에서 설명한 것을 종합하면 투입산출모형이나 선형계획법, 그리고 부분평형체계 모형 등을 이용하여 정책을 분석하면 그 정책 분석은 종합적이라기 보다는 부분적이라고 할 수 있다. 이는 바로 이러한 방법들이 정책을 분석하는 데 있어 한계가 있음을 의미하는 것이다. 반면 CGE모형에서는 정책집행에 따른 자원배분의 변화가 요소와 재화의 가격 변화로 구체적으로 나타나게 된다. 다시말해 CGE모형에서는 정책집행에 따른 효과를 종합적인 면에서 구체적인 가치로 나타낼 수 있다. 이러한 특징 때문에 CGE모형은 개발계획이나 정책분석 등에서 유용하게 사용될 수 있는 분석 수단이 되는 것이다.

13.3 연산일반모형의 구조

본 절은 CGE모형의 구조에 대해 설명된다. 편의상 여기서 설명되는 모형을 기본모형이라고 하기로 한다(이는 다음 절에서 이루어지는 정책분석 모형과 구분하기 위해서이다.). 본 장의 목적이 앞서 언급하였듯이 CGE모형에 대한 기본 이해를 향상시키는 것이므로 여기에서는 모형의 구조를 다음과 같이 최대한 단순화시킨 형태에서 진행하기로 한다. 우선 본 모형의 대상은 가상의 국가 N국이며, N국 경제에 대한 전제는 다음과 같다.

- N국의 경제는 2개의 산업(산업1과 산업2)으로 구성되어 있으며, 경제는 외부로부터 폐쇄되었다. 즉 N국은 수출과 수입은 없는 폐쇄경제이다.
- 산업1에서 생산되는 재화는 소비재(consumption good)이며, 산업2에서 생산되는 재화는 소비재와 투자재(investment good)의 성격을 동시에 갖는 재화이다. 따라서 산업1의 재화는 소비만 되는 재화이나 산업2의 재화는 소비와 투자가 동시에 가능한 재화이다.
- 산업별 재화는 중간재 없이 노동과 자본을 투입하여 생산된다. 단, 여기서는 노동과 자본의 공급규모는 고정되어 있으며, 노동은 산업간 이동이 완전 이동인 반면 자본은 불완전 이동, 즉 산업별로 고정되어 있다.
- 산업 내 생산자는 가격의 순응자(price-taker)이며 독점은 없는 것으로 한다. 그리고 정부의 존재는 없는 것으로 가정한다.
- 경제주체는 노동을 제공하는 노동자와 자본을 제공하는 자본가로 구성되며, 산업의 생산액에서 노동자는 노동소득을, 그리고 자본가는 자본소득을 얻는다. 그리고 노동자와 자본가의 지출특성은 다음과 같다. 우선 노동자는 그들의 노동소득을 모두 재화 1의 소비에 지출하며, 자본가는 자본소득의 20%를 저축하고, 20%를 재화 1의 소비에 지출하며, 나머지 자본소득의 60%를 재화 2의 소비에 지출한다.

위에서 전제된 N국 경제로부터 알 수 있는 것은 바로 N국의 경제활동은 노동과 재화시장에서 발생하며, 노동 임금과 재화의 가격은 공급과 수요를 균형시키는 점에서 결정된다는 것이다. 여기서 시장이 균형에 있다는 것은 노동과 재화시장에서 초과수요가 발생하지 않음을 의미한다. 그러므로 N국의 CGE모형을 개발하는 것은 두 재화와 노동 시장의 수요와 공급 조건들을 구체화하고, 구체적인 조건들로부터 두 재화와 노동의 균형조건을 나타내는 3개의 연립방정식을 구성하는 것이다. 그리고 연립방정식으로부터 도출되는 해는 노동시장과 두 재화시장을 균형하게 하는 3개의 변수, 즉 두 재화의 가격(p_1, p_2)과 노동임금(w)이다.

Walras의 법칙에 의하면 n개의 시장에서 $n-1$개의 시장이 균형상태에 있으면 나머지 하나의 시장은 자연히 균형상태에 있게 된다. 이러한 Walras의 법칙을 N국에 적용하면 N국의 경제에서 3개의 시장 중 2개의 시장이 균형에 있으면, 나머지 하나의 시장은 자동적으로 균형이 된다. 그리고 3개의 변수 중 어느 한 변수를 임의의 숫자로 결정할 경우 다른 변수들은 그의 상대가격이 되는 것이다. 그러므로 N국 경제에서 시장을 균형케하는 변수들의 해는 한 변수를 고정한 상태에서 2개의 시장에서 도출될 수 있다. 그러면 N국의 CGE모형의 구조를 노동시장과 재화시장으로 구분하여 좀더 자세히 살펴보자.

13.3.1 노동시장

경제 내 각 산업의 생산자는 중간재의 사용 없이 노동과 자본을 투입하여 제품을 생산하며, 이때의 생산기술은 다음과 같이 규모불변의 Cobb-Douglas 생산함수로 특징지워진다.

$$Q_i^s = A_i K_i^{\alpha} L_i^{\beta}, \quad (\alpha + \beta = 1), \tag{13.1}$$

Q_i^s : 산업 i의 생산량,

A_i : 산업 i의 생산성 계수,

K_i : 산업 i의 제품 생산에 투입된 자본스톡,

L_i : 산업 i의 제품 생산에 고용된 고용인구.

여기서 N국 전체 노동은 동질적이며, 노동의 공급 규모(L^s)는 다음과 같이 50으로 정해졌다고 하자.

$$L^s = 50. \tag{13.2}$$

산업별 노동의 수요(L_i^d)는 생산자들의 이윤극대화 행위로부터 도출된다. 다시말해 생산자는 노동의 한계생산가치(재화의 가격×노동의 한계생산량)가 임금과 같아지는 수준까지 노동자들을 고용한다.

$$w_i = p_i \frac{\partial Q_i}{\partial L_i}, \tag{13.3}$$

w_i : 산업 i에 종사하는 노동자들의 임금,

p_i : 산업 i 제품의 단위 가격.

설명의 편의를 위해 식 (13.1)의 산업별 생산함수에서 생산성 계수와 자본의 생산탄력성 계수, 그리고 각 산업에 투입되어 있는 자본의 양은 다음과 같이 고정되어 있다고 하자. 앞의 전제에서 노동은 산업별 완전이동으로 가정하였으므로 산업간 노동임금은 서로 동일하다.

$$A_1 = A_2 = 1, \; w = w_1 = w_2, \; \alpha = 0.5,$$
$$K_1 = 100, \; K_2 = 196. \tag{13.4}$$

그러면 주어진 산업별 생산성 계수와 자본의 양, 그리고 자본의 생산탄력 계수를 이용하여 식 (13.1)의 생산함수식을 나타내면 다음과 같다.

$$Q_1 = 100^{0.5} L_1^{0.5}, \; Q_2 = 196^{0.5} L_2^{0.5}. \tag{13.5}$$

위의 식으로부터 각 산업에서 노동의 한계생산량(MP_{Li})은 다음과 같이 구해진다.

$$MP_{L1} = \frac{\partial Q_1}{\partial L_1} = 5L_1^{-0.5}, \; MP_{L2} = \frac{\partial Q_2}{\partial L_2} = 7L_2^{-0.5} \tag{13.6}$$

식 (13.6)을 앞의 식 (13.3)에 대입하면 각 산업의 노동수요는 다음과 같이 표현된다. 식에서 나타나듯이 각 산업의 노동 수요는 임금과는 역의 관계를, 그리고 재화의 가격과는 정의 관계를 갖는다.

$$L_1 = 25\left(\frac{p_1}{w}\right)^2, \; L_2 = 49\left(\frac{p_2}{w}\right)^2. \tag{13.7}$$

종합하면, 식 (13.2)와 식 (13.7)에 의해 표현되는 N국내 노동시장에서의 공급과 수요조건은 그림 13.2에 제시된 바와 같다. 그림에서 보이듯이 노동의 공급곡선은 수직선, 다시말해 임금수준에 대해 완전 비탄력적인 반면 노동에 대한 수요곡선은 임금수준에 따라 우하향하는 곡선이다. 여기서 노동자들의 임금은 노동의 초과수요(ED_L)를 0으로 만드는 수준에서 결정된다.

$$ED_L = (L_1 + L_2) - L^s = 0. \tag{13.8}$$

식 (13.2)와 식 (13.7)을 식 (13.8)에 대입하면 노동시장의 균형 조건은 다음과 같은 식으로 표현된다.

그림 13.2
N국의 노동시장 구조

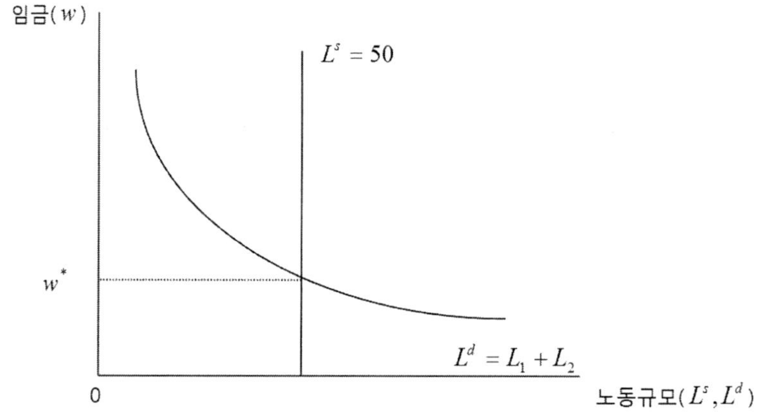

$$ED_L = \left[25\left(\frac{p_1}{w}\right)^2 + 49\left(\frac{p_2}{w}\right)^2\right] - 50 = 0, \tag{13.9}$$

ED_L : 노동의 초과수요.

주어진 재화가격에서 노동의 초과수요를 0으로 만드는 이른바 균형임금(w^*)은 식 (13.9)에서 계산될 수 있다.

노동시장에서 결정되는 균형 임금과 마찬가지로 두 재화의 가격도 각 재화시장에서 공급과 수요 조건에 의해 결정된다. 재화가격의 결정과정에 대한 설명은 다음 절에서 제공된다.

13.3.2 재화시장

재화의 생산함수는 노동의 임금을 포함한 재화가격의 관점에서도 나타낼 수 있다. 구체적으로 주어진 산업별 자본스톡과 앞에서 도출한 노동의 수요함수로부터 식 (13.1)에서 제시된 각 재화의 생산함수는 다음과 같이 표현된다.

$$Q_1^s = 10L_1^{0.5} = 50\left(\frac{p_1}{w}\right), \quad Q_2^s = 14L_2^{0.5} = 98\left(\frac{p_2}{w}\right). \tag{13.10}$$

N국에서 생산되는 두 재화에 대한 수요를 구하기 위해서는 먼저 소비자의 소득이 정해져야 한다. 왜냐하면 소득에 따라 소비자가 선택할 수 있는 수요의 규모는 제한되기 때문이다. N국 경제에서 재화의 소비주체는 노동자

와 자본가로 구분되어 있으므로 각각의 소득수준부터 살펴보면 다음과 같다. 앞에서 언급하였듯이 노동자들의 노동소득과 자본가들의 자본소득은 기본적으로 재화의 생산액으로부터 얻는다. 우선 노동자들의 노동소득(Y_L)은 바로 각 산업에서 얻는 노동자들의 임금의 합이다. 노동자의 산업별 임금수준은 산업간 노동자들의 완전이동으로 인해 동일하며 총 노동자의 규모는 50이므로 N국 전체 노동소득은 $50w$가 된다.

$$Y_L = wL_1 + wL_2 = 50w. \tag{13.11}$$

그리고 자본가의 전체 자본소득(Y_K)은 각 산업의 자본 소득의 합이 되며, 각 산업의 자본소득은 자본의 한계생산가치와 투입된 자본의 양에 의해 결정된다. N국의 총자본 소득은 두 산업 공히 생산과정에서 중간재 투입이 없으므로 두 산업의 총생산액에서 노동소득을 제외한 값으로 나타낼 수 있다.

$$Y_K = r_1K_1 + r_2K_2 = (p_1Q_1^s - wL_1) + (p_2Q_2^s - wL_2), \tag{13.12}$$

r_i : 산업 i에서 자본의 한계생산가치.

여기서 생산요소의 생산탄력계수는 Euler의 정리에 의해 요소의 소득배분율을 나타낸다. 다시말해 생산자의 생산기술이 수확불변의 Cobb-Douglas로 특징지워지고 생산자는 각 생산요소에 대해 그 요소의 한계생산가치만큼을 보수로 지불한다면 각 생산요소의 지수는 바로 총생산액 중에서 각 요소의 소득이 차지하는 비율이 된다(이에 대한 상세한 내용은 Chiang (1985)이나 Silberberg (2000)을 참조할 것.). 따라서 기본모형에서 가정한 자본의 생산탄력계수와 수확불변의 Cobb-Douglas 생산함수로부터 $\alpha = 0.5$은 산업의 생산액에서 노동과 자본 간 소득 분배비율이 0.5임을 의미한다. 따라서 N국의 경우 재화의 생산액 중에서 노동소득과 자본소득은 서로 동일하다.

$$Y_L = Y_K = 50w. \tag{13.13}$$

일반적으로 재화의 소비함수는 소비자의 효용극대화, 즉 생산요소로부터 얻은 소득을 어떻게 소비할 것인가 하는 효용극대화 결정으로부터 구해진다. 그러나 여기서는 설명의 간편을 위해 노동자와 자본가의 지출행태는 앞에서 전제된 것과 같다고 한다(효용극대화 원리로부터 도출되는 소비자의 재화소비량은 다음 장에서 설명된다.). 먼저 노동자의 노동소득은 산업1의 재화에 모두 소비되며 노동자들의 저축은 없는 것으로 가정하였으므로 노동자의 지출행태를 식으로 나타내면 다음과 같다.

$$S_L = 0,\ CL_1 = Y_L,\ CL_2 = 0, \tag{13.14}$$

S_L : 노동자들의 저축액,

CL_i : 노동소득 중 재화 i에 대한 소비지출액.

자본가의 지출행태도 앞에서 전제한 바와 같이 자본소득 중 20%는 저축 되고, 20%는 재화 1의 소비에 지출되며, 60%는 재화 2 소비에 지출되는 것으로 가정하였으므로 이를 식으로 나타내면 다음과 같다.

$$S_K = 0.2\,Y_K,\ CK_1 = 0.2\,Y_K,\ CK_2 = 0.6\,Y_K, \tag{13.15}$$

S_K : 자본가의 저축액,

CK_i : 자본소득 중 재화 i에 대한 소비지출액.

노동자와 자본가의 저축률이 위에서와 같이 결정됨으로써 본 모형의 완결조건(closure rule)은 총 저축이 경제의 총투자를 결정하는 것으로 한다. 바꾸어 말하자면 N국의 총 투자는 총 저축에 의해 결정된다. 따라서 N국의 CGE 모형에서는 저축이 거시경제 균형을 결정하는 모형(saving-driven model)이 되는 것이다. N국의 총 투자와 총 저축과의 관계는 위의 식 (13.15)으로부터 다음과 같이 표현된다.

$$I = S_L + S_K = 0.2\,Y_K. \tag{13.16}$$

식 (13.14)와 식 (13.15)로부터 각 재화에 대한 수요(Q_i^d)는 다음과 같이 소비수요와 투자수요로 구성된다.

$$Q_1^d = \frac{CL_1}{p_1} + \frac{CK_1}{p_1} = \left(\frac{1}{p_1}\right)(Y_L + 0.2\,Y_K),$$

$$Q_2^d = \frac{CL_2}{p_2} + \frac{CK_2}{p_2} + \frac{I}{p_2} = \left(\frac{1}{p_2}\right)(0.8\,Y_K). \tag{13.17}$$

CGE모형에서 각 변수의 단위가 수량을 나타내는 물량단위(physical unit)인지 아니면 화폐가치를 나타내는 가치단위(value unit)인지 구별하는 것은 중요하다. 왜냐하면 CGE모형에서 어떤 식이나 균형조건을 구성할 때 변수들의 단위는 일관성 있게 고려되어야 하기 때문이다. 예를 들면 재화나 요소들의 균형조건은 식 (13.17)에 알 수 있듯이 물량단위에 이루어지는 조건인 반면 소득－지출 균형이나 저축투자균형 조건들은 식 (13.16)에서와 같이 가치단위에서 이루어지는 조건이다. 만일 식에서 좌변과 우변의 단위가 맞지 않을 경우 모형의 해는 구하기 어렵게 되며, 구한다 하더라도 그의 의미는 별로 없다고 할 수 있다. 따라서 각 균형 조건들을 표현하는데 있어 변수들의 단위를 구별하는 것은 모형의 올바른 해를 구하는데 있어 매우 중요한 것이다.

식 (13.17)에 식 (13.13)~(13.16)의 식들을 대입하면 각 재화에 대한 수요함수는 임금과 재화의 가격으로 표현된다. 식 (13.18)에서 알 수 있듯이 재화에 대한 수요는 가격과 역의 관계이며 임금수준과는 정의 관계이다. 이러한 관계는 재화의 가격이 높을수록 적게 소비하려고 하고, 소득이 높을수록 많이 소비하려 하는 소비자의 일반적인 행태를 가리킨다.

$$Q_1^d = \frac{60w}{p_1}, \quad Q_2^d = \frac{40w}{p_2} \tag{13.18}$$

재화의 공급측면을 보면 수요와는 반대로 나타난다. 식 (13.10)의 생산함수는 재화 생산이 그의 가격과 정의 관계, 그리고 임금수준과는 역의 관계임을 가리킨다. 이러한 관계는 재화의 가격이 높을수록 많이 생산하려 하고, 노동자의 임금수준이 높을수록 작게 생산하려 하는 생산자의 일반적인 행태를 나타낸다. 만일 임금수준이 주어졌다면 식 (13.10)과 식 (13.18)은 그림 13.3에서 보이듯이 일반적인 재화의 공급곡선과 수요곡선이 된다. 그리고 각 재화의 균형가격은 각 재화에 대한 0의 초과수요, 즉 공급과 수요를 같게 하는 점에서 결정된다.

$$ED_i = Q_i^d - Q_i^s = 0. \tag{13.19}$$

식 (13.19)에 앞의 식 (13.10)과 식 (13.18)을 대입하면 각 재화시장의 균형조건은 식 (13.20)과 같이 구체적으로 표현되며, N국내 두 재화시장의 균형가격은 바로 이 식으로부터 도출된다.

$$ED_1 = 60\frac{w}{p_1} - 50\frac{p_1}{w} = 0, \quad ED_2 = 40\frac{w}{p_2} - 98\frac{p_2}{w} = 0. \tag{13.20}$$

그림 13.3
N국의 재화시장 구조

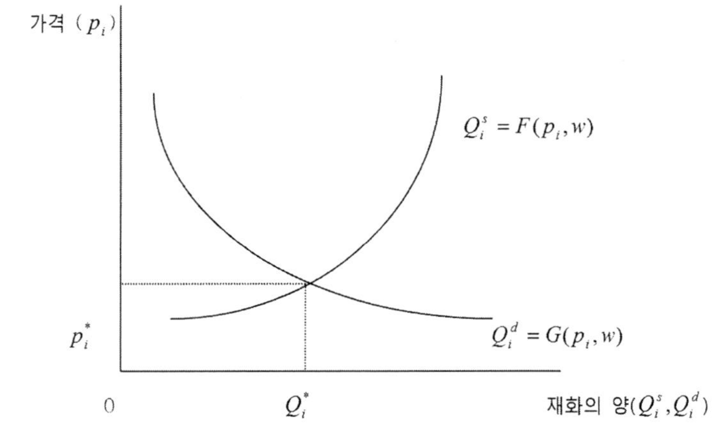

식 (13.20)는 주어진 임금에서 각 재화에 대한 초과수요는 재화의 가격과 역의 관계가 있음을 가리킨다. 즉 재화에 대한 수요가 공급보다 커서 초과수요가 발생하게 되면 가격은 상승하게 되고, 그 결과 재화의 수요를 작게 하여 초과수요를 제거시킨다. 반대로 수요가 공급보다 작아 초과공급이 발생하게 되면 가격은 하락하게 되고, 하락된 가격으로 인해 수요가 증가되어 초과공급이 없어지게 된다. 이러한 가격 조정의 과정을 통해 재화의 시장은 균형에 도달하게 되는 것이다.

13.3.3 모형의 해

앞 절에서는 재화의 균형가격이 노동의 임금수준에 의해 변하는 반면 노동시장에서 균형임금은 다시 재화의 가격에 의해 영향을 받음을 설명하였다. 이러한 관계는 식 (13.9)와 식 (13.20)에서 제시된 3개의 방정식에서 구체적으로 나타난다. 앞서 언급하였듯이 3개의 방정식 중 단지 두개의 방정식만이 Walras의 법칙에 따라 독립적이다. 왜냐하면 두 개의 시장이 균형이면 나머지 한 시장은 당연히 균형이 되는 것이기 때문이다. 여기서는 노동과 재화1 시장의 균형 조건식으로부터 w, p_1그리고 p_2의 균형 값을 도출하도록 한다. 먼저 p_1을 1로 고정하고 노동과 재화의 균형조건식을 w와 p_2로 나타내면 다음과 같다.

$$ED_L = \frac{25}{w^2} + 49\left(\frac{p_2}{w}\right)^2 = 50,\ ED_1 = 60w - \frac{50}{w} = 0. \tag{13.21}$$

위의 식으로부터 계산된 임금과 재화2의 균형가격은 각각 $w^*=0.9128$과 $p_2^*=0.5832$이다. 이 값들이 진정 균형 값인지를 확인하려면 계산된 w^*와 p_2^*의 값을 식 (13.20)의 ED_2에 대입하여 재화2에 대한 초과수요가 0이 되는지를 알아보면 된다(물론 계산된 w^*와 p_2^*의 값을 대입하면 ED_2는 0이 된다.). 그리고 모형에서 산업별 생산액과 노동 규모 등을 포함한 다른 변수들도 위의 균형 조건식으로부터 도출한 w^*와 p_2^*의 값들을 이용하면 모두 계산될 수 있다.

표 13.1 기본모형의 구조

- 노동공급 : $L^s = 50$
- 노동수요 : $p_i MP_{Li} = w$, $L_1 = 25\left(\frac{p_1}{w}\right)^2$, $L_2 = 49\left(\frac{p_2}{w}\right)^2$
- 노동시장균형 : $ED_L = (L_1 + L_2) - L^s$

$$= \left[25\left(\frac{p_1}{w}\right)^2 + 49\left(\frac{p_2}{w}\right)^2\right] - 50 = 0$$

- 재화공급 : $Q_1^s = 100^{0.5} L_1^{0.5} = 50\left(\frac{p_1}{w}\right)$

$$Q_2^s = 196^{0.5} L_2^{0.5} = 98\left(\frac{p_2}{w}\right)$$

- 재화수요 : $Q_1^d = \frac{CL_1}{p_1} + \frac{CK_1}{p_1} = \left(\frac{1}{p_1}\right)(Y_L + 0.2\,Y_K) = \frac{60w}{p_1}$

$$Q_2^d = \frac{CL_2}{p_2} + \frac{CK_2}{p_2} + \frac{I}{p_2} = \left(\frac{1}{p_2}\right)(0.8\,Y_K) = \frac{40w}{p_2}$$

- 재화시장의 균형 : $ED_1 = \frac{60w}{P_1} - \frac{50p_1}{w} = 0$

$$ED_2 = \frac{40w}{p_2} - \frac{98p_2}{w} = 0$$

- 모형의 해 : $p_1 = 1.000$ $\quad p_2^* = 0.5832$ $\quad w_1^* = 0.9128$ $\quad w_2^* = 0.9128$

$$Q_1^* = 54.7723 \quad Q_2^* = 62.6099 \quad L_1^* = 30.000 \quad L_2^* = 20.000$$

$$Y_L^* = 45.6436 \quad Y_K^* = 45.6436 \quad \frac{CL_1^*}{p_1} = 45.6436 \quad \frac{CK_1^*}{p_1} = 9.1287$$

$$\frac{CK_2^*}{p_2^*} = 46.9574 \quad \frac{I^*}{p_2^*} = 15.6525$$

지금까지 설명한 기본 모형의 구조와 모형의 해는 표 13.1에 요약된 바와 같다. 표에서는 기본 모형에 대한 공급과 수요함수, 그리고 모든 변수에 대한 해를 제시하고 있다. 그러면 여기서 제시된 모형의 해는 무엇을 의미하는 것인가. 그것은 바로 시장의 균형조건 하에서의 자원배분의 결과를 가리키는 것이다. 다시말해 이윤 극대자로서의 생산자와 효용 극대자로서의 소비자로 구성된 경제에서 생산자의 공급조건과 소비자의 수요 조건 하에서 이루어지는 자원배분의 결과이다. 이러한 자원배분의 결과는 모형 내 정부의 정책변수가 첨가되거나 경제환경이 변할 때(파라메타가 변할 때) 변하게 된다. 따라서 N국 내에서 어떠한 정책이 집행되거나 경제환경이 변할 때 그의 효과는 기본모형의 해와 실험을 통해 얻는 해를 비교하여 구해진다.

CGE모형에서 정책에 대한 평가는 언급하였듯이 기본모형의 해와 정책 변수가 포함되었을 경우 모형의 해를 비교하므로 이루어진다. 모형의 해를 비교해서 정책이 정책 전 자원배분을 어떻게, 그리고 얼마만큼 변화시킬 것인가에 대한 구체적인 결과를 제시하는 것이 CGE모형의 가장 큰 장점이라 할 수 있다. 따라서 정책 분석을 위해서는 이러한 기본모형의 수립은 CGE모형에서 가장 먼저 해야 하는 첫 번째 단계이다. 그러면 N국의 기본 CGE모형을 바탕으로 정책 실험은 어떻게 이루어지는 지 다음 절에서 좀더 자세히 알아보자.

표 13.2와 표 13.3은 경제 주체들의 활동과 그들 간의 거래, 그리고 소득과 자원의 배분상태 등을 나타내는 N국의 사회회계행렬의 구조와 모형에서 계산된 해로 작성된 사회회계행렬이다. 사회회계행렬에 대해서는 앞 장에서 자세하게 설명하였으므로 여기서는 설명을 생략하도록 한다.

표 13.2 N국의 사회회계행렬의 구조

구 분	제1산업	제2산업	노동자	자본가	자본시장	합 계
제1산업			CL_1	CK_1		p_1Q_1
제2산업				CK_2	I	p_2Q_2
노동자	wL_1	wL_2				Y_L
자본가	r_1K_1	r_2K_2				Y_K
자본시장				S_K		S_K
합 계	p_1Q_1	p_2Q_2	Y_L	Y_K	I	

표 13.3 N국의 사회회계행렬

구 분	제1산업	제2산업	노동자	자본가	자본시장	합 계
제1산업			45.6436	9.1287		54.7723
제2산업				27.3861	9.1287	36.5148
노동자	27.3861	18.2574				45.6436
자본가	27.3861	18.2574				45.6436
자본시장				9.1287		9.1287
합 계	54.7723	36.5148	45.6436	45.6436	9.1287	

13.4 기본모형의 변화 : 정책실험

앞에서 설명한 기본모형을 이용하면 가상의 국가 N국에 대한 다양한 정책실험을 수행할 수 있다. 여기서는 두 정책실험, 즉 한 산업의 임금을 고정시킬 경우와 소득의 배분 형태를 변화시킬 경우로 한정하여 살펴보기로 한다. 편의상 첫 번째 정책 실험을 모형 변형(Ⅰ)이라고 하고, 두 번째 정책실험을 모형 변형(Ⅱ)라고 하자. 각각에 대한 설명은 다음과 같다.

13.4.1 산업2의 임금수준 고정 : 모형 변형(Ⅰ)

모형 변형(Ⅰ)에서는 N국의 산업2의 임금수준이 시장에 의해 결정된 것이 아니라 외부적인 요인에 의해 1.10로 고정되었다고 가정하고, 한 산업의 임금수준이 이렇게 고정되었을 경우 자원배분과 균형가격은 어떻게 변하는지 알아보자. 먼저 임금수준의 고정은 다양한 요인에 의해 이루어질 수 있는데 예를 들면 정부의 임금정책이나 노동조합과의 합의 또는 기타 제도적 요인 등에 의해 결정될 수 있다. 이러한 가정 하에서는 산업간 임금수준이 더 이상 동일하지 않게 된다. 단, 여기서는 산업2의 임금수준이 고정된 것 이외에 N국의 경제구조나 경제활동, 그리고 재화 흐름 등의 모든 특징은 기본모형에서 전제된 것과 동일하다고 하자.

$$w_1 \neq w_2 = 1.10. \qquad (13.22)$$

비록 제2산업의 임금이 고정되었다고 하여도 전체의 노동 공급은 동일하기 때문에 이 경우 제1산업의 임금수준(w_1)은 전체 노동의 초과수요를 제거하기 위한 노동시장의 균형변수(equilibrating variable)가 된다. 제2산업의 임금이 고정된 상태에서 각 산업의 노동 수요함수는 다음과 같이 표현된다.

$$L_1 = 25\left(\frac{p_1}{w_1}\right)^2, \quad L_2 = 49\left(\frac{p_2}{w_2}\right)^2. \tag{13.23}$$

N국의 경제 내 노동의 초과수요는,

$$ED_L = \left\{25\left(\frac{p_1}{w_1}\right)^2 + 49\left(\frac{p_2}{w_2}\right)^2\right\} - 50 = 0, \tag{13.24}$$

각 재화의 생산함수를 임금과 재화의 가격 관점에서 나타내면,

$$Q_1^s = 100^{0.5}L_1^{0.5} = 50\left(\frac{p_1}{w_1}\right), Q_2^s = 196^{0.5}L_2^{0.5} = 98\left(\frac{p_2}{w_2}\right). \tag{13.25}$$

임금은 더 이상 산업별로 동일하지 않으므로 경제주체 간 소득의 배분은 기본 모형과는 조금 다르게 표현된다. 우선 노동자들의 노동소득은,

$$Y_L = wL_1 + wL_2 = 25\frac{p_1^2}{w_1} + 49\frac{p_2^2}{w_2}. \tag{13.26}$$

생산함수와 자본의 생산탄력계수는 기본모형과 동일하므로 식 (13.13)에 제시된 것과 같이 생산에서 노동소득과 자본소득은 서로 동일하다. 그리고 각 산업별 재화에 대한 수요도 기본모형에서와 같다. 왜냐하면 노동자들과 자본가들의 지출행태는 변하지 않았기 때문이다.

$$Q_1^s = 1.2\left(\frac{1}{p_1}\right)\left(25\frac{p_1^2}{w_1} + 49\frac{p_2^2}{w_2}\right), \quad Q_2^s = 0.8\left(\frac{1}{p_2}\right)\left(25\frac{p_1^2}{w_1} + 49\frac{p_2^2}{w_2}\right). \tag{13.27}$$

두 재화의 시장 가격은 두 재화에 대한 초과수요를 0으로 만드는 방향에서 결정된다. 이를 식으로 표현하면,

$$\begin{aligned} ED_1 &= \left(\frac{1}{p_1}\right)\left(30\frac{p_1^2}{w_1} + 58.8\frac{p_2^2}{w_2}\right) - 50\left(\frac{p_1}{w_1}\right) = 0, \\ ED_2 &= \left(\frac{1}{p_2}\right)\left(20\frac{p_1^2}{w_1} + 39.2\frac{p_2^2}{w_2}\right) - 98\left(\frac{p_2}{w_2}\right) = 0. \end{aligned} \tag{13.28}$$

앞에서 설명하였듯이 Walras의 법칙에 의해 노동과 두 재화의 시장에 대한 3개의 균형 조건식 중 단지 2개의 식만이 독립적이다. 여기서는 식 (13.24)와 식 (13.28)에서 재화2에 대한 균형 조건식으로부터 재화의 균형가격과

임금수준, 즉 w_1^{**}과 p_2^{**}를 구하기로 한다. 우선 $p_1 = 1.0$과 $w_2 = 1.1$의 값은 고정되었으므로 이 고정된 두 값을 균형 조건식에 대입하면 두 방정식, $ED_L = 0$과 $ED_2 = 0$은 다음과 같이 표현된다.

$$ED_L = \frac{25}{w_1^2} + 40.4959 p_2^2 - 50 = 0,$$

$$ED_2 = \frac{20}{p_2 w_1} - 53.4545 p_2 = 0. \tag{13.29}$$

식이 두 개이고 변수도 두 개이기 때문에 해를 구하는 데 별 문제는 없다. 단지 식이 비선형이기 때문에 기본 모형에 비해 계산 자체가 조금 복잡할 뿐이다. 위의 두 식으로부터 w_1^{**}과 p_2^{**}값은 각각 0.8747과 0.6540으로 계산된

표 13.4 산업2의 임금이 고정된 경우 모형의 구조와 해

- 노동공급 : $L^s = 50$
- 노동수요 : $p_i MP_{Li} = w_i$, $L_1 = 25\left(\frac{p_1}{w_1}\right)^2$, $L_2 = 49\left(\frac{p_2}{w_2}\right)^2$
- 노동시장균형 : $ED_L = (L_1 + L_2) - L^s = \left[25\left(\frac{p_1}{w_1}\right)^2 + 49\left(\frac{p_2}{w_2}\right)^2\right] - 50 = 0$
- 재화공급 : $Q_1^s = 100^{0.5} L_1^{0.5} = 50\left(\frac{p_1}{w_1}\right)$

  $Q_2^s = 196^{0.5} L_2^{0.5} = 98\left(\frac{p_2}{w_2}\right)$
- 재화수요 : $Q_1^d = \frac{CL_1}{p_1} + \frac{CK_1}{p_1} = \left(\frac{1}{p_1}\right)(Y_L + 0.2Y_K) = \left(\frac{1}{p_1}\right)\left(30\frac{p_1^2}{w_1} + 58.8\frac{p_2^2}{w_2}\right)$

  $Q_2^d = \frac{CL_2}{p_2} + \frac{CK_2}{p_2} + \frac{I}{p_2} = \left(\frac{1}{p_2}\right)(0.8Y_K) = \left(\frac{1}{p_2}\right)\left(20\frac{p_1^2}{w_1} + 39.2\frac{p_2^2}{w_2}\right)$
- 재화시장의 균형 : $ED_1 = \left(\frac{1}{p_1}\right)\left(30\frac{p_1^2}{w_1} + 58.8\frac{p_2^2}{w_2}\right) - 50\left(\frac{p_1}{w_1}\right) = 0$

  $ED_2 = \left(\frac{1}{p_2}\right)\left(20\frac{p_1^2}{w_1} + 39.2\frac{p_2^2}{w_2}\right) - 98\left(\frac{p_2}{w_2}\right) = 0$
- 모형의 해 :

  $p_1 = 1.000$ $p_2^{**} = 0.6540$ $w_1^{**} = 0.8747$ $w_2 = 1.1000$

  $Q_1^* = 57.1625$ $Q_2^{**} = 58.2684$ $L_1^{**} = 32.6775$ $L_2^{**} = 17.3225$

  $Y_L^* = 47.6340$ $Y_K^{**} = 47.6340$ $\frac{CL_1^*}{p_1} = 47.6369$ $\frac{CK_1^*}{p_1} = 9.5274$

  $\frac{CK_2^{**}}{p_2^{**}} = 43.7013$ $\frac{I^{**}}{p_2^{**}} = 14.5671$

다. 이렇게 계산된 균형 가격과 임금을 식 (13.28)의 재화1의 초과수요에 대입하면 ED_1 역시 0이 됨을 알 수 있다. 이와 같이 계산된 두 변수의 값으로부터 모형의 다른 내생변수들의 값은 어려움 없이 구할 수 있다. 모형변형(Ⅰ)의 구조와 모형의 해는 표 13.4에 제시된 바와 같다. 그리고 모형변형(Ⅰ)의 경우에도 사회회계행렬의 구조는 표 13.2와 같으므로 여기서는 사회회계행렬의 구조는 생략하도록 한다. 표 13.4에 제시된 모형변형(Ⅰ)의 해를 바탕으로 N국의 사회회계행렬을 작성하면 표 13.5와 같다.

표 13.4에 제시된 모형변형(Ⅰ)의 해는 CGE모형을 이용한 정책 분석이 어떻게 이루어지는 지에 대해 설명하고 있다. 다시말해 CGE모형에서는 무엇이 어떻게 변한다면(what if) 그 경우 이루어지는 자원배분의 결과를 매우 분명하고 구체적으로 제시하고 있다. 예를 들면 모형 변형(Ⅰ)의 해로부터 정책의 효과는 표 13.6에 제시된 바와 같이 기본 모형의 해와 비교하므로 구체화시킬 수 있다. 즉 기본모형의 해와 모형변형(Ⅰ)의 해를 비교하면 산업2의 임금수준을 고정시킬 경우 N국의 경제변화는 산업2의 재화가격 상승과 산업1의 임금 감소, 그리고 산업2에서 산업1로 노동이동으로 나타난다. 그리고 이러한 산업간 총생산액 규모의 차이는 정책 전과 동일한데 비해 산업간 임금격차가 발생하게 되며, 그 결과 산업간 노동 규모의 차이는 심화된다.

표 13.5 산업2의 임금을 고정시킬 경우 N국의 사회회계행렬

구 분	제1산업	제2산업	노동자	자본가	자본시장	합 계
제1산업			47.6369	9.5274		57.1642
제2산업				28.5821	9.5274	38.1095
노동자	28.5821	19.0547				47.6369
자본가	28.5821	19.0547				47.6369
자본시장				9.5274		9.5274
합 계	57.1642	38.1095	47.6369	47.6369	9.5274	

표 13.6 산업2의 임금이 고정된 경우 자원배분 비교

구 분	p_1	p_2	w_1/w_2	p_1Q_1/p_2Q_2	L_1/L_2
기본모형	1.0000	0.5832	1.0000	1.5000	1.5000
모형변형(Ⅰ)	1.0000	0.6540	0.7952	1.5000	1.8864

13.4.2 소득배분의 변화 : 모형 변형(II)

여기서는 기본모형의 소득배분 형태를 변화시킬 경우 N국의 경제변화에 대해 살펴본다. 일반적으로 말해 소득배분의 변화는 정부가 세금과 보조금을 통해 소득배분에 간섭할 때 나타나게 된다. 즉 N국의 경우 정부가 자본가들에게 세금을 부과하고, 부과된 세금을 다시 노동자들에게 보조금 등의 다양한 방법으로 지급하는 경우 소득배분의 형태는 달라진다. 이때 정부의 역할은 단순히 소득의 전달자로서의 역할이다. 그리고 소득배분의 최종 결과는 바로 자본가와 노동가의 실제소득의 변화로 나타난다. 따라서 본 절에서는 설명의 편의를 위해 정부의 세금부과와 보조금 지급의 과정을 생략하고, 소득배분의 변화 결과를 노동자와 자본가의 실제소득의 변화로 모형에서 반영하기로 한다. 여기서 소득배분의 형태변화란 노동자는 재화 생산으로부터 얻는 노동소득과 함께 자본가로부터 자본소득의 20%를 받는 것을 말한다. 그러므로 자본가가 실제로 지출할 수 있는 소득은 자본소득의 80%이다. 노동자와 자본가의 실제소득을 식으로 나타내면 다음과 같다.

$$YD_L = Y_L + 0.2Y_K = 60w, \quad YD_K = 0.8Y_K = 40w. \tag{13.30}$$

YD_L : 노동자의 실제 소득, YD_K : 자본가의 실제 소득.

여기서도 앞의 경우와 마찬가지로 위의 식 이외 N국의 경제 구조와 경제활동 등 모든 특성은 기본모형과 동일한 것으로 한다. 다시말해 노동은 동질적이며, 노동의 공급규모는 기본모형에서와 같이 50이고, 산업간 노동의 이동은 완전이동으로 특징지워진다. 또한 노동시장의 균형조건은 식 (13.9)와 같다. 그리고 노동자와 자본가의 재화소비에 지출하는 실제소득은 달라졌지만 그들이 재화 소비에 대한 지출행태는 기본모형과 동일하다. 즉 노동자들은 그들의 실제소득을 재화1의 소비에 모두 지출하지만 자본가는 그들의 실제소득 중 20%는 재화1에, 20%는 저축을, 그리고 나머지 60%는 재화2의 소비에 지출한다. 이를 식으로 나타내면 다음과 같다. 먼저 노동자의 실제 소득지출은 다음과 같다.

$$S_L = 0, \; CL_1 = YD_L = Y_L + 0.2Y_K = 60w, \; CL_2 = 0. \tag{13.31}$$

변형모형(Ⅱ)에서 자본가의 실제 소득지출은 다음과 같다.

$$S_K = 0.2\,YD_K = 8w,\ \ CK_1 = 0.2\,YD_K = 8w,$$
$$CK_2 = 0.6\,YD_K = 24w. \tag{13.32}$$

여기서도 모형의 완결조건은 총 저축이 총 투자를 결정하는 것이므로 N국의 총투자는 다음과 같이 표현된다.

$$I = S_A + S_B = 0.2\,YD_K = 8w. \tag{13.33}$$

그리고 두 재화에 대한 수요함수는 재화가 소비되는 특성에 따라 다르지만 기본적으로 소비와 투자수요로 구성된다. 이를 식으로 나타내면 다음과 같다.

$$Q_1^d = \frac{CL_1}{p_1} + \frac{CK_1}{p_1} + \frac{68w}{p_1},\quad Q_2^d = \frac{CL_2}{p_2} + \frac{CK_2}{p_2} + \frac{32w}{p_2}. \tag{13.34}$$

종합하면, 소득배분을 변화시킬 경우 N국내 재화시장에서의 균형조건은 다음과 같이 표현된다.

$$ED_1 = Q_1^d - Q_1^s = \frac{68w}{p_1} - \frac{50p_1}{w} = 0,$$
$$ED_2 = Q_2^d - Q_2^s = \frac{32w}{p_2} - \frac{98p_2}{w} = 0. \tag{13.35}$$

앞에서 여러 번에 걸쳐 설명하였듯이 시장의 균형조건을 나타내는 노동과 재화의 초과수요가 0이 되기 위한 조건식은 3개이다. 여기서는 p_1을 1로 고정한 상태에서 식 (13.35)의 두 식으로부터 균형임금(w^{***})과 재화2의 균형가격(p_2^{***})을 계산하기로 한다. 계산 결과 노동자들의 균형임금과 재화2의 균형가격은 각각 $w^{***}=0.8575$와 $p_2=0.4900$이다. 그리고 계산된 값들을 노동시장의 균형 조건식 (13.9)에 대입하면 $ED_L=0$이 됨을 알 수 있다. 그리고 모형변형(Ⅱ)의 구조와 모형의 해는 표 13.7에 요약된 바와 같다.

표 13.7 소득배분의 규모 변화의 경우 모형의 구조와 해

• 노동공급 : $L^s = 50$

• 노동수요 : $p_i MP_{Li} = w_i$, $L_1 = 25\left(\frac{p_1}{w}\right)^2$, $L_2 = 49\left(\frac{p_2}{w}\right)^2$

• 노동시장균형 : $ED_L = (L_1 + L_2) - L^s = \left[25\left(\frac{p_1}{w}\right)^2 + 49\left(\frac{p_2}{w}\right)^2\right] - 50 = 0$

• 재화공급 : $Q_1^s = 100^{0.5} L_1^{0.5} = 50\left(\frac{p_1}{w}\right)$

$Q_2^s = 196^{0.5} L_2^{0.5} = 98\left(\frac{p_2}{w}\right)$

• 재화수요 : $Q_1^d = \frac{CL_1}{p_1} + \frac{CK_1}{p_1} = \frac{68w}{p_1}$

$Q_2^d = \frac{CL_2}{p_2} + \frac{CK_2}{p_2} + \frac{I}{p_2} = \frac{32w}{p_2}$

• 재화시장의 균형 : $ED_1 = \frac{68w}{p_1} - 50\left(\frac{p_1}{w}\right) = 0$

$ED_2 = \frac{32w}{p_2} - 98\left(\frac{p_2}{w}\right) = 0$

• 모형의 해 :

$p_1 = 1.000$ $p_2^{***} = 0.4900$ $w_1^{***} = 0.8757$ $w_2^{***} = 0.8757$

$Q_1^{***} = 58.3095$ $Q_2^{***} = 56.0000$ $L_1^{***} = 34.0000$ $L_2^{***} = 16.0000$

$Y_L^{***} = 42.8746$ $Y_K^{***} = 42.8746$ $YD_L^{***} = 51.4496$ $YD_K^{***} = 34.2997$

$\frac{CL_1^{***}}{p_1} = 51.4496$ $\frac{CK_1^{***}}{p_1} = 6.8599$ $\frac{CK_2^{***}}{p_2^{***}} = 42.0000$ $\frac{I^{**}}{p_2^{**}} = 14.5671$

표 13.8은 모형변형(Ⅱ)의 경우 사회회계행렬의 구조를 제시한 것이다. 모형변형(Ⅱ)의 경우 사회회계행렬의 구조는 앞의 표 13.2에서 제시된 것과는 달라져야 한다. 왜냐하면 소득배분의 형태변화 과정에서 자본가와 노동자 사이에 거래가 발생하여 그들이 지출할 수 있는 실제소득이 달라졌기 때문이다. 이러한 관계를 나타내기 위해 표 13.2에서 제시한 사회회계행렬에서 새로운 노동자 가계와 자본가 가계의 행과 열을 삽입하여야 한다. 여기서는 새로운 노동자 가계와 자본가 가계를 각각 가계(1)과 가계(2)로 나타내어 사회회계행렬을 구축하면 표 13.8과 같다. 이러한 사회회계행렬의 구조와 표 13.7에 요약된 모형변형(Ⅱ)의 해로부터 소득배분의 형태변화가 변화되는 경우 N국의 사회회계행렬은 표 13.9와 같다.

표 13.8 소득배분변화 시 N국의 사회회계행렬구조

구 분	제1산업	제2산업	노동자	자본가	가계(1)	가계(2)	자본시장	합 계
제1산업					CL_1	CK_1		$p_1 Q_1$
제2산업						CK_2	I	$p_2 Q_2$
노동자	wL_1	wL_2						Y_L
자본가	$r_1 K_1$	$r_2 K_2$						Y_K
가계(1)			Y_L	$0.2 Y_K$				YD_L
가계(2)				$0.8 Y_K$				YD_K
자본시장						S_K		S_K
합 계			Y_L	Y_K	YD_L	YD_K	I	

표 13.9 소득배분변화 시 N 국의 사회회계행렬

구 분	제1산업	제2산업	노동자	자본가	가계(1)	가계(2)	자본시장	합 계
제1산업					51.4496	6.8599		58.3095
제2산업						20.5798	6.8599	27.4398
노동자	29.1548	13.7199						42.8746
자본가	29.1548	13.7199						42.8746
가계(1)			42.8746	8.5749				51.4496
가계(2)				34.2997				34.2997
자본시장						6.8599		6.8599
합 계	58.3095	27.4398	42.8746	42.8746	51.4496	34.2997	6.8599	

정부가 소득배분의 형태를 변화시킬 경우 자원배분이 변화는 기본모형의 결과와 비교함으로써 구체적으로 나타난다. 이에 대한 효과는 표 13.10에 요약된 바와 같다. 표에 보이듯이 소득배분의 형태변화로 인해 재화2에 대한 수요규모는 작아지고 이에 따라 그의 가격은 하락하게 된다. 결과적으로 산업2가 N국에서 차지하는 비중은 약해진다. 반대로 산업1에서 생산된 재화에 대한 수요는 증가되고, 이로 인해 산업1이 국민경제에서 차지하는 비율과 노동의 규모는 증가된다.

표 13.10 소득배분이 변화된 경우와 자원배분 비교

구 분	p_1	p_2	w_1/w_2	p_1Q_1/p_2Q_2	L_1/L_2
기본모형	1.0000	0.5832	1.0000	1.5000	1.5000
모형변형(Ⅱ)	1.0000	0.4900	1.0000	2.1250	2.1250

13.5 요 약

본 장에서는 연산일반균형모형에 대한 일반적인 특징과 모형의 수립 및 모형의 해를 도출하는 과정에 대해 설명하였다. 또한 본 장에서는 단순한 CGE모형의 수립을 통해 모형의 해는 이론적인 해가 아닌 수리적인 해임을, 그리고 모형의 해를 구하기 위한 모형구조의 제약도 대폭 감소될 수 있음을 보였다. 한마디로 CGE모형은 모형구조의 복잡성에도 불구하고 모형의 일반성과 현실성을 크게 향상시킨 모형이라 할 수 있다. 이러한 특징 때문에 CGE모형은 계획 및 정책 분석 분야에 주요한 분석 수단으로 활용된다. CGE모형에 대한 독자들의 이해를 돕기 위해 본 장에서는 가상의 국가 N국을 통하여 기본모형을 수립하고, 이를 바탕으로 정책실험, 즉 한 산업의 임금을 고정시킬 경우와 소득배분의 형태를 변화시킬 경우 자원 배분의 변화에 대해 알아보았다.

본 장에서는 CGE모형에 대한 일반적인 이해를 향상시키기 위해 최대한 경제구조를 단순화시켰다. 다음 장에서는 좀 더 현실적이고 복잡한 모형에 대해 설명한다. 다음 장에서 설명되는 모형은 수출과 수입이 발생하는 개방경제의 모형이며, 이 모형에서는 산업들의 재화생산 과정에 투입되는 중간재와 정부의 역할이 구체적으로 고려된다. 다음 장에 들어가기 전에 지역 차원에서 CGE모형이 어떻게 적용될 수 있는지에 관한 이해를 제공하기 위해 본 장 부록에서는 김홍배(1994)의 논문을 소개하도록 한다.

A 13-1 서 론

지역 성장은 자본이나 노동과 같은 생산요소의 동태적인 이동의 결과로 표현할 수 있다. 그러므로 많은 연구자들(Richardson 1980; Miernky 1982)에 의하여 다양하게 제안되고 집행된 지역개발 정책을 단적으로 말한다면, 그것은 직접 또한 간접적으로 생산요소의 지역간 이동을 촉진하거나 억제하는 수단이라 할 수 있다. 본 연구는 지역개발 정책 중 노동의 지역간 이동정책에 관한 상반된 두 정책의 효과를 분석하였다. 여기서 말하는 상반된 두 정책이란, 첫째 노동의 지역간 이동을 촉진하는 정책이다. 이는 이동보조금정책(migration subsidy policy) 등과 같은 정책을 의미하는데, 구체적으로는 낙후지역내 실업자나 저소득 노동자들에게 이동보조금을 지불하여 성장지역으로 이동을 유도하는 정책이다.

이동보조금 정책은 낙후지역내 노동의 완전고용을 실현시키고 노동의 한계생산성 제고를 통하여 지역간 소득 및 후생과 복지의 격차를 감소시키는 것이 목적이다. 이러한 정책은 Whiteman(1972)과 Winnick(1966) 등에 의해 주장되어 왔다. 둘째로는 노동의 지역간 이동의 촉진보다는 오히려 억제하는 지역개발 정책이다. 이는 낙후지역 노동자들에게 다양한 형태의 소득보조를 제공함으로써 노동자들의 실질적인 소득을 향상시켜 지역간 노동 이동을 억제하는 정책이다. 이는 지역으로 하여금 풍부한 노동력을 보유케하여 타지역으로부터의 자본 유입을 유도하고, 이를 바탕으로 지역생산, 소득, 그리고 후생 등을 높이는데 그 목적이 있다. 이러한 정책의 집행은 Hutton와 Hartely(1968) 등에 의하여 제안되고 집행되었으며, 많은 나라에서 시행되고 있는 지역개발 정책이다.

위와 같이 상반된 정책이 과연 국가와 지역경제의 성장, 그리고 지역간 후생에 각각 어떠한 변화를 가져오며, 정책에 의한 변화 중 어느 변화가 더 바람직한 것인가에 대해 분석 및 이해되어져야 한다. 왜냐하면 정책에 대한 올바른 이해는 올바른 지역개발정책 수립에 기초를 제공하기 때문이다. 또한 올바른 정책분석을 위해서는 분석의 틀이 정태적인 틀보다는 동태적인 틀 위에서 이루어져야 한다. 왜냐하면 Kim(1992)이 지적하였듯이 정책의 효과는 장기적으로 나타나기 때문이다. 본 연구는 단순한 두 지역경제 모형 위에 앞서 언급한 두 지역개발 정책을 동태적인 틀에서 분석하고, 분석 결과로부터 지역개발 정책의 효과에 대한 기본적인 이해를 제공하려는 것이다. 특히 본 연구의 결과는 접근의 형태에 있어서 다소 차이는 있지만 정부의 수도권 정비계획법 시행령 개정안(1994.1)의 예상되는 결과와 관련지을 수 있다. 왜냐하면 이 개정안은 한마디로 수도권으로 향한 생산요소의 집중을 억제하는 정책의 포기라 할 수 있으며, 이는 바꾸어 말하면 요소의 수도권 집중을 촉진시키는 정책이라 할 수 있기 때문이다.

본 연구는 다음과 같은 구조에 의하여 진행된다. 제2절에서는 국민경제를 도시지역경제와 농촌지역경제로 구분하고, 각 생산물의 공급과 수요, 생산요소의 동태적 변화 등을 나타내는 모형의 구조가 설정된다. 그리고 설정된 모형의 구조를 바탕으로 가상의 두 지역간 투입산출표와 연산일반균형(computable general equilibrium)모형을 이용하여 수리적으로 지역 성장과정을 묘사한다. 제3절에서는 위에서 언급한 두 가지 정책이 국가의 형평성과 효율성에 미치는 영향을 소득의 보상효과(compensating variation), 대등효과(equivalent variation), 그리고 국내 총생산(GDP)의 변화 등에 의하여 분석 · 평가했다. 마지막으로 제4절에서는 연구의 결과가 요약된다.

연구의 진행에 앞서 유의해야 할 사항은 투입산출표 자체가 실제의 자료에 의해 만들어진 것이 아니라 임의로 가정된 것이기 때문에 본 연구의 결과는 결론적인 것이라기 보다는 제안적인 것이다. 그러나 여러 학자(Devarajan, Lewis, and Robinson 1990; Hamilton, Mohammad and Whalley 1988)의 연구에서도 나타났듯이 가상의 자료로부터 도출한 결과가 실질적인 실증연구의 결과와 일관성을 가진다는 것이 본 연구의 배경이 되었다. 그러므로 본 연구의 결과는 정책실시의 결과를 이해하는 데 충분하다고 할 수 있다. 그리고 본 연구의 진행은 Dervis, de Melo, and Robinson(1982)와 Mansur and Whalley(1984)의 폐쇄경제하에서의 CGE모형에 바탕을 두었다.

A 13-2 모형

1. 공급측면

1) 지역 생산

밖으로부터 폐쇄되어 있는 국민경제는 각기 하나의 특화된 제품을 생산하는 두 지역경제, 즉 도시지역경제와 농촌지역경제로 구성되어 있다. 지역제품은 중간재(QID_{ijt})와 자본(K_{it})과 노동(L_{it})의 투입에 의해 생산되며, 생산기술은 수익불변의 Cobb-Douglas 생산함수의 특징을 갖는다. 그리고 중간수요는 지역 생산량과 선형적인 관계를 가지며, 지역내 생산요소는 완전고용한다는 것을 가정할 때 지역의 생산은 다음과 같이 표현된다.

$$Q = \min A_i K^{\alpha_i} L^{\beta_i},\ QID_{ijt}/a_{ij},\quad \alpha_i + \beta_i = 1, \tag{A.1}$$

A_i : 지역 i의 생산성 계수,

$\alpha_i(\beta_i)$: 자본(노동)의 생산탄력성 계수,

a_{ij} : 투입산출계수.

2) 가격과 부가가치 가격

생산과정에서 수요되는 중간재로 인하여 지역 생산품의 가격(p_{it})과 그의 부가가치 가격(v_{it})과의 관계는 다음과 같이 표현된다.

$$p_{it} = \sum_j a_{jt} p_{jt} + v_{it}, \quad j = u, r. \tag{A.2}$$

3) 요소의 배분

산업별 요소의 수요는 생산자들의 이윤극대화 행위로부터 도출된다. 즉 생산자는 생산요소의 한계생산가치가 그 요소가격과 같아지는 수준까지 요소를 고용한다. 이러한 생산요소의 수요에 따라 생산요소는 지역별로 배분된다. 이를 식으로 표현하면 다음과 같다.

$$w_{jt} = v_{jt} \frac{\partial Q_{jt}}{\partial L_{jt}}, \quad j = u, r, \quad r_{jt} = v_{jt} \frac{\partial Q_{jt}}{\partial K_{jt}}, \quad j = u, r. \tag{A.3}$$

노동의 이동은 지역 내에서는 완전이동을 그러나 지역간에는 부분이동을 가정한다. 그러므로 노동의 부분이동으로 인하여 지역간 노동임금의 차이는 단기적으로 존재한다. 반면, 지역간의 자본이동은 완전이동을 가정하며, 따라서 자본수익률은 지역마다 동일한 값을 가지게 된다.

$$w_{ut} \neq w_{rt}, \; r_{ut} = r_{rt} = r_t. \tag{A.4}$$

4) 자본재의 생산

여기서는 Uzawa(1960)의 가정을 기초로 투자재(investment good)의 생산을 가정하였다. 즉 모든 자본의 수익은 소비함이 없이 투자재 생산을 위하여 재투자되며, 생산된 투자재는 자본재의 형태로 생산과정에 투입하게 된다. 투자재 생산에서는 중간재의 수요는 없고 단지 두 지역의 생산품의 기술적인 혼합에 의하여 생산되며, 생산기술은 수익불변의 Cobb-Dourglas로 특징지워진다.

$$DK_t = ID_u^r ID_r^{1-r}, \tag{A.5}$$

DK_t : 투자재의 물리적 생산량,

ID_i : 투자재를 생산하기 위해 i지역으로부터 요구되는 상품의 양.

5) 지역내 총생산(GRDP)과 국내 총생산(GDP)

지역내 총생산(Y_{it})은 지역 내에서 발생한 총 부가가치의 합이며, 국내 총생산은 각 지역에서 창출된 부가가치의 합으로 나타낸다.

$$Y_{it} = v_{it} Q_{it}, \quad Y_t = \sum_i Y_{it}. \tag{A.6}$$

2. 수요측면

1) 소비수요

소비자의 수요는 소비자의 효용함수로부터 도출된다. 여기서 소비자의 효용은 지역적인 차이만 있음을 가정한다. 즉 지역 내에서 소비자들의 효용은 동일하며 지역간에는 서로 다른 효용을 가진다. 그리고 소비자의 효용함수는 CES의 형태를 갖는 것으로 가정한다.

$$U_{it} = \left\{\delta_i {y_{iit}}^{\sigma} + (1-\delta_i){y_{ijt}}^{\sigma}\right\}^{1/\sigma}, \quad i \neq j, \tag{A.7}$$

σ_i : 지역 i소비자의 효용계수,

δ_i : 소비자의 소비 계수.

식 (A.7)에서 y_{ijt}는 소비자의 최적행동에 의하여 결정되는 지역 i 소비자당 지역생산품 j의 수요량을 말한다. 이로부터 각 지역의 소비수요는

$$CD_{ijt} = y_{ijt} \cdot L_{it}, \tag{A.8}$$

CD_{ijt} : 지역 i에서 j지역의 생산물에 대한 수요량.

2) 중간재 수요

각 지역생산물의 중간수요는 지역 생산량과 선형적인 관계를 가정하였으므로 다음과 같이 표현된다.

$$QID_i = \sum_j a_{ij} Q_j. \tag{A.9}$$

3) 투자수요

지역생산품에 대한 투자수요(ID_{it})는 투자재를 생산하는 생산자의 최적의 행위에 따라 결정된다.

$$Max.\ ID_{ut}^{r} ID_{rt}^{1-r}, \quad s.t. \quad r_t K_t = \sum_i p_{it} ID_{it}.$$

3. 물자균형조건(Material Balance Requirement)

국가경제는 외부로부터 닫힌 폐쇄경제이므로 두 지역의 생산량은 앞서 언급한 3가지 수요에 의하여 완전히 소비되는 물자의 균형조건이 성립된다.

$$Q_{it}^{s} = ID_{it} + \sum_j QID_{ijt} + CD_{it} = Q_{it}^{D}. \tag{A.10}$$

4. 요소의 동태변화

각 요소의 동태변화는 다음과 같이 표현된다. 노동의 경우 자연적 성장과 지역간 인구이동에 따른 사회적 성장에 의하여 정해진다. 지역간 인구이동은 Miayo(1983)의 모형에서와

같이 지역의 실제임금에 의하여 결정되는 것으로 가정한다.

$$L_{ut} = (1+n)L_{ut-1} \pm M_t,\ L_{rt} = (1+n)L_{rt-1} \mp M_t,\ M_t = q(U_{ut} - U_{rt}), \tag{A.11}$$

n : 인구의 자연성장률,

q : 인구이동의 민감계수.

자본은 지역간 완전이동을 가정함으로써 전체적인 자본스톡의 변화는 다음과 같다.

$$K_t = (1-\lambda)K_{t-1} + DK_t, \tag{A.12}$$

λ : 자본의 감가상각률.

5. 지역성장

단기적으로는 국민경제 및 지역경제는 식 (A.1)부터 식 (A.10)까지의 조건에 충족하면서 지역 총생산, 국내 총생산, 요소의 지역배분, 요소 및 상품의 가격 등이 결정되며, 장기적으로는 식 (A.11)와 (A.12)로부터 국가 및 지역의 성장이 이루어진다. 이러한 두 지역경제에 관하여 좀 더 쉬운 이해를 위하여 두 지역간의 투입산출표를 가지고 설명해보자. 투입산출표는 제품의 흐름과 요소 소득의 흐름, 그리고 생산구조와 소득배분에 관하여 상호관계를 나타내 주기 때문에 경제 전반에 관한 기본이해를 제공한다. 뿐만 아니라 모형의 계수추정을 위한 데이터의 원천으로서 특히 중요하다. 표 A-1에 나타난 가상의 두 지역간의 투입산출표는 본 연구를 위하여 고안된 것이며 이러한 구조의 형태는 여러 연구(Kraybill, Johnson and Orden, 1992; Kimbell and Harrison, 1984)에서 찾아볼 수 있다.

표 A-1 두 지역경제의 투입산출표

구 분	중간재 수요		최종수요			총매출	총부가가치
	도시재	농촌재	소비수요		투자수요		
			도시재	농촌재			
도시재	3.0	4.0	7.0	13.0	18.0	45.0	40.0
농촌재	2.0	4.0	20.0	30.0	12.0	68.0	60.0
농촌소득	30.0	40.0				70.0	
자본소득	10.0	20.0				30.0	
총투입	45.0	68.0	27.0	43.0	30.0	113.0	100.0

위의 두 지역경제의 투입산출표로부터 모형이 포함하고 있는 대부분의 계수값을 구할 수 있다. 또한 구해진 계수값과 요소시장기법(factor market approach)을 이용하면 지역성장을 수리적으로 묘사할 수 있다. 구체적으로 말해, 본 연구에서는 도시지역 생산물의 초과수요

(excess demand)가 0으로 되는 두 지역경제의 균형상태를 도시지역의 자본스톡을 균형변수로 사용하여 구하였고, 각 요소의 동태변화를 전개하면서 국가 및 지역의 경제성장 과정을 묘사하였다. 그리고 본 연구에서 두 지역경제가 Miernky(1982)의 근평형상태(Nearly Steady-State)에 도달하는 기간을 10년으로 가정하였다. 표 A-2는 표 A-1에서 나타난 두 지역경제가 근평형상태에 도달하기까지 두 지역간 요소의 배분상태를 나타내고 있다.

표 A-2 요소의 지역별 동태적 배분

구분 \ 시간	Year=0	Year=2	Year=5	Year=10
L_{ut}/L_t	33.3 %	35.6 %	35.6 %	35.6 %
L_{ut}/K_t	33.3 %	33.8 %	33.8 %	33.8 %

A 13-3 지역개발 정책평가

본 절에서는 앞에서 설명한 모형의 구조와 수리적인 성장과정을 바탕으로 노동이동에 관한 상반된 두 가지의 정책(인구이동의 촉진정책과 억제정책)을 분석한다. 그리고 이러한 정책을 분석하기 위해 형평세(equity tax)의 제도를 도입하였다. 이 형평세는 식 (A.13)과 같이 도시지역의 노동임금이 농촌지역보다 높은 한 계속되며, 개인당 부과되는 평형세액 (ETX_t)은 평형세율과 도시와 농촌의 임금 차이에 의하여 결정되는 것으로 하였다. 정책으로 인한 도시지역 노동자들의 가처분소득(disposable income)과 도시지역에서 조성된 형평세의 총수입$(ETXR_t)$은 다음과 같다.

$$ETX_t = \omega_e(w_{ut} - w_{rt}),\ iff\ \ w_{ut} > w_{rt}, \tag{A.13}$$

$$wud_t = w_{ut} - EXT_t, \tag{A.14}$$

$$ETXR_t = ETX_t \cdot L_{ut}, \tag{A.15}$$

w_e : 평형세율,

w_{udt} : 도시지역의 고용자의 가처분소득.

여기서, 정부의 역할은 소득을 전달하는 소득 전달자로서만 고려하였다. 정책분석은 각 정책으로 인한 요소의 분배형태변화와 그 변화가 국가와 지역의 후생과 효율에 미치는 영향으로 구분하여 진행하였다.

1. 생산요소의 재분배 형태

1) 소득보조금 정책

소득보조 정책은 농촌지역내 노동자들의 실질적인 가처분소득(w_{rdt})을 증가시킨다.

$$w_{rdt} = w_{rt} + s_{rt}, \tag{A.16}$$

s_{rt} : 농촌지역내 노동자 일인당 보조받는 금액,

$s_{rt} = ETXR_t / L_{rt}$.

노동자들의 실제적인 소득의 증가는 그들의 효용을 향상시키며, 도시지역의 효용을 상대적으로 감소시켜 도시지역으로 향한 전출을 억제하게 되는데, 지역간 노동의 이동자 수 ($M_{policy1,t}$)는 다음과 같은 식에 의하여 결정된다.

$$M_{policy1,t} = q(U_{ut}' - U_{rt}')L_{rt}, \tag{A.17}$$

U_{ut}' : 도시지역의 주민의 효용변화분,

U_{rt}' : 농촌지역의 주민의 효용변화분.

각 지역 노동자들의 소득 및 효용의 변화와 이동자 수의 변화 등은 각 지역에서 생산된 제품에 대한 수요와 공급을 변화시키며, 결국 정책의 효과는 시장기능에 의하여 지역간 요소의 재분배로 나타나게 된다. 이러한 요소의 재분배는 표 A-3에 요약되어 있다. 여기서 형평세를 1%부터 4%까지 변형하여 요소의 분배효과를 살펴보았다.

표 A-3 소득보조정책으로 인한 요소의 재분배 형태

비고	Without Policy		With Policy			
			Year=10			
	Year=0	Year=10	r_e=0.01	r_e=0.02	r_e=0.03	r_e=0.04
L_{ut}/L_t	33.3 %	35.6 %	35.6 %	35.5 %	35.5 %	35.4 %
L_{ut}/K_t	33.3 %	33.8 %	33.8 %	33.8 %	33.8 %	33.8 %

표 A-3에서 보이듯이 소득보조 정책의 경우 정책을 실시하지 않았을 경우와 비교하여 볼 때 정책이 요소 간의 이동에 미치는 효과는 전체적으로 미약하다 하겠다. 노동의 경우 세율이 높아질 때 노동이동의 억제효과는 그만큼 높아지는 것으로 나타났으며, 인구의 도시 집중 현상 억제는 높은 세율에 의하여 가능하다 하겠다.

$$\frac{d(L_{ut}/L_t)}{d\tau_e} < 0. \tag{A.18}$$

반면, 자본의 경우 정책 전과 정책 후의 지역간 자본배분의 변화는 거의 없어 소득보조정책이 자본을 농촌지역으로 유입되는 효과는 매우 미약한 것으로 나타났다.

$$\frac{d(K_{ut}/K_t)}{d\tau_e} \approx 0. \qquad \text{(A.19)}$$

그로므로 소득보조 정책의 집행은 Hutton과 Hartely(1968)이 주장한 것과 같이 농촌지역에서 자본형성을 가능케하는 정책효과는 불투명한 것이라 하겠다.

2) 이주보조금정책

이주보조금 제도는 앞서 설명한 소득보조정책과는 달리 보조금의 수혜 범위가 지역내 모든 노동인구가 아니라 타 지역으로 이주하는 이동자에게만 해당하는 정책이다. 이주보조금 정책으로 인한 이동자의 수($M_{policy2,\,t}$)는 다음과 같이 표현된다.

$$M_{policy2,\,t} = q(U_{ut}{}' - (U_{rt} - U_{st}))L_{ut}, \qquad \text{(A.20)}$$

$U_{ut}{}'$: 세금 후의 도시민의 효용수준,

U_{st} : 보조금으로 인한 이주자의 효용증가분.

이주자들은 국가로부터 이동에 따른 보조금을 받음으로 농촌지역에서 전출하는 노동자들의 수는 증가하게 된다. 증가된 전출자의 수는 각 지역 제품에 대한 수요와 공급을 변화시키고, 결국 시장에 의해 지역간 요소들의 재분배로 나타나게 된다. 이주보조금 정책으로 인한 지역간 요소배분의 변화는 표 A-4에 요약되어 있다.

표 A-4 이주보조 정책으로 인한 지역간 요소 배분의 변화

비고	Without Policy		With Policy			
			Year=10			
	Year=0	Year=10	r_e =0.01	r_e =0.02	r_e =0.03	r_e =0.04
L_{ut}/L_t	33.3 %	35.6 %	42.5 %	42.9 %	43.3 %	43.6 %
L_{ut}/K_t	33.3 %	33.8 %	35.4 %	35.4 %	35.5 %	35.6 %

표 A-4에 보이듯이 이동보조금정책은 앞의 소득보조정책의 경우와 달리 요소의 배분에 관한 효과가 큰 것으로 나타나고 있다. 그러므로 요소의 재분배 형태는 노동자의 이동촉진 정책에 더욱 민감하게 반응한다 하겠다. 노동의 경우 형평세율이 높으면 높을수록 도시지역의 노동집중은 더 큼을 보이고 있다.

$$\frac{d(L_{ut}/L_t)}{d\tau_e} > 0. \qquad \text{(A.21)}$$

자본의 경우도 노동과 같이 도시지역에 더 집중하게 되며, 세율이 높아질수록 그의 집중도는 높아지는 것으로 나타났다.

$$\frac{d(K_{ut}/K_t)}{d\tau_e} > 0. \qquad (A.22)$$

그러므로 지역간 노동자의 이동을 촉진하는 정책은 노동뿐 아니라 자본의 도시집중화를 가속시키는 결과를 가져옴을 알 수 있다.

2. 정책평가

앞에서는 두 정책으로 인한 요소의 재분배 형태에 관하여 살펴보았다. 그러나 그러한 자원분배의 변화가 국민경제의 효율성과 지역간 후생에 어떠한 변화를 야기시키는가에 대해 설명하고 있지 않다. 따라서 본 연구에서는 정책이 지역 및 국가 전체의 후생에 미친 영향을 측정하기 위하여 소득의 보상변화(compensating variation)와 동등변화(equivalent variation)를 사용하였다. 이 둘의 측정의 차이는 전자는 정책으로 인한 새로운 평형상태를 기준으로 하여 측정한 것이고 반면, 후자의 측정은 정책집행 전의 평형상태를 기준으로 변화를 측정한 것이다. 이러한 변화의 측정은 화폐단위의 변화를 나타내므로 동태적인 비교를 위해서는 사회 할인율을 적용하여야 한다. 그리고 효율성의 변화는 정책 전과 후의 국내 총생산변화의 비를 가지고 비교하였다.

$$CV_i = \sum_t CV_{it} e^{-\gamma t}, \quad EV_i = \sum_t EV_{it} e^{-\gamma t}, \qquad (A.23)$$

$$\xi = \frac{\sum Y_t^p e^{-\gamma t}}{\sum Y^{np} e^{-\gamma t}}, \qquad (A.24)$$

γ : 사회적 할인율,

ξ : 효율성의 변화,

$Y_t^p\,(Y_t^{np})$: 정책 집행시(미집행시) 국내 총생산.

먼저 소득보조 정책에 의한 후생 및 국가 효율성의 변화는 표 A-5에 요약되어 있다.

표 A-5 지역개발정책의 후생변화와 효율의 변화

구분 \ 세율	0.01	0.02	0.03	0.04
CV				
-도시지역	-0.7248	-1.4552	-2.1913	-2.9331
-농촌지역	0.8205	1.6384	2.4538	3.2667
계	0.0957	0.1832	0.2625	0.3336
CV				
-도시지역	-0.7228	-1.4471	-2.1730	-2.9004
-농촌지역	0.8226	1.6471	2.4734	3.3015
계	0.0998	0.2000	0.3004	0.4011
효 율 성	0.0998	0.9995	0.9993	0.9990

소득보조 정책의 경우 도시지역은 형평세의 부과로 인해 효용이 감소되며, 세율이 높을수록 그 효용의 감소는 더 커지는 것으로 나타난다. 그러나 이러한 도시지역의 효용 감소는 농촌지역의 효용 증가로 인하여 상쇄되어 국가 전체적으로는 효용의 향상을 가져오게 된다. 따라서 이러한 정책은 총량적인 후생의 증가로 정책실시의 당위성을 나타낸다. 그러나 생산요소(특히 노동자)가 그의 한계생산성이 낮은 지역에서 높은 지역으로 향한 이동이 억제되어 국민경제는 전체적으로 비효율적이라 하겠으며, 세율이 높을수록 이동은 더욱 억제되어 전체적인 비효율성은 높아진다. 그러므로 소득보조정책의 실시에서 형평성과 효율성 사이에 상반관계(trade-off)가 일어남을 알 수 있다.

표 A-6 이동보조정책으로 인한 후생 및 효율의 변화

구분 \ 세율	0.01	0.02	0.03	0.04
CV				
–도시지역	–30.5199	–33.4128	–36.0056	–38.3684
–농촌지역	6.2858	7.3559	8.3420	3.2667
계	–24.2341	–26.0569	–27.6636	–29.1173
CV				
–도시지역	–27.8130	–30.2605	–32.4341	–34.3995
–농촌지역	7.1015	7.6583	8.1513	8.5962
계	–20.7115	–22.6022	–24.2828	–25.8033
효 율 성	1.0943	1.0962	1.0587	1.0616

표 A-6의 결과는 앞의 소득보조정책의 결과와 반대의 결과를 보이고 있다. 즉 요소의 재분배 형태가 소득보조 정책에 비해 민감하게 나타난 것과 같이 지역의 후생변화도 소득보조 정책에 비해 크게 차이가 나고 있음을 말해주고 있다. 도시지역의 경우 급격하게 농촌지역으로부터 이동하여 오는 노동자들은 도시지역의 노동 한계생산성을 떨어뜨려 임금의 감소를 가져오며, 이는 바로 효용의 저하로 나타나게 된다. 도시지역의 효용 감소의 폭이 소득보조정책의 경우보다 더 큰 것은 바로 이러한 이유에 기인하는 것이다. 반면 농촌지역에 잔류하고 있는 노동자들은 Whiteman(1972)과 Winnick(1966)이 주장한대로 노동의 한계 생산성이 높아져 임금과 후생의 향상을 경험하게 된다. 여기서 중요한 것은 농촌지역의 향상된 후생이 도시지역에 감소된 후생을 상쇄하기에는 그 향상의 폭이 너무 미약하다는 것이다. 따라서 국가 전체적으로 후생은 감소된다. 이와는 반대로 효율성의 경우, 노동이 생산성이 높은 도시지역에 집중됨에 따라 전체적으로 효율성은 상승하게 된다. 결국 이동보조금 정책의 경우도 소득보조정책의 경우와 마찬가지로 형평성과 효율성 사이에 상

관관계가 존재함을 보이고 있다.

위의 두 정책 모두 형평성과 효율성에 상반관계가 일어남으로 해서 Lee(1982)가 언급한 바와 같이 전체적인 후생의 증가와 함께 경제발전을 추구하려는 정책은 실제적으로 어렵다는 것을 알 수 있다. 따라서 정부의 정책 선택은 바로 효율성과 형평성의 선택이라 할 수 있다. 이러한 선택에 대해 Alonso(1975)가 지적한 것 같이 효율성과 형평성 중 어느 것이 우선됨을 가리키는 공식은 없다. 즉 정책의 선택은 그 국민경제가 당면한 상태에 따라 결정된다고 할 수 있다. 예를 들면 개발 위주의 경제운용을 계획하여야 하는 국민경제의 경우 낙후지역이나 농촌지역에 존재하는 노동자들에게 성장지역으로 이주를 촉진하는 정책이 유리하며, 지역간 형평성을 중요시하는 선진경제의 경우 낙후지역내 노동자들에게 소득보조 정책을 통하여 그들의 후생을 향상시키는 것이 바람직한 지역개발정책이다.

A 13-4 결 론

본 연구는 단순한 두 지역경제의 성장 모형에 가상의 투입산출표를 바탕으로 간단한 CGE 모형을 이용하여 두 가지의 상반된 노동이동 정책에 관해 수리적으로 분석하였다. 따라서 분석의 결과는 결정적인 것이라기보다는 제안적이라 할 수 있다. 그러나 이러한 분석의 결과는 지역 개발정책이 국가경제와 지역경제에 미치는 영향을 이해하는 데 충분한 것이라 할 수 있다.

본 연구에서 나타난 결과는 두 가지의 상반된 지역개발정책 중 어느 정책이 다른 정책보다 우선한다는 것은 없고, 단지 정책을 집행하는 국가의 경제 운용의 관점에 따라 정책의 순위는 달라질 수 있다는 것이다. 왜냐하면 두 지역개발정책 모두 형평성과 효율성 사이에는 상반관계(trade-off)가 존재하고 있기 때문이다. 또한 이러한 결과는 국민경제의 질적·양적변화에 따라 인구이동 정책은 동태적으로 이루어져야 한다는 것을 또한 제시하고 있다.

마지막으로 위와 같은 제안적인 결론에 비춰볼 때 이번 정부의 수도권 집중억제정책의 포기는 결국 지역간 후생 및 복지의 차이를 더욱 심화시킬 것으로 예상된다. 이는 현재 지역이 맞이하는 지방화 시대의 조류에 역행하는 정책이 아닌가 생각되어진다. 따라서 현시점에서 지역간 불균형을 가중시킬 수 있는 이번 중앙정부의 정책은 여러 가지 면에서 재검토되어야 할 것 같다.

제 **14** 장

연산일반균형모형Ⅱ(개방경제 전국모형)

14.1 서 론

앞 장에서 설명하였듯이 연산일반균형(computable general equilibrium, CGE) 모형은 모형의 해가 수리적인 해이기 때문에 모형의 구조에 대한 제약을 많이 받지 않는다. 이러한 특징으로 인해 CGE모형은 그의 적용의 범위가 다양하며, 특히 정책 실험에 있어 매우 유용한 모형이 되는 것이다. 앞 장에서는 단순한 경제인 N국에 초점을 맞춰 CGE모형에 대한 기초적 이해를 제공하였다. 본 장에서는 앞 장에 비해 좀 더 현실적인 측면을 반영하여 모형을 설명하기로 한다.

본 장에서 반영되는 현실적 측면이란 산업간 존재하는 연관관계와 소득의 전달자로서 정부의 역할, 그리고 해외부문과의 거래 등이다. 첫째 산업간 연관관계는 한 산업의 생산과정에서 다른 산업의 생산품이 투입되므로 형성되는 관계이다. 산업의 생산과정에서 중간재가 투입되면 그 산업제품의 단위 가격과 부가가치 가격은 서로 달라지고, 당연히 산업의 산출액과 부가가치액도 달라지게 된다. 그리고 제품가격과 부가가치 가격이 존재하므로 인해 가격체계는 좀 더 복잡해진다. 둘째, 정부의 역할이다. 정부는 산업제품의 가격결정에 직접 또는 간접적으로 영향을 미친다. 즉 정부는 생산자들에게 간접세를 부과하므로 제품의 가치 결정에 직접적인 영향을 주며, 생산자와 가계부문, 그리고 해외부문에 세금을 부과하여 얻은 정부 소득을 경제 내 다시 지출하여 제품에 대한 기존 수요의 규모를 변화시키므로 제품의 가격 결정에 간접적으로 영향을 준다.

본 장에서 반영되는 세 번째 현실적 측면은 해외 시장과의 거래이다. 오늘날과 같은 국제화 시대에서 해외로부터 완전히 폐쇄된 경제는 아마 지구상에서 없을 것이다. 그리고 국가 간의 인위적인 무역장벽이 무너지면서 경제성장과 함께 해외무역이 차지하는 비율은 자연스럽게 높아지게 된다(표 6.5 참조). 따라서 CGE모형의 유용성을 높이기 위해서는 해외시장과의 거래가 모형 내에 포함되어야 한다. 해외시장과의 거래가 포함될 때 CGE모형은 개방경제의 모형이 되는 것이다. 개방경제의 모형에서는 국내 생산량이 국내 소비량과 더 이상 같지 않으며, 재화의 종류도 국내에서 생산되는 재화와 해외로부터 수입되는 재화 등으로 인해 재화의 가격들도 폐쇄경제에 비해 다양해지고, 가격의 결정구조도 그만큼 복잡해진다.

위와 같은 세 가지의 현실적인 측면이 반영되었다고 해서 CGE모형이 이해하기 어려울 정도로 복잡해지는 것은 아니다. 왜냐하면 근본적으로 개방경제의 CGE모형의 구조도 앞 장에서 설명한 모형과 거의 동일하기 때문이다. 본 장은 다음과 같이 구성된다. 제2절에서는 개방경제인 가상의 국가 K국의 SAM에 대해 설명된다. 제3절에서는 K국의 모형이 구축된다. 모형에서는 K국의 SAM에 나타난 경제 주체들의 소득과 지출, 그리고 주체들간의 거래가 식으로 표현된다. 제4절에서는 CGE모형의 기본구조가 제시되며, 모형에 포함된 파라메타들이 SAM으로부터 도출되고, 기본구조의 연립방정식과 도출된 파라메타를 이용하여 모형의 해가 구해진다. 제5절에서는 앞 절에서 구한 모형의 해를 바탕으로 간단한 정책 실험을 실시한다. 마지막으로 제6절에서는 본 장에서 다루어졌던 내용이 요약된다.

본 장에서 설명되는 개방경제의 모형구조가 간단하지 않기 때문에 모형의 해를 컴퓨터의 도움 없이 구하기는 어렵다. 여기서는 CGE모형 분야에서 널리 사용되고 있는 소프트웨어 GAMS(general algebraic modeling system)를 이용하여 모형의 해와 정책으로 인한 자원배분의 변화를 구하도록 한다. 그리고 본 장의 부록은 두 부분으로 구성된다. 첫 번째 부문에서는 CGE모형을 이용하여 문제를 해결하려는 독자들을 위해 GAMS의 프로그램이 제공된다. 그리고 두 번째 부분에서는 연산일반균형모형을 이용하여 우리나라의 경제성장과 산업별 토지수요를 예측한 논문이 소개된다.

14.2 개방경제의 SAM

제12장에서 설명하였듯이 개방경제의 SAM을 작성하는 데 있어 재화를 생산하는 부문의 투입과 배분을 나타내는 데는 두 가지 방법이 있다. 첫째 방법은 생산부문의 행과 열의 합계를 각각 재화의 총수요와 총공급으로 나타내어 SAM을 구성하는 것이며, 둘째 방법은 생산부문을 생산활동부문과 재화부문으로 구분하여 SAM을 구성하는 것이다. 본 서에서는 전자의 방법에 의해 작성된 SAM을 SAM(Type Ⅰ)이라 하였으며, 후자의 방법에 의한 것을 SAM(Type Ⅱ)라 하였다. 본 장에서는 SAM(Type Ⅱ)을 바탕으로 하여 개방경제의 CGE모형을 수립하도록 한다. SAM(Type Ⅱ)에서 생산활동부문은 국내재의 생산과 배분을, 그리고 재화부문은 복합재의 생산과 배분을 나타낸다. 이에 대한 설명을 표 14.1에서 제시한 K국의 SAM을 가지고 설명해보자.

우선 본 장에서 제시되는 SAM은 제12장에서 제시된 K국의 SAM을 약간 변형한 것이다. 변형된 부분은 해외에서 국내 자본시장으로 유입된 −112억 원 부분이다. 여기서 −112억 원이란 바로 국내시장으로 자본이 유입된 것이 아니라 국내자본시장에서 해외로 유출된 금액이 112억 원임을 가리키는 것이다. 제12장에서는 자본시장부문이 해외부문에 112억 원이 투자된 것으로 SAM에 나타내었다. 국내자본시장에서 해외로 유출된 것과 자본시장 부문이 해외로 투자한 것은 내용적으로 서로 동일한 것이다. 따라서 표 14.1은 실제적으로 제12장에서 제시된 SAM과 동일한 것이다.

표 14-1 K국의 SAM(Type Ⅱ) (단위 : 억 원)

구분 \ 부문	생산활동 1	생산활동 2	재화 1	재화 2	노동	자본	가계	정부	자본	해외	계
생산활동 1			105							140	245
생산활동 2				112						150	262
재화1	31	15					80	10	12		148
재화2	80	30					100	22	36		268
노동	75	120									195
자본	46	72									118
가계					195	118					313
정부	13	25	5	16			50				109
자본							83	77		−112	48
해외			38	140							178
계	245	262	148	268	195	118	313	109	48	178	

우선 복습하는 의미에서 표에 제시된 SAM을 간단히 설명해 보자. SAM의 행은 열의 부문으로부터 얻는 소득, 바꾸어 말하면 행의 부문이 열의 부문들에게 판매한 금액을 가리킨다. 그리고 SAM의 열은 행의 부문들에 지출되는 금액을 가리킨다. K국의 경제 주체 간의 거래관계를 요약하면 다음과 같다. 생산활동부문 1과 2는 국내재 1과 2를 생산하며, 생산과정에서 재화부문에 중간재 비용을, 노동과 자본에 요소비용을, 그리고 정부부문에 간접세를 지불한다. 두 생산활동부문에서 국내재 생산에 투입된 총 비용은 각각 245억 원과 262억 원이다. 그리고 생산된 국내재는 재화부문과 해외부문으로 판매되는 데, 국내재 1의 경우 재화부문과 해외부문으로 판매된 금액은 각각 105억 원과 140억 원이며, 국내재 2의 경우는 재화부문에 112억 원, 그리고 해외부문에 150억 원이다. 따라서 생산활동 부문 1과 2의 총 수입은 그들의 지출 비용인 245억 원과 262억 원이 된다. 여기서 생산활동부문에서 재화부문으로 판매된 금액은 바로 국내재의 국내소비 액이며, 해외부문에 판매된 금액은 설명할 필요도 없이 해외 수출액이다.

재화부문은 국내재와 해외에서 수입한 제품을 이용하여 복합재를 생산하고, 이를 오로지 국내시장에만 배분한다. 재화 부문1에서는 국내재 105억 원, 해외 수입재 38억 원, 그리고 정부 관세로 5억 원을 투입하여 복합재 1을 생산한다. 그리고 생산된 복합재 1은 중간재로 생산활동 부문에 46억 원(31억 원+15억 원) 만큼 판매되며, 가계부문과 정부부문, 그리고 자본시장에 판매된 금액은 102억 원(80억 원+10억 원+12억 원)이다. 따라서 복합재의 총 판매금액은 복합재 투입 비용인 148억 원이 된다. 복합재 2의 경우도 복합재 1의 경우와 같이 총 판매수입은 그의 투입 비용인 248억 원이다.

가계부문의 경우 국내재의 생산과정에 투입된 노동과 자본의 총 비용 313억 원이 바로 가계부문의 소득이 된다. 그리고 가계부문은 그들의 소득을 재화 1과 재화 2 소비에 각각 80억 원과 100억 원을, 정부에 직접세로 50억 원을, 그리고 가계저축으로 83억 원을 지출한다. 정부부문의 소득 109억 원은 생산활동부문과 해외부문, 그리고 가계부문에서 납부한 간접세와 관세, 그리고 직접세의 합이다. 정부부문은 그의 소득을 두 재화 소비에 각각 10억 원과 22억 원을 지출하고 나머지 77억 원은 저축한다.

K국내 자본시장으로 유입된 총 저축액은 가계부문과 정부부문에서 각각 83억 원과 77억 원이며, 해외시장으로 유출된 금액은 112억 원이다. 따라서 국내 총저축은 바로 48억 원(83억 원+77억 원−112억 원)이 된다. 이러한 총 저축은 두 재화부문에 대한 투자로 12억 원과 36억 원 모두 지출된다. 마지막으로 K국에서 해외부문으로 지출한 금액은 총 178억 원이며, 이는 두 재화부문에서 해외로부터 수입한 금액의 합이다. 이러한 해외부문으로의 총 지출은 K국의 재화수출액 290억 원에서 해외로 투자한 112억 원을 제외한 금액 178억 원(140억 원+150억 원−112억 원)과 균형을 이룬다.

14.3 모형 내 함수식

CGE모형의 첫 단계는 기본 모형을 구축하는 것이다. 기본 모형이란 SAM에 제시된 경제 부문들의 소득과 지출을 식으로 나타내는 것이며, 기본 모형의 해는 바로 SAM에 나타난 값들이 된다. 본 절에서는 K국의 기본 모형의 구축과정에 대해 설명된다. 개방경제의 모형구조는 폐쇄경제에 비해 복잡하기 때문에 체계적인 설명이 필요하다. 앞 장에서는 폐쇄경제의 기본모형을 재화시장과 노동시장으로 구분하여 설명하였으나 본 장의 경우 해외 수출과 수입으로 인해 시장 자체가 다양해지므로 SAM을 구성하는 각 경제 부문별로 설명하는 것이 독자들이 모형을 이해하는데 더 유리할 것이다. 따라서 본 장에서는 CGE모형에 대한 설명을 부문별로 구분하여 제공하기로 한다. 단, SAM (Type Ⅱ)로부터 CGE모형을 수립할 때는 국내재와 복합재에 대해 독자들이 혼돈할 수 있다. 그러므로 모형에 대한 설명에 앞서 이 두 재화에 대한 차이를 간단히 설명하기로 한다.

국내재와 복합재의 생산과 배분은 그림 14.1에 보이는 바와 같다. 국내재는 말 그대로 국내에서 생산되는 재화(domestically produced good)이다. 생산된 국내재는 국내 수요와 해외 수요에 의해 배분되는데, 본 서에서는 국내 수요에 의해 배분되는 국내재를 국내 공급재로, 그리고 해외 수요에 의해 배분되는 국내재를 해외 수출재로 부르기로 한다. 반면 복합재(composite good)는 국내 공급재와 해외 수입재의 결합을 통해 생산되며, 생산된 복합재는 해외로 수출됨이 없이 국내시장으로만 배분된다. 이에 대한 보다 구체적인 설명은 각 부문의 수학식에서 하기로 한다.

그림 14.1
복합재와 국내재의 생산 및 배분구조

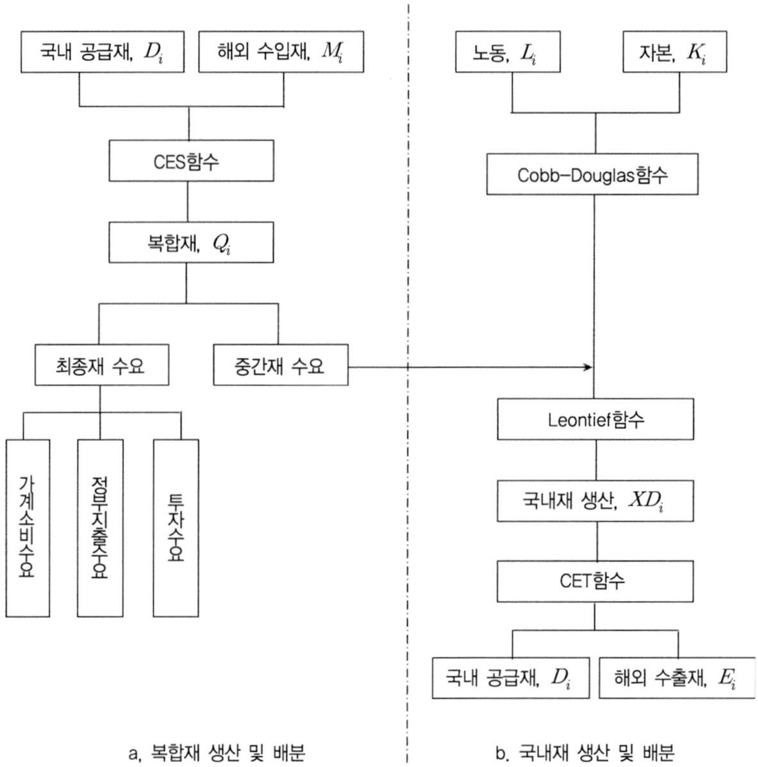

14.3.1 생산활동부문

생산활동부문의 행은 국내재의 배분을, 그리고 열은 국내재 생산의 투입구조를 나타낸다. 우선 국내재의 투입구조는 중간재와 생산요소, 그리고 정부의 간접세 등으로 구성되며, 배분구조는 재화부문과 해외부문으로 구성된다. 각각에 대한 설명은 다음과 같다.

1) 국내재 생산의 투입구조

• 국내재 생산

국내재의 생산기술은 Leontief의 고정계수함수로 특징지워지는 것으로 가정한다.

$$XD_i = \min\left(\frac{INTD_{1i}}{a_{1i}}, \frac{INTD_{2i}}{a_{2i}}, \dots, \frac{INTD_{ni}}{a_{ni}}, \frac{VAX_i}{a_{vi}}\right). \qquad (14.1)$$

XD_i : 국내재 i의 생산량,

$INTD_{ji}$: 국내재 i생산에 투입되는 복합재 j의 양,

VAX_i : 국내재 i의 생산에서 창출된 부가가치량,

$$VAX_i = f(L_i, K_i),$$

a_{ji} : 투입산출계수,

a_{vi} : 국내재 i의 부가가치계수.

여기서 독자들이 유의해야 할 것은 식 (14.1)에 제시된 변수들, 즉 XD_i, $INTD_{ji}$, VAX_i의 단위는 화폐단위가 아니라 물량단위라는 것이다. CGE모형에서 변수들을 물량단위의 변수와 화폐단위의 변수로 구분하는 것은 앞 장에서 강조하였듯이 모형을 이해하고 모형의 해를 구하는데 있어 매우 중요하다. 따라서 여기서는 독자들의 혼돈을 피하기 위해 물량단위의 변수들에 대해서는 명확하게 양(量)으로 나타내도록 한다. 위의 식에서 국내재 생산으로부터 노동과 자본에 의해 창출된 부가가치량은 수확불변 Cobb-Douglas나 CES(constant elasticity substitution)의 형태로 나타낼 수 있다. 여기서는 편의상 Cobb-Douglas의 형태로 전제한다. (물론 부가가치를 물량단위로 표현하는 것은 무리가 있을 수 있다. 그러나 식 (14.3)에서 설명되는 부가가치액은 사실 부가가치 가격에 의해 화폐가치로 나타나는 것이다. 그러므로 부가가치액과 구분하기 위해 약간은 거친 표현이기는 하지만 여기서는 VAX_i를 부가가치량으로 표현하기로 한다.)

$$VAX_i = AD_i \cdot L_i^{\alpha_i} \cdot K_i^{1-\alpha_i}, \tag{14.2}$$

AD_i : 국내재 i의 생산성 계수,

$L_i(K_i)$: 국내재 i의 생산과정에 투입된 노동(자본)의 규모,

α_i : 국내재 i의 노동 생산탄력성 계수.

국내재 생산에서 창출된 총 부가가치액은 부가가치량과 부가가치 가격에 의해 결정된다.

$$VA_i = PV_i \cdot VAX_i, \tag{14.3}$$

VA_i : 국내재 i 생산과정에서 창출된 부가가치액,

PV_i : 국내재 i의 부가가치 가격.

• 부가가치 가격

국내재의 부가가치 가격은 국내재의 단위가격에서 정부부문이 생산활동부문에 부과하는 간접세와 제품단위당 투입되는 중간재 가격의 합을 제함으로 구해진다. 이를 식으로 나타내면 다음과 같다.

$$PV_i = (1 - td_i) \cdot PX_i - \sum_j a_{ji} PQ_j, \tag{14.4}$$

td_i : 국내재 i에 부과되는 간접세율,

PX_i : 국내재 i의 단위가격,

PQ_j : 복합재 j의 단위가격.

• 노동비용

국내재 생산에서 노동자들에게 지급되는 임금은 노동의 한계생산가치이며, 생산과정에서 발생하는 노동비용은 노동자의 임금과 고용된 노동자의 수에 의해 결정된다. 그리고 생산활동부문에서 수요하는 노동자의 수는 노동의 한계생산 가치인 노동임금으로부터 도출된다. 즉 노동의 수요는 노동의 한계생산가치가 임금과 같은 수준에 이를 때까지 노동자를 계속 고용하려는 생산자들의 이윤 극대화 원리로부터 도출된다. 단, 여기서는 노동자의 산업간 이동은 완전이동으로 가정한다. 그러므로 산업간 임금은 동일하다.

$$w = PV_i \cdot \frac{\partial VAX_i}{\partial L_i}, \ LC_i = w \cdot L_i , \tag{14.5}$$

w : 국내재 생산에 고용된 노동자의 임금,

LC_i : 국내재 i 생산에 투입된 노동비용.

• 자본비용

국내재 생산에서 자본비용은 노동비용의 경우와 같은 방법에 의해 도출된다. 즉 자본비용은 자본의 한계생산가치와 생산과정에 투입되는 자본규모에 의해 결정된다. 그리고 자본수요는 자본의 한계생산가치가 자본의 수익률과 같은 수준에 이를 때까지 자본을 계속 투입하려는 생산자의 이윤극대화 행위로부터 도출된다. 여기서도 자본의 산업간 이동은 완전이동으로 가정하므로 산업간 자본의 수익률은 동일하다.

$$r = PV_i \cdot \frac{\partial VAX_i}{\partial K_i}, \;\; KC_i = r \cdot K_i \;, \tag{14.6}$$

r : 국내재 생산에 투입되는 자본의 수익률,

KC_i : 국내재 i생산에 투입된 자본비용.

2) 국내재 배분 : 국내 공급재와 해외 수출재

일반적으로 국내에서 생산된 재화는 국내시장에 판매되는 내수용 제품, 즉 국내 공급재와 해외시장에 판매되는 해외 수출재로 구분된다. 여기서 주목해야 할 것은 해외 수출재는 수입국의 규제나 수입국 국민들의 선호도 등을 충족시키기 위해 생산기술이나 생산비용이 국내 내수용과는 다를 수 있다는 것이다. 예를 들면 미국이나 EU에 속한 국가의 경우 환경 보호를 위해 자동차의 배기가스 배출 기준이나 안전을 위한 기준 등이 우리나라의 기준과 다를 수 있다. 기준이 다르다면, 그러한 기준을 충족시키기 위해서는 수출용 제품은 국내시장에 판매하는 제품과는 달라야 한다. 이 경우 수출용 자동차의 생산은 비용측면이나 기술측면에서 내수용 자동차와는 차이가 있게 되는 것이다. 이는 바로 국내시장에 공급되는 제품이 해외시장으로 공급되는 제품과 서로 완전대체가 되지 않음을 가리킨다.

국내시장과 해외시장에 공급되는 제품이 서로 구별될 때 생산자의 문제는 국내 공급재와 해외 수출재 각각의 생산규모를 결정하는 데 있다. 다시말해 국내재를 생산할 때 국내 공급재와 해외 수출재의 각각의 생산규모를 어떠한 기준에 의해 결정할 것인가 하는 것이다. 이러한 문제 해결을 위해 CGE 모형에서는 생산자가 국내재를 국내 공급재 또는 해외 수출재로 전환시킬 수 있는 기술을 가지고 있음을 가정한다. 그리고 그 전환기술은 불변전환탄력성(constant elasticity of transformation, CET)함수로 다음과 같이 특징지워진다.

$$XD_i = AT_i(h_i D_i^{\sigma_i} + (1-h_i)E_i^{\sigma_i})^{\frac{1}{\sigma_i}}, \tag{14.7}$$

D_i : 국내 공급재 i의 규모,

E_i : 해외 수출재 i의 규모,

σ_i : 국내 공급재 i와 해외 수출재 i간의 변환성을 나타내는 지수,

AT_i , h_i : 파라메타.

위의 식에서 불변전환탄력성(ε_i)은 다음과 같이 표현된다.

$$\varepsilon_i = \frac{1}{\sigma_i - 1}. \tag{14.8}$$

국내재가 국내 공급재와 해외 수출재로 구별될 때 국내재의 총액은 바로 국내 공급재의 총액과 해외 수출재의 총액의 합이 된다.

$$PX_i \cdot XD_i = PD_i \cdot D_i + PE_i \cdot E_i\,, \tag{14.9}$$

PD_i : 국내 공급재 i의 단위가격,

PE_i : 해외 수출재 i의 단위가격.

국내재의 가격은 국내 공급재의 가격과 같으며, 해외 수출재 i의 가격은 다음과 같이 표현된다.

$$PE_i = ER(1 + e_i)PWE_i\,, \tag{14.10}$$

ER : 환율,

e_i : 국내재 i의 수출보조금 비율,

PWE_i : 해외 수출재 i의 국제가격.

따라서 국내 공급재와 해외 수출재의 생산규모는 국내재의 생산량 제약 하에서 생산자의 국내재 가치의 극대화 원리로 결정될 수 있다. 다시말해 주어진 국내재의 생산규모 제약하에서 국내재의 가치를 극대화하려는 생산자의 원리로부터 국내공급재와 해외 수출재의 적정생산규모는 도출된다. 이를 식으로 표현하면,

$$\max_{D_i,\,E_i}. \quad PD_i \cdot D_i + PE_i \cdot E_i\,, \tag{14.11}$$

$$s.t. \quad \overline{XD_i} = AT_i\left(h_i D_i^{\sigma_i} + (1 - h_i)E_i^{\sigma_i}\right)^{\frac{1}{\sigma_i}},$$

$\overline{XD_i}$: 주어진 국내재의 생산량.

우선 위의 두 식으로부터 라그랑지함수를 설정하고, 설정된 식의 일계조건(first order condition)으로부터 국내 공급재와 해외 수출재 생산규모의 적정 비율은 다음과 같이 구해진다.

$$\frac{E_i}{D_i} = (\frac{PE_i}{PD_i} \cdot \frac{h_i}{1-h_i})^{\frac{1}{\sigma_i - 1}} \quad . \tag{14.12}$$

여기서 식 (14.12)의 양변을 D_i로 나누고, 나누어진 식에 식 (14.12)를 대입하면 국내재의 생산규모와 국내 공급재의 생산규모 사이의 관계는 다음과 같이 국내 공급재 가격과 해외 수출재 가격의 함수로 표현된다.

$$\frac{XD_i}{D_i} = AT_i\left\{h_i + (1-h_i)(\frac{E_i}{D_i})^{\sigma_i}\right\}^{\frac{1}{\sigma_i}} = \theta_i(\frac{PE_i}{PD_i}). \tag{14.13}$$

그러므로 국내재의 생산규모와 국내 공급재 가격, 그리고 해외 수출재의 가격이 주어지면 식 (14.13)으로부터 국내 공급재의 생산량이 결정되고, 해외 수출재의 규모는 다시 식 (14.12)을 이용하면 계산된다. 만일 국내재의 가격이나 수출가격이 변화되었을 때 국내 공급재와 해외 수출재의 생산규모 변화는 식 (14.12)와 (14.13)을 이용하면 계산할 수 있다.

14.3.2 재화부문

CGE모형에서 재화부문은 앞서 언급하였듯이 복합재를 생산하고, 이를 국내 시장에만 배분하는 부문이다. 그러나 복합재는 현실적으로 생산되는 것도, 그리고 복합재의 형태로 시장에서 거래되는 것이 아니므로 복합재의 시장 가격은 사실상 존재하지 않는다. 다시말해 복합재의 시장은 모형의 구성을 위해 가상으로 도입된 시장이라고 할 수 있다. 이러한 가상의 재화인 복합재의 생산과 배분에 대한 설명은 다음과 같다.

1) 복합재 생산

개방경제에서는 국내에서 생산된 제품이 해외로 수출되는 동시에 해외에서 생산된 제품이 수입되기도 한다. 이는 제품에 대한 국내 수요가 국내 공급재와 해외 수입재에 의해 충족됨을 가리키는 것이다. 그러나 여기서 알아야 할 것은 바로 국내 공급재와 해외 수입재가 서로 완전 대체가 되지 않는다는 것이다. 왜냐하면 두 제품은 제품의 질이나 계절적 공급제약요인 또는 기타 국내 소비자의 선호도 등에 있어 서로 다를 수 있기 때문이다. 따라서 비록 국내 공급재가 해외 수입재에 비해 가격이 더 저렴하다고 하여도 해외 수입재에 대한 수요는 존재하게 된다. 그리고 해외 수입재에 비해 국내 공급재의 가격이 비싼 경우에도 국내 공급재에 대한 수요는 여전히 존재하게 된다. 예를 들면 국내에서 생산되는 다양한 종류의 자동차가 있음에도 불구하고 해외에서 생산된 값비싼 차가 수입되는 경우나 값싼 농작물이 해외에서 수입됨에도 불구하고 국내에서 생산된 농작물이 비싸게 판매되는 경우 등이 이에 해당하는 예라고 할 수 있다.

국내에 존재하는 제품수요가 국내 공급재와 해외수입재에 의해 충족될 때 문제는 바로 국내의 수요를 충족시키기 위해 적정한 국내 공급재와 해외 수입재의 규모를 결정하는 것이다. 이러한 문제를 해결하기 위해 CGE모형에서는 재화부문을 도입한다. 재화부문은 국내 공급재와 해외 수입재를 결합하여 복합재를 생산하고, 생산된 복합재를 오로지 국내 시장에만 공급하는 것으로 한다. 따라서 복합재의 수요는 생산활동부문의 중간재 수요와 가계부문의 소비수요, 자본시장의 투자수요, 그리고 정부지출수요로 구성되며, 해외수요는 없게 된다.

CGE모형에서 복합재 생산을 위한 국내 공급재와 해외 수입재의 결합 형태는 Cobb-Douglas 형태 또는 CES형태로 가정하는 것이 일반적이다. 본 서에서는 국내 공급재와 해외 수출재의 결합형태를 다음과 같이 CES형태로 전제하기로 한다. 참고적으로 복합재의 생산함수가 CES형태로 가정될 때, 그 함수를 아밍톤 함수(Armington function)이라고 한다.

$$Q_i = BT_i(b_i D_i^{-\delta_i} + (1-b_i)M_i^{-\delta_i})^{-\frac{1}{\delta_i}}. \qquad (14.14)$$

Q_i : 복합재 i의 생산량,

M_i : 해외 수입재 i의 양,

δ_i : 국내 공급재 i와 해외 수입재 i간의 대체성을 나타내는 지수,

BT_i , b_i : 파라메타.

여기서 CES함수의 불변대체탄력성은 다음과 같이 표현된다.

$$\rho_i = \frac{1}{1+\delta_i}. \qquad (14.15)$$

앞 서 언급하였듯이 국내 공급재와 해외 수입재가 완전대체되지 않을 경우 복합재의 양은 단순히 국내재와 해외 수입재의 합이 되지 않는다. 그러나

복합재의 생산가치는 국내 공급재의 가치와 해외 수입재의 가치의 합이 된다. 이를 식으로 표현하면 다음과 같다.

$$PQ_i \cdot Q_i = PQ_i \cdot D_i + PM_i \cdot M_i \,, \qquad (14.16)$$

PM_i : 해외 수입재 i의 단위가격.

국내 수요량을 충족하기 위한 국내재와 해외 수입재의 적정규모는 비용 최소화 원리에 의해 결정된다. 즉 주어진 복합재의 양을 생산하기 위한 비용 최소화 원리를 통해 국내 공급재와 해외 수입재의 규모는 도출되는 것이다. 이를 식으로 표현하면 다음과 같다.

$$\min_{D_i, M_i} \quad PD_i \cdot D_i + PM_i \cdot M_i \,, \qquad (14.17)$$

$$s.t. \quad \overline{Q_i} = BT_i(b_i D_i^{-\delta_i} + (1-b_i) M_i^{-\delta_i})^{-\frac{1}{\delta_i}} \,,$$

$\overline{Q_i}$: 주어진 복합재 i의 양.

위의 식으로부터 라그랑지함수를 설정하고, 설정된 식의 일계조건(FOC)으로부터 국내 공급재와 해외 수입재의 최적비율은 다음과 같이 도출된다.

$$\frac{M_i}{D_i} = \left(\frac{PD_i}{PM_i} \cdot \frac{1-b_i}{b_i}\right)^{\frac{1}{1+\delta_i}}. \qquad (14.18)$$

식 (14.14)의 양변을 D_i로 나누고, 나누어진 식에 식 (14.18)을 대입하면 복합재와 국내 공급재의 비율은 국내 공급재의 가격과 해외 수입재 가격의 함수가 된다.

$$\frac{Q_i}{D_i} = BT_i \left\{ b_i + (1-b_i)\left(\frac{M_i}{D_i}\right)^{-\delta_i} \right\}^{-\frac{1}{\delta_i}} = \phi\left(\frac{PD_i}{PM_i}\right). \qquad (14.19)$$

해외 수입재의 가격과 국내 공급재의 가격, 그리고 복합재의 생산량이 주어지면 국내 공급재의 양은 식 (14.19)를 이용하여 계산된다. 그리고 국내 공급재의 가격이나 해외 수입재의 국제가격이 변화되었을 때 변화되는 국내 공급재나 해외 수입재의 양은 식 (14.18)과 (14.19)를 이용하여 계산된다.

K국에서 지불하는 해외 수입재의 가격은 관세를 포함한 가격이다. 환율과 관세를 고려하여 해외 수입재의 가격은 다음과 같이 표현된다.

$$PM_i = ER(1+tm_i)PWM_i \ , \qquad (14.20)$$

tm_i : 해외 수입재 i의 관세율,

PWM_i : 해외 수입재 i의 국제가격.

위의 식에서 해외 수입재에 대한 국제가격은 외생적으로 주어졌다고 가정한다. 왜냐하면 한 국가의 경제규모는 세계경제에 비교할 때 무시할 정도로 작으며 따라서 해외시장에서 결정되는 가격에 대한 한 국가의 영향력은 거의 없다고 볼 수 있기 때문이다. 식 (14.10)에 제시된 해외 수출재의 국제가격도 해외 수입재의 경우와 마찬가지로 외생적으로 주어졌다고 가정한다.

2) 복합재의 배분

복합재의 배분은 국내 경제 주체들의 수요에 따라 배분된다. 경제 주체들의 수요는 생산활동부문의 중간재 수요, 가계부문의 소비수요, 정부부문의 지출수요, 그리고 자본시장의 투자 수요이다.

$$Q_i = IND_i + CD_i + GD_i + ID_i, \qquad (14.21)$$

IND_i : 복합재 i에 대한 생산활동부문의 중간재 수요,

CD_i : 복합재 i에 대한 가계부문의 소비 수요,

GD_i : 복합재 i에 대한 정부부문의 지출 수요,

ID_i : 복합재 i에 대한 자본시장에서의 투자 수요.

복합재에 대한 수요 중 가계부문과 정부부문, 그리고 자본시장의 수요에 대한 설명은 이들 부문의 투입과 지출을 설명할 때 하기로 한다. 단, 복합재의 중간재 수요는 다음과 같다.

• 중간재 수요

생산활동부문의 국내재 생산에 투입되는 복합재의 중간재 수요는 바로 투입산출계수에 의해 다음과 같이 계산된다.

$$IND_i = \sum_j a_{ij} \cdot XD_j. \qquad (14.22)$$

14.3.3 가계부문

• 가계부문의 소득과 가처분소득

가계부문의 소득은 노동과 자본의 생산요소의 소득으로 구성된다.

$$Y = YL + YK,\ \ YL = \sum_i w \cdot L_i\,,\quad YK = \sum_i r \cdot K_i\ , \tag{14.23}$$

Y : 가계부문의 전체 소득,
$YL(YK)$: 가계부문의 노동소득(자본소득).

가계부문의 소득 중 일부는 정부부문에 직접세로 납부되므로 가계부문의 재화 소비량이나 저축액을 결정하기 위해서는 먼저 가계부문의 가처분소득(disposable income)이 계산되어야 한다. 가계부문의 가처분소득은 다음과 같이 가계부문의 소득에서 직접세를 제외한 금액이 된다.

$$Yd = Y - Ty = Y \cdot (1 - ty), \tag{14.24}$$

Yd : 가계부문의 가처분소득,
Ty : 가계부문이 납부하는 직접세,
ty : 직접세율.

• 가계부문의 저축 및 재화수요

가계부문은 그의 가처분소득 전부를 재화소비에 지출하지는 않는다. 왜냐하면 가계부문은 가처분소득의 일정 부분을 저축하기 때문이다. 따라서 가처분소득에서 저축액을 제외한 소득이 바로 가계부문이 실질적으로 재화소비에 지출할 수 있는 금액이 된다. 가계부문의 저축액은 그의 서축률을 이용하여 계산되며, 가계부문의 저축률은 고정된 것으로 가정한다.

$$Sh = shr \cdot Yd, \tag{14.25}$$

Sh : 가계부문의 저축액,
shr : 가계저축률.

따라서 가계부문이 재화소비로 지출되는 실질적인 금액은 다음과 같이 표현된다.

$$C = Yd - Sh = Yd(1 - shr), \tag{14.26}$$

C : 가계부문의 재화 소비액.

1) 가계부문의 재화수요

가계부문의 재화소비 규모는 일반적으로 소득 제약 하에서 효용극대화 원리로부터 구해진다. 만일 가계부문의 효용함수가 Cobb-Douglas 형태로 특징지워졌다고 전제하면 가계부문의 효용 극대화의 원리는 다음과 같이 표현된다.

$$\max_{CD_i}. \quad U = \prod_i CD_i^{\lambda_i}, \tag{14.27}$$

$$s.t. \quad C = \sum_i PQ_i \cdot CD_i,$$

λ_i : 효용함수 parameter.

위의 식을 라그랑지함수로 설정하고, 설정된 식의 일계조건으로부터 가계부문의 각 재화 소비량은 다음과 같이 도출된다.

$$CD_i = \frac{\lambda_i}{\sum_i \lambda_i} \cdot \frac{C}{PQ_i}. \tag{14.28}$$

14.3.4 정부부문

1) 정부부문의 소득

정부부문의 소득(T)은 생산활동부문과 가계부문, 그리고 해외부문에서 납부한 간접세(Td)와 직접세(Ty), 그리고 관세(Tm)의 합이 된다.

$$T = Td + Ty + Tm\ , \tag{14.29}$$

$$Td = \sum_i td_i \cdot PX_i \cdot XD_i, \quad Ty = ty \cdot Y,\ Tm = \sum_i tm_i \cdot PM_i \cdot M_i$$

td_i : 생산활동부문 i에 대한 간접세율,

ty : 가계소득에 대한 직접세율,

tm_i : 해외 수입재 i에 대한 관세율.

2) 정부부문의 지출

정부부문의 지출은 크게 정부저축과 정부의 재화소비로 구성된다. 정부 저축은 정부부문의 소득 중 일부를 저축한 금액이며, 정부소득에서 정부저축을 제외한 금액이 바로 정부부문의 재화소비액이 된다. 여기서 정부저축률은 고정된 것으로 가정한다. 정부부문의 각 재화 소비량은 다양하게 도출될 수 있다. 예를 들면 가계부문의 경우와 같이 정부부문의 복지함수(welfare function)를 설정하고, 소득 제약 하에서 정부부문의 복지극대화 원리를 통해 재화 소비량은 도출될 수 있다. 또는 정부부문의 산업별 재화소비 지출 비율을 결정하고, 결정된 지출비율에 의해 재화소비량이 도출될 수도 있다. 전자의 방법은 가계부문의 경우와 같으므로 여기서는 후자의 방법에 의해 정부부문의 재화소비를 나타내도록 한다. 산업 재화별 정부부문의 소비지출비율이 고정되었다고 가정하면 각 재화에 대한 정부부문의 소비액은 다음과 같이 표현된다.

$$G_i = (1 - sgr) \cdot gr_i \cdot T, \tag{14.30}$$

G_i : 복합재 i에 대한 소비지출액,

sgr : 정부 저축률,

gr_i : 복합재 i에 대한 정부지출액 비율.

위의 식으로부터 정부부문의 산업별 재화 소비액이 결정되고, 이를 복합재의 단위가격으로 나눌 때, 정부부문에서 소비하는 산업별 복합재의 양은 다음과 같이 계산된다.

$$GD_i = \frac{G_i}{PQ_i}, \tag{14.31}$$

GD_i : 정부부문의 복합재 i소비량.

14.3.5 자본시장 부문

1) 총저축

국내 자본시장으로 유입된 총저축은 가계부문과 정부부문, 그리고 해외부문의 저축으로 이루어진다.

$$S = Sh + Sg + Sf, \tag{14.32}$$

S : 총저축,

Sg : 정부 저축액,

Sf : 해외 저축액.

위의 식에서 가계저축은 식 (14.25)로부터, 정부저축은 식 (14.30)으로부터, 그리고 해외저축은 다음과 같이 수입액과 수출액의 차이에 의해 구해진다.

$$Sf = \sum_i ((PM_i - tm_i) \cdot M_i - PE_i \cdot E_i). \tag{14.33}$$

개방경제에서 수입액과 수출액이 정확하게 일치하기가 사실 어려우며, 한 국가의 무역수지는 흑자일수도 또는 적자일수도 있다. 무역수지가 흑자인 경우는 국내자본이 해외로 투자되는 것을, 반대로 적자인 경우는 해외자본이 국내의 자본시장으로 유입되는 것을 의미한다. 따라서 식 (14.33)의 해외저축은 무역수지에 따라 양(+)이 될 수도 음(−)이 될 수도 있다. 그리고 해외자본이 유입되거나 국내자본이 해외로 유출되는 규모는 바로 수입액과 수출액의 차이로 나타난다.

2) 총투자

국내 자본시장에 유입되는 총저축은 결국 총투자가 된다. 가계부문과 정부부문의 저축률은 고정되었음을 가정하므로 본 모형의 완결조건(closure rule)은 바로 총저축이 경제의 총투자를 결정하는 것이 된다. 따라서 K 국의 CGE모형에서는 저축이 거시경제균형을 결정하는 모형(saving-driven model)이 된다.

$$S = I, \tag{14.34}$$

I : 총투자.

투자는 바로 자본재 생산에 투입되는 것이고, 생산된 자본재는 다음기간에 본원적 생산요소인 자본이 되는 것이다. 그리고 자본재 생산을 위한 재화의 수요는 CGE모형에서 다양하게 도출된다. 예를 들면 자본재의 생산함수를 설정하고, 자본재 생산의 극대화 원리로부터 재화의 수요를 도출하거나(이러한 방법은 앞 장 부록에서 소개된 논문에서 설명되었다.), 산업별 투자비율을 이용하여 복합재에 대한 투자수요를 도출하기도 한다. 여기서는 설명의 편의상 고정된 산업별 투자비율에 의해 투자수요를 도출하도록 한다. 우선 총 저축에서 산업 j로 지출되는 투자액 비율이 고정되었다고 가정하면, 산업별 투자액은 다음과 같이 표현된다.

$$I_j = \varphi_j \cdot S, \ \sum_j \varphi_j = 1, \tag{14.35}$$

I_j : 산업 j로 지출되는 투자액,

φ_j : 전체 투자액 중 산업 j로 지출되는 비율.

그리고 산업 j로 지출되는 투자액은 복합재 j만을 구입하여 자본재를 형성한다면 자본시장에서 복합재 j에 대한 투자수요는 다음과 같이 표현된다.

$$ID_j = \frac{I_j}{PQ_j}. \tag{14.36}$$

14.3.6 해외부문

해외부문은 바로 K국과 해외시장과의 거래를 나타낸다. 해외부문의 소득과 배분은 앞에서 모두 설명되었다. 즉 해외부문의 소득은 식 (14.18)에 제시되었듯이 재화부문에 판매된 해외수입으로 구성된다. 그리고 해외부문의 지출은 바로 K국의 수출과 해외투자이다. 이에 대해서는 식 (14.12)와 (14.33)에 제시되었다. 따라서 해외부문에 관한 설명은 앞에서 설명된 것과 중복되므로 여기서는 생략하도록 한다.

14.3.7 시장 균형 조건

CGE모형에서 가장 기본적인 전제는 바로 모든 시장은 균형상태에 있다는 것이다. 그리고 균형상태는 생산된 재화나 생산요소에 대한 수요와 공급이 같아져 이들에 대한 초과수요가 발생하지 않는 상태를 가리킨다. 시장의 균형조건은 복합재 시장의 균형과 생산요소의 균형으로 정의된다. 우선 복합재에 대한 총수요와 총공급이 같아지는 재화시장의 균형조건은 다음과 같이 초과수요(ED_{Q_i})가 0이 되는 것이다.

$$ED_{Q_i} = Q_i^d - Q_i^s = 0, \tag{14.37}$$

$$Q_i^d = CD_i + GD_i + ID_i + IND_i,$$

$$Q_i^s = BT_i \left\{ b_i M_i^{-\delta_i} + (1-b_i) D_i^{-\delta_i} \right\}^{-\frac{1}{\delta_i}},$$

그리고 생산요소인 노동과 자본에 대한 총수요와 총공급의 균형조건도 마찬가지로 각 생산요소에 대한 초과수요가 0이 되는 것이다.

$$ED_L = \sum_i L_i^d - L^s = 0,\ \ ED_K = \sum_i K_i^d - K^s = 0, \tag{14.38}$$

$L^s(K^s)$: 경제 내 공급된 노동(자본) 총 규모.

14.4 모형의 해

14.4.1 모형의 기본구조

앞 절에서 설명한 K국의 CGE 기본모형의 식과 변수 및 파라메타의 명은 각각 표 14.2와 표 14.3에 요약되었다. 여기서 CGE모형의 해는 바로 모형을 구성하는 변수들의 값을 모형의 방정식들을 통해 결정하는 것이다. K국의 기본모형에서 결정되어야 할 변수들은 크게 물량단위의 변수와 가격단위의 변수, 그리고 금액가치의 변수로 구분될 수 있다. 표에 제시되어 있듯이 기본모형에서 물량단위의 변수는 n^2+12n개이며, 가격단위의 변수는 $6n+2$개이고, 금액단위의 변수는 $2n+8$개이다. 따라서 기본모형의 변수의 총 수는 $n^2+20n+10$개이다.

K국의 기본모형을 구성하는 방정식의 수도 표 14.2에 제시되었듯이 $n^2+20n+10$개이다. 그러므로 변수의 수와 방정식의 수가 동일하기 때문에 변수의 값을 계산하는 데는 문제 없다. 단지, 비선형 방정식으로 인해 모형의 해는 컴퓨터의 도움 없이 구하기는 어렵다고 할 수 있다. CGE모형 분야에서는 소프트웨어 GAMS(general algebraic modeling system)를 이용하여 모형을 해를 구하는 것이 일반적이다. 본 장에서도 GAMS를 이용하여 K국 CGE모형의 해를 구하도록 한다. 모형의 해를 구체적으로 구하기 위해서는 무엇보다도 모형에 포함되어 있는 파라메타의 값들이 먼저 계산되어야 한다. 왜냐하면 CGE모형의 해는 이론적인 해가 아닌 수리적인 해이기 때문이다. 모형 내 파라메타 값들의 도출 과정에 대한 설명은 다음 절에서 제공된다.

표 14.2 K국 CGE모형의 기본구조

식	수
• $XD_i = \frac{INTD_{ji}}{a_{ji}}$	(n^2)
• $XD_i = \frac{VAX_i}{a_{vi}}$	(n)
• $VAX_i = AD_i L_i^{ai} \cdot K_I^{1-a_i}$	(n)
• $PV_i = PX_i \cdot (1 - td_i) - \sum_j a_{ji} PQ_j$	(n)
• $w = PV_i \cdot \frac{\partial VAX_i}{\partial L_i}$	(n)
• $r = PV_i \cdot \frac{\partial VAX_i}{\partial K_i}$	(n)
• $PX_i \cdot XD_i = PD_i \cdot D_i + PE_i \cdot E_i$	(n)
• $PE_i = ER \cdot (1 + e_i) PWE_i$	(n)
• $\frac{E_i}{D_i} = \left(\frac{PE_i}{PD_i} \cdot \frac{h_i}{1 - h_i} \right)^{\frac{1}{\sigma_i - 1}}$	(n)
• $\frac{XD_i}{D_i} = \theta_i \cdot \left(\frac{PE_i}{PD_i} \right)$	(n)
• $PQ_i \cdot Q_i = PD_i \cdot D_i + PM_i \cdot M_i$	(n)
• $PM_i = ER_i \cdot (1 + tm_i) \cdot PWM_i$	(n)
• $\frac{M_i}{D_i} = (\frac{PD_i}{PM_i} \cdot \frac{1 - b_i}{b_i})^{\frac{1}{1 + \sigma_i}}$	(n)
• $\frac{Q_i}{D_i} = \phi_i \left(\frac{PD_i}{PM_i} \right)$	(n)
• $Q_i = CD_i + GD_i + ID_i + IND_i$	(n)
• $IND_i = \sum_j a_{ij} \cdot XD_j$	(n)
• $Y = \sum_i (w \cdot L_i + r \cdot K_i)$	(1)
• $Yd = Y \cdot (1 - ty)$	(1)
• $Sh = shr \cdot Yd$	(1)
• $C = Yd - Sh$	(1)
• $\sum_i PQ_i \cdot CD_i = C$	(1)

표 14.2 K국 CGE모형의 기본구조 (계속)

- $CD_i = \dfrac{\lambda_i}{\sum \lambda_i} \cdot \dfrac{C}{PQ_i}$ (n)
- $T = ty \cdot Y + \sum_i tm_i \cdot PM_i \cdot M_i + \sum_i td_i \cdot PX_i \cdot XD_i$ (1)
- $Sg = sgr \cdot T$ (1)
- $G_i = (1 - sgr) \cdot gr_1 \cdot T$ (n)
- $GD_i = \dfrac{G_i}{PQ_i}$ (n)
- $S = Sh + Sg + Sf$ (1)
- $Sf = \sum_i ((PM_i - tm_i) \cdot M_i - PE_i \cdot E_i)$ (1)
- $I_i = \varphi_i \cdot S$ (n)
- $ID_i = \dfrac{I_i}{PQ_i}$ (n)
- $\sum_i L_i = L^s$ (1)
- $\sum_i K_i = K^s$ (1)

- 물량단위 변수 : $n^2 + 12n$개
  $INTD_{ij}$, IND_i, CD_i, GD_i, ID_i, XD_i, Q_i, D_i, E_i, M_i, VAX_i, L_i, K_i
- 가격 변수 : $6n + 2$개
  PV_i, PX_i, PD_i, PQ_i, PM_i, PE_i, w, r
- 금액단위 변수 : $2n + 8$개
  Y, Yd, Sh, C, T, G_i, I_i, S, Sg, Sf
- 내생변수의 수 : $n^2 + 20n + 10$개
- ( ) : 방정식의 수, n : 산업의수

표 14.3 변수 및 파라메타의 명

물량단위의 변수명

- XD_i : 국내재 i의 생산량
- Q_i : 복합재 i의 생산량
- $INDT_{ji}$: 국내재 i생산에 투입되는 복합재 j양
- VAX_i : 국내재 i의 생산에서 창출된 부가가치량
- L_i : 국내재 i의 생산과정에 투입된 노동 규모
- K_i : 국내재 i의 생산과정에 투입된 자본 규모
- D_i : 국내 공급재 i의 규모
- E_i : 해외 수출재 i의 규모
- M_i : 해외 수입재 i의 양
- IND_i : 복합재 i에 대한 생산활동부문의 중간재 수요
- CD_i : 복합재 i에 대한 가계부문의 소비수요
- GD_i : 복합재 i에 대한 정부부문의 지출수요
- ID_i : 복합재 i에 대한 자본시장에서의 투자수요

가격단위의 변수 명

- PV_i : 국내재 i의 부가가치 가격
- PX_i : 국내재 i의 단위가격
- PD_i : 국내 공급재 i의 단위가격
- PQ_i : 복합재 i의 단위가격
- PE_i : 해외 수출재 i의 단위가격
- PM_i : 해외 수입재 i의 단위가격
- PWE_i : 해외 수출재 i의 국제가격
- PWM_i : 해외 수입재 i의 국제가격
- w : 국내재 생산에 고용된 노동자의 임금
- r : 국내재 생산에 투입되는 자본의 수익률

표 14.3 변수 및 파라메타의 명 (계속)

금액단위의 변수명

- VA_i : 국내재 i생산과정에서 창출된 부가가치액
- Y : 가계부문의 전체소득
- Td : 가계부문의 가처분소득
- Sh : 가계부문의 저축액
- C : 가계부문의 재화 소비액
- T : 정부부문의 소득
- Ty : 가계부문이 납부하는 직접세
- Td : 생산활동부문이 납부하는 간접세
- Tm : 해외부문이 납부하는 관세
- G_i : 정부의 복합재 i에 대한 소비지출액
- Sg : 정부 저축액
- Sf : 해외 저축액
- I_j : 산업 j로 지출되는 투자액

파라메타의 명

- a_{ij} : 투입산출계수
- a_{vi} : 국내재 i의 부가가치계수
- α_i : 노동의 생산탄력성 계수
- AD_i : 생산성계수
- σ_i : 국내 공급재 i와 해외 수출재 i간의 변환성을 나타내는 계수
- AT_i, h_i : CET함수의 파라메타
- ER : 환율
- δ_i : 국내 공급재 i와 해외 수입재 i간의 대체성을 나타내는 지수
- BT_i, b_i : CES함수의 파라메타
- ty : 직접세율
- td_i : 국내재 i에 부과되는 간접세율
- tm_i : 해외 수입재 i에 대한 관세율
- shr : 가계저축률
- λ_i : 효용함수 parameter
- sgr : 정부 저축률
- gr_i : 복합재 i에 대한 정부지출액 비율
- φ_i : 전제 투자액 중 산업 i로 지출되는 비율

14.4.2 파라메타 및 관련 변수의 도출

SAM은 경제 내 소득과 재화의 흐름을 종합적으로 나타내는 표이다. 앞 절에서는 주어진 K국의 SAM을 바탕으로 경제 주체들의 지출과 소득, 그리고 그들 간의 거래를 식으로 표현하였다. 여기서 CGE 기본모형의 해는 앞에서 언급하였듯이 SAM에 제시된 경제 내 소득의 흐름을 나타내도록 표 14.2에 요약된 변수들의 값을 결정하는 것이다. 기본모형 내 변수들이 SAM에 나타난 거래 내용을 정확하게 나타내기 위해서는 모형에 포함된 파라메타들의 값들이 먼저 결정되어야 한다. 파라메터들은 김홍배(2000)가 설명하였듯이 경제의 특징을 나타내는 값들이며, 모형의 해는 파라메타의 집합으로 나타난다. SAM으로부터 CGE모형에 포함된 파라메타들의 값들의 도출은 기본모형의 해를 구하는 과정인 동시에 CGE모형을 이용하여 정책 실험을 하는 준비 과정이다. 따라서 CGE모형에서 파라메타의 값을 결정하는 것은 모형에서 매우 중요한 단계라 할 수 있다.

파라메타 값들을 결정할 때, 독자들이 유의해야 할 것은 바로 모형에 포함된 모든 파라메타의 값들이 SAM에서 직접 도출되지는 않는다는 것이다. SAM 내에서 도출할 수 없는 파라메타에 대해서는 외부에서 측정된 값들을 이용하여야 한다. 파라메타늘의 값을 도출할 때에는 통상적으로 국내재와 복합재, 국내공급재, 해외 수출재, 그리고 해외 수입재의 가격들을 1로 고정시키고, 외생변수(exogenous variable)에 대한 규모도 주어져야 한다. 본 모형에서 외생변수는 노동과 자본의 규모이며, 각각의 규모는 다음과 같다고 전제한다.

$$PX_i = PD_i = PQ_i = PE_i = PM_i = 1, \quad i = 1,2$$

$$L^s = 150, \; K^s = 800.$$

위와 같이 주어진 가격 변수들의 값과 노동 및 자본 규모로부터 CGE모형에 포함되어 있는 파라메타 값들을 계산하는 과정에 대한 설명은 본 장 제2절에서 했던 것과 같이 SAM을 구성하는 부문별로 하기로 한다.

1) 생산활동부문

생산활동부문의 계정으로부터 생산활동부문과 관련된 파라메타와 계수를 도출하면 다음과 같다. 우선 산업별 투입산출계수는 SAM에 나타나 있는 국내재 생산액과 중간투입액으로부터 다음과 같이 도출된다.

$$a_{11} = \frac{31}{245} = 0.127, \quad a_{12} = \frac{15}{262} = 0.057,$$

$$a_{21} = \frac{80}{245} = 0.327, \quad a_{22} = \frac{30}{262} = 0.115.$$

부가가치함수가 Cobb-Douglas의 형태로 주어졌으므로 창출된 부가가치액에서 노동비용이 차지하는 비율은 바로 함수에서 노동의 생산탄력성 계수로 나타난다. 왜냐하면 생산요소의 생산탄력성계수는 Euler의 정리에 의해 요소의 소득배분율을 나타내기 때문이다. 따라서 a_1과 a_2는 다음과 같이 계산된다.

$$a_1 = \frac{75}{121} = 0.620, \quad a_2 = \frac{120}{192} = 0.625.$$

산업별 노동의 이동이 완전이동으로 특징 지워졌고, 노동의 규모도 외생적으로 주어졌으므로 노동자들의 임금과 각 산업별 고용된 노동자의 수는 SAM에 제시된 노동비용의 자료를 이용하여 다음과 같이 계산된다.

$$w = \frac{195}{150} = 1.300, \; L_1 = \frac{75}{1.300} = 57.692, \; L_2 = \frac{120}{1.300} = 92.308.$$

자본의 산업간 완전이동 가정과 외생적으로 주어진 K국의 자본 규모로부터 자본의 수익률과 각 산업별 고용된 자본의 양은 다음과 같이 계산된다.

$$r = \frac{118}{800} = 0.147, \; K_1 = \frac{46}{0.148} = 311.864, \; K_2 = \frac{72}{0.148} = 488.136.$$

식 (14.4)에 제시된 국내재의 산업별 부가가치가격을 구하기 위해서는 산업별로 부과되는 간접세율을 먼저 계산하여야 한다. 산업별 간접세율은 다음과 같이 계산된다.

$$td_1 = \frac{13}{245} = 0.053, \; td_2 = \frac{25}{262} = 0.095.$$

산업별 간접세율 값과 투입산출계수 값을 이용하면 산업별 부가가치 가격은 다음과 같이 계산된다.

$$PV_1 = 0.494, \; PV_2 = 0.733.$$

SAM에 나타나 있는 산업별 부가가치액과 앞에서 구한 산업별 국내재 생산 과정에 투입된 노동 및 자본의 양, 그리고 부가가치 가격을 이용하면 각 부문별 생산성계수는 다음과 같이 계산된다.

$$AD_1 = \frac{VA_1}{PV_1 \cdot L_1^{\sigma_1} \cdot K_1^{1-\sigma_1}} = 2.236,$$

$$AD_2 = \frac{VA_2}{PV_2 \cdot L_2^{\sigma_2} \cdot K_1^{1-\sigma_2}} = 1.520.$$

CET함수의 경우 불변전환탄력성은 SAM으로부터 계산될 수 없는 것이므로 이에 대한 값은 외부로부터 추정된 값을 이용하여야 한다. 만일 불변전환탄력성(ε_i)의 값이 주어지면, 이로부터 연속적으로 CET함수에 포함된 파라메타들의 값이 계산된다. 즉 주어진 불변전환탄력성과 식 (14.8)로부터 σ_i의 값이 계산되고, 계산된 σ_i값과 식 (14.12)로부터 h_i값이 계산되며, 마지막으로 식 (14.7)을 이용하여 AT_i의 값이 구해진다. 예를 들어 산업별 불변전환탄력성이 각각 0.7과 0.8로 주어졌다고 하고 CET함수에 포함된 파라메타들의 값을 계산하면 다음과 같다.

$$\varepsilon_1 = 0.7, \quad \varepsilon_2 = 0.8, \quad \sigma_1 = 2.429, \quad \sigma_2 = 2.250,$$

$$h_1 = 0.601, \quad h_2 = 0.590, \quad AT_1 = 2.030, \; AT_2 = 2.027.$$

대외환율이 2 이고 국내재의 수출보조금이 0이라면 식 (14.10)에 제시된 산업별 해외 수출재 i의 국제가격은 다음과 같이 0.5가 된다.

$$PWE_1 = PWE_2 = 0.5.$$

2) 재화부문

재화부문에서 생산하는 복합재에 관련된 파라메타 도출은 다음과 같다. 우선 CES형태의 복합재 생산함수에서 산업들의 불변대체탄력성 계수는 앞의 CET의 경우와 마찬가지로 SAM에서 도출된 것이 아니라 외부로부터 추정되거나 다른 연구에서 제시된 값을 이용하여야 한다. 만일 산업별 대체탄력성 ρ_i의 값이 주어졌다면 CES함수내 파라메타들은 식 (14.14)와 식 (14.15), 그리고 식 (14.18)을 이용하므로 연속적으로 계산된다. 예를 들어 재화별 대체탄력성이 각각 0.7과 0.8로 주어졌다면 CES함수 내 파라메타들의 값은 다음과 같이 계산된다.

$$\rho_1 = 0.7,\ \ \rho_2 = 0.8,\ \ \delta_1 = 0.429,\quad \delta_1 = 0.250,$$

$$b_1 = 0.782,\quad b_2 = 0.398,\ \ BT_1 = 1.767,\ \ BT_2 = 1.967.$$

식 (14.20)에서와 같이 수입관세는 해외 수입재의 가격에 포함되어 있다. 여기서 해외 수입재 1과 2에 대해 부과되는 관세율은 SAM으로부터 다음과 같이 구해진다. 따라서 해외 수입재의 국제가격은 해외 수입재의 가격과 SAM으로부터 구한 관세율, 그리고 식 (14.20)에 의해 계산된다.

$$tm_1 = \frac{5}{43} = 0.116,\qquad tm_2 = \frac{16}{156} = 0.103,$$

$$PWM_1 = 0.448,\qquad PWM_2 = 0.453.$$

3) 가계부문

가계부문의 수입은 정부부문에 직접세와 저축, 그리고 재화소비로 지출된다. 여기서 직접세와 저축률은 SAM으로부터 직접 다음과 같이 구해진다.

$$ty = \frac{50}{313} = 0.160,\qquad shr = \frac{83}{313-50} = 0.316.$$

따라서 가계부문이 재화에 소비로 지출할 수 있는 금액 (C)은 180억 원이다. SAM에 나타난 가계부문의 각 재화소비액을 식 (14.28)에 의해 표현하면 다음과 같다.

$$\frac{80}{1} = \frac{\lambda_1}{\lambda_1+\lambda_2}\cdot\frac{180}{1},\qquad \frac{100}{1} = \frac{\lambda_2}{\lambda_1+\lambda_2}\cdot\frac{180}{1}.$$

위의 식으로부터 λ_i는 다음과 같이 계산된다.

$$\lambda_1 = 1,\ \ \lambda_2 = 1.250.$$

4) 정부부문

정부부문의 산업별 간접세율과 직접세율, 그리고 관세율에 대해서는 앞에서 결정되었으므로 정부부문과 관련된 파라메타는 정부부문의 저축률과 산업별 재화 소비율이며, 이 두 파라메타는 SAM으로부터 다음과 같이 직접 구해진다.

$$sgr = \frac{77}{109} = 0.706,\ gr_1 = \frac{10}{109-77} = 0.312,\ gr_2 = \frac{22}{109-77} = 0.687.$$

5) 자본시장 부문

자본시장에 유입되는 총 저축은 가계저축과 정부저축, 그리고 해외저축으로 구성된다. 가계저축률과 정부저축률은 앞에서 구해졌으며, 해외저축은 수입과 수출의 차이로 계산된다. 본 모형에서 자본시장부문의 지출은 결국 산업별 투자수요이며, 이는 투자배분비율에 의해 결정된다. 산업별 투자배분비율은 SAM에서 다음과 같이 계산된다.

$$\varphi_1 = \frac{12}{48} = 0.250, \quad \varphi_2 = \frac{36}{48} = 0.750.$$

6) 해외부문

해외부문과 관련된 파라메타는 앞에서 모두 계산되었으므로 해외부문에서 이들을 다시 계산할 필요는 없다. 위에서 구한 파라메타와 외생변수를 부문별로 정리하면 표 14.4와 같다.

표 14.4 외생변수 및 파라메타 값

부문 구분	파라메타 값
생산활동부문	• $a_{11}=0.127$ $a_{12}=0.057$ $a_{21}=0.327$ $a_{22}=0.115$ • $\alpha_1=0.620$ $\alpha_2=0.625$ $AD_1=2.236$ $AD_2=1.520$ • $\sigma_1=2.249$ $\sigma_2=2.250$ $h_1=0.601$, $h_2=0.560$ • $AT_1=2.030$ $AT_2=2.027$
재화부문	• $\delta_1=0.429$, $\delta_2=0.250$ • $b_1=0.782$ $b_2=0.398$ • $BT_1=1.767$ $BT_2=1.967$
가계부문	• $shr=0.316$ • $\lambda_1=1.000$ $\lambda_2=1.250$
정부부분	• $ty=0.160$ $tm_1=0.116$ $tm_2=0.103$ • $td_1=0.053$ $td_2=0.095$ $sgr=0.706$ • $gr_1=0.312$ $gr_2=0.687$
자본시장부문	• $\varphi_1=0.250$ $\varphi_2=0.750$
해외부문	• $ER=2$ • $PWM_1=0.448$ $PWM_2=0.453$ • $PWE_1=0.500$ $PWE_2=0.500$
외생변수	• $L^s=150$ $K^s=800$

14.4.3 모형의 해

앞에서 설명하였듯이 K국의 기본모형 방정식 수와 결정되어야 할 변수의 수가 같으므로 모형의 해를 구하는 데는 문제가 없다. 표 14.2에 제시된 모형의 연립방정식과 SAM으로부터 도출한 파라메타들의 값을 GAMS로 프로그래밍을 하여 모형의 해를 구하면 그 결과는 바로 SAM에 나타난 경제 부문들의 활동과 그들 간의 거래 내용이 된다. 이러한 결과는 사실 너무나 당연한 것이다. 왜냐하면 앞에서 여러 번 설명하였듯이 기본모형이란 바로 SAM에 나타난 내용들을 단지 식으로 표현한 것이며, 모형 내 대부분의 파라메타는 SAM으로부터 도출되었기 때문이다.

강조하면 SAM이 바로 기본모형의 해가 되는 것이다. 따라서 모형의 해를 따로 제시할 필요는 없지만 다음 절에서 이루어질 정책 실험의 결과와 비교하기 위해 모형의 해를 요약하면 표 14.5와 같다. 표에서는 모든 변수의 해를 제시하기 보다는 변수를 물량단위와 가격단위, 그리고 화폐단위의 변수로 구분하고, 각 변수 중 중요한 변수를 선택하여 제시하였다.

표 14.5 K국 CGE 기본모형의 해(key 변수 중심)

구 분	기본 해
물량단위변수	• $XD_1=245$ $XD_2=262$ $Q_1=148$ $Q_2=268$ • $VAX_1=245$ $VAX_2=414.198$ • $L_1=57.692$ $L_2=92.308$ $K_1=311.864$ $K_2=488.136$
가격변수	• $PD_1=1 PD_2=1$ $PQ_1=1$ $PQ_2=1$ • $PV_1=0.494$ $PV_2=0.733$ • $w=1.300$ $r=0.147$
화폐단위변수	• $Y=313$ $YL=195$ $YK=118$ • $VA_1=121$ $VA_2=192$ • $T=109$ $S=48$
가계부문 후생지표	• $U=25,298.221$

(• 기본모형의 GAMS 프로그램은 본 장 부록1에 제시 되었음.)

14.5 정책실험

CGE모형이 어떤 모형인가를 설명할 때 연구자들은 종종 CGE모형을 "높은 평균비용과 0의 한계비용으로 특징지워지는 모형"으로 표현한다. 이러한 표현은 CGE모형을 매우 적절하게 나타낸 것이라 할 수 있다. 왜냐하면 짧막한 문구에 CGE모형의 특징을 충분히 내포되었기 때문이다. 이를 좀더 구체적으로 말하면, 높은 평균비용은 바로 모형을 수립하는 과정이 복잡하고 많은 시간과 노력이 투입된다는 것을 의미하며, 0의 한계비용은 수립된 모형을 정책실험에 적용할 때 투입되는 시간과 비용이 모형 수립과 비교해 볼 때 거의 발생하지 않음을 의미한다. 즉 CGE모형은 일단 기본모형을 수립하고 나면 이를 이용한 정책 분석은 그만큼 간단하다. 이러한 CGE모형의 특징은 본 장 부록에 제시된 기본모형의 프로그램과 정책실험에 적용된 프로그램을 비교해 보면 쉽게 알 수 있다.

CGE모형에서 정책실험의 결과를 어떻게 해석해야 하는 것인지에 관해서는 앞 장에서 충분히 설명하였다. 물론 폐쇄경제와 개방경제의 차이는 있으나 CGE모형을 이용한 정책 분석의 원리는 동일하다. 즉 CGE모형을 이용한 정책분석은 정책 전 모형의 해와 정책 후 모형의 해를 비교하여 정책의 효과를 분석하는 것이다. 따라서 여기서 CGE모형을 이용한 정책 실험에 대해 설명한다는 것은 앞 장의 내용과 매우 중복된다고 할 수 있다. 그러므로 본 절에서는 간단한 정책을 제시하고 정책 실험의 결과만을 제시하기로 한다. 단, 정책실험의 GAMS의 프로그램은 독자들을 위해 부록에 첨가하도록 한다. 본 절에서 이루어지는 정책은 정부부문에서 생산활동부문에 부과하는 간접세를 산업별로 1% 향상시키는 경우 자원배분의 변화에 대해 알아보기로 한다. 설명의 편의상 두 개의 산업이므로 여기서는 정책 #1과 정책 #2로 구분하여 정책을 실험하도록 한다.

- 정책 #1 : 기존의 산업1의 생산성 계수(AD_1)를 10% 향상
- 정책 #2 : 기존의 산업2의 생산성 계수(AD_2)를 10% 향상

위의 두 정책이 시행되었을 때 K국의 자원배분의 변화는 표 14.6에 요약되었다(각 정책에 대한 GAMS의 프로그램은 부록2와 3에 제시되었다.).

표 14.6 정책 실험의 결과 비교

변 수	기본모형	정책#1	정책#2
PX_i	1.000	1.000	1.000
PX_i	1.000	1.057	0.946
PQ_1	1.000	1.000	1.000
PQ_2	1.000	1.052	0.944
$PX_1 \cdot XD_1$	245.000	272.112	240.498
$PX_2 \cdot XD_2$	262.000	275.242	275.794
$PQ_1 \cdot Q_1$	148.000	164.378	145.281
$PQ_2 \cdot Q_2$	268.000	312.571	246.796
VA_1	121.000	129.797	123.135
VA_2	192.000	202.590	201.452
L_1	57.692	58.253	56.629
L_2	92.308	91.747	93.371
K_1	311.864	314.871	306.164
K_2	488.136	485.129	493.836
U	25,298.221	27,163.634	29,488.020

(• 정책 실험 #1과 #2의 GAMS 프로그램은 본 장 부록1과 2에 제시되었음.)

14.6 요 약

본 장에서는 산업간 존재하는 연관관계와 소득의 전달자로서 정부의 역할, 그리고 해외부문과의 거래 등을 고려하여 가상의 국가 K국의 CGE모형을 수립하였다. 그리고 SAM으로부터 모형에 포함된 파라메타들의 값을 도출하는 과정에 대해서도 설명하였으며, 또한 CGE모형을 이용한 정책실험에 대해서도 설명하였다. 본 장에서 다루어진 CGE모형은 비록 단순한 형태이지만 근본적인 체계는 현실에서 다루어지는 모형의 구조와 거의 동일하다. 따라서 본 장에서 제공된 모형을 이해하였다면 이를 바탕으로 연구 목적에 맞게 산업구조와 경제부문별 거래관계를 좀 더 세분하여 의미 있는 CGE모형의 개발과 이를 이용한 정책분석도 가능할 것이다.

마지막으로 CGE모형에 대해 독자들이 주의해야 할 것이 있다. 그것은 CGE 모형이 다른 모형에 비해 우수하다고 해서 이 모형이 계획 및 정책의 문제를 해결하는데 있어 완벽한 모형이 되는 것은 아니라는 것이다. 다른 모형과 마찬가지로 CGE모형은 현실을 단순화시킨 모형이다. 뿐만 아니라 모형 내 다양한 방정식의 형태나 구성도 모형 개발자의 선호도에 크게 영향을 받는다. 다시말해 정책 분석의 결과에 영향을 미치는 변수의 설정이나 함수의 형태 등은 모형 개발자에 의해 결정되는 것이므로 모형의 분석 결과는 모형의 개발자가 선택한 변수 설정이나 함수의 형태에 의해 민감하게 나타나는 경향이 크다.

CGE모형을 절대적인 모형으로 생각하는 것은 삼가해야 한다. 독자들은 단지 CGE모형이 계획가나 정책가들에게 고려하고 있는 정책 대안들의 결과를 탐구하는 데 있어 도움을 주는 정교한 분석 수단 정도로 이해해야 한다. 본 장의 부록 3에서는 연산일반균형모형을 이용하여 우리나라의 경제성장과 산업별 토지수요를 예측한 김홍배 · 임재영(2004)의 논문을 소개한다.

```
* Basic model

* SETS ==========================================
  SETS
     I                          activities    /A1, A2/;
     ALIAS(I, J);

* PARAMETERS ====================================
  PARAMETER
* price block
     pwe(I)                     world price of exports
     pwm(I)                     world price of imports
     er                         exchange rate
     em(I)                      subsidy rate
     tm(I)                      tariff rate

* activity and commodity block
     ls                         labor supply
     ks                         capital supply
     ad(I)                      productivity index
     alpha(I)                   elasticity of labor productivity
     a(I,J)                     input-output coefficient
     av(I)                      value-added input coefficient
     at(I)                      shift parameter in CET function
     h(I)                       share parameter in CET function
     sigma(I)                   parameter in CET function
     epi(I)                     elasticity in CET function
     bt(I)                      shift parameter in CES function
     b(I)                       share parameter in CES function
     delta(I)                   parameter in CES function
     ro(I)                      elasticity in CES function

* institution block
     lamda(I)                   parameter of utility function
     ty                         direct tax rate
     td(I)                      indirect tax rate
     shr                        household saving rate
     sgr                        government saving rate
     gr(I)                      share rate of government expenditure for composite good
     phi(I)                     share rate of investment ;
```

* VARIABLES

```
VARIABLES
* price block
     PE(I)                    export good price
     PM(I)                    import good price
     PX(I)                    domestically produced good price
     PD(I)                    domestic supply good price
     PQ(I)                    composite good price
     PV(I)                    value-added price

* activity and commodity block
     INTD(I, J)               intermediate input demand
     VAX(I)                   value-added quantity
     L(I)                     labor demand
     K(I)                     capital demand
     XD(I)                    produced of the domestically produced good
     Q(I)                     production of the composite good
     D(I)                     domestic supply good
     E(I)                     exports
     M(I)                     imports

* institution block
     IND(I)                   intermediate demand for composite good
     Y                        household total income
     YD                       household disposable income
     SH                       household savings
     CON                      total household consumption
     CD(I)                    private consumption for the composite good
     T                        government total revenue
     TS                       total savings
     G(I)                     government spendings
     SG                       government savings
     GD(I)                    government spendings for the composite good
     SF                       foreign savings
     ID(I)                    investment for composite good

*system constraint block
     W                        wage
     R                        capital return
     UTIL                     utility ;
```

*** ASSIGNMENT FOR PARAMETERS AND VARIABLES**

TABLE SAM(*, *)

	A1	A2	C1	C2	LAB	CAP	HH	GOV	CM	ROW	TOT
A1	0	0	105	0	0	0	0	0	0	140	245
A2	0	0	0	112	0	0	0	0	0	150	262
C1	31	15	0	0	0	0	80	10	12	0	148
C2	80	30	0	0	0	0	100	22	36	0	268
LAB	75	120	0	0	0	0	0	0	0	0	195
CAP	46	72	0	0	0	0	0	0	0	0	118
HH	0	0	0	0	195	118	0	0	0	0	313
GOV	13	25	5	16	0	0	50	0	0	0	109
CM	0	0	0	0	0	0	83	77	0	−112	48
ROW	0	0	38	140	0	0	0	0	0	0	178
TOT	245	262	148	268	195	118	313	109	48	178	;

TABLE ELES(*, *)

	epi	ro
A1	0.7	0.7
A2	0.8	0.8 ;

PARAMETER

```
* price block
      pe0(I)            price of export
      pm0(I)            price of import
      pd0(I)            price of domestically produced good
      px0(I)            price of domestic supply good
      pq0(I)            price of composite good
      pv0(I)            price of value-added

* activity and commodity block
      xd0(I)            domestically produced good
      q0(I)             composite good
      d0(I)             domestic supply good
      e0(I)             export
      m0(I)             import
      intd0(I, J)       intermediate input
      vax0(I)           quantity of value-added
      l0(I)             labor demand
      k0(I)             capital demand

* institution block
      ind0(I)           intermediate demand for composite good
      y0                total household income
      yd0               household disposable income
```

```
    sh0                     household savings
    con0                    total household consumption
    cd0(I)                  household consumption for composite good
    t0                      government total revenue
    g0(I)                   total government spendings
    sg0                     government savings
    gd0(I)                  government spendings for composite good
    sf0                     foreign savings
    ts0                     total savings
    id0(I)                  investment for composite good

* system constraint block
    w0                      wage
    r0                      capital return ;

* price block
    px0(I)=1;
    pd0(I)=1;
    pq0(I)=1;
    pe0(I)=1;
    pm0(I)=1;
    pv0(I)=1;

* activity and commodity block
    xd0(I)=SAM('TOT', I);
    q0('A1')=SAM('TOT' ,'C1');
    q0('A2')=SAM('TOT', 'C2');
    d0('A1')=SAM('A1', 'C1');
    d0('A2')=SAM('A2', 'C2');
    e0(I)=SAM(I, 'ROW');
    m0('A1')=SAM('GOV', 'C1')+SAM('ROW', 'C1');
    m0('A2')=SAM('GOV', 'C2')+SAM('ROW', 'C2');
    intd0('A1', I)=SAM('C1', I);
    intd0('A2', I)=SAM('C2', I);
    vax0(I)=SAM('LAB', I)+SAM('CAP', I);
    ls=150;
    ks=800;
    w0=SAM('TOT', 'LAB')/ls;
    r0=SAM('TOT', 'CAP')/ks;
    l0(I)=SAM('LAB', I)/w0;
    k0(I)=SAM('CAP', I)/r0;

* institution block
    ind0('A1')=SAM('C1', 'A1')+SAM('C1', 'A2');
    ind0('A2')=SAM('C2', 'A1')+SAM('C2', 'A2');
    y0=SAM('TOT', 'HH');
```

```
yd0=y0-SAM('GOV', 'HH');
sh0=SAM('CM', 'HH');
cd0('A1')=SAM('C1', 'HH');
cd0('A2')=SAM('C2', 'HH');
con0=yd0-sh0;
t0=SAM('TOT', 'GOV');
g0('A1')=SAM('C1', 'GOV');
g0('A2')=SAM('C2', 'GOV');
sg0=SAM('CM', 'GOV');
gd0('A1')=SAM('C1', 'GOV');
gd0('A2')=SAM('C2', 'GOV');
sf0=SAM('CM', 'ROW');
ts0=SAM('CM', 'TOT');
id0('A1')=SAM('C1', 'CM');
id0('A2')=SAM('C2', 'CM');

er=2;
em(I)=0;
tm('A1')=SAM('GOV', 'C1')/m0('A1');
tm('A2')=SAM('GOV', 'C2')/m0('A2');
pwe(I)=pe0(I)/(er*(1+em(I)));
pwm(I)=pm0(I)/(er*(1+tm(I)));
alpha(I)=SAM('LAB', I)/vax0(I);
ad(I)=vax0(I)/((l0(I)**alpha(I))*(k0(I)**(1-alpha(I))));
a(I, J)=intd0(I, J)/SAM('TOT', J);
av(I)=vax0(I)/xd0(I);
epi(I)=ELES(I, 'epi');
ro(I)=ELES(I, 'ro');
sigma(I)=1/epi(I)+1;
h(I)=(1+(pe0(I)/pd0(I))*(d0(I)/e0(I))**(1/epi(I)))**(-1);
at(I)=xd0(I)/(h(I)*d0(I)**sigma(I)+(1-h(I))*e0(I)**sigma(I))**(1/sigma(I));
delta(I)=1/ro(I)-1;
b(I)=(1+(pm0(I)/pd0(I))*(m0(I)/d0(I))**(1/ro(I)))**(-1);
bt(I)=q0(I)/(b(I)*d0(I)**(-1*delta(I))+(1-b(I))*m0(I)**
                    (-1*delta(I)))**(-1/delta(I));
lamda(I)=cd0(I)/con0;
ty=SAM('GOV', 'HH')/SAM('TOT', 'HH');
td(I)=SAM('GOV', I)/SAM('TOT', I);
shr=SAM('CM', 'HH')/(SAM('TOT', 'HH')-SAM('GOV', 'HH'));
sgr=SAM('CM', 'GOV')/SAM('TOT', 'GOV');
gr('A1')=SAM('C1', 'GOV')/(SAM('C1', 'GOV')+SAM('C2', 'GOV'));
gr('A2')=SAM('C2', 'GOV')/(SAM('C1', 'GOV')+SAM('C2', 'GOV'));
phi('A1')=SAM('C1', 'CM')/SAM('TOT', 'CM');
phi('A2')=SAM('C2', 'CM')/SAM('TOT', 'CM');
```

* EQUATIONS

```
EQUATIONS
* price block
    PEEQ(I)            definition of export good price
    PMEQ(I)            definition of import good price
    ZPC(I)             zero-profit condition
    PXEQ(I)            constraint of CET function
    PQEQ(I)            constraint of CES function

* activity and commodity block
    INTDEQ(I,J)        intermediate demand equation
    XDEQ(I)            value-added demand equation
    VAXEQ(I)           value-added function
    LEQ(I)             labor demand equation
    KEQ(I)             capital demand equation
    EEQ(I)             supply of exports
    DEQ(I)             supply of domestic good(CET function)
    MEQ(I)             supply of imports
    QEQ(I)             supply of the composite good(CES function)

* institution block
    INDEQ(I)           intermediate demand
    YEQ                definition of household total income
    YDEQ               definition of household disposable income
    SHEQ               definition of household savings
    CONEQ              definition of budget constraint
    CDEQ(I)            household consumption demand
    TEQ                definition of total government revenue
    SGEQ               definition of government savings
    GEQ(I)             definition of government spendings
    GDEQ(I)            government spendings demand
    SFEQ               definition of foreign savings
    TSEQ               definition of total savings
    IDEQ(I)            investment demand

* system constraint block
    MCC(I)             commodity market clearing condition
    LMCC               labor market clearing condition
    KMCC               capital market clearing condition
    OBJ                objective function;

* price block
    PEEQ(I)..          PE(I)=E=er*(1+em(I))*pwe(I);
    PMEQ(I)..          PM(I)=E=er*(1+tm(I))*pwm(I);
    ZPC(I)..           PX(I)*(1-td(I))=E=PV(I)*av(I)+SUM(J,a(J,I)*PQ(J));
    PXEQ(I)..          PX(I)*XD(I)=E=PD(I)*D(I)+PE(I)*E(I);
    PQEQ(I)..          PQ(I)*Q(I)=E=PD(I)*D(I)+PM(I)*M(I);
```

```
* activity and commodity block
    INTDEQ(I, J)..          INTD(I, J)=E=a(I,J)*XD(J);
    XDEQ(I)..               VAX(I)=E=av(I)*XD(I);
    VAXEQ(I)..              VAX(I)=E=ad(I)*(L(I)**alpha(I))*(K(I)**(1-alpha(I)));
    LEQ(I)..                W*L(I)=E=PV(I)*alpha(I)*VAX(I);
    KEQ(I)..                R*K(I)=E=PV(I)*(1-alpha(I))*VAX(I);
    EEQ(I)..                E(I)=E=((PE(I)/PD(I)*h(I)/(1-h(I)))**  (1/(sigma(I)-1)))*D(I);
    DEQ(I)..                XD(I)=E=D(I)*(at(I)*(h(I)+(1-h(I))*(h(I)/(1-h(I))*
                            (PE(I)/PD(I)))**(sigma(I)/(sigma(I)-1)))**(1/sigma(I)));
    MEQ(I)..                M(I)=E=D(I)*(((PD(I)/PM(I))*((1-b(I))/b(I)))
                                                **(1/(1+delta(I))));
    QEQ(I)..                Q(I)=E=D(I)*(bt(I)*(b(I)+(1-b(I))*
                            ((1-b(I))/b(I)*(PD(I)/PM(I)))**(-1*delta(I)/(delta(I)+
                            1)))**(-1/delta(I)));

* institution block
    INDEQ(I)..              IND(I)=E=SUM(J, a(I,J)*XD(J));
    YEQ..                   Y=E=SUM(I, (W*L(I)+R*K(I)));
    YDEQ..                  YD=E=Y*(1-ty);
    SHEQ..                  SH=E=shr*YD;
    CONEQ..                 CON=E=YD-SH;
    CDEQ(I)..               PQ(I)*CD(I)=E=(lamda(I)/SUM(J,lamda(J)))
* CON;
    TEQ..                   T=E=ty*Y+SUM(I, td(I)*PX(I)*XD(I))+
                                SUM(I, tm(I)*PM(I)*M(I));
    SGEQ..                  SG=E=sgr*T;
    GEQ(I)..                G(I)=E=(1-sgr)*gr(I)*T;
    GDEQ(I)..               PQ(I)*GD(I)=E=G(I);
    SFEQ..                  SF=E=SUM(I,((1-tm(I))*PM(I)*M(I)-PE(I)* E(I)));
    TSEQ..                  TS=E=SH+SG+SF;
    IDEQ(I)..               PQ(I)*ID(I)=E=phi(I)*TS;

* system constraint block
    MCC(I)..                Q(I)=E=CD(I)+GD(I)+ID(I)+IND(I);
    LMCC..                  ls=E=SUM(I, L(I));
    KMCC..                  ks=E=SUM(I, K(I));
    OBJ..                   UTIL=E=PROD(I, CD(I)**lamda(I));

* initializing variables
* price block
    PV.L(I)=pv0(I);
    PD.L(I)=pd0(I);
    PX.L(I)=px0(I);
    PQ.L(I)=pq0(I);
    PE.L(I)=pe0(I);
    PM.L(I)=pm0(I);
```

```
* activity and commodity block
      INTD.L(I, J)=intd0(I, J);
      VAX.L(I)=vax0(I);
      L.L(I)=l0(I);
      K.L(I)=k0(I);
      XD.L(I)=xd0(I);
      Q.L(I)=q0(I);
      D.L(I)=d0(I);
      E.L(I)=e0(I);
      M.L(I)=m0(I);

* institution block
      IND.L(I)=ind0(I);
      Y.L=y0;
      YD.L=yd0;
      SH.L=sh0;
      CON.L=con0;
      CD.L(I)=cd0(I);
      T.L=t0;
      TS.L=ts0;
      G.L(I)=g0(I);
      SG.L=sg0;
      GD.L(I)=gd0(I);
      SF.L=sf0;
      ID.L(I)=id0(I);

* system constraint block
      W.L=w0;
      R.L=r0;

* MODEL ==========================================================
 MODEL BASIC /ALL/;

DISPLAY pwe, pwm, er, em, tm, ad, alpha, a, av, at, h, sigma, epi, bt, b, delta,
        ro, lamda, ty, td, shr, sgr, gr, phi, pe0, pm0, pd0, px0, pq0, pv0, xd0,
        q0, d0, e0, m0, intd0, vax0, l0, k0, ind0, y0, yd0, sh0, con0, cd0, t0,
        ts0, g0, sg0, sf0, id0, w0, r0;

SOLVE BASIC MAXIMIZING UTIL USING NLP;
```

2 : 정책실험 #1과 정책실험 #2의 프로그램

• 정책실험 #1의 경우

정책실험 #1의 프로그램은 기본 모형의 프로그램과 모두 동일하며 프로그램의 마지막 line에 다음과 같은 statement를 첨가

```
ad('A1')=(1+0.1)*ad('A1');

SOLVE BASIC MAXIMIZING UTIL USING NLP;
```

• **정책실험 #2의 경우**

정책실험 #2의 프로그램은 정책실험 #1과 마찬가지로 기본 모형 프로그램의 마지막 line에 다음과 같은 statement를 첨가

```
ad('A2')=(1+0.1)*ad('A2');

SOLVE BASIC MAXIMIZING UTIL USING NLP;
```

3 : Recursive CGE모형을 이용한 경제성장과 산업별 토지수요 예측 ········· 부록

A 14-1 일반 배경

모든 경제활동은 토지 위에서 이루어지기 때문에 토지는 바로 경제 내 생산활동에 있어서 가장 기본적인 생산요소라 할 수 있다. 특히 공간적으로 한정된 토지의 효율적인 활용은 경제성장에 있어 가장 기본적인 것이다. 따라서 국가차원에서 효율적인 토지이용을 위해 앞으로 발생하게 될 산업별 토지수요에 대한 예측이 선행되어야 하며, 이를 바탕으로 토지공급정책이 수립되어야 한다.

기존에 우리나라의 토지공급정책은 기본적으로 장래 발생하게 될 용도별 토지수요에 대한 구체적인 예측결과를 바탕으로 수립된 경우가 매우 드물었다(한국산업기술재단, 2003). 이러한 토지공급정책의 문제는 관련 연구활동의 미흡과도 연결된다고 할 수 있다. 문헌을 살펴보면 국가의 경제성장에 관한 다양한 연구에도 불구하고 토지를 구체적인 생산요소로 고려하여 산업별 토지수요를 예측하고, 그 결과를 바탕으로 토지이용의 방향을 제시한 연구는 많지 않은 실정이다. 이 가운데 박재룡(1997)은 토지 투입산출모형을 이용하여 지역별·산업별로 토지수요를 예측하고, 지가안정화 방안을 제시하였다. 그러나 그의 연구는 부분 균형 체계 하에서 분석이 이루어짐으로써 이 모형체계가 갖고 있는 한계점을 극복하지 못하였다.

본 논문에서는 기본적으로 수요와 공급 양 측면을 동시에 고려한 일반균형체계 하에서 산업구조와 토지배분의 문제를 다루고자 한다. 구체적으로 말해, 본 논문에서는 Rabenau(1993)가 St. Lucia에 적용하였던 모형과 같이 토지를 구체적인 생산요소로 인식한 토지 연산일반

균형모형(land computable general equilibrium model, Land CGE Model)을 개발하고, 개발된 모형을 이용하여 우리나라 경제성장에 따른 산업별 토지수요변화를 살펴본다. 그리고 정책분석을 실시함으로써 우리나라 토지정책에 대한 시사점을 도출하고자 한다.

본 논문은 총 5개의 절로 구성된다. 먼저 2절에서는 경제성장과 산업별 토지수요의 변화를 제시할 수 있는 모형이 설정된다. 단, 여기서 설정되는 모형은 시간변화에 따른 토지수요 및 경제변화를 구체적으로 나타낼 수 있는 동태모형이다. 그리고 3절에서는 설정된 모형을 통해 향후 15년간(1998-2013년) 산업별 토지수요 및 주요 거시경제지표가 예측된다. 또한 민감도 분석(sensitivity analysis)을 실시하여 경제성장에 영향을 미치는 주요 파라메타들이 제시된다. 4절에서는 토지공급전략의 정책 시나리오가 설정되며, 설정된 정책시나리오별 효과가 분석된다. 마지막으로 5절에서는 논문에서 다루어진 내용이 요약되며, 향후 이루어져야 할 연구방향이 제시된다.

A 14-2 모형

일반적으로 CGE모형은 그 구조가 복잡하며 수립과정도 매우 이론적이다. 그러나 CGE모형의 해는 김홍배(2001)가 설명하였듯이 수리적인 해로 나타나기 때문에 해를 구하기 위한 제약은 대폭 감소하게 된다. 이러한 특징으로 인해 CGE모형은 그의 적용범위가 다양하며, 특히 정책실험에 있어 매우 유용한 모형이라고 할 수 있다(CGE모형의 적용 분야에 대해서는 Shoven and Whalley(1984), Devarajan(1986), 그리고 Decaluwe and Martens(1988) 등이 광범위한 분야에서 상세하게 고찰하였으므로 이들을 참고하기 바란다.).

1. 자체 처리시설의 증설 정책

본 모형은 기본적으로 신고전적 CGE모형(neoclassical CGE model)이다. 그리고 가계부문과 정부부문의 저축률이 고정되어 있음을 가정하므로 본 모형의 완결조건(closure rule)은 바로 총저축이 경제의 총투자를 결정하는, 다시말해 저축이 거시경제 균형을 결정하는 모형(saving-driven model)이다.

본 모형의 기본구조는 일반적인 CGE모형 구조이므로 이에 대한 구체적인 설명은 생략한다. 단, 모형은 다음과 같이 크게 7개 부문으로 구성된다.

- 생산활동부문
- 재화부문
- 가계부문
- 정부부문
- 자본시장부문
- 시장청산조건
- 생산요소의 동태적 변화

각 부문에 포함되는 수식은 부록에 제시되어 있으며, 여기서는 생산요소의 동태적 변화를 중심으로 설명한다.

장래 발생하게 될 토지수요의 변화예측을 위해서는 기본적으로 생산요소의 동태적 변화를 나타내는 식이 설정되어야 한다. 우선 식 (A.1)과 같이 노동은 인구증가율에 의해, 그리고 자본스톡은 신규 자본투자와 기존 자본의 감가상각률(depreciation rate)에 의해 변화하는 것으로 한다.

$$\dot{L}_t = n \cdot L_{t-1}, \ \dot{K}_t = DK_t - d \cdot K_{t-1}, \tag{A.1}$$

$\dot{x} = dx/dt$, $L_t(K_t)$: t년도 노동(자본스톡),
n : 인구증가율, DK_t : 신규 자본투자,
d : 자본의 감가상각률.

토지의 동태적 변화는 다음과 같은 특징을 고려하여 결정되어야 한다. 첫째, 토지의 추가적인 공급은 순간적으로 이루어지는 것이 아니라 계획적, 정책적 차원에서 이루어진다는 것이다. 다시말해 토지의 용도는 국토이용관리법이나 도시계획법 등에 의해 제약을 받으며, 용도의 변경도 정해진 절차에 따라 이루어진다. 둘째, 토지가 일단 개발되어 생산과정에 투입되면 개발 이전의 비생산적 토지로 다시 전환되는 것은 불가능하다. 이는 토지의 동태적 변화에서 감가상각이 고려되지 않음을 의미한다. 이러한 토지의 기본 특징을 고려하여 토지의 동태적 변화는 다음과 같이 전제한다.

$$\dot{N}_t = \phi \cdot N_{t-1}, \tag{A.2}$$

$\dot{N}_t$: t 년도에 공급된 토지규모, ϕ : 토지공급 조정계수.

그리고 우리나라의 산업별 토지수요변화는 다음과 같이 도출된다.

$$\Delta N_{i,t+1} = N_{i,t+1} - N_{i,t}. \tag{A.3}$$

2. Land I-O Table 및 Land SAM의 구축

모형을 통해 경제성장과 함께 산업별 토지규모, 그리고 다양한 경제지표의 변화를 예측하기 위해서는 기본적으로 모형 내에 포함된 파라메타 값들이 결정되어야 한다. 파라메타 값들은 대부분 토지 사회계정행렬(land social accounting matrix, Land SAM)로부터 구해지며, 그 외의 파라메타 값들은 한국은행이나 기존 선행 연구에서 제시된 자료를 활용하도록 한다.

SAM은 투입산출표로부터 구축된다. 따라서 앞에서 설명한 모형이 개발되기 위한 첫단계는 바로 Land I-O표를 작성하는 것이다. 본 논문에서는 한국산업은행(1999)과 통계청(1999)의 자료를 이용하여 산업별 토지임차료(land rent)를 추계하고, 이를 한국은행(2001)의 「1998년 기준 산업연관표」에 적용하여 토지 부가가치를 도출한다. 이때 산업별 토지규모는 행정자치부(2001)와 통계청(2002) 등의 자료와 추계된 토지임차료를 바탕으로 추정된

다(이에 대한 구체적인 설명은 한국산업기술재단(2003)을 참고하기 바란다.). 그리고 Pyatt and Round(1985)와 김홍배(2001) 등에서 제시된 I-O표로부터 SAM을 작성하는 방법을 통해 Land SAM을 작성한다. 작성된 Land SAM은 〈부록 표 A-1〉에 제시된 바와 같다.

A 14-3 토지수요 예측(1998-2013년)

앞에서 설정된 모형과 Land SAM으로부터 도출된 파라메타 값 등을 이용하면 국민경제의 성장경로와 산업별 토지수요가 구체적으로 예측된다. 단, 예측에서는 우선적으로 토지공급 조정계수(φ)는 0, 즉 추가적인 토지공급은 없는 것으로 가정한다. 그리고 이러한 가정 하에 예측된 모형의 해를 여기서는 기본모형의 해라고 하기로 한다. 기본모형의 해를 바탕으로 다음 절에서는 토지공급 조정계수를 조정함으로써 토지공급이 경제성장에 미치는 영향이 분석된다.

1. 산업별 토지수요의 변화

추가적인 토지의 공급이 없다는 전제 아래 우리나라의 경제성장과 산업별 토지수요를 예측한 결과는 표 A-1과 표 A-2에 요약된 바와 같다. 특히 표 A-2에 보이듯이 연도별 토지수요는 산업마다 다르게 나타난다. 구체적으로 말해 시간이 지남에 따라 건설, 비금속광물, 출판·인쇄, 그리고 공공행정·국방·의료 및 보건, 기타 산업의 토지수요량은 증가하는 것으로 나타났다. 특히 건설산업의 연평균 토지수요량 증가율은 3.6%로 가장 높은 것으로 예측되었다. 반면 섬유·가죽·가방·신발 산업과 운송장비 산업, 그리고 전기·전자 산업들은 토지수요 규모가 감소하는 것으로 나타났다. 또한, 1998년 우리나라 전체 토지수요의 30.4%를 차지하던 금융·부동산·사업서비스 산업의 경우 2013년 그 비율이 28.8%로 줄어드는 것으로 나타난 반면, 1998년 전체 토지수요의 12.9%를 차지하던 건설 산업의 경우에는 2013년 21.9%로 크게 증가하는 것으로 예측되었다.

산업별로 토지규모의 격차 정도를 보여주는 분산계수를 보면, 1998년 0.0053에서 2013년 0.0059로 증가하는 것으로 나타났다. 이는 산업별 토지규모의 격차가 시간이 지남에 따라 증가함을 가리키는 것이다.

표 A-1 경제지표의 변화(1998년 불변가격)

구분	1998년	2006년	2013년	연평균성장률 (1998~2013)
생산자물가지수	1.000	1.050	1.106	0.7%
총생산액(백억 원)	106,296	129,220	160,158	2.8%
GDP(백억 원)	43,353	54,753	70,101	3.3%
일인당 DP(백만 원)	9.366	11.241	13.990	2.7%

표 A-2 산업별 토지규모 변화 예측결과 (단위 : ㎢)

구분	1998년		2006년		2013년		연평균 증가율 (98~13)
	토지	(비율)	토지	(비율)	토지	(비율)	
1. 농림어업 및 광업	1,899.0	7.4%	1,720.2	6.7%	1,574.7	6.1%	-1.2%
2. 음식료품 및 담배	625.0	2.4%	610.1	2.4%	607.1	2.4%	-0.2%
3. 섬유, 가죽, 가방, 신발	624.5	2.4%	380.8	1.5%	284.2	1.1%	-5.1%
4. 목재, 나무 및 종이제품	174.0	0.7%	167.0	0.7%	160.2	0.6%	-0.6%
5. 출판, 인쇄	274.9	1.1%	281.4	1.1%	293.8	1.1%	0.5%
6. 석탄, 석유	58.9	0.2%	51.7	0.2%	46.0	0.2%	-1.6%
7. 화학	260.3	1.0%	203.3	0.8%	168.6	0.7%	-2.9%
8. 고무 및 플라스틱	155.4	0.6%	134.1	0.5%	122.3	0.5%	-1.6%
9. 비금속광물제품	213.3	0.8%	244.4	1.0%	258.6	1.0%	1.3%
10. 금속제품	408.9	1.6%	387.0	1.5%	356.6	1.4%	-0.9%
11. 기계	100.9	0.4%	103.4	0.4%	99.8	0.4%	-0.1%
12. 전기, 전자	625.0	2.4%	468.3	1.8%	381.1	1.5%	-3.2%
13. 정밀기기	20.4	0.1%	17.1	0.1%	14.3	0.1%	-2.4%
14. 운송장비	489.3	1.9%	333.8	1.3%	267.0	1.1%	-3.9%
15. 가구 및 기타 제조업	341.8	1.3%	324.9	1.3%	312.8	1.2%	-0.6%
16. 전기, 가스, 수도	129.9	0.5%	114.5	0.5%	102.9	0.4%	-1.5%
17. 건설	3,311.0	12.9%	4,718.6	18.3%	5,647.4	21.9%	3.6%
28. 도소매, 숙박, 음식	1,079.8	4.2%	1,062.0	4.1%	1,044.5	4.1%	-0.2%
19. 운수, 창고 및 통신	4,690.0	18.2%	4,389.0	17.1%	4,148.9	16.1%	-0.8%
20. 금융, 부동산, 사업서비스	7,829.8	30.4%	7,610.2	29.6%	7,398.1	28.8%	-0.4%
21. 공공행정, 국방, 보건 및 교육	1,261.1	4.9%	1,266.2	4.9%	1,291.2	5.0%	0.2%
22. 기타	1,163.5	4.5%	1,148.8	4.5%	1,153.4	4.5%	-0.1%
합계	25,736.6	100%	25,736.6	100%	25,736.6	100.0%	-
평균 토지임차료	0.057백억 원/㎢		0.074백억 원/㎢		0.096백억 원/㎢		
분산계수*		0.0053		0.0056		0.0059	

- * : 각 산업별 비율의 분산계수임

2. 민감도 분석(sensitivity analysis)

모형에 포함된 각 파라메타들에 대한 민감도 분석결과는 표 A-3에 요약된 바와 같다. 여기서는 각 파라메타들이 1%씩 증가했을 때 경제성장률이 어떻게 변화하는지를 가리킨다. 이러한 민감도 분석결과 중 우리나라의 경제성장에 주요하게(+++ 또는 ---) 영향을 미치는 파라메타는 다음과 같다. 우선 경제성장과 정(正)의 상관관계를 갖는 핵심 파라메타로는 노동소득배분율과 토지공급조정계수, 그리고 산업별 정부지출 비율 등이며, 부(負)의 상관관계를 갖는 파라메타로는 관세율, 자본의 감가상각률, 환율 등으로 나타났다. 본 논문은 토지공급에 초점을 맞추어 정책시나리오를 설정하고, 앞에서 개발된 모형을 이용하여 정책시나리오를 분석하기로 한다. 이때 토지공급에 관한 정책시나리오는 식 (A.2)에 제시된 토지공급계수의 조정으로 나타난다.

표 A-3 민감도 분석 결과*

구분	경제 성장률	구분	경제 성장률	구분	경제 성장률
환율(ER)	−	인구증가율(n)	+	산업별 투자수요 비율(ϕ_i)	+
관세율(tm_i)	−	자본공급(ks)	++	산업별 정부지출 비율(gr_i)	+++
생산성계수(AD_i)	++	토지공급 조정계수(ψ)	+++	가계저축률(shr)	+
노동소득배분율(α_i)	+++	자본의 감가상각률(d)	−	정부저축률(sgr)	+
자본소득배분율(β_i)	++	효용함수의 파라미터(λ_i)	+		

− * : 기본모형의 각 파라메타를 1% 증가시켰을 경우의 경제성장률 변화를 나타냄.

변화방향	0.1% 이하	0.1%~1.0%	1.0%~2.0%	2.0% 이상
정(+)의 방향	?	+	++	+++
음(−)의 방향	?	−	−−	−−−

A 14-4 토지공급 전략 및 토지수요 분석

1. 토지공급의 전략 시나리오 설정

본 논문에서는 1994년부터 2000년까지 우리나라 도시계획구역 면적의 변화 자료를 바탕으로 표 A-4와 같이 토지공급 전략을 위한 시나리오를 설정한다. 구체적으로 매년 추가로 토지공급량을 기존 토지면적의 1%씩 증가시키는 경우(정책 시나리오 #1)와 2%씩 증가시키는 경우(정책 시나리오 #2), 그리고 3%씩 증가시키는 경우(정책 시나리오 #3)로 구분하고, 각 시나리오별 토지수요 및 주요 경제지표 등의 변화를 분석하고자 한다. 참고로 기존의 우리나라 도시계획구역 면적 중 상업용지와 공업용지 면적의 연평균 증가율은 각각 1.8%와 2.2%인 것으로 나타났다(한국산업기술재단, 2003). 단, 본 논문에서 토지공급 증대에 따른 비용은 발생하지 않음을 전제한다. 다시말해 토지 스톡의 증대는 용도변화(예를 들어 개발제한구역 해제 또는 용도변화 등)에 의해 이루어지는 것임을 전제한다.

표 A-4 토지공급전략 시나리오

구분	내용	매년 신규 토지공급량
정책 시나리오 #1	매년 토지공급량 1%씩 증가 (ϕ=0.01)	276㎢
정책 시나리오 #2	매년 토지공급량 2%씩 증가 (ϕ=0.02)	593㎢
정책 시나리오 #3	매년 토지공급량 3%씩 증가 (ϕ=0.03)	957㎢

2. 시나리오별 산업별 토지수요 변화

목표년도에서 우리나라의 전체 토지규모는 시나리오 #1의 경우 29,879.4㎢, 시나리오 #2의 경우 34,638.1㎢, 그리고 시나리오 #3의 경우에는 40,096.8㎢이다. 참고로 추가적인 토지공급이 이루어지지 않은 기본모형에서의 토지규모는 25,736.6㎢이다.

시나리오별 분석결과, 표 A-5에서 나타나듯이 토지수요는 각 산업마다 다르게 나타났다. 구체적으로 건설과 비금속광물제품, 공공행정 및 국방, 그리고 도소매·숙박·음식 등의 산업에서는 시나리오에 관계없이 전체 토지수요량의 평균적인 변화보다 더 크게 증가하는 반면, 나머지 산업들의 경우 전체 토지수요의 평균적인 변화보다 상대적으로 적게 증가하는 것으로 나타났다.

표 A-5 정책 시나리오별 산업별 토지규모(2013년 기준) (단위 : ㎢)

구분	기본모형	시나리오 #1		시나리오 #2		시나리오 #3	
	(A)	(B)	(B/A)	(C)	(C/A)	(D)	(D/A)
1. 농림어업 및 광업	1,574.7	1,815.4	1.153	2,090.3	1.327	2,404.2	1.527
2. 음식료품 및 담배	607.1	704.6	1.161	816.5	1.345	945.1	1.557
3. 섬유, 가죽, 가방, 신발	284.2	323.1	1.137	367.3	1.292	417.4	1.469
4. 목재, 나무 및 종이제품	160.2	185.8	1.159	215.1	1.342	248.71	1.552
5. 출판, 인쇄	293.8	340.6	1.159	394.3	1.342	455.7	1.551
6. 석탄, 석유	46.0	53.2	1.157	61.5	1.337	71.0	1.544
7. 화학	168.6	192.8	1.143	220.3	1.307	251.6	1.492
8. 고무 및 플라스틱	122.3	141.1	1.154	162.6	1.329	187.2	1.531
9. 비금속광물제품	258.6	302.3	1.169	352.6	1.364	410.7	1.588
10. 금속제품	356.6	411.3	1.153	473.8	1.329	545.2	1.529
11. 기계	99.8	115.4	1.157	133.3	1.336	153.8	1.542
12. 전기, 전자	381.1	433.7	1.138	493.5	1.295	561.4	1.473
13. 정밀기기	14.3	16.3	1.145	18.7	1.310	21.3	1.497
14. 운송장비	270.0	309.3	1.146	354.1	1.312	405.1	1.501
15. 가구 및 기타 제조업	312.8	362.2	1.158	418.8	1.339	483.5	1.546
16. 전기, 가스, 수도	102.9	119.1	1.158	137.7	1.339	159.1	1.547
17. 건설	5,647.4	6,636.8	1.175	7,781.2	1.378	9,102.9	1.612
18. 도소매, 숙박, 음식	1,044.5	1,214.1	1.162	1,409.2	1.349	1,633.3	1.564
19. 운수, 창고 및 통신	4,148.9	4,794.7	1.156	5,534.0	1.334	6,379.3	1.538
20. 금융, 부동산, 사업서비스	7,398.1	8,572.4	1.159	9,919.4	1.341	11,462.5	1.549
21. 공공행정, 국방, 보건 및 교육	1,291.2	1,501.4	1.163	1,743.3	1.350	2,021.3	1.565
22. 기타	1,153.4	1,333.9	1.156	1,540.5	1.336	1,776.7	1.540
합계	25,736.6	29,879.4	1.161	34,638.1	1.346	40,096.8	1.558
평균 토지임차료(백억 원/㎢)	0.096	0.084		0.074		0.065	

3. 주요 경제지표의 변화

정책 시나리오 #1에 따른 생산자 물가지수는 표 A-6에 제시된 바와 같이 1998년 1.000에서 2013년 1.110으로 연평균 0.7%씩 증가하는 것으로 예측되었다. 또한 GDP는 같은 기간 43,353백억 원에서 71,157백억 원으로 연평균 3.4%씩 증가하는 것으로 나타났다. 그리고 일인당 GDP는 1998년 9.366백만 원에서 2013년 14.201백만 원으로 연평균 2.8%씩 증가하는 것으로 예측되었다.

정책 시나리오 #2의 경우에는, 생산자물가지수가 1998년 1.000에서 2013년 1.115로 연평균 0.7씩 증가하는 것으로 나타났다. 그리고 GDP는 같은 기간 43,353백억 원에서 72,215백억 원으로 연평균 3.5%씩 증가하는 것으로 예측되었다. 일인당 GDP 경우에는 1998년 9.366 백만 원에서 2013년 14.412백만 원으로 연평균 2.9%씩 증가하는 것으로 나타났다.

정책 시나리오 #3에 따른 우리나라 생산자 물가지수는 1998년 1.000에서 2013년 1.119로 연평균 0.8%씩 증가하는 것으로 예측되었다. GDP는 같은 기간 43,353백억 원에서 73,250 백억 원으로 매년 3.6%씩 증가하는 것으로 나타났다. 그리고 일인당 GDP의 경우에는 같은 기간 9.366백만 원에서 14.619백만 원으로 매년 평균 3.0%씩 증가하는 것으로 예측되었다.

표 A-6 정책 시나리오별 경제지표의 변화(1998년 불변가격)

구분		1998년		2006년		2013년		연평균 성장률 (98-13)
			Ratio*		Ratio*		Ratio*	
기본모형	생산자 물가지수	1.000	1.000	1.050	1.000	1.106	1.000	0.7%
	GDP(백억 원)	43,353	1.000	54,753	1.000	70,101	1.000	3.3%
	일인당 GDP(백만 원)	9.366	1.000	11.241	1.000	13.990	1.000	2.7%
정책 시나리오 #1	생산자 물가지수	1.000	1.000	1.052	1.002	1.110	1.004	0.7%
	GDP(백억 원)	43,353	1.000	55,140	1.007	71,157	1.015	3.4%
	일인당 GDP(백만 원)	9.366	1.000	11.320	1.007	14.201	1.015	2.8%
정책 시나리오 #2	생산자 물가지수	1.000	1.000	1.054	1.004	1.115	1.008	0.7%
	GDP(백억 원)	43,353	1.000	55,529	1.014	72,215	1.030	3.5%
	일인당 GDP(백만 원)	9.366	1.000	11.400	1.014	14.412	1.030	2.9%
정책 시나리오 #3	생산자 물가지수	1.000	1.000	1.056	1.006	1.119	1.012	0.8%
	GDP(백억 원)	43,353	1.000	55,899	1.021	73,250	1.045	3.6%
	일인당 GDP(백만 원)	9.366	1.000	11.476	1.021	14.619	1.045	3.0%

– * : 기본모형 결과가 1일 때 각 시나리오별 결과의 비.

4. 모의분석 결과 종합

앞에서 이루어진 정책 시나리오별 모의분석결과를 종합하면 표 A-7에 요약된 바와 같다. 표에 나타냈듯이 매년 토지공급량을 증가시키는 정책에 따라 GDP와 일인당 GDP 수준 역시 상승하는 것으로 나타났다. 특히 토지공급 규모가 가장 큰 정책 시나리오 #3의 경우, 연평균 GDP 성장률 및 일인당 GDP 성장률은 각각 3.6%와 3.0%로 가장 높은 것으로 나타났다. 이는 우리나라에서 토지의 공급이 경제성장에 있어 중요한 부분을 차지하고 있음을 가리키는 것이다.

표 A-7 정책 시나리오별 모의분석 결과 종합(1998년 불변가격)

구 분		기본모형	시나리오 #1	시나리오 #2	시나리오 #3
1998년	GDP(백억 원)	43,353			
	일인당 GDP(백만 원)	9.366			
	토지수요(㎢)	25,737			
	공간생산성(백억 원/㎢)	1.7			
2006년	GDP(백억 원)	54,753	55,140	55,529	55,899
	일인당 GDP(백만 원)	11.241	11.320	11.400	11.476
	토지수요(㎢)	25,737	27,869	30,155	32,602
	공간생산성(백억 원/㎢)	2.1	2.0	1.8	1.7
2013년	GDP(백억 원)	70,101	71,157	72,215	73,250
	일인당 GDP(백만 원)	13.990	14.201	14.412	14.619
	토지수요(㎢)	25,737	29,879	34,638	40,097
	공간생산성(백억 원/㎢)	2.7	2.3	2.1	1.8
연평균 GDP 성장률		3.3%	3.4%	3.5%	3.6%
연평균 일인당 GDP 성장률		2.7%	2.8%	2.9%	3.0%

다음으로 토지당 생산성을 나타내는 공간생산성(=산업별 부가가치액/토지면적)을 보면 다음과 같다. 목표년도인 2013년 우리나라 전 산업 평균 공간생산성은 정책 시나리오 #1의 경우 2.4백억 원/㎢, 정책 시나리오 #2의 경우 2.1백억 원/㎢, 그리고 정책 시나리오 #3의 경우에는 1.8백억 원/㎢으로 나타났다. 이러한 결과는 기본모형의 2.7백억 원/㎢에 비해 모든 시나리오의 경우에서 공간생산성이 감소하는 것이다. 이는 기존의 토지이용이 고밀화되었음을 가리키는 것이며, 또한 산업에 투입되는 토지의 물리적 규모 확대가 고밀화된 토지이용을 완화시킴을 의미한다.

본 논문의 목표년도인 2013년 유형별 토지수요 분석결과를 요약하면 표 A-8과 같다. 여기서 표에 제시된 각 용도별 토지는 I-O 상의 산업을 새로이 조정하여 그 규모를 파악한 것이다. 특히 주거용지의 경우에는 '주택소유' 산업부문의 생산과정에 투입되는 생산요소로서 토지수요의 예측결과를 의미한다.

추가적인 토지공급이 없는 기본모형의 경우, 농경지를 중심으로 하는 1차산업용지는 전체 토지에서 6.1%인 1,575㎢, 일반 제조업 용지는 전체의 9.6%인 2,474㎢, 첨단산업용지는 전체의 3.5%인 902㎢, 상업 및 주거용지는 전체의 75.4%인 19,392㎢, 그리고 공공용도의 토지인 기타용지의 경우 전체의 5.4%인 1,394㎢인 것으로 나타났다. 따라서 2013년의 전체 토지규모 중 상업 및 주거용지가 차지하는 비율이 가장 큰 것으로 나타났다.

표 A-8 2013년 유형별 토지수요 분석결과 종합

구 분	기본모형		시나리오 #1		시나리오 #2		시나리오 #3	
	토지	(비율)	토지	(비율)	토지	(비율)	토지	(비율)
1차 산업용지	1,575	6.1%	1,815	6.1%	2,090	6.0%	2,404	6.0%
일반 제조업 용지*	2,474	9.6%	2,860	9.6%	3,302	9.5%	3,809	9.5%
첨단산업용지*	902	3.5%	1,032	3.5%	1,180	3.4%	1,349	3.4%
상업 및 주거용지**	19,392	75.4%	22,552	75.5%	26,184	75.6%	30,355	75.7%
기 타	1,394	5.4%	1,621	5.4%	1,881	5.4%	2,180	5.4%
합 계	25,737	100.0%	29,879	100.0%	34,638	100.0%	40,097	100.0%

-* : 제조업 중 일반 제조업과 첨단산업의 구분은 정준명(2000)의 기준에 따름.

** : 주거용지 수요의 경우 한국은행(2001) 산업 대분류 기준의 '24. 부동산 및 사업 서비스' 중 '주택소유' 부문의 토지수요임.

종합하면, 우리나라의 경우 시나리오와 상관없이 2013년 상업 및 주거용지가 전체 토지 중 75% 이상을 차지할 정도로 절대적인 것임을 알 수 있다. 그리고 전체 토지의 약 3.4~3.5%가 첨단산업용지로 이용될 것으로 나타났다. 이외에 일반 제조업용지는 전체 토지의 9.5~9.6%, 1차산업용지는 약 6.0~6.1%에 이를 것으로 분석되었다.

A 14-5 요약 및 결론

본 논문에서는 토지 연산일반균형모형을 개발하였으며, 이를 이용하여 향후 15년 동안 우리나라의 경제성장과 산업별 토지수요의 변화를 예측하였다. 그러나 본 논문은 공간을 고려하지 않은 전국모형이다. 그러므로 본 논문에서 개발된 모형이 현실적으로 더욱 의미가 있기 위해서는 모형은 지역모형으로 확장되어야 한다. 즉 지역의 특성을 충분히 반영할 수 있는 동태적 다지역 연산일반균형모형(dynamic multi-region CGE model)의 개발을 통해 지역별로 새로운 토지의 공급(토지개발)이 지역 및 국민경제에 미치는 효과와 경제성장에 따른 지역별, 산업별 토지수요 등이 구체적으로 논의될 수 있을 것이다. 이에 대한 연구가 활발하게 이루어지길 기대한다.

부록 표 A-1 Land SAM(1998년 기준) (단위 : 백억 원)

부문구분	생산활동	재화	노동	자본	토지	가계	정부	자본시장	해외	계
생산활동		86,063.0							20,232.9	106295.8
재화	59,135.3					25,048.5	5,124.5	13,445.6		102,754.0
노동	21,196.1									21,196.1
자본	20,678.5									20,678.5
토지	1,478.8									1,478.8
가계			21,196.1	20,678.5	1,478.8					43,353.4
정부	3,807.1	1,296.7				7,554.1				12,657.8
자본시장						10,750.9	7,533.3		−4,838.5	13,445.6
해외		15,394.3								15,394.3
계	106,295.8	102,754.0	21,196.1	20,678.5	1,478.8	43,353.4	12,657.8	13,445.6	15,394.3	

〈부록 표 A-2〉 모형(The Model)

부록 표 A-2-1 생산활동부문 (국내재 생산)

$$XD_{i,t} = \min\left(\frac{INTD_{1i,t}}{a_{1i}}, \frac{INTD_{2i,t}}{a_{2i}}, \ldots, \frac{INTD_{ni,t}}{a_{ni}}, \frac{VAX_{i,t}}{a_{vi}}\right), \qquad (n^2 개)$$

$$VAX_{i,t} = AD_i \cdot (L_{i,t})^{\alpha_i} \cdot (K_{i,t})^{\beta_i} \cdot (N_{i,t})^{\gamma_i}, \quad (단,\ \alpha_i + \beta_i + \gamma_i = 1), \qquad (n 개)$$

$$VA_{i,t} = PV_i \cdot VAX_{i,t}, \qquad (n 개)$$

$$PV_i = \frac{(1 - idtr_i) \cdot PX_i - \sum_j a_{ji} PQ_j}{a_{vi}}, \qquad (n 개)$$

$$r_{i,t} = PV_i \cdot \frac{\partial VAX_{i,t}}{\partial K_{i,t}}, \ (r_{i,t} = r_{j,t} = r_t) \qquad (n 개)$$

$$w_{i,t} = PV_i \cdot \frac{\partial VAX_{i,t}}{\partial L_{i,t}}, \ (w_{i,t} = w_{j,t} = w_t) \qquad (n 개)$$

$$l_{i,t} = PV_i \cdot \frac{\partial VAX_{i,t}}{\partial N_{i,t}}, \ (l_{i,t} = l_{j,t} = l_t) \qquad (n 개)$$

$$LC_{i,t} = w_t \cdot L_{i,t}, \qquad (n 개)$$

$$KC_{i,t} = r_t \cdot K_{i,t}, \qquad (n 개)$$

$$NC_{i,t} = lr_{i,t} \cdot N_{i_t}, \qquad (n 개)$$

i, j : 산업부문, t : 시점, $XD_{i,t}$: 국내재 생산량, $VAX_{i,t}$: 부가가치량,
$INTD_{ji,t}$: 국내재생산에 투입되는 복합재량, a_{ji} : 투입산출계수, a_{vi} : 부가가치계수,
AD_i : 생산성 계수, $L_{i,t}(K_{i,t}, N_{i,t})$: 노동(자본, 토지)의 규모,
$\alpha_i(\beta_i, \gamma_i)$: 노동(자본,토지) 생산탄력성 계수, $VA_{i,t}$: 부가가치액,
PV_i : 부가가치 가격, $idtr_i$: 간접세율, PX_i : 국내재 가격,
PQ_j : 복합재 가격, $r_{i,t}$: 자본수익률, $w_{i,t}$: 임금수준, $lr_{i,t}$: 지대(land rent),
$LC_{i,t}$: 노동비용, $KC_{i,t}$: 자본비용, $NC_{i,t}$: 토지비용, ( ) : 방정식 수, n : 산업 수.

부록 표 A-2-2 생산활동부문 (국내재 배분)

$XD_{i,t} = AT_i \cdot \left(h_i \cdot D^{\sigma i} + (1-h_i) \cdot E_{i,t}{}^{\sigma i}\right)^{1/\sigma i}$	(n개)
$PX_i \cdot XD_{i,t} = PD_i \cdot D_{i,t} + PE_i \cdot E_{i,t}$,	(n개)
$PE_i = ER \cdot (1+e_i) \cdot PWE_i$,	(n개)
$\frac{E_{i,t}}{D_{i,t}} = \left(\frac{PE_i}{PD_i} \cdot \frac{h_i}{1-h_i}\right)^{\frac{1}{\sigma_i - 1}}$,	(n개)

$D_{i,t}$: 국내공급재량, $E_{i,t}$: 해외 수출재량, σ_i : CET함수의 변환성지수,
AT_i ,h_i : CET함수의 파라메타. PD_i : 국내공급재 가격, PE_i : 해외 수출재 가격,
ER : 환율, e_i : 국내재의 수출보조금 비율, PWE_i : 해외 수출재의 국제가격.

부록 표 A-2-3 재화부문 (복합재 생산)

$Q_{i,t} = BT_i\left(b_i \cdot D_{i,t}{}^{\sigma i} + (1-b_i) \cdot M_{i,t}{}^{-\delta_i}\right)^{-1/\delta_i}$,	(n개)
$PQ_i \cdot Q_{i,t} = PD_i \cdot D_{i,t} + PM_i \cdot M_{i,t}$,	(n개)
$PM_i = ER \cdot (1+ttr_i) \cdot PWM_i$,	(n개)
$\frac{M_{i,t}}{D_{i,t}} = \left(\frac{PD_i}{PM_i} \cdot \frac{(1-b_i)}{b_i}\right)^{\frac{1}{1+\delta_i}}$,	(n개)

$Q_{i,t}$: 복합재 생산량, $M_{i,t}$: 해외수입재량, BT_i , b_i : 파라메타,
δ_i : 국내공급재와 해외수입재 간의 대체관계를 나타내는 지수,
ρ_i : Armington함수의 불변대체탄력성, PM_i : 해외수입재 i의 가격.
ttr_i : 관세율, PWM_i : 해외수입재의 국제가격.

부록 표 A-2-4 재화부문 (복합재 배분)

$Q_{i,t} = IND_{i,t} + CD_{i,t} + GD_{i,t} + ID_{i,t}$,	(n개)
$IND_{i,t} = \sum_j a_{ij} \cdot XD_{i,t}$,	(n개)

$IND_{i,t}$: 중간재 수요량, $CD_{i,t}$: 가계소비 수요량, $GD_{i,t}$: 정부부문 수요량,
$ID_{i,t}$: 투자 수요량.

부록 표 A-2-5 가계부문의 저축 및 복합재 수요

$Sh_t = shr \cdot Yd_t$,	(1개)
$C_t = Yd_t - Sh_t = Yd_t \cdot (1-shr)$,	(1개)
$CD_{i,t} = \frac{\lambda_i}{\sum_i \lambda_i} \cdot \frac{C_t}{PQ_i}$,	(n개)

Sh_t : 가계부문 저축액, shr : 가계부문 저축률, C_t : 가계부문 복합재 소비액,
λ_i : 효용함수의 파라미터.

부록 표 A-2-6 가계부문의 수입(receipts)과 지출(expenditures)

$Y_t = YL_t + YK_t + YN_t$,	(1개)
$YL_t = \sum_i w_t \cdot L_{i,t}$,	(1개)
$YK_t = \sum_i r_t \cdot K_{i,t}$,	(1개)
$YN_t = \sum_i l_{i,t} \cdot N_{i,t}$,	(1개)
$Yd_t = Y_t - DT_t = Y_t \cdot (1 - dtr)$,	(1개)

Y_t : 가계부문 전체소득, YL_t : 노동소득, YK_t : 자본소득, YN_t : 토지소득,
Yd_t : 가처분소득, DT_t : 직접세, dtr : 직접세율.

부록 표 A-2-7 정부부문의 수입과 지출

$T_t = IDT_t + DT_t + TT_t$,	(1개)
$IDT_t = \sum_i idtr_i \cdot PX_i \cdot XD_{i,t}$,	(1개)
$DT_t = dtr \cdot Y_t$,	(1개)
$TT_t = ttr_i \cdot PM_i \cdot M_{i,t}$,	(1개)
$GE_t = Sg_t + G_t$,	(1개)
$Sg_t = sgr \cdot GE_t = sgr \cdot T_t$,	(1개)
$GD_{i,t} = \dfrac{G_{i,t}}{PQ_i}$,	(n개)

T_t : 정부부문 전체 수입, IDT_t : 간접세, DT_t : 직접세, TT_t : 관세,
GE_t : 정부지출액, Sg_t : 정부저축액, G_t : 정부 복합재 소비액, sgr : 정부저축률,
gr_i : 복합재 i에 대한 정부지출액 비율, $G_{i,t}$: 정부소비지출액.

부록 표 A-2-8 자본시장 부문 (총저축)

$TS_t = Sh_t + Sg_t + Sf_t$,	(1개)
$Sf_t = \sum_i \{(PM_i - ttr_i) \cdot M_{i,t} - PE_i \cdot E_{i,t}\}$,	(1개)

TS_t : 총저축, Sf_t : 해외부문의 저축.

부록 표 A-2-9 자본시장부문 (총투자)

$TS_t = TI_t$,	(1개)
$I_{j,t} = \phi_j \cdot TS_t$, $(\sum_j \phi_j = 1)$,	(n개)
$ID_{j,t} = \frac{I_{j,t}}{PQ_j}$,	(n개)

TI_t : 총투자, $I_{j,t}$: 자본투자를 위한 복합재 수요액, ϕ_j : 산업별 투자수요비율.

부록 표 A-2-10 시장청산조건(market clearing condition)

$ED_{Q_i,t} = Q^d_{i,t} - Q^s_{i,t} = 0$,	(n개)
$ED_{L,t} = \sum_i L^d_{i,t} - L^s_t = 0$,	(1개)
$ED_{K,t} = \sum_i K^d_i - K^s_t = 0$,	(1개)
$ED_{N,t} = \sum_i N^d_{i,t} - N^s_t = 0$,	(1개)

ED_x : x의 초과수요.

부록 표 A-2-11 방정식 및 변수의 수

- 방정식의 수 : $n^2 + 23n + 19$개

- 변수의 수 : $n^2 + 23n + 19$개
  - 물량단위 변수 : $n^2 + 13n$개
  $INTD_{ij}$, IND_j, CD_j, GD_i, ID_i, XD_i, Q_i, D_i, E_i, M_i, VAX_i, L_i, K_i, N_i.

  - 가격변수 : $4n + 3$개
  PV_i, PX_i, PD_i, PQ_i, w, r, l.

  - 금액단위 변수 : $6n + 16$개
  VA_i, LC_i, KC_i, NC_i, G_i, I_i, Y, YL, YK, YN, C, T, TS, TI, Sh, Sg, Sf, IDT, DT, TT, G, GE.

제 **15** 장

다지역 연산일반균형모형(개방경제 다지역모형)

15.1 서 론

앞의 두 장에서는 국민경제 전체를 폐쇄경제와 개방경제로 구분하여 각각의 연산일반균형모형을 설명하였다. 이미 독자들이 이해했듯이 개방경제의 모형은 폐쇄경제의 모형에 비해 상대적으로 구조가 복잡하다. 왜냐하면 해외수출과 수입이 반영되어 산업별 재화의 종류와 가격이 그 만큼 다양해지기 때문이다. 여기서 개방된 국민경제를 공간적으로 구분하면 모형은 다지역모형이 된다. 다지역모형의 경우에는 동일한 산업재화라 해도 지역별 생산되는 재화와 해외에서 수입되는 재화가 서로 구별되기 때문에 모형의 구조는 개방경제의 전국모형보다 더욱 복잡해진다. 그러나 다지역 연산일반균형모형의 개념과 원리는 앞에서 설명한 전국모형과 거의 동일하기 때문에 전국모형을 이해한 독자라면 다지역모형을 이해하는 데 큰 어려움이 없으리라 생각된다.

다지역모형에서는 각 지역이 기본적인 경제단위가 되므로 공간적으로 두 종류의 재화 흐름, 즉 지역간, 그리고 지역과 해외 부문간 재화의 흐름이 존재한다. 이러한 재화의 흐름이 다지역 연산일반균형모형을 이해하는 핵심이라고 할 수 있다. 본 장에서는 지역차원에서의 재화 흐름에 초점을 맞추어 다지역 연산일반균형모형을 설명한다. 본 장은 다음과 같이 5절로 구성된다. 제2절에서는 다지역 투입산출표를 지역별 사회회계행렬로 전환하는 과정에 대해 설명한다. 제3절에서는 모형의 구조를 부문별로 구분하고 집단화시켜 설명한다. 제4절은 모형의 해(solution)를 구하고, 이를 바탕으로 이루어질 수 있는 정책실험에 대하여 설명한다. 마지막으로 제5절에서는 본 장에서 설명한 내용이 요약된다. 그리고 부록에서는 다지역 연산일반균형모형을 이용하여 오염 총량제 도입의 효과가 어떻게 분석될 수 있는지에 대해 소개한다.

15.2 다지역 투입산출표와 다지역 사회회계행렬

다지역 연산일반균형모형을 개발하기 위해서는 먼저 다지역 사회회계행렬이 있어야 한다. 왜냐하면 다지역 사회회계행렬로부터 정산과정(calibration process)을 통해 모형내 많은 파라메타의 값들이 결정되기 때문이다. 다지역 사회회계행렬은 전국을 하나의 경제단위로 나타낸 단일 사회회계행렬에 비해 언뜻 보기에는 구조가 복잡해 보이지만 근본적인 구조와 원리는 모두 동일하다. 따라서 사회회계행렬에 대해 명확한 이해를 가지고 있는 독자라면 다지역 사회회계행렬을 이해하기는 큰 어려움이 없다고 할 수 있다. 사회회계행렬에 대한 설명은 앞의 12장에서 자세하게 되었으므로 여기서는 이에 대한 일반적인 설명은 생략하도록 한다.

앞의 제12장에서는 다지역 투입산출표가 주어졌을 때 이것을 다지역 사회회계행렬로 전환하는 과정에 대한 설명과 함께 다지역 사회회계행렬을 거시적으로만 제시하였다. 그러나 여기서는 다지역 사회회계행렬을 각 지역별로 구분하여 별도로 나타내도록 한다. 이와 같이 지역별로 사회회계행렬을 구분하여 제시하는 가장 큰 이유는 바로 모형의 해를 구하기 위해 실질적으로 프로그래밍을 할 때 보다 편리하고 효율적이기 때문이다.

표 15.1과 같이 가상의 국가 M국의 두 지역 투입산출표가 주어졌다고 하자. 여기서는 설명의 편의와 독자들의 이해를 돕기 위해 국민경제는 두 지역으로, 그리고 각 지역경제는 두 산업으로 구성되어 있음을 가정한다. 또한 생산요소도 노동과 자본으로 한정한다. 그러므로 표에 제시된 경제는 바로 2요소-2산업-2지역의 경제이다. 주어진 두 지역 투입산출표로부터 지역별 사회회계행렬을 별도로 구분하여 나타내면 표 15.2와 표 15.3이 된다. 이 두 표를 비교하면 지역간 재화 흐름에 관한 매우 일반적인 사실을 알 수 있다. 즉 두 지역경제의 경우 한 지역의 이출은 바로 다른 지역의 이입이라는 것이다. 그리고 지역으로 이입된 재화는 해당 지역의 지역복합재(regional composite good) 생산에 투입된다.

표 15.2에서 지역 r 내 산업1의 복합재 생산은 지역공급재와 해외수입재, 그리고 지역 s 에서 들어온 지역이입재의 결합으로 이루어진다. 여기서 지역 r 로 이입된 지역 s 내 산업1 재화의 총가치는 표 15.1에 제시된 중간재 수요 90억 원(50억 원+40억 원)과 최종재 수요 640억 원(390억 원+150억 원+100억 원)의 합 730억 원이 된다. 이는 바로 표 15.3에서 알 수 있듯이 지역 s 내 산업1의 재화가 지역 r 로 이출된 총가치와 동일한 것이다. 이와 같이 지역간 재화의 흐름은 대칭적인 특징, 즉 한 지역의 이출은 바로 다른 지역의 이입으로 나타난다.

두 지역 사회회계행렬이 지역별로 작성되면 이를 바탕으로 두 지역 연산일반균형모형이 구축된다. 이에 대해서는 다음 절에서 자세히 설명된다.

표 15.1 M국의 두 지역 투입산출표 (단위 : 억 원)

수입 \ 지출			중간수요				최종수요						수출	수입	관세	계
			R		S		R			S						
			1	2	1	2	C	I	G	C	I	G				
중간투입	R	1	180	100	60	45	210	140	90	220	100	80	70	50	5	1,240
		2	120	220	40	75	330	200	140	410	110	70	74	70	7	1,712
	S	1	50	40	250	140	390	150	100	570	250	180	136	120	12	2,124
		2	30	70	170	220	420	180	120	680	320	240	230	100	10	2,570
부가가치	노동		560	860	950	1,320										
	자본		240	330	540	630										
	간접세		60	92	114	140										
계			1,240	1,712	2,124	2,570										

표 15.2 M국 지역 R의 사회회계행렬 (단위 : 억 원)

부문구분		지역공급재		지역복합재		노동	자본	가계	자본시장	정부	지역이출	해외	Total
		1	2	1	2								
지역공급재	1			1,170								70	1,240
	2				1,638							74	1,712
지역복합재	1	230	140					600	290	190	505		1,955
	2	150	290					750	380	260	705		2,535
노동		560	860										1,420
자본		240	330										570
가계						1,420	570						1,990
자본시장								350		4	340	-24	670
정부		60	92	5	7			290					454
지역이입				730	820								1,550
해외				50	70								120
Total		1,240	1,712	1,955	2,535	1,420	570	1,990	670	454	1,550	120	

표 15.3 M국 지역 S의 사회회계행렬 (단위 : 억 원)

부문구분		지역공급재		지역복합재		노동	자본	가계	자본시장	정부	지역이출	해외	Total
		1	2	1	2								
지역공급재	1			1,988								136	2,124
	2				2,340							230	2,570
지역복합재	1	310	185					790	350	260	730		2,625
	2	210	295					1,090	430	310	820		3,155
노동		950	1,320										2,270
자본		540	630										1,170
가계						2,270	1,170						3,440
자본시장								1,140		126	−340	−146	780
정부		114	140	12	10			420					696
지역이입				505	705								1,210
해외				120	100								220
Total		2,124	2,570	2,625	3,155	2,270	1,170	3,440	780	696	1,210	220	

15.3 다지역 연산일반균형모형 구축

15.3.1 모형의 구조

다지역 연산일반균형모형의 기본구조는 그림 15.1과 같이 크게 지역재의 생산 및 배분과 지역복합재의 생산 및 배분으로 구성된다. 지역재란 지역에서 생산되는 재화(regionally produced good)를 의미하며, 생산된 지역재는 지역공급재와 해외 수출재로 배분된다. 반면 지역복합재(regional composite good)는 2단계 과정을 거쳐 생산되는 것을 가정한다. 즉 첫 번째 단계는 지역공급재와 다른 지역으로부터 유입된 지역이입재와의 결합을 통해 국내지역복합재(domestic regional composite good)가 생산되는 단계이다. 두 번째 단계는 국내지역복합재와 해외수입재와의 결합을 통해 최종적으로 지역복합재가 생산되는 단계이다. 이와 같이 두 단계에 걸쳐 생산된 지역복합재는 지역내 수요, 즉 중간재 수요와 최종재수요(가계소비수요, 투자수요, 정부지출수요), 그리고 지역이출수요로 배분된다.

위에서 설명한 지역재와 지역복합재의 생산 및 배분을 이해하는 것이 바로 다지역 연산일반균형모형을 이해하는 핵심 부분이다. 모형의 기본구조는 다음과 같이 크게 5개 부문으로 구분할 수 있다. 본 장에서는 모형에 대한 설명을 각 부문별로 하기로 한다.

- 생산활동부문
- 자본시장부문
- 재화부문
- 시장청산조건과 생산요소의 지역
- 가계부문 및 정부부문간 이동

다지역 연산일반균형모형을 설명하기에 앞서 독자가 알아야 할 것은 바로 모형에서 본 장에서 소개되는 다양한 방정식의 형태이다. 여기서 소개되는 선형 또는 비선형 형태의 방정식들은 절대적인 것이 아니라 모형을 개발하는 연구자의 선호에 따라, 그리고 모형의 해를 구하는 데 있어 용이함과 편리함, 그리고 효율성 등에 따라 달라질 수 있는 것이다. 다만, 본 장에서는 연산일반균형모형 관련 문헌에서 가장 일반적으로 사용되는 방정식의 형태를 바탕으로 하여 방정식들의 형태를 결정하였다.

그림 15.1 지역재와 지역복합재의 생산 및 배분구조

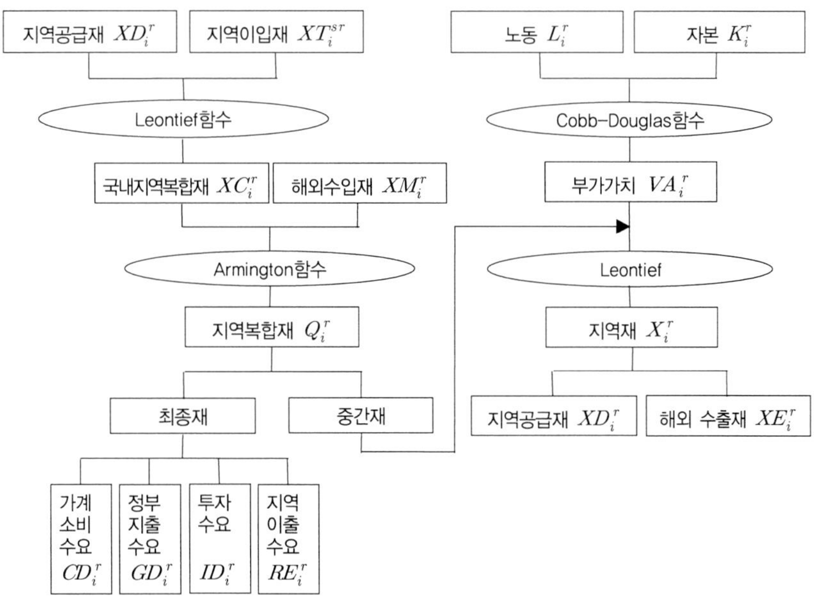

15.3.2 생산활동부문

• 지역재의 생산

생산활동부문은 크게 지역재의 생산과 배분으로 구분된다. 먼저 지역재의 생산에 대한 설명은 다음과 같다. 지역내 개별 산업들의 지역재 생산기술은 식 (15.1)에서와 같이 Leontief의 고정계수함수로 특징짓는 것을 가정한다.

$$X_i^r = Min.\left(\frac{INTI_{1i}^r}{a_{1i}^r}, \frac{INTI_{2i}^r}{a_{2i}^r}, \cdots, \frac{INTI_{ni}^r}{a_{ni}^r}, \frac{VAX_i^r}{av_i^r}\right), \tag{15.1}$$

X_i^r : 지역 r내 i산업의 지역재 생산량,

$INTI_{ij}^r$: 지역 r내 i산업의 지역재 생산에 투입되는 j산업 재화의 양,

VAX_i^r : 지역 r내 i산업의 부가가치(value-added)량,

a_{ij}^r : 중간투입계수(input-output coefficient),

av_i^r : 부가가치계수.

여기서는 설명의 편의를 위해 부가가치의 함수식, 즉 노동과 자본의 생산요소의 기술적 결합은 Cobb-Douglas 형태임을 가정한다.

$$VAX_i^r = ad_i^r \cdot L_i^{r\alpha_i^r} \cdot K_i^{r(1-\alpha_i^r)}, \tag{15.2}$$

$L_i^r(K_i^r)$: 지역 r내 i산업의 부가가치 생산에 투입되는 노동(자본)의 규모,

ad_i^r : 총요소생산성(total factor productivity),

α_i^r : 노동의 생산탄력성 계수.

생산요소에 대한 수요는 생산자의 이윤극대화 원리로부터 도출된다. 구체적으로 생산자는 각 생산요소를 그들의 한계생산가치가 요소가격과 같아지는 수준까지 고용하며, 이를 식으로 표현하면 다음과 같다.

$$w_i^r = PV_i^r \cdot \frac{\partial VAX_i^r}{\partial L_i^r}, \tag{15.3}$$

$$r_i^r = PV_i^r \cdot \frac{\partial VAX_i^r}{\partial K_i^r}, \tag{15.4}$$

w_i^r : 지역 r내 산업 i에 종사하는 노동자들의 임금수준,

r_i^r : 지역 r내 산업 i의 자본수익률,

PV_i^r : 지역 r내 산업 i의 부가가치 가격.

다지역 연산일반균형모형이 되기 위해서는 지역의 특징, 즉 개방경제의 특징이 모형에 반영되어야 한다. 지역경제는 기본적으로 생산요소의 공간적 이동이 자유로운 개방경제이다. 따라서 지역모형이 되기 위해서는 노동이나 자본과 같은 생산요소의 지역간 이동특징이 구체적으로 모형에 나타나야 한다. 생산요소의 이동특징은 전적으로 모형을 개발하는 연구자의 가정에 의한다. 여기서는 노동과 자본의 지역간 이동특징이 표 15.4에 제시된 바와 같다고 가정한다. 그리고 표에서 지역내 이동이란 글자 그대로 지역경제를 구성하는 산업들 사이에서 이루어지는 생산요소의 이동을 의미한다.

표 15.4 생산요소의 지역간 및 지역내 이동에 대한 가정

구분	지역간 이동	지역내 이동
노동(L_i^r)	부분이동	완전이동
자본(K_i^r)	완전이동	완전이동

표에 나타나 있듯이 노동은 지역 내에서 완전이동을, 그리고 지역간에는 부분이동을 가정하였으므로 노동자들의 임금은 지역 내에서 산업에 관계없이 동일하지만 지역간에는 차이가 존재하게 된다. 반면, 자본의 경우 지역내 이동과 지역간 이동 모두 완전이동을 가정하였으므로 자본수익률은 모든 지역과 산업에서 동일한 값을 가지게 된다. 이를 식으로 나타내면 다음과 같다.

$$w_i^r = w_j^r = w^r, \ w_i^s = w_j^s = w^s, \ w^r \neq w^s, \tag{15.5}$$

$$r_i^r = r_j^r = r^r, \ r_i^s = r_j^s = r^s, \ r^r = r^s = r. \tag{15.6}$$

만일 모형 개발자가 노동과 자본이 모두 지역내 이동과 지역간 이동에서 모두 불완전이동 또는 부분이동으로 가정하였다면 식 (15.5)와 식 (15.6)은 각각 다음과 같이 변형되어야 한다. 그리고 지역간 이동이 부분이동이라면

이동의 특성을 방정식으로 나타내야 한다. 이에 대해서는 시장청산 조건과 생산요소의 지역간 이동부문에서 자세하게 설명된다.

$$w_i^r \neq w_j^r \neq w^r,\ w_i^s \neq w_j^s \neq w^s,\ w^r \neq w^s, \tag{15.7}$$

$$r_i^r \neq r_j^r \neq r^r,\ r_i^s \neq r_j^s \neq r^s,\ r^r \neq r^s. \tag{15.8}$$

다지역 연산일반균형모형에서도 0의 이윤조건(zero-profit condition)이 적용된다. 즉 지역재의 판매로부터 얻는 수입은 지역재의 생산과정에 투입된 비용과 같아져야 한다. 여기서 지역재의 판매수입은 지역재의 단위가격과 생산된 재화의 양에 따라 결정되며, 투입비용은 중간재와 생산요소 투입비용, 간접세(indirect tax) 등으로 구성된다. 이를 식으로 나타내면 다음과 같다.

$$(1-td_i^r)\cdot PX_i^r \cdot X_i^r = \sum_j PQ_j^r \cdot INTI_{j,i}^r + PV_i^r \cdot VAX_i^r, \tag{15.9}$$

PX_i^r : 지역 r내 산업 i의 지역재 가격,

td_i^r : 지역 r내 산업 i에 부과되는 간접세율.

• 지역재의 배분

앞에서 설명했듯이 지역재는 지역공급재와 해외 수출재로 배분되며, 지역공급재와 해외 수출재 사이에는 불완전 대체관계가 존재한다. 이 경우 생산자는 이윤의 극대화를 위해 생산된 지역재를 지역공급재와 해외 수출재의 상대가격 변화에 따라 배분하게 된다. 여기서는 개별 생산자들이 지역재를 지역공급재와 해외 수출재로 변환시킬 수 있는 기술을 가지고 있으며, 이 때의 기술은 불변전환탄력성(constant elasticity of transformation, CET)함수 형태임을 가정한다. 이를 식으로 나타내면 다음과 같다.

$$X_i^r = at_i^r \cdot \left[\beta_i^r \cdot XD_i^{r^{\rho_{1i}}} + (1-\beta_i^r)\cdot XE_i^{r^{\rho_{1i}}}\right]^{\frac{1}{\rho_{1i}}}, \tag{15.10}$$

XD_i^r : 지역 r내 산업 i의 지역공급재의 양,

XE_i^r : 지역 r내 산업 i의 해외 수출재의 양,

at_i^r : CET함수의 scale파라미터,

β_i^r : CET함수의 share파라미터,

$\rho_{1i} = (\sigma_{1i}+1)/\sigma_{1i}$(단, σ_{1i} : 불변전환탄력성).

지역재가 지역공급재와 해외 수출재로 변환될 때 지역재의 가치는 다음과 같이 결국 지역공급재와 해외 수출재 총액의 합이 된다. 그리고 이때 해외 수출재의 가격은 재화의 국제시장가격과 환율, 그리고 수출보조금 비율에 의해 결정된다. 앞 장에서 설명하였듯이 연산일반균형모형분야에서는 소국가 가정(small country assumption)을 바탕으로 모형이 구축되는데, 이 가정은 국내 재화의 가격변화가 국제시장가격에 미치는 영향이 무시할 정도로 작다는 것을 의미한다. 이러한 가정으로 인해 국제시장에서 결정된 가격은 모형 내에서는 변수가 아닌 파라메타로 인식된다. 그러므로 해외 수출재의 가격은 국제시장에서 결정된 가격과 환율, 그리고 수출보조금 여부에 따라 결정된다.

$$PX_i^r \cdot X_i^r = PD_i^r \cdot XD_i^r + PE_i^r \cdot XE_i^r, \tag{15.11}$$

$$PE_i^r = er \cdot (1 + em_i^r) \cdot pwe_i, \tag{15.12}$$

PD_i^r : 지역 r내 산업 i의 지역공급재 가격,

PE_i^r : 지역 r내 산업 i의 해외 수출재 가격,

er : 환율(exchange rate), em_i^r : 수출보조금 비율,

pwe_i : 수출재의 국세시장가격(world price).

지역공급재와 해외 수출재의 배분 규모는 지역재의 생산량 제약하에서 생산자의 지역재 가치를 극대화하려는 원리로부터 결정된다. 이를 수식으로 표현하면 다음과 같다.

$$Max. \quad PD_i^r \cdot XD_i^r + PE_i \cdot XE_i^r, \tag{15.13}$$

$$s.\ t. \quad \overline{X}_i^r = at_i^r \left[\beta_i^r \cdot XD_i^{r^{\rho_{1i}}} + (1 - \beta_i^r) \cdot XE_i^{r^{\rho_{1i}}} \right]^{\frac{1}{\rho_{1i}}}.$$

위의 식으로부터 라그랑지함수를 설정하고, 설정된 식의 일계조건(F.O.C)으로부터 지역공급재와 해외 수출재 생산규모의 적정비율은 다음과 같이 계산된다.

$$\frac{XD_i^r}{XE_i^r} = \left[\frac{(1 - \beta_i^r) \cdot PD_i^r}{\beta_i^r \cdot PE_i^r} \right]^{\sigma_{1i}}. \tag{15.14}$$

지역재 배분함수인 식 (15.10)은 1차 동차성을 가지고 있으므로 양변을 XE_i^r로 나누고, 여기에 식 (15.14)를 대입하면 지역재 생산규모와 해외 수출재 규모의 관계는 다음과 같이 도출된다.

$$\frac{X_i^r}{XE_i^r} = at_i^r \cdot \left[\beta_i^r \cdot \left\{ \left(\frac{(1-\beta_i^r)\cdot PD_i^r}{\beta_i^r \cdot PE_i} \right)^{\sigma_{1i}} \right\}^{\rho_{1i}} + (1-\beta_i^r) \right]^{\frac{1}{\rho_{1i}}},$$

$$= at_i^r \cdot \left[\beta_i^r \cdot \left(\frac{(1-\beta_i^r)\cdot PD_i^r}{\beta_i^r \cdot PE_i} \right)^{\sigma_{1i}+1} + (1-\beta_i^r) \right]^{\frac{1}{\rho_{1i}}}. \qquad (15.15)$$

따라서 지역공급재와 해외 수출재의 가격이 주어지고 지역재의 생산규모가 결정되면 위의 식 (15.15)로부터 해외 수출재의 규모가 결정된다. 그리고 해외 수출재의 규모가 결정되면 식 (15.14)에 의해 지역공급재의 규모가 결정된다.

위에서 설명한 생산활동부문을 구성하는 방정식과 방정식의 수는 표 15.5에 제시된 바와 같다.

표 15.5 생산활동부문의 방정식 체계

$X_i^r = \dfrac{VAX_i^r}{a_{vi}^r}$	$(m\cdot\ n$개$)$
$VAX_i^r = ad_i^r \cdot\ L_i^{r\ a_i^r} \cdot\ K_i^{r\ 1-a_i^r}$	$(m\cdot\ n$개$)$
$w^r \cdot\ L_i^r = a_i^r \cdot\ PV_i^r \cdot\ VAX_i^r$	$(m\cdot\ n$개$)$
$r^r \cdot\ K_i^r = (1-a_i^r)\cdot\ PV_i^r \cdot\ VAX_i^r$	$(m\cdot\ n$개$)$
$\dfrac{XD_i^r}{XE_i^r} = \left(\dfrac{(1-\beta_i^r)\cdot\ PD_i^r}{\beta_i^r \cdot\ PE_i^r} \right)^{\sigma_{1i}}$	$(m\cdot\ n$개$)$
$\dfrac{X_i^r}{XE_i^r} = at_i^r \cdot\ \left[\beta_i^r \cdot\ \left\{ \left(\dfrac{(1-\beta_i^r)\cdot\ PD_i^r}{\beta_i^r \cdot\ PE_i^r} \right)^{\sigma_{1i}} \right\}^{\rho_{1i}} + (1-\beta_i^r) \right]^{\frac{1}{\rho_{1i}}}$	$(m\cdot\ n$개$)$
$(1-td)_i^r \cdot\ PX_i^r \cdot\ X_i^r = \sum_j PQ_j^r \cdot\ INTI_{ji}^r + PV_i^r \cdot\ VAX_i^r$	$(m\cdot\ n$개$)$
$PX_i^r \cdot\ X_i^r = PD_i^r \cdot\ XD_i^r + PE_i^r \cdot\ XE_i^r$	$(m\cdot\ n$개$)$
$PE_i^r = er \cdot\ (1+em_i^r)\cdot\ pwe_i$	$(m\cdot\ n$개$)$
• 가격단위 변수 : $PX_i^r, PV_i^r, PD_i^r, PE_i^r, w^r, r.$	
• 물량단위 변수 : $X_i^r, VAX_i^r, L_i^r, K_i^r, XD_i^r, XE_i^r,$	
m : 지역수,	
n : 산업수.	

15.3.3 재화부문

재화부문은 지역복합재를 생산하고 배분하는 역할을 담당한다. 지역복합재는 시장에서 실제 거래되는 재화가 아니라 연산일반균형모형의 구성을 위해 가상적으로 도입된 재화이다. 지역복합재는 앞에서 설명했듯이 두 단계, 즉 국내지역복합재의 생산을 통해 지역복합재가 생산된다. 그리고 생산된 지역복합재는 국내 경제주체들의 수요에 따라 배분된다. 이와 같은 지역복합재의 생산과정을 단계별로 설명하면 다음과 같다.

• 국내지역복합재 생산

국내지역복합재는 지역공급재와 다른 지역들로부터 들어오는 지역이입재와의 결합을 통해 생산된다. 여기서는 국내지역복합재 생산기술은 식 (15.16)과 같이 Cobb-Douglas함수로 가정한다(물론 국내지역복합재의 생산기술은 연구자들의 관점에 따라 Leontief의 고정계수함수 형태 또는 CES형태 등 다양한 형태로 가정할 수 있다).

$$XC_i^r = ah_i^r \cdot {XD_i^r}^{\theta_i^r} \cdot {XT_i^r}^{1-\theta_i^r}, \tag{15.16}$$

XC_i^r : 지역 r내 산업 i의 국내지역복합재 생산량,

XT_i^r : 지역 r로 이입된 산업 i의 재화의 양.

국내지역복합재 생산에 투입되는 지역공급재와 지역이입재의 규모는 다음과 같이 비용 최소화원리를 통해 도출된다.

$$Min.\ PD_i^r \cdot XD_i^r + PQ_i^s \cdot XT_i^r, \tag{15.17}$$

$$s.t.\ \overline{XC}_i^r = ah_i^r \cdot {XD_i^r}^{\theta_i^r} \cdot {XT_i^r}^{1-\theta_i^r}.$$

위의 식으로부터 지역이입재의 규모와 지역공급재의 규모 간의 관계는 다음과 같이 도출된다.

$$XT_i^r = \frac{1-\theta_i^r}{\theta_i^r} \cdot \frac{PD_i^r}{PQ_i^s} \cdot XD_i^r, \tag{15.18}$$

지역공급재와 지역이입재의 결합을 통하여 국내지역복합재를 생산할 때, 국내지역복합재의 가치는 결국 지역공급재와 지역이입재 가치의 합과 동일하게 된다.

$$PC_i^r \cdot XC_i^r = PD_i^r \cdot XD_i^r + PQ_i^s \cdot XT_i^r, \tag{15.19}$$

PC_i^r : 지역 r내 산업 i의 국내지역복합재의 가격.

• 지역복합재 생산

지역복합재는 국내지역복합재와 해외수입재의 결합을 통하여 생산된다. 본서에서는 지역복합재의 생산을 위한 국내복합재와 해외수입재의 결합 형태가 다음과 같이 CES(constant elasticity of substitution)함수 형태임을 전제로 한다. 참고로 지역복합재의 생산함수가 CES형태로 가정될 때, 그 함수를 Armington함수라고 한다.

$$Q_i^r = bt_i^r \cdot \left[r_i^r \cdot XC_i^{r^{-\rho_{2i}}} + (1 - r_i^r) \cdot XM_i^{r^{-\rho_{2i}}} \right]^{-\frac{1}{\rho_{2i}}}, \tag{15.20}$$

Q_i^r : 지역 r내 산업 i의 지역복합재의 양,

XM_i^r : 지역 r내 산업 i에서 수입된 해외수입재의 양,

bt_i^r : Armington함수의 scale 파라미터,

r_i^r : Armington함수의 share 파라미터,

$\rho_{2i} = (1 - \sigma_{2i})/\sigma_{2i}$, (단, σ_{2i} : 대체탄력성계수).

국내지역복합재와 해외수입재의 결합을 통하여 지역복합재가 생산될 때, 지역복합재의 가치는 결국 국내지역복합재와 해외수입재의 가치의 합과 동일하게 된다. 여기서 해외수입재의 가격은 해당 재화의 국제시장가격과 환율, 그리고 관세 등에 의해 결정된다.

$$PQ_i^r \cdot Q_i^r = PC_i^r \cdot XC_i^r + PM_i^r \cdot XM_i^r, \tag{15.21}$$

$$PM_i^r = er \cdot (1 + tm_i^r) \cdot pwm_i, \tag{15.22}$$

PQ_i^r : 지역 r내 산업 i의 지역복합재의 가격,

PM_i^r : 지역 r내 산업 i의 해외수입재 가격,

pwm_i : 해외수입재의 국제시장가격,

tm_i^r : 관세율.

국내지역복합재와 해외수입재의 수요는 생산자 비용의 최소화원리를 통해 도출된다. 다시말해 생산자가 주어진 지역복합재 양을 생산하기 위하여 국내지역복합재와 해외수입재의 구입비용을 최소화하려는 원리를 통해 각각의 규모는 결정된다. 이를 식으로 나타내면 다음과 같다.

$$Min. \quad PC_i^r \cdot XC_i^r + PM_i^r \cdot XM_i^r, \tag{15.23}$$

$$s.t. \quad \overline{Q}_i^r = bt_i^r \cdot \left[r_i^r \cdot XC_i^{r^{-\rho_{2i}}} + (1-r_i^r) \cdot XM_i^{r^{-\rho_{2i}}} \right]^{-\frac{1}{\rho_{2i}}}$$

위의 식으로부터 라그랑지함수를 설정하고, 설정된 식의 일계조건으로부터 국내지역복합재와 해외수입재의 최적비율은 다음과 같이 도출된다. 식 (15.24)은 다른 조건이 동일할 때 국내지역복합재의 가격상승은 국내지역복합재의 수요 감소와 해외수입재의 수요 증가를, 반대로 해외수입재의 가격상승은 해외수입재의 수요 감소와 국내 복합재의 수요 증가를 나타내는 것이다.

$$\frac{XM_i^r}{XC_i^r} = \left[\frac{(1-r_i^r) \cdot PC_i^r}{r_i^r \cdot PM_i^r} \right]^{\sigma_{2i}}. \tag{15.24}$$

식 (15.20)에 제시된 지역복합재 생산함수는 1차 동차성을 가지고 있으므로 양변을 XC_i^r로 나누고 여기에 식 (15.24)을 대입하면 지역복합재와 국내지역복합재 규모의 관계는 다음과 같이 도출할 수 있다.

$$\begin{aligned} \frac{Q_i^r}{XC_i^r} &= bt_i^r \cdot \left[r_i^r + (1-r_i^r) \cdot \left\{ \left(\frac{(1-r_i^r) \cdot PC_i^r}{r_i^r \cdot PM_i} \right)^{\sigma_{2i}} \right\}^{-\rho_{2i}} \right]^{-\frac{1}{\rho_{2i}}}, \\ &= bt_i^r \cdot \left[r_i^r + (1-r_i^r) \cdot \left(\frac{\left(1-r_i^r\right) \cdot PC_i^r}{r_i^r \cdot PM_i} \right)^{\sigma_{2i}-1} \right]^{-\frac{1}{\rho_{2i}}}. \end{aligned} \tag{15.25}$$

따라서 국내지역복합재와 해외수입재의 가격이 주어지고 국내지역복합재의 규모가 결정되면 위 식을 통해 지역복합재의 규모가 결정된다.

• 지역복합재의 배분

생산된 지역복합재는 국내 경제주체들의 수요에 따라 배분된다. 경제주체의 수요는 일반적으로 생산활동부문의 중간재수요, 가계부문의 소비수요,

정부부문의 정부지출수요, 자본시장의 투자수요, 그리고 타 지역으로의 지역이출수요 등으로 구성된다.

$$Q_i^r = INTD_i^r + CD_i^r + GD_i^r + ID_i^r + RE_i^{rs}, \qquad (15.26)$$

$INTD_i^r$: 중간재수요, CD_i^r : 가계부문의 소비수요,

GD_i^r : 정부지출수요,

ID_i^r : 투자수요,

RE_i^{rs} : 타 지역으로의 이출수요.

가계부문의 소비수요와 정부부문의 지출수요에 대해서는 가계 및 정부부문에서, 그리고 투자수요에 대해서는 자본시장부문에서 구체적으로 설명된다. 그러므로 여기서는 중간재수요와 지역이출재 수요에 대해서만 설명하기로 한다. 먼저 지역재 생산을 위한 중간재 수요는 다음과 같이 표현된다.

$$INTD_i^r = \sum_j INTD_{ij}^r \ , \qquad (15.27)$$

$$INTD_{ij}^r = a_{ij}^r \cdot X_j^r. \qquad (15.28)$$

지역이출재는 지역에서 생산된 지역복합재 중 타 지역들로 공급되는 재화를 의미한다. 또한 지역이출재는 타 지역의 국내지역복합재를 생산하기 위하여 투입되는 지역이입재이다. 그러므로 지역 r에서 생산된 지역복합재의 지역이출 수요는 바로 지역 s의 지역이입 수요가 되는 것이다. 이를 식으로 표현하면 다음과 같다.

$$RE_i^{rs} = XT_i^s, \qquad (15.29)$$

RE_i^{rs} : 지역 r내 산업 i의 지역이출 수요,

XT_i^s : 지역 s내 i산업의 지역이입 수요.

위에서 설명한 재화부문을 구성하는 방정식과 방정식의 수는 표 15.6에 제시된 바와 같다.

표 15.6 재화부문의 방정식 체계

$XC_i^r = ah_i^r \cdot XD_i^{r\,\theta_i^r} \cdot XT_i^{r\,1-\theta_i^r}$	$(m \cdot n$개$)$
$XT_i^r = \dfrac{1-\theta_i^r}{\theta_i^r} \cdot \dfrac{PD_i^r}{PQ_i^s} \cdot XD_i^r$	$(m \cdot n$개$)$
$\dfrac{XM_i^r}{XC_i^r} = \left[\dfrac{(1-\gamma_i^r) \cdot PC_i^r}{\gamma_i^r \cdot PM_i^r}\right]^{\sigma_{2i}}$	$(m \cdot n$개$)$
$\dfrac{Q_i^r}{XC_i^r} = bt_i^r \cdot \left[\gamma_i^r + (1-\gamma_i^r) \cdot \left(\dfrac{(1-\gamma_i^r) \cdot PC_i^r}{\gamma_i^r \cdot PM_i^r}\right)^{\sigma_{2i}-1}\right]^{-\frac{1}{\rho_{2i}}}$	$(m \cdot n$개$)$
$INTD_{ij}^r = a_{ij}^r \cdot X_j^r$	$(m \cdot n^2$개$)$
$INTD_i^r = \sum_j INTD_{ij}^r$	$(m \cdot n$개$)$
$RE_i^{rs} = XT_i^s$	$(m \cdot n$개$)$
$PC_i^r \cdot XC_i^r = PD_i^r \cdot XD_i^r + PQ_i^s \cdot XT_i^r$	$(m \cdot n$개$)$
$PQ_i^r \cdot Q_i^r = PC_i^r \cdot XC_i^r + PM_i^r \cdot XM_i^r$	$(m \cdot n$개$)$
$PM_i^r = er \cdot (1+tm_i^r) \cdot pwm_i$	$(m \cdot n$개$)$

• 가격단위변수 : PC_i^r, PQ_i^r, PM_i^r.

• 물량단위변수 : XC_i^r, XT_i^r, XM_i^r, Q_i^r, $INTI_{ij}^r$, $INTD_i^r$, RE_i^{rs},

m : 지역수,

n : 산업수.

15.3.4 가계부문과 정부부문

• 가계부문의 수입과 지출

가계부문은 본원적 생산요소인 노동과 자본을 소유하고 있으며, 이를 산업의 생산활동에 공급하고 그 대가로서 소득을 창출한다. 그리고 창출된 소득의 일정부분은 정부에 직접세(direct tax)로 납부하며, 나머지 가처분소득(disposable income)을 소비 또는 저축한다. 여기서는 직접세율과 가계부문의 저축률이 지역별로 고정된 것으로 가정한다. 이를 식으로 표현하면 다음과 같다.

$$Y^r = \sum_i (w^r \cdot L_i^r + r \cdot K_i^r), \tag{15.30}$$

$$YD^r = (1 - ty^r) \cdot Y^r, \tag{15.31}$$

$$HC^r = (1 - hsr^r) \cdot YD^r, \tag{15.32}$$

$$HS^r = hsr^r \cdot YD^r, \tag{15.33}$$

Y^r : 지역 r내 가계부문의 소득,

YD^r : 지역 r내 가계부문의 가처분소득,

HC^r : 지역 r내 가계부문의 소비지출 가능 소득(소비지출 총액),

HS^r : 지역 r내 가계부문의 저축액,

ty^r : 직접세율, hsr^r : 가계부문의 저축률.

가계부문의 소비수요는 예산제약 하에서의 효용극대화 원리를 통해 결정된다. 여기서는 설명의 편의상 가계부문의 효용수준은 재화의 소비규모에 의해 결정되며, 이때 가계부문의 효용함수는 Cobb-Douglas 형태임을 가정한다. 그리고 소비자들의 예산은 가계부문의 가처분소득에서 저축액을 제외한 소비지출 가능 소득, 즉 소비지출 총액이 된다. 이를 식으로 표현하면 다음과 같다.

$$Max. \ \ U^r = \prod_i (CD_i^r)^{\lambda_i^r}, \tag{15.34}$$

$$s.t. \ \ \sum_i PQ_i^r \cdot CD_i^r = HC^r.$$

U^r : 지역 r내 가계부문의 효용, λ_i^r : 효용함수의 파라미터.

위 식 (15.34)를 라그랑지함수로 전환하고, 일계조건을 통해 전개하면 지역 복합재에 대한 가계부문의 수요함수가 다음과 같이 도출된다.

$$CD_i^r = \frac{\lambda_i^r}{\sum_j \lambda_i^r} \cdot \frac{HC_i^r}{PQ_i^r}. \tag{15.35}$$

• 정부부문의 수입과 지출

정부부문 수입은 각 지역의 가계부문과 생산부문에 부과되는 직접세와 간접세, 그리고 해외수입 재화에 대해 부과되는 관세로 구성된다. 이를 식으로 나타내면 다음과 같다.

$$GR^r = ty^r \cdot Y^r + \sum_i td_i^r \cdot PX_i^r \cdot X_i^r,$$

$$+ \sum_i tm_i^r \cdot pwm_i \cdot XM_i^r, \tag{15.36}$$

GR^r : 지역 r내 정부부문의 수입,

td_i^r : 지역 r내 산업 i에 부과되는 간접세율,

tm_i^r : 지역 r내 산업 i의 수입 재화에 부과되는 관세율.

정부부문의 수입은 정부저축과 정부지출로 배분된다. 본 장에서 정부의 저축과 지출은 고정된 정부저축률과 산업별 지출비율에 의해 결정되는 것을 가정한다.

$$GS^r = gsr^r \cdot GR^r, \tag{15.37}$$

$$GD_i^r = gr_i^r \cdot \frac{(1-gsr^r)\cdot GR^r}{PQ_i^r}, \tag{15.38}$$

GS^r : 지역 r내 정부부문의 저축액,

GD_i^r : 지역 r내 산업 i에 대한 정부지출액,

gsr^r : 지역 r내 정부부문의 저축률,

gr_i^r : 지역 r내 정부부문의 산업별 지출 비율.

위에서 설명한 가계부문과 정부부문의 방정식과 방정식의 수는 표 15.7에 제시된 바와 같다.

표 15.7 가계 및 정부부문 방정식 체계

$Y^r = \sum_r (w^r \cdot L^r + r \cdot K^r)$	(m개)
$YD^r = (1 - ty^r) \cdot Y^r$	(m개)
$HC^r = (1 - hsr^r) \cdot YD^r$	(m개)
$HS^r = hsr^r \cdot YD^r$	(m개)
$CD_i^r = \dfrac{\lambda_i^r}{\sum_i \lambda_i^r} \cdot \dfrac{HC^r}{PQ_i^r}$	($m \cdot n$개)
$GR^r = ty^r \cdot Y^r + \sum_i td_i^r \cdot PX_i^r \cdot X_i^r + \sum_i tm_i^r \cdot pwm_i \cdot XM_i^r$	(m개)
$GS^r = gsr^r \cdot GR^r$	(m개)
$GD_i^r = gr_i^r \cdot \dfrac{(1 - gsr^r) \cdot GR^r}{PQ_i^r}$	($m \cdot n$개)

• 가격단위 변수 : CD_i^r, GD_i^r.

• 물량단위 변수 : Y^r, YD^r, HC^r, HS^r, GR^r, GS^r.

m : 지역수,

n : 산업수.

15.3.5 자본시장 부문

국내 자본시장으로 유입되는 총저축은 가계저축과 정부저축, 그리고 해외저축으로 구성된다.

$$TS = \sum_r (HS^r + GS^r) + FS, \tag{15.39}$$

$$FS = \sum_r \sum_i (pwm_i \cdot XM_i^r - PE_i \cdot XE_i^r), \tag{15.40}$$

TS : 총저축, FS : 해외저축.

지역의 산업별 투자수요는 식 (15.41)과 같이 투자재(investment good) 생산의 극대화 행태로부터 도출될 수 있다. 여기서 투자재는 지역에서 생산된 산업별 지역복합재들의 기술적 결합을 통해 생산되며, 이때의 생산기술은 Cobb-Douglas함수 형태임을 가정한다. 이를 식으로 나타내면 다음과 같다.

$$Max.\ \prod_r \prod_i (ID_i^r)^{\phi_i^r}, \tag{15.41}$$

$$s.t.\ \sum_r \sum_i PQ_i^r \cdot ID_i^r = TS.$$

위 식의 일계조건으로부터 지역복합재에 대한 투자수요는 다음과 같이 도출된다.

$$ID_i^r = \phi_i^r \cdot \frac{TS}{PQ_i^r}. \tag{15.42}$$

자본시장부문을 구성하는 방정식과 방정식의 수는 표 15.8에 제시된 바와 같다.

표 15.8 자본시장부문 방정식 체계

$TS = \sum_r (HS^r + GS^r) + FS$	(1개)
$FS = \sum_i \sum_r (pwm_i \cdot XM_i^r - PE_i \cdot XE_i^r)$	(1개)
$ID_i^r = \phi_i^r \cdot \frac{TS}{PQ_i^r}$	($m \cdot n$개)

• 물량단위변수 : ID_i^r.

• 금액단위변수 : FS, TS.

m : 지역수

n : 산업수

15.3.6 시장청산 조건과 생산요소의 지역간 이동

연산일반균형모형의 기본적인 전제는 모든 시장이 균형상태에 있다는 것이다. 균형상태란 생산된 재화나 생산요소에 대한 수요와 공급이 같아져 이들에 대한 초과수요가 발생하지 않는 상태를 가리킨다. 여기서 시장의 균형조건은 재화시장과 생산요소시장의 균형으로 정의된다. 먼저 재화시장의 균형조건은 재화의 생산량이 중간재수요, 가계부문의 소비수요, 정부지출수요, 투자수요, 그리고 지역이출재 수요의 합과 일치하는 조건을 가리킨다. 이와 마찬가지로 생산요소시장의 균형조건도 생산요소에 대한 총수요와 총공급이 일치하는 조건을 말한다. 이와 같은 재화와 생산요소에 대한 균형조건을 식으로 나타내면 다음과 같다.

$$Q_i^r = INTD_i^r + CD_i^r + ID_i^r + GD_i^r + RE_i^{rs}, \qquad (15.43)$$

$$LS^r = \sum_i L_i^r, \qquad (15.44)$$

$$KS = \sum_r \sum_i K_i^r, \qquad (15.45)$$

LS^r : 지역 r의 총 노동자 수,

KS : 국가의 전체 자본스톡.

앞에서 언급했듯이 지역모형의 특성이 반영되기 위해서는 생산요소의 지역간 이동이 모형에 구체적으로 고려되어야 한다. 본 장에서는 표 15.1에 제시되었듯이 지역간 노동이동은 부분이동으로 가정하였으므로 지역간 노동이동의 특성을 나타낼 수 있는 방정식이 제시되어야 한다. 문헌을 살펴보면 지역간 노동이동의 방정식은 지역간 임금의 차이, 미래소득의 차이, 지역효용의 차이, 지역간 성장률의 차이 등 매우 다양하게 나타난다(Todaro, 1969; Rabenau, 1979; Miyao, 1983; Giarratani and Soeroso, 1995; Kim, 1992). 여기서는 지역간 노동의 이동이 지역간 임금수준의 차이에 의해 일어나는 것으로 가정한다. 단, 두 지역 모형에서 지역간 이동된 노동자의 수는 대칭적이어야 한다. 왜냐하면 한 지역에서 전출된 노동자의 수는 다른 지역의 전입 노동자의 수와 같아야 하기 때문이다. 이러한 대칭적 구조를 나타내기 위해 본 장에서는 다음과 같이 Kim(2004)의 지역간 노동이동 방정식을, 수정한 노동이동 방정식을 이용하기로 한다.

$$M^{rs} = \left(\frac{w^r - w^s}{w^n} \right) \cdot (b^r L^r + b^s L^s), \qquad (15.46)$$

M^{rs} : 지역 r에서 지역 s로 이동한 노동인구,

w^n : 전국의 평균 노동자 임금,

b^r : 지역 r노동자들의 인구이동 민감계수.

표 15.1에서 자본은 지역간 완전이동을 가정하였으므로 자본의 이동은 식으로 나타낼 수 없었다. 만일, 자본도 지역간 부분이동하는 것으로 가정되었다면 지역간 이동되는 자본의 양은 식 (15.46)과 같은 형태로 지역간 자본수익률의 차이와 각 지역에 축척된 자본스톡의 규모, 그리고 자본의 이동

민감계수 등으로부터 도출될 수 있을 것이다.

위에서 설명한 시장균형 부문과 지역간 요소이동에 관한 방정식과 방정식의 수는 표 15.9에 요약된 바와 같다.

표 15.9 시장균형 부문과 지역간 요소이동에 관한 방정식 체계

$Q_i^r = INTD_i^r + CD_i^r + ID_i^r + GD_i^r + RE_i^{rs},$	($m \cdot n$개)
$LS^r = \sum_i L_i^r$	(m개)
$KS = \sum_r \sum_i K_i^r$	(1개)
$M^{rs} = \left(\frac{w^r - w^s}{w^n} \right) \cdot \ (b^r L^r + b^s L^s)$	(1개)
• 물량단위변수 : M^{rs}.	
m : 지역수	
n : 산업수	

15.4 모형의 해

모형의 해는 앞 절에서 구축된 모형의 방정식으로부터 모형내 변수들의 값을 결정하는 것이다. 통상적으로 연산일반균형모형에서는 기본 해(base solution)라고 하는데, 이는 사회회계행렬에 나타난 생산 및 거래의 결과를 정확하게 재현하는 것이다. 이를 위해 모형을 개발하는 연구자는 우선 모형에서 결정되어야 할 변수의 수와 설정된 방정식의 수가 동일한지 확인해야 한다. 만일, 동일하지 않을 경우 특히 변수의 수가 방정식의 수보다 많은 경우에는 모형의 기본 해가 사회회계행렬을 재현하기 어려울 수도 있다. 앞에서 구축된 모형에서 변수의 수와 방정식의 수를 비교하여 보자.

모형내 변수들은 앞 장에서 설명한 바와 같이 물량변수와 가격단위 변수, 그리고 금액단위변수로 구분된다. 앞의 표 15.5~표 15.9를 보면 물량단위변수, 가격단위변수, 그리고 금액단위변수는 각각 $m \cdot n^2 + 15m \cdot n + 1$개, $7m \cdot n + m + 1$개, 그리고 $6m \cdot n + 2$개이다. 따라서 모형을 구성하는 변수는 총 $m \cdot n^2 + 22m \cdot n + 7m + 4$이다. 그리고 표에 요약되어 있는 방정식의 수도

$m \cdot n^2 + 22m \cdot n + 7m + 4$개이다. 이와 같이 변수의 수와 방정식의 수가 동일하므로 모형의 기본 해를 구하는 데 있어서 기본적으로 문제가 없다고 할 수 있다.

모형의 기본해가 기준년도의 지역 사회회계행렬을 정확하게 재현하기 위해서는 파라메타들의 값들이 우선적으로 결정되어야 한다. 앞 장에서 자세히 설명하였듯이 모형내 파라메타들 중에는 사회회계행렬로부터 직접 도출할 수 있는 것도 있는 반면, 외생적으로 주어져야 하는 것도 있다. 이러한 파라메타의 가장 일반적인 것이 바로 CET함수와 CES함수에 포함된 전환탄력성과 대체탄력성이다. 통상적으로 탄력성을 나타내는 파라메타들은 계량경제분석을 통해 추정된다. 정산과정(calibration process)에 대해서는 제14장에서 자세하게 설명하였으므로 여기서는 별도의 설명은 생략하도록 한다. 단, 모형의 해와 주요함수의 파라메타 및 외생변수는 표 15.10에 제시된 바와 같다.

표 15.10 모형의 외생변수 및 주요 파라메타

구 분		부가가치함수		CET함수		CES함수		민간효용함수	정부지출비율	투자함수계수
		ad_i^r	α_i^r	at_i^r	β_i^r	bt_i^r	γ_i^r	λ_i^r	gr_i^r	ϕ_i^r
지역 r	1	7.747	0.688	5.464	0.018	1.084	0.994	0.444	0.186	0.200
	2	8.210	0.723	5.712	0.020	1.086	0.987	0.556	0.255	0.262
지역 s	1	11.538	0.638	5.081	0.021	1.147	0.985	0.420	0.255	0.241
	2	12.053	0.677	3.915	0.052	1.122	0.984	0.580	0.304	0.297

앞 절에서 구축한 모형을 표 15.2와 표 15.3에 제시된 지역 사회회계행렬에 적용하여 주요변수들의 해를 구하면 표 15.11에 요약된 바와 같다. 표에서 알 수 있듯이 기본 모형의 해는 바로 지역 사회회계행렬에 나타난 값들과 동일하다. 이는 모형이 바르게 구축되었음을 가리키는 것이다. 만일 모형이 제대로 구축되지 않았을 경우에는 모형의 해가 도출되지 않거나 아니면 도출되더라도 사회회계행렬에 나타난 값과 다른 결과를 제시하게 된다.

표 15.11 모형의 기본 해

구 분		가 격	생산액 (억 원)	부가가치액 (억 원)	지역효용
지역 R	1	1,000	1,240	800	–
	2	1,000	1,712	1,190	–
	계	–	2,952	1,990	679
지역 S	1	1,000	2,124	1,490	–
	2	1,000	2,570	1,950	–
	계	–	4,694	3,440	952

15.5 정책실험(policy simulation)

연산일반균형모형을 이용하여 정책실험을 하기 위해서는 분석하려는 정책을 모형 내에서 적절하게 나타내야 한다. 정책을 모형에 반영하는 방법은 해당되는 파라메타의 값을 변경시키거나 또는 정책을 나타낼 수 있는 새로운 방정식을 모형 내에 설정하는 것이다. 그리고 모형의 해를 다시 구하고, 이를 모형의 기본 해와 비교하므로 정책의 효과가 분석되고 평가된다. 따라서 연산일반균형모형을 이용하여 정책을 분석하기 위해서는 분석자는 정책을 모형 내에서 구체적으로 어떻게 나타낼 것인가를 생각해야 한다. 이에 대해서는 앞 장에서 자세히 설명되었다. 여기서는 독자의 이해를 위해 간단한 예를 들어보기로 한다.

가상의 국가 M국 정부는 상대적으로 낙후된 지역 r의 성장을 위해 다음과 같은 두 정책을 고려 중에 있다고 한다.

- 정책 #1 : 상대적으로 낙후된 지역의 생산성을 10% 향상시키는 정책
- 정책 #2 : 지역내 간접세율을 10% 완화시키는 정책

위의 두 정책은 모형 내에서 다음과 같이 표현된다.

- 정책 #1 : $ad_i^r = ad_i^r \cdot 1.1.$
- 정책 #2 : $td_i^r = td_i^r \cdot 0.9.$

각 정책의 효과는 지역경제의 부가가치액 변화, 임금수준의 변화, 효용의 변화, 그리고 지역간 이동된 노동인구의 변화로 구분하여 나타내면 표 15.12와 같다. 표에 요약된 정책대안들의 결과는 두 가지 정책이 경제적,

상대적으로 낙후된 지역 r의 성장에 의미가 있음을 가리킨다. 이러한 정책의 효과를 바탕으로 정책결정자들은 지역경제와 국민경제에 적절한 정책을 선택할 수 있을 것이다. 단, 여기서 독자들이 주의해야 할 것은 표 15.12에 요약된 정책 효과를 일반적으로 해석해서는 안 된다는 것이다. 왜냐하면 모형내 변수와 파라메타의 값들이 현실적이지 않기 때문이다. 단, 여기서 강조하려는 것은 바로 다지역 연산일반균형모형이 잠재적인 정책을 분석하는 데 있어 유용하다는 것이다.

표 15.12 정책 효과 요약

구 분		부가가치액	임금수준	지역효용	지역간 인구이동
기본해	지역 R	1,990	0.100	679	−20.000
	지역 S	3,440	0.125	952	20.000
정책#1	지역 R	2,169	0.109	724	−19.196
	지역 S	3,716	0.135	963	19.196
정책#2	지역 R	2,006	0.101	684	−19.397
	지역 S	3,445	0.125	952	19.397

15.6 요 약

본 장에서는 다지역 연산일반균형모형을 설명하였다. 다지역모형에서는 각 지역이 기본적인 경제단위가 되므로 공간적으로 두 종류의 재화 흐름, 즉 지역간, 그리고 지역과 해외부문간 재화의 흐름이 존재한다. 이러한 재화의 흐름이 다지역 연산일반균형모형을 이해하는 핵심이라고 할 수 있다. 또한 다지역 연산일반균형모형의 기본구조는 크게 지역재의 생산 및 배분과 지역복합재의 생산 및 배분으로 구성된다.

지역재란 지역에서 생산되는 재화(regionally produced good)를 의미하며, 생산된 지역재는 지역공급재와 해외 수출재로 구분된다. 반면 지역복합재(regional composite good)는 두 단계에 걸쳐 생산되는 가상의 재화이다. 즉 지역공급재와 다른 지역으로부터 유입된 지역이입재와의 결합을 통해 국내지역복합재(domestic regional composite good)가 생산되며, 생산된 국내지역복합재와 해외수입재와의 결합을 통해 최종적으로 지역복합재가 생산된다. 이와 같이 두 단계에 걸쳐 생산된 지역복합재는 지역내 수요, 즉 중간재수요와 최종재수요(가계소비수요, 투자수요, 정부지출수요), 그리고 지역이출수요로 배분된다.

본 장에서는 지역재와 지역복합재의 생산과 배분에 초점을 맞추어 다지역 연산일반균형모형을 설명하였다. 구체적으로 다지역 투입산출표를 지역별 사회회계행렬로 전환하는 과정에 대해 설명하였으며, 모형의 구조를 크게 5개 부문(생산활동부문, 재화부문, 가계부문 및 정부부문, 자본시장부문, 그리고 시장청산 조건과 생산요소의 지역간 이동)으로 구분하여 부문별로 설명하였다. 그리고 모형의 기본 해를 바탕으로 이루어지는 정책실험에 대해 설명하였다.

모형 설명에 앞서 강조하였듯이 본 장에서 소개된 방정식의 구체적인 형태는 모형을 개발하는 연구자의 선호에 따라, 그리고 모형의 해를 구하는 데 있어 용이함과 편리함, 그리고 효율성 등에 따라 달라질 수 있는 것이다. 따라서 연구자들의 합리적인 생각에 따라 방정식의 형태는 본 장에서 설명한 방정식의 형태와는 달라질 수 있다. 마지막으로 연산일반균형모형의 가장 큰 매력은 바로 정책실험에 있다. 즉 연산일반균형모형은 구체적인 분석결과를 제시하기 때문에 연산일반균형모형은 잠재적인 정책을 평가하거나 다양한 대안 중 최종적으로 정책을 선택하는 데 있어 유용하게 사용될 수 있다. 본 장의 부록에서는 다지역 연산일반균형모형을 이용하여 오염총량제 도입의 효과가 어떻게 분석될 수 있는지에 대해 김홍배와 윤갑식(2004)의 논문을 소개한다.

A 15-1 일반 배경과 목적

환경문제 해결을 위해 정부에서는 대기 및 수질 등 오염매체별 환경기준을 마련하고, 이를 달성하기 위한 배출허용기준을 설정하여 관리해 오고 있다. 그러나 이러한 개별 배출원에 대한 농도 중심의 배출허용기준 관리로는 증가하는 오염물질 배출량을 줄이는 데 한계가 있었다(김홍배 · 진상엽, 1997). 왜냐하면 개별 배출원이 배출허용기준을 준수하더라도 배출시설의 수가 증가할 경우 전체적으로 오염물질의 배출량 증가는 피할 수 없기 때문이다. 이와 같이 농도규제 정책의 한계로 인해 오래 전부터 총량규제 도입의 필요성이 제기되어 왔다(김인환 외, 2000). 이 결과 2002년에 4대 강의 수질개선을 위한 특별법이 제정되었고, 2003년에는 대기질 개선을 위한 「수도권대기환경개선에관한특별법」이 제정되어 총량규제와 배출권거래제가 도입 · 운영될 기반이 마련되었다. 총량규제 및 배출권거래제가 실제로 도입될 경우 오염물질에 대한 처리비용으로 인해 생산비용이 변하고 이는 결국 재화의 가격, 수요체계, 생산량변화와 함께 경제 전반에 영향을 미칠 것이다.

배출권거래제 관련 선행연구를 살펴보면, 대부분의 연구가 이산화탄소와 같은 온실가스를 감축하기 위한 수단으로서 활용되는 배출권거래제도에 한정되어 있다(강승진, 1999; 임재규, 2001; 조경엽 · 조용성 · 장현준, 2001; J. Jensen & T. N. Rasmussen, 2000; Hans W. Gottinger, 1998; T. H. Edwards & John P. Hutton, 2001; Urs Springer, 2003 등). 이러한 연구들은 사후처리가 불가능한 온실가스의 특성으로 인해 개별 생산자의 오염물질 자체처리 활동이 모형 내에 반영되지 못하는 한계점을 가지고 있다. 또한 지역 차원에서 배출권거래제의 도입효과를 분석한 사례가 매우 드문 실정이다. 이는 배출권거래제도에 관한 충분한 이해가 제공되지 못함을 의미한다.

본 논문의 목적은 지역 차원에서 배출권거래제도의 도입효과에 대한 기본 이해를 향상시키는 것이다. 좀 더 구체적으로 말하면 배출권거래제도의 도입효과를 지역차원에서 분석할 수 있는 모형을 개발하고, 개발된 모형을 이용하여 동 제도의 바람직한 운영방안 수립에 대한 합리적 근거를 제시하는 것이 본 논문의 목적이다. 본 논문은 다음과 같이 4절로 구성된다. 먼저 제2절에서는 배출권거래제의 기본개념과 동 제도의 도입이 경제 전반에 미치는 효과를 분석할 수 있는 모형이 설정된다. 본 연구에서 구축되는 모형은 동태적-다지역 연산일반균형모형(dynamic multi-region CGE model)이다. 제3절에서는 배출권거래제의 운영방안에 대한 시나리오를 설정하고 앞에서 개발된 모형을 이용하여 각 시나리오별 파급효과를 분석한다. 그리고 분석결과를 국민경제의 효율성과 후생변화 측면에서 평가함으로써 바람직한 배출권거래제의 운영방향을 제시한다. 여기서 국민경제의 효율성은 국내 총생산(GDP)변화를 통해 후생변화는 보상변화(compensating variation : CV)와 동등변화(equivalence variation : EV)를 통해 평가된다. 마지막 제4절에서는 연구의 요약과 향후 연구방향이 제시된다.

A 15-2 분석모형

1. 배출권거래제의 개요

배출권거래제는 특정 오염물질에 대해 적정 배출허용용량을 설정하고 이에 상응하는 일정량의 배출권을 정해진 방식에 따라 오염원에게 할당한 후 인위적으로 배출권시장을 형성하여 배출권의 거래를 허용하는 제도이다(김인환 외, 2000). 배출권거래제하에서 개별 산업은 배출권이 있어야만 오염물질을 배출할 수 있다. 그러므로 개별 산업이 보유하고 있는 배출권보다 오염물질을 더 많이 배출할 경우에는 그 차이만큼의 배출권을 다른 산업으로부터 구입해야 한다. 반대의 경우 그 차이만큼의 배출권을 다른 산업에게 판매할 수 있다. 이와 같은 배출권거래제를 시행하기 위해서는 반드시 총량규제가 선행되어야 하며, 특히 동 제도를 적용할 공간적 범위설정과 함께 제도 운영에 있어 가장 핵심적인 요소라고 할 수 있는 배출권을 배분하는 방법이 선결되어야 한다.

배출권을 배분하는 방식은 크게 무상배분(grandfathering)과 경매(auction)로 구분된다. 무상배분은 관계당국이 개별 오염원에게 특정 기준을 통해 무상으로 배출권을 할당해 주는 방법으로 지금까지 배출권거래제가 적용된 대부분의 외국 사례에서 이 방법을 활용하고 있다(김용건 외, 2001). 그러나 이 경우 분배의 형평성 문제와 함께 배출권을 할당하기 위한 객관적 기준 마련이 필요하다. 경매는 관계 당국에서 개설한 배출권의 경매시장에 개별 오염원들이 참여하여 경매방식을 통해 필요한 만큼의 배출권을 구입하는 방법이다. 이 경우에는 환경세와 동일한 효과를 얻을 수 있으며, 신규사업자에게 배출권 구입기회를 제공한다는 장점이 있지만 모든 배출권을 경매를 통해 할당해야 하는 적용상의 문제점도 있다. 이와 같이 무상배분과 경매방법은 모두 장·단점을 가지고 있기 때문에 배출권을 배분하는 방식의 선택은 오염원 간의 형평성과 경제 전반에 미치는 파급효과에 대한 종합적인 분석을 바탕으로 이루어져야 한다.

2. 모형구조

본 절에서는 배출권거래제 도입이 경제 전반에 미치는 효과를 종합적으로 분석할 수 있는 다지역 CGE모형의 기본구조와 분석자료가 제시된다. 여기서 한 가지 유의할 점은 본 연구에서 활용되는 분석자료가 우리나라의 실제 자료가 아니라 가상의 자료라는 것이다. 그러므로 본 연구의 결과는 결론적인 것(conclusive result)이라기 보다는 제시적인 것(suggestive result)이다. 하지만 여러 학자(Devarajan, Lewis, and Robinson, 1990; Hamilton,

Mohammad and Whalley, 1988)의 연구에서도 나타났듯이 가상의 자료로부터 도출한 결과는 실질적인 실증연구의 결과와 일관성을 가진다는 것이 본 연구의 배경이 되었다.

여기서 경제는 두 지역으로, 그리고 각 지역은 두 산업으로 구성되어 있음을 전제로 한다. 따라서 본 논문에서 개발되는 모형은 두 산업 두 지역경제모형(two-sector two-region economy model)이다. 모형의 구조는 크게 지역재 생산 및 배분과 복합재 생산 및 배분으로 구성된다. 그리고 이를 좀 더 세분하면 생산활동부문, 환경부문, 재화부문, 가계부문, 정부부문, 자본시장부문, 환경자본시장부문, 시장균형부문, 생산요소의 동태적 변화부문 9가지 부문으로 구성된다. 본 논문에서는 배출권거래제 도입 효과를 직접적으로 나타내는 환경부문과 동태적 다지역모형의 특성을 나타내는 생산요소의 동태적 변화부문을 중심으로 설명하기로 한다(나머지 부문에 대한 구체적인 수식은 김홍배(2001) 참고).

1) 환경부문

• 오염물질 발생량 · 자체처리량 · 배출량

재화의 생산량과 오염물질 발생량의 관계는 식 (A.1)과 같이 선형의 관계로 전제한다. 발생된 오염물질은 개별 산업에서 자체처리되거나 지역의 환경으로 배출된다. 그러므로 오염물질 발생량은 자체처리량과 배출량의 합과 같다. 그리고 발생된 오염물질에 대한 개별 산업의 자체처리는 일반적인 재화 생산과정과 마찬가지로 자원이 투입되어 이루어진다. 여기서 오염물질의 자체처리는 자본과 노동만을 투입하여 이루어지며 오염물질 자체처리 기술은 식 (A.3)과 같이 수확불변의 Cobb-Douglas 형태임을 가정한다.

$$EP_{i,t}^{r} = a_{ei}^{r} \cdot X_{i,t}^{r}, \tag{A.1}$$

$$EP_{i,t}^{r} = EA_{i,t}^{r} + ED_{i,t}^{r}, \tag{A.2}$$

$$EA_{i,t}^{r} = ae_{i}^{r} \cdot EL_{i,t}^{r\,\delta_i^r} \cdot EL_{i,t}^{1-\delta_i^r}, \tag{A.3}$$

$X_{i,t}^{r}$: 지역 r산업 i의 생산규모,

$EP_{i,t}^{r}$: 오염물질 발생량,

$EA_{i,t}^{r}(ED_{i,t}^{r})$: 오염물질 자체처리량(배출량),

$EL_{i,t}^{r}(EK_{i,t}^{r})$: 오염물질 처리에 투입되는 노동(자본)의 규모,

a_{ei}^{r} : 단위 생산량당 오염물질 발생 원단위,

ae_{i}^{r}, δ_{i}^{r} : 오염물질 처리함수 파라메타.

오염물질 처리에 투입되는 자본과 노동에 대한 산업별 수요는 생산자비용의 최소화 행위로부터 도출된다. 오염물질 처리에 투입되는 노동은 산업간 완전이동이 가능할 뿐만 아니

라 생산과정에 투입되는 노동과 동일하다고 가정한다. 반면, 오염물질처리에 투입되는 자본은 산업별 고정성을 가정한다.

$$ELP_{i,t}^{r} = PEA_{i,t}^{r} \cdot \frac{\partial EA_{i,t}^{r}}{\partial EL_{i,t}^{r}}, \tag{A.4}$$

$$EKP_{i,t}^{r} = PEA_{i,t}^{r} \cdot \frac{\partial EA_{i,t}^{r}}{\partial EK_{i,t}^{r}}, \tag{A.5}$$

$$ELP_{1,t}^{r} = ELP_{2,t}^{r} =, \cdots, = ELP_{n,t}^{r} = w_{t}^{r}, \tag{A.6}$$

$$EKP_{1,t}^{r} \neq EKP_{2,t}^{r} \neq, \cdots, \neq EKP_{n,t}^{r} \neq r_{t}^{r}, \tag{A.7}$$

$ELP_{i,t}^{r}$: 자체처리부문의 임금,

$EKP_{i,t}^{r}$: 자체처리부문의 자본수익률,

$w_{t}^{r}, (r_{t}^{r})$: 지역 r의 임금(자본수익률),

$PEA_{i,t}^{r}$: 오염물질의 단위 자체처리가격.

• 배출권 수요

배출권거래제하에서 오염물질 배출은 기본적으로 배출권이 있어야만 가능하기 때문에 오염물질 배출량은 곧 배출권 수요에 의해 결정된다. 그러나 배출권 수요는 배출권을 배분하는 방법에 따라 달라진다. 즉 경매로 배출권이 배분될 경우 개별 산업은 정부가 개설한 배출권 경매시장에 참여하여 배출하고자 하는 오염물질의 양만큼 배출권을 구입해야 한다. 그러므로 이때는 배출권 수요는 오염물질 배출량과 동일하다. 반면 무상배분의 경우 배출권 수요는 오염물질 배출량과 정부로부터 할당받은 배출권의 차이에 의해서 결정된다. 그리고 무상배분을 위해서 배출권을 할당하는 기준이 우선적으로 결정되어야 하는 데 이러한 기준으로는 기존의 오염물질 발생량과 오염물질 처리량 등이 활용될 수 있다.

- 경매의 경우 :

$$DP_{i,t}^{r} = ED_{i,t}^{r}, \tag{A.8-1}$$

- 무상배분의 경우 :

$$DP_{i,t}^{r} = ED_{i,t}^{r} - \overline{EG_{i,t}^{r}}, \quad \cdots\text{(A.8-2)}$$

$$\overline{EG_{i,t}^{r}} = s_{i,t} \cdot EMM_{t}^{r},$$

$DP_{i,t}^{r}$: 지역 r산업 i의 배출권 수요,i의 배출권 할당량,

$\overline{EG^{r}_{i,t}}$: 지역 r산업 i의 배출권 할당량,

EMM^{r}_{t} : 지역 r의 오염물질 배출총량,

$s_{i,t}$: 배출권의 할당 기준.

배출권거래제하에서 생산자가 직면하게 되는 문제는 바로 배출권의 구입규모를 결정하는 것이다. 이러한 결정은 오염물질 총처리비용의 최소화 행태에 의해서 이루어지며, 이를 수식으로 표현하면 식 (A.9)와 같다. 식 (A.9)의 1계조건(F.O.C.)으로부터 식 (A.10)이 도출되는 데 이는 개별 생산자가 오염물질을 한단위 자체처리하는 비용과 배출권 가격이 같아질 때까지 오염물질을 처리하는 것을 의미한다. 그리고 배출권의 가격은 정부당국에서 결정한 오염물질의 배출총량과 배출권의 총수요가 같아지는 조건에 의해 계산된다.

$$Min.\ \ TEC^{r}_{i,t} = SEC^{r}_{i,t} + PEC^{r}_{i,t}$$

$$= PEA^{r}_{i,t} \cdot EA^{r}_{i,t} + PED^{r}_{t} \cdot (ED^{r}_{i,t} - \overline{EG^{r}_{i,t}}), \tag{A.9}$$

$$PEA^{r}_{i,t} = PED^{r}_{t}, \tag{A.10}$$

$$EMM^{r}_{t} = \sum_{i} ED^{r}_{i,t}\ , \tag{A.11}$$

$TEC^{r}_{i,t}$: 오염물질 총처리비용,

$SEC^{r}_{i,t}$: 오염물질 자체처리비용,

$PEC^{r}_{i,t}$: 배출권 구입비용,

PED^{r}_{t} : 배출권 가격.

2) 요소스톡의 동태적 변화

본 논문에서 개별 경제주체의 의사결정은 원시적(forward-looking)이기보다는 근시안적(myopic)으로 이루어지는 것으로 전제한다. 즉 개별 경제주체는 분석기간 동안 발생할 시장의 가격정보를 미리 예측하고, 이를 바탕으로 의사결정을 하기보다는 현재 직면한 시장정보를 바탕으로 의사결정을 한다. 그리고 생산요소의 동태적 변화는 다음의 식 (A.12)~(A.15)에 제시된 바와 같이 노동의 경우 지역내 자연증가와 지역간 이동 규모에 의해 결정되고 생산자본스톡과 오염물질처리에 투입되는 자본스톡은 모두 감가상각과 새롭게 투자되는 투자재의 규모에 의해서 결정된다.

$$ls^{r}_{t} = (1 + n^{r}_{t}) \cdot ls^{r}_{t-1} + NM^{rs}_{t-1}, \tag{A.12}$$

$$NM^{rs}_{t} = (w^{r}_{t} - w^{s}_{t}) \cdot (\nu^{r}_{t} \cdot ls^{r}_{t} + \ \nu^{s}_{t} \cdot ls^{s}_{t})/2, \tag{A.13}$$

$$ks_t = (1 - dk_{t)}) \cdot ks_{t-1} + TK_{t-1}, \tag{A.14}$$

$$eks_{i,t}^r = (1 - edk_i^r) \cdot eks_{i,t-1}^r + ETK_{i,t-1}^r, \tag{A.15}$$

NM_t^{rs} : 지역간 노동이동 규모,

TK_t^r : 투자재 규모,

$ETK_{i,t}^r$: 환경투자재 규모,

$ls_t^{r(s)}$: 지역 $r(s)$의 노동규모,

ks_t : 전국의 자본규모,

$eks_{i,t}^r$: 산업별 환경 자본규모,

n_t^r : 지역 r의 노동성장률,

$\nu_t^{r(s)}$: 지역 $r(s)$의 노동이동 민감계수,

dk_t : 자본의 감가상각률,

$edk_{i,t}^r$: 환경 자본의 감가상각률.

3) 분석자료와 파라메타 도출

CGE모형을 이용한 정책평가를 위해서는 모든 경제 주체들의 수입과 지출을 종합적으로 요약한 표인 사회계정행렬(social accounting matrix, SAM)을 구축해야 한다. 본 연구에서는 앞에서 언급한 바와 같이 두 산업, 두 지역으로 구성된 가상의 다지역 SAM을 구축하였다.

CGE모형의 해를 구하기 위해서는 가장 우선적으로 모형에 포함된 파라메타가 결정되어야 한다. 본 연구에서 CET함수에 포함된 전환탄력성과 CES함수에 포함된 대체탄력성의 경우 모형 밖에서 외생적으로 결정된 자료를 활용하였고, 이를 제외한 나머지 모든 파라메타는 구축된 SAM으로부터 정산과정(calibration process)을 통해 계산하였다. 여기서 정산과정이란 CGE모형의 기본 해가 기준년도 SAM을 재현할 수 있도록 파라메타 값을 결정하는 과정을 말한다.

A 15-3 배출권거래제 도입의 효과분석

본 절에서는 앞에서 구축한 모형을 이용하여 배출권거래제 도입의 효과를 구체적으로 분석한다. 이를 위해 먼저 배출권거래제가 도입되지 않고, 현재의 배출부과금제도가 유지되는 경우, 즉 정책시나리오가 도입되지 않는 경우의 지역경제와 환경수준을 예측하는 기본모형(benchmark model)의 해가 계산되어야 한다. 왜냐하면 배출권거래제도의 도입효과는 기본모형의 해를 기준으로 평가되기 때문이다. 본 논문에서의 분석기간은 10년으로 전제한다.

1. 기본모형의 분석결과

기준년도의 지역별 경제 및 환경수준 현황을 간략히 살펴보면 다음과 같다. 지역 1의 생산액은 6,040억 원이고 지역 2는 2,880억 원으로서 지역 1의 경제규모는 지역 2보다 약 2.1배 큰 편이다. 또한 지역 1의 오염물질 배출량은 250톤으로서 지역 2보다 약 2.8배 많이 배출되고 있어서 환경오염수준이 상대적으로 심각한 실정이다. 현행 배출부과금제도를 운영하는 경우 두 지역의 경제규모와 환경수준을 예측하면 표 A-1에 요약된 바와 같다. 지역 1의 경우 생산액과 부가가치액은 목표년도까지 연평균 4.19% 증가하고, 오염물질 배출량은 5.54% 증가하여 환경수준이 경제성장보다 빠르게 악화됨을 알 수 있다. 지역 2의 경우도 생산액, 부가가치액, 오염물질 배출량의 변화 추세가 지역 1과 유사한 경향을 나타내고 있다.

표 A-1 모형 분석결과 (단위 : 억 원, 톤)

구분		생산액		부가가치액		오염물질(SO_2) 배출량	
		R1	R2	R1	R2	R1	R2
기준년도	A1	2,730	1,510	1,780	1,010	100	50
	A2	3,310	1,370	2,210	830	150	40
	계	6,040	2,880	3,990	1,840	250	90
목표년도 (10년 후)	A1	4,119	2,278	2,685	1,521	175	86
	A2	4,986	2,065	3,332	1,251	253	72
	계	9,105	4,343	6,017	2,772	429	158
연평균 성장률	A1	4.20	4.20	4.20	4.18	5.77	5.63
	A2	4.18	4.19	4.19	4.19	5.38	6.04
	계	4.19	4.19	4.19	4.18	5.54	5.81

2. 배출권거래제의 효과분석

1) 분석전제 : 공간적 범위와 배출총량 설정

「수도권대기환경개선에관한특별법」에 의하면 총량관리 및 배출권거래제는 환경오염이 심각한 수도권지역에만 선택적으로 도입될 예정이다. 따라서 본 논문에서는 환경오염이 상대적으로 심각한 지역 1에만 배출권거래제가 적용되고 지역 2는 현재의 배출부과금제도가 그대로 유지되는 것으로 전제한다. 그리고 지역 1에서의 배출총량은 향후 10년 동안 현재의 배출수준이 그대로 유지되는 것으로 가정한다.

2) 정책시나리오의 설정

정책시나리오는 배출권을 배분하는 방법에 따라 구분된다. 즉 배출권의 초기 배분방식을 경매방식과 무상배분으로 구분하고 무상배분은 다시 배분의 기준에 따라 오염물질발생량의 기분배분과 오염물질처리량의 기준배분으로 세분한다. 따라서 본 연구에서는 3가지 시나리오가 설정된다. 시나리오 #1은 경매방식으로 배출권을 배분하는 경우이고 시나리오 #2는 오염물질발생량 기준으로 무상배분하는 경우이며, 시나리오 #3은 오염물질처리량을 기준으로 무상배분하는 경우이다.

3) 정책분석 결과

시나리오별 경제규모 및 환경수준을 예측하기 위해서는 총량규제와 배출권거래제가 도입되는 지역 1의 경우 기본 모형에 제시된 생산자의 '정상이윤조건(zero profit condition)'과 '정부수입'은 다음의 표 A-2와 같이 바뀌어야 한다. 즉 배출권이 경매방식으로 배분될 경우 생산자의 '정상이윤조건'에서 기존의 배출부과금은 제외되고 배출권의 구입비용이 새롭게 포함되며, 정부수입에는 배출부과금 징수금액 대신 배출권 판매비용이 포함된다. 무상배분의 경우에는 '정상이윤조건'에 배출부과금 대신 배출권 거래비용이 포함되며, 정부수입에는 기존의 배출부과금이 제외되고, 배출권 판매비용 또한 포함되지 않는다.

표 A-2 시나리오별 정상이윤조건 및 정부수입

-정상이윤조건

기본모형 : $PX^r_{i,t} = (1+td^r_i)\cdot PB^r_{i,t} + PEA^r_{i,t}\cdot EAU^r_{i,t} + etax^r\cdot EDU^r_{i,t},$ (A.16)

경매 : $PX^{r_1}_{i,t} = (1+td^{r_1}_i)\cdot PB^{r_1}_{i,t} + PEA^{r_1}_{i,t}\cdot EAU^{r_1}_{i,t} + PED^{r_1}_{i,t}\cdot EDU^{r_1}_{i,t},$ (A.16-1)

무상배분 : $PX^{r_1}_{i,t} = (1+td^{r_1}_i)\cdot PB^{r_1}_{i,t} + PEA^{r_1}_{i,t}\cdot EAU^{r_1}_{i,t} + PED^{r_1}_{i,t}\cdot ETU^{r_1}_{i,t},$ (A.16-2)

- 정부수입

기본모형 : $GT^r_t = ty^r_i\cdot Y^r_t + \sum_i (td^r_i\cdot PB^r_i\cdot X^r_i + tm_i\cdot PWM_{i,t}\cdot XM^r_{i,t}) + \sum_i etax^r_t\cdot ED^r_{i,t},$ (A.17)

경매 : $GT^{r_1}_t = ty^{r_1}_t\cdot Y^{r_1}_t + \sum_i (td^{r_1}_i\cdot PB^{r_1}_i\cdot X^{r_1}_i + tm_{i,t}\cdot PWM_{i,t}\cdot XM^{r_1}_{i,t}) + \sum_i PED^{r_1}_t\cdot ED^{r_1}_{i,t},$ (A.17-1)

무상배분 : $GT^{r_1}_t = ty^{r_1}_t\cdot Y^{r_1}_t + \sum_i (td^{r_1}_i\cdot PB^{r_1}_i\cdot X^{r_1}_i + tm_i\cdot PWM_{i,t}\cdot XM^{r_1}_{i,t}),$ (A.17-2)

$PX^r_{i,t}(PB^r_{i,t})$: 지역 r 지역재 i의 가격(세전가격), GT^r_t : 지역 r 정부수입,
$EAU^r_{i,t}(EDU^r_{i,t}, ETU^r_{i,t})$: 단위생산량당 오염물질 처리량(배출량, 거래량),
Y^r_t : 가계소득, $PWM^r_{i,t}$: 수입재의 해외시장 가격,
$XM^r_{i,t}$: 지역 r 해외수입재 i의 규모,
$td^r_{i,t}(ty_t)$: 간접세율(직접세율), $etax^r$: 배출부과금요율, $tm_{i,t}$: 관세율.

이와 같이 모형구조를 수정하여 각 시나리오별 효과를 분석한 결과는 표 A-3에 요약된 바와 같다. 표에 의하면 총량규제 및 배출권거래제가 도입된 지역 1의 경우 모든 시나리오에서 오염물질처리비용은 증가되었고, 동 제도가 도입되지 않은 지역 2에서는 오염물질처리비용이 감소하는 것으로 나타났다. 지역 1에서 오염물질처리비용이 증가한 이유는 개별 산업들이 감축된 오염물질 배출총량을 준수하기 위해 오염물질처리량을 증가시킴에 따라 자체처리의 단위가격이 증가되었고, 그 결과 배출권 가격이 상승했기 때문이다. 반면 지역 2에서는 배출부과금의 요율변화가 없는 상태에서 오염물질 배출량이 감소했기 때문에 오염물질 처리비용이 감소하는 것으로 나타났다.

표 A-3 시나리오별 효과분석 결과(목표년도) (단위 : 억 원, 톤)

구 분		기준 시나리오			시나리오 #1			시나리오 #2			시나리오 #3		
		R1	R2	계	R1	R2	계	R1	R2	계	R1	R2	계
오염물질 처리비용	A1	422	213	635	474	209	684	489	205	694	493	206	699
	A2	540	181	722	603	177	781	623	174	798	625	175	800
	계	963	394	1,357	1,077	387	1,464	1,112	380	1,491	1,118	381	1,499
배출권가격		–	–	–	1.162	–	–	1.195	–	–	1.201	–	–
부가 가치액	A1	2,685	1,521	4,207	2,599	1,438	4,037	2,601	1,449	4,050	2,609	1,458	4,067
	A2	3,332	1,251	4,582	3,209	1,175	4,384	3,210	1,190	4,401	3,221	1,196	4,417
	계	6,017	2,772	8,789	5,807	2,613	8,420	5,811	2,640	8,451	5,830	2,654	8,484
오염물질 (SO_2) 배출량	A1	175	86	262	93	76	168	92	74	166	93	76	169
	A2	253	72	325	157	63	220	158	62	220	157	63	220
	계	429	158	587	250	139	389	250	136	386	250	139	389
후생변화	CV	–	–	–	1,111	399	1,510	1,266	402	1,668	1,271	405	1,677
	EV	–	–	–	1,936	616	2,552	2,202	611	2,813	2,208	613	2,821

오염물질 처리비용의 변화가 지역경제에 미친 효과를 부가가치액(GDP)을 기준으로 살펴보면, 시나리오 #1은 기준 시나리오보다 4.20% 감소하였고, 시나리오 #2는 3.85% 감소하였으며, 시나리오 #3은 3.47% 감소하는 것으로 나타났다. 따라서 시나리오 #1에서 부가가치액이 가장 크게 감소하고 시나리오 #3에서 가장 작게 감소되는 것으로 나타나 시나리오 #3이 경제적 측면에서 가장 효율적인 대안으로 분석되었다. 이와 같이 배출권거래제의 도입은 지역의 부가가치액을 감소시키지만 표 A-3에 보이듯이 오염물질 배출량도 감소시킨다. 오염물질배출량의 감소는 바로 지역의 환경수준이 개선되는 것을 의미한다. 다시말해 이는 환경수준과 경제활동 사이에 상반관계(trade-off)가 존재한다는 것을 나타낸다.

배출권거래제 도입이 지역 및 국가 전체에 미친 후생의 변화를 살펴보기 위해 보상변화(CV)와 동등변화(EV)를 계산하였다. 분석결과 시나리오별 보상변화와 동등변화는 모두 양으로 나타났다. 이는 배출권거래제 도입으로 인해 경제규모는 위축되지만 환경수준이 향상되어 지역의 복지수준은 향상됨을 가리킨다. 따라서 배출권거래제는 사회 전체적으로 의미 있는 제도라고 할 수 있다.

지금까지 살펴본 시나리오별 효과를 종합해 볼 때, 경제활동에 미치는 영향이 가장 적은 반면, 지역의 복지수준이 가장 크게 증가한 시나리오 #3, 즉 오염물질처리량을 기준으로 배출권을 무상배분하는 것이 가장 바람직한 대안이라고 할 수 있다. 이러한 분석결과는 향후 배출권거래제가 배출권의 초기 분배방법으로 경매방식보다 무상배분방식을, 그리고 오염물질처리량을 무상배분의 기준으로 활용하는 방향으로 설계·운영되어야 함을 가리킨다.

A 15-4 연구의 요약 및 향후 과제

본 논문에서는 환경정책의 효과를 지역차원에서 분석할 수 있는 동태적 다지역 CGE모형을 구축하고 이를 바탕으로 배출권거래제의 바람직한 운영방안을 제시하였다. 본 연구의 결과를 요약하면 다음과 같다. 첫째, 총량규제와 배출권거래제를 도입한 결과 지역경제는 모든 시나리오에서 위축되지만 환경수준이 개선됨에 따라 지역 주민의 복지수준이 개선되는 것으로 분석되었다. 둘째, 배출권거래제를 운영하는 방법에 따라 지역경제에 미치는 효과는 상이하게 도출되었다. 우선 배출권을 배분하는 방식으로 무상배분방법이 경매방법보다 지역경제에 미치는 부정적 파급효과가 더 적은 것으로 분석되었다. 또한 배출권을 무상배분할 경우 오염물질발생량보다는 처리량을 배분의 기준으로 활용하는 것이 보다 바람직한 것으로 분석되었다. 이러한 분석결과를 바탕으로 본 논문에서 향후 배출권거래제는 오염물질처리량을 기준으로 한 무상배분방법을 활용하는 것이 바람직하다는 것을 제시하였다.

그러나 본 논문에서 제시한 결과는 '두 산업－두 지역'으로 구성된 경제를 가정하고 도출된 예시적인 결과이다. 따라서 본 연구의 결과는 결론적인 결과(conclusive result)라기보다는 제시적인 결과(suggestive result)라 할 수 있다. 그러므로 본 논문에서 개발된 모형이 우리나라 지역경제의 실제 자료에 적용될 때, 배출권거래제의 도입효과는 구체적으로 분석될 수 있다. 이를 위해 우선적으로 우리나라 지역경제 및 환경부문에 관한 자료가 구축되어야 한다. 특히 지역의 산업별 오염물질의 발생과 처리, 그리고 배출에 관한 자료와 함께 오염물질 처리기술에 대한 자료도 함께 구축되어야 한다. 이와 같은 자료구축을 통해 배출권거래제를 포함한 다양한 환경정책의 효과를 실증적으로 분석하는 연구가 활발하게 이루어지길 기대한다.

부록

부록 I : 전국 투입산출표(2013년 기준)

부록 II : 전국 산업별 승수행렬표(2013년 기준)

부록 III : 다지역 투입산출표(2013년 기준)

부록 IV : 다지역 산업별 승수행렬표(2013년 기준)

부록Ⅰ : 전국 투입산출표(2013년 기준)

(단위 : 백만 원)

	부 문	001	002	003	004	005	006	007
001	농림수산품	3,278,538	2,891	35,460,673	768,222	1,164,087	2,590	1,620,642
002	광산품	1,198	0	24,041	5,869	38,300	112,806,214	894,780
003	음식료품	10,275,256	4,839	19,771,249	710,683	81,571	36,092	1,306,295
004	섬유 및 가죽제품	456,700	6,172	186,773	28,064,457	592,152	99,201	2,129,271
005	목재 및 종이, 인쇄	470,875	11,300	2,015,241	755,357	12,744,601	212,118	1,668,376
006	석탄 및 석유제품	2,155,095	244,975	886,506	630,472	771,314	7,761,698	42,590,978
007	화학제품	4,259,733	109,451	3,184,640	7,175,684	2,799,947	3,101,494	111,109,159
008	비금속광물제품	12,181	574	605,104	14,793	129,221	163,554	995,033
009	1차 금속제품	44,522	17,328	8,825	44,882	63,934	311,750	3,370,607
010	금속제품	33,789	60,254	1,507,231	616,303	151,852	1,805,067	2,312,366
011	기계 및 장비	224,655	91,625	296,920	356,335	193,356	1,727,253	3,348,952
012	전기 및 전자기기	91,990	15,926	51,881	61,937	72,213	394,913	395,850
013	정밀기기	27,306	384	20,607	9,696	14,140	312,807	425,314
014	운송장비	345,099	146,141	58,605	29,534	71,916	132,650	247,933
015	기타 제조업 제품 및 임가공	5,738	51,921	1,768,038	7,752,562	884,607	55,810	3,254,326
016	전력, 가스 및 증기	266,088	106,283	885,244	1,512,175	1,219,478	3,058,433	5,446,081
017	수도, 폐기물 및 재활용서비스	73,372	4,261	468,158	107,989	769,256	117,042	1,904,716
018	건설	78,959	9,046	64,618	32,035	28,476	105,051	229,091
019	도소매서비스	1,371,504	67,599	11,072,267	5,352,991	2,478,036	3,459,542	13,429,122
020	운송서비스	618,798	458,899	3,436,047	1,809,892	1,514,345	3,414,706	6,914,079
021	음식점 및 숙박서비스	191,741	46,859	348,647	395,714	281,336	314,343	1,681,593
022	정보통신 및 방송 서비스	105,596	10,231	265,765	192,548	153,032	676,003	741,554
023	금융 및 보험 서비스	677,039	165,783	1,163,190	855,104	664,881	708,986	2,625,308
024	부동산 및 임대	60,505	84,509	541,527	712,564	246,845	306,565	971,054
025	전문, 과학 및 기술 서비스	108,798	17,818	1,051,955	664,359	391,658	1,498,504	3,449,166
026	사업지원서비스	36,587	5,643	296,639	443,188	137,837	514,419	959,677
027	공공행정 및 국방	107,979	1,314	43,348	24,563	26,799	5,218	62,253
028	교육서비스	818	65	9,921	6,593	6,920	62,921	42,341
029	보건 및 사회복지서비스	75,727	6,112	94,864	48,675	35,201	18,749	150,823
030	문화 및 기타 서비스	84,457	15,415	172,444	127,966	94,649	187,826	550,975
031	소 계	25,540,643	1,763,618	85,760,968	59,283,142	27,821,960	143,371,519	214,827,715
032	순생산물세	512,162	81,538	1,765,196	501,286	164,383	2,006,368	1,281,545
033	잔폐물발생	−4,083	−4,751	−81,565	−100,756	−248,479	−41,680	−1,469,039
034	중간투입계	26,048,722	1,840,405	87,444,599	59,683,672	27,737,864	145,336,207	214,640,221
035	피용자보수	4,338,616	758,620	7,855,718	8,464,099	4,976,804	1,913,179	19,790,810
036	영업잉여	19,431,226	1,136,813	4,016,864	7,010,561	3,465,057	5,767,322	18,454,010
037	고정자본소모	5,371,989	523,098	3,893,601	2,203,209	1,661,501	2,573,424	12,767,327
038	기타생산세(보조금공제)	1,245,751	23,971	146,379	108,738	53,928	217,977	357,311
039	부가가치계	30,387,582	2,442,502	15,912,562	17,786,607	10,157,290	10,471,902	51,369,458
040	총투입계	56,436,304	4,282,907	103,357,161	77,470,279	37,895,154	155,808,109	266,009,679

	부 문	017	018	019	020	021	022	023
001	농림수산품	2,741	700,290	61,753	10,807	5,991,605	24,622	26,501
002	광산품	0	943,744	0	0	8,083	0	0
003	음식료품	19,890	43,354	823,950	169,459	25,282,777	287,073	261,254
004	섬유 및 가죽제품	258,220	465,011	1,902,489	1,197,311	501,697	269,045	700,685
005	목재 및 종이, 인쇄	132,332	2,846,045	3,631,702	778,869	729,053	2,253,150	1,324,191
006	석탄 및 석유제품	491,364	2,803,546	4,990,317	27,394,667	2,147,483	825,060	464,591
007	화학제품	896,124	8,299,645	3,653,933	1,949,630	1,052,516	630,150	227,886
008	비금속광물제품	191,359	20,760,782	70,070	35,838	154,820	19,299	17,034
009	1차 금속제품	965,219	17,618,350	13,553	111,275	8,437	508	0
010	금속제품	87,776	20,409,387	799,496	541,329	619,819	147,409	236,975
011	기계 및 장비	791,068	6,006,480	702,568	621,964	112,331	256,360	351,005
012	전기 및 전자기기	208,840	10,869,576	1,476,657	1,366,665	537,345	7,825,850	1,015,190
013	정밀기기	141,593	633,115	405,452	204,996	91,715	413,365	186,591
014	운송장비	303,623	186,345	1,003,769	5,688,506	29,339	220,013	142,193
015	기타 제조업 제품 및 임가공	127,006	1,401,259	763,557	288,944	778,254	267,148	387,338
016	전력, 가스 및 증기	1,097,489	579,625	4,537,553	2,434,972	3,072,135	1,608,793	1,497,977
017	수도, 폐기물 및 재활용서비스	1,739,833	218,416	724,250	298,440	620,004	175,783	630,081
018	건설	41,257	86,815	174,700	165,138	49,745	323,361	93,410
019	도소매서비스	465,554	7,284,670	2,780,733	2,652,423	7,477,141	8,268,703	983,401
020	운송서비스	688,641	1,433,468	18,344,978	18,636,539	282,608	1,446,862	2,703,567
021	음식점 및 숙박서비스	244,647	420,374	7,595,668	1,578,033	493,665	1,710,135	3,169,548
022	정보통신 및 방송 서비스	284,447	478,879	15,877,837	1,532,310	653,701	16,453,777	8,568,033
023	금융 및 보험 서비스	393,040	4,624,068	9,035,874	2,473,342	1,280,218	1,433,344	17,202,842
024	부동산 및 임대	190,111	1,041,553	13,890,827	4,412,112	4,523,413	2,871,717	3,937,793
025	전문, 과학 및 기술 서비스	437,289	12,374,228	5,892,726	1,036,364	676,940	5,652,011	6,217,340
026	사업지원서비스	756,476	732,259	7,546,772	3,363,099	270,783	7,026,995	7,351,182
027	공공행정 및 국방	32,989	92,128	318,105	557,211	109,062	1,235,610	493,798
028	교육서비스	5,657	16,214	253,302	15,272	16,571	37,196	112,748
029	보건 및 사회복지서비스	118,305	755,013	1,518,549	156,342	88,975	196,867	462,545
030	문화 및 기타 서비스	233,480	592,030	2,646,866	2,047,051	140,149	2,350,111	2,537,237
031	소 계	11,346,370	124,716,669	111,438,006	81,718,908	57,800,384	64,230,317	61,302,936
032	순생산물세	881,381	2,938,242	1,645,499	5,453,737	2,678,661	1,300,484	5,152,195
033	잔폐물발생	−88,173	−811,973	−232,345	−120,151	−93,519	−131,941	−752
034	중간투입계	12,139,578	126,842,938	112,851,160	87,052,494	60,385,526	65,398,860	66,454,379
035	피용자보수	4,306,700	50,318,090	44,372,865	25,241,185	19,659,178	24,415,358	29,417,321
036	영업잉여	1,798,249	6,719,111	65,968,573	3,901,130	13,102,673	5,291,498	34,356,294
037	고정자본소모	4,023,573	5,670,425	7,927,954	15,923,374	2,485,029	19,838,436	5,591,378
038	기타생산세(보조금공제)	66,970	1,048,010	1,340,573	530,255	775,070	479,306	312,245
039	부가가치계	10,195,492	63,755,636	119,609,965	45,595,944	36,021,950	50,024,598	69,677,238
040	총투입계	22,335,070	190,598,574	232,461,125	132,648,438	96,407,476	115,423,458	136,131,617

부 문	008	009	010	011	012	013	014	015	016
001	2,082	7,995	4,037	6,115	10,099	936	11,653	64,104	1,208
002	2,965,447	19,435,666	33,921	14,028	41,204	0	5,654	28,905	41,097,670
003	26,042	84,522	46,198	68,255	116,697	10,492	83,584	144,255	18,879
004	142,149	258,376	316,592	201,506	831,098	132,453	1,122,240	2,708,347	117,830
005	412,963	382,638	655,497	369,031	1,781,598	85,068	635,984	1,872,130	202,825
006	2,516,412	8,694,310	1,217,170	852,289	1,362,877	95,439	1,958,293	1,184,607	5,288,868
007	1,732,490	1,947,162	5,404,017	4,500,157	30,172,109	2,927,368	14,977,106	3,840,273	2,104,007
008	6,520,497	1,584,192	314,483	361,291	13,428,419	229,232	1,154,000	323,077	42,890
009	1,525,446	120,990,813	23,761,149	14,165,858	19,084,101	827,240	19,481,199	4,378,002	64,094
010	612,680	1,640,744	14,519,150	9,803,021	6,781,535	1,181,100	15,590,547	1,844,363	567,638
011	529,783	1,351,949	2,794,112	25,213,609	4,815,040	221,407	13,010,654	728,720	1,042,518
012	191,197	644,147	763,280	7,985,891	135,936,613	4,897,977	10,862,152	951,151	1,444,856
013	82,080	148,398	225,823	2,154,011	4,761,668	3,577,996	2,253,418	150,124	307,452
014	280,589	95,667	197,683	847,548	146,947	5,809	68,834,003	99,980	54,979
015	589,394	2,237,278	2,424,327	3,332,279	10,943,951	684,185	10,781,371	6,713,004	10,894
016	1,029,407	6,462,249	1,873,200	921,834	3,718,662	160,601	1,400,125	709,971	20,723,726
017	452,105	2,621,651	613,065	143,433	289,764	38,349	451,719	253,799	278,689
018	37,853	94,603	62,265	104,680	597,675	26,356	208,666	22,095	145,012
019	1,823,089	4,312,476	5,061,491	6,700,487	15,459,103	1,910,435	11,059,183	2,885,033	718,196
020	2,927,861	4,049,994	2,355,516	2,470,417	4,557,033	363,657	2,704,891	1,067,437	187,046
021	233,278	694,229	454,567	679,550	1,149,548	104,781	829,992	541,382	167,483
022	181,272	463,134	228,838	322,076	2,934,096	72,125	606,752	390,323	221,932
023	585,193	1,409,265	1,388,891	1,784,715	3,019,892	333,418	2,828,738	842,402	543,863
024	154,124	281,807	163,356	311,328	781,464	71,274	533,888	370,739	145,237
025	468,469	1,865,628	1,011,885	1,593,335	7,224,559	379,422	5,082,220	1,036,024	542,011
026	101,914	1,401,812	345,306	109,635	922,968	16,874	612,209	737,219	897,342
027	15,196	11,498	57,352	55,730	79,683	13,749	41,019	28,886	18,078
028	5,129	26,154	12,220	14,098	33,868	2,949	23,818	43,948	7,624
029	30,219	58,005	132,234	113,503	183,517	31,364	131,254	31,262	8,018
030	154,281	349,954	215,367	217,033	307,052	26,965	404,057	227,325	151,018
031	26,328,641	183,606,316	66,652,992	85,416,743	271,472,840	18,429,021	187,680,389	34,218,887	77,121,883
032	345,641	264,808	339,439	635,465	1,205,391	146,980	661,899	311,734	2,961,669
033	−175,042	−986,289	−1,242,269	−516,504	−699,667	−7,863	−479,084	−42,806	−86,092
034	26,499,240	182,884,835	65,750,162	85,535,704	271,978,564	18,568,138	187,863,204	34,487,815	79,997,460
035	3,419,715	10,191,199	15,099,700	18,462,156	32,353,235	3,756,634	28,546,877	14,788,776	5,161,775
036	2,817,692	11,440,685	10,626,729	8,420,126	24,890,242	2,326,832	12,318,011	6,268,049	3,688,051
037	3,747,608	6,296,422	2,515,479	6,476,426	41,808,358	1,495,252	13,350,793	3,199,353	11,913,481
038	52,440	212,414	135,179	168,792	519,081	35,407	334,316	84,788	161,836
039	10,037,455	28,140,720	28,377,087	33,527,500	99,570,916	7,614,125	54,549,997	24,340,966	20,925,143
040	36,536,695	211,025,555	94,127,249	119,063,204	371,549,480	26,182,263	242,413,201	58,828,781	100,922,603

부 문	024	025	026	027	028	029	030	중간수요계
001	5,367	105,624	11,467	52,550	37,751	1,014,670	123,550	50,575,170
002	309	16,342	0	3,628	0	5,197	869	178,371,069
003	70,224	694,787	206,303	190,978	195,133	1,656,530	2,236,894	64,923,515
004	140,663	332,113	417,384	523,465	180,887	1,100,784	1,052,016	46,407,087
005	124,030	1,113,750	235,734	603,645	1,070,571	713,086	831,781	40,663,541
006	1,405,547	1,241,365	497,065	1,425,919	2,404,643	1,459,248	1,622,360	127,384,478
007	42,080	2,370,466	1,457,672	218,987	405,166	14,479,852	3,934,440	238,963,344
008	3,563	182,158	5,641	18,572	49,412	27,058	93,621	47,507,768
009	3,695	700,428	295	581	3,279	333,110	192,601	228,091,081
010	64,686	515,394	89,286	464,165	108,031	141,598	718,266	83,971,257
011	328,421	1,193,454	166,778	569,137	160,838	94,350	1,242,021	68,543,663
012	233,139	3,188,956	503,076	309,318	879,724	462,731	2,588,173	196,227,214
013	53,868	2,018,798	147,089	370,808	666,165	2,169,538	276,185	22,250,502
014	193,723	1,307,471	66,690	738,330	56,204	283,338	4,082,292	85,896,919
015	200,901	305,986	116,936	124,038	1,371,638	360,507	811,988	58,795,185
016	4,647,405	2,229,477	434,206	1,100,916	3,642,112	3,130,913	2,769,312	82,276,442
017	621,662	262,136	87,823	692,755	503,786	1,626,516	325,802	17,114,655
018	4,830,529	232,492	19,289	2,026,501	423,070	261,726	131,790	10,706,304
019	280,933	2,579,482	606,985	727,571	1,235,251	5,823,895	2,434,736	130,762,032
020	489,165	2,378,499	871,593	1,363,653	520,427	610,173	605,286	89,226,077
021	508,909	4,136,475	1,612,451	1,777,681	3,962,325	1,462,422	2,906,006	39,693,382
022	898,676	9,222,314	1,340,986	2,302,498	2,053,677	996,720	1,941,483	70,170,615
023	19,323,049	2,339,804	1,272,942	1,674,796	1,022,427	2,901,417	2,111,707	86,685,538
024	3,402,661	2,625,959	797,411	1,670,062	1,214,982	3,535,527	1,575,817	51,426,731
025	591,267	4,440,711	678,979	805,503	724,127	630,369	606,497	67,150,162
026	603,428	1,194,096	1,111,284	1,602,125	750,706	489,825	1,306,801	41,645,100
027	203,735	99,463	47,933	0	41,742	170,249	130,596	4,125,286
028	7,767	41,822	10,391	78,836	27,148	13,282	30,465	966,058
029	102,778	264,088	198,528	457,338	357,009	453,535	145,644	6,425,043
030	439,223	1,276,248	420,474	1,625,932	1,028,071	1,747,733	1,215,824	21,587,213
031	39,821,403	48,610,158	13,432,691	23,520,288	25,096,302	48,155,899	38,044,823	2,258,532,431
032	927,404	2,692,953	466,056	1,556,153	2,214,567	3,354,036	1,202,242	45,649,114
033	−13,657	−16,545	−56,705	−39,784	−101,007	−6,905	−70,718	−7,970,144
034	40,735,150	51,286,566	13,842,042	25,036,657	27,209,862	51,503,030	39,176,347	2,296,211,401
035	11,696,540	45,332,400	20,071,350	53,748,961	60,095,944	40,172,540	20,674,087	629,400,432
036	65,403,106	12,653,520	6,723,922	0	3,946,290	7,595,822	9,533,853	379,072,311
037	33,337,797	9,335,574	1,280,176	32,809,248	9,188,689	5,737,384	6,155,169	279,101,527
038	4,923,352	401,954	148,094	4,066	153,929	203,707	1,418,082	15,663,921
039	115,360,795	67,723,448	28,223,542	86,562,275	73,384,852	53,709,453	37,781,191	1,303,238,191
040	156,095,945	119,010,014	42,065,584	111,598,932	100,594,714	105,212,483	76,957,538	3,599,449,592

부 문	민간소비지출	정부소비지출	민간고정자본	정부고정자본	재고증감	귀중품순취득	수출	최종수요계	총수요계
001	16,631,423	0	489,264	18,559	731,707	0	795,439	18,666,392	69,241,562
002	13,427	0	0	0	1,204,379	0	230,627	1,448,433	179,819,502
003	51,510,508	0	0	0	−420,547	0	8,158,525	59,248,486	124,172,001
004	25,526,373	0	129,849	3,629	124,732	0	31,230,017	57,014,600	103,421,687
005	1,087,141	0	0	0	−19,116	0	4,265,061	5,333,086	45,996,627
006	13,435,533	0	0	0	−102,419	0	64,194,215	77,527,329	204,911,807
007	8,650,482	0	0	0	−702,983	0	88,587,165	96,534,664	335,498,008
008	400,567	0	0	0	−296,144	0	2,770,787	2,875,210	50,382,978
009	30,443	0	0	0	−1,786,213	−706,975	43,143,587	40,680,842	268,771,923
010	1,149,501	0	3,120,528	1,760,127	67,105	0	14,393,250	20,490,511	104,461,768
011	1,779,162	0	43,621,449	338,367	−196,020	0	45,946,600	91,489,558	160,033,221
012	22,428,627	0	18,003,696	1,984,508	−216,873	0	221,639,523	263,839,481	460,066,695
013	2,563,062	0	7,902,617	1,280,905	−1,320	0	11,065,777	22,811,041	45,061,543
014	20,449,595	0	25,403,107	4,473,795	−342,048	0	131,170,274	181,154,723	267,051,642
015	5,510,636	0	1,677,944	237,740	−25,788	589,285	5,981,149	13,970,966	72,766,151
016	18,692,248	0	0	0	0	0	130,194	18,822,442	101,098,884
017	4,614,312	576,960	0	0	0	0	59,149	5,250,421	22,365,076
018	0	0	138,001,688	42,564,748	−936,578	0	294,501	179,924,359	190,630,663
019	66,799,627	0	11,147,664	1,309,766	237,614	192,406	24,846,209	104,533,286	235,295,318
020	25,072,683	0	315,279	41,884	9,755	2,659	36,717,574	62,159,834	151,385,911
021	56,383,682	1,879,657	0	0	0	0	8,019,964	66,283,303	105,976,685
022	27,212,772	0	19,714,166	268,521	6,386	0	4,669,154	51,870,999	122,041,614
023	50,456,948	0	0	0	0	0	2,363,873	52,820,821	139,506,359
024	100,116,209	0	7,034,576	13,646	0	0	2,648,664	109,813,095	161,239,826
025	2,122,554	0	51,296,208	8,358,651	0	0	11,652,837	73,430,250	140,580,412
026	4,610,700	0	0	0	0	0	7,484,033	12,094,733	53,739,833
027	1,048,880	106,849,373	0	0	0	0	124,258	108,022,511	112,147,797
028	58,457,201	44,628,714	0	0	0	0	290,370	103,376,285	104,342,343
029	41,088,013	57,873,170	0	0	0	0	128,161	99,089,344	105,514,387
030	52,241,798	2,659,376	485,579	0	0	15,880	1,703,480	57,106,113	78,693,326
031	680,084,107	214,467,250	328,343,614	62,654,846	−2,664,371	93,255	774,704,417	2,057,683,118	4,316,215,549

부 문	수입	잔폐물	총산출
001	12,805,258	0	56,436,304
002	175,536,595	0	4,282,907
003	20,679,813	135,027	103,357,161
004	25,912,525	38,883	77,470,279
005	7,410,348	691,125	37,895,154
006	48,420,974	682,724	155,808,109
007	67,127,642	2,360,687	266,009,679
008	13,064,505	781,778	36,536,695
009	49,197,136	8,549,232	211,025,555
010	10,334,519	0	94,127,249
011	40,970,017	0	119,063,204
012	88,517,215	0	371,549,480
013	18,879,280	0	26,182,263
014	24,638,441	0	242,413,201
015	13,937,370	0	58,828,781
016	176,281	0	100,922,603
017	30,006	0	22,335,070
018	32,089	0	190,598,574
019	2,834,193	0	232,461,125
020	18,737,473	0	132,648,438
021	9,569,209	0	96,407,476
022	6,618,156	0	115,423,458
023	3,374,742	0	136,131,617
024	5,143,881	0	156,095,945
025	21,570,398	0	119,010,014
026	11,674,249	0	42,065,584
027	548,865	0	111,598,932
028	3,747,629	0	100,594,714
029	301,904	0	105,212,483
030	1,735,788	0	76,957,538
031	703,526,501	13,239,456	3,599,449,592

부록II : 전국 산업별 승수행렬표(2013년 기준)

$((I-CA)^{-1}$형)

	부 문	001	002	003	004	005	006	007
001	농림수산품	1.125	0.004	0.358	0.004	0.017	0.001	0.007
002	광산품	0.000	1.000	0.001	0.001	0.001	0.001	0.002
003	음식료품	0.235	0.008	1.215	0.009	0.013	0.002	0.013
004	섬유 및 가죽제품	0.014	0.007	0.012	1.288	0.025	0.002	0.016
005	목재 및 종이, 인쇄	0.022	0.009	0.039	0.019	1.287	0.004	0.016
006	석탄 및 석유제품	0.060	0.084	0.046	0.034	0.043	1.041	0.117
007	화학제품	0.121	0.056	0.100	0.154	0.138	0.029	1.424
008	비금속광물제품	0.003	0.002	0.009	0.002	0.007	0.002	0.005
009	1차 금속제품	0.014	0.034	0.022	0.029	0.024	0.015	0.042
010	금속제품	0.010	0.025	0.026	0.018	0.013	0.017	0.021
011	기계 및 장비	0.010	0.031	0.011	0.009	0.012	0.015	0.024
012	전기 및 전자기기	0.007	0.015	0.010	0.010	0.012	0.007	0.010
013	정밀기기	0.002	0.002	0.002	0.002	0.002	0.003	0.003
014	운송장비	0.011	0.053	0.009	0.005	0.009	0.003	0.006
015	기타 제조업 제품 및 임가공	0.010	0.021	0.030	0.109	0.040	0.003	0.024
016	전력, 가스 및 증기	0.021	0.046	0.033	0.049	0.070	0.031	0.051
017	수도, 폐기물 및 재활용서비스	0.005	0.004	0.010	0.006	0.032	0.002	0.014
018	건설	0.002	0.004	0.003	0.002	0.002	0.001	0.002
019	도소매서비스	0.069	0.037	0.161	0.112	0.108	0.031	0.086
020	운송서비스	0.030	0.124	0.068	0.052	0.074	0.030	0.055
021	음식점 및 숙박서비스	0.010	0.018	0.016	0.016	0.019	0.005	0.016
022	정보통신 및 방송 서비스	0.013	0.015	0.025	0.020	0.023	0.010	0.018
023	금융 및 보험 서비스	0.027	0.057	0.038	0.032	0.041	0.010	0.028
024	부동산 및 임대	0.010	0.029	0.022	0.024	0.022	0.006	0.015
025	전문, 과학 및 기술 서비스	0.010	0.012	0.021	0.019	0.022	0.012	0.021
026	사업지원서비스	0.007	0.010	0.013	0.014	0.014	0.006	0.011
027	공공행정 및 국방	0.001	0.001	0.001	0.001	0.002	0.000	0.001
028	교육서비스	0.000	0.000	0.000	0.000	0.001	0.000	0.000
029	보건 및 사회복지서비스	0.003	0.002	0.003	0.002	0.003	0.001	0.002
030	문화 및 기타 서비스	0.005	0.008	0.008	0.007	0.009	0.003	0.007
031	열합계	1.855	1.719	2.313	2.048	2.084	1.295	2.058

	부 문	017	018	019	020	021	022	023
001	농림수산품	0.005	0.008	0.009	0.004	0.148	0.007	0.007
002	광산품	0.001	0.012	0.000	0.000	0.001	0.000	0.000
003	음식료품	0.009	0.008	0.019	0.008	0.296	0.014	0.015
004	섬유 및 가죽제품	0.020	0.010	0.015	0.015	0.013	0.008	0.011
005	목재 및 종이, 인쇄	0.015	0.026	0.027	0.012	0.023	0.033	0.020
006	석탄 및 석유제품	0.049	0.052	0.040	0.146	0.039	0.023	0.016
007	화학제품	0.082	0.100	0.043	0.039	0.056	0.031	0.020
008	비금속광물제품	0.013	0.119	0.002	0.002	0.005	0.003	0.002
009	1차 금속제품	0.107	0.227	0.012	0.017	0.015	0.014	0.009
010	금속제품	0.017	0.136	0.010	0.013	0.017	0.008	0.007
011	기계 및 장비	0.050	0.046	0.008	0.011	0.008	0.008	0.007
012	전기 및 전자기기	0.026	0.077	0.019	0.020	0.014	0.066	0.021
013	정밀기기	0.010	0.006	0.004	0.003	0.003	0.006	0.004
014	운송장비	0.025	0.009	0.012	0.043	0.005	0.008	0.006
015	기타 제조업 제품 및 임가공	0.016	0.024	0.009	0.008	0.018	0.008	0.008
016	전력, 가스 및 증기	0.085	0.036	0.043	0.037	0.059	0.036	0.029
017	수도, 폐기물 및 재활용서비스	1.089	0.010	0.007	0.005	0.012	0.005	0.008
018	건설	0.003	1.002	0.004	0.003	0.003	0.005	0.003
019	도소매서비스	0.049	0.080	1.039	0.040	0.130	0.103	0.030
020	운송서비스	0.051	0.045	0.092	1.058	0.033	0.032	0.034
021	음식점 및 숙박서비스	0.020	0.015	0.042	0.017	1.015	0.028	0.035
022	정보통신 및 방송 서비스	0.029	0.024	0.092	0.023	0.026	1.160	0.092
023	금융 및 보험 서비스	0.036	0.048	0.065	0.033	0.040	0.035	1.150
024	부동산 및 임대	0.019	0.019	0.073	0.023	0.062	0.042	0.044
025	전문, 과학 및 기술 서비스	0.030	0.076	0.031	0.013	0.018	0.055	0.047
026	사업지원서비스	0.032	0.013	0.038	0.027	0.012	0.061	0.059
027	공공행정 및 국방	0.002	0.001	0.003	0.002	0.002	0.013	0.006
028	교육서비스	0.000	0.000	0.001	0.000	0.000	0.001	0.001
029	보건 및 사회복지서비스	0.007	0.006	0.008	0.002	0.003	0.004	0.005
030	문화 및 기타 서비스	0.016	0.009	0.018	0.019	0.007	0.027	0.026
031	열합계	1.913	2.244	1.788	1.641	2.082	1.845	1.724

부 문	008	009	010	011	012	013	014	015	016
001	0.004	0.003	0.004	0.004	0.002	0.003	0.004	0.006	0.001
002	0.063	0.005	0.002	0.001	0.002	0.001	0.001	0.002	0.002
003	0.008	0.006	0.008	0.008	0.005	0.007	0.007	0.011	0.002
004	0.012	0.007	0.012	0.010	0.007	0.013	0.016	0.064	0.003
005	0.022	0.009	0.018	0.013	0.012	0.012	0.014	0.040	0.005
006	0.098	0.090	0.053	0.041	0.024	0.032	0.041	0.047	0.045
007	0.079	0.038	0.111	0.091	0.087	0.168	0.140	0.125	0.028
008	1.131	0.015	0.008	0.007	0.026	0.013	0.009	0.009	0.001
009	0.112	1.851	0.461	0.292	0.102	0.105	0.195	0.174	0.010
010	0.030	0.022	1.164	0.114	0.030	0.064	0.095	0.047	0.010
011	0.027	0.017	0.044	1.185	0.021	0.017	0.062	0.023	0.008
012	0.018	0.013	0.022	0.092	1.271	0.181	0.056	0.031	0.020
013	0.003	0.003	0.005	0.016	0.006	1.061	0.008	0.005	0.004
014	0.022	0.005	0.008	0.015	0.004	0.004	1.350	0.007	0.002
015	0.029	0.026	0.044	0.048	0.025	0.038	0.078	1.129	0.002
016	0.064	0.084	0.062	0.040	0.031	0.030	0.035	0.042	1.264
017	0.020	0.027	0.017	0.009	0.005	0.007	0.009	0.011	0.005
018	0.003	0.002	0.002	0.002	0.003	0.003	0.002	0.002	0.002
019	0.083	0.050	0.092	0.097	0.070	0.108	0.096	0.087	0.017
020	0.121	0.050	0.058	0.052	0.033	0.040	0.042	0.045	0.008
021	0.017	0.012	0.016	0.017	0.010	0.014	0.015	0.020	0.005
022	0.022	0.015	0.020	0.020	0.021	0.020	0.020	0.024	0.007
023	0.039	0.024	0.036	0.037	0.022	0.032	0.035	0.035	0.011
024	0.018	0.010	0.014	0.015	0.011	0.015	0.014	0.019	0.005
025	0.024	0.020	0.024	0.025	0.018	0.020	0.028	0.030	0.009
026	0.013	0.015	0.014	0.011	0.007	0.009	0.010	0.019	0.011
027	0.001	0.001	0.001	0.001	0.001	0.001	0.001	0.001	0.000
028	0.000	0.000	0.000	0.000	0.000	0.000	0.000	0.001	0.000
029	0.002	0.001	0.003	0.003	0.002	0.003	0.002	0.002	0.000
030	0.011	0.007	0.008	0.007	0.004	0.006	0.007	0.009	0.003
031	2.098	2.428	2.332	2.275	1.862	2.027	2.393	2.068	1.491

부 문	024	025	026	027	028	029	030	행합계
001	0.002	0.010	0.009	0.004	0.008	0.019	0.020	1.807
002	0.001	0.000	0.000	0.000	0.000	0.001	0.001	1.104
003	0.004	0.021	0.020	0.009	0.016	0.027	0.051	2.077
004	0.004	0.007	0.015	0.008	0.005	0.018	0.022	1.680
005	0.005	0.019	0.012	0.009	0.018	0.016	0.020	1.798
006	0.016	0.024	0.024	0.021	0.029	0.036	0.039	2.452
007	0.010	0.035	0.057	0.015	0.019	0.176	0.098	3.672
008	0.004	0.003	0.001	0.003	0.002	0.003	0.004	1.415
009	0.011	0.023	0.009	0.012	0.009	0.019	0.033	4.000
010	0.007	0.011	0.007	0.010	0.006	0.009	0.022	1.986
011	0.006	0.013	0.008	0.007	0.005	0.008	0.021	1.719
012	0.009	0.033	0.021	0.010	0.017	0.015	0.048	2.174
013	0.001	0.015	0.004	0.004	0.007	0.017	0.005	1.215
014	0.004	0.016	0.005	0.009	0.003	0.008	0.071	1.739
015	0.004	0.008	0.008	0.004	0.018	0.011	0.021	1.822
016	0.045	0.038	0.025	0.020	0.055	0.055	0.064	2.581
017	0.006	0.005	0.005	0.008	0.007	0.021	0.009	1.380
018	0.032	0.004	0.002	0.019	0.005	0.005	0.004	1.132
019	0.012	0.048	0.035	0.019	0.028	0.082	0.066	3.067
020	0.011	0.033	0.032	0.017	0.013	0.025	0.027	2.384
021	0.009	0.043	0.045	0.020	0.043	0.023	0.046	1.626
022	0.020	0.099	0.047	0.029	0.030	0.025	0.042	2.031
023	0.146	0.037	0.046	0.025	0.020	0.049	0.048	2.281
024	1.027	0.034	0.028	0.018	0.019	0.046	0.033	1.733
025	0.013	1.037	0.019	0.012	0.012	0.015	0.018	1.709
026	0.013	0.018	1.028	0.016	0.010	0.013	0.023	1.547
027	0.002	0.002	0.002	1.001	0.001	0.003	0.003	1.060
028	0.000	0.001	0.000	0.001	1.000	0.000	0.001	1.015
029	0.002	0.003	0.006	0.005	0.004	1.006	0.003	1.097
030	0.007	0.016	0.014	0.017	0.013	0.021	1.020	1.339
031	1.433	1.658	1.534	1.353	1.425	1.771	1.881	56.639

부록Ⅲ : 다지역 투입산출표(2013년 기준)

(단위 : 백만 원)

		지역	수도권						
지역	번호	부 문	001	002	003	004	005	006	007
수도권	001	농림 · 수산 · 광산품	279,886	3,458,024	3,177	33,042	93,905	367,518	18,494
	002	음식료품	1,714,301	2,070,344	28,941	18,122	188,219	4,172	18,804
	003	섬유 및 가죽제품	12,962	18,163	8,448,582	119,747	109,382	29,322	124,913
	004	목재 및 종이, 인쇄	34,713	435,918	241,842	2,691,119	473,501	72,848	237,181
	005	석유석탄 및 화학제품	145,235	628,897	723,153	566,628	4,775,890	217,690	1,231,929
	006	비금속광물제품	680	64,381	5,114	17,852	119,801	266,107	149,410
	007	금속가공제품	8,331	255,014	201,581	66,414	640,822	167,983	8,636,769
	008	전기 · 전자 · 정밀기기	26,988	48,502	53,246	56,557	853,775	102,641	844,177
	009	수송장비 및 기타제조업	13,401	331,896	2,107,959	302,748	669,538	133,848	792,783
	010	전력 · 가스 및 수도	59,271	378,139	613,496	561,104	1,224,450	317,086	1,763,218
	011	건설	1,349	674	674	674	1,349	674	1,349
	012	도소매 및 운송	288,396	3,919,272	4,443,451	1,698,641	4,392,336	1,124,385	2,975,345
	013	서비스업	207,571	1,011,695	1,985,939	955,938	2,132,594	461,356	2,110,199
	014	문화 및 기타 서비스	12,853	42,576	81,509	53,602	87,507	48,205	134,548
	015	중간투입계	2,805,936	12,663,495	18,938,663	7,142,189	15,763,068	3,313,836	19,039,119
지역	번호	부 문	001	002	003	004	005	006	007
강원권	001	농림 · 수산 · 광산품	13,009	287,224	436	32,320	35,847	12,782	7,071
	002	음식료품	13,505	156,893	1,686	486	3,343	233	953
	003	섬유 및 가죽제품	246	113	10,627	908	1,029	115	711
	004	목재 및 종이, 인쇄	290	4,303	1,835	18,236	3,620	607	1,787
	005	석유석탄 및 화학제품	3,438	3,755	6,080	3,591	22,471	3,026	9,941
	006	비금속광물제품	10	1,348	29	77	2,518	404,306	3,511
	007	금속가공제품	27	525	563	107	2,172	323	44,047
	008	전기 · 전자 · 정밀기기	409	713	559	675	7,003	952	10,295
	009	수송장비 및 기타제조업	472	3,719	26,174	3,394	7,931	1,924	8,616
	010	전력 · 가스 및 수도	743	4,662	15,679	6,999	11,324	2,187	18,667
	011	건설	355	618	712	445	1,560	303	922
	012	도소매 및 운송	4,108	65,972	52,341	24,042	68,616	12,379	42,238
	013	서비스업	1,370	4,471	15,399	7,720	11,604	2,821	12,414
	014	문화 및 기타 서비스	84	260	905	507	655	223	808
	015	중간투입계	3,642,788	20,315,036	29,529,651	14,212,973	31,314,326	6,668,841	38,078,007
지역	번호	부 문	001	002	003	004	005	006	007
충청권	001	농림 · 수산 · 광산품	15,482	594,011	1,414	24,003	28,348	63,913	4,724
	002	음식료품	188,927	1,076,377	16,302	5,392	102,602	2,348	8,655
	003	섬유 및 가죽제품	4,671	1,831	963,273	15,998	35,235	3,879	8,321
	004	목재 및 종이, 인쇄	4,645	77,931	48,096	878,143	66,070	11,333	28,941
	005	석유석탄 및 화학제품	147,285	246,666	283,427	268,445	2,750,027	188,486	505,456
	006	비금속광물제품	391	63,593	1,464	3,780	108,930	606,420	44,381
	007	금속가공제품	2,819	36,980	40,725	12,335	113,442	54,512	2,594,655
	008	전기 · 전자 · 정밀기기	8,839	7,863	11,623	12,610	51,397	22,588	105,285
	009	수송장비 및 기타제조업	3,803	60,557	483,068	58,362	126,707	33,029	146,697
	010	전력 · 가스 및 수도	6,504	21,499	77,491	36,560	58,627	17,130	74,205
	011	건설	1,305	2,209	1,635	1,407	5,860	1,112	3,546
	012	도소매 및 운송	10,304	165,562	169,013	60,981	166,538	28,987	103,473
	013	서비스업	2,257	9,852	38,411	13,669	23,263	5,151	26,560
	014	문화 및 기타 서비스	293	945	2,158	1,253	2,338	824	3,239
	015	중간투입계	4,051,328	22,766,957	31,786,189	15,653,469	35,089,567	8,136,996	41,887,604
지역	번호	부 문	001	002	003	004	005	006	007
전라권	001	농림 · 수산 · 광산품	49,188	1,269,992	2,244	39,828	38,612	24,002	2,164
	002	음식료품	78,831	536,385	10,241	2,516	15,906	580	1,751
	003	섬유 및 가죽제품	722	847	438,477	5,945	8,158	888	3,531
	004	목재 및 종이, 인쇄	2,076	20,925	21,122	415,480	16,326	3,516	9,330
	005	석유석탄 및 화학제품	143,355	121,885	568,263	292,714	6,291,191	194,578	453,206
	006	비금속광물제품	78	9,963	437	1,554	18,281	33,806	19,056
	007	금속가공제품	1,330	2,315	5,839	2,806	31,765	26,453	1,442,619
	008	전기 · 전자 · 정밀기기	3,623	1,934	3,676	2,946	88,778	7,943	54,681
	009	수송장비 및 기타제조업	6,008	27,298	232,407	25,150	53,869	11,123	62,300
	010	전력 · 가스 및 수도	1,672	8,542	24,304	14,406	23,637	4,787	33,956
	011	건설	1,392	2,680	2,494	1,810	6,916	1,193	4,656
	012	도소매 및 운송	12,693	188,321	157,665	73,138	200,456	41,580	124,358
	013	서비스업	2,563	7,641	21,737	11,876	17,991	4,200	21,057
	014	문화 및 기타 서비스	84	250	777	363	540	264	709
	015	중간투입계	4,538,741	25,581,661	34,384,886	17,013,403	45,309,123	9,450,149	47,728,476

			수도권						
지역	번호	부 문	001	002	003	004	005	006	007
경북권	001	농림 · 수산 · 광산품	49,188	1,269,992	2,244	39,828	38,612	24,002	2,164
	002	음식료품	78,831	536,385	10,241	2,516	15,906	580	1,751
	003	섬유 및 가죽제품	722	847	438,477	5,945	8,158	888	3,531
	004	목재 및 종이, 인쇄	2,076	20,925	21,122	415,480	16,326	3,516	9,330
	005	석유석탄 및 화학제품	143,355	121,885	568,263	292,714	6,291,191	194,578	453,206
	006	비금속광물제품	78	9,963	437	1,554	18,281	33,806	19,056
	007	금속가공제품	1,330	2,315	5,839	2,806	31,765	26,453	1,442,619
	008	전기 · 전자 · 정밀기기	3,623	1,934	3,676	2,946	88,778	7,943	54,681
	009	수송장비 및 기타제조업	6,008	27,298	232,407	25,150	53,869	11,123	62,300
	010	전력 · 가스 및 수도	1,672	8,542	24,304	14,406	23,637	4,787	33,956
	011	건설	1,392	2,680	2,494	1,810	6,916	1,193	4,656
	012	도소매 및 운송	12,693	188,321	157,665	73,138	200,456	41,580	124,358
	013	서비스업	2,563	7,641	21,737	11,876	17,991	4,200	21,057
	014	문화 및 기타 서비스	84	250	777	363	540	264	709
	015	중간투입계	4,538,741	25,581,661	34,384,886	17,013,403	45,309,123	9,450,149	47,728,476
지역	번호	부 문	001	002	003	004	005	006	007
경남권	001	농림 · 수산 · 광산품	9,222	375,617	460	14,478	5,203	19	132
	002	음식료품	92,937	342,716	3,898	3,379	17,904	432	2,121
	003	섬유 및 가죽제품	5,218	2,696	923,169	16,826	24,267	3,478	17,052
	004	목재 및 종이, 인쇄	1,854	16,545	8,844	650,867	18,035	5,172	11,487
	005	석유석탄 및 화학제품	185,515	165,186	530,722	223,132	2,513,845	328,771	459,772
	006	비금속광물제품	26	1,969	177	676	4,651	8,349	17,484
	007	금속가공제품	2,129	27,466	64,456	12,690	382,382	52,020	3,168,743
	008	전기 · 전자 · 정밀기기	19,296	10,135	10,753	13,400	102,508	28,277	225,494
	009	수송장비 및 기타제조업	46,440	72,370	760,500	68,926	147,145	51,763	165,224
	010	전력 · 가스 및 수도	1,054	8,671	15,569	17,293	29,473	8,131	36,483
	011	건설	562	1,045	1,388	790	2,578	481	1,603
	012	도소매 및 운송	21,900	292,652	293,250	114,698	333,392	69,266	218,748
	013	서비스업	2,370	11,020	33,418	14,369	28,467	6,268	34,540
	014	문화 및 기타 서비스	99	284	917	249	450	334	782
	015	중간투입계	5,259,661	28,709,399	42,029,557	19,172,504	57,719,953	10,790,596	64,886,601
피용자보수			605,823	2,613,339	5,177,331	2,714,871	7,081,586	786,036	6,580,299
영업잉여			2,242,046	1,039,382	4,841,618	2,089,452	5,175,462	724,683	5,300,553
고정자본소모			714,891	1,207,131	1,236,062	835,469	2,715,396	819,846	1,521,051
기타생산세(보조금공제)			129,764	45,123	76,126	27,905	86,746	13,345	78,347
부가가치계			3,692,525	4,904,975	11,331,137	5,667,697	15,059,189	2,343,910	13,480,249
총투입계			7,787,931	25,365,739	39,799,579	16,690,280	45,829,686	8,315,321	47,749,666

지역	번호	008	009	010	011	012	013	014	중간수요계
		수도권							
수도권	001	18,487	15,474	441	258,295	7,643	724,815	13,846	5,293,045
	002	38,974	38,329	5,816	8,193	351,094	5,355,103	881,600	10,722,011
	003	309,402	568,940	96,530	90,088	1,546,863	1,817,800	455,009	13,747,702
	004	528,800	691,653	70,044	800,015	2,233,690	3,821,897	355,467	12,688,689
	005	4,798,145	2,900,365	260,460	2,319,607	4,486,690	5,045,100	963,604	29,063,392
	006	1,177,354	111,714	42,177	5,419,326	16,870	73,783	13,416	7,477,985
	007	8,539,057	3,443,407	180,820	4,829,838	433,839	848,407	213,459	28,465,742
	008	24,285,326	1,688,703	349,443	3,087,455	1,399,228	6,204,076	880,907	39,881,025
	009	2,478,067	10,419,264	80,016	463,288	1,000,099	1,540,645	814,413	21,147,965
	010	2,077,541	681,514	12,116,169	264,349	3,900,062	11,562,069	1,394,481	36,912,948
	011	2,023	1,349	1,349	674	1,349	6,070	674	20,234
	012	10,158,368	4,113,763	517,145	3,028,644	16,672,208	19,338,305	1,432,058	74,102,318
	013	6,277,264	3,233,824	1,172,825	7,523,221	47,444,650	105,686,301	5,434,624	185,638,000
	014	183,081	181,589	115,019	201,714	2,961,290	6,897,422	771,932	11,772,848
	중간투입계	60,871,888	28,089,889	15,008,255	28,294,706	82,455,576	168,921,794	13,625,489	476,933,904

지역	번호	008	009	010	011	012	013	014	중간수요계
강원권	001	877	2,034	153	39,156	5,602	158,812	5,546	600,869
	002	2,213	1,951	303	447	19,748	747,544	19,581	968,885
	003	1,769	5,209	540	1,037	9,177	8,666	2,356	42,503
	004	4,165	5,375	457	5,910	16,928	13,450	1,453	78,416
	005	18,100	10,472	2,759	11,723	18,277	170,943	12,033	296,609
	006	21,967	2,393	2,899	177,827	1,184	6,140	572	624,780
	007	8,513	3,592	1,140	68,728	2,742	3,723	660	136,862
	008	148,698	20,735	6,029	40,901	24,514	119,599	14,180	395,260
	009	28,551	219,825	1,708	1,553	24,932	14,864	21,633	365,296
	010	16,547	7,645	24,084	5,714	178,553	464,406	34,292	791,502
	011	11,454	1,659	1,088	1,184	8,100	201,286	2,410	232,094
	012	173,791	71,339	6,444	48,392	213,085	273,605	21,085	1,077,434
	013	31,645	18,925	7,308	21,092	431,958	746,363	88,003	1,401,092
	014	1,458	1,179	612	1,138	28,777	60,219	9,611	106,436
	중간투입계	121,846,663	55,929,367	29,969,245	56,657,637	163,989,127	332,935,489	26,133,939	931,223,090

지역	번호	008	009	010	011	012	013	014	중간수요계
충청권	001	1,533	3,336	153	84,256	6,396	375,704	7,917	1,211,190
	002	22,898	19,206	2,969	4,439	200,172	3,062,886	185,267	4,898,441
	003	50,537	156,060	4,513	18,277	92,858	87,418	22,485	1,465,357
	004	104,285	78,071	8,551	99,159	475,990	575,087	30,522	2,486,824
	005	1,664,716	1,066,223	266,033	803,752	2,391,401	4,394,911	813,147	15,789,977
	006	876,648	90,716	15,315	1,582,669	34,505	87,378	21,108	3,537,297
	007	1,815,351	894,811	38,743	3,022,411	125,550	238,497	55,731	9,046,564
	008	8,183,544	639,238	107,526	1,258,569	500,433	1,563,155	323,418	12,796,088
	009	452,049	3,847,117	32,984	98,136	590,499	453,993	497,024	6,884,024
	010	136,923	49,140	87,098	26,811	708,460	2,097,578	159,895	3,557,922
	011	41,914	6,131	3,857	3,451	18,320	487,714	5,570	584,031
	012	425,772	177,185	18,149	132,695	694,957	886,524	65,799	3,105,940
	013	71,334	40,474	18,611	150,251	907,347	1,902,372	155,298	3,364,850
	014	4,972	4,261	2,302	4,127	75,342	146,432	16,214	264,699
	중간투입계	136,159,863	63,359,098	30,630,120	64,324,894	171,743,476	351,356,285	28,697,813	1,005,643,660

지역	번호	008	009	010	011	012	013	014	중간수요계
전라권	001	2,935	7,496	428	119,990	23,277	1,136,424	24,683	2,741,263
	002	4,531	6,218	660	1,137	66,765	2,034,150	111,678	2,871,350
	003	10,914	32,520	2,790	3,204	34,221	43,348	11,409	596,974
	004	30,799	30,663	2,798	52,456	231,691	388,603	14,145	1,239,928
	005	1,762,999	653,360	213,975	479,397	3,270,211	1,820,561	299,908	16,565,602
	006	167,236	16,494	7,112	250,992	3,470	15,815	2,221	546,517
	007	753,431	448,013	16,377	1,143,234	22,590	60,125	25,132	3,982,031
	008	1,070,764	141,704	24,901	213,855	120,431	261,678	83,637	2,080,551
	009	198,539	742,676	8,381	17,794	212,851	201,082	145,996	1,945,472
	010	42,849	14,129	21,947	7,631	221,114	594,310	49,646	1,062,932
	011	41,395	7,235	5,939	4,862	33,314	747,832	8,686	870,404
	012	505,443	199,741	20,869	134,572	922,194	802,154	59,416	3,442,601
	013	48,289	30,065	16,199	50,900	630,294	1,309,686	93,416	2,265,915
	014	1,147	1,196	846	1,665	28,179	59,625	5,971	101,617
	중간투입계	154,474,357	72,505,905	31,563,960	73,889,459	183,610,893	373,090,235	31,746,960	1,104,888,207

		수도권							
지역	번호	008	009	010	011	012	013	014	중간수요계
경북권	001	1,708	5,067	225	106,403	7,057	539,582	10,543	1,486,111
	002	4,240	3,130	523	754	29,688	643,681	30,618	893,756
	003	68,465	202,975	5,415	28,865	112,119	125,326	33,391	2,876,676
	004	30,691	14,883	2,756	19,022	113,385	119,976	8,993	554,599
	005	446,264	220,758	21,239	144,338	149,031	206,939	84,940	2,397,399
	006	150,431	13,064	9,540	247,436	3,380	18,104	1,574	517,622
	007	2,382,711	1,200,166	37,890	1,658,336	95,252	286,070	67,025	10,840,592
	008	7,452,952	410,155	53,844	618,221	512,166	2,221,738	233,695	11,725,977
	009	285,928	989,262	11,740	39,532	281,769	224,082	206,906	2,601,312
	010	59,212	20,019	40,283	10,913	283,259	741,725	64,033	1,372,794
	011	20,079	4,468	4,414	2,733	18,310	357,400	3,919	424,100
	012	332,532	136,849	14,379	92,686	375,065	573,282	43,156	2,076,108
	013	44,515	30,089	16,067	55,710	539,695	1,127,306	82,248	1,976,580
	014	498	872	804	1,640	23,362	45,936	1,881	76,940
	중간투입계	170,346,676	78,012,277	32,119,627	79,220,950	191,619,078	386,194,248	33,393,911	1,177,572,415
지역	번호	008	009	010	011	012	013	014	중간수요계
경남권	001	190	2,876	66	13,922	3,063	572,402	7,805	1,005,456
	002	3,903	6,053	685	1,026	57,197	1,487,504	76,507	2,096,263
	003	53,683	136,890	11,028	26,207	262,221	241,744	60,309	1,784,790
	004	50,541	33,320	3,523	57,636	114,534	220,030	8,559	1,200,946
	005	1,272,348	895,758	402,526	799,378	7,705,356	3,639,881	608,831	19,731,021
	006	43,803	6,647	9,821	205,934	2,531	17,272	953	320,294
	007	2,322,653	1,000,967	237,037	3,285,386	215,011	428,361	76,625	11,275,927
	008	2,636,935	251,547	129,661	863,732	336,852	1,141,194	257,739	6,027,525
	009	552,106	5,381,920	49,265	50,186	1,443,164	1,183,252	616,022	10,588,285
	010	26,618	14,701	46,144	6,627	130,650	434,187	33,967	809,567
	011	17,526	2,751	2,080	2,205	16,806	392,203	4,734	446,751
	012	857,217	315,193	36,141	205,755	1,571,290	1,268,851	93,476	5,691,830
	013	99,369	55,627	21,546	68,164	737,418	1,595,991	134,576	2,843,143
	014	795	1,381	1,279	2,587	37,218	72,940	3,294	122,609
	중간투입계	189,459,488	89,143,609	33,280,632	87,681,241	206,533,676	404,692,641	36,166,686	1,275,526,244
피용자보수		25,403,120	12,118,861	3,703,485	19,724,885	44,711,438	175,315,354	11,436,269	317,972,696
영업잉여		15,893,197	5,599,391	2,385,304	2,100,261	42,431,563	103,550,262	5,200,783	198,573,958
고정자본소모		22,099,512	3,904,556	6,038,158	2,227,778	14,367,849	73,267,063	3,525,199	134,479,962
기타생산세 (보조금공제)		308,638	108,363	91,379	418,107	1,254,211	5,380,947	780,609	8,799,609
부가가치계		63,704,466	21,731,172	12,218,326	24,471,031	102,765,061	357,513,627	20,942,860	659,826,225
총투입계		162,727,403	71,016,008	29,772,970	72,239,606	217,548,782	589,273,972	41,590,241	1,375,707,186

		강원권							
지역	번호	001	002	003	004	005	006	007	008
수도권	001	2,479	30,066	0	259	156	7,087	21	4
	002	105,718	167,338	23	106	3,953	368	86	319
	003	3,894	4,976	12,122	963	1,657	2,633	1,302	5,461
	004	13,700	37,844	565	17,790	9,291	13,690	1,957	5,514
	005	27,556	41,762	1,655	1,485	49,142	16,402	4,661	39,907
	006	183	26,606	1	2	3,110	1,745	678	3,186
	007	9,169	53,323	623	309	6,951	12,746	67,399	96,610
	008	8,336	7,185	75	194	9,865	20,871	7,629	118,962
	009	12,447	16,371	2,453	1,946	5,073	11,827	8,437	12,770
	010	1,387	9,402	267	293	2,827	9,297	33,989	4,453
	011	450	225	225	225	450	225	450	674
	012	77,549	329,007	6,208	8,561	67,885	156,014	38,210	96,041
	013	37,169	93,173	2,587	3,116	23,464	58,043	15,659	32,969
	014	610	844	21	36	211	566	107	266
	중간투입계	300,647	818,122	26,826	35,284	184,035	311,514	180,583	417,135
지역	번호	001	002	003	004	005	006	007	008
강원권	001	102,148	707,074	4	4,711	17,106	259,905	719	158
	002	172,123	152,330	11	37	730	161	37	138
	003	215	284	1,018	53	255	119	84	786
	004	2,528	5,204	66	3,254	1,120	1,893	542	696
	005	34,840	19,739	469	684	14,031	7,221	1,808	18,848
	006	147	5,082	6	31	733	132,613	568	1,306
	007	2,281	7,659	98	43	901	1,781	8,162	12,841
	008	2,611	3,406	23	52	2,594	4,711	1,765	39,994
	009	8,621	12,130	1,802	1,440	3,839	9,490	6,110	8,841
	010	42,319	29,707	1,145	2,768	11,311	131,651	134,020	9,719
	011	4,005	2,456	36	79	633	955	541	1,663
	012	77,992	157,894	3,117	6,898	30,141	170,625	40,146	35,740
	013	64,809	101,302	2,609	4,559	28,024	77,499	24,656	39,059
	014	5,610	8,086	180	252	2,581	8,028	1,218	2,170
	중간투입계	1,009,452	2,646,216	52,089	94,101	476,302	1,419,592	580,132	1,000,444
지역	번호	001	002	003	004	005	006	007	008
충청권	001	4,137	57,359	0	1,104	486	9,694	29	10
	002	164,141	75,625	25	39	1,905	403	94	349
	003	2,902	418	1,568	236	801	437	78	461
	004	3,947	20,977	281	13,406	4,518	8,344	494	2,865
	005	84,142	44,446	1,387	2,296	81,300	62,915	7,536	41,230
	006	226	26,310	3	14	3,138	23,769	4,582	3,555
	007	6,638	36,216	371	332	4,427	31,021	49,379	71,557
	008	4,913	2,628	25	82	1,377	6,276	1,579	69,919
	009	3,515	7,905	1,215	943	2,295	4,304	4,050	5,821
	010	2,059	30,582	82	622	4,958	21,979	9,803	1,133
	011	221	136	2	4	35	53	30	92
	012	6,889	30,440	528	779	5,587	12,789	2,650	8,828
	013	936	1,829	74	78	493	993	236	686
	014	84	116	3	6	29	73	14	38
	중간투입계	1,537,433	3,328,665	67,137	130,849	682,437	2,147,216	879,681	1,377,169
지역	번호	001	002	003	004	005	006	007	008
전라권	001	16,252	220,407	1	2,560	1,143	1,042	7	17
	002	20,471	66,380	3	7	384	45	10	38
	003	499	142	426	56	165	101	27	124
	004	808	1,946	30	2,345	509	944	150	379
	005	64,005	21,395	3,285	4,464	93,303	36,276	14,938	39,551
	006	40	2,702	1	6	349	10,382	3,571	571
	007	5,924	1,664	44	38	1,119	8,655	38,510	15,644
	008	3,253	1,612	12	78	1,062	4,420	315	13,051
	009	1,941	6,985	1,098	836	1,901	2,649	3,605	5,098
	010	714	425	20	48	183	2,268	2,304	150
	011	256	157	2	5	40	61	35	106
	012	5,731	23,657	439	664	4,857	27,512	2,558	7,238
	013	536	981	35	47	274	549	150	364
	014	111	163	4	7	43	72	17	60
	중간투입계	1,767,597	3,857,891	76,229	147,165	891,406	2,406,365	1,025,738	1,662,418

		강원권							
지역	번호	001	002	003	004	005	006	007	008
경북권	001	8,533	96,084	1	2,090	692	227	3	10
	002	2,752	18,847	4	5	105	57	13	50
	003	3,551	509	7,604	318	1,563	1,431	106	664
	004	866	2,576	34	1,038	551	988	92	363
	005	20,656	19,069	2,507	596	14,809	5,902	1,950	25,327
	006	12	216	1	4	53	12,772	8,389	364
	007	7,095	47,454	445	413	4,618	53,473	50,149	57,253
	008	5,943	2,388	33	202	1,632	7,905	1,358	28,090
	009	12,629	3,280	508	392	931	1,592	1,691	2,439
	010	3,380	2,171	84	189	703	9,875	8,915	574
	011	196	120	2	4	31	47	26	81
	012	3,877	16,453	296	412	3,137	9,904	1,486	4,994
	013	409	853	34	36	216	457	112	329
	014	24	30	1	1	7	30	5	7
	중간투입계	1,920,030	4,127,682	92,723	159,060	1,023,583	2,603,868	1,166,036	1,864,795
지역	번호	001	002	003	004	005	006	007	008
경남권	001	3,705	92,917	0	906	139	1	0	1
	002	9,528	44,258	7	21	439	120	28	104
	003	4,666	1,035	1,237	412	1,033	693	230	908
	004	562	765	9	1,114	152	527	81	173
	005	70,106	14,961	843	1,073	18,358	55,861	2,818	9,999
	006	122	17,124	1	2	2,009	2,948	1,494	2,111
	007	4,675	6,021	73	48	1,614	18,607	24,613	23,149
	008	9,052	8,453	52	330	2,540	14,332	5,361	72,319
	009	29,160	14,280	2,205	1,699	3,933	7,851	7,286	10,623
	010	862	794	38	67	332	2,952	4,634	424
	011	113	69	1	2	18	27	15	47
	012	10,680	36,338	645	1,045	6,938	70,409	3,807	10,215
	013	677	1,578	66	62	427	862	239	668
	014	19	26	1	2	6	19	3	8
	중간투입계	2,118,176	4,458,335	101,812	168,093	1,087,657	2,881,032	1,290,726	2,115,001
피용자보수		511,220	304,830	20,797	31,755	159,090	195,803	80,164	260,314
영업잉여		1,552,300	277,399	20,404	19,480	72,731	205,620	34,919	202,276
고정자본소모		445,057	187,873	3,005	6,505	39,959	149,941	23,536	133,879
기타생산세 (보조금공제)		113,449	6,216	197	263	1,434	3,985	1,552	2,859
부가가치계		2,622,027	776,318	44,402	58,004	273,215	555,350	140,172	599,328
총투입계		4,097,627	3,979,754	109,208	161,190	848,767	2,233,070	799,637	1,727,094

		강원권						
지역	번호	009	010	011	012	013	014	중간수요계
	001	16	3	1,755	13	2,823	102	44,784
	002	561	495	697	3,677	207,639	23,716	514,695
	003	5,998	6,322	7,628	26,671	72,707	18,738	171,073
	004	5,453	11,227	43,843	27,277	104,330	17,805	310,288
수	005	57,524	15,247	93,805	34,322	184,336	33,209	601,011
	006	852	123	124,555	474	1,622	685	163,821
	007	74,026	15,133	388,613	6,652	22,137	7,635	761,324
도	008	25,774	30,681	187,193	23,700	143,757	23,801	608,025
	009	181,141	6,348	30,008	26,581	60,833	56,771	433,008
	010	3,835	354,403	7,104	23,640	140,946	27,910	619,754
권	011	450	450	225	450	2,023	225	6,745
	012	68,832	33,032	195,102	144,489	473,895	56,029	1,750,852
	013	36,807	84,055	337,517	317,696	1,237,031	172,770	2,452,055
	014	339	1,795	1,927	5,085	17,149	6,286	35,243
	중간투입계	461,608	559,314	1,419,973	640,727	2,671,229	445,682	8,472,678
지역	번호	009	010	011	012	013	014	중간수요계
	001	481	101	62,163	521	82,799	2,791	1,240,681
	002	264	215	301	1,550	207,338	30,012	565,247
	003	683	328	458	1,418	2,959	827	9,489
	004	1,847	1,209	19,001	3,233	11,415	1,946	53,954
강	005	25,811	6,019	38,843	8,909	15,725	4,770	197,718
	006	1,104	1,232	466,633	95	610	235	610,394
	007	18,160	2,297	89,552	1,783	3,853	2,617	152,028
원	008	10,904	14,870	127,722	8,734	36,164	12,003	265,552
	009	144,258	5,060	4,948	18,982	18,349	43,768	287,640
	010	13,832	155,067	18,986	77,726	398,445	51,774	1,078,470
권	011	1,230	4,912	2,399	3,401	267,165	2,670	292,144
	012	30,368	17,552	86,446	129,539	201,787	21,581	1,009,825
	013	44,619	125,617	419,928	426,457	1,441,468	148,414	2,949,019
	014	2,976	27,467	29,047	60,315	207,947	25,837	381,714
	중간투입계	1,213,179	1,473,757	4,196,293	1,993,757	7,955,312	1,198,051	25,308,678
지역	번호	009	010	011	012	013	014	중간수요계
	001	34	11	3,321	52	14,856	326	91,420
	002	400	546	761	4,059	136,355	24,847	409,550
	003	1,992	382	2,737	1,931	6,991	1,523	22,456
	004	2,057	1,845	8,909	13,183	28,954	3,136	112,916
충	005	42,315	29,198	106,620	97,359	278,414	57,310	936,467
	006	1,438	1,095	131,170	504	2,506	733	199,044
	007	46,698	5,718	284,838	3,351	14,966	3,262	558,774
청	008	21,219	14,915	110,359	9,002	46,886	14,464	303,643
	009	54,156	1,960	3,576	6,828	12,004	15,587	124,159
	010	3,571	1,463	3,306	1,672	7,871	2,942	92,041
권	011	68	271	132	188	14,748	147	16,126
	012	6,405	3,133	18,809	15,866	44,260	5,339	162,304
	013	621	3,329	15,173	10,548	31,739	4,954	71,689
	014	47	218	237	666	2,530	1,185	5,246
	중간투입계	1,687,462	1,897,934	6,170,746	2,894,908	11,189,907	1,647,475	35,639,018
지역	번호	009	010	011	012	013	014	중간수요계
	001	79	31	4,270	156	44,337	1,209	291,512
	002	80	60	84	439	59,459	3,966	151,427
	003	412	150	506	671	2,363	552	6,192
	004	450	696	4,463	1,777	7,092	1,124	22,713
전	005	19,054	27,263	72,064	45,701	78,470	14,815	534,585
	006	470	719	26,882	79	948	102	46,823
	007	30,996	2,108	314,616	871	1,999	887	423,074
라	008	1,555	4,793	22,979	3,601	10,328	3,948	71,006
	009	22,871	888	1,017	2,505	7,878	5,387	64,662
	010	219	1,096	238	1,208	5,537	806	15,215
권	011	79	314	153	217	17,064	171	18,660
	012	4,899	2,481	14,577	18,234	41,654	4,806	159,307
	013	391	2,409	3,678	5,052	16,050	2,562	33,077
	014	65	113	146	700	2,098	1,358	4,956
	중간투입계	1,945,618	2,002,355	7,310,639	3,122,105	11,941,106	1,795,089	39,951,721

		강원권						
지역	번호	009	010	011	012	013	014	중간수요계
경북권	001	44	19	2,493	90	25,033	659	135,979
	002	73	76	108	554	59,304	7,324	89,272
	003	5,927	455	3,708	2,335	11,338	1,903	41,412
	004	287	619	2,071	1,591	3,827	578	15,480
	005	36,979	4,780	46,122	8,693	11,926	7,587	206,903
	006	591	1,349	21,376	78	1,835	45	47,083
	007	59,065	11,352	242,847	3,670	18,506	4,176	560,515
	008	7,502	17,137	95,524	11,602	42,365	11,681	233,360
	009	19,587	680	2,003	8,018	15,518	5,217	74,485
	010	1,048	8,502	1,618	8,078	40,650	3,330	89,118
	011	60	240	117	166	13,057	130	14,278
	012	3,586	1,931	10,572	9,041	26,751	3,229	95,670
	013	299	1,289	3,522	4,923	14,392	2,348	29,218
	014	12	130	132	261	1,051	274	1,964
	중간투입계	2,161,276	2,093,098	8,199,202	3,259,375	12,408,683	1,878,411	42,957,823
지역	번호	009	010	011	012	013	014	중간수요계
경남권	001	24	3	348	9	23,594	464	122,111
	002	143	163	227	1,202	61,018	4,958	122,217
	003	2,337	1,138	4,704	5,283	16,031	3,885	43,591
	004	252	435	3,066	607	1,353	212	9,307
	005	12,832	16,309	68,717	96,303	109,289	26,610	504,079
	006	642	273	13,593	315	1,272	449	42,354
	007	24,736	5,609	239,911	2,471	6,383	2,687	360,597
	008	14,300	31,774	137,001	10,429	43,551	17,298	366,794
	009	63,235	4,309	3,127	19,487	31,592	18,252	217,040
	010	454	23,268	677	2,794	14,562	2,599	54,456
	011	35	138	67	96	7,509	75	8,211
	012	7,486	3,729	21,604	16,483	50,773	5,866	246,018
	013	679	3,163	3,148	8,110	26,840	3,876	50,396
	014	11	68	71	165	861	448	1,708
	중간투입계	2,417,172	2,230,867	9,119,297	3,477,658	12,989,362	2,004,108	46,459,295
피용자보수		378,942	298,251	2,200,862	1,079,814	8,102,644	631,825	14,256,313
영업잉여		37,570	154,587	411,678	1,629,290	2,313,644	335,574	7,267,474
고정자본소모		61,934	517,419	234,570	340,373	2,722,119	232,203	5,098,373
기타생산세 (보조금공제)		2,909	6,561	44,937	28,048	100,600	49,743	362,752
부가가치계		481,356	976,819	2,892,047	3,077,526	13,239,006	1,249,346	26,984,912
총투입계		1,762,049	2,172,204	7,818,672	5,009,596	20,891,033	2,390,466	54,000,367

		충청권							
지역	번호	001	002	003	004	005	006	007	008
수도권	001	19,352	236,597	155	366	2,403	9,911	560	408
	002	480,460	996,866	1,012	9,069	135,355	1,305	3,473	7,678
	003	22,878	16,171	217,201	58,077	215,724	13,834	43,681	113,270
	004	29,428	221,392	10,819	438,699	250,818	42,975	61,697	158,758
	005	95,339	260,039	61,352	127,633	1,669,606	107,707	200,968	1,384,188
	006	386	28,969	121	7,269	51,292	38,172	40,849	280,397
	007	4,889	91,692	15,592	8,563	469,636	102,821	3,637,153	2,901,257
	008	12,867	23,452	3,851	14,951	522,197	73,470	253,797	8,151,162
	009	17,281	190,180	107,772	62,068	306,234	90,453	276,843	722,035
	010	3,723	77,261	14,147	128,927	231,867	142,746	323,376	372,151
	011	1,349	674	674	674	1,349	674	1,349	2,023
	012	226,917	2,155,539	153,179	377,154	3,207,903	617,912	1,140,684	3,336,387
	013	81,613	338,892	48,508	110,947	1,044,396	157,098	436,275	1,658,498
	014	1,176	4,511	807	1,724	15,596	3,633	8,601	10,562
	중간투입계	997,658	4,642,234	635,192	1,346,122	8,124,377	1,402,711	6,429,306	19,098,774
지역	번호	001	002	003	004	005	006	007	008
강원권	001	12,102	207,851	129	4,599	35,874	94,534	22,601	3,321
	002	6,377	67,135	108	148	1,970	192	341	823
	003	72	34	72	177	940	25	102	211
	004	277	2,187	91	4,957	1,900	396	498	1,198
	005	3,869	5,445	1,626	2,501	48,491	2,814	3,912	19,503
	006	55	2,319	98	1,174	4,966	183,074	2,896	31,224
	007	62	177	11	19	4,385	940	198,967	6,732
	008	631	1,261	142	821	12,154	1,833	9,706	86,436
	009	107	3,561	2,037	1,206	4,262	1,265	2,678	8,204
	010	616	1,446	731	1,707	11,517	1,380	11,261	7,794
	011	870	662	82	213	3,638	650	1,269	9,217
	012	4,947	56,681	4,165	9,130	67,573	10,493	19,855	74,080
	013	1,883	4,711	1,212	2,400	23,783	3,255	8,888	21,924
	014	42	127	32	70	496	77	172	410
	중간투입계	1,504,534	8,388,432	1,062,549	2,653,852	16,117,220	3,081,301	13,094,040	38,347,270
지역	번호	001	002	003	004	005	006	007	008
충청권	001	504,804	5,259,163	1,700	27,479	103,230	282,373	6,977	9,315
	002	1,215,017	1,297,648	4,169	3,531	73,889	4,012	11,493	24,003
	003	10,819	3,130	138,992	25,489	170,211	4,665	6,552	43,649
	004	27,123	171,676	8,242	361,478	171,200	39,170	47,543	152,822
	005	386,052	340,716	102,586	170,685	10,483,150	293,703	681,876	1,593,722
	006	1,187	44,330	1,077	25,865	107,759	580,663	104,684	1,626,320
	007	7,556	91,134	13,192	8,246	451,719	185,166	12,743,467	2,224,107
	008	19,350	21,029	2,303	13,037	222,397	46,364	134,898	13,834,179
	009	15,817	135,624	76,307	47,925	173,875	49,357	127,613	367,858
	010	59,490	172,049	81,462	324,055	1,383,900	198,606	913,672	660,819
	011	8,742	9,575	1,156	3,132	32,726	6,202	10,709	91,942
	012	93,900	758,293	56,789	196,002	1,230,688	394,929	476,221	1,095,277
	013	159,733	442,738	79,832	171,698	1,344,920	226,630	646,888	1,423,518
	014	12,534	35,106	5,621	11,673	116,398	27,874	62,864	81,564
	중간투입계	4,039,741	17,247,033	1,646,114	4,063,389	32,364,546	5,626,796	29,329,098	61,841,888
지역	번호	001	002	003	004	005	006	007	008
전라권	001	55,547	984,337	647	6,601	22,896	71,452	2,584	2,778
	002	496,907	319,154	313	1,007	32,669	281	848	1,903
	003	1,289	609	11,835	4,007	21,966	445	1,605	4,292
	004	2,315	19,929	649	84,146	14,211	4,024	7,356	15,437
	005	227,540	60,012	131,942	128,871	3,350,086	125,826	134,998	680,077
	006	151	9,070	62	2,205	19,578	40,274	17,966	172,261
	007	1,621	6,022	977	1,046	125,140	29,274	919,270	469,685
	008	10,343	2,817	940	1,476	36,799	10,356	16,832	359,370
	009	8,630	37,332	21,149	12,732	45,545	11,447	36,364	103,236
	010	7,341	16,119	8,912	23,906	92,701	18,624	85,906	73,236
	011	1,173	1,360	148	532	5,129	866	1,646	13,207
	012	15,275	150,709	10,937	26,990	235,413	39,183	78,958	236,591
	013	2,599	8,981	1,864	3,314	29,195	4,510	10,580	29,357
	014	108	296	63	135	1,253	204	487	957
	중간투입계	5,634,943	20,914,376	2,256,877	5,332,676	51,944,661	7,993,053	46,547,390	87,003,580

									충청권
지역	번호	001	002	003	004	005	006	007	008
경북권	001	21,946	550,923	318	6,309	12,915	15,678	598	517
	002	21,805	140,346	262	219	9,743	186	581	1,445
	003	8,141	1,185	83,141	13,202	91,215	5,517	2,490	29,572
	004	4,271	35,056	1,601	53,219	32,743	6,074	5,900	20,661
	005	91,216	52,478	132,320	29,258	355,099	22,865	50,551	410,304
	006	532	45,412	99	4,241	72,439	38,314	29,536	474,530
	007	3,910	56,582	4,646	4,740	177,788	244,477	4,244,534	890,018
	008	12,556	8,479	1,169	4,649	126,152	26,185	64,635	1,005,438
	009	1,437	51,968	30,039	16,252	75,524	18,707	72,236	184,718
	010	7,044	17,604	11,374	24,840	91,790	22,368	86,555	79,636
	011	464	477	56	163	1,854	336	614	4,966
	012	12,748	121,099	8,420	19,601	163,101	25,790	55,726	183,438
	013	2,205	5,836	1,264	2,242	22,957	3,285	9,218	22,824
	014	75	269	25	57	449	162	303	319
	중간투입계	6,098,075	22,294,809	2,708,608	5,712,872	57,119,271	8,703,559	52,473,874	92,449,944
지역	번호	001	002	003	004	005	006	007	008
경남권	001	6,206	184,894	87	1,915	2,087	660	48	48
	002	10,277	141,449	198	753	9,274	119	257	736
	003	13,210	2,785	25,714	16,373	141,429	2,552	8,267	26,903
	004	2,344	20,459	1,037	148,545	18,555	5,414	5,918	29,410
	005	213,818	104,164	89,562	96,712	4,303,236	194,199	201,259	627,333
	006	76	1,097	122	2,501	8,659	20,405	25,709	36,105
	007	3,023	61,336	4,304	4,649	194,398	71,765	1,806,401	794,530
	008	8,637	8,246	1,320	5,958	129,586	23,035	103,355	1,257,239
	009	9,727	71,465	40,569	24,877	94,980	31,703	72,912	209,120
	010	3,588	13,290	6,870	13,703	54,164	20,206	61,528	73,340
	011	1,157	887	108	297	4,937	870	1,716	12,374
	012	25,436	228,411	18,258	43,750	447,552	67,453	150,519	431,310
	013	3,472	12,184	2,223	4,936	56,856	6,786	21,901	75,444
	014	14	39	9	32	160	26	59	124
	중간투입계	6,531,247	23,505,719	3,088,404	6,183,913	63,672,298	9,551,240	59,547,633	99,280,151
피용자보수		784,011	1,896,593	477,276	783,657	4,639,971	1,062,295	3,232,704	9,910,228
영업잉여		4,178,610	978,372	384,654	436,460	5,185,229	808,250	3,408,535	6,778,803
고정자본소모		1,108,508	1,000,628	129,432	307,843	3,638,850	1,413,632	1,287,896	13,911,977
기타생산세 (보조금공제)		251,419	35,113	4,962	9,181	107,695	14,628	47,978	160,326
부가가치계		6,322,548	3,910,706	996,324	1,537,142	13,571,745	3,298,805	7,977,112	30,761,333
총투입계		11,268,052	21,424,803	2,864,275	5,109,108	48,507,018	8,570,408	38,800,586	82,297,439

		충청권						
지역	번호	009	010	011	012	013	014	중간수요계
수도권	001	192	9	3,674	27	12,476	192	286,322
	002	8,625	1,479	1,422	11,303	547,755	60,951	2,266,755
	003	221,202	43,349	32,403	110,124	254,768	67,761	1,430,444
	004	123,493	31,512	164,826	98,996	361,315	54,886	2,049,613
	005	811,511	107,640	382,707	107,172	444,370	68,776	5,829,008
	006	12,659	5,749	209,237	1,013	7,339	1,355	684,807
	007	912,129	93,567	1,338,123	23,550	89,237	23,957	9,712,166
	008	444,937	170,662	736,208	93,041	592,199	95,181	11,187,975
	009	4,428,716	35,204	98,598	162,428	205,684	234,240	6,937,736
	010	76,511	2,544,773	32,608	68,359	464,393	93,980	4,574,824
	011	1,349	1,349	674	1,349	6,070	674	20,234
	012	1,257,733	207,107	809,170	659,385	2,004,831	214,252	16,368,154
	013	611,361	256,104	1,419,896	938,336	3,993,651	407,085	11,502,658
	014	5,761	4,995	6,748	23,735	87,508	9,611	184,966
	중간투입계	8,916,181	3,503,499	5,236,293	2,298,817	9,071,596	1,332,901	73,035,661
지역	번호	009	010	0111	012	013	014	중간수요계
강원권	001	977	590	30,056	147	16,568	422	429,771
	002	483	163	170	1,578	113,137	1,338	193,963
	003	544	95	78	216	530	152	3,247
	004	1,114	219	1,512	831	1,291	192	16,662
	005	7,345	2,960	3,885	1,566	45,819	5,171	154,908
	006	1,482	552	75,334	102	916	168	304,358
	007	1,994	986	45,461	392	915	116	261,157
	008	10,036	6,368	28,062	4,510	81,279	4,345	247,584
	009	62,559	418	288	1,212	1,620	2,279	91,695
	010	2,308	10,133	899	2,381	12,215	1,803	66,191
	011	1,437	1,973	659	642	18,114	581	40,006
	012	25,128	3,959	18,427	14,760	50,377	4,959	364,532
	013	10,698	6,328	9,364	24,873	99,186	16,009	234,515
	014	210	131	135	892	3,266	983	7,042
	중간투입계	17,728,657	6,997,035	10,649,419	4,530,281	17,773,427	2,575,415	144,503,431
지역	번호	009	010	0111	012	013	014	중간수요계
충청권	001	6,355	510	135,571	2,416	356,285	14,723	6,710,901
	002	14,302	4,384	4,128	27,077	1,347,838	203,027	4,234,518
	003	114,207	5,401	11,209	10,242	35,324	10,152	590,120
	004	55,481	31,455	100,364	72,604	172,334	24,187	1,435,680
	005	821,607	175,545	558,935	423,027	1,054,235	272,298	17,358,138
	006	55,497	18,476	2,067,418	2,450	19,266	3,420	4,658,413
	007	1,149,944	67,147	1,981,521	20,287	84,054	22,489	19,050,030
	008	538,181	149,321	968,720	91,868	466,728	115,023	16,623,397
	009	3,066,398	19,602	66,548	76,593	143,335	111,270	4,478,123
	010	203,372	517,693	65,651	281,056	1,407,141	151,263	6,420,229
	011	12,363	15,958	7,040	11,075	336,245	9,041	555,907
	012	396,184	102,716	262,145	576,912	812,040	69,881	6,521,977
	013	659,485	446,681	1,437,031	2,214,345	6,950,302	652,237	16,856,040
	014	61,333	55,160	77,291	234,871	780,300	88,908	1,651,497
	중간투입계	25,006,566	8,640,892	18,575,583	8,632,434	32,052,559	4,359,748	253,426,387
지역	번호	009	010	0111	012	013	014	중간수요계
전라권	001	1,496	251	33,240	669	144,369	2,479	1,329,346
	002	2,270	404	348	3,198	299,152	47,976	1,206,432
	003	10,662	1,500	1,436	3,458	8,705	2,497	74,307
	004	21,435	3,355	32,743	10,260	27,031	2,211	245,101
	005	176,124	73,741	155,370	169,928	394,871	49,880	5,859,265
	006	6,757	3,561	188,215	508	5,986	586	467,179
	007	276,460	12,424	569,031	3,247	13,429	5,311	2,432,934
	008	39,165	14,871	126,690	11,141	87,336	20,548	738,684
	009	208,832	2,423	5,069	10,067	44,262	10,956	558,044
	010	21,376	51,572	8,071	40,874	192,309	18,736	659,682
	011	1,868	2,544	1,157	2,107	61,519	1,710	94,966
	012	84,151	14,627	55,958	54,021	146,188	15,257	1,164,259
	013	13,433	7,342	16,815	47,295	143,345	17,877	336,508
	014	557	408	480	2,015	8,022	2,017	17,003
	중간투입계	32,835,517	10,398,216	27,262,504	12,923,706	45,682,729	6,053,621	362,783,850

지역	번호	충청권						
지역	번호	009	010	011	012	013	014	중간수요계
경북권	001	850	52	17,697	211	63,715	1,076	692,804
	002	918	362	285	3,244	111,508	13,236	304,140
	003	78,617	1,643	7,544	6,649	19,500	4,763	353,178
	004	7,426	3,245	8,860	13,141	34,094	3,816	230,108
	005	300,982	17,267	99,547	16,560	56,588	17,446	1,652,482
	006	17,149	3,539	172,855	1,531	8,174	2,057	870,408
	007	561,839	33,912	650,225	8,502	67,167	11,309	6,959,649
	008	118,604	39,897	259,792	24,847	148,005	28,772	1,869,181
	009	453,890	5,626	27,823	22,379	49,144	34,145	1,043,889
	010	19,614	28,539	5,994	37,226	163,600	18,089	614,274
	011	702	934	388	584	17,327	483	29,349
	012	73,488	11,495	47,950	37,698	116,254	13,354	890,163
	013	10,527	4,622	16,713	25,834	90,225	13,822	231,575
	014	357	510	681	2,122	7,626	378	13,333
	중간투입계	35,309,203	10,733,373	29,705,712	13,465,437	47,732,924	6,359,247	390,866,907
지역	번호	009	010	0111	012	013	014	중간수요계
경남권	001	397	13	1,630	74	86,448	1,113	285,620
	002	905	205	162	2,233	141,998	8,907	317,474
	003	109,581	6,780	10,993	17,117	36,532	11,297	429,534
	004	11,933	2,800	21,467	11,230	25,224	2,164	306,498
	005	450,369	119,940	321,027	435,497	507,385	112,119	7,776,621
	006	3,820	5,054	70,701	150	3,455	123	177,977
	007	305,056	45,700	714,284	15,421	71,719	14,838	4,107,424
	008	134,339	70,834	306,987	26,948	171,638	43,052	2,291,173
	009	619,214	18,784	14,376	85,815	175,354	111,470	1,580,365
	010	14,620	220,574	5,946	30,517	159,906	22,196	700,448
	011	1,941	2,679	903	928	26,023	833	55,653
	012	138,906	27,082	82,323	72,019	198,036	21,760	1,952,817
	013	32,462	12,366	19,579	43,722	175,603	21,084	488,617
	014	71	48	55	255	1,763	606	3,258
	중간투입계	38,689,968	11,412,573	32,558,110	14,384,646	50,238,119	6,870,666	425,514,686
피용자보수		4,416,964	1,419,512	7,614,690	4,676,527	28,732,044	2,041,744	71,688,216
영업잉여		1,965,470	867,053	1,046,428	5,117,008	8,920,680	1,049,338	41,124,890
고정자본소모		2,139,516	2,446,930	891,253	1,863,448	9,858,420	642,216	40,640,549
기타생산세 (보조금공제)		45,333	37,194	157,115	108,349	425,976	145,357	1,550,625
부가가치계		8,567,283	4,770,689	9,709,485	11,765,332	47,937,121	3,878,656	155,004,281
총투입계		29,096,933	10,937,754	27,229,859	19,798,068	77,416,876	7,842,806	391,163,986

		전라권							
지역	번호	001	002	003	004	005	006	007	008
수도권	001	63,260	194,047	75	192	346	434	22,605	10
	002	279,187	333,727	2,037	2,597	68,761	1,061	4,679	2,252
	003	18,126	13,215	186,395	12,357	92,173	11,337	42,035	18,830
	004	47,091	88,468	4,336	190,755	99,767	20,125	31,576	39,650
	005	119,881	112,427	10,360	43,842	656,551	35,786	91,408	173,331
	006	348	12,364	15	3,600	6,029	16,076	17,181	15,367
	007	3,612	47,265	1,322	2,880	123,213	19,241	899,359	375,226
	008	22,902	26,478	1,803	6,829	404,276	28,392	153,432	881,179
	009	8,565	91,307	35,024	25,104	156,918	34,458	161,269	94,541
	010	2,344	18,092	4,126	18,246	143,303	34,042	496,545	33,193
	011	1,799	899	899	899	1,799	899	1,799	2,698
	012	351,557	1,190,249	94,145	179,235	3,012,510	296,053	956,553	723,042
	013	118,308	189,323	21,097	46,944	1,007,801	74,065	337,818	239,265
	014	3,499	2,777	300	684	30,187	1,938	6,730	2,891
	중간투입계	1,040,480	2,320,639	361,935	534,167	5,803,635	573,909	3,222,988	2,601,474
지역	번호	001	002	003	004	005	006	007	008
강원권	001	25,029	95,811	20	1,799	42,153	96,702	140,062	125
	002	6,693	26,926	23	58	1,134	87	335	272
	003	434	56	1,226	98	759	22	114	52
	004	432	922	41	2,395	873	193	217	180
	005	13,052	2,280	392	603	20,236	796	3,088	4,811
	006	108	1,784	2	670	1,313	221,967	4,344	1,195
	007	83	303	11	13	2,891	466	31,985	1,790
	008	474	808	19	116	4,785	413	1,992	11,383
	009	323	1,793	571	466	4,876	905	4,552	1,968
	010	235	582	169	1,596	13,924	1,355	39,451	556
	011	223	86	7	28	588	41	159	182
	012	5,955	19,686	1,452	2,634	36,140	3,414	10,543	11,205
	013	3,070	2,658	290	827	25,727	1,570	6,947	2,882
	014	160	190	23	67	2,192	114	411	142
	중간투입계	1,776,657	4,254,172	539,608	1,064,556	11,603,580	1,463,032	6,620,858	5,218,597
지역	번호	001	002	003	004	005	006	007	008
충청권	001	43,583	261,982	152	836	3,808	14,016	22,324	126
	002	526,371	227,062	772	517	43,735	849	3,382	1,479
	003	41,421	2,329	36,685	7,221	100,223	1,400	3,963	3,354
	004	22,080	44,335	1,834	104,004	43,748	9,133	12,348	17,719
	005	343,617	113,299	15,944	38,557	2,330,080	79,216	907,630	195,050
	006	628	25,689	33	1,471	8,142	27,979	15,950	39,817
	007	5,706	27,680	1,101	2,328	197,795	33,342	2,031,743	352,012
	008	18,981	5,351	370	3,407	206,417	9,552	55,708	615,019
	009	7,111	36,131	15,678	11,902	69,142	20,318	64,429	52,505
	010	5,623	23,848	6,131	34,884	60,572	13,587	89,813	14,557
	011	901	363	31	101	3,283	161	921	1,586
	012	29,821	88,755	6,908	13,142	203,496	19,228	55,703	49,101
	013	6,659	8,726	1,003	2,382	90,920	4,402	20,141	23,143
	014	729	1,053	133	361	7,958	564	1,786	937
	중간투입계	2,853,571	5,150,945	629,321	1,292,689	15,091,574	1,927,899	10,018,174	6,621,113
지역	번호	001	002	003	004	005	006	007	008
전라권	001	823,787	5,448,358	2,564	21,732	49,387	155,251	36,676	1,404
	002	1,911,402	822,357	2,643	4,078	69,780	1,792	6,062	2,517
	003	21,590	2,751	79,305	5,926	68,407	3,025	7,049	3,920
	004	53,237	62,680	2,515	161,876	66,922	17,690	37,296	38,559
	005	974,326	181,350	101,511	130,327	22,842,216	192,632	3,538,184	642,439
	006	1,953	33,998	65	12,781	53,348	343,243	241,019	50,529
	007	12,026	70,909	5,174	5,455	433,658	383,532	20,673,813	1,178,300
	008	27,412	12,916	1,360	3,806	210,688	28,065	89,570	1,404,073
	009	52,982	66,967	29,950	21,462	141,353	35,041	151,645	161,648
	010	126,125	164,528	60,276	197,228	2,659,924	118,476	1,661,122	105,095
	011	19,191	6,882	527	2,129	42,872	3,181	11,876	16,483
	012	208,818	697,905	49,295	141,240	2,126,868	281,368	675,127	442,281
	013	310,095	349,895	44,681	102,480	1,961,716	152,523	725,369	452,264
	014	32,641	28,663	2,362	5,466	161,084	20,877	60,955	22,217
	중간투입계	7,848,935	13,431,999	1,058,883	2,217,210	49,163,607	3,873,023	41,185,762	12,486,570

		전라권							
지역	번호	001	002	003	004	005	006	007	008
경북권	001	46,880	365,900	103	1,495	1,558	2,582	1,480	71
	002	25,902	71,504	152	71	13,111	124	515	390
	003	39,915	1,766	69,655	5,335	59,471	2,326	3,275	2,828
	004	10,794	23,323	998	28,583	15,063	3,767	5,587	12,496
	005	138,734	26,658	35,198	11,235	168,412	13,326	209,901	123,717
	006	244	1,890	20	1,126	21,943	19,762	106,486	4,764
	007	6,436	30,402	1,062	2,115	187,913	44,228	1,924,922	286,771
	008	19,986	4,053	374	1,761	82,001	13,274	53,023	394,243
	009	4,374	33,089	13,670	10,144	65,021	15,532	62,263	40,696
	010	1,127	2,285	1,054	2,623	6,353	1,182	5,776	1,719
	011	3,908	890	77	264	22,347	520	5,409	789
	012	17,528	69,124	5,579	9,813	136,948	11,466	41,042	49,416
	013	3,665	4,089	492	1,166	33,714	2,086	10,155	5,735
	014	77	49	4	11	502	31	94	31
	중간투입계	9,934,074	15,681,034	1,482,522	2,915,326	80,611,690	5,562,165	71,444,370	17,885,567
지역	번호	001	002	003	004	005	006	007	008
경남권	001	12,289	185,675	48	619	824	2,543	450	33
	002	133,943	135,795	137	1,090	10,713	210	1,061	632
	003	21,667	2,810	25,172	4,198	56,322	2,235	7,080	3,089
	004	12,572	18,276	718	80,180	15,359	4,333	6,686	9,367
	005	344,970	71,405	13,495	45,848	2,551,147	131,718	249,426	137,650
	006	155	4,255	8	193	2,938	5,710	9,740	5,497
	007	6,862	53,855	1,271	3,506	372,822	34,691	1,420,067	253,698
	008	31,634	9,494	544	3,505	322,520	17,308	117,988	534,199
	009	56,684	70,683	29,493	20,895	132,936	33,393	137,629	96,092
	010	3,980	21,366	5,160	21,706	75,945	23,248	176,009	36,429
	011	1,226	299	25	89	6,282	167	1,532	337
	012	51,034	158,647	11,822	22,730	514,789	42,228	149,930	88,127
	013	8,043	8,086	980	2,316	89,014	4,394	24,703	9,424
	014	115	80	8	27	1,144	52	192	59
	중간투입계	10,815,326	16,594,290	1,628,933	3,162,485	85,489,599	5,985,801	76,165,932	19,968,081
피용자보수		1,432,109	1,092,203	255,770	367,781	2,992,568	411,187	3,073,032	2,357,124
영업잉여		6,341,614	597,502	152,697	288,340	6,071,629	384,252	3,420,737	1,298,220
고정자본소모		1,770,785	576,313	62,201	164,281	4,059,598	366,412	1,870,797	1,466,027
기타생산세 (보조금공제)		410,856	24,314	2,751	4,840	148,773	7,156	47,844	26,167
부가가치계		9,955,364	2,290,332	473,418	825,241	13,272,568	1,169,008	8,412,409	5,147,538
총투입계		17,820,132	15,119,463	1,524,465	2,658,978	58,542,898	4,472,133	47,536,679	15,757,127

		전라권						
지역	번호	009	010	011	012	013	014	중간수요계
수도권	001	97	4	778	34	9,090	115	291,088
	002	4,739	2,144	1,944	14,514	641,947	35,444	1,395,034
	003	113,060	32,067	22,475	108,204	239,656	55,930	965,862
	004	46,495	25,967	103,322	79,203	282,462	31,103	1,090,321
	005	277,826	78,085	227,596	89,524	745,683	98,167	2,760,469
	006	11,407	1,541	85,731	584	2,835	907	173,988
	007	367,980	55,917	709,195	16,181	50,225	14,089	2,685,706
	008	653,952	173,708	701,968	95,892	476,587	111,041	3,738,438
	009	1,353,328	9,916	59,701	51,779	127,660	69,457	2,279,027
	010	36,006	1,122,068	15,483	42,538	257,798	60,815	2,284,599
	011	1,799	1,799	899	1,799	8,093	899	26,978
	012	1,025,209	180,634	642,669	714,070	1,701,859	149,775	11,217,560
	013	474,010	214,762	1,078,174	912,000	3,622,412	264,599	8,600,578
	014	6,157	4,285	5,841	24,421	76,891	9,750	176,352
	중간투입계	4,372,066	1,902,896	3,655,776	2,150,744	8,243,199	902,091	37,686,000
지역	번호	009	010	0111	012	013	014	중간수요계
강원권	001	332	379	51,627	178	12,842	270	467,329
	002	474	139	161	1,353	63,127	1,306	102,088
	003	711	92	126	325	768	200	4,983
	004	342	133	727	531	1,058	118	8,162
	005	3,279	1,184	4,745	868	6,009	194	61,537
	006	1,338	458	50,221	131	542	195	284,268
	007	3,697	432	36,501	399	714	179	79,465
	008	12,241	2,561	14,385	2,069	10,274	2,420	63,939
	009	84,639	496	427	2,563	1,818	4,282	109,678
	010	1,003	2,000	329	1,198	4,966	604	67,968
	011	218	238	92	155	4,128	104	6,248
	012	16,628	2,555	11,451	9,235	29,562	2,779	163,239
	013	5,522	3,609	6,365	18,255	82,269	10,503	170,493
	014	339	209	185	1,026	2,866	700	8,627
	중간투입계	8,756,999	3,786,065	7,463,697	4,217,023	15,816,648	1,736,549	74,318,041
지역	번호	009	010	0111	012	013	014	중간수요계
충청권	001	322	41	11,811	266	36,364	436	396,067
	002	3,315	1,511	1,451	9,965	367,442	40,457	1,228,306
	003	57,512	5,756	14,276	17,007	24,591	7,193	322,931
	004	11,247	6,931	24,873	36,428	78,831	7,408	420,918
	005	294,357	198,489	256,234	262,031	811,930	148,808	5,995,245
	006	29,490	2,902	203,196	1,654	7,092	2,442	366,485
	007	431,513	18,672	1,097,208	11,025	26,909	8,564	4,245,600
	008	265,975	101,475	326,142	26,320	206,373	44,282	1,885,372
	009	1,656,600	10,955	30,680	63,035	69,874	97,125	2,205,485
	010	21,568	14,242	4,925	23,273	100,190	11,439	424,652
	011	1,474	1,245	501	1,030	26,620	763	38,981
	012	74,008	14,111	51,310	119,788	147,016	13,423	885,809
	013	47,892	14,726	39,674	48,610	191,850	18,870	533,085
	014	2,127	885	980	5,865	16,765	3,889	44,032
	중간투입계	11,783,303	4,191,750	9,651,658	4,879,220	18,071,643	2,163,610	94,326,473
지역	번호	009	010	0111	012	013	014	중간수요계
전라권	001	4,256	749	168,129	2,806	473,921	5,296	7,194,317
	002	7,308	2,646	2,586	16,864	1,086,756	67,272	4,004,064
	003	45,962	6,381	8,954	19,551	41,225	10,213	324,260
	004	60,040	34,336	168,294	66,813	147,936	16,329	934,523
	005	816,194	743,672	629,782	679,001	603,436	116,217	32,191,287
	006	40,100	13,877	2,217,772	2,334	14,533	3,585	3,029,137
	007	1,605,828	93,935	1,412,291	29,642	79,148	35,718	26,019,430
	008	605,485	83,853	436,007	66,751	247,629	95,030	3,312,643
	009	5,261,484	21,110	67,821	129,789	176,122	194,917	6,512,290
	010	195,026	653,708	78,054	378,480	1,655,838	174,058	8,227,939
	011	18,250	17,817	7,800	13,945	399,499	9,847	570,298
	012	603,565	108,710	363,515	561,448	1,006,487	83,242	7,349,869
	013	667,010	452,137	1,554,587	2,412,284	7,723,491	585,346	17,493,878
	014	58,575	47,190	91,079	248,805	867,239	53,479	1,700,631
	중간투입계	24,597,391	6,849,573	18,869,179	10,070,363	34,199,525	3,963,764	229,815,785

		전라권						
지역	번호	009	010	011	012	013	014	중간수요계
경북권	001	269	35	6,117	245	49,717	587	477,039
	002	720	223	228	2,024	84,083	3,608	202,655
	003	34,860	4,454	10,985	13,478	27,074	6,601	282,020
	004	5,870	4,341	11,472	17,185	23,672	2,815	165,965
	005	202,232	22,016	91,623	22,674	42,310	20,804	1,128,840
	006	4,762	6,200	104,954	272	3,782	310	276,516
	007	441,892	40,223	769,141	13,314	36,458	13,599	3,798,477
	008	248,667	52,536	312,768	48,949	222,040	42,088	1,495,763
	009	676,100	6,337	21,087	27,976	45,960	43,402	1,065,651
	010	2,495	2,570	648	4,137	17,692	1,710	51,371
	011	2,294	8,069	1,568	2,175	46,158	946	95,414
	012	70,836	9,829	40,071	37,106	109,993	9,723	618,473
	013	11,779	5,003	25,508	21,212	89,532	9,607	223,745
	014	94	89	127	453	1,980	292	3,835
	중간투입계	36,171,776	9,247,505	27,124,185	14,804,042	47,773,399	5,471,296	346,108,949
지역	번호	009	010	0111	012	013	014	중간수요계
경남권	001	224	13	2,914	84	62,355	429	268,500
	002	1,350	478	433	3,591	185,615	19,262	494,311
	003	35,749	7,166	10,015	22,038	38,419	9,450	245,411
	004	10,198	6,588	30,063	16,340	30,400	2,832	243,912
	005	462,812	514,091	297,337	590,040	479,889	112,833	6,002,661
	006	4,565	2,144	39,808	347	2,925	416	78,703
	007	437,239	61,380	1,006,907	18,424	49,469	16,218	3,736,408
	008	487,140	116,979	333,974	36,377	98,531	36,814	2,147,008
	009	1,735,861	13,034	20,918	107,500	128,317	63,390	2,646,823
	010	34,706	1,041,746	15,574	54,281	300,545	73,482	1,884,176
	011	756	2,293	487	700	16,014	338	30,545
	012	132,982	28,245	92,089	89,867	228,661	19,793	1,630,943
	013	19,600	12,785	18,593	46,104	193,940	21,106	459,088
	014	141	133	144	638	3,176	671	6,581
	중간투입계	41,196,253	11,207,450	30,360,935	15,968,643	50,207,561	5,990,812	374,742,101
피용자보수		4,725,639	1,245,862	7,342,656	4,886,981	29,144,717	2,067,079	61,394,708
영업잉여		2,351,761	607,904	1,212,667	5,585,212	9,412,225	903,103	38,627,860
고정자본소모		1,974,437	2,119,444	821,420	1,764,418	10,834,951	562,801	28,413,885
기타생산세 (보조금공제)		47,205	29,273	150,552	121,757	414,961	158,437	1,594,886
부가가치계		9,099,043	4,002,483	9,527,295	12,358,368	49,806,852	3,691,420	130,031,339
총투입계		31,549,173	10,668,547	26,125,914	21,404,720	79,230,654	7,094,667	339,505,550

		경북권							
지역	번호	001	002	003	004	005	006	007	008
수도권	001	13,728	95,751	32	270	705	4,524	10,254	135
	002	199,896	134,775	1,339	1,899	8,443	715	6,807	9,808
	003	13,297	7,991	220,910	17,509	24,632	6,938	65,234	58,501
	004	16,832	49,774	12,410	249,691	38,583	11,899	49,286	72,699
	005	66,635	43,773	142,056	40,261	621,304	42,907	259,380	406,815
	006	203	681	127	339	2,846	18,818	38,785	49,151
	007	783	7,961	6,200	2,088	30,554	9,052	766,497	436,134
	008	6,587	10,197	9,485	4,317	171,338	29,333	297,009	9,302,384
	009	1,926	25,662	144,016	15,466	68,259	18,173	161,488	266,771
	010	2,474	8,238	31,167	4,471	54,057	37,979	315,069	139,476
	011	899	450	450	450	899	450	899	1,349
	012	143,649	553,053	318,632	159,386	756,861	249,406	1,350,022	2,750,153
	013	40,485	90,189	109,682	39,629	227,985	61,055	485,881	1,321,062
	014	1,151	1,741	3,878	1,046	6,252	2,548	18,414	13,340
	중간투입계	508,548	1,030,235	1,000,382	536,822	2,012,717	493,797	3,825,025	14,827,777
지역	번호	001	002	003	004	005	006	007	008
강원권	001	7,787	74,064	94	2,830	34,695	140,353	34,814	3,426
	002	37,559	21,040	172	59	370	67	655	916
	003	24	30	181	43	63	21	223	129
	004	630	1,318	280	4,596	829	333	1,046	1,498
	005	517	473	1,997	556	11,377	380	4,502	4,888
	006	34	432	25	34	598	116,814	5,430	10,573
	007	30	226	89	32	843	327	36,408	7,091
	008	131	127	150	78	1,519	532	8,152	23,819
	009	788	409	2,728	375	1,048	580	2,717	4,889
	010	112	356	997	243	1,198	185	1,916	646
	011	151	49	58	17	266	79	372	1,256
	012	3,790	12,375	7,060	3,538	17,910	6,085	33,378	59,986
	013	1,764	1,619	3,141	1,157	7,903	1,954	15,804	25,006
	014	218	207	539	186	1,152	237	2,159	3,244
	중간투입계	843,710	1,934,677	1,795,996	1,067,711	4,071,427	1,243,364	7,715,331	29,734,477
지역	번호	001	002	003	004	005	006	007	008
충청권	001	12,940	190,769	201	1,490	1,244	8,842	1,918	360
	002	170,868	145,989	2,187	582	4,451	731	6,157	8,623
	003	5,050	619	78,932	3,338	9,599	677	3,847	7,469
	004	6,170	19,844	4,555	153,962	11,786	4,340	14,207	28,719
	005	203,924	43,987	159,264	47,941	1,060,294	85,298	314,226	346,796
	006	397	2,837	278	1,430	4,026	90,870	25,538	290,145
	007	1,865	4,777	3,527	1,954	26,263	18,609	2,210,032	517,486
	008	9,204	3,567	3,232	1,242	25,632	10,204	64,867	6,319,270
	009	2,342	12,122	64,539	7,558	33,012	12,968	77,865	131,189
	010	13,495	17,094	91,554	20,531	134,191	35,182	606,959	161,789
	011	844	285	353	112	1,509	445	2,122	7,084
	012	14,616	51,656	26,861	13,616	66,569	21,102	113,021	270,523
	013	2,532	3,389	5,129	1,828	15,666	3,471	30,111	54,055
	014	222	195	386	141	1,150	240	2,100	3,228
	중간투입계	1,295,714	2,448,081	2,253,779	1,329,652	5,510,634	1,663,517	11,299,138	38,022,611
지역	번호	001	002	003	004	005	006	007	008
전라권	001	34,693	338,819	903	4,842	9,087	43,599	13,582	1,548
	002	39,280	72,926	528	472	1,289	230	2,132	3,044
	003	1,522	493	85,576	1,561	6,415	344	3,422	3,950
	004	1,905	5,402	1,318	61,606	3,883	1,770	8,741	9,103
	005	173,650	24,969	306,241	30,969	2,173,666	63,181	192,303	260,756
	006	140	1,106	123	407	5,653	39,981	50,794	62,924
	007	1,318	422	1,477	556	9,992	33,387	9,899,540	487,516
	008	5,782	1,782	995	451	16,321	5,591	25,686	587,555
	009	7,522	7,886	46,247	5,024	20,514	4,844	48,093	79,545
	010	3,873	5,782	34,726	9,160	40,461	10,829	183,648	48,618
	011	648	207	244	72	1,138	339	1,589	5,374
	012	13,129	46,445	25,256	12,645	64,035	20,578	115,601	245,556
	013	1,513	1,590	3,131	1,104	6,668	1,751	12,714	19,660
	014	128	116	252	93	665	139	1,228	1,868
	중간투입계	1,830,257	3,095,937	3,115,919	1,554,966	9,238,735	2,168,469	25,305,053	47,941,193

		경북권							
지역	번호	001	002	003	004	005	006	007	008
경북권	001	339,953	2,176,523	961	18,494	7,844	48,307	11,694	3,503
	002	714,095	352,880	2,565	842	13,867	820	7,412	10,306
	003	23,037	2,840	1,034,340	17,706	46,463	7,537	19,289	40,592
	004	50,759	103,434	29,469	306,009	57,885	30,665	99,298	132,485
	005	216,078	94,787	696,837	45,043	845,818	78,900	2,971,450	1,434,195
	006	1,452	7,366	552	1,027	30,783	191,831	260,678	824,399
	007	6,122	36,676	39,851	8,330	164,396	94,742	17,030,845	2,556,908
	008	19,996	12,022	13,743	5,623	209,649	37,908	332,958	6,908,051
	009	17,323	70,552	361,923	39,107	191,843	51,083	440,206	757,888
	010	26,891	37,612	164,397	39,806	314,125	77,872	1,238,678	259,476
	011	8,581	3,305	4,534	1,610	16,035	4,606	22,948	74,181
	012	94,444	365,143	235,552	151,641	604,202	256,458	1,136,721	1,614,730
	013	140,778	175,921	297,238	106,229	509,029	143,726	1,236,456	1,487,925
	014	9,076	13,156	14,200	5,308	30,944	14,472	86,009	61,505
	중간투입계	3,706,544	6,638,460	6,430,773	2,362,224	14,620,735	3,388,017	60,730,894	65,906,709
지역	번호	001	002	003	004	005	006	007	008
경남권	001	3,158	72,450	33	1,486	423	2,732	640	125
	002	309,229	258,753	1,404	1,789	19,792	554	5,192	7,320
	003	7,088	1,590	133,052	4,744	10,297	2,824	11,385	16,325
	004	12,518	28,696	6,228	152,975	17,584	8,040	27,091	39,747
	005	261,857	49,616	459,237	59,577	1,747,184	149,180	439,590	739,814
	006	68	773	91	370	1,524	6,638	16,731	21,149
	007	2,272	16,901	8,890	3,011	96,071	33,901	3,514,821	1,237,294
	008	9,495	5,312	8,830	3,084	73,463	18,249	192,126	1,515,797
	009	16,326	33,071	173,285	18,579	89,672	28,102	207,947	344,119
	010	7,142	20,132	117,714	49,844	98,239	42,997	459,609	192,422
	011	1,147	369	440	131	2,022	601	2,826	9,537
	012	32,466	111,466	63,540	31,103	159,950	50,595	288,073	591,769
	013	4,641	6,630	9,575	3,331	25,264	5,770	48,454	86,102
	014	178	191	304	125	874	222	1,739	2,495
	중간투입계	4,914,872	8,060,949	9,242,221	3,096,099	19,879,917	4,690,019	90,704,068	86,689,982
피용자보수		656,554	682,301	1,425,279	499,184	1,979,197	631,784	4,724,625	7,025,855
영업잉여		3,617,454	404,465	919,897	293,104	1,651,200	382,721	4,845,123	6,733,700
고정자본소모		961,215	293,763	439,955	135,852	1,231,641	717,395	2,084,351	7,899,804
기타생산세 (보조금공제)		217,915	12,467	12,609	4,790	25,983	7,850	72,578	122,679
부가가치계		5,453,138	1,392,997	2,797,740	932,930	4,888,020	1,739,750	11,726,678	21,782,038
총투입계		9,142,426	7,677,396	8,626,161	2,931,879	16,049,663	4,400,427	59,419,196	67,645,753

지역	번호	경북권						
지역	번호	009	010	011	012	013	014	중간수요계
수도권	001	178	10	2,488	64	9,117	94	137,349
	002	4,720	1,240	1,113	8,821	263,690	12,915	656,181
	003	164,180	26,909	18,810	101,427	210,230	45,455	982,024
	004	56,397	10,188	70,412	52,709	222,930	17,866	931,675
	005	208,940	73,218	136,903	68,253	593,346	47,214	2,751,004
	006	4,355	1,375	104,464	268	1,432	403	223,246
	007	196,354	20,750	499,699	13,663	31,193	7,736	2,028,663
	008	218,181	133,945	363,235	71,272	401,118	60,975	11,079,375
	009	827,511	6,998	38,721	83,356	100,794	60,907	1,820,049
	010	27,546	247,711	11,086	35,470	223,459	37,275	1,175,477
	011	899	899	450	899	4,047	450	13,489
	012	648,559	132,639	432,514	589,478	1,461,612	111,533	9,657,496
	013	313,916	182,180	748,800	796,853	2,810,645	173,710	7,402,073
	014	5,908	3,924	5,188	30,043	90,401	7,318	191,152
	중간투입계	2,677,642	841,986	2,433,884	1,852,575	6,424,014	583,849	39,049,253
지역	번호	009	010	0111	012	013	014	중간수요계
강원권	001	2,048	200	56,737	352	19,798	325	377,525
	002	513	118	117	1,252	70,870	1,550	135,260
	003	227	83	54	249	668	156	2,149
	004	1,517	138	1,450	650	1,136	110	15,531
	005	2,770	412	2,297	1,110	5,039	821	37,140
	006	1,100	373	29,345	197	739	254	165,948
	007	3,729	1,407	13,354	243	916	109	64,804
	008	3,335	1,639	6,703	590	1,958	685	49,418
	009	59,540	500	411	3,860	2,485	5,450	85,779
	010	850	6,688	554	1,458	7,533	580	23,316
	011	143	356	83	139	3,665	88	6,721
	012	13,081	2,781	8,600	20,183	25,724	1,993	216,484
	013	7,985	4,708	5,686	20,530	79,361	8,585	185,203
	014	1,071	443	414	3,922	9,246	1,794	24,833
	중간투입계	5,284,116	1,675,658	4,971,162	3,649,573	12,594,128	1,131,735	77,713,063
지역	번호	009	010	0111	012	013	014	중간수요계
충청권	001	508	36	8,756	355	46,376	383	274,178
	002	4,030	1,117	1,095	11,935	504,397	16,625	878,787
	003	48,020	2,529	3,859	5,310	8,708	2,359	180,317
	004	11,244	2,434	13,761	21,886	49,701	3,277	345,885
	005	212,447	125,857	163,896	229,752	603,214	126,329	3,723,225
	006	12,038	3,106	257,569	899	5,504	1,366	696,001
	007	266,119	10,406	592,748	4,787	15,693	4,128	3,678,393
	008	125,146	69,270	274,351	36,203	129,874	38,365	7,110,428
	009	844,561	7,441	11,806	52,599	39,939	69,230	1,367,172
	010	52,650	71,563	12,052	87,687	359,844	31,473	1,696,063
	011	861	1,994	494	909	22,985	588	40,584
	012	59,460	13,399	41,514	02,877	135,071	10,274	901,101
	013	14,823	8,684	26,454	35,443	122,495	11,333	335,414
	014	951	468	431	2,871	8,261	1,345	21,989
	중간투입계	7,030,578	2,013,268	6,447,396	4,255,318	14,783,454	1,469,169	99,822,308
지역	번호	009	010	0111	012	013	014	중간수요계
전라권	001	1,895	134	39,811	1,258	126,725	1,349	618,245
	002	1,735	392	358	3,171	213,365	3,803	342,723
	003	16,142	1,497	1,351	3,696	9,307	2,179	137,454
	004	13,805	1,387	21,249	7,562	12,532	1,012	151,275
	005	107,155	81,812	82,084	180,377	312,803	82,526	4,072,493
	006	5,184	3,125	70,421	516	3,556	647	244,579
	007	359,411	4,511	368,099	1,976	13,023	5,578	11,186,807
	008	21,266	18,648	62,803	9,417	28,273	9,459	794,028
	009	183,544	1,449	3,039	13,044	23,727	11,904	456,384
	010	18,457	22,377	4,402	40,098	142,043	12,638	577,112
	011	605	1,524	350	576	15,339	363	28,368
	012	52,211	11,601	35,668	52,647	113,167	8,914	817,455
	013	7,195	3,968	6,300	20,513	72,619	7,149	165,877
	014	574	270	252	1,883	5,222	912	13,600
	중간투입계	9,408,811	2,478,150	8,524,900	5,106,079	17,318,635	1,912,033	138,999,139

		경북권						
지역	번호	009	010	011	012	013	014	중간수요계
경북권	001	5,694	392	57,515	1,489	340,882	2,551	3,015,803
	002	7,077	1,313	1,343	14,833	753,826	38,153	1,919,332
	003	251,457	11,586	19,966	31,346	61,965	16,066	1,584,189
	004	62,540	24,104	79,787	113,686	225,490	22,233	1,337,846
	005	914,669	222,134	390,935	130,728	161,083	73,434	8,276,089
	006	36,202	12,947	1,467,796	2,357	15,984	3,376	2,856,749
	007	1,252,392	120,978	1,601,276	40,324	112,798	40,430	23,106,069
	008	242,550	191,495	621,195	73,711	402,203	74,186	9,145,290
	009	2,212,534	18,822	41,950	127,931	182,355	175,594	4,689,111
	010	110,925	335,708	33,689	136,900	736,687	50,809	3,563,576
	011	10,722	20,491	6,026	13,492	314,482	9,086	510,097
	012	433,772	87,581	276,300	672,946	995,607	66,987	6,992,086
	013	628,573	427,287	1,174,832	2,567,145	7,017,594	455,595	16,368,327
	014	38,624	44,698	61,602	223,511	705,930	39,730	1,348,766
	중간투입계	16,372,144	4,146,972	14,992,530	9,577,523	30,075,293	3,120,353	242,069,171
지역	번호	009	010	0111	012	013	014	중간수요계
경남권	001	321	16	2,957	150	58,619	315	143,424
	002	7,507	936	906	9,064	479,410	18,589	1,120,445
	003	77,766	5,531	6,645	14,019	28,726	6,630	326,623
	004	27,071	4,730	35,954	22,820	40,304	3,287	427,044
	005	403,365	160,280	301,215	660,388	553,650	98,432	6,083,385
	006	2,852	1,894	55,542	440	2,588	495	111,155
	007	422,385	77,400	709,174	12,196	46,539	10,316	6,191,171
	008	100,354	85,892	296,663	41,142	188,633	55,663	2,594,702
	009	1,085,598	13,134	34,110	63,956	137,756	70,900	2,316,554
	010	71,157	228,677	21,138	174,287	663,673	80,328	2,227,359
	011	1,086	2,701	628	1,052	27,774	665	50,980
	012	126,302	27,560	81,721	111,545	242,542	18,343	1,936,977
	013	23,968	15,554	22,754	73,822	238,735	21,034	585,633
	014	828	572	682	3,885	12,549	1,160	25,802
	중간투입계	24,603,669	6,253,991	22,238,216	14,755,334	43,441,512	4,495,736	343,066,584
피용자보수		4,439,626	832,175	5,328,971	4,334,606	23,723,262	1,673,462	57,956,881
영업잉여		991,006	302,945	837,325	5,474,934	8,887,887	753,159	36,094,920
고정자본소모		1,565,746	1,259,271	593,809	1,641,913	8,609,796	437,558	27,872,069
기타생산세 (보조금공제)		32,770	17,438	109,900	111,968	354,189	82,272	1,185,408
부가가치계		7,029,148	2,411,827	6,870,005	11,563,422	41,575,134	2,946,451	123,109,278
총투입계		20,804,906	5,970,774	19,092,915	20,057,144	67,570,355	5,538,792	314,927,786

		경남권							
지역	번호	001	002	003	004	005	006	007	008
수도권	001	13,081	101,410	196	978	421	2,562	30,399	78
	002	43,108	337,626	1,952	3,399	93,535	782	9,842	8,737
	003	11,796	18,137	464,457	9,316	98,576	6,738	84,860	54,363
	004	23,783	59,944	16,030	189,832	117,298	6,993	62,607	62,119
	005	101,046	183,731	79,851	67,930	1,206,539	39,205	362,801	845,177
	006	95	7,190	60	1,274	8,497	2,743	18,449	14,867
	007	2,297	54,961	5,739	3,520	259,346	17,180	1,717,164	1,142,563
	008	11,625	19,342	6,195	5,844	530,434	13,163	382,497	2,425,535
	009	2,537	44,280	112,934	17,224	136,218	14,523	244,619	284,229
	010	212	4,590	3,207	56,679	175,814	7,956	229,808	16,376
	011	1,349	674	674	674	1,349	674	1,349	2,023
	012	161,973	1,015,370	287,491	207,857	2,991,100	184,407	1,779,147	2,381,535
	013	63,808	165,422	61,518	53,583	1,019,698	49,226	618,588	656,775
	014	1,578	3,204	1,012	1,692	55,496	2,754	20,194	14,480
	중간투입계	438,287	2,015,881	1,041,316	619,806	6,694,322	348,907	5,562,324	7,908,857
지역	번호	001	002	003	004	005	006	007	008
강원권	001	7,822	81,194	98	6,547	4,474	10,089	1,435	365
	002	5,539	64,629	220	159	3,435	164	1,845	1,855
	003	84	74	911	31	239	22	316	223
	004	544	403	85	5,511	785	138	1,747	798
	005	1,544	1,091	1,262	563	16,593	301	2,732	3,071
	006	32	1,876	113	461	698	239,530	6,078	3,013
	007	27	210	27	10	2,342	32	15,154	1,780
	008	439	457	80	150	9,956	235	7,592	47,450
	009	259	930	2,480	464	5,076	996	7,216	9,434
	010	30	336	224	2,404	13,038	342	10,934	754
	011	132	105	28	36	461	35	345	630
	012	2,993	21,833	6,489	4,601	55,255	4,483	37,860	50,097
	013	781	1,566	1,096	643	9,335	634	7,305	7,646
	014	25	38	30	19	501	17	230	198
	중간투입계	828,841	3,749,330	1,629,172	1,247,517	13,318,300	944,749	11,100,337	15,881,850
지역	번호	001	002	003	004	005	006	007	008
충청권	001	12,184	178,474	511	4,364	11,987	39,944	3,932	946
	002	71,100	248,771	2,183	732	67,306	720	7,728	6,810
	003	8,747	1,377	60,662	2,352	41,347	531	5,307	4,831
	004	6,151	34,550	7,438	156,087	38,321	3,844	24,399	36,109
	005	193,761	80,168	84,448	51,639	4,809,125	65,486	295,979	346,031
	006	474	31,071	398	3,781	19,652	67,242	43,653	64,255
	007	2,410	18,905	5,492	2,665	207,658	18,191	1,971,969	1,119,138
	008	11,443	6,289	1,590	2,625	254,635	5,314	129,943	2,151,303
	009	1,611	25,627	44,962	9,178	53,817	9,890	121,626	160,927
	010	152	2,960	1,377	5,764	28,414	1,746	20,556	2,983
	011	564	457	141	158	2,328	149	1,582	2,751
	012	11,695	74,104	24,745	15,459	275,454	11,291	136,202	184,016
	013	1,194	2,401	1,496	912	13,262	885	10,995	9,818
	014	133	228	125	111	3,592	110	1,284	1,250
	중간투입계	1,156,720	4,483,154	1,876,569	1,512,696	19,258,452	1,416,697	13,970,937	20,097,092
지역	번호	001	002	003	004	005	006	007	008
전라권	001	37,729	504,726	616	9,320	6,499	16,779	25,315	1,244
	002	26,887	185,790	663	1,413	5,660	195	1,897	1,831
	003	3,254	1,187	31,891	1,791	25,724	322	3,752	3,049
	004	3,535	9,741	2,108	69,975	9,230	1,358	15,009	11,462
	005	228,464	40,386	314,941	73,525	3,462,447	57,728	287,948	403,748
	006	220	13,868	248	4,396	6,808	169,893	23,727	21,280
	007	1,848	3,242	3,183	810	98,941	12,729	4,828,045	982,960
	008	2,588	2,419	305	495	51,175	1,698	29,017	341,606
	009	32,084	11,109	28,508	3,983	24,925	3,413	56,340	63,343
	010	817	2,150	3,390	2,244	38,725	1,042	26,599	5,344
	011	627	572	275	194	4,561	175	2,398	3,450
	012	10,852	76,504	22,729	17,569	275,975	17,186	146,364	190,757
	013	1,712	3,238	2,022	1,435	45,903	1,273	16,816	13,736
	014	183	230	251	219	16,992	176	2,877	2,137
	중간투입계	1,730,956	5,580,525	2,452,474	1,792,358	28,999,954	1,880,969	22,170,829	26,185,513

		경남권							
지역	번호	001	002	003	004	005	006	007	008
경북권	001	11,430	207,610	451	7,290	5,411	15,851	1,797	540
	002	53,987	135,335	1,145	229	9,384	318	2,294	2,299
	003	17,725	2,730	391,013	7,697	104,489	1,879	8,413	11,324
	004	17,169	64,664	12,212	108,412	51,930	6,819	46,595	62,623
	005	97,992	48,167	139,474	19,567	466,480	15,894	215,465	334,155
	006	136	2,645	183	5,158	9,300	71,867	48,908	31,006
	007	4,865	25,327	7,646	3,495	401,494	38,089	5,232,362	2,101,230
	008	11,087	4,707	1,849	2,497	223,818	7,836	163,190	1,678,384
	009	4,093	29,797	71,226	13,561	135,581	16,020	192,746	257,583
	010	182	698	585	1,022	35,839	398	12,132	1,844
	011	732	651	243	205	2,818	198	2,283	3,703
	012	17,063	121,112	32,913	29,283	595,785	20,140	246,143	338,759
	013	2,977	5,706	3,306	2,239	45,433	2,088	25,800	24,443
	014	109	171	88	98	3,715	106	1,064	888
	중간투입계	2,249,899	6,383,562	3,490,660	2,097,982	35,117,882	2,343,786	33,790,150	33,062,655
지역	번호	001	002	003	004	005	006	007	008
경남권	001	273,553	2,903,500	1,787	16,315	81,966	164,391	15,835	3,507
	002	864,564	892,866	2,403	4,719	56,488	1,162	11,526	11,994
	003	41,245	9,773	469,784	13,210	193,474	3,764	36,724	28,241
	004	60,950	104,233	17,994	285,344	98,118	15,335	118,678	124,568
	005	449,758	250,955	468,927	169,271	19,635,702	189,162	1,198,027	1,954,441
	006	923	41,610	1,226	21,971	19,381	77,224	136,893	80,395
	007	12,313	180,579	36,861	11,140	1,196,179	61,027	10,252,370	5,390,411
	008	70,094	47,159	9,452	15,556	865,409	41,113	1,000,488	9,158,004
	009	83,431	162,840	236,380	62,300	428,949	71,734	807,238	1,130,082
	010	51,071	218,452	190,466	342,954	3,359,565	135,187	2,341,959	589,403
	011	8,464	6,417	2,487	2,682	72,506	2,253	28,308	44,352
	012	168,983	979,203	283,042	242,320	3,735,154	321,977	2,212,529	2,191,165
	013	196,987	430,342	226,769	154,868	2,895,330	144,980	1,874,221	1,992,220
	014	15,320	25,391	9,575	7,311	155,195	18,402	133,451	82,611
	중간투입계	4,686,794	12,875,863	5,705,326	3,525,070	69,831,563	3,764,134	60,098,491	60,616,043
피용자보수		1,107,519	1,266,452	1,107,647	579,555	4,851,578	332,609	7,600,075	9,615,384
영업잉여		2,636,015	719,744	691,292	338,220	6,065,081	312,166	5,057,547	4,731,004
고정자본소모		894,631	627,892	332,554	211,551	3,655,306	280,382	2,024,271	4,268,837
기타생산세 (보조금공제)		146,320	23,146	12,094	6,950	204,657	5,475	99,294	102,613
부가가치계		4,784,484	2,637,234	2,143,587	1,136,276	14,776,622	930,633	14,781,187	18,717,839
총투입계		8,536,773	13,448,169	6,464,312	3,725,279	66,519,794	3,495,394	54,617,606	60,384,436

		경남권						
지역	번호	009	010	011	012	013	014	중간수요계
수도권	001	465	12	3,229	144	17,846	170	170,992
	002	19,068	1,889	1,920	29,725	686,855	27,493	1,265,932
	003	272,586	38,014	21,833	211,569	275,733	64,756	1,632,733
	004	123,042	9,187	87,317	121,583	285,855	32,540	1,198,131
	005	1,028,543	90,822	308,991	222,932	1,082,889	130,843	5,751,300
	006	23,677	3,226	51,632	795	3,965	687	137,158
	007	1,209,169	18,586	491,965	23,100	41,211	13,935	5,000,736
	008	1,500,241	109,131	387,870	176,180	528,766	101,469	6,198,290
	009	3,869,626	8,328	54,497	130,323	109,353	57,835	5,086,526
	010	47,355	178,818	2,817	6,744	39,563	6,422	776,360
	011	1,349	1,349	674	1,349	6,070	674	20,234
	012	3,074,200	152,657	616,198	1,186,919	2,053,715	171,640	16,264,210
	013	1,224,752	208,198	1,126,961	1,409,426	4,175,233	266,335	11,099,524
	014	22,676	4,241	6,010	36,503	83,013	8,436	261,289
	중간투입계	12,416,747	824,458	3,161,914	3,557,292	9,390,066	883,236	54,863,414
지역	번호	009	010	0111	012	013	014	중간수요계
강원권	001	1,076	67	15,646	778	39,842	632	170,066
	002	2,879	376	368	5,654	118,920	2,816	208,859
	003	851	150	100	749	894	219	4,864
	004	7,150	109	3,720	1,090	904	120	23,104
	005	4,877	1,275	2,173	2,634	37,239	538	75,894
	006	6,278	868	79,257	202	776	234	339,416
	007	4,734	134	8,044	358	472	102	33,425
	008	48,813	3,323	18,866	4,162	16,802	3,302	161,629
	009	352,142	1,511	875	21,074	5,271	16,703	424,432
	010	3,893	4,958	460	1,139	4,504	433	43,451
	011	848	370	116	363	6,459	190	10,116
	012	66,181	3,177	13,908	19,836	45,259	3,774	335,746
	013	10,108	2,266	5,191	28,304	60,168	8,782	143,826
	014	294	48	49	826	1,467	355	4,098
	중간투입계	25,051,499	1,627,633	6,445,620	6,960,315	18,138,677	1,712,254	108,636,096
지역	번호	009	010	0111	012	013	014	중간수요계
충청권	001	2,406	129	38,590	959	96,416	909	391,749
	002	13,744	1,516	1,534	26,313	725,137	37,641	1,211,234
	003	75,709	2,237	5,589	17,875	15,228	4,085	245,874
	004	42,411	3,489	23,963	56,634	76,174	7,199	516,768
	005	796,218	169,578	169,450	437,046	886,237	195,845	8,581,012
	006	165,966	5,246	265,960	4,026	12,240	3,939	687,904
	007	1,523,694	11,804	569,682	16,475	28,155	9,522	5,505,760
	008	964,060	70,700	404,663	80,932	272,849	72,051	4,428,398
	009	2,120,627	7,005	31,484	84,386	62,526	57,612	2,791,279
	010	8,806	6,037	705	7,175	32,085	2,708	121,467
	011	3,767	1,689	537	1,808	30,984	896	47,811
	012	263,082	12,402	52,366	98,279	185,864	14,999	1,359,957
	013	15,010	4,003	15,814	50,604	97,131	11,483	235,008
	014	1,962	265	263	3,262	6,172	1,328	20,085
	중간투입계	31,547,130	1,941,665	8,155,159	7,924,987	20,844,293	2,166,882	136,352,433
지역	번호	009	010	0111	012	013	014	중간수요계
전라권	001	3,876	244	52,200	3,123	257,802	2,627	922,100
	002	4,688	390	379	6,475	453,245	11,378	700,891
	003	23,524	1,912	1,945	9,703	12,837	3,372	124,263
	004	52,204	1,405	39,017	21,002	21,923	2,287	260,256
	005	526,797	208,443	124,346	720,641	368,223	109,625	6,927,262
	006	47,081	2,827	144,223	1,420	4,584	1,432	442,006
	007	1,337,413	5,635	524,152	10,759	14,897	11,426	7,836,042
	008	206,534	8,382	36,282	17,672	26,518	11,254	735,942
	009	2,120,583	2,115	5,340	51,273	40,394	16,229	2,459,640
	010	11,890	9,545	1,697	17,457	51,171	4,577	176,649
	011	5,041	2,518	850	3,487	54,078	1,497	79,721
	012	268,098	12,082	51,062	87,005	168,276	13,898	1,358,357
	013	23,196	6,822	11,165	72,334	133,878	14,786	348,315
	014	5,643	510	569	5,727	11,542	2,128	49,184
	중간투입계	42,046,891	2,493,223	10,659,311	9,737,057	24,077,902	2,743,780	182,551,742

		경남권						
지역	번호	009	010	011	012	013	014	중간수요계
경북권	001	1,595	94	27,558	1,005	139,038	1,065	420,733
	002	5,349	456	448	6,086	411,272	19,484	648,086
	003	197,840	3,828	11,086	29,497	33,274	8,608	829,400
	004	71,993	5,803	40,441	93,774	101,559	11,308	695,304
	005	912,116	44,909	194,833	118,633	117,666	29,413	2,754,764
	006	48,429	9,318	221,602	747	6,269	621	456,189
	007	3,206,217	22,837	838,500	20,592	43,646	14,773	11,961,073
	008	1,130,719	52,478	313,182	80,690	217,375	45,715	3,933,529
	009	5,872,105	13,881	64,074	128,141	107,752	120,279	7,026,840
	010	13,149	13,918	1,660	4,446	14,661	1,230	101,765
	011	4,830	2,591	833	3,268	53,163	1,489	77,009
	012	550,594	19,133	89,353	134,236	270,220	22,197	2,486,931
	013	41,097	8,681	29,126	104,333	207,590	23,918	526,735
	014	2,088	361	458	3,488	8,645	1,497	22,776
	중간투입계	58,657,287	2,950,391	13,392,151	11,453,765	26,683,594	3,232,229	234,905,994
지역	번호	009	010	0111	012	013	014	중간수요계
경남권	001	12,818	130,813	127,824	1,846	494,554	3,217	4,231,925
	002	24,772	2,376	2,280	32,786	1,522,734	104,005	3,534,676
	003	352,642	16,523	28,108	132,763	136,742	34,606	1,497,600
	004	193,116	14,064	191,679	170,413	257,320	29,982	1,681,794
	005	4,206,566	1,066,742	898,221	2,319,550	1,001,755	239,517	34,048,594
	006	152,207	14,890	2,396,413	3,530	15,648	3,782	2,966,095
	007	7,491,040	185,135	3,008,624	125,139	213,318	71,148	28,235,284
	008	5,158,249	291,960	1,124,030	266,586	686,563	205,202	18,939,866
	009	17,648,722	49,019	131,664	504,783	381,085	362,966	22,061,192
	010	1,002,068	3,624,455	119,613	979,288	3,066,401	412,719	16,433,601
	011	72,131	25,548	8,702	27,534	452,411	13,227	767,022
	012	2,779,368	173,789	542,477	1,899,414	1,910,541	150,776	17,590,737
	013	3,110,921	607,988	1,960,746	5,736,572	11,980,602	901,430	32,213,976
	014	168,109	63,317	87,154	556,004	1,079,323	77,854	2,479,015
	중간투입계	112,811,359	9,405,116	25,773,309	24,808,546	50,929,578	6,103,793	450,934,984
피용자보수		17,255,621	1,969,190	8,106,026	9,924,684	39,591,571	2,823,706	106,131,618
영업잉여		7,640,862	1,168,507	1,110,753	9,631,695	15,988,427	1,291,895	57,383,209
고정자본소모		6,903,956	3,555,832	901,596	3,873,327	14,311,363	755,191	42,596,689
기타생산세 (보조금공제)		182,522	46,961	167,398	246,495	725,051	201,665	2,170,640
부가가치계		31,982,961	6,740,491	10,285,773	23,676,200	70,616,412	5,072,458	208,282,156
총투입계		109,896,293	14,757,271	28,941,224	43,642,405	111,722,545	9,653,866	535,805,367

		수도권						
지역	번호	민간소비지출	정부소비지출	민간고정자본 형성	정부고정자본 형성	재고증가	수출	최종수요계
	001	1,464,580	0	39,610	1,488	45,866	131,633	1,683,178
	002	8,422,019	0	0	0	−394,445	2,406,905	10,434,478
	003	6,572,854	0	2,690	475	−1,876,249	23,502,426	28,202,196
	004	262,533	0	0	0	−18,808	1,261,979	1,505,704
수	005	1,555,542	0	0	0	420,589	12,408,234	14,384,365
	006	38,796	0	0	0	−144,421	900,841	795,216
	007	141,686	0	522,430	286,012	122,043	10,035,146	11,098,831
도	008	5,068,509	0	7,709,651	586,776	−228,256	125,616,538	138,753,218
	009	3,255,101	0	2,592,990	266,105	93,510	30,034,132	36,390,963
	010	10,148,475	205,034	0	0	0	152,248	10,505,757
권	011	674	674	674	674	674	674	4,721
	012	37,221,945	0	6,602,501	766,925	−91,546	46,159,916	90,587,959
	013	154,641,209	93,625,475	42,448,159	3,212,139	−1,951	32,350,884	326,275,916
	014	23,962,168	1,086,599	414,615	0	0	1,347,661	26,824,855
	중간투입계	252,756,091	94,917,782	60,333,321	5,120,594	−2,072,993	286,309,217	697,447,357
지역	번호	민간소비지출	정부소비지출	민간고정자본	정부고정자본	재고증가	수출	최종수요계
	001	301,829	0	6,677	727	8,210	0	317,443
	002	1,037,971	0	0	0	−27,693	0	1,010,278
	003	28,893	0	63	11	−2,823	0	26,144
	004	2,552	0	0	0	−183	0	2,369
강	005	38,739	0	0	0	687	0	39,426
	006	3,047	0	0	0	−1,645	0	1,402
	007	508	0	11,728	874	−132	0	12,870
원	008	35,786	0	58,035	7,862	−26,309	0	75,374
	009	4,652	0	1,823	739	1,185	0	10,253
	010	177,269	4,551	0	0	0	0	181,820
권	011	0	0	0	0	0	0	0
	012	536,432	0	97,271	11,360	−1,780	0	641,847
	013	1,097,636	353,001	242,702	22,200	−7	0	1,715,532
	014	254,768	10,017	3,173	0	0	0	268,072
	중간투입계	492,572,809	190,203,134	121,045,813	10,282,997	−1,971,649	546,577,471	1,358,877,692
지역	번호	민간소비지출	정부소비지출	민간고정자본	정부고정자본	재고증가	수출	최종수요계
	001	850,604	0	6,685	700	5,130	0	863,119
	002	5,078,054	0	0	0	−141,180	0	4,936,874
	003	155,541	0	1,253	196	−13,433	0	143,557
	004	53,420	0	0	0	758	0	54,178
충	005	1,787,262	0	0	0	149,003	0	1,936,265
	006	21,832	0	0	0	−37,723	0	−15,891
	007	29,694	0	336,035	47,105	25,400	0	436,844
청	008	632,575	0	1,778,000	67,902	−41,916	0	2,436,561
	009	1,493,098	0	1,237,019	129,209	22,410	0	2,915,276
	010	826,790	6,061	0	0	0	0	832,851
권	011	0	0	0	0	0	0	0
	012	1,617,326	0	308,389	35,956	−4,681	0	1,953,209
	013	2,137,074	878,100	1,531,932	166,311	−150	0	4,713,268
	014	655,188	13,178	3,317	0	0	0	671,815
	중간투입계	510,060,103	191,468,042	126,663,173	10,773,410	−2,036,029	546,577,471	1,383,702,214
지역	번호	민간소비지출	정부소비지출	민간고정자본	정부고정자본	재고증가	수출	최종수요계
	001	2,168,208	0	15,857	1,738	16,334	0	2,202,137
	002	3,202,954	0	0	0	−69,221	0	3,133,733
	003	177,873	0	171	25	−38,659	0	139,410
	004	19,074	0	0	0	464	0	19,538
전	005	1,102,361	0	0	0	106,164	0	1,208,524
	006	7,519	0	0	0	−9,607	0	−2,089
	007	4,152	0	56,242	3,019	3,322	0	65,507
라	008	188,534	0	278,926	10,886	6,495	0	484,841
	009	1,704,501	0	1,452,440	219,435	6,736	0	3,399,349
	010	214,597	22	0	0	0	0	214,620
권	011	0	0	0	0	0	0	0
	012	1,473,815	0	261,081	30,174	−4,652	0	1,756,664
	013	1,245,077	373,029	797,726	62,561	−7	0	2,478,387
	014	154,692	8,289	2,476	0	0	0	165,547
	중간투입계	530,924,298	192,746,720	134,722,785	11,547,731	−1,906,316	546,577,471	1,414,848,579

		수도권						
지역	번호	민간소비지출	정부소비지출	민간고정자본 형성	정부고정자본 형성	재고증가	수출	최종수요계
경북권	001	1,304,979	0	9,695	970	9,709	0	1,325,353
	002	1,416,956	0	0	0	−26,354	0	1,390,602
	003	223,483	0	2,190	320	−22,439	0	203,555
	004	15,962	0	0	0	−193	0	15,769
	005	35,439	0	0	0	22,496	0	57,936
	006	9,260	0	0	0	−4,647	0	4,613
	007	31,405	0	36,024	47,955	25,831	0	140,439
	008	3,073,744	0	1,579,165	391,617	−161,851	0	4,882,675
	009	88,000	0	49,162	11,946	9,670	0	180,224
	010	302,717	7,007	0	0	0	0	309,724
	011	0	0	0	0	0	0	0
	012	1,129,823	0	192,997	22,506	−3,375	0	1,339,226
	013	866,441	184,183	130,352	7,735	−13	0	1,188,698
	014	63,548	2,317	724	0	0	0	66,616
	중간투입계	545,581,304	193,321,567	139,571,986	12,356,855	−1,949,030	546,577,471	1,435,725,360
지역	번호	민간소비지출	정부소비지출	민간고정자본	정부고정자본	재고증가	수출	최종수요계
경남권	001	1,092,319	0	2,968	385	2,355	0	1,098,027
	002	2,313,385	0	0	0	−36,305	0	2,277,080
	003	573,237	0	1,355	264	−115,746	0	459,110
	004	9,682	0	0	0	2,436	0	12,119
	005	2,478,686	0	0	0	51,208	0	2,529,894
	006	8,997	0	0	0	−4,125	0	4,872
	007	44,477	0	476,660	50,965	80,320	0	639,747
	008	519,441	0	2,271,096	84,253	−31,466	0	2,843,324
	009	3,135,894	0	3,947,985	586,459	26,391	0	7,749,447
	010	188,873	10,140	0	0	0	0	199,013
	011	0	0	0	0	0	0	0
	012	2,299,657	0	441,014	50,734	−7,103	0	2,778,564
	013	1,389,365	232,663	1,013,536	141,361	−2	0	2,776,923
	014	104,088	3,867	1,189	0	0	0	109,188
	중간투입계	565,339,784	193,761,744	149,716,211	13,753,034	−2,092,956	546,577,471	1,467,372,818

		수도권						
지역	번호	민간소비지출	정부소비지출	민간고정자본 형성	정부고정자본 형성	재고증가	수출	최종수요계
수도권	001	1,464,580	0	39,610	1,488	45,866	131,633	1,683,178
	002	8,422,019	0	0	0	−394,445	2,406,905	10,434,478
	003	6,572,854	0	2,690	475	−1,876,249	23,502,426	28,202,196
	004	262,533	0	0	0	−18,808	1,261,979	1,505,704
	005	1,555,542	0	0	0	420,589	12,408,234	14,384,365
	006	38,796	0	0	0	−144,421	900,841	795,216
	007	141,686	0	522,430	286,012	122,043	10,035,146	11,098,831
	008	5,068,509	0	7,709,651	586,776	−228,256	125,616,538	138,753,218
	009	3,255,101	0	2,592,990	266,105	93,510	30,034,132	36,390,963
	010	10,148,475	205,034	0	0	0	152,248	10,505,757
	011	674	674	674	674	674	674	4,721
	012	37,221,945	0	6,602,501	766,925	−91,546	46,159,916	90,587,959
	013	154,641,209	93,625,475	42,448,159	3,212,139	−1,951	32,350,884	326,275,916
	014	23,962,168	1,086,599	414,615	0	0	1,347,661	26,824,855
	중간투입계	252,756,091	94,917,782	60,333,321	5,120,594	−2,072,993	286,309,217	697,447,357
지역	번호	민간소비지출	정부소비지출	민간고정자본	정부고정자본	재고증가	수출	최종수요계
강원권	001	301,829	0	6,677	727	8,210	0	317,443
	002	1,037,971	0	0	0	−27,693	0	1,010,278
	003	28,893	0	63	11	−2,823	0	26,144
	004	2,552	0	0	0	−183	0	2,369
	005	38,739	0	0	0	687	0	39,426
	006	3,047	0	0	0	−1,645	0	1,402
	007	508	0	11,728	874	−132	0	12,870
	008	35,786	0	58,035	7,862	−26,309	0	75,374
	009	4,652	0	1,823	739	1,185	0	10,253
	010	177,269	4,551	0	0	0	0	181,820
	011	0	0	0	0	0	0	0
	012	536,432	0	97,271	11,360	−1,780	0	641,847
	013	1,097,636	353,001	242,702	22,200	−7	0	1,715,532
	014	254,768	10,017	3,173	0	0	0	268,072
	중간투입계	492,572,809	190,203,134	121,045,813	10,282,997	−1,971,649	546,577,471	1,358,877,692
지역	번호	민간소비지출	정부소비지출	민간고정자본	정부고정자본	재고증가	수출	최종수요계
충청권	001	850,604	0	6,685	700	5,130	0	863,119
	002	5,078,054	0	0	0	−141,180	0	4,936,874
	003	155,541	0	1,253	196	−13,433	0	143,557
	004	53,420	0	0	0	758	0	54,178
	005	1,787,262	0	0	0	149,003	0	1,936,265
	006	21,832	0	0	0	−37,723	0	−15,891
	007	29,694	0	336,035	47,105	25,400	0	436,844
	008	632,575	0	1,778,000	67,902	−41,916	0	2,436,561
	009	1,493,098	0	1,237,019	129,209	22,410	0	2,915,276
	010	826,790	6,061	0	0	0	0	832,851
	011	0	0	0	0	0	0	0
	012	1,617,326	0	308,389	35,956	−4,681	0	1,953,209
	013	2,137,074	878,100	1,531,932	166,311	−150	0	4,713,268
	014	655,188	13,178	3,317	0	0	0	671,815
	중간투입계	510,060,103	191,468,042	126,663,173	10,773,410	−2,036,029	546,577,471	1,383,702,214
지역	번호	민간소비지출	정부소비지출	민간고정자본	정부고정자본	재고증가	수출	최종수요계
전라권	001	2,168,208	0	15,857	1,738	16,334	0	2,202,137
	002	3,202,954	0	0	0	−69,221	0	3,133,733
	003	177,873	0	171	25	−38,659	0	139,410
	004	19,074	0	0	0	464	0	19,538
	005	1,102,361	0	0	0	106,164	0	1,208,524
	006	7,519	0	0	0	−9,607	0	−2,089
	007	4,152	0	56,242	3,019	3,322	0	65,507
	008	188,534	0	278,926	10,886	6,495	0	484,841
	009	1,704,501	0	1,452,440	219,435	6,736	0	3,399,349
	010	214,597	22	0	0	0	0	214,620
	011	0	0	0	0	0	0	0
	012	1,473,815	0	261,081	30,174	−4,652	0	1,756,664
	013	1,245,077	373,029	797,726	62,561	−7	0	2,478,387
	014	154,692	8,289	2,476	0	0	0	165,547
	중간투입계	530,924,298	192,746,720	134,722,785	11,547,731	−1,906,316	546,577,471	1,414,848,579

		수도권						
지역	번호	민간소비지출	정부소비지출	민간고정자본 형성	정부고정자본 형성	재고증가	수출	최종수요계
경북권	001	1,304,979	0	9,695	970	9,709	0	1,325,353
	002	1,416,956	0	0	0	−26,354	0	1,390,602
	003	223,483	0	2,190	320	−22,439	0	203,555
	004	15,962	0	0	0	−193	0	15,769
	005	35,439	0	0	0	22,496	0	57,936
	006	9,260	0	0	0	−4,647	0	4,613
	007	31,405	0	36,024	47,955	25,831	0	140,439
	008	3,073,744	0	1,579,165	391,617	−161,851	0	4,882,675
	009	88,000	0	49,162	11,946	9,670	0	180,224
	010	302,717	7,007	0	0	0	0	309,724
	011	0	0	0	0	0	0	0
	012	1,129,823	0	192,997	22,506	−3,375	0	1,339,226
	013	866,441	184,183	130,352	7,735	−13	0	1,188,698
	014	63,548	2,317	724	0	0	0	66,616
	중간투입계	545,581,304	193,321,567	139,571,986	12,356,855	−1,949,030	546,577,471	1,435,725,360
지역	번호	민간소비지출	정부소비지출	민간고정자본	정부고정자본	재고증가	수출	최종수요계
경남권	001	1,092,319	0	2,968	385	2,355	0	1,098,027
	002	2,313,385	0	0	0	−36,305	0	2,277,080
	003	573,237	0	1,355	264	−115,746	0	459,110
	004	9,682	0	0	0	2,436	0	12,119
	005	2,478,686	0	0	0	51,208	0	2,529,894
	006	8,997	0	0	0	−4,125	0	4,872
	007	44,477	0	476,660	50,965	80,320	0	639,747
	008	519,441	0	2,271,096	84,253	−31,466	0	2,843,324
	009	3,135,894	0	3,947,985	586,459	26,391	0	7,749,447
	010	188,873	10,140	0	0	0	0	199,013
	011	0	0	0	0	0	0	0
	012	2,299,657	0	441,014	50,734	−7,103	0	2,778,564
	013	1,389,365	232,663	1,013,536	141,361	−2	0	2,776,923
	014	104,088	3,867	1,189	0	0	0	109,188
	중간투입계	565,339,784	193,761,744	149,716,211	13,753,034	−2,092,956	546,577,471	1,467,372,818

		강원권						
지역	번호	민간소비지출	정부소비지출	민간고정자본 형성	정부고정자본 형성	재고증가	수출	최종수요계
수도권	001	5,915	0	729	25	2,542	0	9,212
	002	363,104	0	0	0	−24,738	0	338,366
	003	335,770	0	10	34	−4,662	0	331,151
	004	10,780	0	0	0	49	0	10,829
	005	90,906	0	0	0	348	0	91,254
	006	293	0	0	0	−1,551	0	−1,258
	007	4,328	0	17,721	35,033	2,679	0	59,762
	008	291,626	0	186,076	87,515	14,049	0	579,265
	009	87,002	0	44,493	17,582	−694	0	148,751
	010	144,036	0	0	0	0	0	144,036
	011	225	225	225	225	225	225	1,574
	012	1,398,407	0	106,535	13,363	8,198	0	1,533,090
	013	3,784,791	481,068	500,090	48,229	−4	0	4,814,174
	014	180,411	12,851	655	0	0	0	193,978
	중간투입계	6,697,594	494,144	856,534	202,005	−3,560	225	8,254,184
지역	번호	민간소비지출	정부소비지출	민간고정자본	정부고정자본	재고증가	수출	최종수요계
강원권	001	166,247	0	13,146	768	83,103	80,100	343,364
	002	325,486	0	0	0	−28,508	339,462	636,440
	003	12,190	0	1	2	−126	14,973	27,040
	004	1,336	0	0	0	45	2,292	3,673
	005	4,845	0	0	0	−1,078	185,146	188,914
	006	1,445	0	0	0	−19,663	434,374	416,157
	007	1,227	0	3,675	4,049	352	475,093	484,395
	008	56,903	0	53,316	6,659	5,153	548,300	670,331
	009	8,431	0	1,064	2,022	−639	601,698	612,845
	010	345,606	27,781	0	0	0	6,146	379,532
	011	0	0	4,784,950	2,837,965	−44,906	78	7,578,086
	012	736,004	0	29,087	4,014	2,466	209,088	982,434
	013	5,459,602	7,521,536	299,520	65,831	0	515,344	13,861,832
	014	1,249,882	38,331	1,954	0	0	58,984	1,349,333
	중간투입계	21,059,603	8,575,936	6,899,041	3,325,260	15,936	3,471,527	43,364,014
지역	번호	민간소비지출	정부소비지출	민간고정자본	정부고정자본	재고증가	수출	최종수요계
충청권	001	38,389	0	2,220	91	9,121	0	49,822
	002	262,731	0	0	0	−13,961	0	248,770
	003	11,810	0	14	49	−173	0	11,699
	004	6,443	0	0	0	−230	0	6,213
	005	238,640	0	0	0	−1,019	0	237,620
	006	1,237	0	0	0	−2,279	0	−1,042
	007	3,281	0	6,392	39,066	−7,288	0	41,451
	008	30,829	0	71,598	10,444	5,421	0	118,292
	009	37,257	0	25,096	15,925	−163	0	78,298
	010	5,700	0	0	0	0	0	5,700
	011	0	0	0	0	0	0	0
	012	133,506	0	10,566	1,336	806	0	146,867
	013	133,632	70,416	14,891	3,933	0	0	222,871
	014	25,475	3,371	172	0	0	0	29,034
	중간투입계	29,852,477	16,237,370	12,203,554	6,316,643	−52,145	6,505,777	71,083,466
지역	번호	민간소비지출	정부소비지출	민간고정자본	정부고정자본	재고증가	수출	최종수요계
전라권	001	101,232	0	5,035	220	21,081	0	127,568
	002	93,735	0	0	0	−18,914	0	74,821
	003	8,430	0	2	8	−130	0	8,310
	004	503	0	0	0	13	0	516
	005	71,848	0	0	0	−6,946	0	64,902
	006	700	0	0	0	−296	0	404
	007	252	0	2,705	1,230	2,719	0	6,905
	008	12,631	0	16,379	2,326	290	0	31,627
	009	320,503	0	188,854	53,062	310	0	562,894
	010	4,284	0	0	0	0	0	4,284
	011	0	0	0	0	0	0	0
	012	97,913	0	7,533	967	577	0	107,453
	013	45,250	17,200	1,194	219	0	0	63,863
	014	42,406	2,028	103	0	0	0	44,547
	중간투입계	31,261,719	16,330,384	12,554,073	6,445,379	−57,965	6,505,777	73,060,649

		강원권						
지역	번호	민간소비지출	정부소비지출	민간고정자본 형성	정부고정자본 형성	재고증가	수출	최종수요계
경북권	001	66,602	0	3,852	144	15,916	0	86,514
	002	125,068	0	0	0	−2,057	0	123,011
	003	16,352	0	17	60	−240	0	16,189
	004	827	0	0	0	−7	0	820
	005	2,908	0	0	0	1,233	0	4,141
	006	1,225	0	0	0	−724	0	501
	007	4,628	0	1,360	59,293	−19,041	0	46,239
	008	133,125	0	45,007	28,474	2,955	0	209,560
	009	3,367	0	7,233	122,555	42	0	133,274
	010	38,226	0	0	0	0	0	38,226
	011	0	0	0	0	0	0	0
	012	78,289	0	6,045	787	459	0	85,950
	013	60,209	34,556	1,267	39	0	0	96,071
	014	4,095	1,098	56	0	0	0	5,255
	중간투입계	32,392,427	16,385,266	12,835,679	6,714,535	−62,777	6,505,777	74,793,280
지역	번호	민간소비지출	정부소비지출	민간고정자본	정부고정자본	재고증가	수출	최종수요계
경남권	001	51,195	0	1,302	35	4,724	0	57,256
	002	117,664	0	0	0	−11,063	0	106,601
	003	45,178	0	21	76	−633	0	44,642
	004	252	0	0	0	16	0	269
	005	179,312	0	0	0	438	0	179,750
	006	348	0	0	0	−584	0	−235
	007	1,373	0	9,379	5,255	−8,214	0	7,793
	008	38,976	0	75,932	7,040	−8,490	0	113,459
	009	75,696	0	74,769	152,721	−102	0	303,416
	010	13,572	0	0	0	0	0	13,572
	011	0	0	0	0	0	0	0
	012	148,772	0	11,554	1,489	884	0	163,408
	013	58,266	24,869	3,565	390	0	0	87,090
	014	4,781	1,856	95	0	0	0	6,740
	중간투입계	33,453,886	16,447,645	13,073,263	7,092,690	−100,878	6,505,777	76,496,257

		충청권						
지역	번호	민간소비지출	정부소비지출	민간고정자본 형성	정부고정자본 형성	재고증가	수출	최종수요계
수도권	001	24,347	0	1,928	43	3,401	0	29,720
	002	956,399	0	0	0	112,384	0	1,068,782
	003	1,176,259	0	792	178	−7,689	0	1,169,541
	004	32,124	0	0	0	5,852	0	37,977
	005	138,123	0	0	0	−66,134	0	71,989
	006	2,715	0	0	0	4,629	0	7,345
	007	15,580	0	93,193	106,292	−78,013	0	123,650
	008	931,623	0	2,245,919	165,454	−37,200	0	3,305,797
	009	545,431	0	427,550	79,721	30,908	0	1,085,574
	010	1,112,315	7,904	0	0	0	0	1,120,219
	011	674	674	674	674	674	674	4,721
	012	5,329,273	0	431,700	52,891	34,445	0	5,875,768
	013	9,712,588	1,211,000	4,016,063	707,788	−112	0	15,647,327
	014	620,312	25,708	1,047	0	0	0	647,093
	중간투입계	20,597,765	1,245,287	7,218,866	1,113,042	3,147	674	30,195,500
지역	번호	민간소비지출	정부소비지출	민간고정자본	정부고정자본	재고증가	수출	최종수요계
강원권	001	36,403	0	5,998	162	6,968	0	49,531
	002	166,892	0	0	0	14,282	0	181,174
	003	2,603	0	2	1	−2	0	2,604
	004	376	0	0	0	67	0	443
	005	13,845	0	0	0	1,039	0	14,883
	006	503	0	0	0	−5,060	0	−4,557
	007	104	0	5,130	168	−3,656	0	1,629
	008	18,991	0	31,756	11,731	−17,653	0	44,826
	009	603	0	363	242	724	0	1,940
	010	12,691	1,712	0	0	0	0	14,403
	011	0	0	0	0	0	0	0
	012	142,596	0	12,342	1,494	−352	0	155,806
	013	227,943	62,230	6,018	1,479	0	0	297,671
	014	35,173	3,695	178	0	0	0	39,049
	중간투입계	39,697,247	2,558,210	14,496,802	2,241,138	−105,445	1,349	58,922,358
지역	번호	민간소비지출	정부소비지출	민간고정자본	정부고정자본	재고증가	수출	최종수요계
충청권	001	821,360	0	63,906	1,704	113,102	117,967	1,118,040
	002	2,310,002	0	0	0	−72,740	1,430,002	3,000,770
	003	94,746	0	441	115	−15,616	595,484	675,170
	004	26,116	0	0	0	4,468	1,081,171	1,111,755
	005	900,886	0	0	0	−102,718	24,005,880	24,804,048
	006	9,140	0	0	0	−44,450	354,246	318,936
	007	12,974	0	96,207	98,686	−294,662	3,241,035	3,146,452
	008	513,385	0	1,570,755	90,201	22,929	60,374,341	62,571,611
	009	282,664	0	248,036	65,568	30,303	8,770,878	9,398,044
	010	1,101,822	51,587	0	0	0	1,119	1,154,528
	011	0	0	21,051,502	6,323,626	−107,813	498	27,267,812
	012	2,319,550	0	110,153	14,319	4,671	1,859,736	4,312,185
	013	21,894,737	22,317,658	5,205,853	1,932,039	−8	541,728	51,892,007
	014	4,492,261	272,190	16,557	0	0	31,731	4,812,974
	중간투입계	74,935,999	25,267,281	42,915,999	10,782,509	−592,943	102,414,026	255,752,347
지역	번호	민간소비지출	정부소비지출	민간고정자본	정부고정자본	재고증가	수출	최종수요계
전라권	001	290,473	0	12,045	385	27,780	0	330,683
	002	467,283	0	0	0	5,564	0	472,847
	003	40,724	0	48	13	−1,638	0	39,147
	004	3,137	0	0	0	734	0	3,870
	005	298,836	0	0	0	−3,138	0	295,698
	006	2,065	0	0	0	−2,033	0	32
	007	1,714	0	20,719	7,100	−31,221	0	−3,115
	008	87,689	0	202,765	7,724	6,997	0	305,176
	009	436,728	0	329,212	72,499	6,377	0	845,023
	010	133,571	4,961	0	0	0	0	138,532
	011	0	0	0	0	0	0	0
	012	390,304	0	31,371	3,874	1,474	0	428,187
	013	463,995	183,414	55,385	23,052	−1	0	725,845
	014	56,858	9,883	606	0	0	0	67,356
	중간투입계	109,136,795	48,106,974	71,867,212	19,421,596	−1,073,796	201,595,220	449,080,224

지역	번호	충청권						
		민간소비지출	정부소비지출	민간고정자본 형성	정부고정자본 형성	재고증가	수출	최종수요계
경북권	001	161,158	0	8,566	229	14,339	0	184,292
	002	272,000	0	0	0	4,100	0	276,100
	003	44,140	0	364	83	−3,205	0	41,382
	004	5,290	0	0	0	761	0	6,051
	005	10,040	0	0	0	−1,805	0	8,235
	006	2,034	0	0	0	2,200	0	4,234
	007	8,560	0	13,613	72,885	−67,057	0	25,192
	008	305,149	0	441,514	75,514	28,929	0	851,106
	009	26,284	0	28,273	9,409	7,158	0	71,647
	010	97,194	0	0	0	0	0	97,194
	011	0	0	0	0	0	0	0
	012	320,928	0	25,993	3,193	2,338	0	354,366
	013	264,808	82,824	429,492	180,018	−2	0	957,141
	014	15,744	2,173	88	0	0	0	18,007
	중간투입계	112,541,882	48,390,230	73,455,172	19,877,175	−1,107,585	201,595,220	454,777,903
지역	번호	민간소비지출	정부소비지출	민간고정자본	정부고정자본	재고증가	수출	최종수요계
경남권	001	156,281	0	2,013	69	2,585	0	160,948
	002	272,776	0	0	0	8,888	0	281,665
	003	134,528	0	409	107	−311	0	134,734
	004	2,968	0	0	0	306	0	3,275
	005	639,628	0	0	0	−19,248	0	620,380
	006	1,824	0	0	0	−631	0	1,192
	007	13,550	0	52,649	66,547	−92,914	0	31,941
	008	103,504	0	685,193	15,338	−34,038	0	769,998
	009	558,619	0	460,705	334,913	12,341	0	1,366,976
	010	230,507	9	0	0	0	0	230,516
	011	0	0	0	0	0	0	0
	012	537,483	0	42,885	5,350	3,488	0	592,017
	013	306,920	78,303	116,241	33,369	0	0	534,832
	014	7,442	6,432	351	0	0	0	14,231
	중간투입계	116,558,652	48,559,970	75,754,591	20,673,887	−1,255,357	201,595,220	461,907,726

		전라권						
지역	번호	민간소비지출	정부소비지출	민간고정자본 형성	정부고정자본 형성	재고증가	수출	최종수요계
수도권	001	22,022	0	2,738	48	-11,010	0	13,798
	002	1,349,605	0	0	0	-9,415	0	1,340,190
	003	1,194,341	0	200	77	-34,274	0	1,160,344
	004	26,776	0	0	0	1,712	0	28,488
	005	238,668	0	0	0	44,171	0	282,839
	006	1,402	0	0	0	-15,033	0	-13,631
	007	11,832	0	56,085	21,437	-55,710	0	33,643
	008	1,142,771	0	1,950,908	201,113	-77,134	0	3,217,658
	009	589,366	0	393,092	69,256	-3,516	0	1,054,643
	010	341,936	396	0	0	0	0	342,332
	011	899	899	674	674	674	674	5,171
	012	4,961,513	0	394,099	48,783	31,326	0	5,460,481
	013	10,418,774	843,484	1,803,433	104,020	-18	0	13,169,694
	014	893,446	19,890	882	0	0	0	914,241
	중간투입계	21,193,351	864,670	4,602,112	445,408	-128,227	674	27,009,890
지역	번호	민간소비지출	정부소비지출	민간고정자본	정부고정자본	재고증가	수출	최종수요계
강원권	001	28,992	0	6,593	135	-26,828	0	8,893
	002	114,645	0	0	0	-3,270	0	111,376
	003	3,885	0	4	2	-140	0	3,751
	004	279	0	0	0	18	0	297
	005	1,725	0	0	0	227	0	1,952
	006	461	0	0	0	-4,014	0	-3,553
	007	148	0	2,998	398	-290	0	3,253
	008	5,620	0	8,802	686	-1,208	0	13,900
	009	773	0	128	213	147	0	1,329
	010	3,700	220	0	0	0	0	3,921
	011	0	0	0	0	0	0	0
	012	89,218	0	7,912	973	281	0	98,610
	013	165,266	15,800	6,292	1,393	-1	0	188,751
	014	66,809	1,439	55	0	0	0	68,303
	중간투입계	40,302,256	1,746,799	9,234,069	894,491	-236,831	1,349	52,006,233
지역	번호	민간소비지출	정부소비지출	민간고정자본	정부고정자본	재고증가	수출	최종수요계
충청권	001	96,715	0	5,546	161	-9,859	0	92,563
	002	853,770	0	0	0	11,189	0	864,958
	003	56,336	0	871	223	1,188	0	58,619
	004	13,804	0	0	0	1,049	0	14,853
	005	500,346	0	0	0	22,532	0	522,878
	006	2,726	0	0	0	-13,847	0	-11,121
	007	6,236	0	46,421	9,897	-56,044	0	6,511
	008	65,757	0	679,802	44,626	-30,995	0	759,190
	009	304,457	0	191,668	39,147	-1,147	0	537,362
	010	71,077	12	0	0	0	0	71,089
	011	0	0	0	0	0	0	0
	012	421,696	0	30,810	3,793	2,495	0	460,802
	013	536,457	177,050	128,204	31,433	0	0	873,143
	014	346,309	8,868	332	0	0	0	355,516
	중간투입계	43,911,662	1,950,188	10,343,909	1,027,434	-315,129	1,349	56,989,063
지역	번호	민간소비지출	정부소비지출	민간고정자본	정부고정자본	재고증가	수출	최종수요계
전라권	001	1,235,407	0	105,900	3,404	109,210	397,339	1,851,261
	002	2,123,310	0	0	0	30,586	1,342,692	3,496,589
	003	178,814	0	423	113	-10,782	503,966	672,534
	004	22,978	0	0	0	1,311	581,529	605,818
	005	673,559	0	0	0	29,331	44,545,179	45,248,069
	006	10,444	0	0	0	-64,519	364,746	310,671
	007	17,594	0	49,040	18,019	-339,724	8,467,549	8,212,478
	008	354,369	0	713,722	45,740	-118,016	8,984,825	9,980,640
	009	551,069	0	406,088	115,827	-17,356	15,798,237	16,858,442
	010	1,513,430	90,669	0	0	0	12,255	1,616,354
	011	0	0	17,277,909	8,481,126	-59,947	14	25,699,103
	012	3,287,966	0	186,560	23,901	12,499	2,593,640	6,114,275
	013	25,622,559	28,406,537	1,647,554	306,296	-5	1,288,463	57,271,404
	014	4,491,221	254,751	9,657	0	0	137,956	4,893,868
	중간투입계	86,249,443	30,888,076	31,818,001	10,150,754	-819,547	85,019,739	243,395,939

		전라권						
지역	번호	민간소비지출	정부소비지출	민간고정자본 형성	정부고정자본 형성	재고증가	수출	최종수요계
경북권	001	144,554	0	7,850	188	10,195	0	162,787
	002	237,609	0	0	0	−11,676	0	225,933
	003	79,505	0	593	171	−5,763	0	74,506
	004	8,418	0	0	0	492	0	8,910
	005	7,822	0	0	0	3,707	0	11,529
	006	3,105	0	0	0	−6,167	0	−3,062
	007	9,550	0	21,065	12,619	−23,279	0	19,955
	008	503,497	0	456,800	94,582	−45,160	0	1,009,718
	009	27,946	0	12,397	4,266	1,383	0	48,624
	010	12,917	0	0	0	0	0	12,917
	011	0	0	0	0	0	0	0
	012	330,615	0	27,872	3,448	1,863	0	365,298
	013	221,091	37,802	291,985	75,688	0	0	626,565
	014	9,863	4,346	172	0	0	0	14,385
	중간투입계	124,368,144	59,682,182	52,927,267	19,332,622	−1,451,689	167,212,603	422,179,310
지역	번호	민간소비지출	정부소비지출	민간고정자본	정부고정자본	재고증가	수출	최종수요계
경남권	001	134,773	0	1,861	72	−1,011	0	135,696
	002	397,544	0	0	0	−5,791	0	391,752
	003	154,425	0	436	114	−6,721	0	148,254
	004	5,704	0	0	0	−22	0	5,682
	005	608,701	0	0	0	4,732	0	613,433
	006	1,775	0	0	0	−886	0	890
	007	12,095	0	55,057	15,194	−80,931	0	1,415
	008	91,321	0	612,670	18,258	−118,427	0	603,823
	009	587,692	0	505,078	77,832	−95,721	0	1,080,056
	010	353,095	0	0	0	0	0	353,095
	011	0	0	0	0	0	0	0
	012	690,704	0	53,844	6,631	6,360	0	762,581
	013	418,281	121,488	38,818	9,044	0	0	587,631
	014	24,944	10,250	387	0	0	0	35,588
	중간투입계	128,975,603	59,856,068	55,005,710	19,650,367	−1,817,761	167,212,603	429,005,135

지역	번호	경북권						
		민간소비지출	정부소비지출	민간고정자본 형성	정부고정자본 형성	재고증가	수출	최종수요계
수도권	001	23,203	0	1,613	32	4,444	0	29,291
	002	553,303	0	0	0	−1,423	0	551,880
	003	1,121,213	0	769	78	−15,271	0	1,106,789
	004	13,686	0	0	0	23,505	0	37,191
	005	156,098	0	0	0	−64,063	0	92,035
	006	1,212	0	0	0	−2,771	0	−1,558
	007	8,310	0	50,936	36,909	−26,042	0	70,113
	008	743,067	0	1,282,823	95,976	−271	0	2,121,594
	009	558,142	0	382,571	61,207	7,319	0	1,029,628
	010	290,070	2,144	0	0	0	0	292,214
	011	450	450	450	450	450	450	3,147
	012	4,207,722	0	375,099	45,580	46,099	0	4,711,015
	013	9,058,894	524,277	2,215,031	234,262	−26	0	12,032,439
	014	950,839	7,989	313	0	0	0	959,148
	중간투입계	17,686,209	534,860	4,309,605	474,494	−28,051	450	23,034,926
지역	번호	민간소비지출	정부소비지출	민간고정자본	정부고정자본	재고증가	수출	최종수요계
강원권	001	45,101	0	3,922	130	36,538	0	85,692
	002	117,481	0	0	0	−2,210	0	115,272
	003	3,649	0	4	0	−72	0	3,582
	004	352	0	0	0	700	0	1,052
	005	2,088	0	0	0	−601	0	1,487
	006	367	0	0	0	−1,183	0	−816
	007	155	0	1,255	703	−973	0	1,140
	008	1,148	0	8,304	111	219	0	9,782
	009	943	0	602	220	606	0	2,581
	010	10,625	2,544	0	0	0	0	13,169
	011	0	0	0	0	0	0	0
	012	77,050	0	7,068	869	832	0	86,491
	013	220,953	31,238	4,175	810	0	0	257,177
	014	193,900	1,924	77	0	0	0	195,902
	중간투입계	34,348,511	1,105,427	8,642,235	951,721	−9,994	899	45,154,402
지역	번호	민간소비지출	정부소비지출	민간고정자본	정부고정자본	재고증가	수출	최종수요계
충청권	001	133,362	0	3,106	132	3,372	0	139,972
	002	1,016,510	0	0	0	−99,251	0	917,259
	003	26,106	0	420	40	5,192	0	31,758
	004	5,730	0	0	0	5,705	0	11,435
	005	460,611	0	0	0	−37,085	0	423,526
	006	3,473	0	0	0	−11,924	0	−8,452
	007	3,470	0	19,289	13,788	−123,248	0	−86,702
	008	148,488	0	353,985	20,818	20,666	0	543,958
	009	300,914	0	189,534	34,094	7,926	0	541,458
	010	239,133	47	0	0	0	0	239,181
	011	0	0	0	0	0	0	0
	012	401,476	0	33,748	4,100	4,658	0	447,698
	013	424,414	104,343	151,208	43,617	0	0	723,582
	014	146,313	4,493	185	0	0	0	150,994
	중간투입계	38,165,740	1,250,017	9,415,191	1,071,022	−235,084	899	49,796,982
지역	번호	민간소비지출	정부소비지출	민간고정자본	정부고정자본	재고증가	수출	최종수요계
전라권	001	314,667	0	8,440	332	18,723	0	342,162
	002	379,712	0	0	0	−1,592	0	378,120
	003	47,794	0	125	12	7,437	0	55,367
	004	2,082	0	0	0	4,217	0	6,299
	005	311,575	0	0	0	−38,058	0	273,517
	006	2,171	0	0	0	−4,547	0	−2,376
	007	671	0	8,342	609	−173,236	0	−163,615
	008	23,676	0	130,088	4,850	8,612	0	167,227
	009	241,759	0	159,750	44,429	2,367	0	454,417
	010	95,391	15	0	0	0	0	95,406
	011	0	0	0	0	0	0	0
	012	321,199	0	29,400	3,594	3,794	0	361,023
	013	200,218	29,300	6,127	697	0	0	236,341
	014	92,823	3,573	141	0	0	0	96,539
	중간투입계	42,327,770	1,391,788	10,505,553	1,241,961	−546,375	899	55,072,653

		경북권						
지역	번호	민간소비지출	정부소비지출	민간고정자본 형성	정부고정자본 형성	재고증가	수출	최종수요계
경북권	001	825,795	0	56,897	1,367	80,947	124,013	1,089,017
	002	1,555,167	0	0	0	−75,070	487,602	1,967,699
	003	202,253	0	2,408	215	29,060	4,069,935	4,303,871
	004	41,016	0	0	0	8,125	329,857	378,998
	005	78,792	0	0	0	−15,161	4,862,171	4,925,803
	006	9,175	0	0	0	−26,478	503,001	485,699
	007	29,202	0	94,972	94,301	−274,450	15,720,530	15,664,555
	008	788,312	0	1,199,932	113,609	−115,095	52,852,525	54,839,282
	009	91,880	0	70,615	33,610	17,380	5,182,931	5,455,445
	010	784,820	64,833	0	0	0	7,054	856,707
	011	0	0	13,520,977	5,441,703	−119,393	153	18,843,440
	012	3,164,361	0	197,806	24,877	22,623	1,618,694	5,045,317
	013	22,156,279	21,206,735	1,891,160	312,652	−4	652,428	46,219,249
	014	3,737,183	290,169	9,941	0	0	45,125	4,082,754
	중간투입계	77,081,487	22,986,413	27,884,107	7,318,475	−1,214,961	86,456,919	220,748,968

지역	번호	민간소비지출	정부소비지출	민간고정자본	정부고정자본	재고증가	수출	최종수요계
경남권	001	146,758	0	1,729	66	99	0	148,652
	002	868,954	0	0	0	−10,988	0	857,966
	003	119,699	0	612	57	5,672	0	126,040
	004	8,400	0	0	0	12,765	0	21,165
	005	821,029	0	0	0	−18,098	0	802,931
	006	1,748	0	0	0	−2,703	0	−955
	007	10,132	0	48,718	36,265	−72,182	0	22,933
	008	247,551	0	686,437	52,426	−38,837	0	947,577
	009	694,635	0	461,064	102,788	11,626	0	1,297,191
	010	708,124	29	0	0	0	0	708,153
	011	0	0	0	0	0	0	0
	012	732,455	0	62,884	7,665	9,037	0	819,267
	013	635,302	259,639	57,551	6,335	0	0	958,827
	014	99,472	10,292	404	0	0	0	110,176
	중간투입계	113,015,749	44,818,110	46,188,911	13,544,829	−1,829,149	167,901,531	383,987,141

		경남권								
지역	번호	민간소비지출	정부소비지출	민간고정자본	정부고정자본	재고증가	수출	최종수요계	수입	총산출액
수도권	001	39,846	0	1,672	59	−23,460	0	18,117	218,965	7,787,931
	002	1,202,892	0	0	0	−40,178	0	1,162,713	6,287,098	25,365,739
	003	1,564,021	0	2,777	65	−144,133	0	1,422,731	12,508,887	39,799,579
	004	23,361	0	0	0	14,507	0	37,868	2,874,694	16,690,280
	005	343,494	0	0	0	−113,789	0	229,705	14,892,778	45,829,686
	006	2,101	0	0	0	−1,819	0	282	1,041,367	8,315,321
	007	11,516	0	39,506	45,835	−14,020	0	80,111	8,950,248	47,749,666
	008	1,589,618	0	1,027,379	161,361	−18,133	0	2,760,224	60,703,480	162,727,403
	009	744,329	0	556,144	48,287	16,535	0	1,394,193	7,792,055	71,016,008
	010	44,967	894	0	0	0	0	45,862	29,021,409	29,772,970
	011	674	674	674	674	674	674	4,721	3,878,397	72,239,606
	012	5,708,449	0	640,283	75,592	73,810	0	6,557,664	26,537,786	217,548,782
	013	10,805,551	769,148	2,669,056	128,397	−28	0	14,372,123	23,732,590	589,273,972
	014	997,187	23,769	637	0	0	0	1,021,612	1,592,535	41,590,241
	중간투입계	23,078,006	794,486	4,938,128	460,270	−250,033	674	29,107,926	200,032,290	1,375,707,186
지역	번호	민간소비지출	정부소비지출	민간고정자본	정부고정자본	재고증가	수출	최종수요계	수입	총산출액
강원권	001	82,564	0	3,906	234	6,704	0	93,408	86,944	4,097,627
	002	187,748	0	0	0	−15,966	0	171,781	416,846	3,979,754
	003	4,746	0	23	1	−319	0	4,451	25,228	109,208
	004	238	0	0	0	395	0	633	26,821	161,190
	005	5,678	0	0	0	−370	0	5,307	187,499	848,767
	006	932	0	0	0	−152	0	780	486,660	2,233,070
	007	123	0	1,039	45	−34	0	1,174	249,331	799,637
	008	5,664	0	7,657	693	4,750	0	18,764	289,265	1,727,094
	009	2,555	0	175	336	4,322	0	8,521	239,939	1,762,049
	010	6,886	1,566	0	0	0	0	8,452	499,990	2,172,204
	011	0	0	0	0	0	0	0	346,744	7,818,672
	012	129,422	0	15,450	1,838	1,581	0	149,568	272,421	5,009,596
	013	159,084	21,260	6,249	1,258	0	0	187,850	701,926	20,891,033
	014	24,851	1,775	56	0	0	0	26,683	89,626	2,390,466
	중간투입계	43,959,743	1,613,573	9,906,362	924,820	−291,384	1,349	56,289,664	384,968,870	2,732,461,490
지역	번호	민간소비지출	정부소비지출	민간고정자본	정부고정자본	재고증가	수출	최종수요계	수입	총산출액
충청권	001	233,964	0	3,098	283	3,723	0	241,068	312,037	11,268,052
	002	1,330,236	0	0	0	−32,997	0	1,297,238	3,362,179	21,424,803
	003	41,695	0	1,494	56	−3,418	0	39,828	925,666	2,864,275
	004	14,298	0	0	0	8,556	0	22,853	1,354,009	5,109,108
	005	613,457	0	0	0	−142,698	0	470,759	31,670,453	48,507,018
	006	4,864	0	0	0	−5,260	0	−396	1,731,258	8,570,408
	007	6,857	0	21,409	10,051	−35,305	0	−1,256	5,600,873	38,800,586
	008	138,480	0	548,857	24,449	24,016	0	735,802	28,015,300	82,297,439
	009	457,683	0	339,359	43,911	11,268	0	860,296	3,084,043	29,096,933
	010	17,813	0	0	0	0	0	17,813	3,695,781	10,937,754
	011	0	0	0	0	0	0	0	1,321,394	27,229,859
	012	522,058	0	57,174	6,812	7,862	0	600,244	1,060,085	19,798,068
	013	342,519	117,527	40,070	8,149	0	0	508,264	2,912,344	77,416,876
	014	115,637	4,890	141	0	0	0	120,672	305,747	7,842,806
	중간투입계	48,134,498	1,760,590	10,948,591	1,022,702	−445,540	1,349	61,609,950	473,683,440	3,169,278,065
지역	번호	민간소비지출	정부소비지출	민간고정자본	정부고정자본	재고증가	수출	최종수요계	수입	총산출액
전라권	001	555,416	0	7,644	654	−8,501	0	555,214	685,677	17,820,132
	002	725,325	0	0	0	−23,499	0	701,826	2,400,269	15,119,463
	003	71,613	0	455	17	−3,269	0	68,817	720,230	1,524,465
	004	4,441	0	0	0	3,586	0	8,027	756,389	2,658,978
	005	414,736	0	0	0	−101,570	0	313,166	54,686,485	58,542,898
	006	2,562	0	0	0	−2,573	0	−11	491,311	4,472,133
	007	2,428	0	9,654	1,299	−51,451	0	−38,357	11,436,911	47,536,679
	008	25,865	0	56,996	2,400	2,802	0	88,063	3,033,301	15,757,127
	009	610,954	0	485,220	276,144	−16,862	0	1,359,809	3,927,253	31,549,173
	010	40,711	885	0	0	0	0	41,596	2,161,774	10,668,547
	011	0	0	0	0	0	0	0	1,235,607	26,125,914
	012	472,937	0	52,522	6,290	7,718	0	545,667	2,200,396	21,404,720
	013	318,426	90,803	31,613	5,974	0	0	446,816	2,635,573	79,230,654
	014	186,722	12,856	372	0	0	0	199,961	260,142	7,094,667
	중간투입계	53,786,002	1,987,552	12,600,079	1,408,852	−779,277	1,349	69,212,742	639,712,036	3,859,281,363

		경남권								
지역	번호	민간소비지출	정부소비지출	민간고정자본	정부고정자본	재고증가	수출	최종수요계	수입	총산출액
경북권	001	356,089	0	5,006	309	7,024	0	368,429	302,433	9,142,426
	002	739,090	0	0	0	−18,705	0	720,384	1,071,663	7,677,396
	003	113,443	0	2,397	115	−8,887	0	107,068	2,074,956	8,626,161
	004	29,389	0	0	0	4,790	0	34,179	445,780	2,931,879
	005	44,136	0	0	0	−9,825	0	34,311	5,088,842	16,049,663
	006	4,719	0	0	0	−8,415	0	−3,696	1,016,428	4,400,427
	007	8,649	0	24,239	15,019	−52,388	0	−30,995	12,625,760	59,419,196
	008	501,927	0	353,850	80,676	16,200	0	952,653	23,502,341	67,645,753
	009	82,463	0	54,240	7,000	12,101	0	187,747	1,773,343	20,804,906
	010	21,065	4,166	0	0	0	0	25,231	1,162,123	5,970,774
	011	0	0	0	0	0	0	0	900,771	19,092,915
	012	789,051	0	83,135	9,923	20,827	0	919,692	1,212,135	20,057,144
	013	919,568	443,145	214,637	43,568	−1	0	1,620,917	2,494,468	67,570,355
	014	75,830	24,197	684	0	0	0	100,731	216,569	5,538,792
	중간투입계	59,546,762	2,563,606	13,974,646	1,857,569	−978,491	1,349	77,206,104	775,668,402	4,476,591,661
지역	번호	민간소비지출	정부소비지출	민간고정자본	정부고정자본	재고증가	수출	최종수요계	수입	총산출액
경남권	001	999,589	0	31,008	1,048	132,715	175,014	1,339,374	460,214	8,536,773
	002	2,610,386	0	0	0	−83,800	2,145,002	4,671,588	2,803,781	13,448,169
	003	589,715	0	6,921	259	−82,856	2,543,233	3,057,271	1,827,312	6,464,312
	004	40,221	0	0	0	12,575	1,008,233	1,061,030	1,160,746	3,725,279
	005	1,142,858	0	0	0	−725,284	66,774,770	67,192,344	78,993,904	66,519,794
	006	12,841	0	0	0	−19,172	213,579	207,248	282,919	3,495,394
	007	49,891	0	334,900	113,610	−292,266	19,597,484	19,058,447	17,366,312	54,617,606
	008	732,547	0	2,145,140	118,894	179,244	30,275,371	33,451,197	10,712,007	60,384,436
	009	1,078,027	0	903,649	390,485	−228,975	76,763,547	78,988,935	20,299,987	109,896,293
	010	3,488,097	81,769	0	0	0	10,522	3,580,389	12,437,074	14,757,271
	011	0	0	22,960,885	6,287,706	−200,020	962	29,049,533	1,467,471	28,941,224
	012	6,103,243	0	478,260	56,249	47,385	9,122,708	15,843,272	6,366,025	43,642,405
	013	37,656,501	30,299,812	3,496,489	609,019	−11	2,032,466	74,094,277	3,957,886	111,722,545
	014	6,555,085	470,022	13,558	0	0	82,022	7,121,051	382,082	9,653,866
	중간투입계	123,053,170	33,886,718	45,076,241	9,591,025	−2,260,456	210,746,262	419,728,648	984,178,902	5,298,946,952

부록Ⅳ : 다지역 산업별 승수행렬표(2013년 기준)

		지역	수도권								
지역	번호	부 문	001	002	003	004	005	006	007	008	009
수도권	001	농림 · 수산 · 광산품	1.0767	0.1647	0.0016	0.0043	0.0048	0.0512	0.0022	0.0018	0.0019
	002	음식료품	0.2667	1.1433	0.0057	0.0073	0.0111	0.0188	0.0050	0.0040	0.0051
	003	섬유 및 가죽제품	0.0076	0.0092	1.2892	0.0198	0.0115	0.0129	0.0116	0.0090	0.0209
	004	목재 및 종이, 인쇄	0.0186	0.0366	0.0197	1.2166	0.0237	0.0225	0.0164	0.0127	0.0235
	005	석유석탄 및 화학제품	0.0471	0.0608	0.0555	0.0711	1.1470	0.0595	0.0609	0.0620	0.0827
	006	비금속광물제품	0.0016	0.0041	0.0012	0.0025	0.0043	1.0349	0.0056	0.0105	0.0037
	007	금속가공제품	0.0141	0.0276	0.0278	0.0197	0.0374	0.0464	1.2639	0.1007	0.1003
	008	전기 · 전자 · 정밀기기	0.0169	0.0196	0.0224	0.0222	0.0459	0.0372	0.0489	1.2133	0.0601
	009	수송장비 및 기타제조업	0.0151	0.0309	0.1018	0.0399	0.0327	0.0352	0.0396	0.0351	1.2074
	010	전력 · 가스 및 수도	0.0411	0.0631	0.0664	0.1049	0.0842	0.1066	0.1163	0.0582	0.0564
	011	건설	0.0002	0.0001	0.0001	0.0001	0.0001	0.0002	0.0001	0.0001	0.0001
	012	도소매 및 운송	0.1369	0.2672	0.2219	0.1991	0.1933	0.2305	0.1565	0.1434	0.1516
	013	서비스업	0.1091	0.1679	0.1762	0.1748	0.1577	0.1771	0.1518	0.1315	0.1511
	014	문화 및 기타 서비스	0.0062	0.0091	0.0091	0.0101	0.0081	0.0129	0.0090	0.0062	0.0084
강원권	001	농림 · 수산 · 광산품	0.0072	0.0175	0.0009	0.0035	0.0022	0.0109	0.0019	0.0012	0.0012
	002	음식료품	0.0046	0.0095	0.0006	0.0007	0.0007	0.0012	0.0005	0.0004	0.0005
	003	섬유 및 가죽제품	0.0001	0.0000	0.0004	0.0001	0.0001	0.0001	0.0001	0.0000	0.0001
	004	목재 및 종이, 인쇄	0.0002	0.0004	0.0002	0.0016	0.0002	0.0003	0.0001	0.0001	0.0002
	005	석유석탄 및 화학제품	0.0009	0.0009	0.0006	0.0007	0.0011	0.0012	0.0007	0.0005	0.0007
	006	비금속광물제품	0.0003	0.0006	0.0003	0.0004	0.0007	0.0561	0.0010	0.0014	0.0007
	007	금속가공제품	0.0002	0.0002	0.0003	0.0002	0.0003	0.0005	0.0023	0.0006	0.0007
	008	전기 · 전자 · 정밀기기	0.0003	0.0004	0.0004	0.0004	0.0006	0.0007	0.0007	0.0015	0.0009
	009	수송장비 및 기타제조업	0.0004	0.0007	0.0019	0.0008	0.0007	0.0011	0.0008	0.0007	0.0051
	010	전력 · 가스 및 수도	0.0008	0.0014	0.0014	0.0015	0.0012	0.0051	0.0019	0.0010	0.0011
	011	건설	0.0002	0.0002	0.0002	0.0002	0.0002	0.0003	0.0002	0.0002	0.0002
	012	도소매 및 운송	0.0027	0.0055	0.0033	0.0034	0.0034	0.0079	0.0028	0.0028	0.0029
	013	서비스업	0.0016	0.0028	0.0023	0.0024	0.0021	0.0051	0.0021	0.0017	0.0020
	014	문화 및 기타 서비스	0.0001	0.0003	0.0002	0.0002	0.0002	0.0005	0.0002	0.0001	0.0002
충청권	001	농림 · 수산 · 광산품	0.0224	0.0491	0.0019	0.0044	0.0038	0.0149	0.0020	0.0019	0.0020
	002	음식료품	0.0468	0.0699	0.0038	0.0043	0.0067	0.0078	0.0033	0.0027	0.0034
	003	섬유 및 가죽제품	0.0019	0.0018	0.0357	0.0034	0.0030	0.0022	0.0017	0.0016	0.0049
	004	목재 및 종이, 인쇄	0.0049	0.0096	0.0053	0.0759	0.0058	0.0061	0.0041	0.0036	0.0052
	005	석유석탄 및 화학제품	0.0587	0.0584	0.0533	0.0632	0.1369	0.0780	0.0593	0.0490	0.0650
	006	비금속광물제품	0.0021	0.0050	0.0017	0.0023	0.0050	0.0835	0.0041	0.0112	0.0046
	007	금속가공제품	0.0097	0.0148	0.0190	0.0128	0.0222	0.0326	0.1428	0.0493	0.0583
	008	전기 · 전자 · 정밀기기	0.0074	0.0084	0.0104	0.0094	0.0134	0.0146	0.0156	0.0880	0.0282
	009	수송장비 및 기타제조업	0.0057	0.0101	0.0320	0.0126	0.0105	0.0124	0.0124	0.0106	0.0828
	010	전력 · 가스 및 수도	0.0066	0.0088	0.0112	0.0144	0.0107	0.0129	0.0141	0.0087	0.0099
	011	건설	0.0005	0.0006	0.0005	0.0005	0.0006	0.0007	0.0005	0.0007	0.0005
	012	도소매 및 운송	0.0102	0.0178	0.0133	0.0140	0.0139	0.0158	0.0114	0.0108	0.0120
	013	서비스업	0.0076	0.0112	0.0105	0.0117	0.0114	0.0127	0.0107	0.0092	0.0111
	014	문화 및 기타 서비스	0.0007	0.0010	0.0009	0.0010	0.0011	0.0013	0.0010	0.0008	0.0010
전라권	001	농림 · 수산 · 광산품	0.0350	0.0844	0.0027	0.0065	0.0047	0.0090	0.0027	0.0021	0.0026
	002	음식료품	0.0247	0.0426	0.0024	0.0029	0.0033	0.0045	0.0020	0.0016	0.0020
	003	섬유 및 가죽제품	0.0006	0.0007	0.0167	0.0013	0.0012	0.0008	0.0007	0.0006	0.0014
	004	목재 및 종이, 인쇄	0.0021	0.0038	0.0025	0.0360	0.0025	0.0024	0.0019	0.0015	0.0024
	005	석유석탄 및 화학제품	0.0802	0.0775	0.0974	0.0955	0.3166	0.1068	0.0941	0.0743	0.0857
	006	비금속광물제품	0.0007	0.0013	0.0007	0.0011	0.0016	0.0062	0.0026	0.0027	0.0016
	007	금속가공제품	0.0119	0.0165	0.0234	0.0156	0.0284	0.0376	0.1750	0.0551	0.0680
	008	전기 · 전자 · 정밀기기	0.0022	0.0024	0.0027	0.0024	0.0058	0.0039	0.0046	0.0117	0.0060
	009	수송장비 및 기타제조업	0.0038	0.0053	0.0152	0.0059	0.0054	0.0054	0.0061	0.0050	0.0216
	010	전력 · 가스 및 수도	0.0068	0.0085	0.0099	0.0117	0.0199	0.0102	0.0153	0.0083	0.0097
	011	건설	0.0006	0.0008	0.0006	0.0007	0.0009	0.0008	0.0007	0.0008	0.0007
	012	도소매 및 운송	0.0122	0.0205	0.0151	0.0161	0.0228	0.0167	0.0148	0.0123	0.0135
	013	서비스업	0.0083	0.0117	0.0103	0.0112	0.0191	0.0107	0.0119	0.0082	0.0097
	014	문화 및 기타 서비스	0.0007	0.0010	0.0008	0.0009	0.0017	0.0009	0.0010	0.0007	0.0008

		지역	수도권								
지역	번호	부 문	001	002	003	004	005	006	007	008	009
경북권	001	농림 · 수산 · 광산품	0.0146	0.0414	0.0012	0.0039	0.0022	0.0074	0.0012	0.0010	0.0012
	002	음식료품	0.0045	0.0133	0.0010	0.0011	0.0011	0.0016	0.0009	0.0007	0.0008
	003	섬유 및 가죽제품	0.0031	0.0029	0.0877	0.0053	0.0043	0.0037	0.0027	0.0026	0.0079
	004	목재 및 종이, 인쇄	0.0020	0.0039	0.0024	0.0179	0.0023	0.0023	0.0022	0.0017	0.0021
	005	석유석탄 및 화학제품	0.0124	0.0116	0.0309	0.0115	0.0219	0.0128	0.0233	0.0145	0.0187
	006	비금속광물제품	0.0008	0.0013	0.0010	0.0010	0.0016	0.0050	0.0033	0.0037	0.0020
	007	금속가공제품	0.0131	0.0198	0.0270	0.0174	0.0296	0.0490	0.2405	0.0700	0.0824
	008	전기 · 전자 · 정밀기기	0.0054	0.0065	0.0082	0.0068	0.0108	0.0105	0.0129	0.0688	0.0188
	009	수송장비 및 기타제조업	0.0045	0.0072	0.0247	0.0086	0.0077	0.0082	0.0106	0.0085	0.0326
	010	전력 · 가스 및 수도	0.0023	0.0033	0.0060	0.0044	0.0038	0.0047	0.0092	0.0042	0.0047
	011	건설	0.0004	0.0005	0.0005	0.0004	0.0006	0.0005	0.0006	0.0005	0.0005
	012	도소매 및 운송	0.0073	0.0129	0.0127	0.0099	0.0106	0.0103	0.0132	0.0102	0.0111
	013	서비스업	0.0043	0.0070	0.0112	0.0065	0.0065	0.0069	0.0123	0.0080	0.0087
	014	문화 및 기타 서비스	0.0003	0.0005	0.0007	0.0004	0.0004	0.0005	0.0009	0.0005	0.0006
경남권	001	농림 · 수산 · 광산품	0.0116	0.0258	0.0013	0.0028	0.0018	0.0020	0.0013	0.0010	0.0013
	002	음식료품	0.0213	0.0264	0.0018	0.0023	0.0024	0.0030	0.0017	0.0013	0.0017
	003	섬유 및 가죽제품	0.0025	0.0026	0.0364	0.0041	0.0034	0.0029	0.0026	0.0021	0.0056
	004	목재 및 종이, 인쇄	0.0027	0.0047	0.0028	0.0569	0.0031	0.0033	0.0028	0.0022	0.0034
	005	석유석탄 및 화학제품	0.0799	0.0750	0.0909	0.0804	0.1609	0.1218	0.0762	0.0603	0.0831
	006	비금속광물제품	0.0004	0.0006	0.0005	0.0008	0.0006	0.0018	0.0014	0.0009	0.0009
	007	금속가공제품	0.0128	0.0173	0.0248	0.0167	0.0343	0.0333	0.1487	0.0536	0.0641
	008	전기 · 전자 · 정밀기기	0.0098	0.0093	0.0117	0.0099	0.0153	0.0157	0.0210	0.0347	0.0229
	009	수송장비 및 기타제조업	0.0165	0.0178	0.0533	0.0197	0.0173	0.0217	0.0210	0.0172	0.1238
	010	전력 · 가스 및 수도	0.0116	0.0139	0.0185	0.0223	0.0224	0.0193	0.0260	0.0143	0.0189
	011	건설	0.0004	0.0005	0.0006	0.0006	0.0006	0.0006	0.0006	0.0005	0.0006
	012	도소매 및 운송	0.0205	0.0322	0.0287	0.0273	0.0310	0.0304	0.0277	0.0222	0.0265
	013	서비스업	0.0123	0.0159	0.0182	0.0173	0.0200	0.0181	0.0202	0.0141	0.0201
	014	문화 및 기타 서비스	0.0008	0.0011	0.0012	0.0011	0.0013	0.0012	0.0014	0.0009	0.0013
		열합계	2.4309	2.9637	2.9171	2.7033	2.8724	2.8466	3.2060	2.6542	2.9709

지역	번호	수도권 010	수도권 011	수도권 012	수도권 013	수도권 014	강원권 001	강원권 002	강원권 003	강원권 004	강원권 005	강원권 006
수도권	001	0.0010	0.0093	0.0019	0.0043	0.0054	0.0077	0.0207	0.0011	0.0039	0.0029	0.0059
	002	0.0031	0.0071	0.0078	0.0159	0.0295	0.0392	0.0696	0.0042	0.0081	0.0120	0.0105
	003	0.0103	0.0087	0.0148	0.0077	0.0198	0.0051	0.0090	0.1564	0.0178	0.0111	0.0093
	004	0.0091	0.0236	0.0204	0.0136	0.0181	0.0108	0.0248	0.0159	0.1567	0.0249	0.0182
	005	0.0285	0.0641	0.0406	0.0216	0.0456	0.0227	0.0393	0.0455	0.0403	0.0961	0.0336
	006	0.0032	0.0796	0.0008	0.0008	0.0015	0.0011	0.0085	0.0011	0.0013	0.0053	0.0021
	007	0.0228	0.1167	0.0121	0.0091	0.0216	0.0122	0.0334	0.0254	0.0170	0.0294	0.0275
	008	0.0344	0.0770	0.0226	0.0235	0.0428	0.0119	0.0187	0.0187	0.0182	0.0362	0.0322
	009	0.0122	0.0244	0.0150	0.0094	0.0372	0.0118	0.0194	0.0569	0.0334	0.0227	0.0202
	010	1.7050	0.0522	0.0592	0.0542	0.0840	0.0192	0.0405	0.0379	0.0495	0.0479	0.0600
	011	0.0001	1.0001	0.0000	0.0000	0.0001	0.0002	0.0002	0.0022	0.0015	0.0006	0.0002
	012	0.0643	0.1317	1.1301	0.0701	0.0922	0.0693	0.1739	0.1404	0.1382	0.1718	0.1465
	013	0.1166	0.2095	0.3264	1.2560	0.2167	0.0548	0.1211	0.1138	0.1111	0.1304	0.1225
	014	0.0095	0.0090	0.0204	0.0165	1.0238	0.0024	0.0053	0.0049	0.0050	0.0056	0.0050
강원권	001	0.0006	0.0035	0.0008	0.0014	0.0014	1.0358	0.1947	0.0012	0.0326	0.0233	0.1301
	002	0.0003	0.0007	0.0008	0.0020	0.0013	0.0462	1.0501	0.0009	0.0026	0.0029	0.0069
	003	0.0000	0.0000	0.0001	0.0000	0.0001	0.0001	0.0001	1.0095	0.0004	0.0004	0.0001
	004	0.0001	0.0002	0.0002	0.0001	0.0001	0.0008	0.0017	0.0008	1.0211	0.0016	0.0013
	005	0.0004	0.0007	0.0004	0.0005	0.0006	0.0096	0.0077	0.0052	0.0055	1.0179	0.0056
	006	0.0006	0.0084	0.0002	0.0002	0.0003	0.0004	0.0028	0.0004	0.0006	0.0019	1.0645
	007	0.0002	0.0018	0.0001	0.0001	0.0002	0.0009	0.0026	0.0014	0.0007	0.0015	0.0016
	008	0.0006	0.0011	0.0004	0.0004	0.0007	0.0011	0.0017	0.0009	0.0011	0.0039	0.0036
	009	0.0003	0.0005	0.0004	0.0002	0.0011	0.0030	0.0047	0.0193	0.0109	0.0059	0.0064
	010	0.0019	0.0018	0.0017	0.0014	0.0016	0.0134	0.0137	0.0137	0.0219	0.0177	0.0729
	011	0.0001	0.0002	0.0002	0.0005	0.0002	0.0014	0.0015	0.0009	0.0012	0.0015	0.0016
	012	0.0011	0.0031	0.0020	0.0013	0.0017	0.0238	0.0493	0.0321	0.0481	0.0403	0.0892
	013	0.0013	0.0023	0.0036	0.0024	0.0036	0.0231	0.0394	0.0317	0.0392	0.0433	0.0568
	014	0.0001	0.0002	0.0003	0.0002	0.0004	0.0023	0.0037	0.0027	0.0030	0.0044	0.0068
충청권	001	0.0011	0.0051	0.0022	0.0043	0.0042	0.0168	0.0316	0.0016	0.0111	0.0044	0.0093
	002	0.0019	0.0042	0.0048	0.0096	0.0096	0.0513	0.0439	0.0031	0.0070	0.0079	0.0104
	003	0.0011	0.0016	0.0016	0.0008	0.0020	0.0017	0.0018	0.0217	0.0040	0.0033	0.0018
	004	0.0021	0.0054	0.0053	0.0031	0.0037	0.0039	0.0110	0.0062	0.1048	0.0105	0.0083
	005	0.0376	0.0554	0.0410	0.0253	0.0513	0.0507	0.0592	0.0571	0.0601	0.1764	0.0805
	006	0.0023	0.0327	0.0013	0.0012	0.0023	0.0015	0.0100	0.0016	0.0021	0.0066	0.0143
	007	0.0132	0.0982	0.0088	0.0064	0.0147	0.0111	0.0296	0.0215	0.0157	0.0257	0.0411
	008	0.0138	0.0353	0.0099	0.0089	0.0191	0.0063	0.0090	0.0091	0.0091	0.0134	0.0146
	009	0.0051	0.0085	0.0073	0.0037	0.0201	0.0049	0.0087	0.0259	0.0154	0.0101	0.0085
	010	0.0087	0.0106	0.0086	0.0074	0.0096	0.0053	0.0163	0.0089	0.0174	0.0171	0.0194
	011	0.0005	0.0006	0.0005	0.0012	0.0005	0.0003	0.0005	0.0004	0.0005	0.0005	0.0005
	012	0.0046	0.0114	0.0081	0.0050	0.0073	0.0083	0.0180	0.0127	0.0161	0.0181	0.0151
	013	0.0053	0.0123	0.0106	0.0078	0.0106	0.0063	0.0108	0.0090	0.0126	0.0136	0.0105
	014	0.0005	0.0010	0.0009	0.0007	0.0010	0.0006	0.0010	0.0008	0.0011	0.0013	0.0010
전라권	001	0.0014	0.0055	0.0032	0.0072	0.0062	0.0169	0.0838	0.0022	0.0220	0.0057	0.0056
	002	0.0012	0.0027	0.0029	0.0067	0.0061	0.0116	0.0349	0.0018	0.0050	0.0037	0.0037
	003	0.0005	0.0006	0.0007	0.0004	0.0009	0.0005	0.0007	0.0076	0.0013	0.0011	0.0007
	004	0.0009	0.0026	0.0026	0.0017	0.0017	0.0013	0.0030	0.0019	0.0234	0.0028	0.0022
	005	0.0476	0.0762	0.0619	0.0272	0.0518	0.0602	0.0740	0.1153	0.1051	0.2658	0.0879
	006	0.0010	0.0059	0.0005	0.0005	0.0007	0.0005	0.0019	0.0007	0.0009	0.0017	0.0065
	007	0.0168	0.0892	0.0107	0.0076	0.0177	0.0137	0.0253	0.0243	0.0177	0.0279	0.0424
	008	0.0029	0.0064	0.0022	0.0016	0.0042	0.0022	0.0028	0.0026	0.0028	0.0047	0.0050
	009	0.0021	0.0038	0.0033	0.0018	0.0073	0.0027	0.0059	0.0185	0.0105	0.0065	0.0047
	010	0.0054	0.0100	0.0064	0.0040	0.0063	0.0051	0.0081	0.0096	0.0107	0.0171	0.0098
	011	0.0006	0.0007	0.0008	0.0017	0.0007	0.0003	0.0006	0.0005	0.0006	0.0008	0.0006
	012	0.0056	0.0121	0.0104	0.0052	0.0077	0.0080	0.0179	0.0144	0.0155	0.0223	0.0230
	013	0.0052	0.0097	0.0095	0.0063	0.0081	0.0055	0.0107	0.0098	0.0106	0.0169	0.0102
	014	0.0004	0.0008	0.0007	0.0004	0.0006	0.0005	0.0010	0.0009	0.0009	0.0015	0.0009

		수도권					강원권					
지역	번호	010	011	012	013	014	001	002	003	004	005	006
경북권	001	0.0006	0.0034	0.0014	0.0030	0.0027	0.0074	0.0351	0.0010	0.0162	0.0027	0.0023
	002	0.0005	0.0010	0.0011	0.0022	0.0019	0.0027	0.0104	0.0009	0.0022	0.0013	0.0013
	003	0.0018	0.0026	0.0028	0.0015	0.0037	0.0025	0.0029	0.0939	0.0061	0.0052	0.0032
	004	0.0009	0.0021	0.0017	0.0010	0.0014	0.0013	0.0031	0.0022	0.0123	0.0026	0.0023
	005	0.0056	0.0142	0.0056	0.0036	0.0087	0.0108	0.0163	0.0434	0.0133	0.0289	0.0137
	006	0.0012	0.0059	0.0006	0.0006	0.0009	0.0007	0.0013	0.0010	0.0009	0.0015	0.0078
	007	0.0183	0.0943	0.0118	0.0087	0.0201	0.0145	0.0399	0.0299	0.0209	0.0318	0.0636
	008	0.0083	0.0204	0.0081	0.0084	0.0133	0.0052	0.0071	0.0074	0.0075	0.0104	0.0126
	009	0.0034	0.0066	0.0050	0.0026	0.0109	0.0068	0.0068	0.0191	0.0094	0.0071	0.0067
	010	0.0038	0.0047	0.0032	0.0026	0.0037	0.0025	0.0040	0.0061	0.0046	0.0044	0.0091
	011	0.0004	0.0005	0.0005	0.0009	0.0004	0.0002	0.0004	0.0004	0.0004	0.0005	0.0004
	012	0.0039	0.0093	0.0057	0.0037	0.0057	0.0052	0.0119	0.0126	0.0094	0.0114	0.0121
	013	0.0038	0.0081	0.0065	0.0048	0.0064	0.0033	0.0069	0.0109	0.0060	0.0067	0.0074
	014	0.0002	0.0005	0.0004	0.0003	0.0003	0.0002	0.0005	0.0007	0.0004	0.0004	0.0005
경남권	001	0.0008	0.0017	0.0015	0.0030	0.0024	0.0050	0.0333	0.0011	0.0079	0.0020	0.0020
	002	0.0010	0.0020	0.0023	0.0048	0.0042	0.0059	0.0220	0.0015	0.0033	0.0027	0.0025
	003	0.0018	0.0023	0.0030	0.0014	0.0035	0.0025	0.0027	0.0199	0.0057	0.0041	0.0027
	004	0.0013	0.0035	0.0026	0.0018	0.0021	0.0016	0.0035	0.0023	0.0200	0.0030	0.0027
	005	0.0573	0.0717	0.0850	0.0305	0.0578	0.0553	0.0654	0.0750	0.0651	0.1128	0.0952
	006	0.0009	0.0038	0.0003	0.0003	0.0004	0.0005	0.0051	0.0004	0.0006	0.0029	0.0020
	007	0.0282	0.0950	0.0126	0.0084	0.0185	0.0116	0.0207	0.0215	0.0161	0.0240	0.0341
	008	0.0143	0.0268	0.0088	0.0068	0.0157	0.0081	0.0118	0.0110	0.0115	0.0152	0.0197
	009	0.0091	0.0140	0.0158	0.0075	0.0287	0.0152	0.0177	0.0462	0.0267	0.0179	0.0170
	010	0.0125	0.0185	0.0121	0.0068	0.0111	0.0086	0.0137	0.0161	0.0158	0.0183	0.0198
	011	0.0004	0.0006	0.0006	0.0010	0.0005	0.0003	0.0005	0.0004	0.0004	0.0005	0.0005
	012	0.0114	0.0226	0.0195	0.0091	0.0143	0.0134	0.0282	0.0233	0.0234	0.0288	0.0521
	013	0.0097	0.0169	0.0154	0.0091	0.0137	0.0082	0.0148	0.0146	0.0135	0.0167	0.0193
	014	0.0007	0.0011	0.0010	0.0006	0.0008	0.0005	0.0010	0.0009	0.0009	0.0011	0.0014
열합계		2.4192	2.7997	2.1450	1.8063	2.1815	1.9286	2.8670	2.5986	2.6155	2.8159	2.7939

		강원권								충청권		
지역	번호	007	008	009	010	011	012	013	014	001	002	003
수도권	001	0,0016	0,0014	0,0016	0,0010	0,0028	0,0011	0,0033	0,0035	0,0140	0,0269	0,0014
	002	0,0049	0,0043	0,0050	0,0040	0,0055	0,0050	0,0167	0,0176	0,0652	0,0841	0,0049
	003	0,0112	0,0113	0,0147	0,0093	0,0078	0,0110	0,0081	0,0156	0,0073	0,0090	0,1129
	004	0,0142	0,0133	0,0156	0,0129	0,0161	0,0122	0,0116	0,0166	0,0122	0,0269	0,0150
	005	0,0375	0,0562	0,0758	0,0260	0,0384	0,0206	0,0216	0,0347	0,0284	0,0425	0,0566
	006	0,0030	0,0044	0,0026	0,0014	0,0183	0,0007	0,0010	0,0014	0,0010	0,0027	0,0012
	007	0,1458	0,1085	0,0983	0,0242	0,0944	0,0096	0,0098	0,0194	0,0099	0,0197	0,0280
	008	0,0417	0,1164	0,0505	0,0376	0,0547	0,0164	0,0182	0,0285	0,0118	0,0170	0,0232
	009	0,0327	0,0271	0,1597	0,0131	0,0191	0,0139	0,0100	0,0420	0,0116	0,0257	0,0744
	010	0,1726	0,0450	0,0487	0,3162	0,0418	0,0294	0,0326	0,0487	0,0215	0,0402	0,0534
	011	0,0007	0,0005	0,0004	0,0003	0,0001	0,0001	0,0001	0,0002	0,0002	0,0001	0,0003
	012	0,1360	0,1401	0,1347	0,0624	0,1026	0,0649	0,0587	0,0770	0,0894	0,1987	0,1439
	013	0,1278	0,1103	0,1206	0,1093	0,1269	0,1221	0,1129	0,1434	0,0613	0,1160	0,1096
	014	0,0058	0,0048	0,0053	0,0049	0,0045	0,0041	0,0036	0,0064	0,0028	0,0056	0,0051
강원권	001	0,0037	0,0020	0,0024	0,0014	0,0185	0,0014	0,0076	0,0053	0,0047	0,0148	0,0011
	002	0,0012	0,0008	0,0011	0,0014	0,0020	0,0019	0,0121	0,0147	0,0021	0,0058	0,0005
	003	0,0002	0,0005	0,0005	0,0002	0,0001	0,0003	0,0002	0,0004	0,0000	0,0000	0,0001
	004	0,0010	0,0006	0,0014	0,0008	0,0027	0,0008	0,0007	0,0010	0,0001	0,0003	0,0001
	005	0,0036	0,0120	0,0169	0,0036	0,0062	0,0023	0,0014	0,0030	0,0008	0,0010	0,0011
	006	0,0025	0,0018	0,0015	0,0013	0,0658	0,0003	0,0012	0,0006	0,0003	0,0007	0,0004
	007	1,0119	0,0086	0,0122	0,0015	0,0126	0,0006	0,0006	0,0016	0,0001	0,0002	0,0003
	008	0,0044	1,0245	0,0077	0,0082	0,0176	0,0024	0,0026	0,0060	0,0003	0,0004	0,0005
	009	0,0099	0,0065	1,0909	0,0035	0,0019	0,0049	0,0016	0,0209	0,0003	0,0007	0,0017
	010	0,1860	0,0098	0,0137	1,0800	0,0120	0,0201	0,0234	0,0265	0,0006	0,0011	0,0011
	011	0,0019	0,0015	0,0014	0,0035	1,0014	0,0021	0,0140	0,0022	0,0002	0,0002	0,0002
	012	0,0564	0,0248	0,0230	0,0112	0,0203	1,0288	0,0126	0,0127	0,0020	0,0052	0,0032
	013	0,0525	0,0300	0,0353	0,0705	0,0656	0,0973	1,0794	0,0725	0,0013	0,0025	0,0021
	014	0,0053	0,0022	0,0028	0,0147	0,0052	0,0138	0,0114	1,0123	0,0001	0,0002	0,0002
충청권	001	0,0023	0,0019	0,0020	0,0015	0,0037	0,0017	0,0050	0,0058	1,0846	0,2901	0,0031
	002	0,0036	0,0032	0,0036	0,0029	0,0043	0,0038	0,0114	0,0160	0,1323	1,1103	0,0054
	003	0,0017	0,0018	0,0036	0,0012	0,0016	0,0014	0,0011	0,0020	0,0023	0,0021	1,0563
	004	0,0044	0,0052	0,0052	0,0033	0,0050	0,0050	0,0036	0,0044	0,0066	0,0150	0,0069
	005	0,0610	0,0735	0,0832	0,0436	0,0582	0,0446	0,0340	0,0565	0,0749	0,0710	0,0970
	006	0,0094	0,0066	0,0043	0,0024	0,0228	0,0011	0,0015	0,0021	0,0018	0,0045	0,0023
	007	0,1404	0,1003	0,0848	0,0171	0,0925	0,0078	0,0082	0,0151	0,0094	0,0190	0,0260
	008	0,0175	0,0698	0,0318	0,0194	0,0312	0,0077	0,0080	0,0162	0,0075	0,0096	0,0122
	009	0,0147	0,0117	0,0558	0,0051	0,0068	0,0050	0,0035	0,0143	0,0062	0,0146	0,0441
	010	0,0251	0,0111	0,0131	0,0060	0,0107	0,0042	0,0039	0,0067	0,0127	0,0193	0,0413
	011	0,0005	0,0005	0,0005	0,0005	0,0005	0,0003	0,0010	0,0004	0,0012	0,0012	0,0010
	012	0,0131	0,0140	0,0141	0,0062	0,0115	0,0072	0,0061	0,0083	0,0200	0,0510	0,0311
	013	0,0117	0,0112	0,0117	0,0069	0,0114	0,0070	0,0059	0,0087	0,0275	0,0431	0,0458
	014	0,0011	0,0010	0,0011	0,0006	0,0009	0,0006	0,0005	0,0011	0,0024	0,0038	0,0037
전라권	001	0,0031	0,0023	0,0027	0,0020	0,0039	0,0022	0,0079	0,0064	0,0394	0,0791	0,0028
	002	0,0021	0,0018	0,0020	0,0016	0,0023	0,0018	0,0061	0,0050	0,0598	0,0441	0,0023
	003	0,0007	0,0007	0,0011	0,0005	0,0006	0,0005	0,0004	0,0008	0,0006	0,0007	0,0071
	004	0,0020	0,0018	0,0021	0,0014	0,0022	0,0013	0,0013	0,0018	0,0019	0,0037	0,0020
	005	0,1077	0,1059	0,1015	0,0568	0,0801	0,0419	0,0302	0,0482	0,0776	0,0725	0,1567
	006	0,0072	0,0020	0,0020	0,0011	0,0060	0,0004	0,0006	0,0007	0,0007	0,0013	0,0009
	007	0,1732	0,0795	0,1008	0,0205	0,1323	0,0090	0,0093	0,0171	0,0104	0,0172	0,0257
	008	0,0044	0,0125	0,0050	0,0047	0,0064	0,0020	0,0017	0,0037	0,0026	0,0025	0,0033
	009	0,0101	0,0076	0,0243	0,0025	0,0037	0,0023	0,0019	0,0058	0,0035	0,0060	0,0151
	010	0,0183	0,0110	0,0119	0,0057	0,0116	0,0038	0,0033	0,0050	0,0076	0,0089	0,0153
	011	0,0007	0,0006	0,0006	0,0006	0,0006	0,0004	0,0012	0,0005	0,0005	0,0007	0,0006
	012	0,0163	0,0154	0,0149	0,0069	0,0130	0,0080	0,0061	0,0081	0,0120	0,0195	0,0163
	013	0,0129	0,0104	0,0109	0,0065	0,0101	0,0053	0,0045	0,0064	0,0088	0,0113	0,0124
	014	0,0012	0,0009	0,0010	0,0005	0,0009	0,0005	0,0004	0,0010	0,0008	0,0010	0,0011

		강원권								충청권		
지역	번호	007	008	009	010	011	012	013	014	001	002	003
경북권	001	0,0014	0,0011	0,0012	0,0009	0,0018	0,0011	0,0042	0,0036	0,0112	0,0388	0,0013
	002	0,0010	0,0008	0,0010	0,0008	0,0010	0,0010	0,0043	0,0046	0,0053	0,0131	0,0010
	003	0,0028	0,0030	0,0081	0,0019	0,0026	0,0023	0,0020	0,0034	0,0027	0,0028	0,0456
	004	0,0021	0,0019	0,0021	0,0013	0,0019	0,0012	0,0010	0,0014	0,0020	0,0045	0,0026
	005	0,0203	0,0296	0,0408	0,0084	0,0189	0,0058	0,0045	0,0100	0,0148	0,0139	0,0659
	006	0,0137	0,0027	0,0026	0,0017	0,0055	0,0005	0,0007	0,0009	0,0009	0,0033	0,0012
	007	0,1669	0,1075	0,1135	0,0262	0,1039	0,0105	0,0107	0,0203	0,0108	0,0210	0,0294
	008	0,0142	0,0332	0,0172	0,0163	0,0237	0,0066	0,0063	0,0116	0,0050	0,0064	0,0088
	009	0,0107	0,0089	0,0272	0,0037	0,0061	0,0045	0,0031	0,0074	0,0036	0,0081	0,0239
	010	0,0195	0,0055	0,0065	0,0068	0,0054	0,0033	0,0035	0,0037	0,0025	0,0039	0,0093
	011	0,0006	0,0005	0,0005	0,0004	0,0004	0,0003	0,0009	0,0004	0,0003	0,0004	0,0005
	012	0,0125	0,0121	0,0126	0,0051	0,0097	0,0048	0,0042	0,0060	0,0065	0,0137	0,0133
	013	0,0114	0,0089	0,0101	0,0047	0,0080	0,0039	0,0035	0,0051	0,0039	0,0071	0,0107
	014	0,0009	0,0006	0,0007	0,0004	0,0006	0,0003	0,0003	0,0004	0,0003	0,0005	0,0007
경남권	001	0,0015	0,0012	0,0013	0,0011	0,0014	0,0011	0,0036	0,0027	0,0054	0,0163	0,0013
	002	0,0018	0,0015	0,0018	0,0014	0,0018	0,0016	0,0053	0,0046	0,0059	0,0155	0,0017
	003	0,0027	0,0027	0,0046	0,0020	0,0024	0,0025	0,0019	0,0035	0,0028	0,0027	0,0162
	004	0,0024	0,0023	0,0026	0,0017	0,0026	0,0014	0,0013	0,0019	0,0021	0,0046	0,0028
	005	0,0689	0,0675	0,0797	0,0474	0,0642	0,0527	0,0300	0,0507	0,0672	0,0699	0,1201
	006	0,0029	0,0021	0,0012	0,0006	0,0027	0,0003	0,0004	0,0006	0,0003	0,0005	0,0005
	007	0,0927	0,0621	0,0662	0,0215	0,0773	0,0091	0,0085	0,0163	0,0102	0,0184	0,0252
	008	0,0259	0,0649	0,0273	0,0273	0,0336	0,0078	0,0074	0,0165	0,0063	0,0086	0,0125
	009	0,0270	0,0217	0,0753	0,0099	0,0126	0,0107	0,0069	0,0205	0,0084	0,0164	0,0396
	010	0,0324	0,0175	0,0196	0,0247	0,0175	0,0083	0,0067	0,0107	0,0102	0,0140	0,0235
	011	0,0006	0,0005	0,0005	0,0004	0,0005	0,0003	0,0006	0,0004	0,0004	0,0005	0,0006
	012	0,0255	0,0257	0,0260	0,0123	0,0224	0,0117	0,0096	0,0137	0,0156	0,0292	0,0274
	013	0,0179	0,0167	0,0182	0,0111	0,0150	0,0091	0,0072	0,0109	0,0094	0,0145	0,0181
	014	0,0012	0,0011	0,0012	0,0007	0,0010	0,0005	0,0004	0,0008	0,0006	0,0010	0,0012
열합계		3,3236	2,8380	3,1095	2,2928	2,7441	1,8280	1,7843	2,1352	2,1795	2,9209	2,7852

		충청권										
지역	번호	004	005	006	007	008	009	010	011	012	013	014
수도권	001	0,0021	0,0022	0,0034	0,0015	0,0014	0,0015	0,0009	0,0021	0,0011	0,0029	0,0033
	002	0,0075	0,0093	0,0074	0,0043	0,0037	0,0047	0,0033	0,0052	0,0047	0,0137	0,0156
	003	0,0259	0,0158	0,0091	0,0100	0,0083	0,0213	0,0110	0,0082	0,0116	0,0080	0,0171
	004	0,1264	0,0179	0,0155	0,0124	0,0110	0,0172	0,0101	0,0166	0,0119	0,0112	0,0164
	005	0,0601	0,0758	0,0378	0,0382	0,0481	0,0703	0,0295	0,0412	0,0192	0,0184	0,0300
	006	0,0029	0,0027	0,0061	0,0037	0,0067	0,0025	0,0021	0,0102	0,0006	0,0008	0,0013
	007	0,0187	0,0342	0,0364	0,2055	0,0844	0,0862	0,0269	0,0981	0,0098	0,0096	0,0200
	008	0,0241	0,0381	0,0295	0,0382	0,1631	0,0513	0,0394	0,0596	0,0170	0,0198	0,0324
	009	0,0339	0,0239	0,0264	0,0308	0,0280	0,2212	0,0135	0,0200	0,0178	0,0101	0,0495
	010	0,1117	0,0576	0,0695	0,0833	0,0462	0,0470	0,4323	0,0431	0,0294	0,0340	0,0515
	011	0,0002	0,0001	0,0002	0,0001	0,0001	0,0001	0,0002	0,0001	0,0001	0,0001	0,0001
	012	0,1664	0,1664	0,1450	0,1296	0,1204	0,1378	0,0673	0,1086	0,0717	0,0634	0,0849
	013	0,1258	0,1237	0,1023	0,1082	0,1037	0,1203	0,0925	0,1374	0,1049	0,1046	0,1220
	014	0,0060	0,0056	0,0049	0,0053	0,0044	0,0054	0,0048	0,0047	0,0042	0,0039	0,0049
강원권	001	0,0025	0,0023	0,0167	0,0028	0,0018	0,0013	0,0007	0,0045	0,0006	0,0015	0,0014
	002	0,0006	0,0007	0,0012	0,0005	0,0004	0,0005	0,0004	0,0007	0,0006	0,0022	0,0010
	003	0,0001	0,0001	0,0000	0,0000	0,0000	0,0001	0,0000	0,0000	0,0000	0,0000	0,0000
	004	0,0014	0,0002	0,0002	0,0001	0,0001	0,0002	0,0001	0,0002	0,0001	0,0001	0,0001
	005	0,0011	0,0018	0,0010	0,0007	0,0007	0,0008	0,0006	0,0007	0,0004	0,0009	0,0011
	006	0,0009	0,0007	0,0256	0,0011	0,0022	0,0007	0,0006	0,0066	0,0002	0,0003	0,0003
	007	0,0002	0,0005	0,0006	0,0087	0,0007	0,0009	0,0003	0,0028	0,0001	0,0001	0,0002
	008	0,0006	0,0008	0,0007	0,0009	0,0018	0,0009	0,0010	0,0016	0,0006	0,0014	0,0010
	009	0,0008	0,0006	0,0008	0,0007	0,0006	0,0040	0,0003	0,0005	0,0003	0,0002	0,0009
	010	0,0014	0,0013	0,0029	0,0031	0,0011	0,0011	0,0019	0,0018	0,0006	0,0007	0,0009
	011	0,0002	0,0002	0,0003	0,0002	0,0003	0,0002	0,0003	0,0002	0,0002	0,0004	0,0002
	012	0,0038	0,0035	0,0050	0,0030	0,0027	0,0029	0,0014	0,0029	0,0016	0,0016	0,0019
	013	0,0024	0,0025	0,0035	0,0024	0,0018	0,0021	0,0018	0,0023	0,0024	0,0024	0,0035
	014	0,0002	0,0002	0,0003	0,0002	0,0001	0,0002	0,0001	0,0002	0,0001	0,0001	0,0003
충청권	001	0,0093	0,0060	0,0410	0,0026	0,0029	0,0025	0,0018	0,0109	0,0030	0,0128	0,0126
	002	0,0059	0,0069	0,0097	0,0040	0,0034	0,0042	0,0034	0,0055	0,0063	0,0248	0,0342
	003	0,0080	0,0067	0,0021	0,0017	0,0019	0,0071	0,0016	0,0018	0,0019	0,0013	0,0029
	004	1,0898	0,0086	0,0089	0,0053	0,0053	0,0061	0,0054	0,0079	0,0064	0,0048	0,0066
	005	0,0893	1,3332	0,0846	0,0764	0,0636	0,0854	0,0478	0,0673	0,0485	0,0357	0,0721
	006	0,0080	0,0053	1,0755	0,0071	0,0291	0,0056	0,0040	0,0858	0,0013	0,0018	0,0026
	007	0,0166	0,0351	0,0545	1,5525	0,0761	0,1006	0,0223	0,1442	0,0088	0,0089	0,0183
	008	0,0140	0,0189	0,0170	0,0188	1,2226	0,0400	0,0272	0,0567	0,0120	0,0135	0,0276
	009	0,0195	0,0117	0,0133	0,0136	0,0127	1,1396	0,0063	0,0097	0,0084	0,0053	0,0235
	010	0,0810	0,0468	0,0364	0,0493	0,0194	0,0195	1,0567	0,0168	0,0221	0,0251	0,0287
	011	0,0014	0,0015	0,0014	0,0010	0,0019	0,0011	0,0021	1,0011	0,0014	0,0051	0,0020
	012	0,0524	0,0422	0,0596	0,0281	0,0252	0,0257	0,0156	0,0234	1,0357	0,0165	0,0177
	013	0,0575	0,0529	0,0480	0,0403	0,0341	0,0408	0,0544	0,0730	0,1333	1,1068	0,1025
	014	0,0047	0,0049	0,0055	0,0040	0,0025	0,0039	0,0065	0,0049	0,0142	0,0119	1,0134
전라권	001	0,0053	0,0043	0,0139	0,0028	0,0024	0,0025	0,0017	0,0054	0,0024	0,0080	0,0081
	002	0,0031	0,0037	0,0052	0,0020	0,0017	0,0020	0,0015	0,0028	0,0022	0,0077	0,0104
	003	0,0019	0,0015	0,0006	0,0007	0,0006	0,0014	0,0006	0,0006	0,0006	0,0004	0,0009
	004	0,0247	0,0023	0,0021	0,0019	0,0015	0,0026	0,0013	0,0029	0,0016	0,0013	0,0017
	005	0,1105	0,2167	0,0816	0,0862	0,0698	0,0834	0,0492	0,0703	0,0420	0,0327	0,0507
	006	0,0015	0,0016	0,0067	0,0031	0,0042	0,0017	0,0011	0,0096	0,0004	0,0006	0,0008
	007	0,0179	0,0321	0,0447	0,1981	0,0554	0,0748	0,0199	0,0976	0,0090	0,0090	0,0183
	008	0,0029	0,0042	0,0038	0,0040	0,0092	0,0052	0,0036	0,0082	0,0020	0,0025	0,0049
	009	0,0071	0,0049	0,0047	0,0060	0,0050	0,0169	0,0022	0,0036	0,0023	0,0022	0,0050
	010	0,0163	0,0173	0,0110	0,0188	0,0090	0,0107	0,0102	0,0107	0,0063	0,0062	0,0079
	011	0,0007	0,0008	0,0006	0,0006	0,0007	0,0006	0,0007	0,0006	0,0005	0,0012	0,0007
	012	0,0172	0,0205	0,0143	0,0151	0,0120	0,0137	0,0068	0,0123	0,0073	0,0063	0,0087
	013	0,0117	0,0153	0,0093	0,0121	0,0081	0,0097	0,0059	0,0096	0,0071	0,0062	0,0084
	014	0,0010	0,0013	0,0008	0,0011	0,0007	0,0008	0,0005	0,0008	0,0005	0,0005	0,0008

		충청권										
지역	번호	004	005	006	007	008	009	010	011	012	013	014
경북권	001	0.0031	0.0019	0.0037	0.0012	0.0010	0.0012	0.0008	0.0022	0.0011	0.0034	0.0032
	002	0.0011	0.0013	0.0011	0.0009	0.0007	0.0008	0.0006	0.0009	0.0009	0.0027	0.0031
	003	0.0075	0.0062	0.0030	0.0025	0.0025	0.0081	0.0020	0.0024	0.0021	0.0016	0.0034
	004	0.0169	0.0027	0.0024	0.0024	0.0018	0.0022	0.0013	0.0021	0.0016	0.0014	0.0019
	005	0.0159	0.0199	0.0134	0.0263	0.0164	0.0270	0.0073	0.0160	0.0049	0.0045	0.0092
	006	0.0020	0.0032	0.0066	0.0044	0.0091	0.0026	0.0014	0.0092	0.0006	0.0007	0.0013
	007	0.0200	0.0334	0.0730	0.3091	0.0654	0.0889	0.0233	0.0986	0.0101	0.0103	0.0207
	008	0.0081	0.0119	0.0107	0.0134	0.0306	0.0164	0.0109	0.0207	0.0054	0.0061	0.0106
	009	0.0103	0.0079	0.0079	0.0118	0.0087	0.0321	0.0038	0.0071	0.0042	0.0031	0.0105
	010	0.0089	0.0058	0.0070	0.0132	0.0050	0.0056	0.0053	0.0052	0.0036	0.0037	0.0047
	011	0.0004	0.0005	0.0004	0.0006	0.0004	0.0004	0.0004	0.0004	0.0002	0.0004	0.0003
	012	0.0117	0.0123	0.0102	0.0151	0.0100	0.0121	0.0050	0.0100	0.0051	0.0045	0.0067
	013	0.0073	0.0072	0.0072	0.0144	0.0072	0.0093	0.0042	0.0082	0.0044	0.0041	0.0063
	014	0.0005	0.0005	0.0005	0.0011	0.0005	0.0006	0.0003	0.0006	0.0003	0.0003	0.0004
경남권	001	0.0022	0.0018	0.0016	0.0014	0.0010	0.0012	0.0011	0.0015	0.0011	0.0031	0.0023
	002	0.0021	0.0023	0.0018	0.0016	0.0012	0.0016	0.0011	0.0016	0.0014	0.0039	0.0034
	003	0.0068	0.0068	0.0024	0.0025	0.0021	0.0077	0.0022	0.0023	0.0023	0.0016	0.0035
	004	0.0425	0.0032	0.0029	0.0027	0.0023	0.0030	0.0017	0.0032	0.0021	0.0017	0.0022
	005	0.0933	0.2229	0.0871	0.0731	0.0608	0.0879	0.0560	0.0685	0.0586	0.0333	0.0595
	006	0.0012	0.0008	0.0031	0.0020	0.0012	0.0009	0.0010	0.0036	0.0002	0.0003	0.0004
	007	0.0188	0.0306	0.0353	0.1484	0.0475	0.0572	0.0239	0.0724	0.0099	0.0093	0.0187
	008	0.0118	0.0168	0.0131	0.0198	0.0339	0.0211	0.0172	0.0254	0.0070	0.0074	0.0150
	009	0.0206	0.0158	0.0160	0.0192	0.0154	0.0612	0.0096	0.0125	0.0118	0.0080	0.0289
	010	0.0268	0.0285	0.0195	0.0303	0.0155	0.0192	0.0389	0.0177	0.0111	0.0098	0.0150
	011	0.0006	0.0008	0.0005	0.0006	0.0006	0.0006	0.0006	0.0005	0.0004	0.0006	0.0005
	012	0.0294	0.0374	0.0253	0.0284	0.0221	0.0258	0.0135	0.0212	0.0127	0.0101	0.0153
	013	0.0182	0.0249	0.0149	0.0203	0.0142	0.0184	0.0117	0.0151	0.0106	0.0088	0.0134
	014	0.0012	0.0016	0.0010	0.0014	0.0009	0.0012	0.0008	0.0010	0.0006	0.0005	0.0008
열합계		2.7976	3.0043	2.5813	3.6209	2.7028	3.0251	2.3496	2.7544	1.8736	1.8169	2.2151

지역	번호	전라권 001	002	003	004	005	006	007	008	009	010	011
수도권	001	0,0110	0,0247	0,0015	0,0019	0,0017	0,0025	0,0023	0,0013	0,0013	0,0010	0,0017
	002	0,0304	0,0489	0,0060	0,0063	0,0072	0,0073	0,0049	0,0041	0,0041	0,0039	0,0049
	003	0,0063	0,0086	0,1793	0,0165	0,0113	0,0115	0,0098	0,0086	0,0147	0,0104	0,0077
	004	0,0110	0,0198	0,0140	0,1096	0,0123	0,0161	0,0103	0,0120	0,0115	0,0100	0,0137
	005	0,0249	0,0347	0,0388	0,0485	0,0455	0,0354	0,0319	0,0403	0,0421	0,0305	0,0333
	006	0,0008	0,0019	0,0010	0,0027	0,0013	0,0053	0,0022	0,0032	0,0021	0,0015	0,0053
	007	0,0089	0,0166	0,0196	0,0164	0,0216	0,0297	0,0785	0,0676	0,0545	0,0231	0,0661
	008	0,0123	0,0175	0,0218	0,0232	0,0342	0,0302	0,0316	0,1059	0,0595	0,0421	0,0567
	009	0,0093	0,0198	0,0595	0,0283	0,0172	0,0249	0,0224	0,0242	0,0933	0,0111	0,0169
	010	0,0185	0,0310	0,0463	0,0692	0,0486	0,0552	0,0813	0,0410	0,0372	0,2135	0,0370
	011	0,0002	0,0002	0,0007	0,0005	0,0001	0,0003	0,0002	0,0003	0,0001	0,0003	0,0001
	012	0,0819	0,1683	0,1584	0,1563	0,1548	0,1533	0,1200	0,1292	0,1201	0,0776	0,1007
	013	0,0572	0,1016	0,1117	0,1150	0,1175	0,1100	0,0971	0,1003	0,1014	0,0897	0,1202
	014	0,0027	0,0049	0,0053	0,0054	0,0056	0,0052	0,0046	0,0045	0,0045	0,0042	0,0043
강원권	001	0,0041	0,0106	0,0010	0,0023	0,0023	0,0332	0,0073	0,0018	0,0015	0,0010	0,0067
	002	0,0015	0,0038	0,0005	0,0006	0,0006	0,0020	0,0007	0,0005	0,0004	0,0004	0,0007
	003	0,0000	0,0000	0,0009	0,0001	0,0001	0,0000	0,0000	0,0000	0,0001	0,0000	0,0000
	004	0,0001	0,0002	0,0001	0,0013	0,0001	0,0002	0,0001	0,0001	0,0001	0,0001	0,0001
	005	0,0011	0,0009	0,0008	0,0007	0,0010	0,0011	0,0007	0,0008	0,0006	0,0005	0,0007
	006	0,0003	0,0007	0,0003	0,0010	0,0005	0,0583	0,0014	0,0011	0,0007	0,0006	0,0081
	007	0,0001	0,0002	0,0002	0,0002	0,0004	0,0007	0,0023	0,0009	0,0008	0,0003	0,0023
	008	0,0002	0,0003	0,0004	0,0004	0,0005	0,0007	0,0005	0,0013	0,0010	0,0006	0,0010
	009	0,0003	0,0006	0,0014	0,0008	0,0006	0,0011	0,0007	0,0007	0,0048	0,0004	0,0005
	010	0,0005	0,0009	0,0009	0,0016	0,0012	0,0056	0,0030	0,0011	0,0010	0,0010	0,0018
	011	0,0001	0,0001	0,0001	0,0001	0,0001	0,0002	0,0001	0,0001	0,0001	0,0001	0,0001
	012	0,0017	0,0034	0,0027	0,0028	0,0025	0,0076	0,0023	0,0024	0,0024	0,0014	0,0027
	013	0,0012	0,0020	0,0019	0,0021	0,0023	0,0055	0,0021	0,0017	0,0018	0,0015	0,0022
	014	0,0001	0,0002	0,0002	0,0002	0,0002	0,0006	0,0002	0,0001	0,0002	0,0001	0,0002
충청권	001	0,0176	0,0347	0,0020	0,0029	0,0025	0,0073	0,0029	0,0019	0,0017	0,0015	0,0032
	002	0,0425	0,0421	0,0038	0,0041	0,0050	0,0070	0,0037	0,0029	0,0030	0,0028	0,0030
	003	0,0039	0,0027	0,0338	0,0054	0,0047	0,0022	0,0020	0,0017	0,0045	0,0020	0,0019
	004	0,0046	0,0084	0,0049	0,0564	0,0046	0,0064	0,0038	0,0045	0,0037	0,0033	0,0046
	005	0,0561	0,0569	0,0609	0,0651	0,1252	0,0745	0,0941	0,0603	0,0597	0,0658	0,0533
	006	0,0014	0,0036	0,0016	0,0027	0,0022	0,0103	0,0032	0,0069	0,0042	0,0023	0,0120
	007	0,0087	0,0149	0,0180	0,0148	0,0251	0,0427	0,1490	0,0756	0,0654	0,0186	0,0988
	008	0,0068	0,0084	0,0107	0,0120	0,0181	0,0144	0,0152	0,0716	0,0305	0,0241	0,0291
	009	0,0047	0,0093	0,0270	0,0136	0,0082	0,0132	0,0103	0,0120	0,0849	0,0058	0,0079
	010	0,0064	0,0086	0,0130	0,0250	0,0102	0,0124	0,0158	0,0101	0,0097	0,0076	0,0097
	011	0,0003	0,0004	0,0004	0,0005	0,0005	0,0004	0,0005	0,0006	0,0005	0,0005	0,0004
	012	0,0091	0,0157	0,0136	0,0151	0,0145	0,0138	0,0123	0,0123	0,0120	0,0077	0,0105
	013	0,0070	0,0098	0,0102	0,0120	0,0130	0,0107	0,0125	0,0115	0,0124	0,0081	0,0106
	014	0,0006	0,0009	0,0010	0,0012	0,0012	0,0011	0,0012	0,0010	0,0011	0,0007	0,0009
전라권	001	1,1027	0,4282	0,0056	0,0141	0,0058	0,0456	0,0052	0,0032	0,0030	0,0029	0,0142
	002	0,1289	1,1122	0,0049	0,0060	0,0055	0,0087	0,0033	0,0026	0,0026	0,0028	0,0044
	003	0,0020	0,0014	1,0587	0,0036	0,0028	0,0017	0,0012	0,0010	0,0027	0,0014	0,0011
	004	0,0054	0,0084	0,0040	1,0716	0,0040	0,0071	0,0036	0,0047	0,0043	0,0050	0,0091
	005	0,1390	0,1129	0,1907	0,1582	1,7182	0,1654	0,2895	0,1490	0,1257	0,1752	0,1137
	006	0,0012	0,0037	0,0011	0,0067	0,0028	1,0857	0,0116	0,0062	0,0037	0,0027	0,0941
	007	0,0140	0,0273	0,0316	0,0250	0,0476	0,2018	1,8593	0,1993	0,1651	0,0407	0,1702
	008	0,0039	0,0044	0,0049	0,0055	0,0100	0,0117	0,0082	1,1027	0,0293	0,0123	0,0225
	009	0,0070	0,0111	0,0320	0,0150	0,0086	0,0155	0,0116	0,0181	1,2084	0,0056	0,0082
	010	0,0199	0,0273	0,0597	0,0986	0,0904	0,0523	0,0884	0,0270	0,0244	1,0792	0,0231
	011	0,0018	0,0017	0,0012	0,0019	0,0022	0,0018	0,0014	0,0020	0,0014	0,0026	1,0013
	012	0,0288	0,0684	0,0499	0,0724	0,0720	0,0872	0,0454	0,0465	0,0376	0,0235	0,0338
	013	0,0363	0,0541	0,0543	0,0691	0,0812	0,0684	0,0552	0,0538	0,0448	0,0637	0,0854
	014	0,0036	0,0049	0,0039	0,0049	0,0072	0,0081	0,0049	0,0037	0,0040	0,0065	0,0061

지역	번호	전라권										
		001	002	003	004	005	006	007	008	009	010	011
경북권	001	0.0101	0.0358	0.0013	0.0023	0.0014	0.0025	0.0012	0.0010	0.0010	0.0009	0.0016
	002	0.0042	0.0107	0.0010	0.0010	0.0013	0.0011	0.0009	0.0008	0.0008	0.0007	0.0009
	003	0.0046	0.0036	0.0712	0.0062	0.0047	0.0035	0.0028	0.0025	0.0055	0.0027	0.0026
	004	0.0022	0.0043	0.0028	0.0173	0.0020	0.0028	0.0021	0.0027	0.0020	0.0017	0.0023
	005	0.0147	0.0135	0.0439	0.0138	0.0138	0.0147	0.0247	0.0218	0.0235	0.0099	0.0162
	006	0.0007	0.0011	0.0011	0.0016	0.0019	0.0071	0.0064	0.0030	0.0023	0.0019	0.0068
	007	0.0113	0.0197	0.0252	0.0198	0.0313	0.0555	0.1653	0.0846	0.0815	0.0277	0.0991
	008	0.0052	0.0064	0.0083	0.0080	0.0107	0.0121	0.0117	0.0441	0.0232	0.0140	0.0235
	009	0.0040	0.0078	0.0243	0.0110	0.0072	0.0108	0.0100	0.0104	0.0426	0.0049	0.0071
	010	0.0017	0.0026	0.0055	0.0041	0.0029	0.0040	0.0065	0.0043	0.0044	0.0027	0.0044
	011	0.0005	0.0005	0.0006	0.0006	0.0010	0.0006	0.0008	0.0005	0.0005	0.0012	0.0005
	012	0.0062	0.0121	0.0138	0.0114	0.0105	0.0106	0.0118	0.0122	0.0121	0.0067	0.0098
	013	0.0038	0.0064	0.0106	0.0068	0.0066	0.0071	0.0101	0.0085	0.0092	0.0049	0.0085
	014	0.0002	0.0004	0.0007	0.0004	0.0004	0.0005	0.0007	0.0006	0.0006	0.0003	0.0005
경남권	001	0.0067	0.0210	0.0014	0.0023	0.0017	0.0025	0.0015	0.0012	0.0012	0.0025	0.0016
	002	0.0130	0.0206	0.0018	0.0025	0.0023	0.0025	0.0017	0.0015	0.0016	0.0017	0.0018
	003	0.0030	0.0029	0.0269	0.0048	0.0043	0.0031	0.0027	0.0022	0.0045	0.0029	0.0023
	004	0.0028	0.0048	0.0029	0.0435	0.0027	0.0038	0.0025	0.0030	0.0028	0.0027	0.0037
	005	0.0700	0.0727	0.0894	0.0952	0.1646	0.1119	0.0901	0.0723	0.0875	0.1345	0.0705
	006	0.0003	0.0008	0.0005	0.0008	0.0006	0.0021	0.0012	0.0011	0.0010	0.0009	0.0024
	007	0.0115	0.0197	0.0232	0.0200	0.0344	0.0413	0.1103	0.0643	0.0661	0.0309	0.0857
	008	0.0085	0.0100	0.0129	0.0133	0.0225	0.0180	0.0206	0.0585	0.0402	0.0277	0.0280
	009	0.0116	0.0187	0.0483	0.0240	0.0159	0.0237	0.0202	0.0222	0.1020	0.0110	0.0136
	010	0.0125	0.0179	0.0286	0.0439	0.0340	0.0321	0.0411	0.0233	0.0233	0.1562	0.0216
	011	0.0004	0.0005	0.0005	0.0006	0.0008	0.0006	0.0006	0.0005	0.0006	0.0010	0.0005
	012	0.0171	0.0298	0.0284	0.0300	0.0359	0.0323	0.0284	0.0260	0.0271	0.0223	0.0228
	013	0.0106	0.0153	0.0177	0.0193	0.0233	0.0192	0.0204	0.0174	0.0204	0.0235	0.0163
	014	0.0007	0.0010	0.0012	0.0013	0.0015	0.0013	0.0014	0.0011	0.0013	0.0017	0.0011
열합계		2.1878	2.9654	2.8722	2.8025	3.2248	3.0082	3.8315	2.9392	3.1009	2.6013	2.7851

지역	번호	전라권 012	전라권 013	전라권 014	경북권 001	경북권 002	경북권 003	경북권 004	경북권 005	경북권 006	경북권 007	경북권 008
수도권	001	0.0011	0.0029	0.0023	0.0091	0.0228	0.0011	0.0018	0.0015	0.0030	0.0018	0.0012
	002	0.0048	0.0140	0.0105	0.0354	0.0447	0.0042	0.0056	0.0057	0.0062	0.0043	0.0036
	003	0.0111	0.0075	0.0158	0.0061	0.0087	0.0497	0.0186	0.0105	0.0087	0.0098	0.0078
	004	0.0101	0.0094	0.0120	0.0099	0.0212	0.0111	0.1364	0.0130	0.0123	0.0103	0.0098
	005	0.0184	0.0218	0.0336	0.0249	0.0323	0.0507	0.0467	0.0757	0.0330	0.0352	0.0367
	006	0.0006	0.0006	0.0011	0.0007	0.0010	0.0010	0.0013	0.0015	0.0057	0.0025	0.0039
	007	0.0087	0.0077	0.0173	0.0077	0.0125	0.0184	0.0140	0.0211	0.0186	0.0672	0.0478
	008	0.0169	0.0172	0.0363	0.0107	0.0160	0.0231	0.0193	0.0387	0.0270	0.0345	0.2165
	009	0.0106	0.0079	0.0262	0.0078	0.0159	0.0437	0.0239	0.0196	0.0171	0.0210	0.0222
	010	0.0231	0.0238	0.0397	0.0160	0.0272	0.0412	0.0462	0.0427	0.0456	0.0643	0.0373
	011	0.0001	0.0001	0.0002	0.0002	0.0002	0.0001	0.0003	0.0001	0.0002	0.0001	0.0001
	012	0.0731	0.0565	0.0733	0.0722	0.1565	0.1207	0.1450	0.1386	0.1241	0.1162	0.1229
	013	0.0988	0.0941	0.0982	0.0494	0.0948	0.0947	0.1058	0.1043	0.0889	0.0945	0.1051
	014	0.0041	0.0035	0.0045	0.0024	0.0046	0.0046	0.0052	0.0050	0.0045	0.0046	0.0044
강원권	001	0.0006	0.0012	0.0011	0.0044	0.0144	0.0011	0.0026	0.0037	0.0398	0.0038	0.0019
	002	0.0005	0.0014	0.0007	0.0058	0.0062	0.0005	0.0006	0.0006	0.0022	0.0006	0.0005
	003	0.0000	0.0000	0.0001	0.0000	0.0000	0.0001	0.0001	0.0000	0.0000	0.0000	0.0000
	004	0.0001	0.0001	0.0001	0.0002	0.0004	0.0001	0.0022	0.0002	0.0002	0.0001	0.0001
	005	0.0003	0.0003	0.0003	0.0004	0.0006	0.0008	0.0007	0.0014	0.0009	0.0006	0.0005
	006	0.0002	0.0002	0.0004	0.0002	0.0004	0.0003	0.0004	0.0005	0.0313	0.0012	0.0015
	007	0.0001	0.0001	0.0002	0.0001	0.0002	0.0003	0.0002	0.0003	0.0004	0.0021	0.0006
	008	0.0003	0.0003	0.0007	0.0002	0.0003	0.0004	0.0003	0.0005	0.0006	0.0006	0.0011
	009	0.0004	0.0002	0.0012	0.0004	0.0006	0.0012	0.0007	0.0006	0.0008	0.0006	0.0006
	010	0.0005	0.0005	0.0006	0.0005	0.0009	0.0009	0.0010	0.0010	0.0033	0.0017	0.0009
	011	0.0001	0.0001	0.0001	0.0001	0.0001	0.0001	0.0001	0.0001	0.0002	0.0001	0.0002
	012	0.0012	0.0011	0.0015	0.0019	0.0039	0.0025	0.0032	0.0030	0.0061	0.0026	0.0027
	013	0.0019	0.0020	0.0027	0.0013	0.0022	0.0019	0.0022	0.0023	0.0042	0.0022	0.0019
	014	0.0001	0.0001	0.0002	0.0001	0.0002	0.0002	0.0002	0.0002	0.0005	0.0002	0.0002
충청권	001	0.0015	0.0041	0.0038	0.0139	0.0427	0.0018	0.0033	0.0024	0.0058	0.0021	0.0019
	002	0.0033	0.0090	0.0098	0.0298	0.0424	0.0035	0.0041	0.0043	0.0060	0.0034	0.0029
	003	0.0019	0.0011	0.0026	0.0016	0.0018	0.0143	0.0037	0.0029	0.0016	0.0016	0.0014
	004	0.0040	0.0030	0.0037	0.0040	0.0087	0.0040	0.0779	0.0046	0.0047	0.0036	0.0035
	005	0.0391	0.0304	0.0543	0.0574	0.0533	0.0806	0.0659	0.1510	0.0650	0.0668	0.0459
	006	0.0010	0.0011	0.0020	0.0013	0.0021	0.0017	0.0025	0.0025	0.0256	0.0034	0.0114
	007	0.0081	0.0067	0.0161	0.0073	0.0114	0.0179	0.0128	0.0212	0.0244	0.1355	0.0467
	008	0.0077	0.0085	0.0178	0.0062	0.0081	0.0115	0.0094	0.0161	0.0131	0.0153	0.1481
	009	0.0072	0.0039	0.0229	0.0039	0.0079	0.0213	0.0114	0.0095	0.0095	0.0101	0.0100
	010	0.0050	0.0046	0.0069	0.0066	0.0099	0.0213	0.0207	0.0192	0.0170	0.0271	0.0118
	011	0.0003	0.0006	0.0004	0.0003	0.0004	0.0004	0.0005	0.0006	0.0005	0.0005	0.0007
	012	0.0099	0.0056	0.0078	0.0083	0.0163	0.0120	0.0156	0.0150	0.0132	0.0122	0.0135
	013	0.0077	0.0067	0.0094	0.0061	0.0094	0.0097	0.0118	0.0124	0.0094	0.0115	0.0111
	014	0.0008	0.0006	0.0012	0.0006	0.0009	0.0009	0.0011	0.0011	0.0009	0.0011	0.0009
전라권	001	0.0038	0.0166	0.0088	0.0189	0.0695	0.0026	0.0056	0.0038	0.0151	0.0035	0.0024
	002	0.0044	0.0196	0.0141	0.0114	0.0263	0.0021	0.0027	0.0027	0.0038	0.0022	0.0017
	003	0.0016	0.0010	0.0022	0.0006	0.0008	0.0134	0.0016	0.0015	0.0007	0.0009	0.0006
	004	0.0047	0.0033	0.0040	0.0016	0.0034	0.0018	0.0325	0.0022	0.0021	0.0022	0.0015
	005	0.0856	0.0414	0.0731	0.0743	0.0717	0.1524	0.0852	0.3169	0.0833	0.1333	0.0666
	006	0.0008	0.0012	0.0016	0.0005	0.0009	0.0009	0.0011	0.0016	0.0115	0.0050	0.0030
	007	0.0141	0.0113	0.0316	0.0099	0.0161	0.0273	0.0174	0.0319	0.0462	0.4826	0.0705
	008	0.0058	0.0054	0.0180	0.0021	0.0024	0.0031	0.0024	0.0049	0.0039	0.0048	0.0150
	009	0.0101	0.0050	0.0367	0.0031	0.0049	0.0127	0.0062	0.0056	0.0045	0.0068	0.0052
	010	0.0289	0.0293	0.0358	0.0062	0.0083	0.0167	0.0139	0.0225	0.0115	0.0327	0.0094
	011	0.0017	0.0060	0.0023	0.0004	0.0005	0.0005	0.0005	0.0008	0.0005	0.0007	0.0006
	012	1.0354	0.0201	0.0220	0.0091	0.0171	0.0155	0.0158	0.0226	0.0146	0.0208	0.0134
	013	0.1371	1.1172	0.1033	0.0063	0.0097	0.0119	0.0102	0.0191	0.0093	0.0199	0.0085
	014	0.0141	0.0130	1.0096	0.0006	0.0009	0.0011	0.0009	0.0017	0.0009	0.0018	0.0007

		전라권			경북권							
지역	번호	012	013	014	001	002	003	004	005	006	007	008
경북권	001	0,0010	0,0029	0,0019	1,0684	0,3225	0,0018	0,0097	0,0025	0,0142	0,0019	0,0015
	002	0,0008	0,0021	0,0015	0,0892	1,0773	0,0019	0,0025	0,0025	0,0027	0,0016	0,0013
	003	0,0026	0,0017	0,0037	0,0048	0,0041	1,1450	0,0118	0,0069	0,0047	0,0034	0,0031
	004	0,0018	0,0012	0,0016	0,0096	0,0209	0,0069	1,1236	0,0066	0,0105	0,0052	0,0045
	005	0,0054	0,0041	0,0100	0,0334	0,0312	0,1118	0,0293	1,0691	0,0315	0,0900	0,0388
	006	0,0006	0,0006	0,0010	0,0010	0,0021	0,0016	0,0016	0,0038	1,0474	0,0095	0,0170
	007	0,0110	0,0089	0,0218	0,0116	0,0229	0,0360	0,0224	0,0421	0,0576	1,4934	0,1035
	008	0,0070	0,0070	0,0137	0,0067	0,0088	0,0124	0,0098	0,0252	0,0183	0,0204	1,1342
	009	0,0047	0,0029	0,0125	0,0068	0,0174	0,0636	0,0239	0,0209	0,0199	0,0203	0,0212
	010	0,0015	0,0013	0,0022	0,0062	0,0104	0,0290	0,0206	0,0260	0,0245	0,0378	0,0103
	011	0,0004	0,0008	0,0005	0,0014	0,0013	0,0014	0,0013	0,0018	0,0018	0,0014	0,0018
	012	0,0052	0,0042	0,0062	0,0218	0,0650	0,0455	0,0689	0,0513	0,0721	0,0409	0,0381
	013	0,0040	0,0037	0,0056	0,0277	0,0484	0,0622	0,0621	0,0524	0,0567	0,0505	0,0411
	014	0,0002	0,0002	0,0003	0,0020	0,0037	0,0038	0,0039	0,0036	0,0054	0,0038	0,0024
경남권	001	0,0011	0,0029	0,0023	0,0130	0,0256	0,0017	0,0030	0,0022	0,0025	0,0017	0,0012
	002	0,0016	0,0046	0,0048	0,0454	0,0569	0,0024	0,0034	0,0038	0,0029	0,0022	0,0018
	003	0,0026	0,0016	0,0033	0,0024	0,0027	0,0231	0,0051	0,0039	0,0028	0,0026	0,0021
	004	0,0023	0,0017	0,0022	0,0043	0,0091	0,0035	0,0740	0,0040	0,0046	0,0033	0,0029
	005	0,0704	0,0336	0,0628	0,0822	0,0781	0,1642	0,0981	0,2437	0,1063	0,0909	0,0705
	006	0,0003	0,0003	0,0004	0,0004	0,0007	0,0005	0,0010	0,0007	0,0022	0,0015	0,0011
	007	0,0110	0,0085	0,0196	0,0107	0,0175	0,0266	0,0181	0,0341	0,0315	0,1545	0,0613
	008	0,0083	0,0063	0,0156	0,0072	0,0096	0,0153	0,0118	0,0207	0,0157	0,0220	0,0459
	009	0,0127	0,0070	0,0225	0,0096	0,0178	0,0470	0,0229	0,0206	0,0193	0,0219	0,0201
	010	0,0164	0,0148	0,0285	0,0140	0,0208	0,0461	0,0525	0,0394	0,0331	0,0465	0,0219
	011	0,0004	0,0005	0,0004	0,0005	0,0006	0,0007	0,0006	0,0009	0,0006	0,0007	0,0007
	012	0,0146	0,0104	0,0154	0,0205	0,0373	0,0324	0,0349	0,0395	0,0308	0,0319	0,0286
	013	0,0119	0,0092	0,0143	0,0130	0,0187	0,0234	0,0223	0,0277	0,0182	0,0234	0,0178
	014	0,0007	0,0005	0,0009	0,0009	0,0013	0,0016	0,0015	0,0018	0,0013	0,0016	0,0012
열합계		1,9337	1,7941	2,1782	2,0749	2,8695	2,8495	2,7616	2,9509	2,5292	3,6792	2,8366

		경북권						경남권				
지역	번호	009	010	011	012	013	014	001	002	003	004	005
수도권	001	0.0012	0.0011	0.0019	0.0010	0.0023	0.0016	0.0055	0.0172	0.0012	0.0020	0.0017
	002	0.0039	0.0039	0.0045	0.0039	0.0092	0.0066	0.0147	0.0452	0.0045	0.0061	0.0073
	003	0.0203	0.0120	0.0076	0.0109	0.0077	0.0161	0.0070	0.0093	0.1110	0.0130	0.0111
	004	0.0127	0.0093	0.0130	0.0089	0.0092	0.0104	0.0106	0.0180	0.0125	0.0858	0.0121
	005	0.0417	0.0361	0.0319	0.0172	0.0213	0.0277	0.0317	0.0429	0.0441	0.0495	0.0561
	006	0.0016	0.0015	0.0075	0.0005	0.0006	0.0009	0.0007	0.0016	0.0009	0.0015	0.0014
	007	0.0443	0.0220	0.0619	0.0081	0.0073	0.0156	0.0096	0.0184	0.0183	0.0147	0.0253
	008	0.0401	0.0537	0.0505	0.0155	0.0175	0.0309	0.0133	0.0174	0.0204	0.0202	0.0354
	009	0.0798	0.0121	0.0157	0.0121	0.0077	0.0269	0.0088	0.0166	0.0468	0.0208	0.0163
	010	0.0347	0.1033	0.0348	0.0205	0.0226	0.0334	0.0154	0.0254	0.0293	0.0626	0.0365
	011	0.0001	0.0002	0.0001	0.0001	0.0001	0.0001	0.0002	0.0002	0.0002	0.0003	0.0001
	012	0.1107	0.0816	0.0960	0.0668	0.0569	0.0699	0.0762	0.1625	0.1317	0.1393	0.1410
	013	0.0944	0.1001	0.1150	0.0932	0.0894	0.0885	0.0561	0.0997	0.0939	0.1028	0.1090
	014	0.0043	0.0043	0.0042	0.0043	0.0039	0.0043	0.0026	0.0048	0.0045	0.0051	0.0056
강원권	001	0.0015	0.0011	0.0080	0.0006	0.0015	0.0011	0.0031	0.0105	0.0009	0.0034	0.0013
	002	0.0005	0.0005	0.0008	0.0006	0.0018	0.0008	0.0019	0.0072	0.0005	0.0007	0.0006
	003	0.0001	0.0000	0.0000	0.0000	0.0000	0.0001	0.0000	0.0000	0.0002	0.0000	0.0000
	004	0.0002	0.0001	0.0002	0.0001	0.0001	0.0001	0.0002	0.0002	0.0001	0.0019	0.0001
	005	0.0006	0.0004	0.0006	0.0003	0.0003	0.0005	0.0005	0.0007	0.0007	0.0006	0.0009
	006	0.0006	0.0006	0.0056	0.0002	0.0002	0.0004	0.0003	0.0009	0.0003	0.0011	0.0005
	007	0.0008	0.0005	0.0015	0.0001	0.0001	0.0002	0.0001	0.0002	0.0002	0.0002	0.0003
	008	0.0006	0.0007	0.0008	0.0002	0.0002	0.0004	0.0003	0.0003	0.0004	0.0004	0.0006
	009	0.0046	0.0004	0.0005	0.0005	0.0003	0.0016	0.0004	0.0006	0.0013	0.0007	0.0006
	010	0.0010	0.0020	0.0014	0.0005	0.0005	0.0007	0.0005	0.0009	0.0008	0.0016	0.0011
	011	0.0001	0.0002	0.0001	0.0001	0.0001	0.0001	0.0001	0.0001	0.0001	0.0001	0.0001
	012	0.0024	0.0017	0.0026	0.0018	0.0012	0.0014	0.0016	0.0039	0.0027	0.0031	0.0027
	013	0.0020	0.0022	0.0021	0.0021	0.0022	0.0028	0.0010	0.0020	0.0016	0.0019	0.0018
	014	0.0002	0.0002	0.0002	0.0003	0.0002	0.0005	0.0001	0.0002	0.0001	0.0002	0.0002
충청권	001	0.0018	0.0017	0.0033	0.0017	0.0052	0.0029	0.0087	0.0281	0.0019	0.0040	0.0030
	002	0.0032	0.0033	0.0039	0.0039	0.0124	0.0067	0.0162	0.0357	0.0035	0.0042	0.0055
	003	0.0050	0.0018	0.0014	0.0012	0.0009	0.0019	0.0023	0.0019	0.0159	0.0028	0.0029
	004	0.0040	0.0031	0.0042	0.0034	0.0029	0.0032	0.0040	0.0080	0.0047	0.0595	0.0044
	005	0.0592	0.0638	0.0508	0.0368	0.0291	0.0563	0.0618	0.0539	0.0690	0.0646	0.1721
	006	0.0032	0.0030	0.0194	0.0009	0.0011	0.0019	0.0015	0.0044	0.0016	0.0032	0.0026
	007	0.0569	0.0203	0.0819	0.0071	0.0064	0.0148	0.0093	0.0150	0.0177	0.0136	0.0257
	008	0.0227	0.0301	0.0328	0.0081	0.0081	0.0186	0.0078	0.0088	0.0103	0.0104	0.0186
	009	0.0634	0.0063	0.0069	0.0066	0.0036	0.0211	0.0044	0.0083	0.0202	0.0101	0.0075
	010	0.0127	0.0204	0.0115	0.0092	0.0097	0.0119	0.0046	0.0065	0.0081	0.0120	0.0104
	011	0.0004	0.0007	0.0004	0.0003	0.0006	0.0004	0.0003	0.0004	0.0004	0.0004	0.0005
	012	0.0117	0.0089	0.0109	0.0072	0.0059	0.0076	0.0077	0.0147	0.0124	0.0139	0.0160
	013	0.0103	0.0089	0.0102	0.0066	0.0063	0.0086	0.0056	0.0084	0.0083	0.0099	0.0118
	014	0.0009	0.0008	0.0009	0.0006	0.0005	0.0009	0.0005	0.0008	0.0008	0.0009	0.0011
전라권	001	0.0025	0.0024	0.0062	0.0024	0.0075	0.0037	0.0159	0.0622	0.0026	0.0066	0.0034
	002	0.0019	0.0019	0.0025	0.0020	0.0063	0.0029	0.0091	0.0288	0.0022	0.0032	0.0027
	003	0.0019	0.0009	0.0006	0.0006	0.0005	0.0010	0.0010	0.0009	0.0085	0.0014	0.0014
	004	0.0024	0.0015	0.0028	0.0014	0.0011	0.0014	0.0019	0.0033	0.0020	0.0269	0.0018
	005	0.0839	0.0801	0.0713	0.0447	0.0329	0.0652	0.0915	0.0749	0.1602	0.1011	0.1918
	006	0.0018	0.0016	0.0066	0.0004	0.0005	0.0008	0.0007	0.0022	0.0009	0.0026	0.0012
	007	0.1030	0.0334	0.1142	0.0100	0.0091	0.0229	0.0133	0.0205	0.0254	0.0185	0.0353
	008	0.0046	0.0064	0.0067	0.0018	0.0017	0.0039	0.0020	0.0023	0.0027	0.0024	0.0041
	009	0.0183	0.0028	0.0036	0.0025	0.0018	0.0057	0.0071	0.0057	0.0119	0.0053	0.0042
	010	0.0121	0.0117	0.0113	0.0064	0.0057	0.0084	0.0067	0.0076	0.0124	0.0110	0.0141
	011	0.0005	0.0007	0.0005	0.0003	0.0005	0.0004	0.0004	0.0006	0.0006	0.0006	0.0007
	012	0.0132	0.0099	0.0121	0.0073	0.0059	0.0082	0.0096	0.0170	0.0161	0.0162	0.0190
	013	0.0099	0.0079	0.0093	0.0056	0.0050	0.0073	0.0073	0.0100	0.0119	0.0106	0.0142
	014	0.0009	0.0007	0.0008	0.0005	0.0004	0.0007	0.0007	0.0009	0.0011	0.0009	0.0015

		경북권						경남권				
지역	번호	009	010	011	012	013	014	001	002	003	004	005
경북권	001	0.0019	0.0019	0.0061	0.0025	0.0115	0.0047	0.0078	0.0271	0.0013	0.0042	0.0016
	002	0.0018	0.0021	0.0022	0.0033	0.0148	0.0094	0.0097	0.0171	0.0013	0.0014	0.0014
	003	0.0196	0.0048	0.0035	0.0038	0.0026	0.0064	0.0047	0.0035	0.0847	0.0061	0.0056
	004	0.0062	0.0068	0.0077	0.0081	0.0055	0.0064	0.0047	0.0091	0.0045	0.0390	0.0032
	005	0.0702	0.0518	0.0401	0.0127	0.0080	0.0238	0.0195	0.0161	0.0430	0.0157	0.0208
	006	0.0043	0.0046	0.0833	0.0009	0.0013	0.0020	0.0007	0.0012	0.0011	0.0027	0.0017
	007	0.1423	0.0560	0.1723	0.0134	0.0121	0.0316	0.0138	0.0226	0.0274	0.0201	0.0399
	008	0.0257	0.0476	0.0474	0.0095	0.0117	0.0227	0.0061	0.0069	0.0084	0.0079	0.0140
	009	1.1338	0.0098	0.0109	0.0113	0.0065	0.0418	0.0053	0.0090	0.0274	0.0118	0.0095
	010	0.0138	1.0649	0.0110	0.0109	0.0146	0.0138	0.0019	0.0027	0.0051	0.0038	0.0041
	011	0.0013	0.0045	1.0012	0.0016	0.0055	0.0024	0.0003	0.0004	0.0005	0.0005	0.0005
	012	0.0371	0.0263	0.0320	1.0414	0.0215	0.0211	0.0089	0.0185	0.0168	0.0179	0.0206
	013	0.0539	0.0964	0.0864	0.1537	1.1243	0.1022	0.0050	0.0082	0.0120	0.0090	0.0091
	014	0.0037	0.0097	0.0053	0.0135	0.0123	1.0089	0.0003	0.0006	0.0008	0.0006	0.0007
경남권	001	0.0015	0.0019	0.0019	0.0015	0.0045	0.0025	1.0609	0.2494	0.0026	0.0090	0.0050
	002	0.0024	0.0024	0.0024	0.0030	0.0110	0.0062	0.1177	1.1038	0.0030	0.0051	0.0046
	003	0.0077	0.0030	0.0022	0.0022	0.0016	0.0033	0.0074	0.0046	1.0854	0.0073	0.0074
	004	0.0042	0.0030	0.0047	0.0030	0.0023	0.0026	0.0112	0.0146	0.0060	1.0934	0.0051
	005	0.0964	0.0954	0.0784	0.0770	0.0381	0.0670	0.1237	0.1070	0.1862	0.1438	1.5059
	006	0.0009	0.0010	0.0039	0.0003	0.0003	0.0005	0.0010	0.0042	0.0009	0.0073	0.0013
	007	0.0700	0.0401	0.0865	0.0105	0.0094	0.0204	0.0176	0.0363	0.0330	0.0251	0.0563
	008	0.0229	0.0302	0.0314	0.0087	0.0087	0.0211	0.0187	0.0177	0.0171	0.0199	0.0361
	009	0.0903	0.0126	0.0147	0.0107	0.0079	0.0272	0.0220	0.0311	0.0676	0.0355	0.0240
	010	0.0277	0.0719	0.0240	0.0247	0.0227	0.0331	0.0286	0.0477	0.0700	0.1578	0.1183
	011	0.0006	0.0011	0.0006	0.0004	0.0007	0.0006	0.0017	0.0016	0.0013	0.0019	0.0026
	012	0.0288	0.0221	0.0247	0.0166	0.0125	0.0168	0.0472	0.1091	0.0754	0.0979	0.1053
	013	0.0213	0.0201	0.0181	0.0149	0.0120	0.0165	0.0505	0.0761	0.0732	0.0862	0.1026
	014	0.0014	0.0014	0.0012	0.0010	0.0008	0.0011	0.0038	0.0054	0.0043	0.0056	0.0067
열합계		2.9089	2.4801	2.7603	1.9112	1.8208	2.1489	2.1648	2.8906	2.8226	2.7932	3.1614

지역	번호	경남권 006	007	008	009	010	011	012	013	014	행합계
수도권	001	0,0030	0,0021	0,0013	0,0012	0,0009	0,0017	0,0011	0,0026	0,0018	1,6059
	002	0,0070	0,0043	0,0039	0,0039	0,0032	0,0047	0,0046	0,0117	0,0076	2,3983
	003	0,0103	0,0096	0,0081	0,0124	0,0084	0,0073	0,0110	0,0065	0,0139	2,7784
	004	0,0126	0,0099	0,0096	0,0103	0,0057	0,0120	0,0090	0,0077	0,0101	2,9449
	005	0,0387	0,0339	0,0438	0,0411	0,0249	0,0355	0,0206	0,0218	0,0326	4,5395
	006	0,0023	0,0019	0,0022	0,0018	0,0010	0,0033	0,0005	0,0005	0,0009	1,3310
	007	0,0248	0,0836	0,0626	0,0517	0,0136	0,0502	0,0088	0,0067	0,0153	4,3689
	008	0,0253	0,0336	0,0880	0,0490	0,0260	0,0403	0,0163	0,0144	0,0287	4,2792
	009	0,0194	0,0219	0,0224	0,0740	0,0080	0,0152	0,0112	0,0065	0,0196	3,7091
	010	0,0341	0,0474	0,0320	0,0310	0,0417	0,0292	0,0147	0,0125	0,0188	6,5284
	011	0,0003	0,0001	0,0001	0,0001	0,0002	0,0001	0,0001	0,0001	0,0001	1,0184
	012	0,1348	0,1149	0,1210	0,1112	0,0567	0,0938	0,0678	0,0512	0,0664	11,0691
	013	0,0992	0,0924	0,0913	0,0910	0,0637	0,1130	0,0851	0,0803	0,0814	10,6715
	014	0,0051	0,0045	0,0043	0,0042	0,0027	0,0040	0,0035	0,0029	0,0036	1,4751
강원권	001	0,0160	0,0021	0,0013	0,0013	0,0007	0,0040	0,0007	0,0015	0,0011	1,7789
	002	0,0014	0,0005	0,0005	0,0005	0,0004	0,0007	0,0006	0,0018	0,0009	1,2400
	003	0,0000	0,0000	0,0000	0,0000	0,0000	0,0000	0,0000	0,0000	0,0000	1,0179
	004	0,0002	0,0001	0,0001	0,0002	0,0001	0,0002	0,0001	0,0001	0,0001	1,0544
	005	0,0010	0,0005	0,0005	0,0005	0,0004	0,0005	0,0003	0,0006	0,0004	1,1492
	006	0,0790	0,0011	0,0009	0,0008	0,0005	0,0107	0,0002	0,0002	0,0004	1,4712
	007	0,0004	0,0014	0,0007	0,0007	0,0002	0,0009	0,0001	0,0001	0,0002	1,1045
	008	0,0007	0,0006	0,0014	0,0010	0,0006	0,0011	0,0003	0,0003	0,0007	1,1306
	009	0,0014	0,0008	0,0008	0,0052	0,0004	0,0006	0,0009	0,0003	0,0024	1,2610
	010	0,0062	0,0015	0,0009	0,0009	0,0009	0,0016	0,0004	0,0004	0,0006	1,6226
	011	0,0002	0,0001	0,0001	0,0001	0,0001	0,0001	0,0001	0,0001	0,0001	1,0478
	012	0,0094	0,0025	0,0026	0,0024	0,0012	0,0029	0,0013	0,0012	0,0015	1,6690
	013	0,0059	0,0017	0,0016	0,0016	0,0010	0,0020	0,0016	0,0013	0,0020	1,8943
	014	0,0006	0,0001	0,0001	0,0001	0,0001	0,0002	0,0001	0,0001	0,0001	1,1053
충청권	001	0,0167	0,0020	0,0018	0,0018	0,0014	0,0049	0,0018	0,0051	0,0032	1,9636
	002	0,0070	0,0033	0,0030	0,0030	0,0025	0,0040	0,0038	0,0111	0,0078	2,0908
	003	0,0018	0,0015	0,0014	0,0028	0,0012	0,0014	0,0015	0,0008	0,0017	1,3612
	004	0,0053	0,0036	0,0037	0,0035	0,0021	0,0043	0,0036	0,0026	0,0032	1,8648
	005	0,0739	0,0540	0,0495	0,0549	0,0512	0,0476	0,0391	0,0267	0,0526	6,6664
	006	0,0247	0,0034	0,0051	0,0047	0,0019	0,0145	0,0011	0,0011	0,0020	1,6862
	007	0,0295	0,1153	0,0714	0,0641	0,0132	0,0640	0,0083	0,0060	0,0150	4,7014
	008	0,0129	0,0159	0,0685	0,0300	0,0160	0,0302	0,0086	0,0078	0,0185	2,9308
	009	0,0104	0,0104	0,0109	0,0405	0,0040	0,0073	0,0059	0,0031	0,0128	2,3310
	010	0,0091	0,0112	0,0085	0,0086	0,0046	0,0079	0,0037	0,0030	0,0049	2,2400
	011	0,0004	0,0004	0,0005	0,0004	0,0004	0,0004	0,0003	0,0005	0,0004	1,0572
	012	0,0128	0,0113	0,0118	0,0113	0,0059	0,0098	0,0066	0,0052	0,0070	2,2342
	013	0,0092	0,0090	0,0088	0,0088	0,0049	0,0082	0,0056	0,0044	0,0067	2,5235
	014	0,0009	0,0009	0,0008	0,0008	0,0004	0,0007	0,0005	0,0004	0,0006	1,1476
전라권	001	0,0120	0,0034	0,0024	0,0024	0,0019	0,0059	0,0026	0,0084	0,0042	2,4572
	002	0,0044	0,0021	0,0018	0,0018	0,0015	0,0026	0,0022	0,0075	0,0037	1,8014
	003	0,0008	0,0007	0,0006	0,0011	0,0006	0,0006	0,0007	0,0004	0,0009	1,1906
	004	0,0024	0,0020	0,0017	0,0021	0,0009	0,0030	0,0015	0,0010	0,0014	1,4135
	005	0,0997	0,0966	0,0778	0,0776	0,0726	0,0694	0,0614	0,0295	0,0584	9,9349
	006	0,0555	0,0033	0,0022	0,0022	0,0010	0,0115	0,0005	0,0005	0,0009	1,4376
	007	0,0480	0,2870	0,1112	0,1020	0,0197	0,1022	0,0118	0,0082	0,0221	6,5549
	008	0,0036	0,0040	0,0108	0,0064	0,0026	0,0043	0,0018	0,0013	0,0032	1,5381
	009	0,0058	0,0062	0,0056	0,0330	0,0021	0,0037	0,0035	0,0018	0,0054	1,8610
	010	0,0112	0,0192	0,0106	0,0105	0,0065	0,0100	0,0052	0,0033	0,0057	2,4148
	011	0,0006	0,0006	0,0005	0,0005	0,0005	0,0005	0,0005	0,0008	0,0005	1,0739
	012	0,0195	0,0165	0,0139	0,0136	0,0073	0,0121	0,0076	0,0055	0,0077	2,5662
	013	0,0125	0,0140	0,0096	0,0099	0,0062	0,0092	0,0070	0,0048	0,0071	2,7046
	014	0,0013	0,0013	0,0009	0,0009	0,0006	0,0008	0,0006	0,0004	0,0007	1,1551

		경남권									
지역	번호	006	007	008	009	010	011	012	013	014	행합계
경북권	001	0,0072	0,0013	0,0011	0,0012	0,0009	0,0029	0,0013	0,0045	0,0024	1,8202
	002	0,0021	0,0011	0,0010	0,0010	0,0009	0,0013	0,0014	0,0055	0,0035	1,3874
	003	0,0036	0,0027	0,0025	0,0066	0,0023	0,0026	0,0029	0,0016	0,0037	1,8402
	004	0,0047	0,0033	0,0034	0,0031	0,0017	0,0039	0,0037	0,0022	0,0028	1,4916
	005	0,0167	0,0255	0,0218	0,0287	0,0105	0,0203	0,0081	0,0049	0,0108	2,8493
	006	0,0240	0,0040	0,0033	0,0028	0,0017	0,0119	0,0006	0,0006	0,0010	1,3912
	007	0,0489	0,2304	0,1203	0,1137	0,0212	0,0994	0,0125	0,0089	0,0232	5,9582
	008	0,0112	0,0143	0,0486	0,0264	0,0112	0,0221	0,0068	0,0058	0,0122	2,3484
	009	0,0130	0,0137	0,0142	0,0810	0,0051	0,0097	0,0075	0,0037	0,0208	2,2111
	010	0,0041	0,0079	0,0051	0,0055	0,0030	0,0046	0,0016	0,0012	0,0021	1,6236
	011	0,0005	0,0006	0,0005	0,0005	0,0005	0,0005	0,0004	0,0007	0,0005	1,0636
	012	0,0159	0,0171	0,0170	0,0178	0,0070	0,0131	0,0077	0,0059	0,0081	2,3004
	013	0,0090	0,0129	0,0106	0,0126	0,0047	0,0096	0,0066	0,0051	0,0077	2,5353
	014	0,0006	0,0009	0,0007	0,0009	0,0003	0,0006	0,0004	0,0003	0,0005	1,1166
경남권	001	0,0537	0,0030	0,0020	0,0021	0,0141	0,0111	0,0028	0,0106	0,0056	1,7117
	002	0,0092	0,0029	0,0026	0,0026	0,0038	0,0041	0,0046	0,0191	0,0152	1,6853
	003	0,0043	0,0033	0,0029	0,0071	0,0034	0,0033	0,0052	0,0026	0,0060	1,4776
	004	0,0084	0,0055	0,0052	0,0050	0,0031	0,0105	0,0064	0,0043	0,0056	1,6106
	005	0,1548	0,1036	0,1122	0,1275	0,1714	0,1056	0,1124	0,0409	0,0805	8,9068
	006	1,0236	0,0041	0,0027	0,0028	0,0020	0,0858	0,0006	0,0009	0,0011	1,2178
	007	0,0502	1,2894	0,1684	0,1446	0,0386	0,1661	0,0168	0,0118	0,0307	4,7982
	008	0,0299	0,0421	1,1973	0,0823	0,0402	0,0616	0,0164	0,0136	0,0371	2,9188
	009	0,0404	0,0363	0,0413	1,2186	0,0135	0,0217	0,0224	0,0101	0,0559	3,3284
	010	0,0813	0,0968	0,0448	0,0441	1,3478	0,0402	0,0509	0,0492	0,0751	3,9629
	011	0,0017	0,0015	0,0017	0,0016	0,0031	1,0013	0,0017	0,0049	0,0023	1,0683
	012	0,1269	0,0750	0,0703	0,0593	0,0364	0,0543	1,0623	0,0296	0,0347	3,6549
	013	0,0872	0,0764	0,0730	0,0676	0,0822	0,1077	0,1698	1,1337	0,1251	3,4444
	014	0,0091	0,0058	0,0043	0,0044	0,0078	0,0063	0,0160	0,0119	1,0106	1,1767
		2,8734	3,2534	2,9758	3,0695	2,3355	2,7592	2,0081	1,7789	2,1547	221,0667

참고문헌

1. 통계자료

- 건설부, 「유량 측정 성과표」, 1994.
- 교통개발연구원, 「전국 물류량 조사」, 1997.
- 통계청, 「1991년 생명표」, 1993.
- 통계청, 「1993 산업총조사보고서」, 1995.
- 통계청, 「1993 지역내 총생산」, 1995.
- 통계청, 「1998년 기준 지역별, 산업별 부지면적」, 2002.
- 통계청, 「국부통계조사보고서」, 1999.
- 통계청, 「도내총생산 추계 결과」, 1993.
- 통계청, 「도내총생산 추계 결과」, 1994.
- 통계청, 「시도별 지역내 총생산」, 1996.
- 통계청, 「지역통계연보」, 1994, 1995.
- 통계청, 「지역통계연보」, 1998.
- 통계청, 「총사업체 통계 조사 보고서」, 1991.
- 한국무역협회, 「주요무역동향지표」, 1994.
- 한국산업은행, 「재무분석」, 1999.
- 한국은행, 「1993년 산업연관표」, 1996.
- 한국은행, 「1995년 산업연관표」, 1998.
- 한국은행, 「1998년 산업연관표」, 2001.
- 한국은행, 「2013년 산업연관표」, 2015.
- 행정자치부, 「지적통계연보」, 2001.
- 환경부, 「한국환경연감」, 1995.

2. 문헌

(1) 국내문헌

- 강승진,「에너지-경제-환경시스템의 모형화에 관한 연구」, 에너지경제연구원, 1999.
- 국립환경연구원, 「한강유역을 중심으로 한 환경관리기술 개발(Ⅰ) - 하천관리기술 개발을 위한 배출 및 유달계수 산정을 중심으로」, 1991.
- 국토개발연구원, 「고속도로와 지역균형개발에 관한 연구」, 1995.
- 김성태 · 정초시 · 노근호, “한국 지역경제력 격차,” 「한국경제학회 1990년도 정기학회발표 논문집」, 1991.

• 김용건 외,「온실가스 배출저감 목표설정 및 배출권 거래제도 활용방안」, 환경정책평가연구원, 2001.
• 김인환 외,「대기오염물질 배출권거래제 도입 타당성에 관한 연구」, 환경부, 2000.
• 김홍배, 「분석과 예측」, 기문당, 1995.
• 김홍배, 「입지론 : 공간구조와 시설입지」, 기문당, 2011.
• 김홍배, "요소의 동태변화와 지역 성장에 관한 실증분석,"「국토계획」, 제29권 제1호, 1994.
• 김홍배, "UR이 우리나라의 지역경제에 미치는 영향과 지역개발 정책의 방향,"「국토계획」, 제29권 제3호, 1994.
• 김홍배, "지역개발정책의 수리적인 효과분석연구,"「산업과학논문집」, 제39집, 1994.
• 김홍배, "태백권 탄광 도시 연구," 석사학위 논문, 한양대학교, 1987.
• 김홍배 · 김현주, "예측수단으로서의 변이할당모형,"「국토계획」, 제36권 제1호, 2001.
• 김홍배 · 김대욱, "환경투입산출모형을 이용한 하천의 수질수준 예측과 하천관리정책의 분석,"「국토계획」, 제36권 제2호, 2001.
• 김홍배 · 임재영, "Recursive CGE모형을 이용한 경제성장과 산업별 토지수요 예측,"「국토계획」, 제39권 제2호, 2004.
• 김홍배 · 윤갑식, "환경정책과 지역경제 : 상반관계 vs. 보완관계,"「지역연구」, 제15권 제1호, 1999.
• 김홍배 · 진상엽, "지역경제와 지역환경(Ⅱ),"「국토계획」, 제5호(통권91호), 1997.
• 김홍배 · 이명훈 · 윤갑식, "동태적 다지역 CGE모형을 이용한 배출권거래제 운영방안에 관한 연구,"「국토계획」, 제39권 제4호, 2004.
• 김홍배 · 원제무 · 박재룡 · 이택준, "경부고속전철이 지역경제에 미치는 영향,"「국토계획」, 제1호(통권 87호), 1997.
• 김홍배 · 진상엽 · 조용희, "지역경제와 하천관리정책 : 낙동강유역을 중심으로,"「국토계획」, 제31권 제3호, 1996.
• 김홍배 · 강무진 · 최석우, "접근성의 향상과 지역경제,"「국토계획」, 제30권 제4호, 1995.
• 노정현 · 임채욱, "정유사의 석유제품 저유 및 수송정책평가 모형의 개발,"「대한교통학회지」, 제11권 제3호, 1993.
• 노정현 · 이동규, "200만호 주택건설에 따른 산업연관 효과분석,"「국토연구」, 제14권, 1990.
• 대외경제정책연구소, 「UR 총점검」, 1993.
• 대한국토 · 도시계획학회, 「지역경제론」, 보성각, 1999.
• 박재룡, "Land MRIO(Multi-Region Imput -Output) 모형을 이용한 지역내 산업별 토지수요 예측과 지가 안정화 방안 연구," 석사학위 논문, 한양대학교, 1997.
• 산업연구원, 「UR타결이 국내산업에 미칠 영향분석」, 1993.
• 정준명, "첨단산업 육성을 통한 지역개발에 관한 연구," 석사학위 논문, 한양대학교, 2000.
• 조경엽 · 조용성 · 장현준, "온실가스 배출권거래제도 국내도입의 경제적 효과분석,"「자원 · 환경경제연구」, 제10권 제2호, 2001.

• 우제화, “택지개발사업의 산업분석에 관한 연구,” 석사학위 논문, 서울대 환경대학원, 1986.
• 유영휘 · 하성덕, “우리나라 제조업 시장 구조 분석,” 「국토연구」, 제10권, 1988.
• 진영환 · 전명진, “제조업 지역간 산업연관 분석 연구,” 「국토연구」, 제4권, 1988.
• 한국무역협회, 「우루과이라운드 협정 분야별 내용과 영향」, 1994.
• 한국산업기술재단, 「산업별 토지수요예측과 지역 기술혁신체계 구축을 위한 기술지대 형성에 관한 연구 : Recursive Dynamic CGE모형을 중심으로」, 2003.
• 한국은행, 「1990년 산업연관표 개요」, 1993.
• 한국은행, 「산업연관분석해설」, 1987.
• 한국주택은행, “200만호 주택건축을 위한 주택금융 확충방안,” 「주택금융」, 제22권 제2호, 1989.
• 한국주택은행, 「주택투자의 경제적 파급효과 분석」, 1982.
• 한양대학교, 「부천 영상도시화 연구 보고서」, 1996.
• 환경부, 「수환경정책자료집1,2」, 1994.
• 환경부, 「폐수배출시설조사결과보고서」, 1987-1994.
• 환경부, 「수질환경기준 및 배출허용기준 적정한 연구」, 1992.

(2) 국외문헌

• Alonso, W., “Industrial Location and Regional Policy in Economic Development,” in Regional Policy Readings in Theory and Applications, edited by John Friedmann and W. Alonso, 1975.
• Bolnick, B. R., “The ABSs of CGEs : Computable General Equilibrium Models for Development Planning,” Malaysian Journal of Economic Studies, vol. 26, no. 2, 1989.
• Borts, G. H. and Stein, J., Economic Growth in a Free Market, 1964.
• Brodsky, Harold, and Sarfaty, D. E., “Measuring the Urban Economic Base in a Developing Country,” Land Economics, vol. 53, 1977.
• Chernery, H. B., “Regional Analysis,” in The Structure and Growth of the Italian Economy, edited by Chernery, H. H., Clark, P. G. and Pinna, V. C., 1953.
• Classen, L., Regional Policy, 1980.
• Croxton, F. E., Cowden, D. J., Klein, S., Applied General Statistics, 1967.
• Cumberland, J. H., Regional Development Experience and Prospects in U. S. A., 1971.
• Decaluwe, B. and A. Martens, “CGE Modeling and Developing Economies : A Concise Empirical Survey of 73 Application to 26 Countries,” Journal of Policy Modeling, vol. 10, no. 4, 1988.
• Dentrinos, D. S., “On the Dynamic Stability of Interurban/Regional Labor and Capital Movement,” Journal of Regional Science, 1982.

- Dervis, de melo, and Robinson, General Equilibrium Models for Development Policy, 1982.
- Devarajan, S., "A Bibliography of Computable General Equilibrium Models to Developing Countries," Working Paper No. 400, Department of Agricultural and Resource Economies, 1986.
- Devarajan, S., Lewis, J. D. and Robinson, S., "Policy Lessons From Two-Sector Models," Working Paper No. 535, Dept. of Agricultural and Resource Economics, Univ. of California, 1990.
- Dunn, Edgar D., Jr., "A Statistical and Analytic Techniques for Regional Science," Papers of Regional Science Association, vol. 6, 1960.
- Edgar M. Hoover and Frank Giarratani, An Introduction to Regional Economics, Newyork, 1984.
- Edwards, T. H., Hutton, J. P., "Allocation of Carbon Permits Within a Country : A General Equilibrium Analysis of the United Kingdom," Energy Economics, vol. 23, 2001.
- F. Giarratani and Soeroso, "A Neoclassical Model of Regional Growth in Indonesia," Journal of Regional Science, vol. 25, 1985.
- Gibson, Lay James, and Marshall A. Worden, "Estimating the Economic Base Multiplier : A test of Alternative Procedures," Economic Geography, vol. 57, 1980.
- Gottinger, H. W., "Greenhouse Gas Economics and Computable General Equilibrium," Journal of Policy Modeling, vol. 20, no. 5, 1998.
- Greytak D., "A Statistical Analysis of Regional Export Estimation Techniques," Journal of Regional Science, vol. 9, 1969.
- Hamilton, Mohammad, and Whalley, "Applied General Equilibrium Analysis and Perspective on Growth Performance," Journal of policy Modeling, 1988.
- Harry W. Richardson, Regional Economics, University of Illinois, 1978
- Hewings, G. J. D., Regional Input-Output Analysis, 1987.
- Hildebrand, G. and A. Mace, Jr., "The Employment Multiplier in an Expanding Industrial Market : Los Angeles County, 1940~1947," Review of Economics and Statistics, vol. 32, 1950.
- Hinoja, R. C. and Rios, A. J., "Constructing Economic Base Models for Developing Countries : Lessons from A case Study in Panama," International Regional Science Review, vol. 14, 1991.
- Hirshman, A.O., An Strategy of Economic Development, 1958.
- Hutton, J. P. and Hartley, K., "A Regional Payroll Tax," Oxford Economic Papers, vol. 20, 1968.

- Isard, W., and Kuenne, R. E., "The Impact of Steel upon the Greater New York-Philadelphia Industrial Region," Review of Economics and Statistics, vol. 35, 1953.
- Isserman, A. M., "A Bracketing Approach for Estimation Regional Economic Impact Multipliers and A Procedure for Assessing Their Accuracy," Environment and Planning A, vol. 9, 1977b.
- Isserman, A. M., "Estimating Export Activity in a Regional Economy : A theoretical and Empirical Analysis of Alternative Methods," International Regional Science Review, vol. 5, 1980.
- Isserman, A. M., "The Accuracy of Population Projections for Subcounty Areas," Journal of the American Institute of Planners, vol. 43, 1977a.
- Jensen, J. and Rasmussen, T. N., "Allocation of CO Emissions Permits : A General Equilibrium Analysis of Policy Instruments," Journal of Environmental Economics and Management, vol. 40, 2000.
- Kim, H. B., "A Two-Region Model of Growth in A General Equilibrium Framework," Ph.d Dissertation, the Ohio State University, 1992.
- Kim, H. B., "Regional Land Development Control As a Global Warming Prevention Policy : A Recursive Computable General Equilibrium Approach," presented in ACSP 45th Annual Conference, 2004.
- Kim, H. B., Jin, S. Y., and Yun, K. S., "Impact Analysis of A Water Quality Enhancing Policy : A Simple Input–Output Approach," Journal of Regional Studies Association, 2001.
- Kimbell, L. J. and Harrison, G. W., "General Equilibrium Analysis of Regional Fiscal incidence," in Applied General Equilibrium Analysis, edited by H. E. Scarf and J. B. Shoven, 1984.
- Klosterman, R. E., Community Analysis and Planning Techniques, 1991. p.14.
- Kraybill, D. S., Johnson, T. G. and D., "Macroeconomic Imbalances : A Multi-Regional General Analysis," American Journal of Agricultural Economics, 1992.
- Krueckeberg, D. A. and Silvers, A. L., Urban Planning Analysis : Methods and Models, 1974.
- Laumas,P.S., "Key Sectors in Some Underdeveloped Countries," Kyklos, vol. 28, 1975.
- Lee, R., "Optimal Government Intervention in Regional Development," Geographical Analysis, 1982.
- Leontief, W. W., "Qualitative Input and Output Relations in the Economic System of the United States," Review of Economic and statistics, vol. 18, 1936.

- Leontief, Wassily, "Environmental Repercussion and the Economic Structure : Input-Output Approach," The Review of Economics and Statistics, 1970.
- Liew and Liew., "Measuring The Development Impact of A Transportation System : A Simplified Approach," Journal of Regional Science, vol. 25, no. 2, 1985.
- Mansur, A. and Whalley, J., "Numerical Specification of Applied General Equilibrium Model : Estimation, Calibration, and Data," in Applied General Equilibrium Analysis, edited by Scarf and Shoven, 1984.
- Miayo, T., "Long Run Urban Growth with Agglomeration Economies," Environment and Planning A, vol. 19, 1987.
- Miayo, T., "Rural and Urban Population Changes and the Stages of Economic Development : A Unified Approach," Environment and Planning A, vol. 15, 1983.
- Miernky, W. H., Regional Analysis and Regional Policy, 1982.
- Miller, R. E. and Blair, P. D., Input-Output Analysis : Foundations and Extensions, 1984.
- Miller, R. E., "Interregional Feedback Effects in Input-Output Models : Some Preliminary Results," Papers of Regional Science Association, vol. 17, 1966.
- Miller, R. E., "Interregional Feedback in Input-Output Models : Some Preliminary Results," Western Economic Journal, vol. 7, 1969.
- Moore, Crag L., "A New Look at the Minimum Requirements Approach to Regional Economic Analysis," Economic Geography, vol. 51, 1975.
- Moore, Frederick and Petersen, J. W., "Region analysis : An Interindustry Model of Utah," Review of Economics and Statistics, vol. 37, 1955.
- Moses, L. N., "The Stability of Interregional Trading Patterns and Input-Output Analysis," American Economic Review, vol. 45, 1955.
- Polenske, K., The U. S. Multi-Dimensional Accounting Model for Demographic and Economic Planning Interactions, 1980.
- Polenske, K., The U.S. Multiregional Input-Output Accounts and Model, 1980.
- Pratt, Richard T., "An Appraisal of the Minimum Requirements Technique," Economic Geography 1, vol. 44, 1968.
- Pyatt, G. and J. I. Round, Social Accounting Matrices, 1985.
- Rabenau, B. V., "Imperfect Factor Mobility and Urban Growth," Modelling and Simulation, 1985.
- Rabenau, B. V., "Urban Growth with Agglomeration Economies and Diseconomies," Geographia Polonica, 1979.
- Rabenau, B. V., Land CGE Model for St. Lucia. Ministry of Agriculture, St. Lucia, 1993.

• Richard A. Barff and Prentice L. Knight Ⅲ, "Dynamic Shift-Share Analysis," Growth and Change, Spring 1988.
• Richardson, H. W., "Input-Output and Economic Base Multipliers : Looking Backward and Forward," Journal of Regional Science, vol.25, no.4, 1985.
• Richardson, H. W., Regional Economics, 1980.
•S. Czamanski, Regional and Interregional Social Accounting, Lexington Books, 1973
• Shoven, J.B. and J. Whalley, "Applied General Equilibrium Models of Taxation and International Trade," Journal of Economic Literature, 1984.
• Siebert, H., Regional Economic Growth : Theory and Policy, 1969.
• Smith, D. H., "Neoclassical Growth Models and Regional Growth in the U. S.," Journal of Regional Science, 1975.
• Smith, D. H., "Regional Growth : Interstate and Intersectoral Factor Reallocations," Review of Economics and Statistics, vol.56, 1974.
• Springer, U., "The market for tradable GHG permits under the Kyoto Protocol : a survey of model studies", Energy Economics, vol. 25, no. 5, 2003.
• Stevens, Benjamin H. and Moore, Craig L., "A Critical Review of The Literature on Shift-Share as a Forecasting Technique," Journal of Regional Science, vol. 20, no. 4.
• Todaro, P. M., "A Model of Labor Migration and Urban Unemployment in Less Developed Countries," American Economic Review, vol. 59, 1969.
• Ullman, Edward L., and Dacey, M. H., "The Minimum Requirements Approach to the Urban Economic Base," Papers and Proceedings, Regional Science Association, vol. 6, 1960.
• Uzawa, H., "On a Two-Sector Model of Economic Growth," Review of Economic Studies, 1960.
•Walter Isard, "Regional Science, The concept of Region, and Regional Structure," Papers in Regional Science, vol. 2, Issue 1, 1956
• Whiteman, M., "Place Prosperity and people Prosperity : the Delineation of Optimum Policy Areas," in Spatial, Regional and Population Economics : Essay in Honor of Edgar M. Hoover, edited by M Perlman, C. L. Leven and B. Chinitz, 1972.
• Winnick, L., "Place Prosperity vs. People Prosperity : Welfare Considerations in the Geographical Redistribution of Economic Activity," in Urban Land Economies, 1996.

찾아보기

【ㄴ】

【ㄷ】

【ㄹ】

【ㅁ】

【ㅂ】

【ㅅ】

【ㅇ】

【ㅈ】

【ㅊ】

【기타】

도시 및 지역경제 분석론

2001년 5월 6일 1판 1쇄 발행
2025년 3월 31일 4판 4쇄 발행

저 자 김홍배
발 행 처 기문당
주 소 서울시 성동구 무학봉 28길 4-1
전 화 02) 2295-6171~2
팩 스 02) 6971-8188
홈 페 이 지 www.kimoondang.com
I S B N 978-89-6225-705-2 93540